CAD/CAM/CAE 入门与提高 系列丛书

天正建筑T20 V4.0 建筑设计 入门与提高

CAD/CAM/CAE技术联盟◎编著

清华大学出版社
北京

内 容 简 介

本书重点介绍了天正建筑 T20 V4.0 的新功能及各种基本操作方法和技巧。全书共 18 章，内容包括天正建筑软件入门、轴网、墙体、墙体立面工具、柱子、门窗、楼梯、其他设施、房间、屋顶、文字表格、尺寸标注、符号标注、工具、立面、剖面、办公楼设计综合实例和别墅设计综合实例等知识。在介绍该软件的过程中，本书注重由浅入深、从易到难，各章节既相对独立又前后关联。编者根据自己多年设计经验及学习者的心理，及时给出总结和相关提示，帮助读者快捷掌握所学知识。

本书内容翔实、图文并茂、语言简洁、思路清晰、实例丰富，可以作为相关院校的教材，也可作为初学者的自学指导书。

图书在版编目（CIP）数据

天正建筑 T20 V4.0 建筑设计入门与提高/CAD/CAM/CAE 技术联盟编著. —北京：清华大学出版社，2019(2023.1重印)

（CAD/CAM/CAE 入门与提高系列丛书）

ISBN 978-7-302-52420-5

Ⅰ. ①天… Ⅱ. ①C… Ⅲ. ①建筑设计－计算机辅助设计－应用软件 Ⅳ. ①TU201.4

中国版本图书馆 CIP 数据核字(2019)第 042153 号

责任编辑：赵益鹏　秦　娜
封面设计：李召霞
责任校对：赵丽敏
责任印制：刘海龙

出版发行：清华大学出版社
　　网　　址：http://www.tup.com.cn，http://www.wqbook.com
　　地　　址：北京清华大学学研大厦 A 座　　**邮　　编**：100084
　　社 总 机：010-83470000　　**邮　　购**：010-62786544
　　投稿与读者服务：010-62776969，c-service@tup.tsinghua.edu.cn
　　质量反馈：010-62772015，zhiliang@tup.tsinghua.edu.cn
印 装 者：三河市君旺印务有限公司
经　　销：全国新华书店
开　　本：185mm×260mm　　**印　　张**：26.75　　**字　　数**：618 千字
版　　次：2019 年 7 月第 1 版　　**印　　次**：2023 年 1 月第 3 次印刷
定　　价：79.80 元

产品编号：073757-01

前　言

Preface

天正建筑是北京天正工程软件有限公司专门用于建筑图绘制的参数化软件，符合我国建筑设计人员的操作习惯，贴近建筑图绘制的实际，并且有很高的自动化程度，因此在国内使用相当广泛。在实际操作工程中，只要输入几个参数尺寸，就能自动生成平面图中的轴网、柱子、墙体、门窗、楼梯、阳台等，可以绘制和生成立面图、剖面图等建筑图样。天正建筑采用二维图形描述三维空间表现一体化的方式，在绘制平面图的过程中，已经表现了三维建筑物的形式，可以更加直观地表达建筑物。天正建筑提供的操作方式简单，易于掌握，可以方便地完成建筑图的设计。

一、本书特点

☑ 作者权威

本书由 Autodesk 中国认证考试管理中心首席专家胡仁喜博士领衔的 CAD/CAM/CAE 技术联盟编写，所有编者都是高校从事计算机辅助设计教学研究多年的一线人员，具有丰富的教学实践经验与教材编写经验，前期出版的一些相关书籍经过市场检验很受读者欢迎。多年的教学工作使他们能够准确地把握学生的心理与实际需求，本书是作者总结多年的设计经验以及教学的心得体会，经过多年的精心准备，力求全面、细致地展现天正建筑 T20 V4.0 软件在建筑设计应用领域的各种功能和使用方法。

☑ 实例丰富

作为天正建筑 T20 V4.0 这类专业软件在建筑设计领域应用的工具书，本书力求避免空洞的介绍和描述，而是步步为营，逐个知识点采用建筑设计实例演绎，这样读者在实例操作过程中就牢固地掌握了软件功能。实例的种类也非常丰富，有知识点讲解的小实例，也有几个知识点或全章知识点的综合实例，有练习提高的上机实例，更有最后完整实用的工程案例。各种实例交错讲解，达到利于读者理解、学习的目的。

☑ 提升技能

本书从全面提升天正建筑 T20 V4.0 实际应用能力的角度出发，结合大量的案例来讲解如何利用天正建筑 T20 V4.0 软件进行建筑设计，使读者了解天正建筑 T20 V4.0，并能够独立地完成各种建筑设计与制图。

本书中的很多实例本身就是建筑设计项目案例，经过作者精心提炼和改编，不仅保证了读者能够学好知识点，更重要的是能够帮助读者掌握实际的操作技能，同时培养建筑设计实践能力。

二、本书的基本内容

本书重点介绍了天正建筑 T20 V4.0 中文版的新功能及各种基本操作方法和技巧。全书共 18 章，内容包括天正建筑软件入门、轴网、墙体、墙体立面工具、柱子、门窗、楼梯、其他设施、房间、屋顶、文字表格、尺寸标注、符号标注、工具、立面、剖面、办公楼设

计综合实例和别墅设计综合实例等知识。各章之间紧密联系，前后呼应。

三、本书的配套资源

Note

本书通过二维码提供了极为丰富的学习配套资源，期望读者朋友在最短的时间学会并精通这门技术。

1. 配套教学视频

本书专门制作了158个经典中小型案例，2个大型综合工程应用案例，200节教材实例同步微视频。读者可以先看视频，像看电影一样轻松愉悦地学习本书内容，然后对照课本加以实践和练习，这样可以大大提高学习效率。

2. 全书实例的源文件和素材

本书附带了很多实例，包含实例和练习实例的源文件和素材，读者可以安装天正建筑 T20 V4.0 软件，打开并使用它们。

四、关于本书的服务

1. 关于本书的技术问题或有关本书信息的发布

如读者朋友遇到有关本书的技术问题，可以登录网站 www.sjzswsw.com，或将问题发到邮箱 win760520@126.com，我们将及时回复。也欢迎加入图书学习交流群(QQ：812226246)交流探讨。

2. 安装软件的获取

按照本书的实例进行操作练习，以及使用天正建筑 T20 V4.0 进行建筑设计与制图时，需要事先在计算机上安装相应的软件。读者可从网络下载相应软件，或者从软件经销商处购买。QQ 交流群也会提供下载地址和安装方法教学视频，需要的读者可以关注。

本书主要由 CAD/CAM/CAE 技术联盟编写，具体参与本书编写工作的有胡仁喜、刘昌丽、康士廷、王敏、闫聪聪、杨雪静、李亚莉、李兵、甘勤涛、王培合、王艳池、王玮、孟培、张亭、王佩楷、孙立明、王玉秋、王义发、解江坤、秦志霞、井晓翠等。本书的编写和出版得到了很多朋友的大力支持，值此图书出版发行之际，向他们表示衷心的感谢。同时，也深深感谢支持和关心本书出版的所有朋友。

书中主要内容来自作者几年来使用天正建筑 T20 V4.0 的经验总结，也有部分内容取自国内外有关文献资料。虽然笔者几易其稿，但由于时间仓促，加之水平有限，书中疏漏与失误在所难免，恳请广大读者批评指正。

作　者

2018 年 6 月

目 录

Contents

Note

Note

Note

第1章

天正建筑软件入门

天正建筑 T20 V4.0 软件是基于 AutoCAD 的一款建筑设计软件，本书采用了 2018 版的 AutoCAD。天正建筑 T20 V4.0 软件新增了多种功能模块，提供了专业的 BIM 应用模式，本章主要介绍天正建筑 T20 V4.0 软件的安装过程和操作界面。

学 习 要 点

- 软件安装
- 基本输入操作
- 系统设置

1.1 软件安装

Note

首先安装 AutoCAD 2018，本书配置的网盘中有安装软件，安装上 AutoCAD 2018 之后的操作界面如图 1-1 所示。

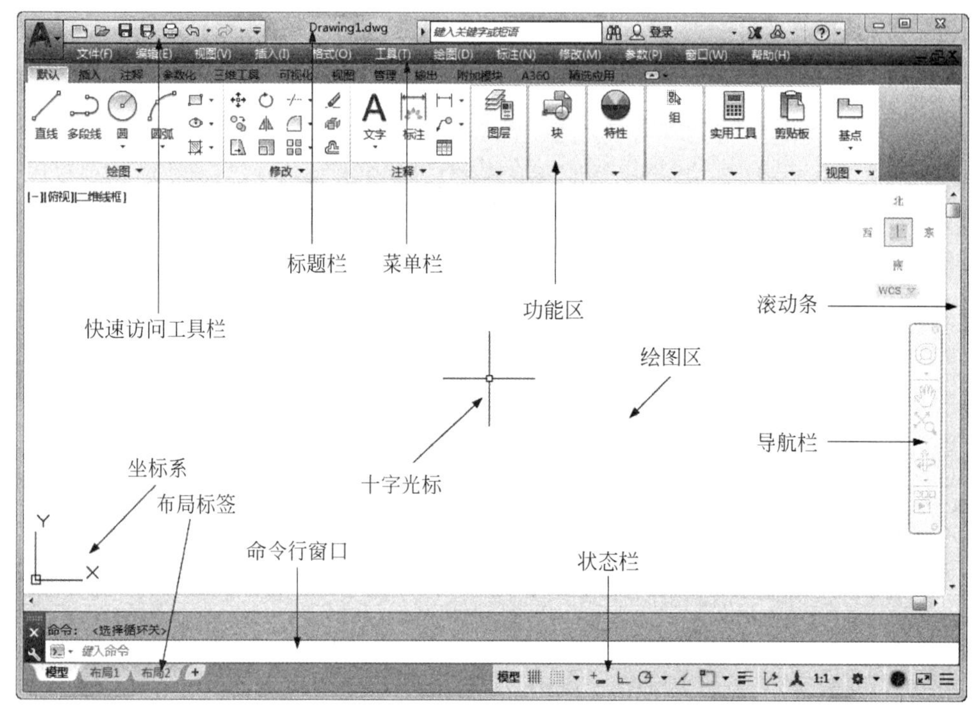

图 1-1　AutoCAD 2018 中文版的操作界面

关闭 AutoCAD 2018 软件，双击网盘中的 T20 天正建筑 V4.0 ，打开如图 1-2 所示的 T20 天正建筑软件安装盘界面，停留几秒，软件自动进入图 1-3 所示的安装界面，选择"我接受许可证协议中的条款"，然后单击"下一步"。

在安装界面中选择安装软件的位置，默认安装在 C 盘，这里读者可以自行选择安装位置，如图 1-4 所示，然后单击"下一步"。

继续单击"下一步"，直到进入如图 1-5 所示的安装界面，安装软件。

双击天正建筑的图标 ，天正建筑的启动平台自动配置了 AutoCAD 2018，打开如图 1-6 所示的操作界面。

在系统操作界面中可以看到，天正建筑和 AutoCAD 通用软件相比增加的是天正图标菜单。对于天正，主要用到以下两个操作窗口。

(1) 命令对话区：这是最基本的操作方式，输入菜单命令的第一个汉字拼音字母就可以调用命令。在命令对话区输入命令，回车后执行命令，显示该命令提示的下一步该如何操作，并在提示中输入执行命令所需的参数和数据。

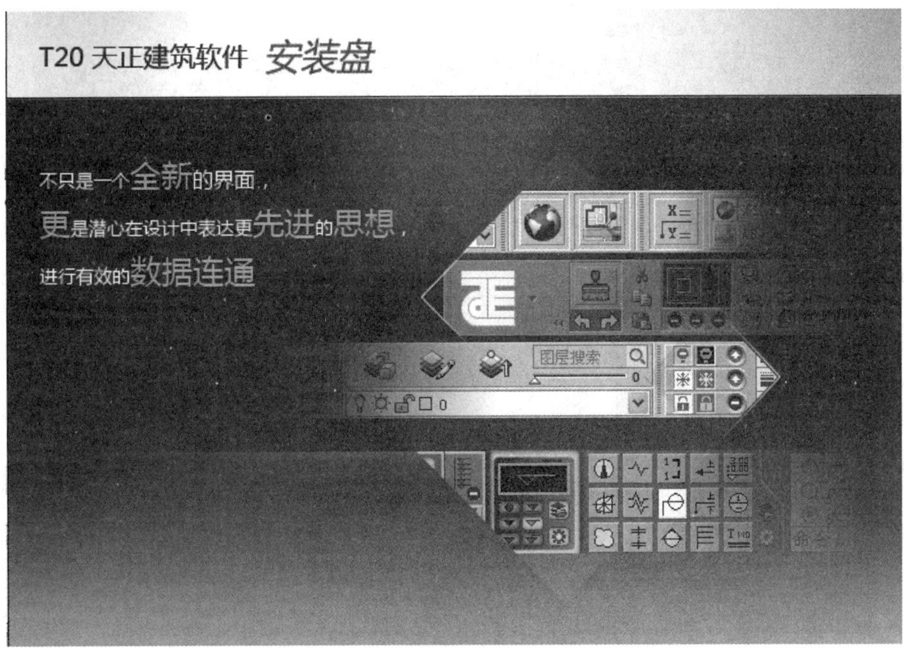

图 1-2　T20 天正建筑软件

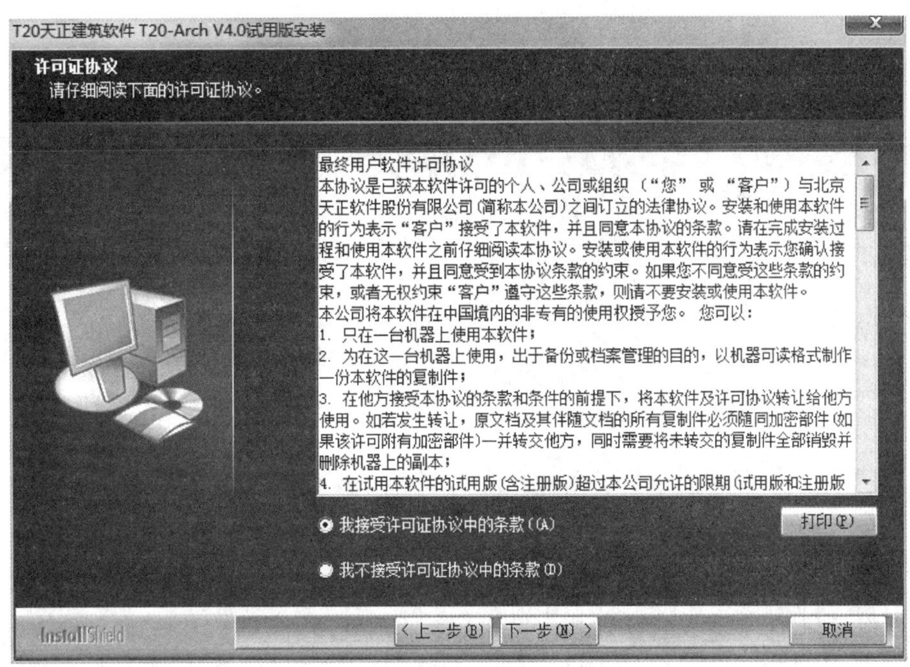

图 1-3　安装界面

（2）工具条：在天正图标菜单中，按钮左面有黑色三角形，表示该命令按钮对应有下一级的图标菜单。可以通过单击该按钮，调出下一级图标菜单，单击相应命名按钮就可以执行命令。

图 1-4 安装位置

图 1-5 安装界面

Note

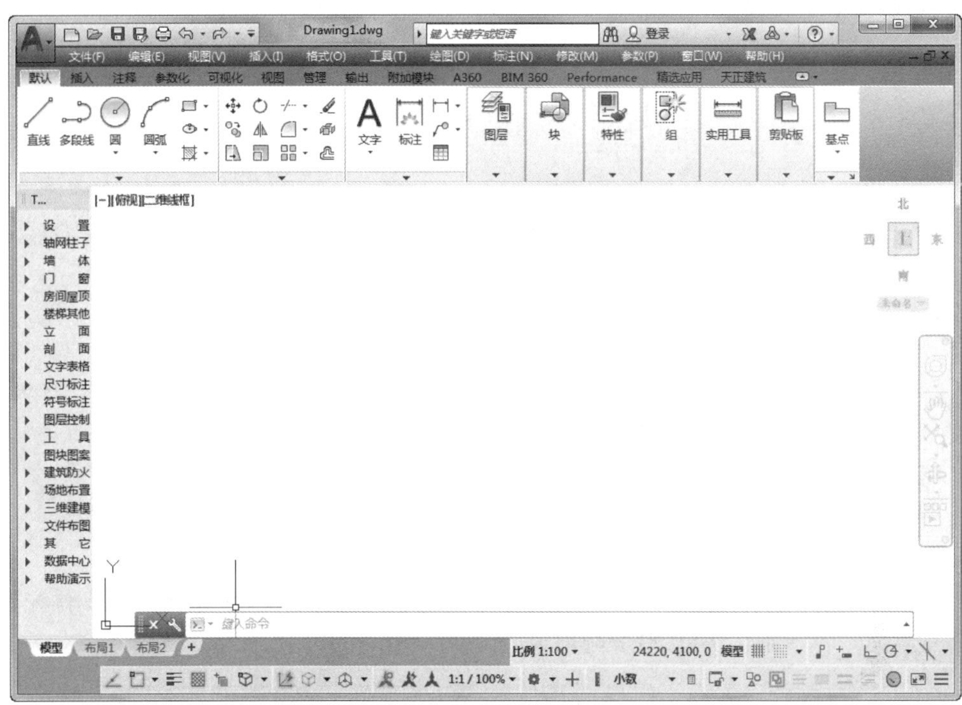

图 1-6　操作界面

1.2　基本输入操作

1. 菜单

直接单击天正屏幕上的菜单运行相关命令。

2. 工具条

天正默认提供四个工具条，还可以根据个人习惯设置自定义的命令，把自己最常用的命令放置到工具条上。

3. 快捷输入

对于习惯用键盘的设计师，可以通过快捷输入提高绘图效率。天正命令默认的快捷输入均取的是相关命令拼音首字母，如"绘制轴网"命令默认的快捷输入就是"HZZW"，设计师可以通过设置自定义命令来定义快捷输入，或是修改 TArch8sys 文件夹下的 acad.pgp 文件。

4. 右键菜单

选中某一对象右击会弹出相应的右键菜单，有些命令没有放到屏幕菜单上，只放到了右键菜单中，如"重排轴号"。

5. 快捷键

天正目前的快捷键只支持一个按键，即一位字母或一位数字，通过设置自定义命令

可以修改或添加快捷键。

Note

1.3 系统设置

天正建筑已经为用户设置了初始设置功能,可以通过对话框进行设置,分为天正自定义、天正选项、文字样式和图层标准管理器等多个部分。

1.3.1 自定义

采用"自定义"命令可启动天正建筑的自定义对话框,由用户自己设置交互界面效果。

执行方式如下。

命令行:ZDY

菜单:"设置"→"自定义"

单击菜单命令后,打开"天正自定义"对话框,进而可以打开"屏幕菜单""操作配置""基本界面""工具条""快捷键"等选项卡,如图1-7~图1-11所示。

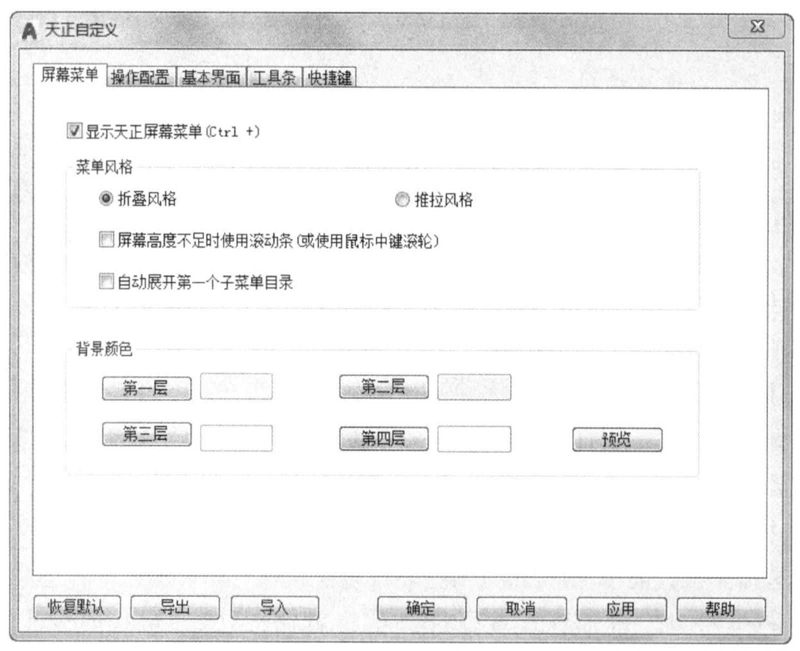

图1-7 "屏幕菜单"选项卡

在"屏幕菜单"中选择屏幕的控制功能,可提高工作效率。

在"操作配置"中,用户可取消天正右键菜单,没有选中对象(空选)时,右键菜单有三种弹出方式:右键、Ctrl+右键、慢击右键(即右击后超过时间期限放松右键弹出右键菜单),单击右键作为回车键使用,从而解决了既希望有右键回车功能,又希望不放弃天正右键菜单命令的需求。

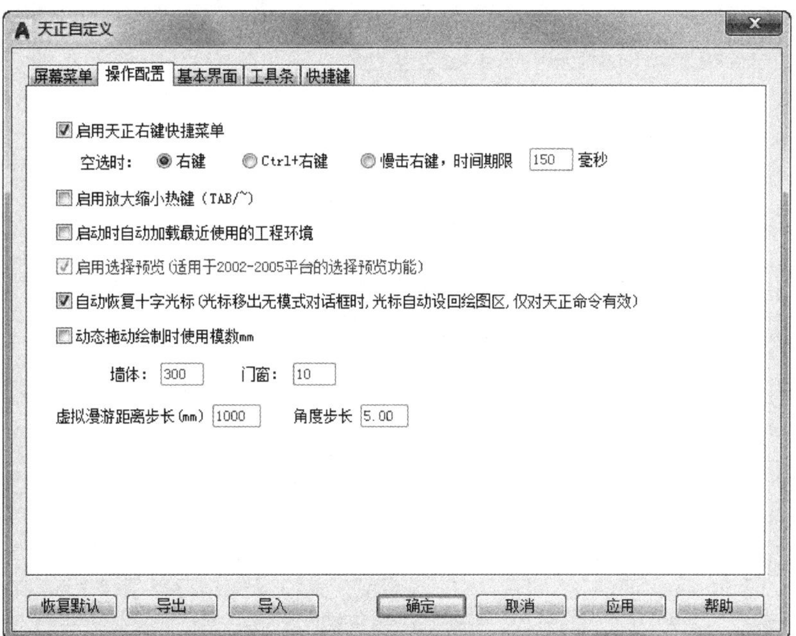

图 1-8　“操作配置”选项卡

图 1-9　“基本界面”选项卡

“基本界面”包括“界面设置”（文档标签）和“在位编辑”两部分内容。“文档标签”是指用户在打开多个 DWG 文件时，在绘图窗口上方对应每个 DWG 提供一个图形名称选项卡，供用户在已打开的多个 DWG 文件之间快速切换，不勾选表示不显示图形名称切换功能。“在位编辑”是指在编辑文字和符号尺寸标注中的文字对象时，在文字原位

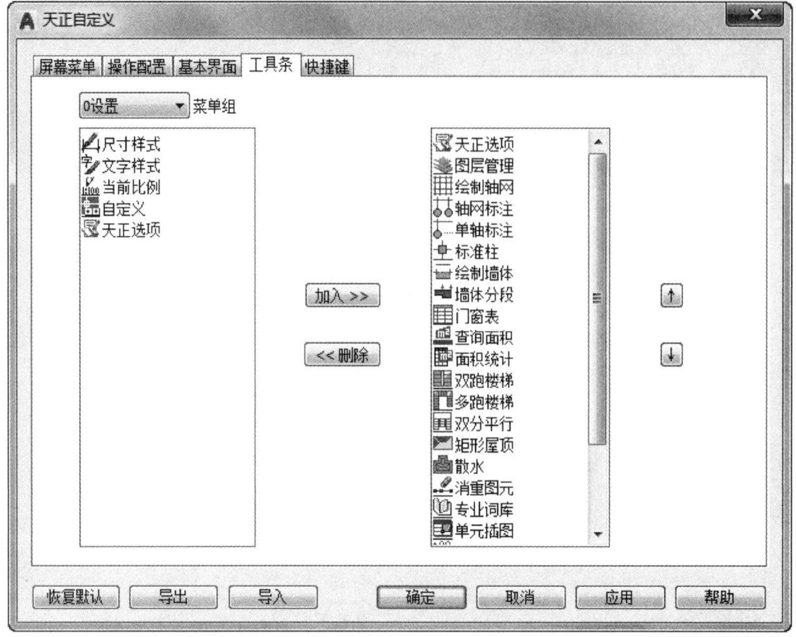

图 1-10 “工具条”选项卡

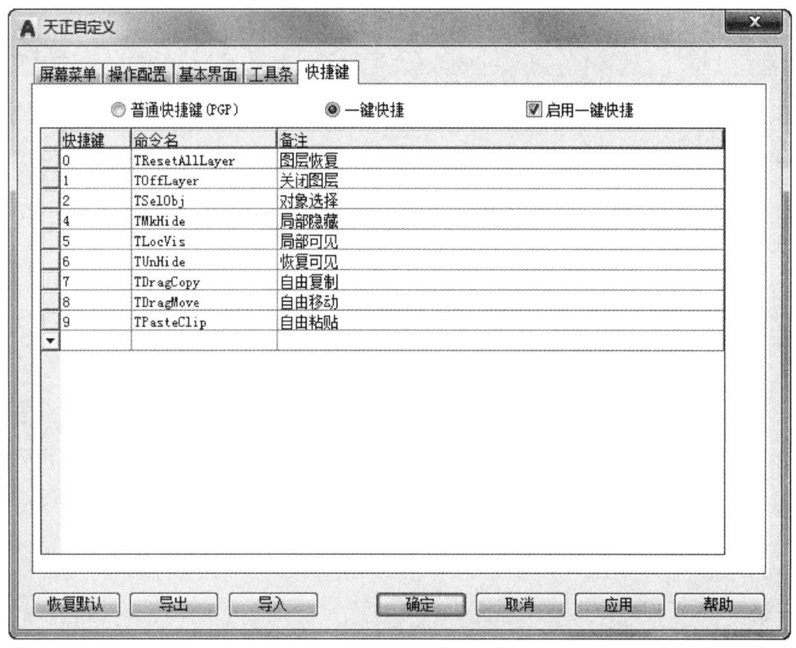

图 1-11 “快捷键”选项卡

显示的文本编辑框使用的字体颜色、字体高度、编辑框背景颜色都由这里控制。

在“工具条”选项卡中，可以选择需要的按钮拖动到浮动状态的工具栏中，方便工具栏命令的调用，提高作图速度。

在“快捷键”选项卡中定义某个数字或者字母键，单击就可以调用对应的天正建筑命令，如表 1-1 所示。

表 1-1　天正建筑软件的快捷键定义

F1	AutoCAD 帮助文件的切换键
F2	屏幕的图形显示与文本显示的切换键
F3	对象捕捉开关
F6	状态行的绝对坐标与相对坐标的切换键
F7	屏幕的栅格点显示状态的切换键
F8	屏幕的光标正交状态的切换键
F9	屏幕的光标捕捉(光标模数)的开关键
F11	对象追踪的开关键
Ctrl++	屏幕菜单的开关
Ctrl+-	文档标签的开关
Shift+F12	墙和门窗拖动时的模数开关(仅限于 2006 以下平台)
Ctrl+~	工程管理界面的开关

注意：2006 以上版本的 F12 用于切换动态输入，天正新提供显示墙基线用于捕捉的状态行按钮。

1.3.2　选项

采用“选项”命令可显示与天正建筑全局有关的参数。

执行方式如下。

命令行：toptions

菜单栏：“设置”→“天正选项”

单击菜单命令后，打开“天正选项”对话框，显示“基本设定”“加粗填充”“高级选项”三个选项卡，如图 1-12～图 1-14 所示。

图 1-12　“基本设定”选项卡

Note

图 1-13 “加粗填充”选项卡

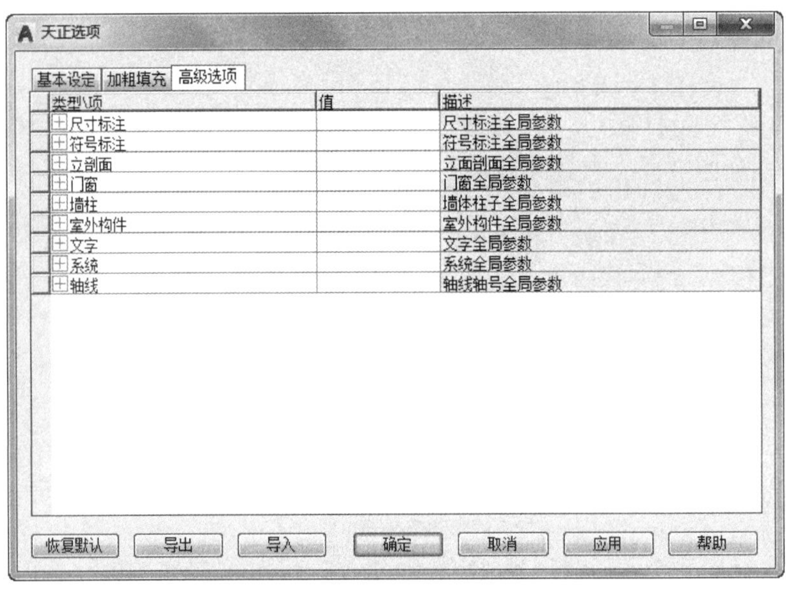

图 1-14 “高级选项”选项卡

在“基本设定”选项卡中，可以进行“图形设置”“符号设置”等基本涵盖了绘图过程中常用的初始命令参数部分。

在“加粗填充”选项卡中，主要是用于对墙体与柱子的填充，提供填充图案、填充方式、填充颜色和加粗线宽的控制。系统为对象提供了“标准”“详图”两个级别，满足图样的不同类型填充和加粗详细程度不同的要求。

在“高级选项”选项卡中，主要是控制天正建筑全局变量的用户自定义参数的设置

界面，除了需专门设置尺寸样式，这里定义的参数保存在初始参数文件中，不仅用于当前图形，对新建的文件也起作用，“高级选项”和“选项”是结合使用的，例如在“高级选项”中设置了多种尺寸标注样式，在当前图形选项中根据当前单位和标注要求选用其中几种用于制图。

1.3.3　当前比例

比例是指图中图形与其实物相应要素的线性尺寸之比。

执行方式如下。

命令行：DQBL

菜单栏：“设置”→“当前比例”

操作步骤如下。

```
命令：dqbl
当前比例<100>:100
```

1.3.4　文字样式

在工程制图中，文字标注往往是必不可少的环节。天正建筑提供了文字相关命令来进行文字样式的设置。

执行方式如下。

命令行：WZYS

菜单栏：“设置”→“文字样式”

操作步骤如下。

```
命令：wzys
```

通过“文字样式”对话框。可方便直观地设置需要的文字样式，或对已有的样式进行修改，如图 1-15 所示。

图 1-15　“文字样式”对话框

1.3.5 图层管理

Note

图层的概念类似投影片，将不同属性的对象分别画在不同的投影片（图层）上。每个图层可设定不同的线型、线条颜色，然后把不同的图层放在一起成为一张完整的视图，如此可使视图层次分明、有条理，方便图形对象的编辑与管理。一个完整的图形，就是它所包含的所有图层上的对象叠加在一起。

执行方式如下。

命令行：TCGL

菜单栏："设置"→"图层管理"

命令行如下。

```
命令：tcgl
```

天正建筑提供了"图层标准管理器"对话框，已经建立了多个图层，设计师可以根据自己的需要自行设置颜色、线型和备注等相关属性，如图 1-16 所示。

图层标准管理器

当前标准(TArch)　置为当前标准　新建标准

图层关键字	图层名	颜色	线型	备注
轴线	DOTE	1	CONTINUOUS	此图层的直线和弧认为是平面轴线
阳台	BALCONY	6	CONTINUOUS	存放阳台对象，利用阳台做的雨蓬
柱子	COLUMN	9	CONTINUOUS	存放各种材质构成的柱子对象
石柱	COLUMN	9	CONTINUOUS	存放石材构成的柱子对象
砖柱	COLUMN	9	CONTINUOUS	存放砖砌筑成的柱子对象
钢柱	COLUMN	9	CONTINUOUS	存放钢材构成的柱子对象
砼柱	COLUMN	9	CONTINUOUS	存放砼材料构成的柱子对象
门	WINDOW	4	CONTINUOUS	存放插入的门图块
窗	WINDOW	4	CONTINUOUS	存放插入的窗图块
墙洞	WINDOW	4	CONTINUOUS	存放插入的墙洞图块
防火门	DOOR_FIRE	4	CONTINUOUS	防火门
防火窗	DOOR_FIRE	4	CONTINUOUS	防火窗
防火卷帘	DOOR_FIRE	4	CONTINUOUS	防火卷帘
轴标	AXIS	3	CONTINUOUS	存放轴号对象，轴线尺寸标注
地面	GROUND	2	CONTINUOUS	地面与散水
地形	RMAP	252	CONTINUOUS	地形底图
场地红线	REDLINE	1	ACAD_ISO05W100	场地红线
建筑控制线	REDL-CTRL	6	DASH	建筑控制线
建筑轮廓	SITE-BOTL	31	CONTINUOUS	建筑物轮廓线

图层转换　颜色恢复　关闭

图 1-16 "图层标准管理器"对话框

第2章

轴网

轴线是建筑物各组成部分的定位中心线，是图形定位的基准线，而轴网是由两组到多组轴线与轴号、尺寸标注组成的平面网格。轴网分为直线、斜交和弧线轴网，是由轴线、标注尺寸和轴号组成的。

通过学习本章内容，读者可掌握轴网的创建、编辑和标注。

学习要点

- 轴网的概念
- 绘制轴网
- 轴网标注
- 编辑轴网
- 轴号编辑

2.1 轴网的概念

在绘制建筑图时，一般先画出建筑物的轴网，它是由水平和竖向轴线组成的。在建筑制图中，又将纵向相邻轴线之间的距离叫做开间，横向相邻轴线之间的距离叫做进深，它们共同构成了建筑物的主体框架，建筑物的主要支承构件应按照轴网的定位排列，达到井然有序。

2.2 绘制轴网

轴网分为直线轴网和弧线轴网两种。圆弧轴网是由弧线和径向直线组成的定位轴线。

2.2.1 绘制直线轴网

直线轴网用于生成正交轴网、单向轴网和斜交轴网。正交轴网是指直线双向轴网，横向轴线和纵向轴线之间的夹角为90°；单向轴网是指由相互平行的轴线组成的轴网；斜交轴网是指由横向和纵向之间的夹角不是90°的轴线组成的轴网。

1. 执行方式

命令行：HZZW

菜单："轴网柱子"→"绘制轴网"

执行上述任意一种执行方式，均可打开"绘制轴网"对话框，在其中单击"直线轴网"选项卡，如图2-1所示。

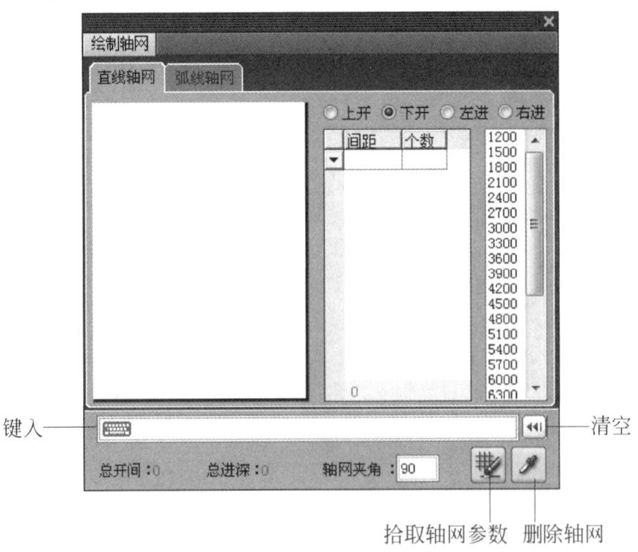

图2-1 "直线轴网"选项卡

2. 命令行

```
命令：hzzw
请选择插入点[旋转 90 度(A)/切换插入点(T)/左右翻转(S)/上下翻转(D)/改转角(R)]:点选轴网基点位置
```

3. 控件说明

上开：在轴网上方进行轴网标注的房间开间尺寸。

下开：在轴网下方进行轴网标注的房间开间尺寸。

左进：在轴网左侧进行轴网标注的房间进深尺寸。

右进：在轴网右侧进行轴网标注的房间进深尺寸。

间距：开间或进深的尺寸数据，单击右侧输入轴网数据，也可以直接输入。

个数：相应轴间距数据的重复次数，单击右侧输入轴网数据，也可以直接输入。

键入：输入轴网数据，每个数据之间用空格或英文逗号隔开，回车，可将数据输入电子表格。

清空：将一组开间或进深键入数据栏清空，其他组数据保留。

总开间：所有开间之和。

总进深：所有进深之和。

轴网夹角：输入开间与进深轴线之间的夹角数据，其中 90°为正交轴网，其他为斜交轴网。

删除轴网：将不需要的轴网进行批量删除。

拾取轴网参数：提取图上已有的某一组开间或者进深尺寸标注对象获得数据。

2.2.2 上机练习——正交轴网

 **练习目标**

正交轴网，即正交直线轴网，夹角为 90°。绘制正交轴网如图 2-2 所示。

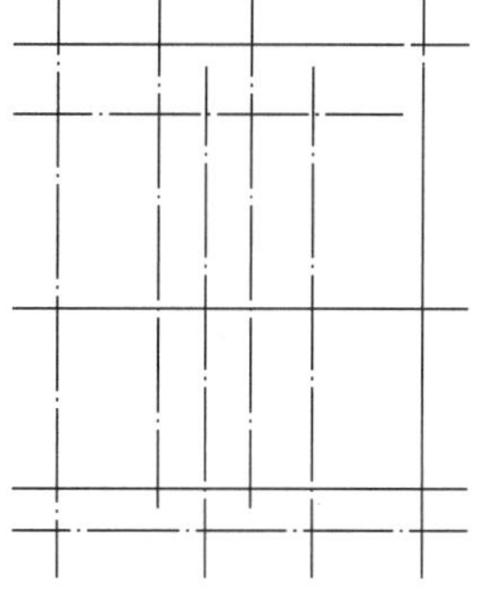

图 2-2 正交轴网图

 **设计思路**

打开“绘制轴网”对话框，在其中单击“直线轴网”选项卡，设置上开间、下开间、左进深和右进深，绘制正交轴网。

操作步骤

(1) 单击菜单中“轴网柱子”→“绘制轴网”命令，打开“绘制轴网”对话框，在其中单击“直线轴网”选项卡，如图 2-1 所示。

(2) 选中“轴网夹角”。默认数值为 90°，即为正交轴网。

(3) 输入下开间值。单击“下开”按钮，即左面的圆圈中出现圆点。在“间距”中输入轴网数据，在“个数”中输入需要重复的次数，如图 2-3 所示。

下开间：3300 2400 2535。

(4) 输入上开间值。单击“上开”按钮，即左面的圆圈中出现圆点。在“间距”中输

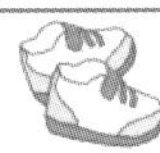

Note

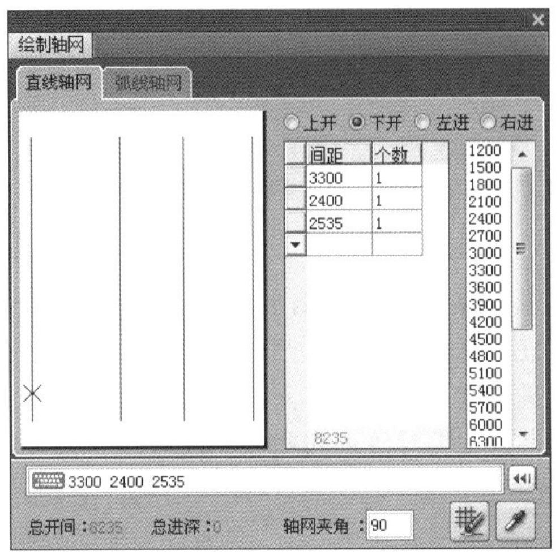

图 2-3　输入"下开间"值

入轴网数据，在"个数"中输入需要重复的次数。

上开间：2235 2100 3900。

(5) 输入左进深值。单击"左进"按钮，即左面的圆圈中出现圆点。在"间距"中输入轴网数据，在"个数"中输入需要重复的次数。

左进深：900 3900 4200 1500。

(6) 输入右进深值。单击"右进"按钮，即左面的圆圈中出现圆点。在"间距"中输入轴网数据，在"个数"中输入需要重复的次数。

右进深：900 3900 5700。

(7) 在选项卡中输入所有尺寸数据后，在绘图区域单击，系统根据提示输入所需要的参数，命令行提示如下。

```
请选择插入点[旋转90度(A)/切换插入点(T)/左右翻转(S)/上下翻转(D)/改转角(R)]:点选轴网基点位置
```

(8) 保存图形。将图形以"正交轴网.dwg"为文件名进行保存。命令行提示如下。

```
命令: SAVEAS↙
```

2.2.3　上机练习——单向轴网

练习目标

单向轴网是指由相互平行的轴线组成的轴网。绘制单向轴网如图 2-4 所示。

设计思路

打开"绘制轴网"对话框，在其中单击"直线轴网"选项卡，沿用了正交轴网中的下开间和轴网夹角，绘制单向轴网。

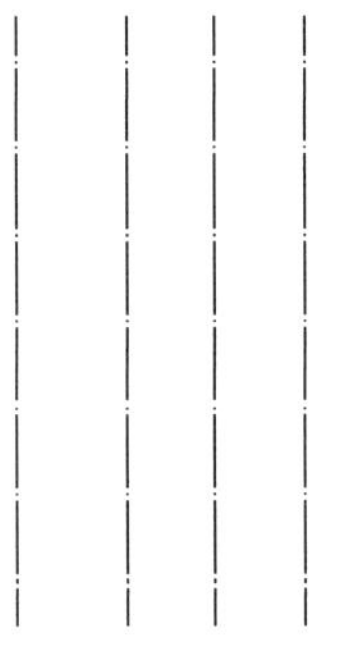

图 2-4　单向轴网图

操作步骤

(1) 单击菜单中"轴网柱子"→"绘制轴网"命令,打开"绘制轴网"对话框,在其中单击"直线轴网"选项卡。

(2) 设置"轴网夹角"为 90°,即为正交轴网。

(3) 输入下开间值。单击"下开"按钮,即左面的圆圈中出现圆点。在"间距"中输入轴网数据,在"个数"中输入需要重复的次数。

下开间:3300 2400 2535。

(4) 在选项卡中输入所有尺寸数据后在绘图区域单击,根据系统提示输入所需要的参数,命令行提示如下。

```
命令: hzzw
单向轴线长度<1500>:15000
请选择插入点[旋转90度(A)/切换插入点(T)/左右翻转(S)/上下翻转(D)/改转角(R)]:
```

(5) 保存图形。将图形以"单向轴网.dwg"为文件名进行保存。命令行提示如下。

```
命令: SAVEAS↙
```

2.2.4 上机练习——斜交轴网

练习目标

斜交轴网,即斜交直线轴网,夹角不是 90°。绘制斜交轴网如图 2-5 所示。

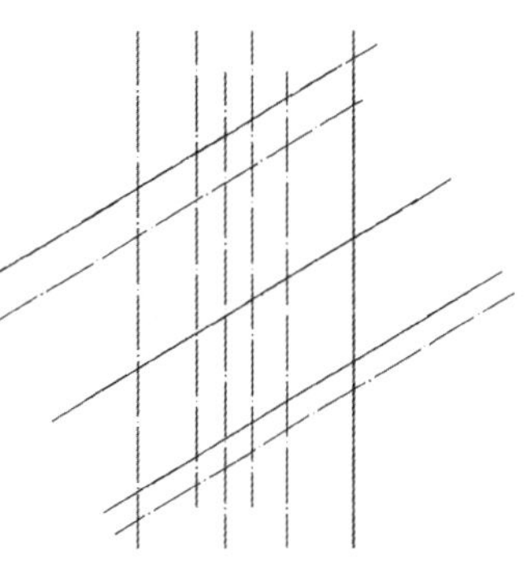

图 2-5 斜交轴网图

设计思路

打开"绘制轴网"对话框,在其中单击"直线轴网"选项卡,轴网夹角设置为 60°,沿用正交轴网实例中的开间和进深,绘制斜交轴网。

操作步骤

(1) 单击菜单中"轴网柱子"→"绘制轴网"命令,打开"绘制轴网"对话框,在其中单击"直线轴网"选项卡,如图 2-1 所示。

(2) 设置"轴网夹角"。夹角为 60°,即为斜交轴网,如图 2-6 所示。

(3) 输入下开间值。单击"下开"按钮,即左面的圆圈中出现圆点。在"间距"中输入轴网数据,在"个数"中输入需要重复的次数。

下开间:3300 2400 2535。

(4) 输入上开间值。单击"上开"按钮,即左面的圆圈中出现圆点。在"间距"中输入轴网数据,在"个数"中输入需要重复的次数。

上开间:2235 2100 3900。

(5) 输入左进深值。单击"左进"按钮,即左面的圆圈中出现圆点。在"间距"中输入轴网数据,在"个数"中输入需要重复的次数。

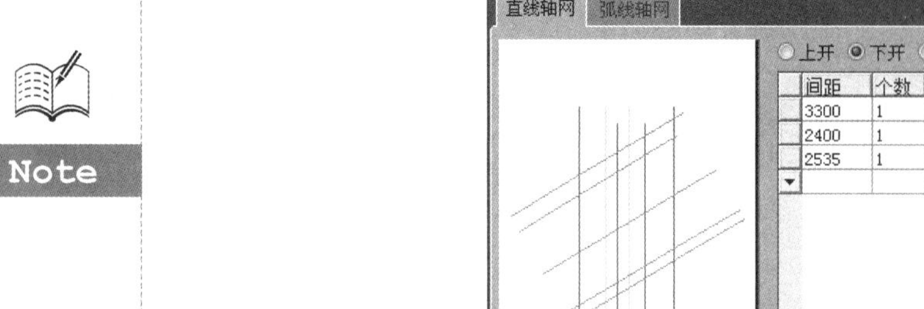

图 2-6　设置轴网夹角

左进深：900 3900 4200 1500。

（6）输入右进深值。单击“右进”按钮，即左面的圆圈中出现圆点。在“间距”中输入轴网数据，在“个数”中输入需要重复的次数。

右进深：900 3900 5700。

（7）在选项卡中输入所有尺寸数据后，在绘图区域单击鼠标，根据系统根据提示输入所需要的参数，命令行提示如下。

```
请选择插入点[旋转 90 度(A)/切换插入点(T)/左右翻转(S)/上下翻转(D)/改转角(R)]:
```

（8）保存图形。将图形以“斜交轴网.dwg”为文件名进行保存。命令行提示如下。

```
命令：SAVEAS↙
```

2.2.5　绘制圆弧轴网

圆弧轴网由一组同心弧线和不过圆心的径向直线组成，常组合其他轴网，端径向轴线由两轴网共用。

1. 执行方式

命令行：HZZW

菜单：“轴网柱子”→“绘制轴网”

执行上述任意一种执行方式，打开“绘制轴网”对话框，在其中单击“弧线轴网”选项卡，如图 2-7 所示。

2. 命令行

```
命令：HZZW
请选择插入点[旋转 90 度(A)/切换插入点(T)/左右翻转(S)/上下翻转(D)/改转角(R)]:点选轴网基点位置
```

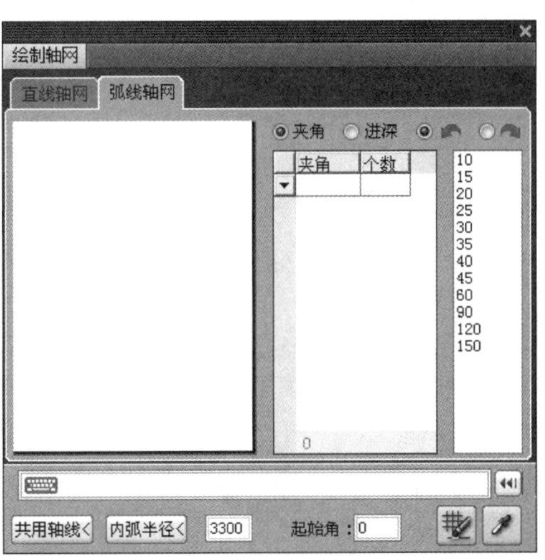

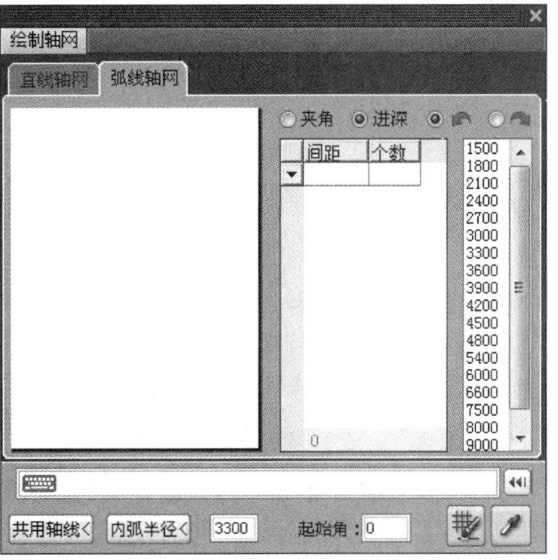

图 2-7　"弧线轴网"选项卡

3. 控件说明

夹角：由起始角起算，按旋转方向排列的轴线开间序列，单位为(°)。

进深：在轴网径向，由圆心起算到外圆的轴线尺寸序列，单位为 mm。

逆时针：径向轴线的旋转方向。

顺时针：径向轴线的旋转方向。

个数：栏中数据的重复次数，单击右方数值栏或下拉列表获得，也可以用键盘键入。

键入：键入一组尺寸数据，用空格或英文逗点隔开，回车后，可将数据输入电子表格。

清空：把某一组圆心角或者某一组进深数据栏清空，保留其他数据，或把上次绘制弧线轴网的参数恢复到对话框中。

共用轴线<：在与其他轴网共用一根径向轴线时，从图上指定该径向轴线，单击时通过拖动圆轴网确定与其他轴网连接的方向。

内弧半径<：由圆心起算的最内侧环向轴线圆弧半径，可从图上取两点获得，也可以为 0。

起始角：X 轴正方向到起始径向轴线的夹角(按旋转方向定)。

删除轴网：将不需要的轴网批量删除。

拾取轴网尺寸：提取图上已有的某一组圆心角或者进深尺寸标注对象获得数据。

间距：进深的尺寸数据，单击右方数值栏或下拉列表获得，也可以用键盘输入。

2.2.6　上机练习——圆弧轴网

练习目标

绘制如图 2-8 所示的夹角之和为 90°的两段弧线轴网。

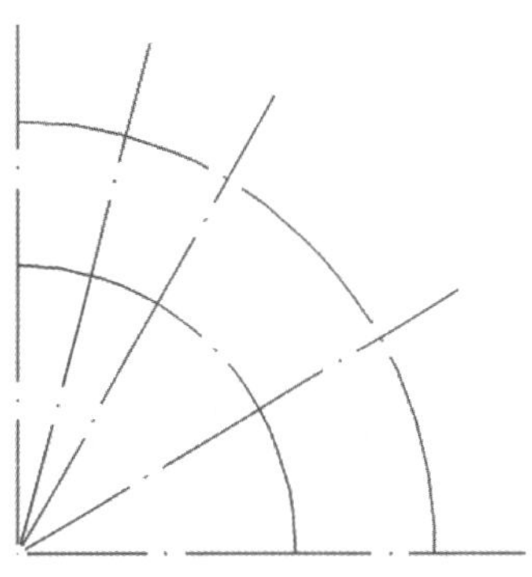

图 2-8　弧线轴网

 **设计思路**

打开“绘制轴网”对话框，在其中单击“弧线轴网”选项卡，设置夹角、进深、内弧半径和起始角，绘制弧形轴网。

Note

 **操作步骤**

(1) 单击菜单中“轴网柱子”→“绘制轴网”命令，打开“绘制轴网”对话框，在其中单击“弧线轴网”选项卡，如图 2-1 所示。

(2) 输入夹角值。单击“夹角”按钮，即左面的圆圈中出现圆点，输入夹角的数值，从“个数”列表中选择需要重复的次数，如图 2-9 所示。

夹角：30 30 2×15。

(3) 输入进深值。单击“进深”按钮，即左面的圆圈中出现圆点，输入进深的数值，从“个数”列表中选择需要重复的次数，内弧半径设置为“0”，起始角为“0”，如图 2-10 所示。

进深：3000 1500。

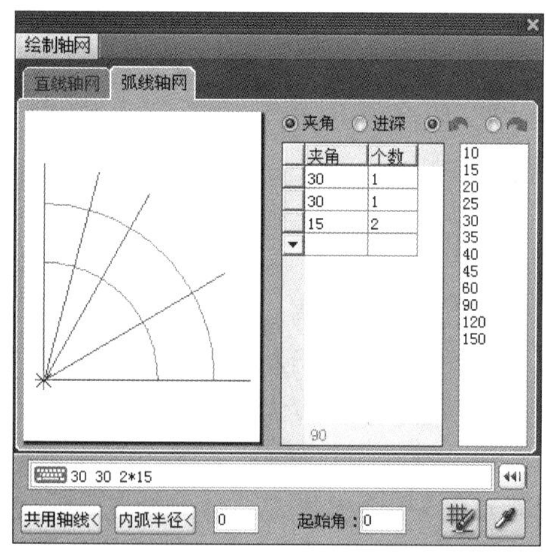

图 2-9　输入夹角

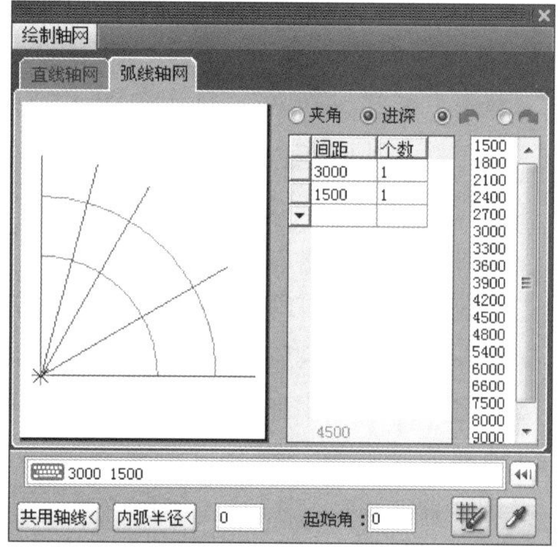

图 2-10　输入进深

(4) 在选项卡中输入所有尺寸数据后在绘图区域的空白位置处单击，根据系统提示输入所需要的参数，命令行提示如下。

```
命令：hzzw
请选择插入点[旋转90度(A)/切换插入点(T)/左右翻转(S)/上下翻转(D)/改转角(R)]:
```

(5) 保存图形。将图形以“圆弧轴网.dwg”为文件名进行保存。命令行提示如下。

```
命令：SAVEAS↙
```

2.2.7　墙生轴网

墙生轴网是由墙体生成轴网。在方案设计中，建筑师需反复修改平面图，如加、删墙体，改开间、进深等，用轴线定位有时并不方便，为此天正提供根据墙体生成轴网的功能，建筑师可以在参考栅格点上直接进行设计，待平面方案确定后，再用本命令生成轴

网。也可用墙体命令绘制平面草图，然后生成轴网。

1. 执行方式

命令行：QSZW

菜单："轴网柱子"→"墙生轴网"

2. 命令行

```
命令：qszw
请选取要从中生成轴网的墙体：点取要生成轴网的墙体或回车退出
```

在由天正绘制的墙体的基础上自动生成轴网。

2.2.8　上机练习——墙生轴网

练习目标

打开源文件中的"墙体图"，绘制如图 2-11 所示的轴网。

设计思路

打开源文件中的"墙体图"，如图 2-12 所示，利用"墙生轴网"命令，在墙体绘制的基线上，生成墙体的轴网。

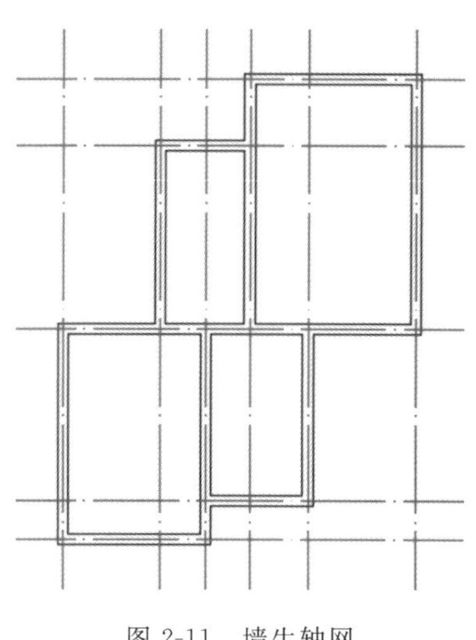

图 2-11　墙生轴网

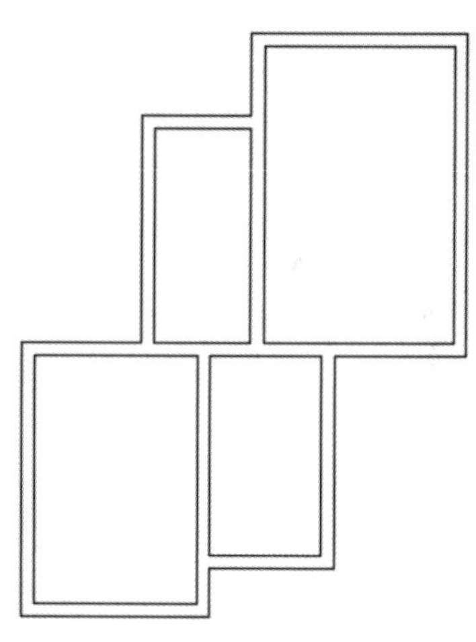

图 2-12　墙体图

操作步骤

(1) 单击菜单中"轴网柱子"→"墙生轴网"命令，生成轴网，如图 2-11 所示。命令行提示如下。

```
命令：qszw
请选取要从中生成轴网的墙体：框选墙体图
指定对角点：
请选取要从中生成轴网的墙体：
```

（2）保存图形。将图形以“墙生轴网.dwg”为文件名进行保存。命令行提示如下。

```
命令：SAVEAS↙
```

Note

2.2.9 轴网合并

本命令用于将多组轴网的轴线，按指定的边界延伸，合并为一组轴线，同时将其中重合的轴线清理。

1. 执行方式

命令行：ZWHB

菜单：“轴网柱子”→“轴网合并”

2. 命令行

```
命令：zwhb
请选择需要合并对齐的轴线<退出>:框选需要合并的轴线
请选择需要合并对齐的轴线<退出>:
请选择对齐边界<退出>:点取需要对齐的边界
请选择对齐边界<退出>:继续点取其他对齐边界
请选择对齐边界<退出>:回车结束合并
```

在由天正绘制的轴网的基础上，可自动将轴网合并。

2.2.10 上机练习——轴网合并

练习目标

打开源文件中的“轴线图”，绘制如图 2-13 所示的图形。

设计思路

打开源文件中的“轴线图”，使用“轴网合并”命令，将轴线合并。

操作步骤

（1）打开“源文件”中的“轴线图”，如图 2-14 所示。

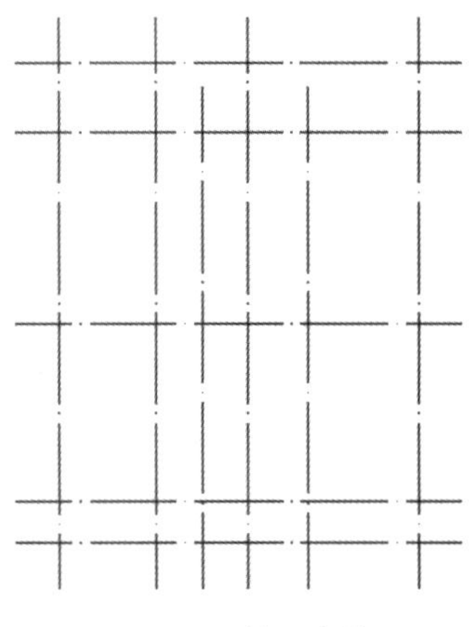

图 2-13 轴网合并

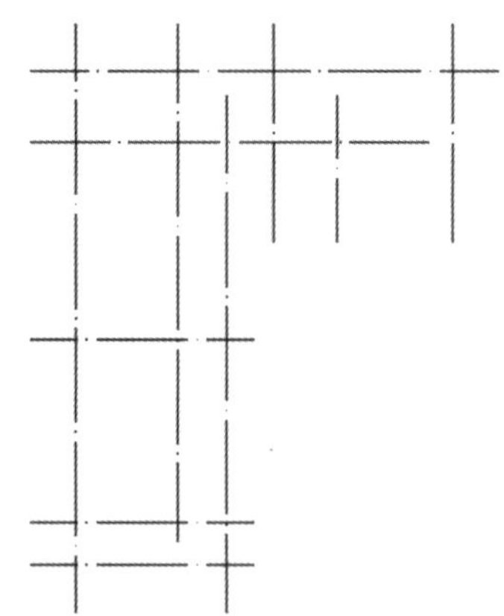

图 2-14 轴线图

Note

(2) 单击菜单中“轴网柱子”→“轴网合并”命令，生成新的轴网如图 2-13 所示。命令行提示如下。

```
命令: zwhb
请选择需要合并对齐的轴线<退出>:框选需要合并的轴线
请选择需要合并对齐的轴线<退出>:
请选择对齐边界<退出>:点取需要对齐的边界
请选择对齐边界<退出>:继续点取其他对齐边界
请选择对齐边界<退出>: 回车结束合并
```

(3) 保存图形。将图形以“轴网合并.dwg”为文件名进行保存。命令行提示如下。

```
命令: SAVEAS↙
```

2.3　轴网标注

轴网的标注包括轴号标注和尺寸标注，横向方向的轴号用数字标注，纵向方向上的轴号用英文字母标注，但是字母 I、O、Z 不用于轴号，在排序时会自动跳过这些字母。本节主要介绍“轴网标注”“单轴标注”命令。

本节主要讲解轴网标注中的轴号、进深和开间等的标注功能。

2.3.1　轴网标注

采用“轴网标注”命令可以进行轴号和尺寸标注，自动删除重叠的轴线。默认的“起始轴号”水平方向为 1，垂直方向为 A，也可以在编辑框中自行给出其他轴号，或者删除轴号以标注出空白轴号的轴网。

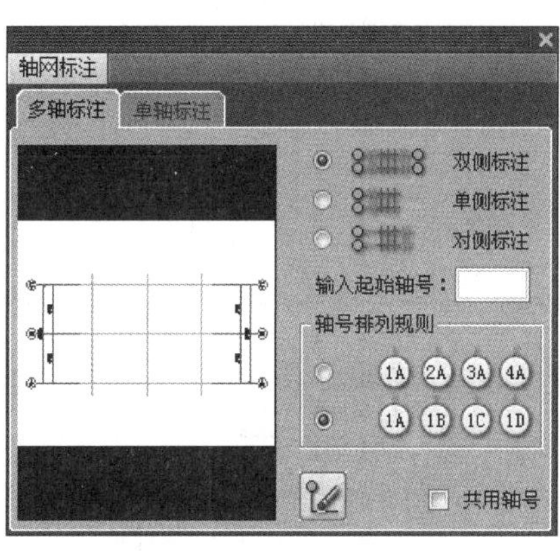

图 2-15　“轴网标注”对话框

1. 执行方式

命令行：ZWBZ

菜单：“轴网柱子”→“轴网标注”

执行上述任意一种执行方式，显示“轴网标注”对话框，如图 2-15 所示。

2. 命令行

```
命令: zwbz
请选择起始轴线<退出>:选择起始轴线
请选择终止轴线<退出>:选择终止轴线
是否为该对象?[是(Y)/否(N)]<Y>:
请选择不需要标注的轴线:回车退出
```

Note

3. 控件说明

输入起始轴号：起始轴号默认值为 1 或者 A。

共用轴号：勾选后，表示起始轴号由已选择的轴号决定。

单侧标注：表示在当前选择一侧的开间(进深)标注轴号和尺寸。

双侧标注：表示在两侧的开间(进深)均标注轴号和尺寸。

删除轴网标注：在已有的轴网标注中删除多余的标注尺寸。

2.3.2 上机练习——轴网标注

练习目标

利用“两点轴标”命令，标注如图 2-16 所示。

设计思路

打开源文件中的“正交轴网”，利用“轴网标注”对话框，选择“双侧标注”“单侧标注”标注开间、进深和轴号，结果如图 2-14 所示。

操作步骤

(1) 单击菜单中“轴网柱子”→“轴网标注”命令，打开“轴网标注”对话框，如图 2-17 所示。

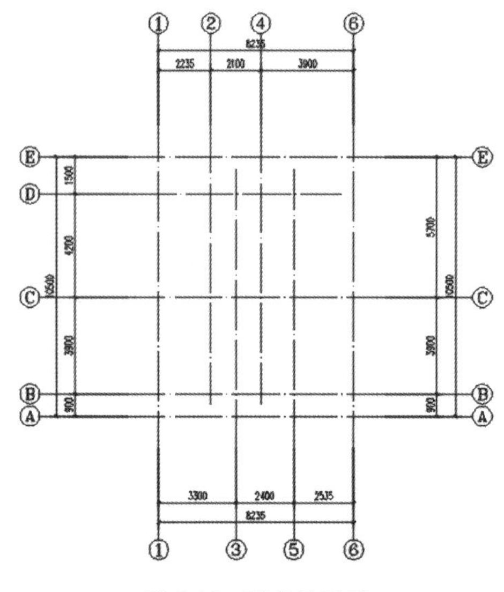

图 2-16　两点轴标图

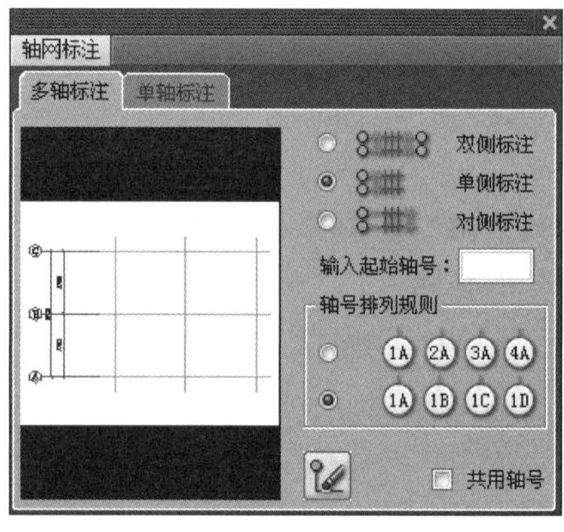

图 2-17　“轴网标注”对话框

(2) 选择“双侧标注”，在“输入起始轴号”文本框中设置起始轴号为“1”。命令行提示如下。

```
命令: zwbz
请选择起始轴线<退出>:选择起始轴线 1
请选择终止轴线<退出>:选择终止轴线 6
请选择不需要标注的轴线:
```

Note

完成竖向轴网标注，如图 2-18 所示。

（3）选择“单侧标注”，在“输入起始轴号”文本框中设置起始轴号为“A”。命令行提示如下。

```
命令：zwbz
请选择起始轴线<退出>：选择起始轴线 A
请选择终止轴线<退出>：选择终止轴线 E
是否为该对象?[是(Y)/否(N)]<Y>：回车退出
请选择不需要标注的轴线：回车退出
```

采用相同的方法标注另外一侧的轴网，最终完成横向轴网标注，如图 2-16 所示。

（4）保存图形。将图形以“轴网标注.dwg”为文件名进行保存。命令行提示如下。

```
命令：SAVEAS↙
```

图 2-18　标注竖向轴网

2.3.3　单轴标注

“单轴标注”命令用于标注指定的轴线的轴号，该命令标注的轴号是一个单独的对象，不参与轴号和尺寸重排，不适用于一般的平面图轴网，适用于立面、剖面、房间详图中标注单独轴号。

执行方式如下。

命令行：DZBZ

菜单：“轴网柱子”→“单轴标注”

执行上述任意一种执行方式，显示“单轴标注”选项卡，如图 2-19 所示。

```
命令：dzbz
单击待标注的轴线<退出>：
```

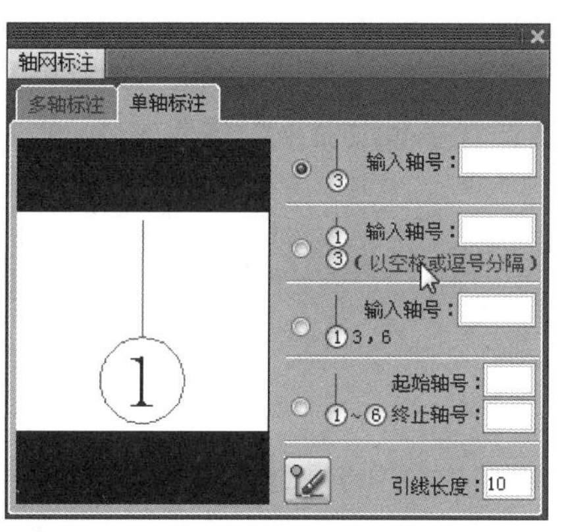

图 2-19　“单轴标注”选项卡

在“起始轴号”文本框中的默认起始轴号。

单轴标注命令是连续执行的命令，可以继续标注多条轴线。

2.3.4　上机练习——单轴标注

练习目标

绘制单轴轴标如图 2-20 所示。

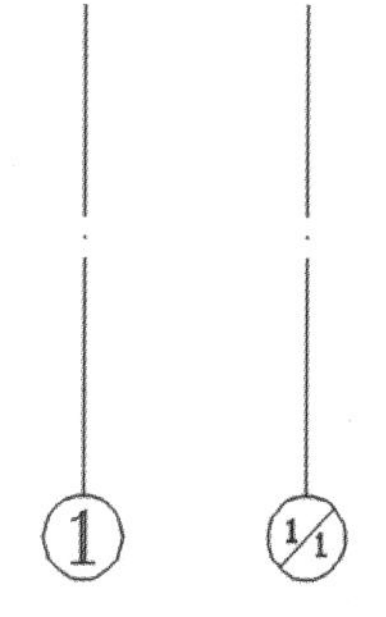

图 2-20　单轴轴标

设计思路

打开源文件中的“正交轴网”，利用“单轴标注”命令，进行单轴轴网的标注。

操作步骤

Note

（1）单击菜单中“轴网柱子”→“单轴标注”命令，打开“单轴标注”选项卡，在“起始轴号”文本框中输入轴号“1”。命令行提示如下。

```
命令：dzbz
点取待标注的轴线<退出>:选择左侧轴线
```

（2）在“起始轴号”文本框中输入轴号“1/1”。

```
点取待标注的轴线<退出>:选择右侧轴线
```

（3）保存图形。将图形以“单轴标注.dwg”为文件名进行保存。命令行提示如下。

```
命令：SAVEAS↙
```

2.4 编辑轴网

当绘制完毕轴线之后，有时需要对绘制的轴网进行修改，就要用到“编辑轴网”命令，包括“添加轴线”“轴线裁剪”“轴改线型”等命令。

2.4.1 添加轴线

添加轴线：参考某一根已经存在的轴线，在其任意一侧添加一根新轴线，把新轴线和轴号一起融入已有的参考轴线。

1. 执行方式

命令行：TJZX

菜单：“轴网柱子”→“添加轴线”

2. 命令行

```
命令：tjzx
选择参考轴线 <退出>:点取参考轴线
新增轴线是否为附加轴线?[是(Y)/否(N)]<N>:
是否重排轴号?[是(Y)/否(N)]<Y>:
距参考轴线的距离<退出>:键入距参考轴线的距离
```

2.4.2 上机练习——添加轴线

练习目标

添加轴线如图 2-21 所示。

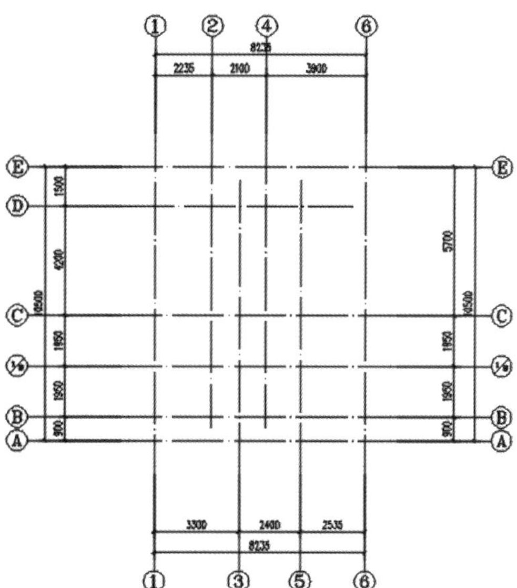

图 2-21　添加轴线

设计思路

打开源文件中的"轴网标注",利用"添加轴线"命令,在 B 轴线上侧添加轴线。

操作步骤

(1) 单击菜单中"轴网柱子"→"添加轴线"命令,添加 B 轴线上侧的辅助轴线,距离 B 轴线的距离为 1950,如图 2-9 所示。命令行提示如下。

```
命令: tjzx
选择参考轴线 <退出>:选择轴线 B
新增轴线是否为附加轴线?[是(Y)/否(N)]<N>: Y
是否重排轴号?[是(Y)/否(N)]<Y>: N
距参考轴线的距离<退出>: 1950(偏移方向为 B 方向)
```

(2) 保存图形。将图形以"添加轴线.dwg"为文件名进行保存。命令行提示如下。

```
命令: SAVEAS↙
```

2.4.3　轴线裁剪

"轴线裁剪"命令可以与 AutoCAD 中的"修剪"命令相结合,用于调整轴线的长度。

1. 执行方式

命令行: ZXCJ

菜单: "轴网柱子"→"轴线裁剪"

2. 命令行

```
命令: zxcj
矩形的第一个角点或 [多边形裁剪(P)/轴线取齐(F)]<退出>:
```

Note

2.4.4 上机练习——轴线剪裁

练习目标

绘制轴线剪裁如图 2-22 所示。

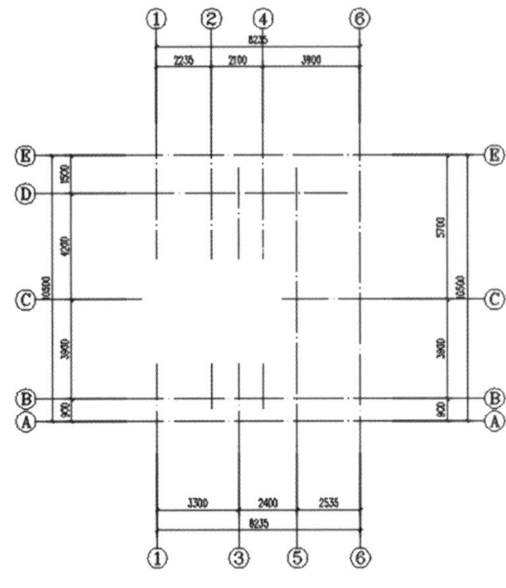

图 2-22　轴线剪裁图

设计思路

打开源文件中的“轴网标注”图形，单击“轴线裁剪”命令，自左下侧向右上侧指定矩形的两个角点，修剪轴线。

操作步骤

(1) 单击菜单中“轴网柱子”→“轴线裁剪”命令，指定矩形的两个角点，命令交互执行方式如下：

```
命令: zxcj
矩形的第一个角点或 [多边形裁剪(P)/轴线取齐(F)]<退出>:点取左下侧
另一个角点<退出>:点取右上侧
```

轴线裁剪图如图 2-22 所示。

(2) 保存图形。将图形以“轴线裁剪.dwg”为文件名进行保存。命令行提示如下。

```
命令: SAVEAS↙
```

2.4.5 轴改线型

“轴改线型”命令是将轴网命令中生成的默认线型实线改为点划线，实现在点划线

和实线之间的转换。实现轴改线型时，也可以通过 AutoCAD 命令，将轴线所在图层的线型改为点划线。

建筑制图要求轴线必须使用点划线，但由于点划线不便于对象捕捉，因此在绘图过程使用实线，在输出的时候切换为点划线。

执行方式如下：

命令行：ZGXX

菜单："轴网柱子"→"轴改线型"

2.4.6 上机练习——轴改线型

练习目标

线型改变前如图 2-23 所示，线型改变后如图 2-24 所示。

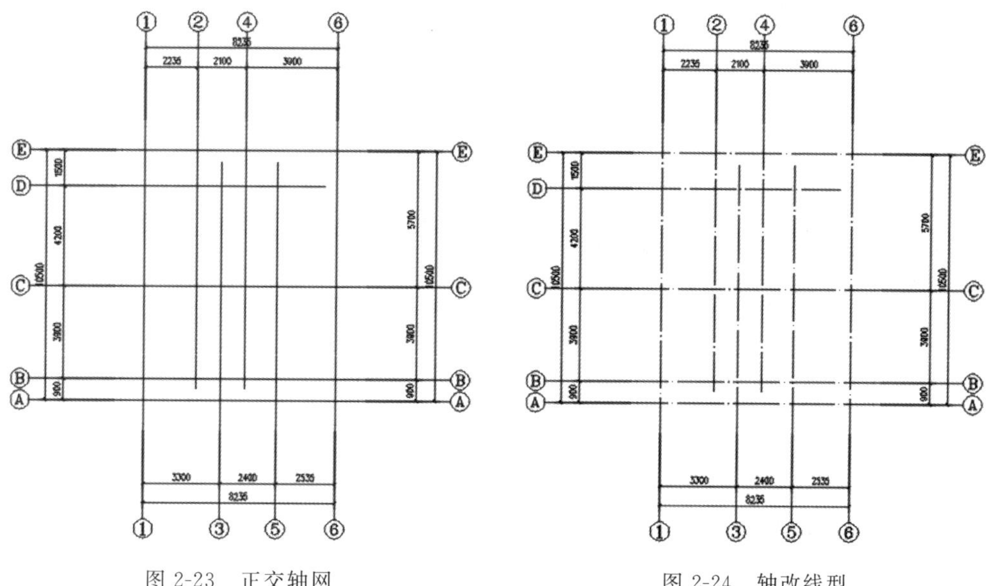

图 2-23 正交轴网　　图 2-24 轴改线型

设计思路

打开源文件中的"轴网标注"，使用"轴改线型"命令，修改线型。

操作步骤

(1) 单击菜单中"轴网柱子"→"轴改线型"命令，将轴线由实线转为点划线线型，结果如图 2-23 所示。

```
命令：zgxx
```

(2) 保存图形。将图形以"轴改线型.dwg"为文件名进行保存。命令行提示如下。

```
命令：SAVEAS↙
```

2.5 轴号编辑

本节主要讲解轴号编辑中的添补、删除、重排、倒排轴号和轴号夹点编辑等功能。轴号编辑常用到命令为“添补轴号”“删除轴号”。

2.5.1 添补轴号

“添补轴号”功能是在矩形、弧形、圆形轴网中对新添加的轴线添加轴号，新添加的轴号与原有的轴号相关联，但不会生成轴线，也不会更新尺寸标注，但是命令行会提示是否重排轴号。

1. 执行方式

命令行：TBZH

菜单：“轴网柱子”→“添补轴号”

2. 命令行

```
命令: tbzh
请选择轴号对象<退出>:选择与新轴号相连邻的轴号
请点取新轴号的位置或 [参考点(R)]<退出>:取新增轴号一侧,同时输入间距
新增轴号是否双侧标注?[是(Y)/否(N)]<Y>:
新增轴号是否为附加轴号?[是(Y)/否(N)]<N>:
是否重排编号?[是(Y)/否(N)]<N>:
```

2.5.2 上机练习——添补轴号

练习目标

添加单侧的轴号⑦，如图 2-25 所示。

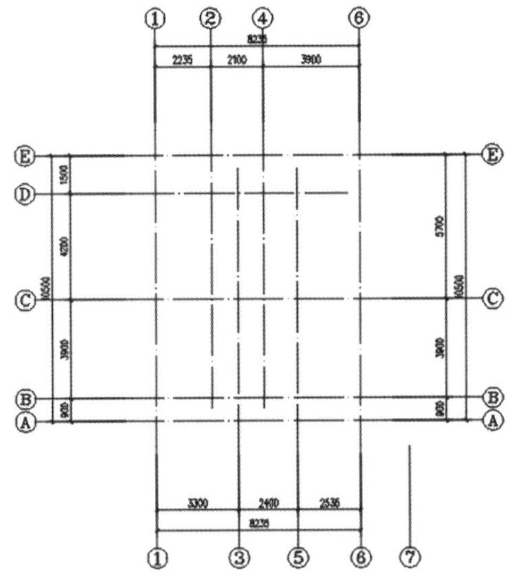

图 2-25 添补轴号

设计思路

打开源文件中的“轴网标注”，单击“添补轴号”命令，在轴号⑥右下侧添加距离为2000的单侧轴号⑦。

操作步骤

（1）单击菜单中“轴网柱子”→“添补轴号”命令，在轴号⑥右下侧添加轴号⑦，如图2-18所示。命令行提示如下。

```
命令：tbzh
请选择轴号对象<退出>:选择轴号⑥
请点取新轴号的位置或［参考点(R)]<退出>: <正交 开> 2000
新增轴号是否双侧标注?[是(Y)/否(N)]<Y>: N
新增轴号是否为附加轴号?[是(Y)/否(N)]<N>: N
是否重排编号?[是(Y)/否(N)]<N>:N
```

（2）保存图形。将图形以“添补轴号.dwg”为文件名进行保存。命令行提示如下。

```
命令：SAVEAS↙
```

2.5.3　删除轴号

“删除轴号”命令用于删除不需要的轴号，可框选多个轴号一次删除。

1．执行方式

命令行：SCZH

菜单：“轴网柱子”→“删除轴号”

2．命令行

```
命令：sczh
请框选轴号对象<退出>:选择需要删除轴号
是否重排轴号?[是(Y)/否(N)]<Y>:
```

2.5.4　上机练习——删除轴号

练习目标

绘制删除轴号如图2-26所示。

设计思路

打开源文件中的“添补轴号”，单击“删除轴号”命令，将上个上机练习中的轴号⑦删除。

操作步骤

（1）单击菜单中“轴网柱子”→“删除轴号”命令，框选轴号⑦，选择不重排轴号的方

Note

Note

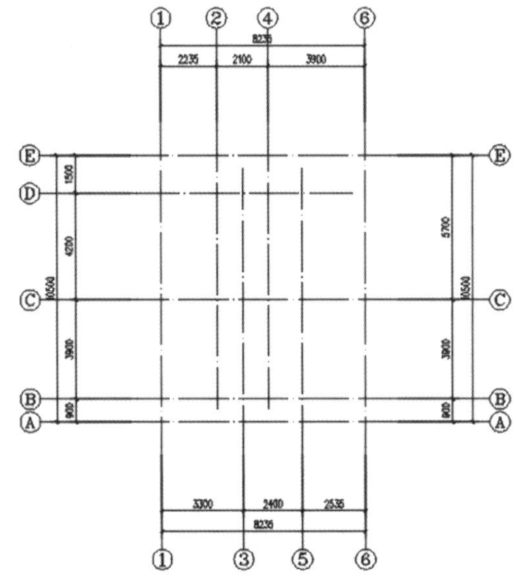

图 2-26　删除轴号

式，进行删除，结果如图 2-26 所示。命令行提示如下。

```
请框选轴号对象<退出>:选 5 轴左下侧
是否重排轴号?[是(Y)/否(N)]<Y>:N。
```

(2) 保存图形。将图形以“删除轴号.dwg”为文件名进行保存。命令行提示如下。

```
命令: SAVEAS↙
```

2.5.5　一轴多号

一轴多号命令用于平面图中同一部分由多个分区共用的情况，利用多个轴号共用一根轴线，可以节省图面和工作量，本命令将已有轴号作为源轴号进行多排复制。

1. 执行方式

命令行：YZDH

菜单：“轴网柱子”→“一轴多号”

2. 命令行

```
命令: yzdh
当前: 忽略附加轴号。状态可在高级选项中修改。
请选择已有轴号或[框选轴圈局部操作(F)/单侧创建多号(Q)]<退出>:选择下侧水平方向的轴号
请选择已有轴号:
请输入复制排数<1>:1。
```

2.5.6　上机练习——一轴多号

练习目标

绘制一轴多号如图 2-27 所示。

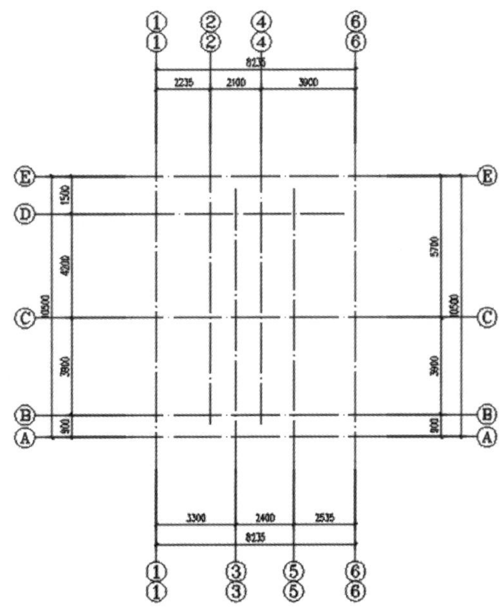

图 2-27　一轴多号图

设计思路

打开源文件中的“轴网标注”图形，单击轴号系统，利用“一轴多号”命令，添加多个轴号。

操作步骤

(1) 单击菜单中“轴网柱子”→“一轴多号”命令，框选轴号①～⑥，复制的排数设置为“1”，结果如图 2-27 所示。命令行提示如下。

```
命令: yzdh
当前: 忽略附加轴号。状态可在高级选项中修改。
请选择已有轴号或[框选轴圈局部操作(F)/单侧创建多号(Q)]<退出>:选择水平方向的轴号
请选择已有轴号:
请输入复制排数<1>:1
```

(2) 保存图形。将图形以“一轴多号.dwg”为文件名进行保存。命令行提示如下。

```
命令: SAVEAS↙
```

2.5.7　轴号隐现

“轴号隐现”命令用于在平面轴网中控制单个或多个轴号的隐藏与显示，功能相当

于轴号的对象编辑操作中的“变标注侧”“单轴变标注侧”，为了方便用户使用而改为独立命令。

Note

本命令通过右键菜单启动，执行命令前，应先单击轴号系统，执行命令后，轴号排序方向发生变化。

1. 执行方式

命令行：ZHYX

菜单：“轴网柱子”→“轴号隐现”

2. 命令行

```
命令:zhyx
请选择需隐藏的轴号或[显示轴号(F)/设为双侧操作(Q), 当前: 单侧隐藏]<退出>:框选要隐藏的轴号
请选择需隐藏的轴号或[显示轴号(F)/设为双侧操作(Q), 当前: 单侧隐藏]<退出>:回车
```

2.5.8 上机练习——轴号隐现

练习目标

轴号隐现如图 2-28 所示。

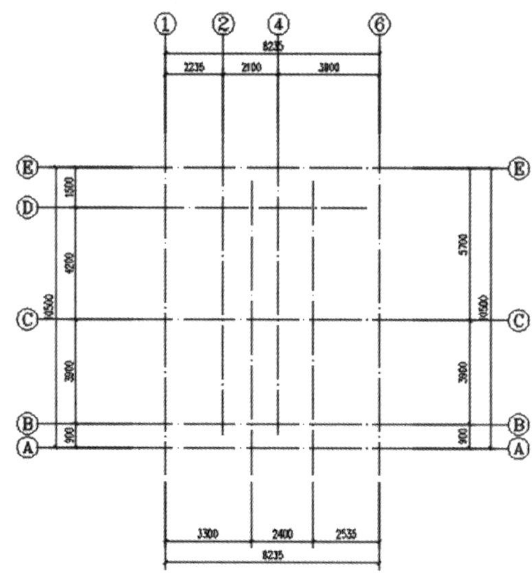

图 2-28 轴号隐现

设计思路

打开源文件中的“轴网标注”文件，单击“轴号隐现”命令，将下侧水平方向上的轴号隐藏。

操作步骤

(1) 单击菜单中“轴网柱子”→“轴号隐现”命令，框选下侧的轴号，将下侧的轴号隐

藏,结果如图 2-28 所示。命令行提示如下。

```
命令:zhyx
请选择需隐藏的轴号或 [显示轴号(F)/设为双侧操作(Q),当前:单侧隐藏] <退出>:(框选要隐藏轴线)
请选择需隐藏的轴号或 [显示轴号(F)/设为双侧操作(Q),当前:单侧隐藏] <退出>:回车
```

(2) 保存图形。将图形以"轴号隐现.dwg"为文件名进行保存。命令行提示如下。

```
命令: SAVEAS↙
```

2.5.9　主附转换

"主附转换"命令用于在平面图中将主轴号转换为附加轴号,或者反过来将附加轴号转换回主轴号,本命令的重排模式对轴号编排方向的所有轴号进行重排。

1. 执行方式

命令行:ZFZH

菜单:"轴网柱子"→"主附转换"

2. 命令行

```
命令: zfzh
请选择需主号变附的轴号或 [附号变主(F)/设为不重排(Q),当前:重排] <退出>:
```

2.5.10　上机练习——主附转换

练习目标

绘制主附转换如图 2-29 所示。

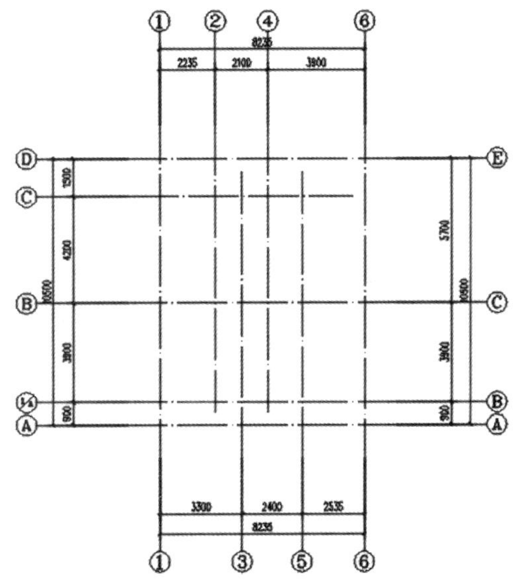

图 2-29　主附转换

设计思路

打开源文件中的"轴网标注",利用"主附转换"命令,将左侧竖向方向上的轴号进行轴号主附转换。

操作步骤

(1) 单击菜单中"轴网柱子"→"主附转换"命令,选择左侧竖向方向上的轴号Ⓑ,将轴号Ⓑ隐藏,左侧竖向方向上的轴号重排,结果如图 2-29 所示。

```
命令: zfzh
请选择需主号变附的轴号或 [附号变主(F)/设为不重排(Q), 当前: 重排] <退出>:选择轴号 B
请选择需主号变附的轴号或 [附号变主(F)/设为不重排(Q), 当前: 重排] <退出>:
```

(2) 保存图形。将图形以"主附转换.dwg"为文件名进行保存。命令行提示如下。

```
命令: SAVEAS↙
```

第3章

墙体

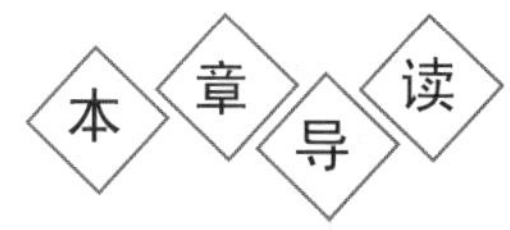

墙体是建筑物中的核心部分，在绘制的墙体上插入柱子和门窗时，会自动修剪墙体，也是划分墙体的依据。墙体可以利用天正建筑中的“墙体”菜单来绘制。通过学习本章，读者不仅要掌握墙体的创建和编辑功能，还要掌握墙体编辑、立面和内外墙识别工具。

学 习 要 点

- 墙体的创建
- 墙体的编辑工具
- 墙体编辑
- 墙体内外识别工具

3.1 墙体的创建

一个墙对象是柱间或墙角间具有相同特性的一段直墙或弧墙单元，墙对象与柱子围合而成的区域就是房间，墙对象中的“虚墙”作为逻辑构件，围合建筑中挑空的楼板边界与功能划分的边界（如同一空间内餐厅与客厅的划分），可以查询得到各自的房间面积数据。

墙体是建筑物中最重要组成部分，可使用“绘制墙体”“单线变墙”“等分加墙”等命令创建。墙体的创建分以下几种方式。

3.1.1 绘制墙体

单击“绘制墙体”命令或者“单线变墙”命令绘制墙体，启动如图 3-1 所示对话框，绘制的墙体自动处理墙体交接处的接头形式。

执行方式如下。

命令行：HZQT

菜单：“墙体”→“绘制墙体”

执行上述任意一种执行方式，显示“墙体”面板，如图 3-1 所示。

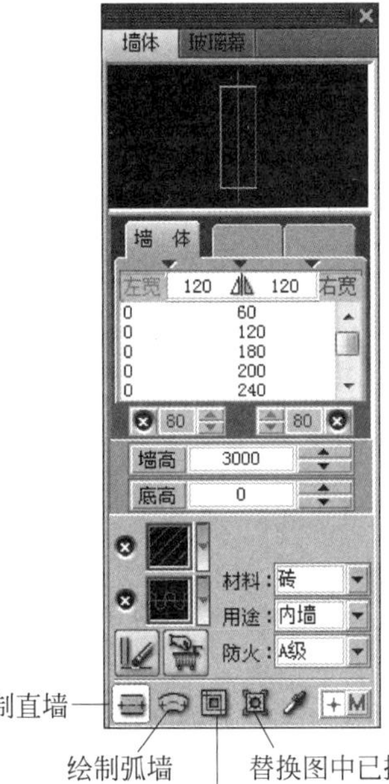

图 3-1 “墙体”面板

面板中用到的控件说明如下：

墙宽组：对应有相应材料的常用的墙宽数据，可以对其中数据进行增加和删除。

墙高：表明墙体的高度，单击输入高度数据或通过右侧下拉菜单获得。

底高：表明墙体底部高度，单击输入高度数据或通过右侧下拉菜单获得。

材料：表明墙体的材质，单击下拉菜单选定。

用途：表明墙体的类型，单击下拉菜单选定。

绘制直墙：绘制直线墙体。

绘制弧墙：绘制带弧度墙体。

回形墙：利用矩形直接绘制墙体。

替换图中已插入的墙：以当前参数的墙体替换图上已有的墙体，可以单个替换或者以窗选成批替换。

3.1.2 上机练习——绘制墙体

练习目标

绘制的墙体如图 3-2 所示。

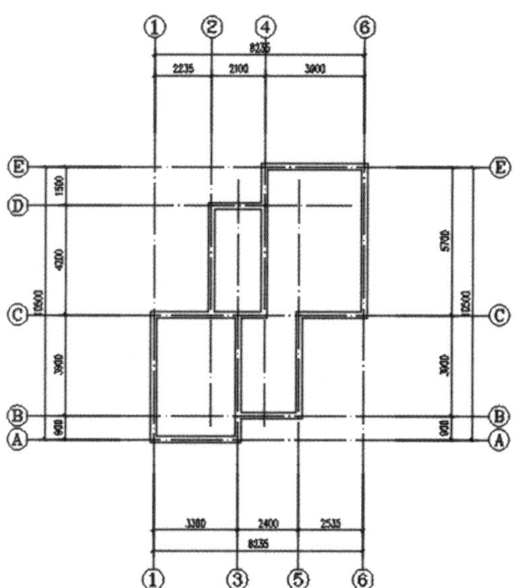

图 3-2　绘制墙体

设计思路

打开源文件中的“轴网标注”上，利用“绘制墙体”命令，打开“墙体”面板，绘制外墙和内墙。

操作步骤

(1) 单击菜单中“墙体”→“绘制墙体”命令，打开“墙体”面板，如图 3-3 所示，设置墙体宽度为“240”，墙高为“3300”，绘制外墙，结果如图 3-4 所示。

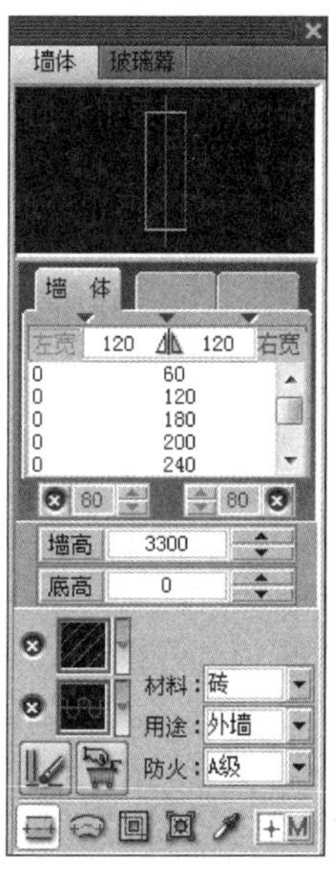

图 3-3　“墙体”面板

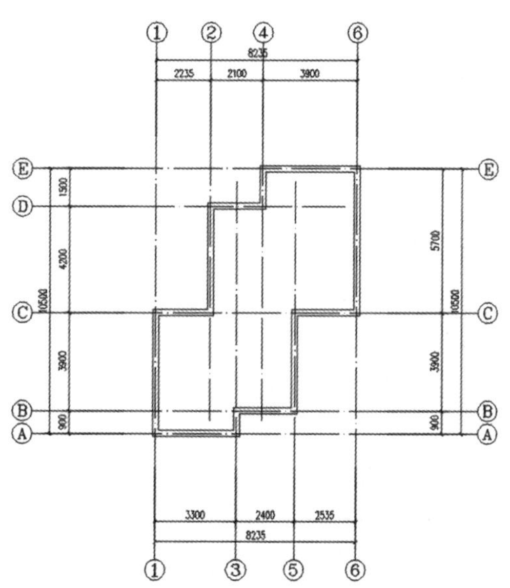

图 3-4　绘制外墙

Note

(2) 继续绘制墙体，宽度为 240，墙高为 3300 的内墙，对话框如图 3-5 所示，最终结果如图 3-2 所示。

(3) 保存图形。将图形以“绘制墙体.dwg”为文件名进行保存。命令行提示如下。

```
命令: SAVEAS↙
```

图 3-5　绘制内墙

3.1.3　单线变墙

采用“单线变墙”命令可以把 AutoCAD 绘制的直线、多段线、圆或者圆弧作为基准生成墙体。

1. 执行方式

命令行：DXBQ

菜单：“墙体”→“单线变墙”

执行上述任意一种执行方式，显示对话框如图 3-6 所示，左侧为“轴网生墙”，右侧为“单线生墙”。

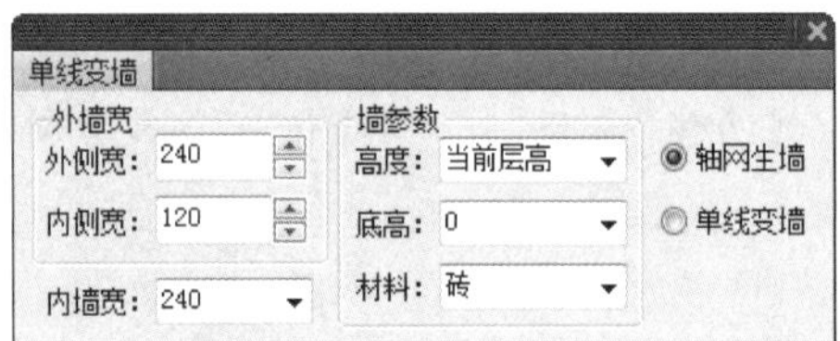

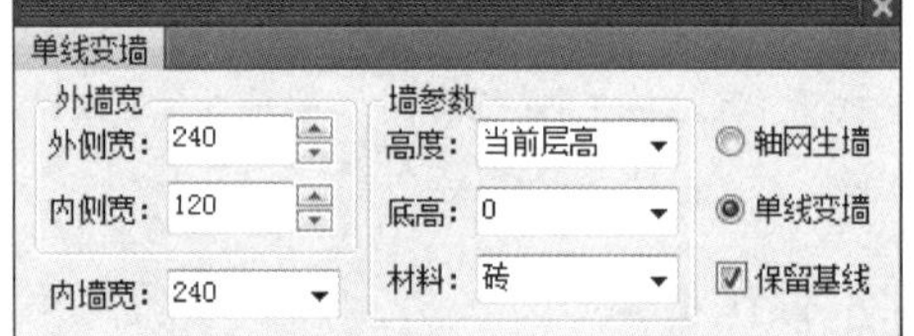

图 3-6　“单线变墙”对话框

2. 命令提示

```
选择要变成墙体的直线、圆弧或多段线:选择轴线
处理重线...
处理交线...
识别外墙...
```

3. 对话框中用到的控件说明

外侧宽：外墙外侧距离定位线的距离，可直接输入。

内侧宽：外墙内侧距离定位线的距离，可直接输入。

内墙宽：内墙宽度，定位线居中，可直接输入。

高度：单线变墙的高度。

底高：单线变墙的底部高度。

材料：单线变墙的墙体材料。

轴网生墙：选定此复选框后，表示基于轴网创建墙体，此时只选取轴线对象。

单线变墙：由一条直线生成墙体。

保留基线：单线生墙中原有基线是否保留，一般不保留。

3.1.4　上机练习——单线变墙

练习目标

单线变墙如图 3-7 所示。

设计思路

打开源文件中的"绘制墙体"图形，单击"单线变墙"命令，绘制 240 宽的内墙。

操作步骤

（1）单击菜单中"轴网柱子"→"添加轴线"命令，添加辅助轴线，如图 3-8 所示。

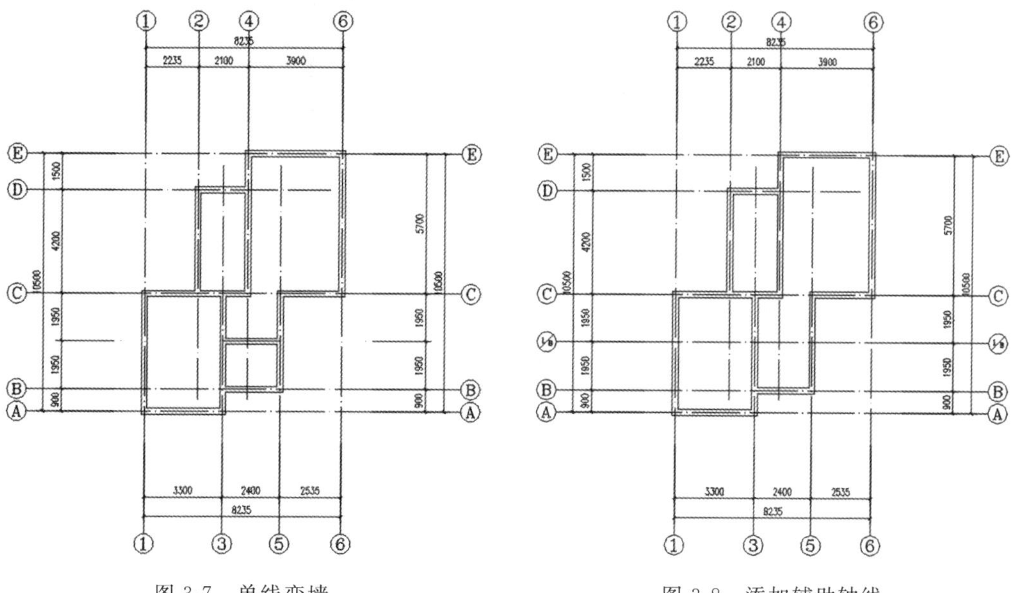

图 3-7　单线变墙　　　　图 3-8　添加辅助轴线

（2）选中绘制的辅助直线，调整直线的长度，如图 3-9 所示。

（3）单击菜单中"轴网柱子"→"删除轴号"命令，删除两侧的辅助轴号，如图 3-10 所示。

（4）单击菜单中"墙体"→"单线变墙"命令，显示"单线变墙"对话框，将"内墙宽"设置为"240"，"高度"设置为"3300"，并选择"单线边墙"以及"保留基线"，如图 3-11 所示。

（5）单击绘图区域，命令行提示如下。

```
选择要变成墙体的直线、圆弧或多段线：选择刚刚绘制的轴线
处理重线…
处理交线…
识别外墙…
```

生成的墙体如图 3-7 所示。

Note

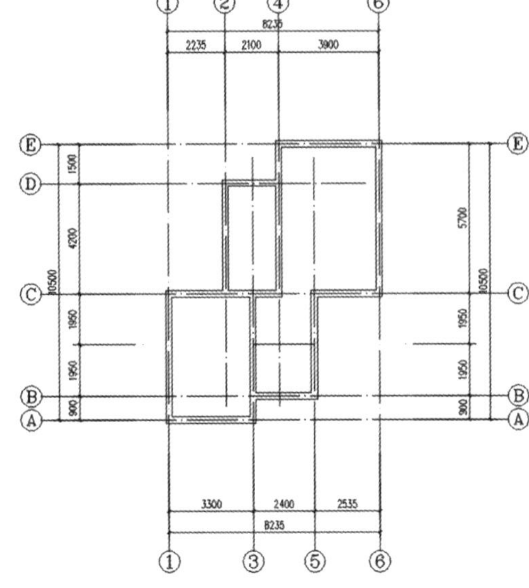

图 3-9　调整直线长度

图 3-10　删除轴号

图 3-11　“单线变墙”对话框

(6) 保存图形。将图形以“单线变墙.dwg”为文件名进行保存。命令行提示如下。

```
命令：SAVEAS↙
```

3.1.5　等分加墙

“等分加墙”命令用于在已有的大房间按等分的原则划分出多个小房间。将一段墙在纵向等分，垂直方向加入新墙体，同时新墙体延伸到给定边界。本命令有三种相关墙体参与操作过程，有参照墙体、边界墙体和生成的新墙体。

1. 执行方式

命令行：DFJQ

菜单：“墙体”→“等分加墙”

此时显示面板如图 3-12 所示。

图 3-12　“等分加墙”面板

2. 命令行

```
选择等分所参照的墙段<退出>:选择要等分的墙段
```

在面板中选择相应的数据，在绘图区域内单击，进入绘图区，命令行提示如下。

选择作为另一边界的墙段<退出>:选择新加墙体要延伸到的墙线

3. 控件说明

等分数：墙体段数加1,数值可直接输入或上下箭头选定。

材料：确定新加墙体的材料构成,从右侧下拉菜单中选定。

墙厚：确定新加墙体的厚度,数值可直接输入或从右侧下拉菜单中选定。

用途：确定新加墙体的类型,从右侧下拉菜单中选定。

3.1.6 上机练习——等分加墙

练习目标

绘制等分加墙如图3-13所示。

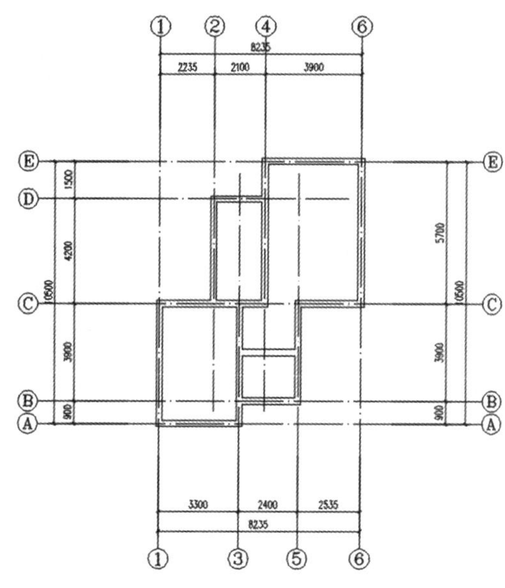

图3-13 等分加墙

设计思路

打开源文件中的"绘制墙体"图形,单击"等分加墙"命令,绘制240宽的内墙。

操作步骤

(1) 单击菜单中"墙体"→"等分加墙"命令,打开"等分加墙"对话框,设置"等分数"为"2",绘制240的内墙,如图3-14所示,结果如图3-13所示。

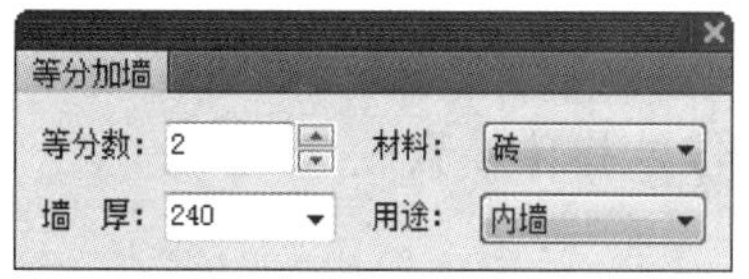

图3-14 "等分加墙"对话框

命令行提示如下。

选择等分所参照的墙段<退出>:选择③轴线上的墙体
选择作为另一边界的墙段<退出>:选⑤轴线上的墙体

（2）保存图形。将图形以“等分加墙.dwg”为文件名进行保存。命令行提示如下。

```
命令：SAVEAS↙
```

Note

3.1.7 墙体分段

本命令可预设分段的目标：给定墙体材料、保温层厚度、左右墙宽，然后以该参数对墙进行多次分段操作，不需要每次分段重复输入，既可分段为玻璃幕墙，又能将玻璃幕墙分段为其他墙。

执行方式如下。

命令行：QTFD

菜单：“墙体”→“墙体分段”

执行上述任意一种执行方式，打开“墙体分段设置”对话框，如图 3-15 所示。

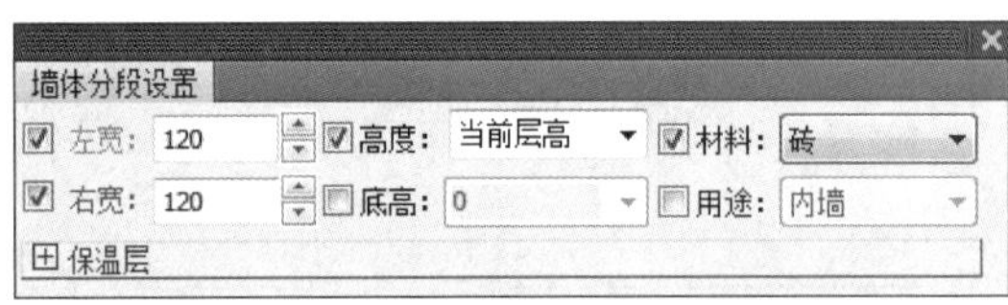

图 3-15 “墙体分段设置”对话框

单击命令后，命令行提示如下。

```
命令：QTFD
请选择一段墙 <退出>:
选择起点<返回>:
选择终点<返回>:
```

3.1.8 上机练习——墙体分段

练习目标

墙体分段如图 3-16 所示。

设计思路

打开源文件中的“绘制墙体”图形，单击“墙体分段”命令，设置相关的参数，将图中的轴线一分为二。

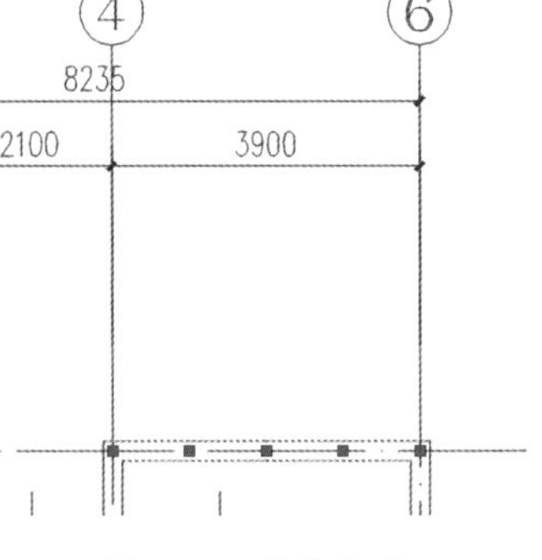

图 3-16 墙体分段

操作步骤

（1）单击菜单中“墙体”→“墙体分段”命令，进行相关属性的设置，如图 3-17 所示。

（2）选择如图 3-16 所示的墙体，以墙体的中点为分界点，将墙体一分为二。

（3）保存图形。将图形以“墙体分段.dwg”为文件名进行保存。命令行提示如下。

```
命令：SAVEAS↙
```

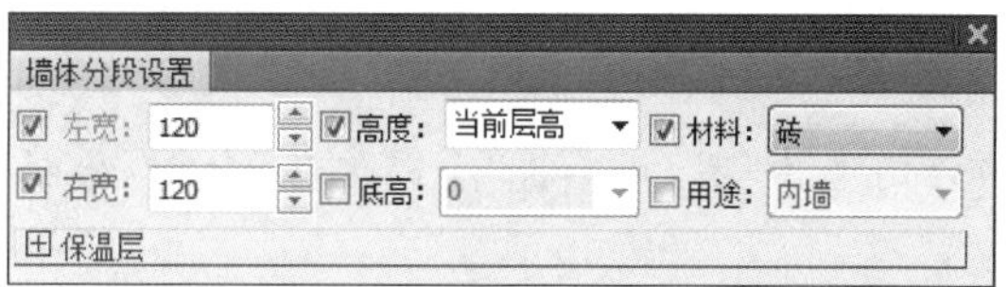

图 3-17　"墙体分段设置"对话框

3.1.9　净距偏移

本命令功能类似 AutoCAD 的 Offset(偏移)命令,可以用于室内设计中,以测绘净距建立墙体平面图的场合,命令自动处理墙端交接,偏移距离如图 3-18 所示。

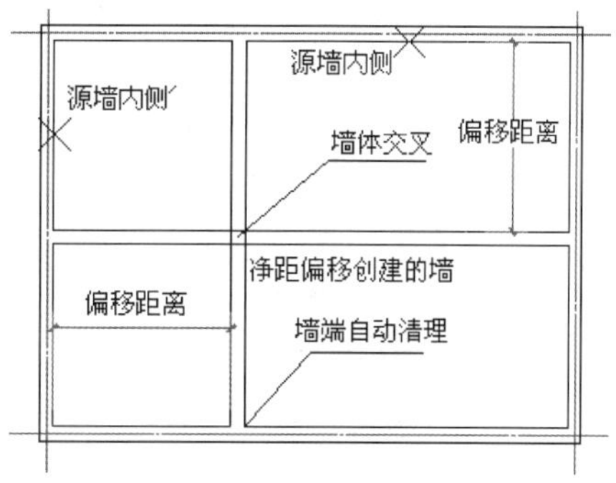

图 3-18　偏移距离

1. 执行方式

命令行:JJPY

菜单:"墙体"→"净距偏移"

2. 命令行

```
命令: JJPY
输入偏移距离<1830>:
请点取墙体一侧<退出>:
请点取墙体一侧<退出>:
```

3.1.10　上机练习——净距偏移

练习目标

净距偏移如图 3-19 所示。

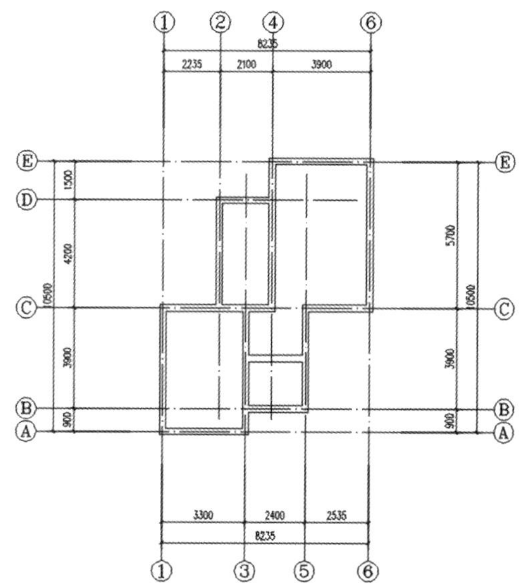

图 3-19　净距偏移

设计思路

打开源文件中的“绘制墙体”图形，单击“净距偏移”命令，绘制内墙。

Note

操作步骤

(1) 单击菜单中“墙体”→“净距偏移”命令，偏移距离设置为“1710”，绘制内墙，结果如图 3-19 所示，命令行提示如下。

```
命令：JJPY
```

输入偏移距离＜1830＞：1710

请点取墙体一侧＜退出＞：

请点取墙体一侧＜退出＞：

(2) 保存图形。将图形以“净距偏移.dwg”为文件名进行保存。命令行提示如下。

```
命令：SAVEAS↙
```

3.2 墙体的编辑工具

使用“对象编辑”命令即可单段修改墙厚，本命令按照墙基线居中的规则批量修改多段墙体的厚度，但不适合修改偏心墙。

3.2.1 改墙厚

“改墙厚”命令用于批量修改多段墙体的厚度，墙线一律改为居中。

执行方式如下。

命令行：GQH

菜单：“墙体”→“墙体工具”→“改墙厚”

单击命令菜单后，命令行提示如下。

```
命令：GQH
选择墙体：选择要修改的墙体
新的墙宽<240>:输入墙体的新厚度
```

3.2.2 上机练习——改墙厚

练习目标

改墙厚如图 3-20 所示。

设计思路

打开源文件中的“绘制墙体”图形，单击“改墙厚”命令，将内墙宽度设置为“120”。

操作步骤

(1) 单击菜单中“墙体”→“墙体工具”→“改墙厚”命令，将内墙宽度设置为“120”。

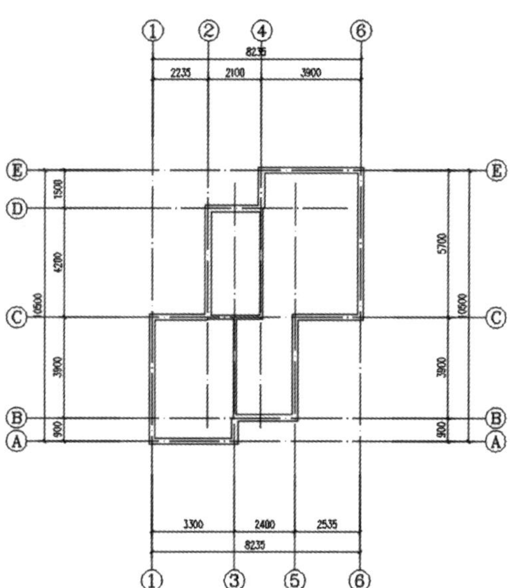

图 3-20 改墙厚

命令行提示如下。

```
选择墙体: 选择内墙
新的墙宽<240>:120
```

绘制结果如图 3-20 所示。

(2) 保存图形。将图形以"改墙厚.dwg"为文件名进行保存。命令行提示如下。

```
命令: SAVEAS↙
```

3.2.3 改外墙厚

"改外墙厚"命令用于整体修改外墙的厚度。

执行方式如下。

命令行：GWQH

菜单："墙体"→"墙体工具"→"改外墙厚"

单击命令菜单后,命令行提示如下。

```
命令: GWQH
请选择外墙:框选外墙
内侧宽<120>:输入外墙基线到外墙内侧边线的距离
外侧宽<240>:输入外墙基线到外墙外侧边线的距离
```

3.2.4 上机练习——改外墙厚

练习目标

改外墙厚如图 3-21 所示。

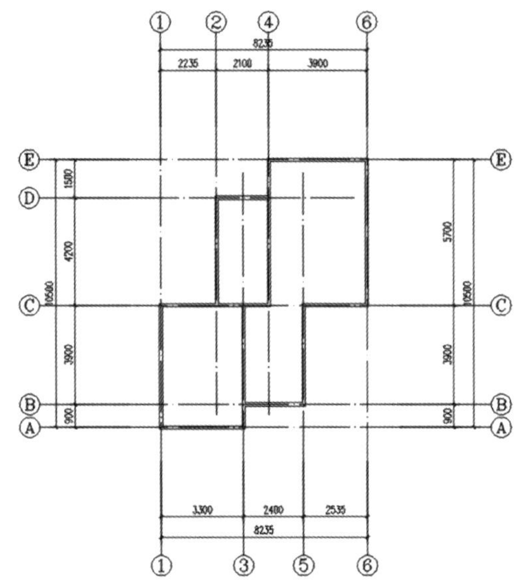

图 3-21　改墙厚

设计思路

打开源文件中的“改墙厚”图形，单击“改外墙厚”命令，将外墙的厚度设置为“120”。

操作步骤

(1) 单击菜单中“墙体”→“墙体工具”→“改外墙厚”，框选外墙，修改墙厚为“120”，命令行提示如下。

```
命令：GWQH
请选择外墙：框选外墙
内侧宽<120>:120
外侧宽<120>:120
```

绘制结果如图 3-21 所示。

(2) 保存图形。将图形以“改外墙厚.dwg”为文件名进行保存。命令行提示如下。

```
命令：SAVEAS↙
```

3.2.5　改高度

本命令可对选中的柱、墙体及其造型的高度和底标高成批进行修改，是调整这些构件竖向位置的主要手段。修改底标高时，门窗底的标高可以和柱、墙联动修改。

执行方式如下。

命令行：GGD

菜单：“墙体”→“墙体工具”→“改高度”

单击命令后，命令行提示如下。

请选择墙体、柱子或墙体造型：选择需要修改的高度的墙体，柱子，或墙体造型
新的高度<3000>：输入选择对象的新高度
新的标高<0>：输入选择对象的底面标高
是否维持窗墙底部间距不变？[是(Y)/否(N)]<N>：确定门窗底标高是否同时根据新标高进行改变。

选项中 Y 表示门窗底标高变化时相对墙底标高不变，选项中 N 表示门窗底标高变化时相对墙底标高变化。

回应完毕，选中的柱、墙体及造型的高度和底标高按给定值修改。如果墙底标高不变，窗墙底部间距不论输入 Y 或 N 都没有关系，但如果墙底标高改变了，就会影响窗台的高度，比如底标高原来是 0，新的底标高是－300，以 Y 响应时，各窗的窗台相对墙底标高而言高度维持不变，但从立面图看就是窗台随墙下降了 300；如以 N 响应，则窗台高度相对于底标高间距就作了改变，而从立面图看窗台却没有下降，如图 3-22 所示。

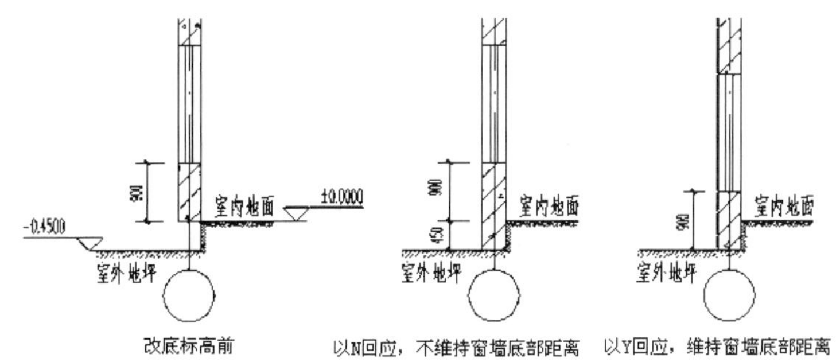

图 3-22　门窗底标高

3.2.6　上机练习——改高度

练习目标

改高度如图 3-23 所示。

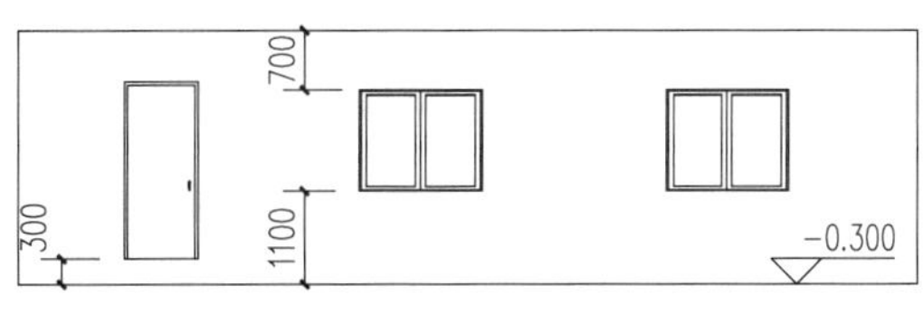

图 3-23　改高度

设计思路

打开源文件中的“原图”图形，如图 3-23 所示，单击“改高度”命令，墙体高度不变，标高移动 300，门窗底部间距随之发生改变。

操作步骤

(1) 单击菜单中“墙体”→“墙体工具”→“改高度”，墙体高度仍为 3000，将墙体的标高向下移动 300，门窗底部间距随之发生改变。命令行提示如下。

```
请选择墙体、柱子或墙体造型：选墙体
请选择墙体、柱子或墙体造型：
新的高度<3000>:3000
新的标高<0>:-300
是否维持窗墙底部间距不变?[是(Y)/否(N)]<N>:N
```

Note

命令执行完毕后如图 3-24 所示。

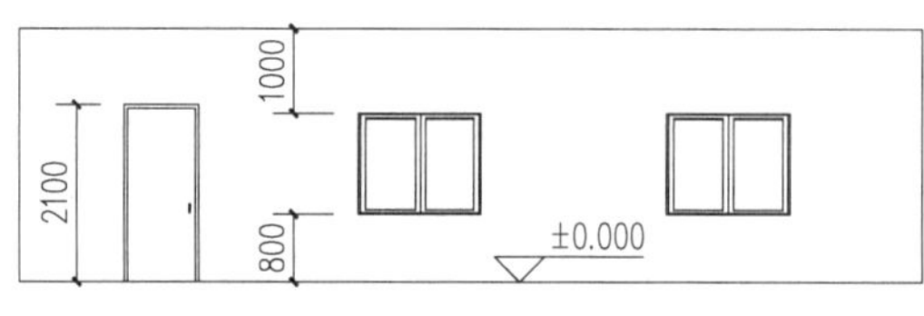

图 3-24　原图

（2）保存图形。将图形以"改高度.dwg"为文件名进行保存。命令行提示如下。

```
命令：SAVEAS↙
```

3.2.7　改外墙高

"改外墙高"命令仅可改变外墙高度，同"改墙高"命令类似，执行前先做内外墙识别工作，自动忽略内墙。

执行方式如下。

命令行：GWQG

菜单："墙体"→"墙体工具"→"改外墙高"

单击命令后，命令行提示如下。

```
请选择外墙：回车
新的高度<3000>:输入选择对象的新高度
新的标高<0>:输入选择对象的底面标高
是否保持墙上门窗到墙基的距离不变?[是(Y)/否(N)]<N>:确定门窗底标高是否同时根据新标
高进行改变
```

选项中 Y 表示门窗底标高变化时相对墙底标高不变，选项中 N 表示门窗底标高变化时相对墙底标高变化，操作同"改墙高"。

3.2.8　平行生线

"平行生线"命令类似于 AutoCAD 的偏移命令，生成一条与墙线（分侧）平行的曲线，也可以用于柱子，生成与柱子周边平行的一圈粉刷线、勒脚线等。如图 3-25 所示的外墙勒脚。

执行方式如下。

命令行：PXSX

菜单："墙体"→"墙体工具"→"平行生线"

在单击菜单命令后，命令行提示如下。

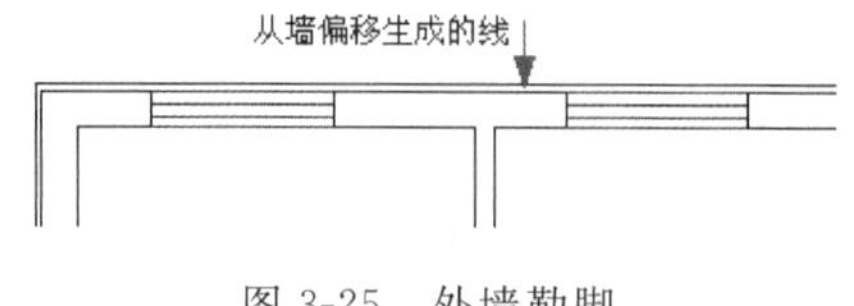

图 3-25　外墙勒脚

```
请点取墙边或柱子<退出>:
是否为该对象?[是(Y)/否(N)]<Y>: Y
输入偏移距离<100>:
```

3.2.9　上机练习——平行生线

练习目标

平行生线如图 3-26 所示。

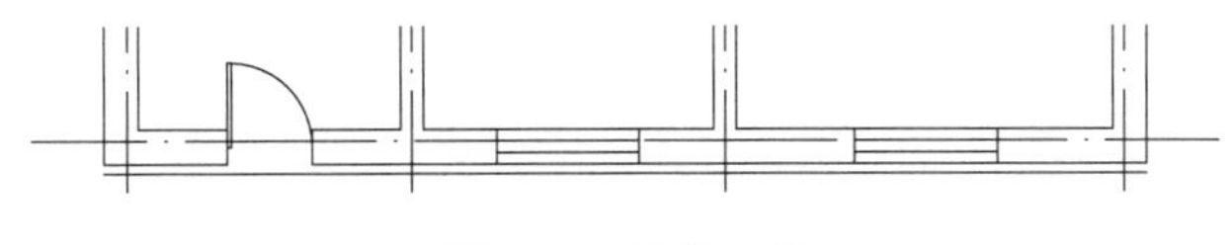

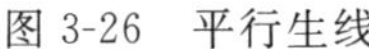

图 3-26　平行生线

设计思路

打开源文件中的"原图 1"图形，单击"平行生线"命令，偏移的距离设置为 100，在墙体下侧平行生线。

操作步骤

(1) 单击菜单中"墙体"→"墙体工具"→"平行生线"命令，偏移的距离设置为"100"，选择下侧的墙体，命令行提示如下。

```
请点取墙边或柱子<退出>:选择左侧墙体
输入偏移距离<100>: 100
请点取墙边或柱子<退出>:选择中间墙体
输入偏移距离<100>: 100
请点取墙边或柱子<退出>:选右侧墙体
输入偏移距离<100>: 100
```

生成的图形如图 3-27 所示。

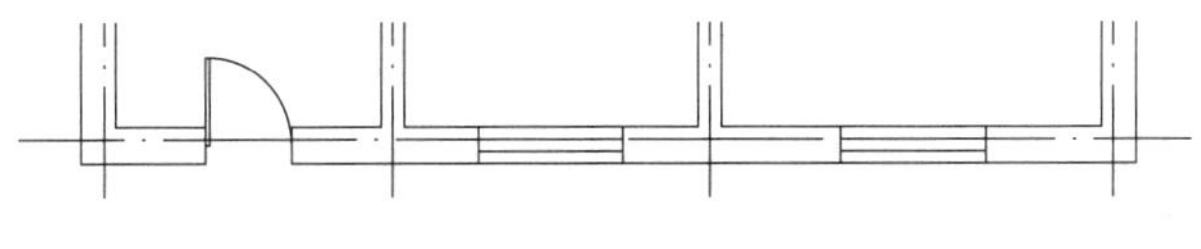

图 3-27　原图 1

(2) 保存图形。将图形以"平行生线.dwg"为文件名进行保存。命令行提示如下。

```
命令: SAVEAS↙
```

3.2.10　墙端封口

"墙端封口"命令可以在墙端封口和开口两种形式转换，如图 3-28 所示。

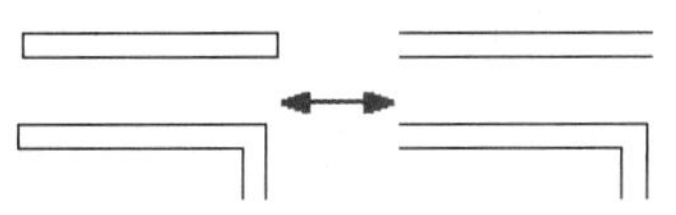

图 3-28　封口和开口

执行方式如下。

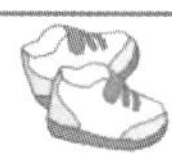

命令行：QDFK

菜单："墙体"→"墙体工具"→"墙端封口"

在单击菜单命令后，命令行提示如下。

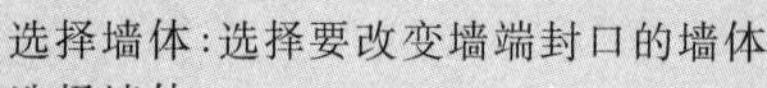

```
选择墙体:选择要改变墙端封口的墙体
选择墙体:
```

Note

3.2.11 上机练习——墙端封口

练习目标

墙端封口如图 3-30 所示。

设计思路

打开源文件中的"原图 2"图形(图 3-29)，单击"墙端封口"命令，将墙体的端部进行封口操作。

图 3-29 原图 2　　　　图 3-30 墙端封口

操作步骤

(1) 单击菜单中"墙体"→"墙体工具"→"墙端封口"，将墙体的端部进行封口操作。命令行提示如下。

```
选择墙体:选择墙体
```

墙端封口效果如图 3-30 所示。

(2) 保存图形。将图形以"墙端封口.dwg"为文件名进行保存。命令行提示如下。

```
命令: SAVEAS↙
```

3.3 墙 体 编 辑

对墙体编辑时，可采用 TArch 命令，也可采用 AutoCAD 命令进行编辑，而且可以用双击墙体进入参数编辑。

3.3.1 倒墙角

"倒墙角"命令功能与 AutoCAD 的圆角(Fillet)命令相似，用于处理两段不平行墙

体的端头交角，采用圆角方式进行连接。

1. 执行方式

命令行：DQJ
菜单："墙体"→"倒墙角"

2. 命令行

```
命令：DQJ
选择第一段墙或 [设圆角半径(R),当前 = 0]<退出>: 设置圆角半径
请输入圆角半径<0>:输入圆角半径
选择第一段墙或 [设圆角半径(R),当前 = 3000]<退出>:选中墙线
选择另一段墙<退出>:选中相交另一处墙线
```

3.3.2 上机练习——倒墙角

 **练习目标**

倒墙角如图 3-31 所示。

 **设计思路**

打开源文件中的"倒角墙"图形，如图 3-32 所示，单击"倒墙角"命令，将圆角半径设置为"500"，编辑墙体。

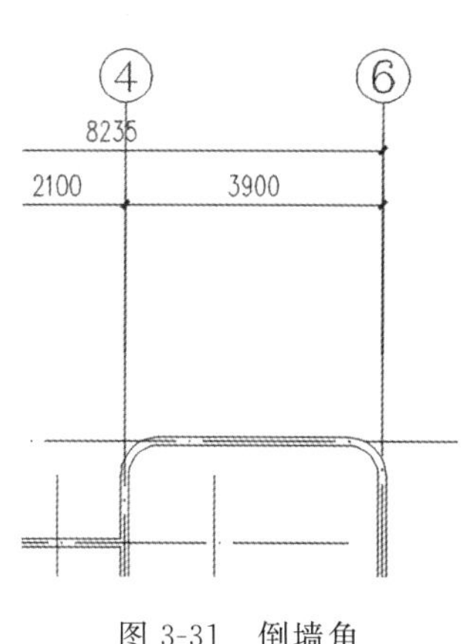

图 3-31 倒墙角

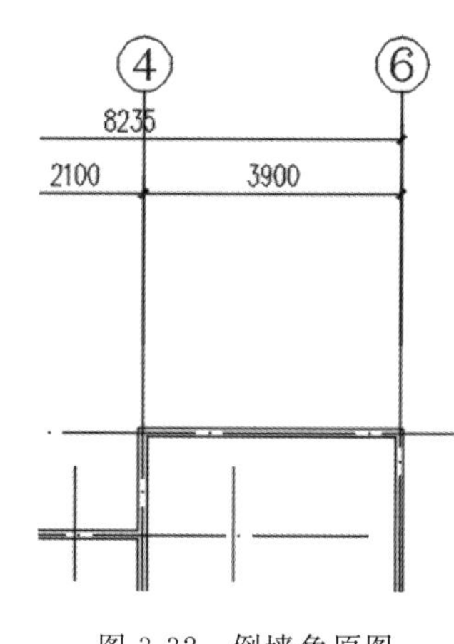

图 3-32 倒墙角原图

 **操作步骤**

(1) 单击菜单中"墙体"→"倒墙角"命令，设置圆角半径为"500"，对图中的墙体进行倒墙角操作，命令行提示如下。

```
选择第一段墙或 [设圆角半径(R),当前 = 0]<退出>: R
请输入圆角半径<0>:500
选择第一段墙或 [设圆角半径(R),当前 = 3000]<退出>:选中墙线
选择另一段墙<退出>:选中另一处墙线
```

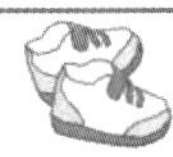

完成此处倒墙角操作。

(2) 同理,使用“倒墙角”命令对另外一侧的墙体进行编辑操作。

(3) 保存图形。将图形以“倒墙角.dwg”为文件名进行保存。命令行提示如下。

Note

```
命令: SAVEAS↙
```

3.3.3 倒斜角

“倒斜角”命令与 AutoCAD 的倒角(Chamfer)命令相似,专门用于处理两段不平行的墙体的端头交角,使两段墙以指定倒角长度连接,如图 3-33 所示。

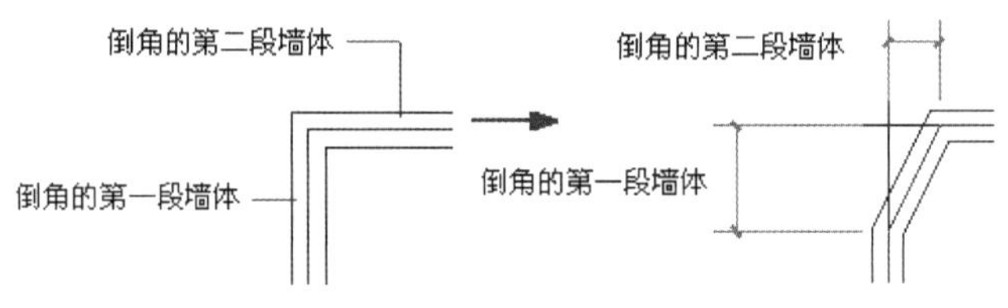

图 3-33 倒斜角

1. 执行方式

命令行:DXJ

菜单:“墙体”→“倒斜角”

2. 命令行

```
命令: DXJ
选择第一段直墙或[设距离(D),当前距离 1 = 0,距离 2 = 0]<退出>: D
指定第一个倒角距离<0>:500
指定第二个倒角距离<0>:500
选择第一段直墙或[设距离(D),当前距离 1 = 500,距离 2 = 500]<退出>:选择倒角的第一段墙体
选择另一段直墙<退出>:选择倒角的第二段墙体
```

3.3.4 上机练习——倒斜角

练习目标

倒斜角如图 3-34 所示。

设计思路

打开源文件中的“倒斜角”图形,如图 3-35 所示,单击“倒斜角”命令,将第一个倒角距离和第二个倒角距离设置为“500”,编辑墙体。

操作步骤

(1) 单击菜单中“墙体”→“倒斜角”命令,将倒角距离设置为“500”,对墙体进行“倒斜角”操作,命令行提示如下。

命令: DXJ
选择第一段直墙或 [设距离(D),当前距离 1 = 0,距离 2 = 0]<退出>: D
指定第一个倒角距离< 0 >:500
指定第二个倒角距离< 0 >:500
选择第一段直墙或 [设距离(D),当前距离 1 = 500,距离 2 = 500]<退出>:选择倒角的第一段墙体
选择另一段直墙<退出>:选择倒角的第二段墙体

完成此处倒斜角操作。

(2) 同理使用"倒斜角"命令,对另外一侧的墙体进行编辑操作,如图 3-35 所示。

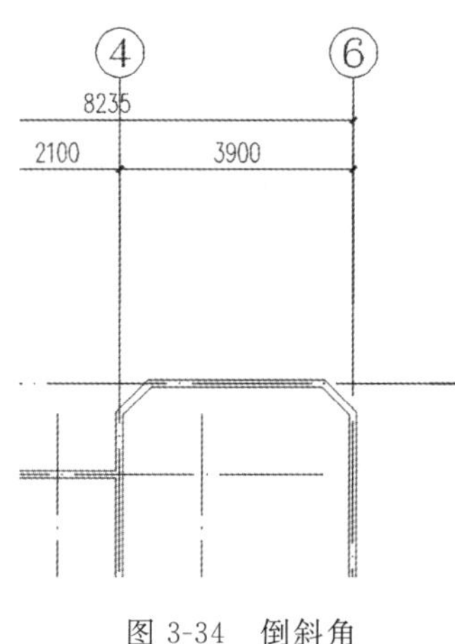

图 3-34　倒斜角

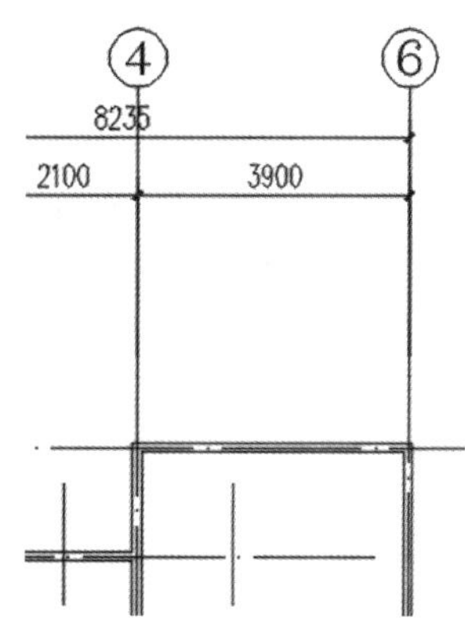

图 3-35　倒斜角原图

(3) 保存图形。将图形以"倒墙角.dwg"为文件名进行保存。命令行提示如下。

命令: SAVEAS↙ (将绘制完成的图形以"倒墙角.dwg"为文件名保存在指定的路径中)。

3.3.5　修墙角

"修墙角"命令用于属性相同的墙体相交的清理功能,可以一次框选多个墙角批量修改,当用户使用 AutoCAD 的某些编辑命令,或者夹点拖动对墙体进行操作后,墙体相交处有时会出现未按要求打断的情况,采用本命令框选墙角可以轻松处理,如图 3-36 所示。

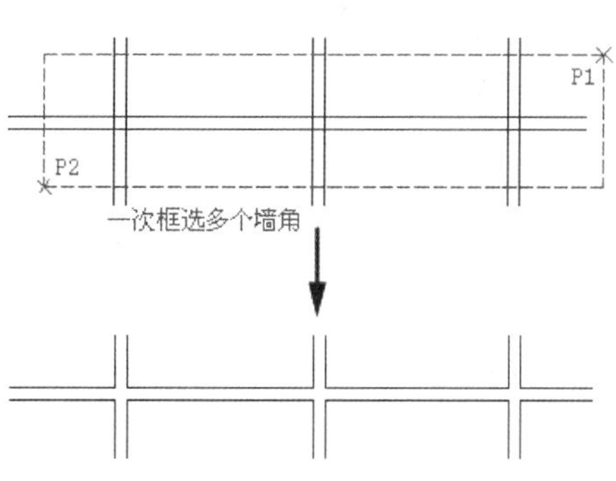

图 3-36　修墙角

执行方式如下。

命令行: XQJ

菜单:"墙体"→"修墙角"

单击命令菜单后,命令行提示如下。

命令: XQJ
请点取第一个角点或 [参考点(R)]<退出>:请框选需要处理的墙角、柱子或墙体造型,输入第一点
请点取另一个角点<退出>:单击对角另一点。

Note

3.3.6 基线对齐

本命令用于纠正以下两种情况的墙线错误：①基线不对齐或不精确对齐，导致墙体显示或搜索房间出错；②短墙存在，造成墙体显示不正确情况下去除短墙，并连接剩余墙体。

执行方式如下。

命令行：JXDQ

菜单："墙体"→"基线对齐"

单击命令后，命令行提示如下。

```
点取墙基线的新端点或新连接点或[参考点(R)]<退出>: 点取作为对齐点的一个基线端点，不应选取端点外的位置；
请选择墙体(注意:相连墙体的基线会自动联动!)<退出>: 选择要对齐该基线端点的墙体对象；
请选择墙体(注意:相连墙体的基线会自动联动!)<退出>: 继续选择后回车退出；
请点取墙基线的新端点或新连接点或[参考点(R)]<退出>: 点取其他基线交点作为对齐点
```

3.3.7 墙柱保温

"墙柱保温"命令可以在墙体上加入或删除保温墙线，遇到门自动断开，遇到窗自动增加窗厚度，如图 3-37 所示。

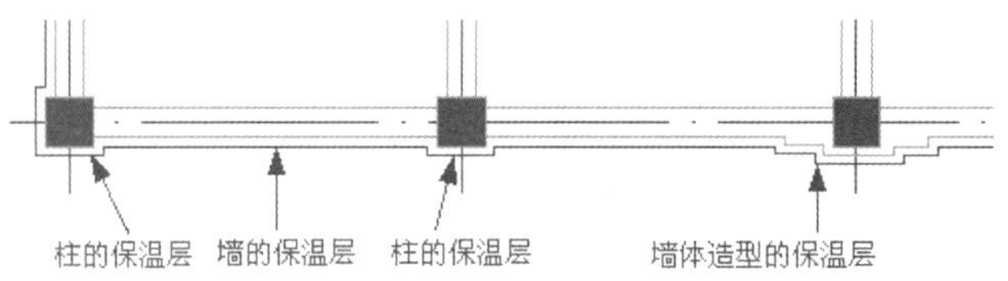

图 3-37 墙柱保温

执行方式如下。

命令行：QZBW

菜单："墙体"→"墙柱保温"

在单击菜单命令后，命令行提示如下。

```
命令: QZBW
指定墙、柱、墙体造型保温一侧或[内保温(I)/外保温(E)/消保温层(D)/保温层厚(当前=80)(T)]<退出>:
```

命令行中的选项中，输入"I"提示选择外墙内侧，输入"E"提示选择外墙外侧，输入"D"提示消除现有保温层，输入"T"提示确定保温层厚度。

3.3.8 上机练习——墙柱保温

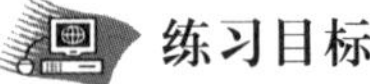
练习目标

墙柱保温如图 3-38 所示。

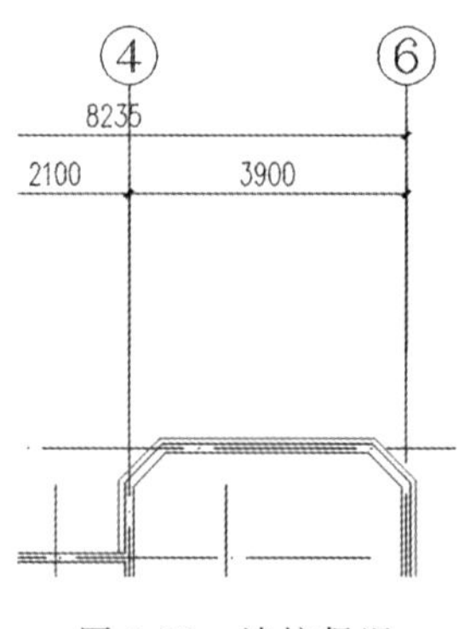

图 3-38 墙柱保温

设计思路

打开源文件中的"倒斜角"图形，单击"墙柱保温"命令，保温层的厚度设置为"80"，为墙体添加保温层。

操作步骤

（1）单击菜单中"墙体"→"墙柱保温"，保温的厚度设置为"80"，对图中的墙体添加保温层。命令行提示如下。

```
命令：QZBW
指定墙、柱、墙体造型保温一侧或［内保温(I)/外保温(E)/消保温层(D)/保温层厚(当前 = 80)(T)]<退出>:按键盘上的回车键
选择墙体：选择图中的墙体。
```

添加保温层的墙体如图 3-38 所示。

（2）保存图形。将图形以"墙柱保温.dwg"为文件名进行保存。命令行提示如下。

```
命令：SAVEAS↙
```

3.3.9　边线对齐

本命令用来对齐墙边，并维持基线不变，边线偏移到给定的位置。换句话说，就是维持基线位置和总宽度不变，通过修改左、右宽度，以达到边线与给定位置对齐的目的。该命令通常用于处理墙体与某些特定位置的对齐，特别是和柱子的边线对齐。墙体与柱子的关系并非都是中线对中线，要把墙边与柱边对齐，无非两个途径，直接用基线对齐柱边绘制，或者先不考虑对齐，而是快速地沿轴线绘制墙体，待绘制完毕后用本命令处理。后者可以把同一延长线方向上的多个墙段一次取齐，推荐使用。

执行方式如下。

命令行：BXDQ

菜单："墙体"→"边线对齐"

单击命令后，命令行提示如下。

```
命令：BXDQ
请点取墙边应通过的点或［参考点(R)]<退出>:取墙边线通过的点
请点取一段墙<退出>:选中的墙体边线为指定的通过点
```

要是选择的墙体偏移后基线在墙体外侧时，会出现"请您确认"对话框，如图 3-39 所示。单击按钮"是"才能完成操作，单击按钮"否"取消操作。

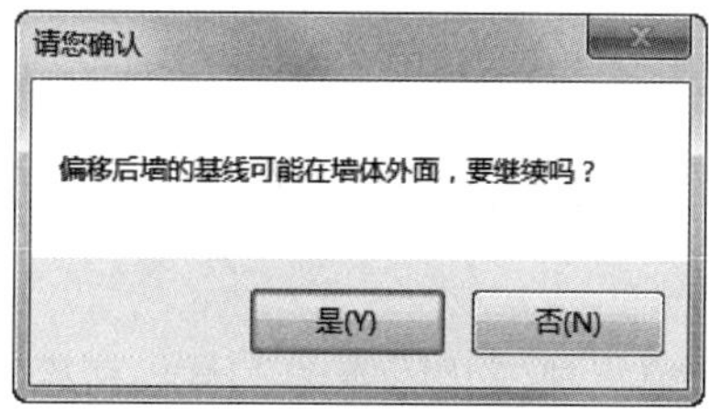

图 3-39　"请您确认"对话框

3.3.10 上机练习——边线对齐

Note

练习目标

边线对齐如图 3-40 所示。

设计思路

打开源文件中的“绘制墙体”图形，单击“边线对齐”命令，将轴线①上的墙体进行编辑。

操作步骤

（1）单击菜单中“墙体”→“边线对齐”命令，将轴线①上的墙体向左侧移动一个墙体宽度，如图 3-40 所示，命令行提示如下。

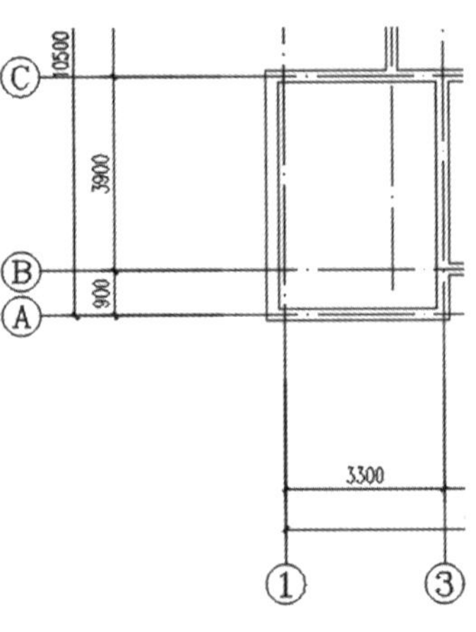

图 3-40　边线对齐

```
请点取墙边应通过的点或 [参考点(R)]<退出>:点取轴线①墙体的外边
请点取一段墙<退出>:点取轴线①墙体的内边
```

（2）保存图形。

将图形以“边线对齐.dwg”为文件名进行保存。命令行提示如下。

```
命令: SAVEAS↙
```

3.3.11 墙体造型

“墙体造型”命令可构造平面形状局部凸出的墙体，附加在墙体上形成一体，由多段线外框生成与墙体关联的造型。

执行方式如下。

命令行：QJZX

菜单：“墙体”→“墙体造型”

在单击菜单命令后，命令行提示如下。

```
选择 [外凸造型(T)/内凹造型(A)]<外凸造型>: 回车默认采用外凸造型;
墙体造型轮廓起点或 [单取图中曲线(P)/单取参考点(R)]<退出>: 绘制墙体造型的轮廓线第一点或单击已有的闭合多段线作轮廓线;
直段下一点或 [弧段(A)/回退(U)]<结束>: 造型轮廓线的第二点;
直段下一点或 [弧段(A)/回退(U)]<结束>: 造型轮廓线的第三点;
直段下一点或 [弧段(A)/回退(U)]<结束>: 造型轮廓线的第四点;
直段下一点或 [弧段(A)/回退(U)]<结束>: 右击回车结束命令
```

3.4 墙体内外识别工具

墙体内外识别工具是单独识别内外墙体的工具。在施工图中，内外墙分别用于更好地定义墙体类型。

3.4.1　识别内外

“识别内外”功能可自动识别内、外墙，并同时设置墙体的内外特征，在节能设计中要使用外墙的内外特征。

执行方式如下。

命令行：SBNW

菜单：“墙体”→“识别内外”→“识别内外”

单击命令菜单后，命令行提示如下。

```
命令：SBNW
请选择一栋建筑物的所有墙体(或门窗):框选整个建筑物墙体
请选择一栋建筑物的所有墙体(或门窗):
```

识别出的外墙用红色的虚线示意。

3.4.2　上机练习——识别内外

练习目标

识别内外如图 3-41 所示。

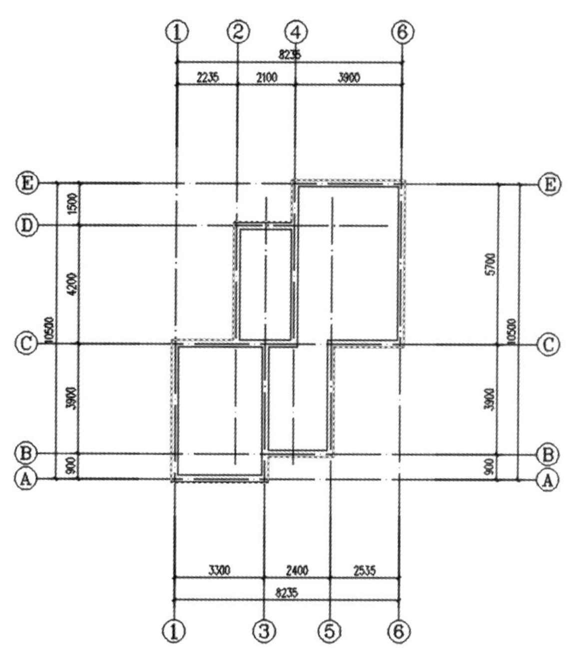

图 3-41　识别内外

设计思路

打开源文件中的“绘制墙体”图形，单击“识别内外”命令，将墙体进行编辑。

操作步骤

(1) 单击菜单中“墙体”→“识别内外”→“识别内外”命令，框选整个建筑物墙体，识

Note

别出的外墙用红色的虚线示意。命令行提示如下。

```
命令: SBNW
请选择一栋建筑物的所有墙体(或门窗):框选整个建筑物墙体
请选择一栋建筑物的所有墙体(或门窗):
```

(2) 保存图形。将图形以"识别内外.dwg"为文件名进行保存。命令行提示如下。

```
命令: SAVEAS↙
```

3.4.3 指定内墙

"指定内墙"功能可将选取的墙体定义为内墙。

执行方式如下。

命令行: ZDNQ

菜单:"墙体"→"识别内外"→"指定内墙"

单击命令菜单后,命令行提示如下。

```
选择墙体:指定对角点:对角选取
选择墙体:
```

3.4.4 指定外墙

"指定外墙"功能可将选取的墙体定义为外墙。

执行方式如下。

命令行: ZDWQ

菜单:"墙体"→"识别内外"→"指定外墙"

单击命令菜单后,命令行提示如下。

```
请点取墙体外皮<退出>:逐段选择外墙皮
```

3.4.5 加亮外墙

"加亮外墙"功能可将指定的外墙体外边线用红色虚线加亮。

执行方式如下。

命令行: JLWQ

菜单:"墙体"→"识别内外"→"加亮外墙"

单击命令菜单后,外墙边就加亮。

3.4.6 上机练习——加亮外墙

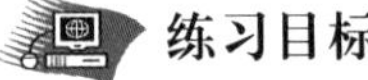

练习目标

加亮外墙如图 3-42 所示。

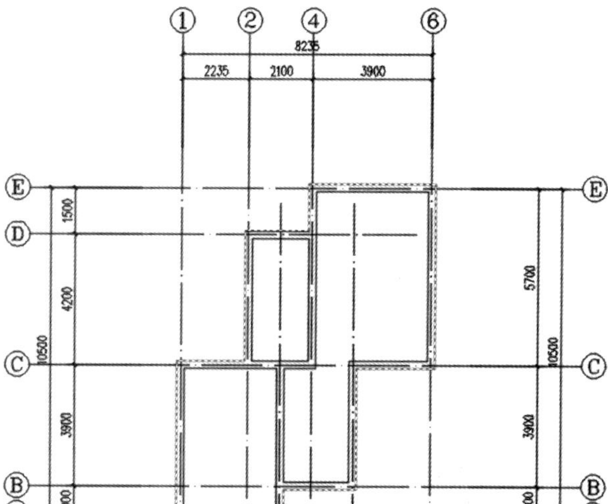

图 3-42　加亮外墙

设计思路

打开源文件中的“绘制墙体”图形，单击“加亮外墙”命令，将墙体进行编辑。

操作步骤

(1) 单击菜单中“墙体”→“识别内外”→“加亮外墙”命令，识别出的外墙用红色的虚线示意。

(2) 保存图形。将图形以“加亮外墙.dwg”为文件名进行保存。命令行提示如下。

```
命令：SAVEAS↙
```

第4章

墙体立面工具

墙体立面工具不是在立面施工图上执行的命令，而是在平面图绘制时，为立面或三维建模做准备而编制的几个墙体立面设计命令。

学 习 要 点

- 墙面 UCS
- 异形立面
- 矩形立面

Note

4.1　墙面 UCS

为了构造异形洞口或异形墙立面，必须在墙体立面上定位和绘制图元，需要把 UCS 设置到墙面上，本命令临时定义一个基于所选墙面(分侧)的 UCS 用户坐标系，在指定视口转为立面显示。

执行方式如下。

命令行：QMUCS

菜单："墙体"→"墙体立面"→"墙面 UCS"

单击命令菜单后，命令行提示如下。

命令：QMUCS
请点取墙体一侧<退出>:选择墙体外墙
点取要设置坐标系的视口<当前>：点取视口内一点，本命令自动把当前视图置为平行于坐标系的视图

生成的视图为基于新建坐标系的视图。

上机练习

练习目标

墙面 UCS 如图 4-1 所示。

设计思路

打开源文件中的"原图"图形，如图 4-2 所示，利用"墙面 UCS"命令，进行墙面 UCS 的设置。

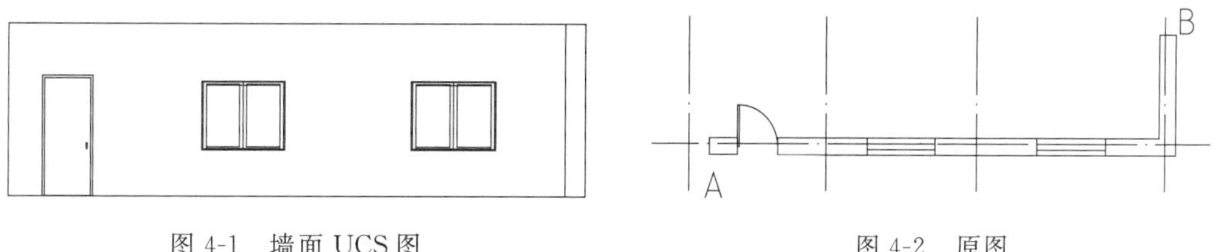

图 4-1　墙面 UCS 图　　图 4-2　原图

操作步骤

(1) 单击菜单中"墙体"→"墙体立面"→"墙面 UCS"，命令行提示如下。

请点取墙体一侧<退出>:选 A

绘制结果如图 4-1 所示。

(2) 保存图形。将图形以"墙面 UCS.dwg"为文件名进行保存。命令行提示如下。

命令：SAVEAS↙

4.2 异形立面

Note

本命令通过对矩形立面墙的适当剪裁以构造不规则立面形状的特殊墙体，如创建双坡或单坡山墙与坡屋顶底面相交。

选中墙体后，随即根据边界线变为不规则立面形状，或者更新为新的立面形状；命令结束后，作为边界的多段线仍保留以备再用，图 4-3 为本命令构造山墙的两种情况。

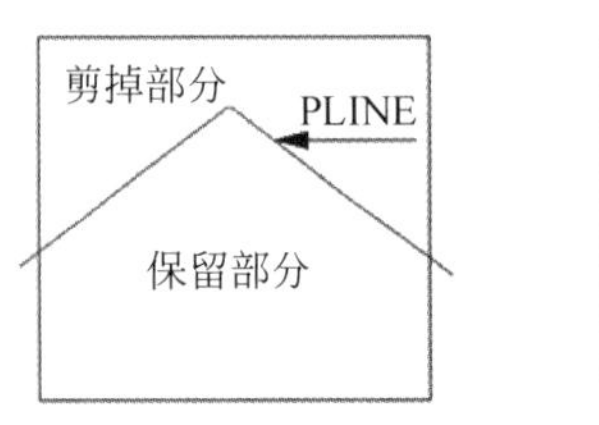

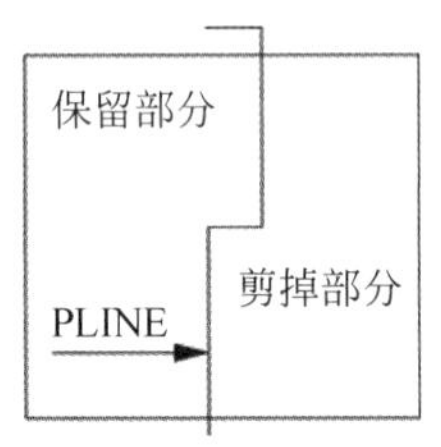

图 4-3　构造山墙

执行方式如下。

命令行：YXLM

菜单："墙体"→"墙体立面"→"异形立面"

单击命令菜单后，命令行提示如下。

```
命令：YXLM
选择定制墙立面的形状的不闭合多段线<退出>:在立面视图中选择分割线
选择墙体:单击需要保留部分的墙体部分
```

上机练习

练习目标

异形立面如图 4-4 所示。

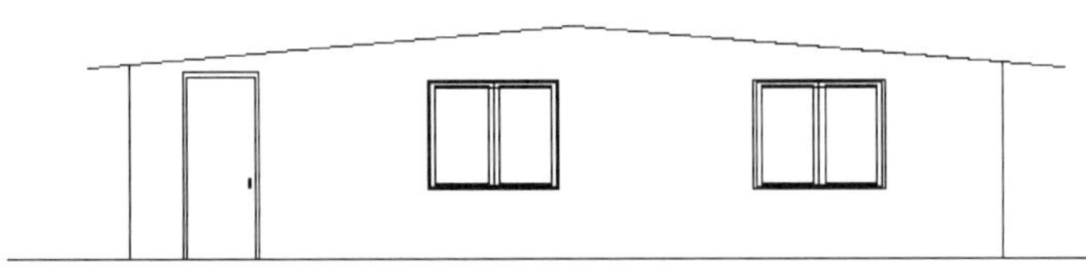

图 4-4　异形立面

设计思路

打开源文件中的"原图 1"图形，如图 4-5 所示，单击"异形立面"命令，绘制异形立面。

操作步骤

(1) 单击菜单中"墙体"→"墙体立面"→"异形立面"，将矩形立面设置为异形立面，

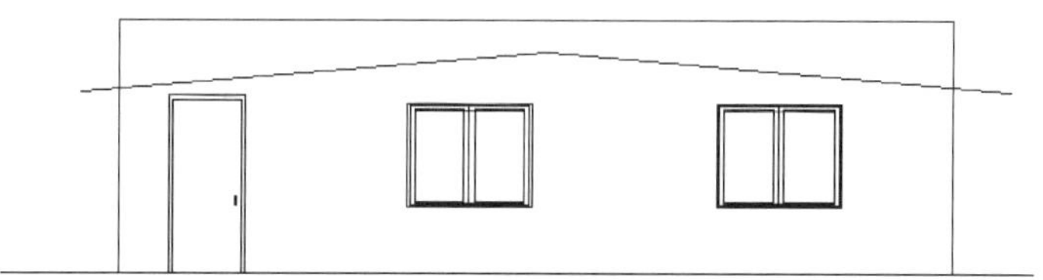

图 4-5　原图 1

命令行提示如下。

```
命令: YXLM
选择定制墙立面的形状的不闭合多段线<退出>:选分割斜线
选择墙体:选下侧墙体
选择墙体:
```

结果如图 4-4 所示。

(2) 保存图形。将图形以"异形立面.dwg"为文件名进行保存。命令行提示如下。

```
命令: SAVEAS ↙
```

4.3 矩形立面

本命令是异形立面的逆命令，可将异形立面墙恢复为标准的矩形立面墙。

执行方式如下。

命令行：JXLM

菜单："墙体"→"墙体立面"→"矩形立面"

单击命令后，命令行提示如下。

```
命令: JXLM
选择墙体: 选择要恢复的异形立面墙体
选择墙体: 回车退出
```

上机练习

练习目标

绘制如图 4-6 所示的矩形立面。

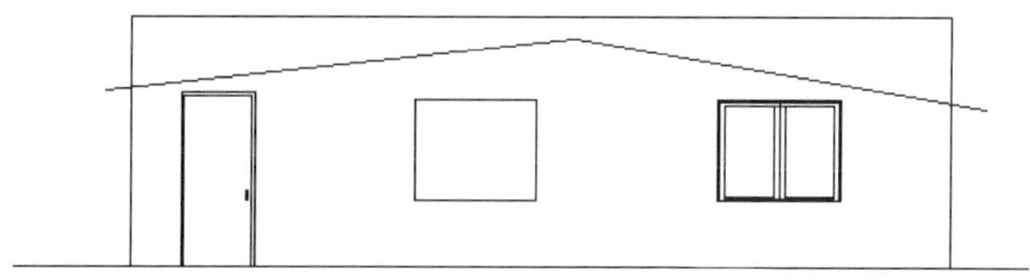

图 4-6　矩形立面

Note

设计思路

打开源文件中的“异形立面”图形，如图 4-7 所示，单击“矩形立面”命令，绘制矩形立面。

操作步骤

(1) 单击菜单中“墙体”→“墙体立面”→“矩形立面”，选择要恢复的异形立面墙体，将异形立面恢复为矩形立面，命令行提示如下。

```
命令: JXLM
选择墙体:选择要恢复的异形立面墙体
```

命令执行完毕后如图 4-6 所示。

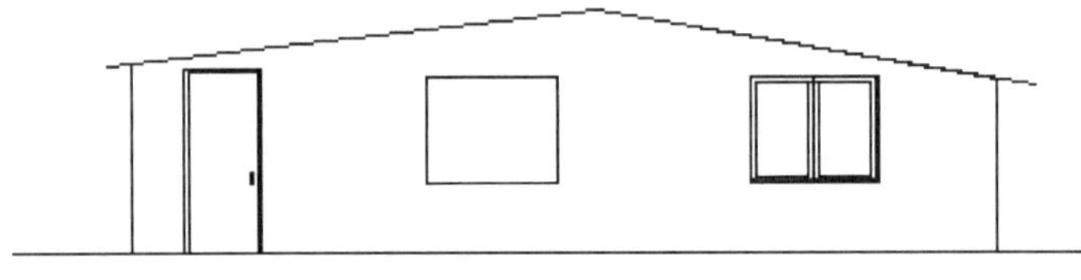

图 4-7　异形立面

(2) 保存图形。将图形以“矩形立面.dwg”为文件名进行保存。命令行提示如下。

```
命令: SAVEAS↙
```

第5章

柱子

柱子在建筑设计中主要起到结构支承作用，有时候也用于纯粹的装饰。标准柱用底标高、柱高和柱截面参数描述其在三维空间的位置和形状，构造柱用于砖混结构，只有截面形状而没有三维数据的描述，用于施工图。

通过学习本章，读者可掌握柱子的创建和编辑。

学习要点

- 柱子的创建
- 柱子的编辑

Note

5.1 柱子的创建

柱子是建筑物中用以支承栋梁的长条形构件，主要承受上部结构的压力，有时承受弯矩，它的作用为支承梁、桁架或者楼板等。

柱子的保温层与墙保温层均通过“墙柱保温”命令添加，柱保温层与相邻墙保温层的边界自动融合，但两者具有不同的性质，柱保温层在独立柱中能自动环绕柱子一周添加，保温层厚度对每一个柱子可独立设置、独立开关。但在更广泛的应用场合中，柱保温层更多的是被墙(包括虚墙)断开，分别为外侧保温或者内侧保温、两侧保温，但保温层不能设置不同厚度；柱保温的范围可随柱子与墙的相对位置自动调整，如图 5-1 所示。

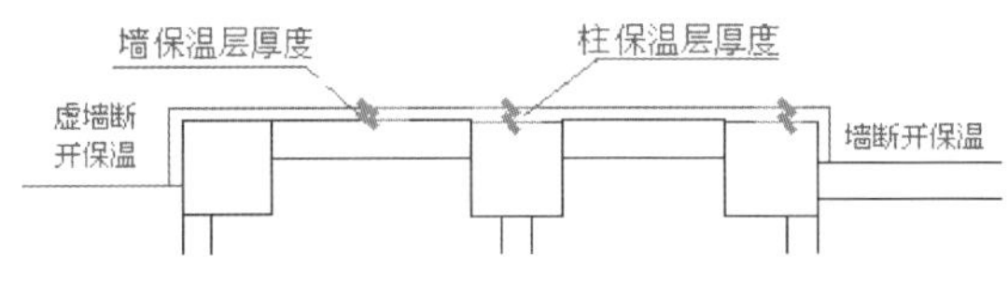

图 5-1 设置保温层

5.1.1 标准柱

标准柱用来在轴线的交点处或任意位置插入矩形、圆形、正三角形、正五边形、正六边形、正八边形、正十二边形断面柱。

柱子的每个夹点都可以拖动改变柱子的尺寸或者位置，如矩形柱的边中夹点用于拖动改变柱子的边长，对角夹点改变柱子的大小，中心夹点改变柱子的转角或移动柱子；圆柱的边夹点用于改变柱子的半径，如图 5-2 所示。

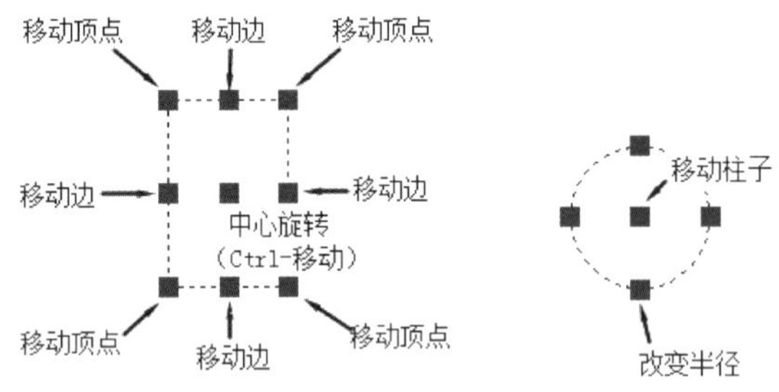

图 5-2 柱子的夹点

1. 执行方式

命令行：BZZ

菜单：“轴网柱子”→“标准柱”

执行上述任意一种执行方式，显示“标准柱”对话框，如图 5-3 所示。

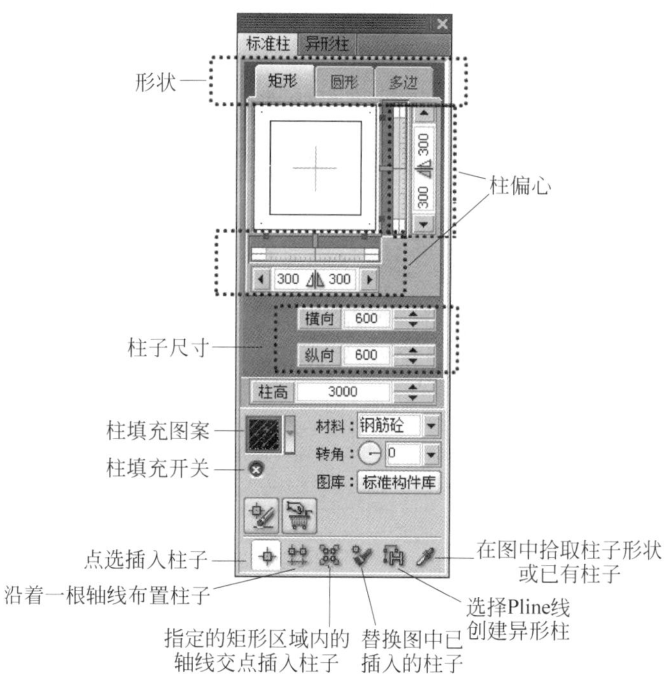

图 5-3 “标准柱”对话框

2. 命令行的提示

```
命令：BZZ
点取位置或[转90度(A)/左右翻(S)/上下翻(D)/对齐(F)/改转角(R)/改基点(T)/参考点(G)]
<退出>:捕捉轴线交点
```

3. 控件说明

形状：设定柱子的截面，有矩形、圆形、正三角形、正五边形、正六边形、正八边形、正十二边形。

柱偏心：设置插入柱光标的位置，可以直接输入偏移尺寸，也可以拖动红色指针改变偏移尺寸数，或者单击左、右两侧的小三角改变偏移尺寸数。

柱子尺寸：可通过直接输入数据或下拉菜单获得，随柱子的形状不同参数有所不同。

柱高：用于设置柱子的高度。

柱填充开关及柱填充图案：当开关开启时 ，柱填充图案可用，单击右侧三角，打开“柱子填充”对话框，选择柱填充图案，如图 5-4 所示。当开关关闭时 ，柱填充图案不可用。

图 5-4 “柱子填充”对话框

材料：可在下拉菜单获得柱子的材料，包括砖、石材、钢筋混凝土和金属等。

转角：其中横轴和纵轴为定位中心线距离插入点的偏

心值，转角是在矩形轴网中以 X 轴为基准线，旋转角度在弧形轴网中以环向弧线为基准线，自动设置为逆时针为正，顺时针为负。

图库：天正提供的标准构件库，可以对柱子进行编辑工作，如图 5-5 所示。

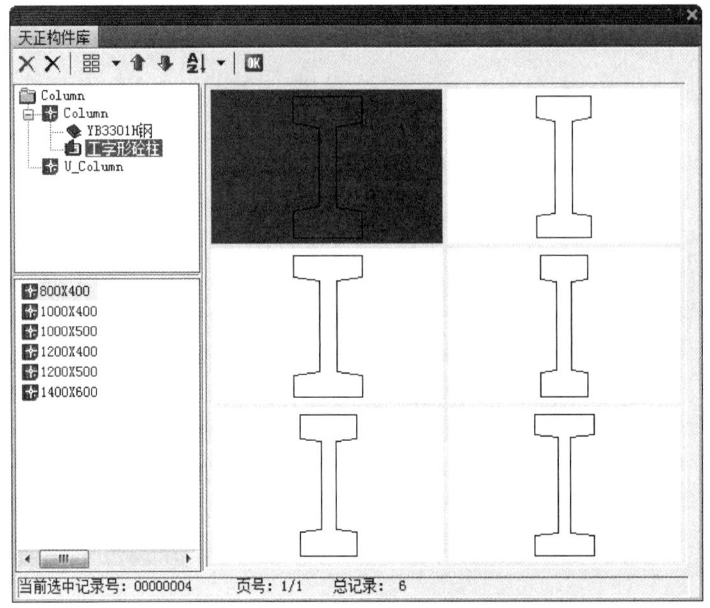

图 5-5 "天正构件库"对话框

点选插入柱子：捕捉轴线交点插入柱子，没有轴线交点时，即在所选点位置插入柱子。

沿着一根轴线布置柱子：位置在所选轴线与其他轴线相交点处。

替换图中已插入的柱子：以当前参数柱子替换图上已有的柱子，可单个替换也可窗选成批替换。

选择 Pline 线创建异形柱：按照图上绘制的闭合 Pline 线创建异形柱。

在图中拾取柱子形状或已有柱子：以已有的闭合 Pline 线或者已有柱子作为当前标准柱，插入该柱。

5.1.2 上机练习——标准柱

练习目标

标准柱如图 5-6 所示。

设计思路

打开源文件中的"单线变墙"图形，单击"标准柱"命令，设置相关的参数，绘制标准柱。

操作步骤

(1) 单击菜单中"墙体"→"标准柱"命令，如图 5-7 所示，绘制 240×240 的钢筋混凝土矩形柱，转角设置为"0"，柱高设置为"3300"，柱子的填充图案设置为"SOLID"，如

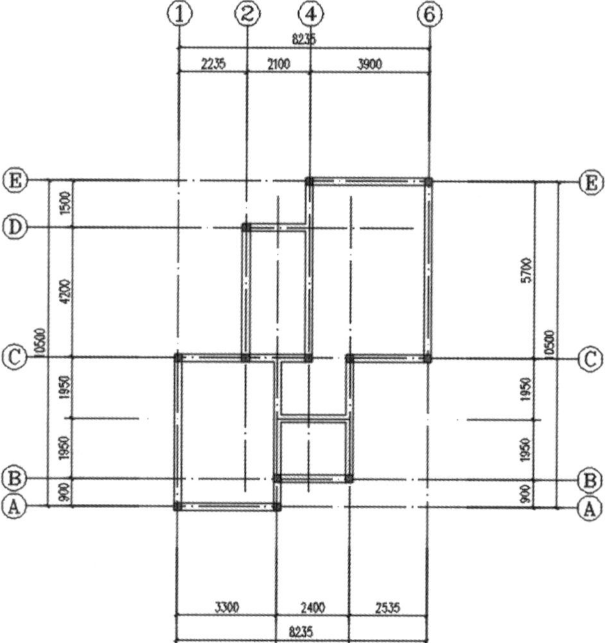

图 5-6 标准柱

图 5-8 所示，插入方式中选择“点选插入”，点取轴线的交点布置，结果如图 5-6 所示。命令行提示如下。

```
命令：BZZ
点取位置或［转 90 度(A)/左右翻(S)/上下翻(D)/对齐(F)/改转角(R)/改基点(T)/参考点(G)］
<退出>:捕捉轴线交点
```

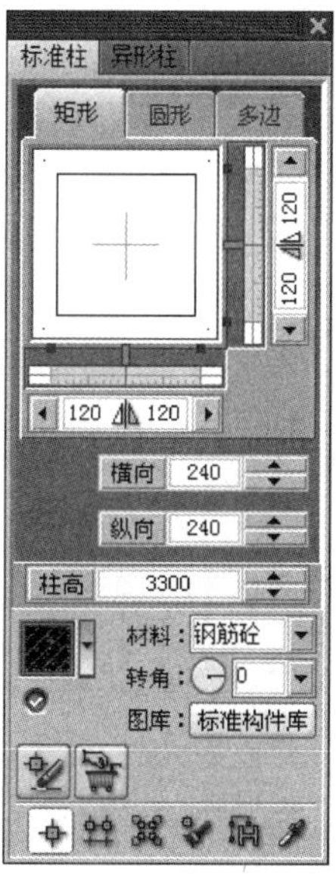

图 5-7 “标准柱”选项卡

图 5-8 柱子填充

（2）保存图形。将图形以“标准柱.dwg”为文件名进行保存。命令行提示如下。

```
命令：SAVEAS↙
```

Note

5.1.3 角柱

“角柱”命令用来在墙角插入形状与墙角一致的柱子，可改变柱子各肢的长度和宽度，高度为当前层高。生成的角柱与标准柱类似，利用夹点即可以进行修改。

1. 执行方式

命令行：JZ

菜单：“轴网柱子”→“角柱”

执行上述任意一种执行方式并且选取墙角后，显示“转角柱参数”对话框，如图 5-9 所示。

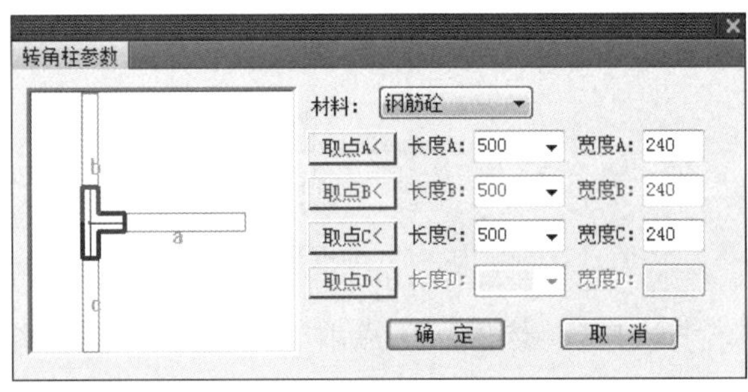

图 5-9 转角柱参数

2. 命令行的提示

```
请选取墙角或[参考点(R)]<退出>:点选需要加角柱的墙角
```

3. 控件说明

材料：可在下拉菜单获得柱子的材料，包括砖、石材、钢筋混凝土和金属。

长度：其中旋转角度在矩形轴网中以 X 轴为基准线；在弧形、圆形轴网中以环向弧线为基准线，以逆时针为正，顺时针为负自动设置。

宽度：各分肢宽度默认等于墙宽，改变柱宽后默认为对中变化，对于要求偏心变化时在完成角柱插入后以夹点方式进行修改，如图 5-10 所示。

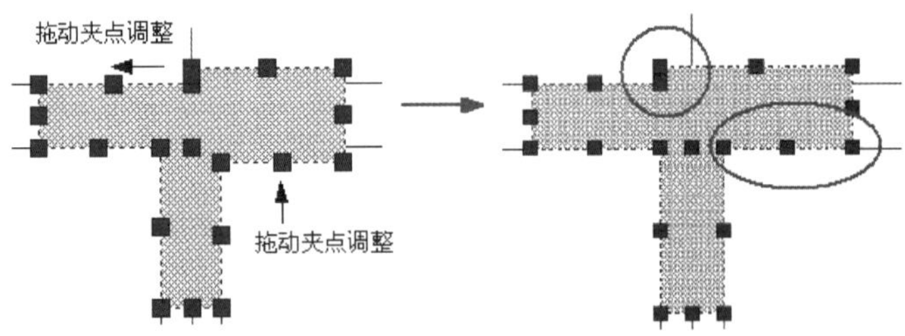

图 5-10 拖动夹点调整

取点X<：其中X为A、B、C、D各分肢，按钮的颜色对应墙上的分肢，确定柱分肢在墙上的长度。

5.1.4 上机练习——角柱

练习目标

角柱如图5-11所示。

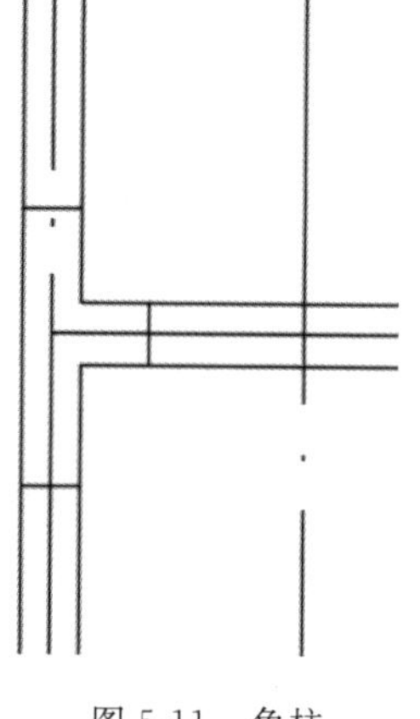

图5-11 角柱

设计思路

打开源文件中的"标准柱"图形，利用"角柱"命令，设置相关的参数，绘制角柱。

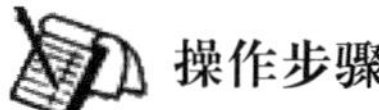

操作步骤

（1）单击菜单中"轴网柱子"→"角柱"命令选择墙体，命令行提示如下。

```
请选取墙角或 [参考点(R)]<退出>:选墙体
```

（2）选择墙体后出现"转角柱参数"对话框，进行参数设置，如图5-12所示。

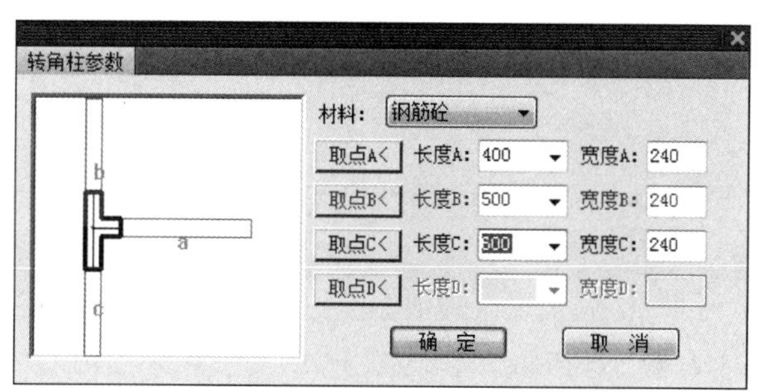

图5-12 "转角柱参数"对话框

（3）保存图形。将图形以"角柱.dwg"为文件名进行保存。命令行提示如下。

```
命令: SAVEAS↙
```

5.1.5 构造柱

"构造柱"命令用于在墙角交点处或墙体内插入构造柱，依照所选择的墙角形状为基准，输入构造柱的具体尺寸，指出对齐方向，默认为钢筋混凝土材质，仅生成二维对象。目前本命令还不支持在弧墙交点处插入构造柱。默认构造柱材料为钢筋混凝土。

1. 执行方式

命令行：GZZ

菜单："轴网柱子"→"构造柱"

在单击菜单命令后，命令行提示如下。

```
请选取墙角或 [参考点(R)]<退出>:点选需要加构造柱的墙角:
```

执行上述任意一种执行方式并且选取墙角后，显示“构造柱参数”对话框，如图 5-13 所示。

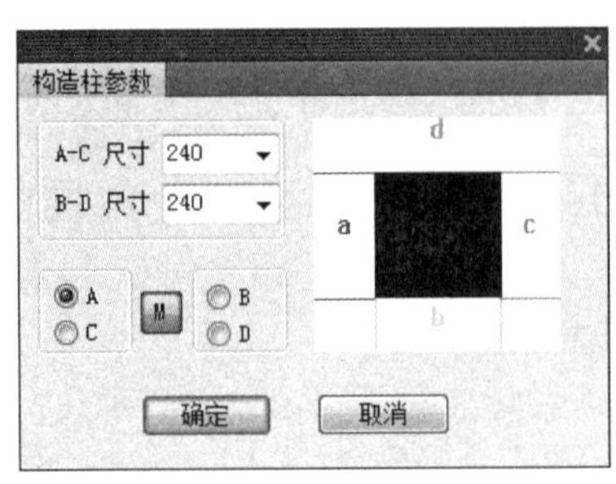

图 5-13 “构造柱参数”对话框

2. 控件说明

A-C 尺寸：沿着 A-C 方向的构造柱尺寸，直接输入尺寸，也可以通过下拉菜单确定。

B-D 尺寸：沿着 B-D 方向的构造柱尺寸，直接输入尺寸，也可以通过下拉菜单确定。

A/C 与 B/D：对齐边的四个互锁按钮，选择柱子靠近哪边的墙线。

M：对中按钮，按钮默认为灰色。

5.1.6 上机练习——构造柱

练习目标

构造柱如图 5-14 所示。

设计思路

打开源文件中的“标准柱”图形，设置相关的参数，绘制构造柱。

操作步骤

(1) 单击菜单中“轴网柱子”→“构造柱”，命令行提示如下。

```
请选取墙角或 [参考点(R)]<退出>:选择墙体
```

(2) 出现“构造柱参数”对话框，将“A-C 尺寸”设置为“240”，“B-D 尺寸”设置为“240”，设置为对中模式，如图 5-15 所示。

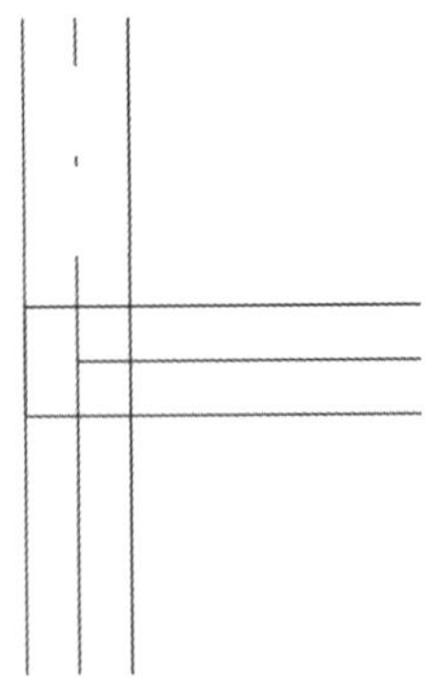

图 5-14 构造柱

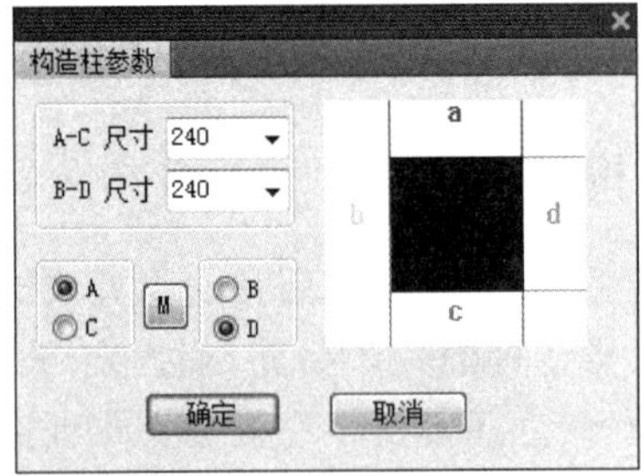

图 5-15 构造柱参数

(3) 保存图形。将图形以“构造柱.dwg”为文件名进行保存。命令行提示如下。

```
命令: SAVEAS↙
```

Note

5.2 柱子的编辑

插入到图中的柱子，可使用柱子替换功能或者特性编辑功能成批修改。当需要个别修改时，应充分利用夹点编辑和对象编辑功能，夹点编辑在柱子的创建一节中已有详细描述。

5.2.1 修改参数

(1) 修改参数可以分为柱子对象参数编辑和特性编辑。柱子对象参数编辑采用双击要替换的柱子，显示与"标准柱"相似的对话框，修改参数后单击"确定"按钮即可更改所选中的柱子。柱子特性编辑是运用 AutoCAD 的对象特性表，通过修改对象的专业特性即可修改柱子的参数(具体参照相应 AutoCAD 命令)。

(2) 如果要一次修改多个柱子，除可以使用特性编辑功能，还可以使用天正提供的"柱编辑"按钮。

"柱编辑"用于筛选图中所选范围内的当前类型的柱对象(如在"多边形"页面，只能选中所选范围内所有的"多边形"柱，而不能选中矩形柱或圆形柱)，并将柱数据提取到柱对话框内显示，以便统一进行修改。

单击"柱编辑"按钮后，命令行提示如下。

```
请选择需要修改的柱子：
```

支持点选和框选，选择柱对象后，被选中的对象信息会显示到"柱编辑"对话框中，如图 5-16 所示，可以直接在对话框中进行批量修改。

图 5-16 "柱编辑"对话框

5.2.2 上机练习——柱子编辑 1

练习目标

柱子编辑如图 5-17 所示。

设计思路

打开源文件中的"标准柱"图形，如图 5-18 所示，在轴网上双击要替换的柱子，替换标准柱。

操作步骤

(1) 双击要替换的柱子，打开如图 5-19 所示的"柱编辑"对话框，在"横向"中选择"300"，在"纵向"中选择"300"。

(2) 单击空白处，编辑后的柱子如图 5-20 所示。

Note

图 5-17 柱子编辑

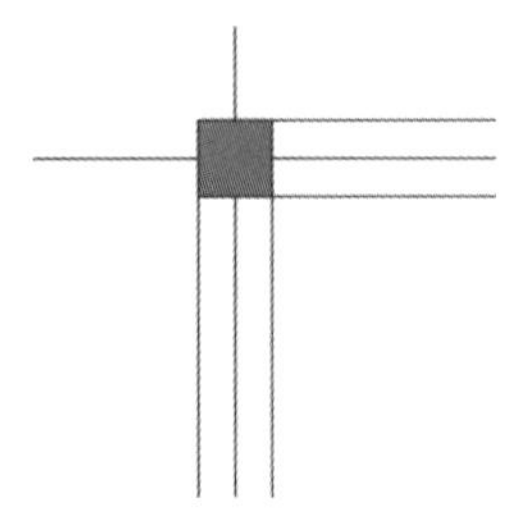

图 5-18 标准柱

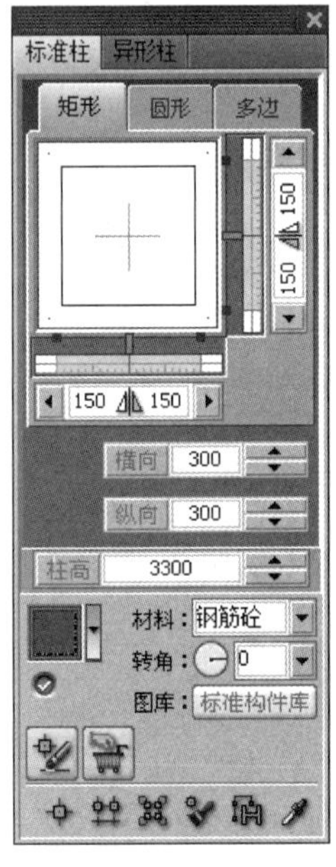

图 5-19 “柱编辑”对话框

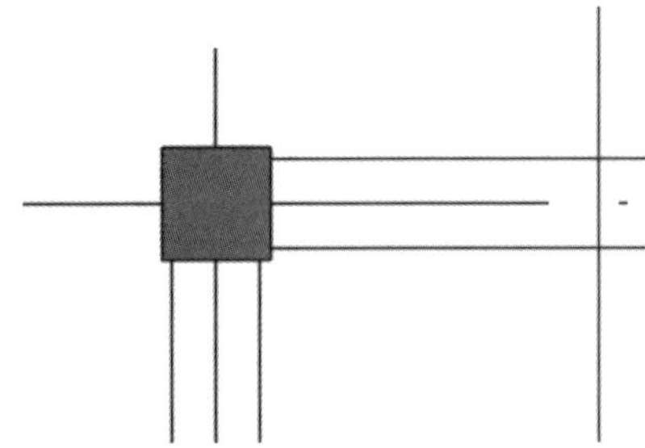

图 5-20 编辑后的柱图

(3) 保存图形。将图形以“柱子编辑 1.dwg”为文件名进行保存。命令行提示如下。

```
命令：SAVEAS↙
```

5.2.3 上机练习——柱子编辑 2

练习目标

柱子编辑如图 5-21 所示。

设计思路

打开源文件中的“标准柱”图形，如图 5-22 所示，在“特性”对话框中设置相应的参数，替换标准柱。

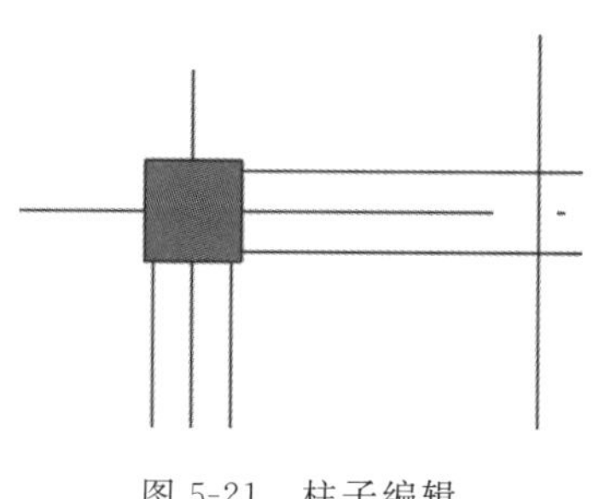

图 5-21 柱子编辑

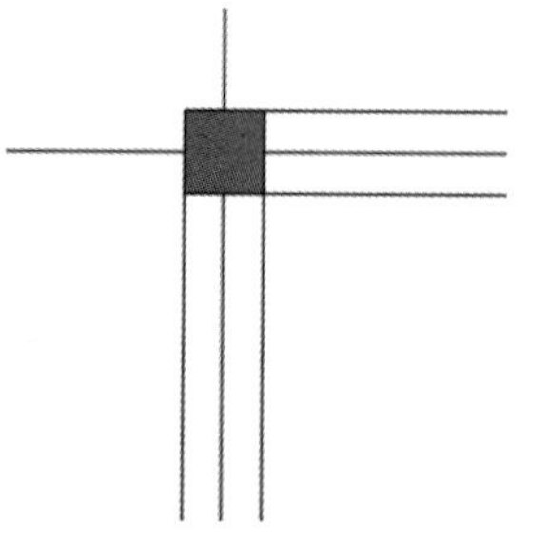

图 5-22 标准柱

操作步骤

（1）选中柱子，右击“通用编辑”→“对象特性”命令，打开“特性”对话框，将“截面宽”设置为“300”，“截面深”设置为“300”。完成后的柱子如图 5-23 所示。

（2）保存图形。将图形以“柱子编辑 2.dwg”为文件名进行保存。命令行提示如下。

```
命令：SAVEAS↙
```

5.2.4 柱子的替换

1. 执行方式

命令行：BZZ

菜单：“轴网柱子”→“标准柱”

执行上述任意一种执行方式，显示“标准柱”对话框，选中“柱子替换”功能，如图 5-24 所示。

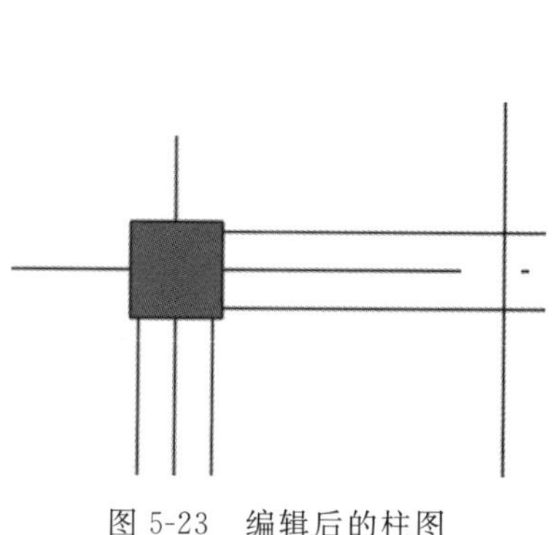

图 5-23 编辑后的柱图

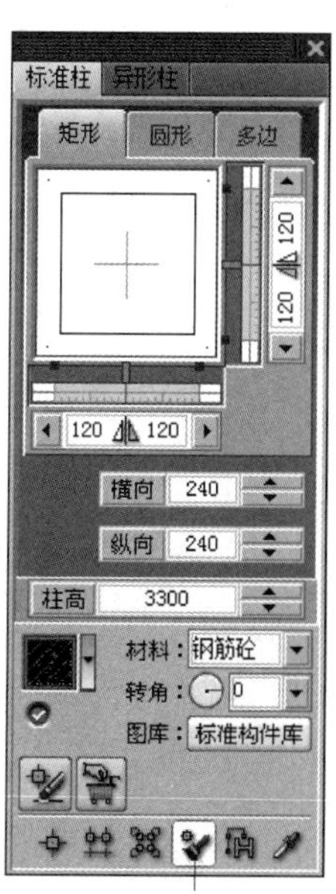

图 5-24 “柱子替换”选项卡

2. 命令行

```
选择被替换的柱子:点选或框选需要替换的柱子
```

Note

5.2.5 上机练习——柱子替换

练习目标

柱子替换如图 5-25 所示。

设计思路

打开源文件中的“标准柱”图形，打开“标准柱”对话框，替换标准柱。

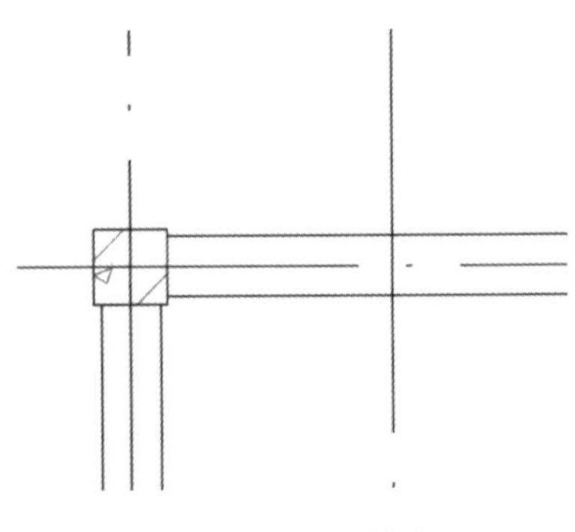

图 5-25 柱子替换

操作步骤

(1) 单击菜单中“墙体”→“标准柱”命令，打开“标准柱”对话框，在柱子尺寸区域，在“横向”中选择“300”，在“纵向”中选择“300”，在“材料”中选择“钢筋混凝土”，在“柱高”中选择默认数值为“3300”，在“转角”中选择默认数值为“0”，在插入方式中选择“柱子替换”。

(2) 在绘图区域单击激活，选择需要替换的柱子，如图 5-25 所示。命令行提示如下。

```
选择被替换的柱子:选择柱子
```

(3) 保存图形。将图形以“柱子替换.dwg”为文件名进行保存。命令行提示如下。

```
命令: SAVEAS↙
```

5.2.6 柱齐墙边

“柱齐墙边”命令用来移动柱子边与墙边线对齐，可以选择多柱子与在墙边对齐。

执行方式如下。

命令行：ZQQB

菜单：“轴网柱子”→“柱齐墙边”

在单击菜单命令后，命令行提示如下。

```
命令: ZQQB
请点取墙边<退出>:选择与柱子对齐的墙边位置
选择对齐方式相同的多个柱子<退出>:选择柱子,可多选
选择对齐方式相同的多个柱子<退出>:
请点取柱边<退出>:选择柱子的对齐边
请点取墙边<退出>:重新选择与柱子对齐的墙边,或回车退出
```

5.2.7　上机练习——柱齐墙边

练习目标

柱齐墙边如图 5-26 所示。

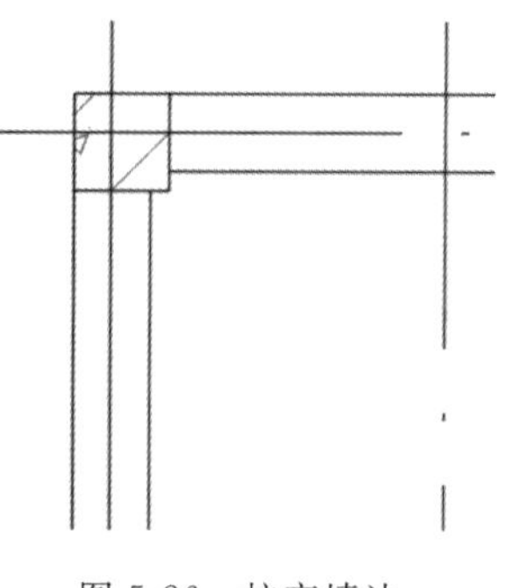

图 5-26　柱齐墙边

设计思路

打开源文件中的“柱子替换”图形，单击“柱齐墙边”命令，将绘制的柱子进行调整。

操作步骤

（1）单击菜单中“轴网柱子”→“柱齐墙边”命令，选择上一个实例绘制的柱子，进行柱齐墙边操作，命令行提示如下。

```
命令：ZQQB
请点取墙边<退出>:选择左侧的墙体
选择对齐方式相同的多个柱子<退出>:选择柱子
请点取柱边<退出>:选择柱子的左边
```

采用相同的方法，将柱子的上边也进行柱齐墙边操作，如图 5-26 所示。

（2）保存图形。将图形以“柱齐墙边.dwg”为文件名进行保存。命令行提示如下。

```
命令：SAVEAS↙
```

Note

第6章

门窗

软件中的门窗是一种附属于墙体并需要在墙上开启洞口，带有编号的 AutoCAD 自定义对象，它包括通透的和不通透的墙洞；门窗和墙体建立了智能联动关系，门窗插入墙体后，墙体的外观几何尺寸不变，但墙体对象的粉刷面积、开洞面积已经立刻更新以备查询。门窗和其他自定义对象一样可以用 AutoCAD 的命令和夹点编辑修改，并可通过电子表格检查和统计整个工程的门窗编号。

学习要点

- 门窗的创建
- 门窗的编辑
- 门窗表
- 门窗工具

6.1 门窗的创建

门窗是天正建筑软件中的核心对象之一，类型和形式非常丰富，然而大部分门窗都使用矩形的标准洞口，并且在一段墙或多段相邻墙内连续插入，规律十分明显。创建这类门窗，就是要在墙上确定门窗的位置。

普通门、普通窗、弧窗、凸窗和洞口等的定位方式基本相同，支持智能门窗插入功能，可方便快速地插入门窗，提供批量过滤删除门窗的功能。

6.1.1 门窗

本节以普通门和普通窗为例，对门窗的创建方法作深入介绍。

1. 执行方式

命令行：MC

菜单："门窗"→"门窗"

执行上述任意一种执行方式，打开如图 6-1 所示的"门"对话框。

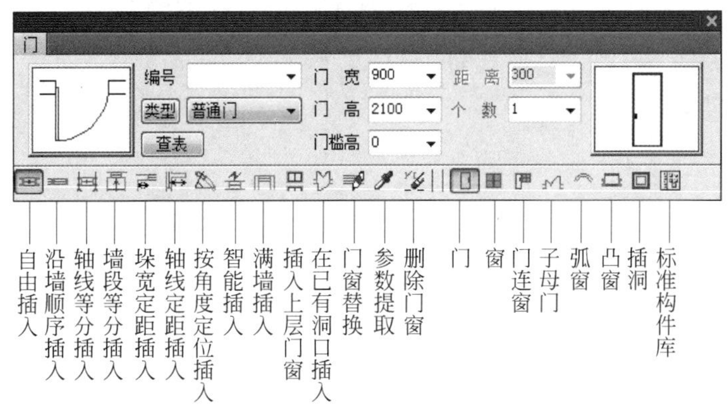

图 6-1 "门"对话框

2. 控件说明

自由插入：可在墙段的任意位置插入，速度快，但不易准确定位，通常用在方案设计阶段。以墙中线为分界，内、外移动光标，可控制内外开启方向，按 Shift 键控制左、右开启方向，单击墙体后，门窗的位置和开启方向就完全确定了。

沿墙顺序插入：以距离点取位置较近的墙边端点或基线端点为起点，按给定距离插入选定的门窗。此后顺着前进方向连续插入，在插入过程中，可以改变门窗类型和参数。在弧墙顺序插入时，门窗按照墙基线弧长进行定位。

轴线等分插入：将一个或多个门窗等分插入两根轴线间的墙段等分线中间，如果墙段内没有轴线，则该侧按墙段基线等分插入。

墙段等分插入：与轴线等分插入相似，本命令在一个墙段上按墙体较短的一侧边线，插入若干个门窗，按墙段等分使各门窗之间墙垛的长度相等。

垛宽定距插入：以最近的墙边线顶点作为基准点，指定垛宽距离插入门窗。

轴线定距插入：以最近的轴线交点作为基准点，指定距离插入门窗。

按角度定位插入：在弧墙上按指定的角度插入门窗。

Note

满墙插入：充满整个墙段插入门窗。

插入上层门窗：在同一个墙体已有的门窗上方再加一个宽度相同、高度不同的窗。

在已有洞口插入多个门窗：在同一个墙体已有的门窗洞口内再插入其他样式的门窗，常用于防火门、密闭门和户门、车库门。

门窗替换：用于批量修改门窗，包括门窗类型之间的转换。用对话框内的当前参数作为目标参数，替换图中已经插入的门窗。

参数提取：用于查询图中已有门窗对象，并将其尺寸参数提取到门窗对话框中，方便在原有门窗尺寸基础上加以修改。

以插门为例，在“编号”栏目中为所设置门选择编号，在“门高”中定义门高度，在“门宽”中定义门宽度，在“门槛高”中定义门的下缘到所在墙底标高的距离，在“二维视图”中单击进入“天正图库管理系统”，选择合适的二维形式，如图 6-2 所示。在“三维视图”中单击进入“天正图库管理系统”，选择合适的三维形式，如图 6-3 所示。在“查表”中查看“门窗编号验证表”，如图 6-4 所示。在下侧工具栏图标左侧中选择插入门的方式。

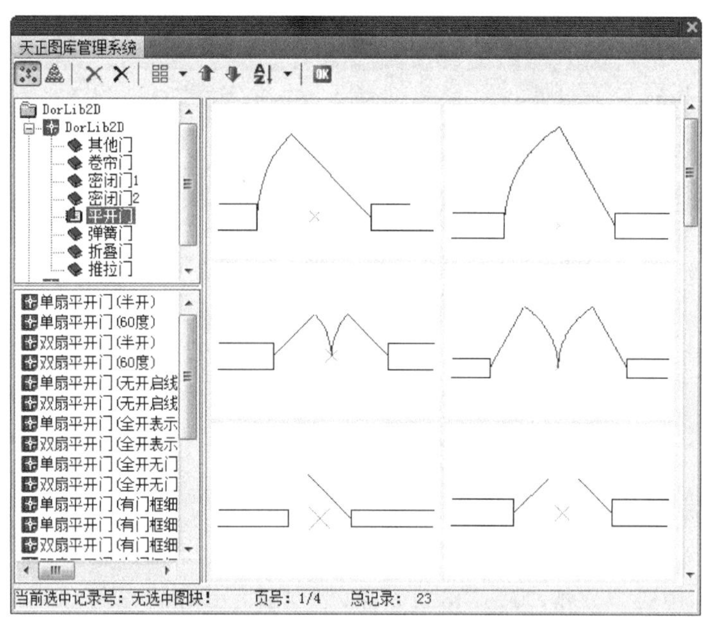

图 6-2 “天正图库管理系统”对话框

如插窗，则显示“窗”对话框，如图 6-5 所示。在“编号”栏目中为所设置窗选择编号，在“窗高”中定义窗高度，在“窗宽”中定义窗宽度，在“窗台高”中定义窗的下缘到所在墙底标高的距离，选中“高窗”，则所插窗为高窗，用虚线表示。在“二维视图”中单击进入“天正图库管理系统”，选择合适的二维形式；在“三维视图”中单击进入“天正图库管理系统”，选择合适的三维形式。在“查表”中查看“门窗编号验证表”，在下侧工具栏图标左侧中选择插入窗的方式。

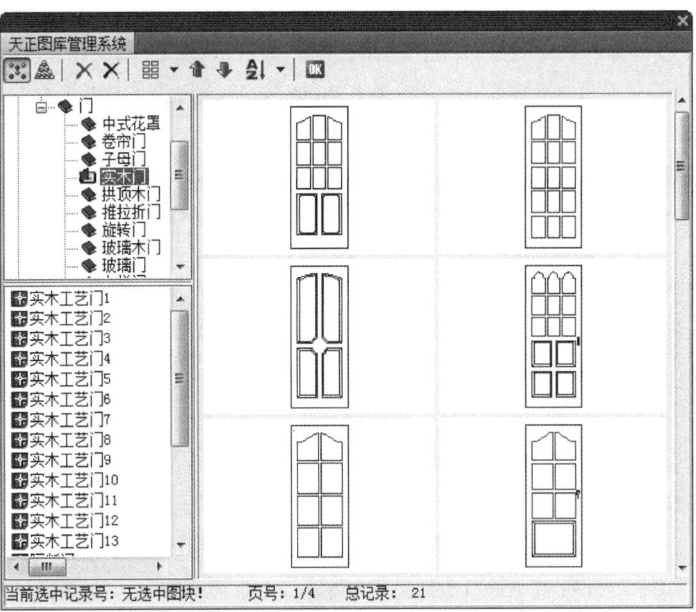

图 6-3 “天正图库管理系统”对话框

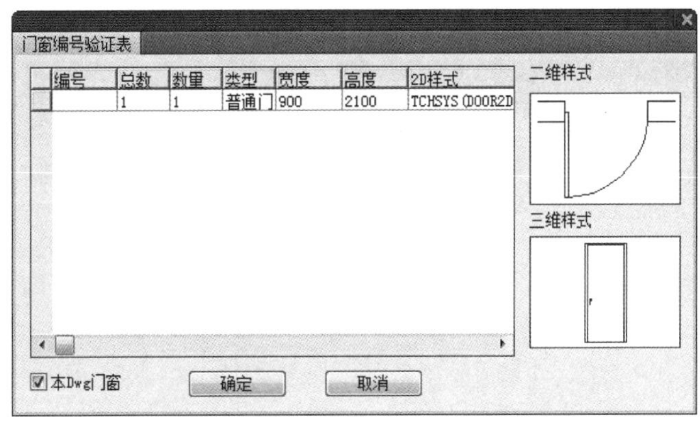

图 6-4 “门窗编号验证表”对话框

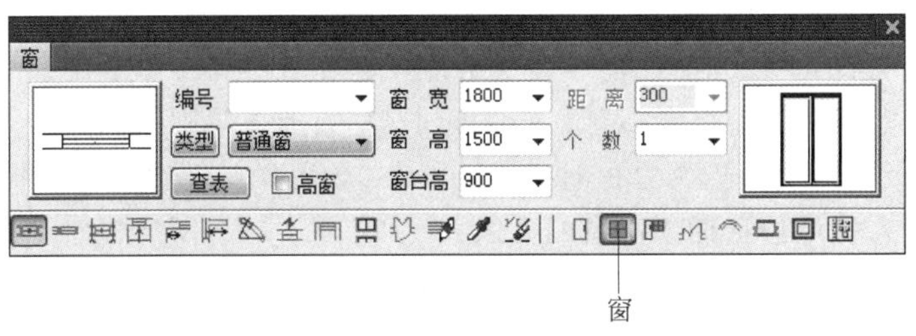

图 6-5 “窗”对话框

在图 6-5 所示“窗”对话框上选择“插门连窗”按钮，显示出“门连窗”对话框，如图 6-6 所示。在“编号”栏目中为所设置门连窗选择编号，在“门高”中定义门高度，在“总宽”中定义门连窗宽度，在“窗高”中定义窗高度，在“门宽”中定义门宽度，在“门槛高”中定义

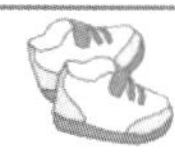

门的下缘到所在墙底标高的距离。在"二维视图"中单击进入"天正图库管理系统",选择合适的二维形式;在"三维视图"中单击进入"天正图库管理系统",选择合适的三维形式。在"查表"中查看"门窗编号验证表",在下侧工具栏图标左侧中选择插入门连窗的方式。

Note

图 6-6 "门连窗"对话框

在图 6-6 所示"门连窗"对话框上选择"子母门"按钮,显示出"子母门"对话框,如图 6-7 所示。在"编号"栏目中为所设置子母门选择编号,在"总宽"中定义子母门总宽度,在"门高"中定义门高度,在"门槛高"中定义门的下缘到所在墙底标高的距离。在"二维视图"中单击进入"天正图库管理系统",选择合适的二维形式;在"三维视图"中单击进入"天正图库管理系统",选择合适的三维形式。在"查表"中查看"门窗编号验证表",在下侧工具栏图标左侧中选择插入子母门的方式。

图 6-7 "子母门"对话框

在图 6-7 所示"子母门"对话框上选择"插凸窗"按钮,显示出"凸窗"对话框,如图 6-8 所示,在"编号"栏目中为所设置凸窗选择编号,在"型式"栏目中为所设置凸窗选择型式(单击右侧下拉菜单选择),在"宽度"中定义凸窗宽度,在"高度"中定义凸窗高度,在"窗台高"中定义凸窗的下缘到所在墙底标高的距离,在"出挑长 A"中定义凸窗凸出长度,在"梯形宽 B"中定义梯形凸窗凸出宽度。选中"左侧挡板",则所插凸窗为左侧有挡板;选中"右侧挡板",则所插凸窗为右侧有挡板。在"查表"中查看"门窗编号验证表",在下侧工具栏图标左侧中选择插入凸窗的方式。

打开"洞口"对话框,如图 6-9 所示。在"编号"栏目中为所设置矩形洞选择编号,在"洞宽"中定义矩形洞宽度,在"洞高"中定义矩形洞高度,在"底高"中定义矩形洞的下缘到所在墙底标高的距离,在矩形洞型式中单击可以改变二维型式,在"查表"中查看"门窗编号验证表",在下侧工具栏图标左侧中选择插入矩形洞的方式。

如选择标准构件库,则显示"天正构件库"对话框,如图 6-10 所示。

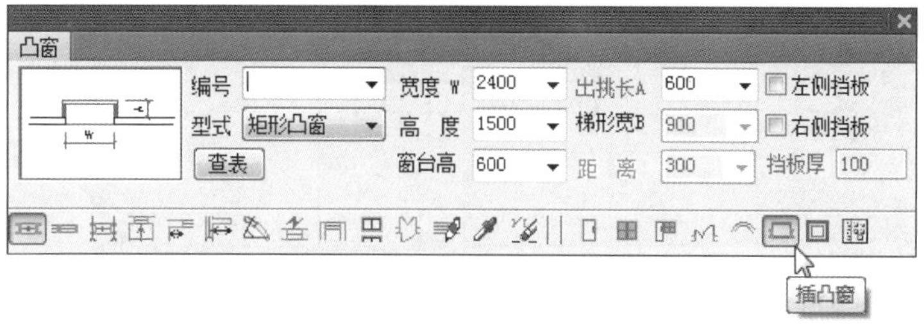

图 6-8　“凸窗”对话框

图 6-9　“洞口”对话框

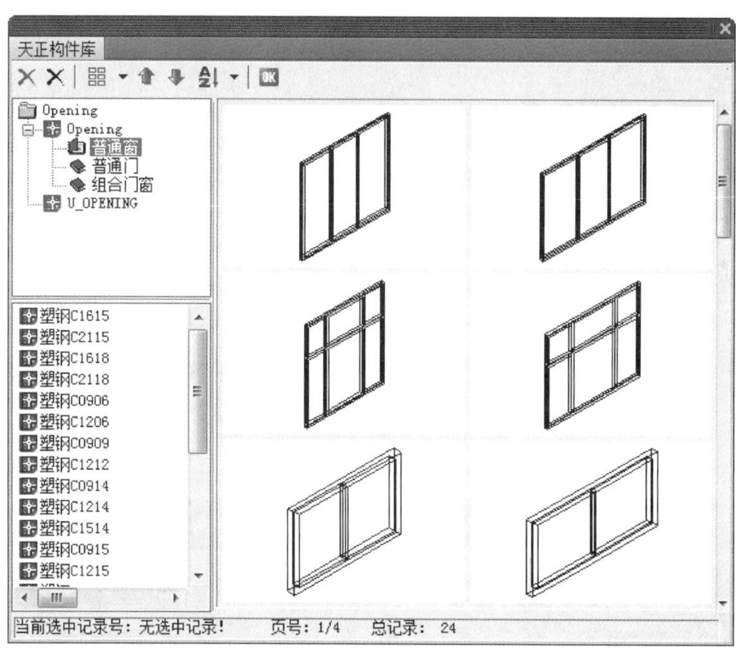

图 6-10　“天正构件库”对话框

Note

6.1.2　上机练习——插入门

练习目标

插入门如图 6-11 所示。

Note

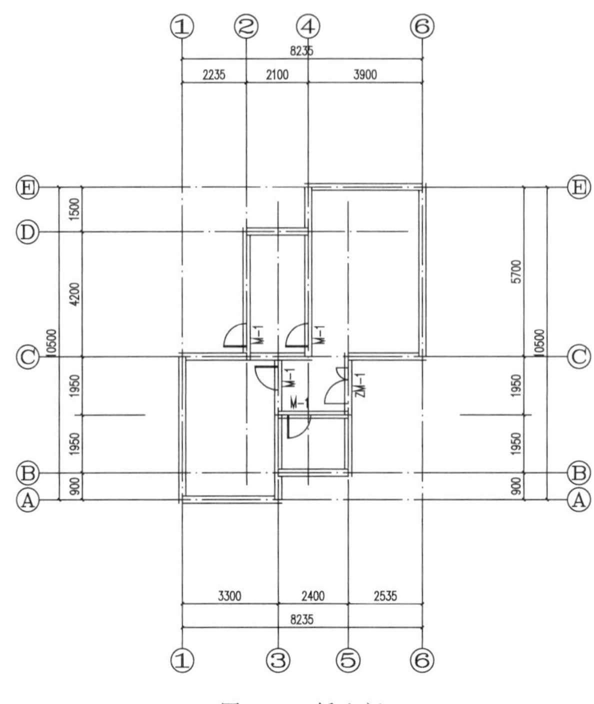

图 6-11　插入门

设计思路

打开源文件中的"单线变墙"图形，打开"门"对话框，分别绘制 800 的普通门和 1200 的子母门。

操作步骤

(1) 单击菜单栏中的"门窗"→"门窗"命令，打开"门"对话框，在"编号"中输入编号"M-1"，在"门宽"中输入"900"，在"门高"中输入"2100"，在"门槛高"中输入"0"，在下侧工具栏图标左侧中选择插入门的方式为"垛宽定距插入"，距离为"200"，如图 6-12 所示。

图 6-12　"门"对话框

(2) 在绘图区域中单击，指定 M-1 的插入位置，命令行提示如下。

```
单击门窗大致的位置和开向(Shift－左右开)<退出>:选择插入点
单击门窗大致的位置和开向(Shift－左右开)<退出>:选择插入点
```

Note

结果如图 6-13 所示。

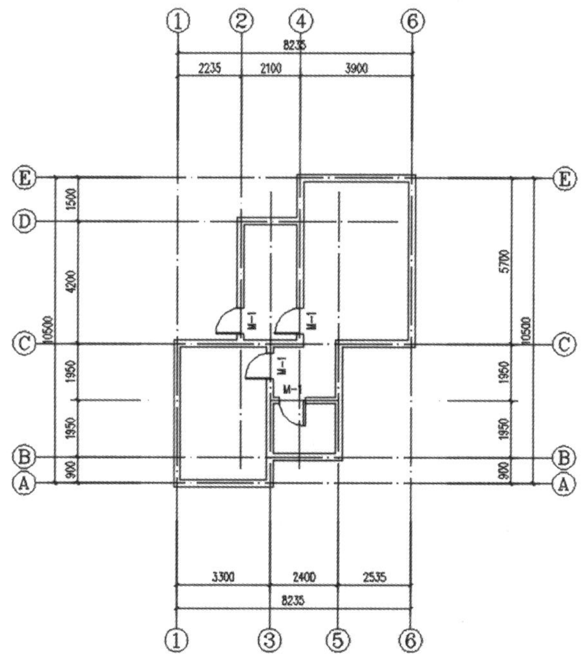

图 6-13 插入普通门

(3) 利用夹点，调整门的开启方向，结果如图 6-14 所示。

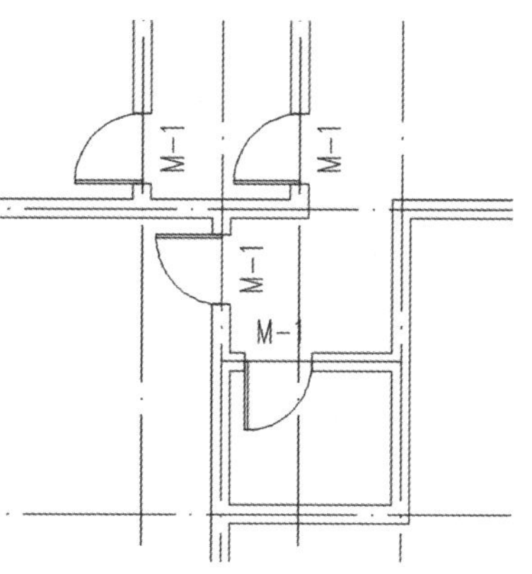

图 6-14 调整门的开启方向

(4) 单击菜单栏中的“门窗”→“门窗”命令，打开“子母门”对话框，在“编号”中输入编号“ZM-1”，在“总门宽”中输入“1200”，在“大门宽”中输入“800”，在“门高”中输入“2100”，在“门槛高”中输入“0”，在下侧工具栏图标左侧中选择插入门的方式为“轴线定距插入”，距离为“375”，如图 6-15 所示。

(5) 在绘图区域中单击，指定 ZM-1 的插入位置，命令行提示如下。

```
单击门窗大致的位置和开向(Shift - 左右开)<退出>:选择插入点
```

图 6-15 “子母门”对话框

结果如图 6-11 所示。

(6) 保存图形。将图形以“插入门.dwg”为文件名进行保存。命令行提示如下。

```
命令: SAVEAS↙
```

Note

6.1.3 上机练习——插入窗

练习目标

插入窗如图 6-16 所示。

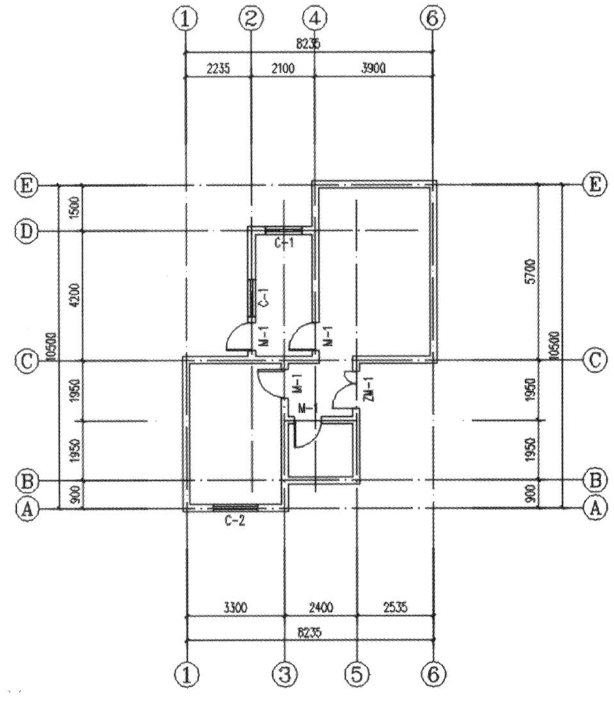

图 6-16 插入窗

设计思路

打开源文件中的“插入门”图形，打开“窗”对话框，分别绘制 1200 和 1500 的普通窗。

操作步骤

(1) 单击菜单栏中的“门窗”→“门窗”命令，打开“窗”对话框，在“编号”中输入编号“C-1”，在“窗宽”中输入“1200”，在“窗高”中输入“1500”，在“窗台高”中输入“600”，在下侧工具栏图标左侧中选择插入门的方式为“轴线等分插入”，如图 6-17 所示。

(2) 在绘图区域中单击，指定 C-1 的插入位置，命令行提示如下。

```
单击门窗大致的位置和开向(Shift-左右开)<退出>:选择插入点
```

Note

图 6-17　“窗”对话框

结果如图 6-18 所示。

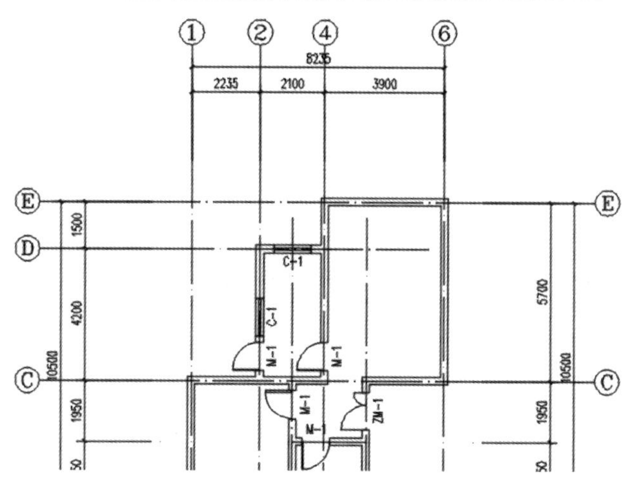

图 6-18　插入 1200 的窗

(3) 单击菜单栏中的“门窗”→“门窗”命令，打开“窗”对话框，在“编号”中输入编号“C-2”，在“窗宽”中输入“1500”，在“窗高”中输入“1500”，在“窗台高”中输入“600”，在下侧工具栏图标左侧中选择插入门的方式为“轴线等分插入”，如图 6-19 所示。

图 6-19　“窗”对话框

(4) 在绘图区域中单击，指定 C-2 的插入位置，命令行提示如下。

```
单击门窗大致的位置和开向(Shift - 左右开)<退出>:选择插入点
```

结果如图 6-16 所示。

(5) 保存图形。将图形以“插入窗.dwg”为文件名进行保存。命令行提示如下。

```
命令: SAVEAS↙
```

Note

6.1.4 组合门窗

“组合门窗”命令不会直接插入一个组合门窗，而是把使用“门窗”命令插入的多个门窗组合为一个整体的组合门窗，组合后的门窗按一个门窗编号进行统计，在三维显示时，子门窗之间不再有多余的面片；还可以使用“构件入库”命令把将创建好的常用组合门窗放入构件库，使用时直接从构件库中选取。

“组合门窗”命令不会自动对各子门窗的高度进行对齐，修改组合门窗时，临时分解为子门窗，修改后重新进行组合。本命令用于绘制复杂的门连窗与子母门，简单的情况可直接绘制，不必使用“组合门窗”命令。

1. 执行方式

命令行：ZHMC

菜单：“门窗”→“组合门窗”

2. 命令行

```
命令：ZHMC
选择需要组合的门窗和编号文字:用鼠标单选需要组合的门窗
选择需要组合的门窗和编号文字:用鼠标单选需要组合的门窗
选择需要组合的门窗和编号文字:
输入编号:命名组合门窗。
```

6.1.5 上机练习——组合门窗

练习目标

组合门窗如图 6-20 所示。

设计思路

打开源文件中的“插入窗”图形，单击“组合门窗”命令，将 C-1 和 M-1 组合为 ZHMC-1，如图 6-20 所示。

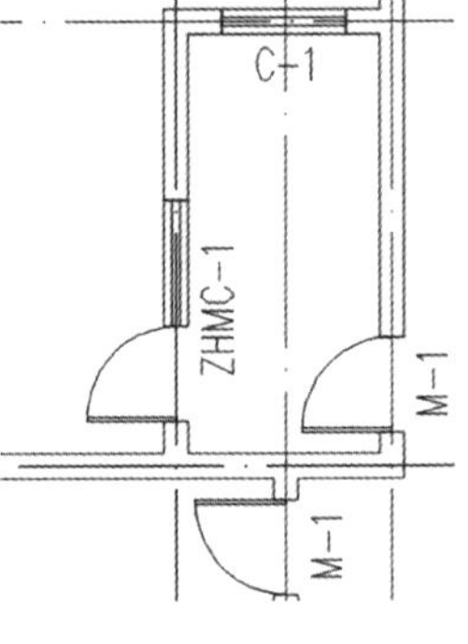

图 6-20 ZHMC-1

操作步骤

(1) 单击菜单中“门窗”→“组合门窗”命令，单击“组合门窗”命令，将 C-1 和 M-1 组合为 ZHMC-1，命令行提示如下。

```
命令：ZHMC
选择需要组合的门窗和编号文字:选 C-1
选择需要组合的门窗和编号文字:选 M-1
选择需要组合的门窗和编号文字:
输入编号:ZHMC-1。
```

结果如图 6-20 所示。

(2) 保存图形。将图形以“组合门窗.dwg”为文件名进行保存。命令行提示如下。

```
命令：SAVEAS↙
```

6.1.6 带形窗

带形窗是沿墙连续的带形窗对象，按一个门窗编号进行统计，带形窗转角可以被柱子、墙体造型遮挡，也可以跨过多道隔墙。

1. 执行方式

命令行：DXC

菜单："门窗"→"带形窗"

执行上述任意一种执行方式，显示"带形窗"对话框，如图 6-21 所示，在"编号"栏目中为所设置带形窗选择编号，在"窗户高"中定义带形窗高度，在"窗台高"中定义带形窗台宽度。

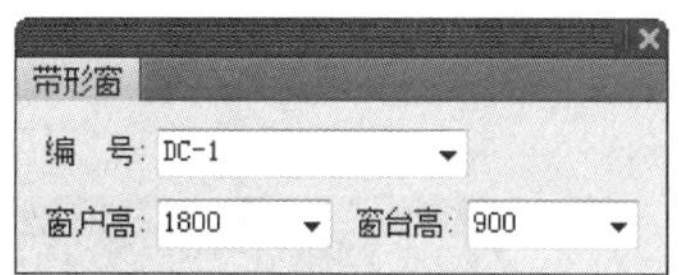

图 6-21 "带形窗"对话框

2. 命令行

```
命令: DXC
起始点或 [参考点(R)]<退出>:单击选择带形窗的起点
终止点或 [参考点(R)]<退出>:单击选择带形窗的终点
选择带形窗经过的墙:选择带形窗所在的墙段
选择带形窗经过的墙:选择带形窗所在的墙段(此时必须逐段选取,不能漏选和错选)
选择带形窗经过的墙:选择带形窗所在的墙段
选择带形窗经过的墙:
```

6.1.7 上机练习——带形窗

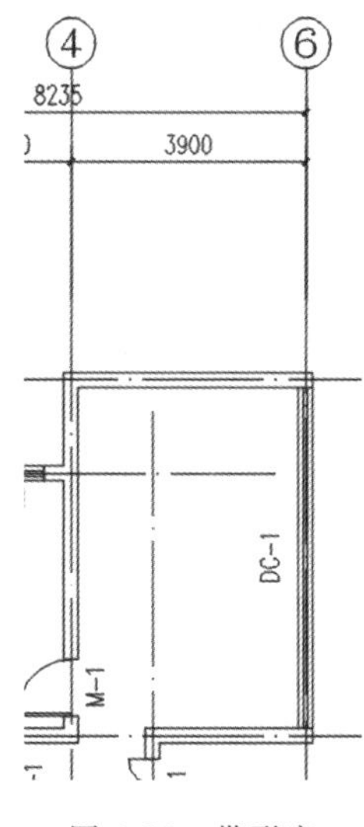

图 6-22 带形窗

练习目标

带形窗如图 6-22 所示。

设计思路

打开源文件中的"组合门窗"图形，单击"带形窗"命令，插入带形窗。

操作步骤

(1) 单击菜单中"门窗"→"带形窗"命令，显示"带形窗"对话框如图 6-23 所示，在"编号"栏目中输入"DC-1"，在"窗户高"中输入"1500"，在"窗台高"中输入"900"，如图 6-23 所示。

(2) 选择轴线⑥上的墙体，指定插入带形窗的两点，插入带形窗，命令行提示如下。

```
命令: DXC
起始点或 [参考点(R)]<退出>:
终止点或 [参考点(R)]<退出>:
选择带形窗经过的墙:选择墙体
```

结果如图 6-24 所示。

图 6-23 “带形窗”对话框

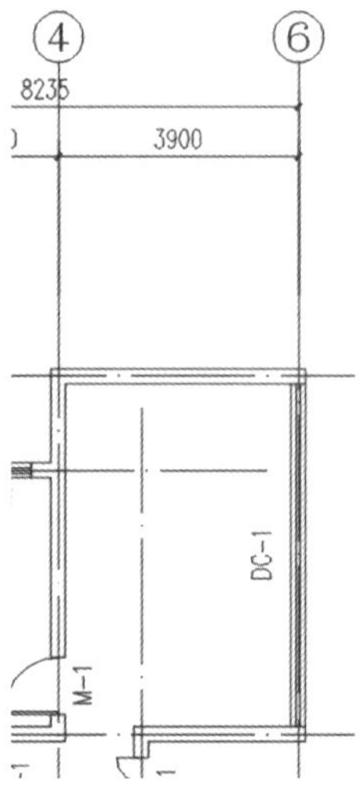

图 6-24 带形窗

(3) 保存图形。将图形以“带形窗.dwg”为文件名进行保存。命令行提示如下。

```
命令: SAVEAS↙
```

6.1.8 转角窗

采用“转角窗”命令可以在墙角两侧插入等窗台高和等窗高的相连窗，为一个门窗编号，包括普通角窗和角凸窗两种形式。窗的起点和终点在相邻的墙段上，经过一个墙角。

1. 执行方式

命令行：ZJC

菜单：“门窗”→“转角窗”

执行上述任意一种执行方式，打开“绘制角窗”对话框如图 6-25 所示。

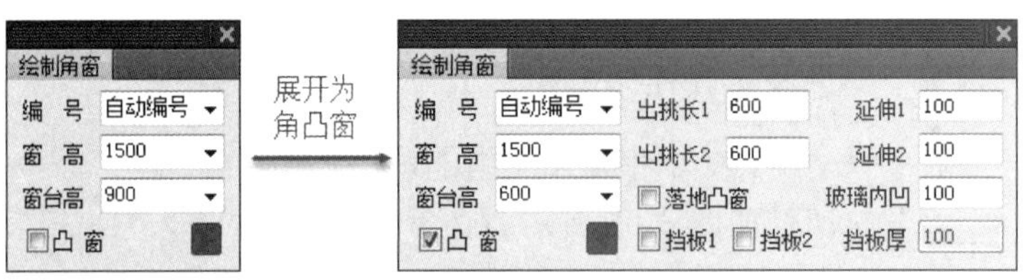

图 6-25 “绘制角窗”对话框

在相应的框栏内输入数据，在绘图区域单击，命令行提示如下。

```
命令: ZJC
请选取墙内角<退出>:选择转角窗的墙内角
转角距离 1<1000>:虚线墙体上窗的长度
转角距离 2<1000>:另一段虚线墙体上窗的长度
请选取墙内角<退出>:
```

2. 控件说明

出挑长 1：凸窗窗台凸出于一侧墙面外的距离，在外墙加保温层时从结构面起算，单侧无出挑时可输入“0”。

出挑长 2：凸窗窗台凸出于另一侧墙面外的距离，在外墙加保温层时从结构面起算，单侧无出挑时可输入“0”。

延伸 1/延伸 2：窗台板与檐口板分别在两侧延伸出窗洞口外的距离，常作为空调搁板花台等。

玻璃内凹：凸窗玻璃从外侧起算的厚度。

凸窗：勾选后，单击箭头按钮可展开绘制角凸窗。

落地凸窗：勾选后，墙内侧不画窗台线。

挡板 1/挡板 2：勾选后凸窗的侧窗改为实心的挡板，挡板的保温层厚度默认按 30 绘制，是否加保温层在“天正选项→基本设定→图形设置”下定义。

挡板厚：挡板厚度默认 100，勾选“挡板”后可在这里修改。

（1）默认不按下“凸窗”按钮，就是普通角窗，窗随墙布置；

（2）按下“凸窗”按钮，不勾选“落地凸窗”，就是普通的角凸窗；

（3）按下“凸窗”按钮，再勾选“落地凸窗”，就是落地的角凸窗。

6.1.9 上机练习——转角窗

练习目标

转角窗如图 6-26 所示。

设计思路

打开源文件中的“带形窗”图形，单击“转角窗”命令，设置相关的参数，插入转角窗。

操作步骤

（1）单击菜单中“门窗”→“转角窗”命令，显示对话框，在其中单击“凸窗”，显示对话框如图 6-25 所示。

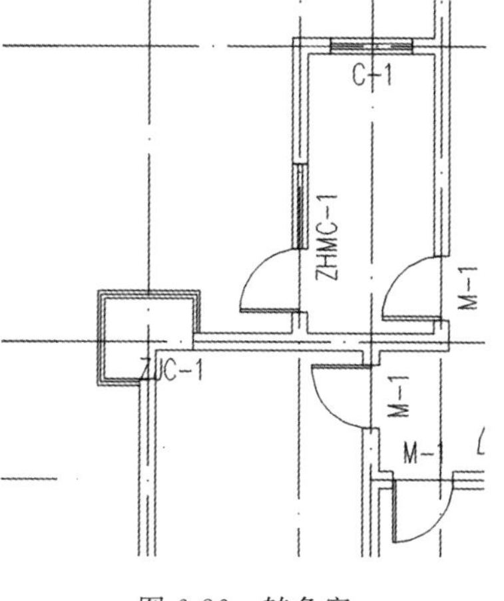

图 6-26 转角窗

（2）选角凸窗命令，定义“窗高”为“1500”，定义“窗台高”为“600”，不勾选“落地凸窗”，定义“窗编号”为“ZJC-1”，定义“延伸 1”为“100”，定义“延伸 2”为“100”，定义“玻璃内凹”为“100”。

（3）单击绘图区域，命令行提示如下。

```
请选取墙角<退出>:选择墙体
转角距离 1<1000>:1000(变虚)
转角距离 2<1000>:1000(变虚)
请选取墙角<退出>:
```

生成的转角窗 ZJC-1，如图 6-26 所示。

（4）保存图形。将图形以“转角窗.dwg”为文件名进行保存。命令行提示如下。

```
命令：SAVEAS↙
```

Note

6.1.10 异形洞

采用“异形洞”命令可以在直墙面上按给定的闭合 PLINE 轮廓线生成任意形状的洞口，平面图例与矩形洞相同。建议先将屏幕设为两个或更多视口，分别显示平面和正立面，然后用“墙面 UCS”命令把墙面转为立面 UCS，在立面用闭合多段线画出洞口轮廓线，最后使用本命令创建异形洞。注意本命令不适用于弧墙。

1. 执行方式

命令行：YXD

菜单：“门窗”→“异形洞”

2. 命令行

```
命令：YXD
请点取墙体一侧：点取平面视图中开洞墙段，当洞口不穿透墙体时，点取开口一侧
选择墙面上的多段线作为洞口轮廓线：光标移至对应立面视口中，点取洞口轮廓线
```

执行上述任意一种方式，打开如图 6-27 所示的“异形洞”对话框，单击图形切换表示洞口的图例，或者勾选“穿透墙体”后，输入洞深参数，单击“确定”按钮完成异形洞的绘制。

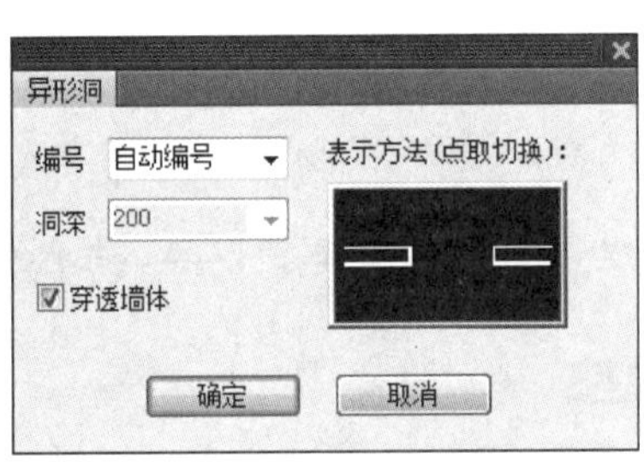

图 6-27 “异形洞”对话框

6.2 门窗的编辑

最简单的门窗编辑方法是选取门窗来激活门窗夹点，拖动夹点进行夹点编辑而不必使用任何命令，批量翻转门窗可使用专门的门窗翻转命令进行处理。

6.2.1 门窗的夹点编辑

普通门、普通窗都有若干个预设好的夹点，拖动夹点时，门窗对象会按预设的行为做出动作，熟练操纵夹点进行编辑是用户应该掌握的高效编辑手段。夹点编辑的缺点是一次只能对一个对象操作，而不能一次更新多个对象，为此系统提供了各种门窗编辑命令。

门窗对象提供的编辑夹点功能如图 6-28 所示。需要指出的是，部分夹点用“Ctrl键”切换功能。

6.2.2 对象编辑与特性编辑

双击门窗对象即可进入“对象编辑”命令，对门窗进行参数修改，选择门窗对象，右击菜单，可以选择“对象编辑”或者“特性编辑”，虽然两者都可以用于修改门窗属性，但

Note

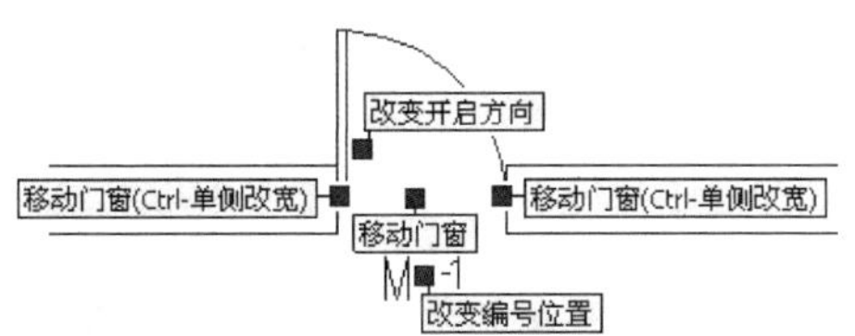

普通门的夹点功能

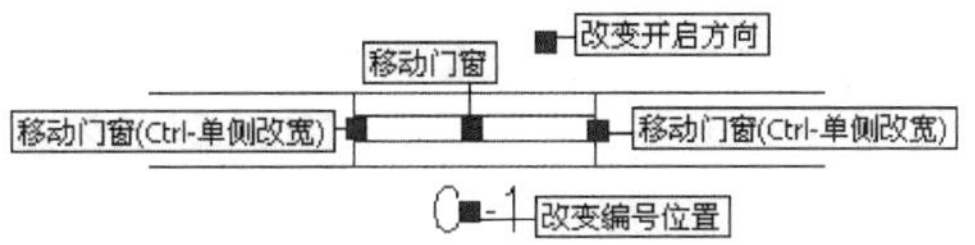

普通窗的夹点功能

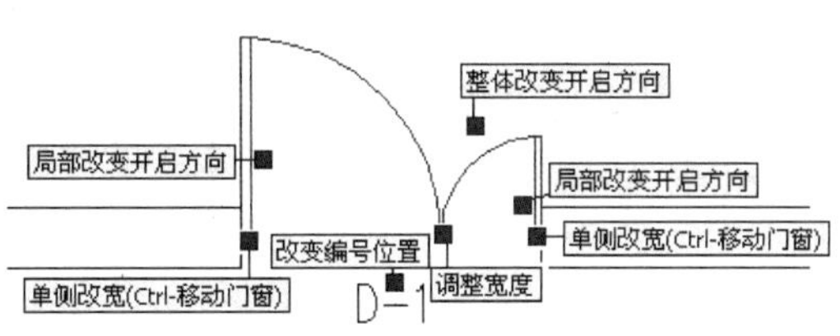

组合门窗的夹点功能

图 6-28　编辑夹点功能

是相对而言"对象编辑"用于启动创建门窗的对话框，参数比较直观，而且可以替换门窗的外观样式。

门窗对象编辑对话框与插入对话框类似。

6.2.3　门窗规整

调整方案时，粗略插入墙上的门窗位置，使其按照指定的规则整理获得正确的门窗位置，以便生成准确的施工图。

1. 执行方式

命令行：MCGZ

菜单："门窗"→"门窗规整"

执行上述任意一种执行方式，打开"门窗规整"对话框，如图 6-29 所示。

图 6-29　"门窗规整"对话框

2. 命令行

```
命令：MCGZ
请选择需规整的门窗<退出>：右键回车直接退出命令
选择需规整的门窗或[回退(U)]<退出>：支持点选和框选操作
```

实际上可以对"门窗规整"对话框中的三种情况进行组合，遇到符合要求的门窗，应按要求执行，勾选"垛宽≤"选项时，结果如图 6-30 所示，命令行提示如下。

```
请选择需规整的门窗<退出>：右键回车直接退出命令；
选择需规整的门窗或[回退(U)]<退出>：支持点选和框选操作
```

选择需规整的门窗后，选中门窗，马上按对话框中的设置进行位置调整，单击鼠标右键直接退出命令，实例如图 6-30 所示。

勾选“门窗居中”一项，把“中距”设为“1200”，命令行提示如下。

```
请选择需规整的门窗或[指定参考轴线(S)]<退出>: 框选两个要居中规整的窗
请选择需规整的门窗或[指定参考轴线(S)/回退(U)]<退出>: 回车结束选择
```

程序按门窗所在墙端相邻墙体的位置自动搜索轴线，对搜出来轴线间的门窗按中距进行居中操作，如图 6-31 所示。

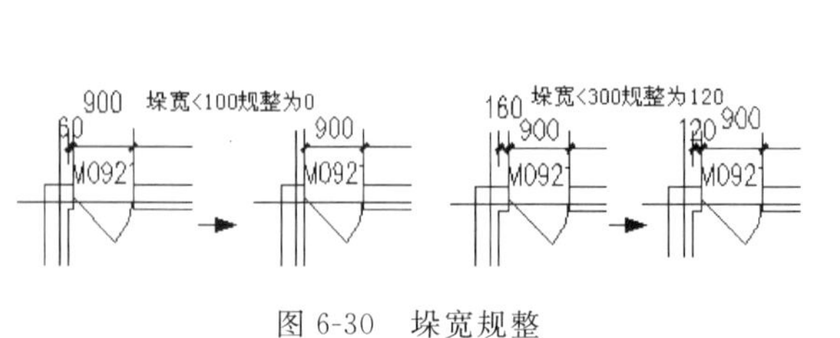

图 6-30　垛宽规整

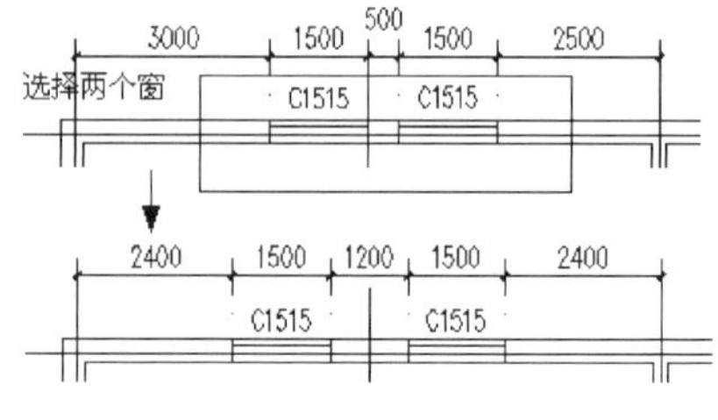

图 6-31　门窗居中

6.2.4　上机练习——门窗规整

练习目标

门窗规整如图 6-32 所示。

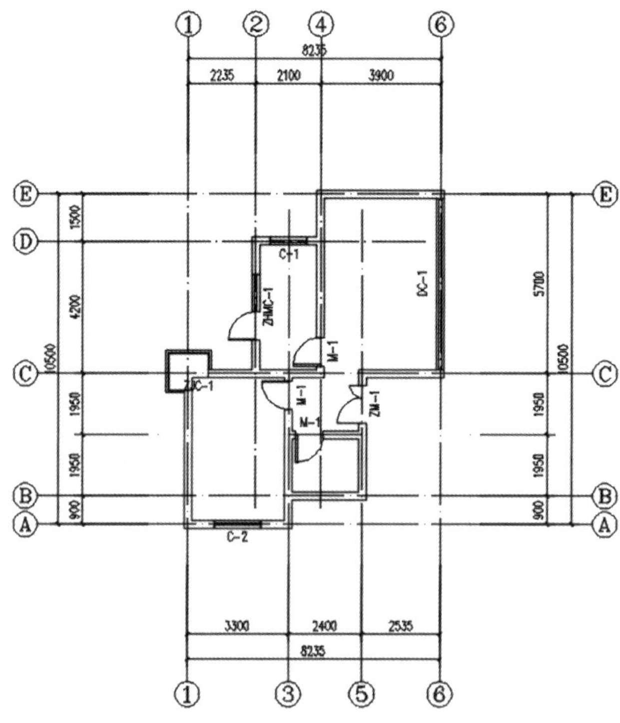

图 6-32　门窗规整

设计思路

打开源文件中的"转角窗"图形，利用"门窗规整"命令，将 M-1 的墙垛宽设置为 120，ZHMC-1 进行居中设置，如图 6-32 所示。

操作步骤

(1) 单击菜单中"门窗"→"门窗规整"命令，打开如图 6-33 所示的对话框，进行设置，命令行提示如下。

图 6-33 "门窗规整"对话框

```
命令: MCGZ
请选择需规整的门窗<退出>:选择 M-1
请选择需规整的门窗或[回退(U)]<退出>:选择 M-1
请选择需规整的门窗或[回退(U)]<退出>: ZHMC-1
请选择需规整的门窗或[回退(U)]<退出>:
```

绘制结果如图 6-32 所示。

(2) 保存图形。将图形以"门窗规整. dwg"为文件名进行保存。命令行提示如下。

```
命令: SAVEAS ↙
```

6.2.5　门窗填墙

选择选中的门窗，将其删除，同时将该门窗所在的位置补上指定材料的墙体，该命令支持除带形窗、转角窗和老虎窗以外的其他门窗类别。

执行方式如下。

命令行：MCTQ

菜单："门窗"→"门窗填墙"

```
命令: MCTQ
请选择需删除的门窗<退出>: 选择各个要填充为墙体的门窗;
请选择需删除的门窗: 回车退出选择;
请选择需填补的墙体材料:[填充墙(0)/加气块(1)/空心砖(2)/砖墙(3)/无(4)]<2>:
```

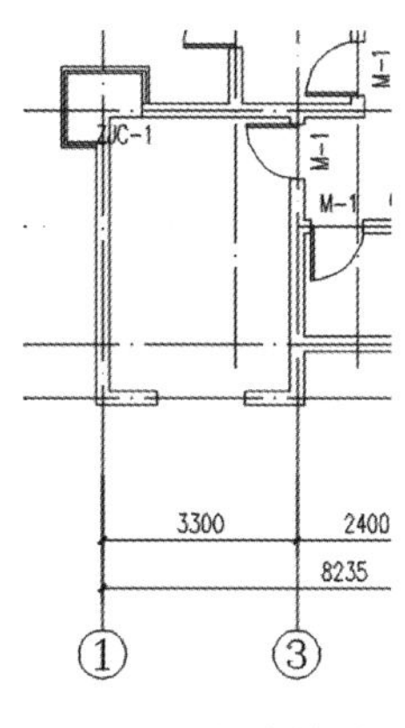

图 6-34　门窗填墙

6.2.6　上机练习——门窗填墙

练习目标

门窗填墙如图 6-34 所示。

设计思路

打开源文件中的"门窗规整"图形，单击"门窗填墙"命令，将 C-2 处设置为洞口。

操作步骤

(1) 单击菜单中"门窗"→"门窗填墙"命令，删除 C-2 并设置

Note

为洞口，命令行提示如下。

```
命令: MCTQ
请选择需删除的门窗<退出>:
请选择需删除的门窗:
请选择需填补的墙体材料:[填充墙(0)/加气块(1)/空心砖(2)/砖墙(3)/耐火砖(4)/无(5)]
<0>: 5
```

绘制结果如图 6-34 所示。

(2) 保存图形。将图形以"门窗填墙.dwg"为文件名进行保存。命令行提示如下。

```
命令: SAVEAS↙
```

6.2.7 内外翻转

选择需要内外翻转的门窗，统一以墙中为轴线进行翻转，本命令适用于一次处理多个门窗的情况，方向总是与原来相反。

1. 执行方式

命令行：NWFZ

菜单："门窗"→"内外翻转"

2. 命令行

```
命令: NWFZ
选择待翻转的门窗:选择需要翻转的门窗
选择待翻转的门窗:
```

左右翻转和内外翻转相似，这里不再详细叙述。

6.3 门 窗 表

门窗表包括门窗表和门窗总表。门窗表统计本图中使用的门窗参数，检查后生成传统样式门窗表，或者生成符合国标《建筑工程设计文件编制深度规定》(2016 版)样式的标准门窗表。天正建筑提供了用户定制门窗表的功能，各设计单位可以根据需要定制自己的门窗表格入库和门窗表格样式。门窗总表命令用于统计本工程中多个平面图使用的门窗编号，生成门窗总表，可由用户在当前图上指定各楼层平面所属门窗，适用于在一个 dwg 图形文件上存放多楼层平面图的情况，也可指定分别保存在多个不同 dwg 图形文件上的不同楼层平面。

6.3.1 门窗表

生成的门窗表如图 6-35 所示。

门窗表

类型	设计编号	洞口尺寸/(mm×mm)	数量	图集名称	页次	选用型号	备注
门	M0921	900X2100	1				
门联窗	MC2123	2100X2300	1				
窗	C1512	1500X1200	1				
凸窗	TC2415	2400X1500	1				
弧窗	HC1518	1500X1800	1				

图 6-35　门窗表

1. 执行方式

命令行：MCB

菜单："门窗"→"门窗表"

2. 命令行

```
命令：MCB
请选择门窗或[设置(S)]:框选门窗
请选择门窗:
请点取门窗表位置(左上角点)<退出>:点选门窗表插入位置
```

6.3.2　上机练习——门窗表

练习目标

门窗表如图 6-36 所示。

门窗表

类型	设计编号	洞口尺寸/(mm×mm)	数量	图集名称	页次	选用型号	备注
普通门	M-1	900X2100	3				
子母门	ZM-1	1200X2100	1				
普通窗	C-1	1200X1500	1				
转角窗	ZJC-1	(669+522)X1500	1				
带型窗	DC-1	5460X1500	1				
组合门窗	ZHMC-1	2100X2100	1				

图 6-36　门窗表

设计思路

打开源文件中的"门窗填墙"图形，单击"门窗表"命令，绘制门窗表。

操作步骤

(1) 单击菜单中"门窗"→"门窗表"命令，命令行提示如下。

```
命令：MCB
请选择门窗或[设置(S)]:框选门窗
请选择门窗:
请点取门窗表位置(左上角点)<退出>:点选门窗表插入位置
```

结果如图 6-36 所示。

(2) 保存图形。将图形以"门窗表.dwg"为文件名进行保存。命令行提示如下。

```
命令: SAVEAS↙
```

Note

6.3.3 门窗总表

"门窗总表"命令用于生成整座建筑的门窗表。统计本工程中多个平面图使用的门窗编号,生成门窗总表。

1. 执行方式

命令行: MCZB

菜单: "门窗"→"门窗总表"

点取菜单命令后,如果当前工程没有建立或没有打开,会提示需要新建工程,如图 6-37 所示,新建或者打开一个工程项目会在以后的章节中详细讲述。

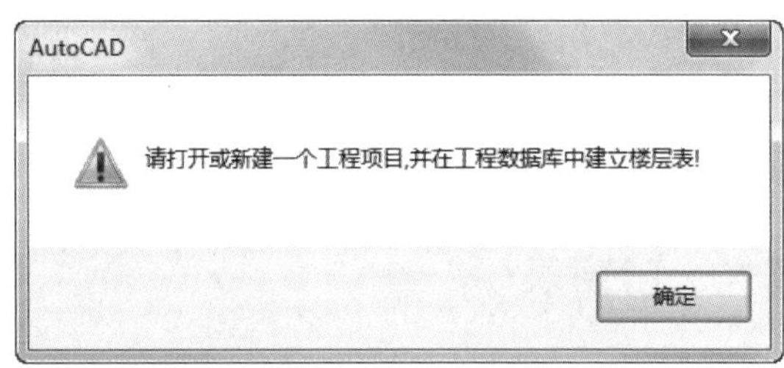

图 6-37　提示对话框

2. 命令行

```
统计标准层平面图 1 的门窗表……
统计标准层平面图 2 的门窗表……
……
请点取门窗表位置(左上角点)或[设置(S)]<退出>: 在绘图区点取门窗表的插入位置
```

需要更改门窗总表样式时,键入"S",显示"选择门窗表样式"对话框,如图 6-38 所示,单击"选择表头"按钮,打开"天正构件库",在其中可以选择不同的门窗表的表头,如图 6-39 所示。

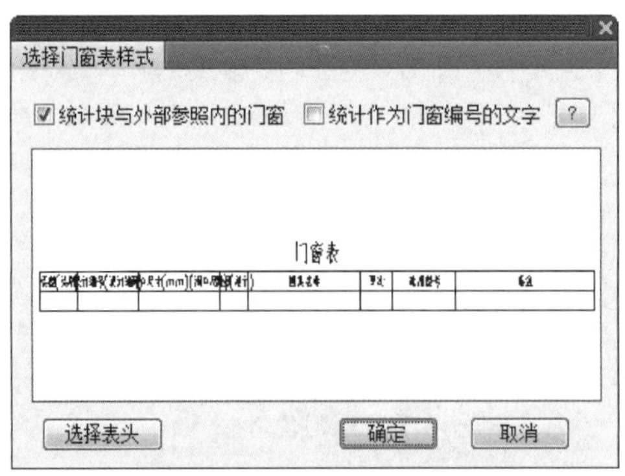

图 6-38　"门窗表样式"对话框

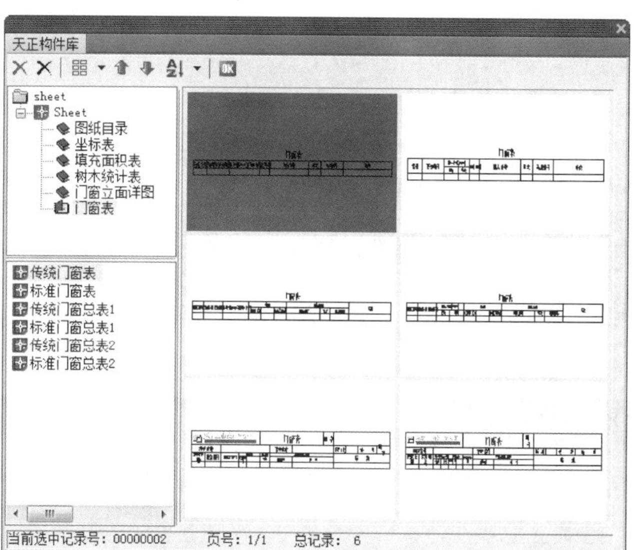

图 6-39　“天正构件库”对话框

6.4　门窗工具

门窗绘制完成后，一般会添加门窗套、门窗线或者加装饰套等。

6.4.1　编号复位

编号复位命令的功能是把用夹点编辑改变过位置的门窗编号恢复到默认位置。

1. 执行方式

命令行：BHFW

菜单：“门窗”→“门窗工具”→“编号复位”

2. 命令行

```
命令：BHFW
选择名称待复位的窗：选择要选的门窗
选择名称待复位的窗：回车退出
```

6.4.2　门口线

采用“门口线”命令可以在平面图中添加门的门口线，表示门槛或门两侧地面标高不同。门口线是门的对象属性，因此门口线会自动随门复制和移动，门口线与开门方向互相独立，改变开门方向不会导致门口线的翻转。

1. 执行方式

命令行：MKX

菜单：“门窗”→“门窗工具”→“门口线”

执行上述任意一种执行方式，打开“门口线”对话框，如图 6-40 所示。

2. 命令行

Note

```
命令: MKX
请选取需要加门口线的门:选择要加门口线的门
选择要加减门口线的门窗:
请点取门口线所在的一侧<退出>:现在生成门口线的一侧
```

选择“消门口线”，如图 6-41 所示，即可清除本侧或双侧的门口线，可框选多个门一起消除。

图 6-40 “门口线”对话框

图 6-41 选择“消门口线”

6.4.3 上机练习——门口线

练习目标

门口线如图 6-42 所示。

设计思路

打开源文件中的“门窗添墙”图形，利用“门口线”命令，对 M-1 添加门口线。

操作步骤

(1) 单击菜单中“门窗”→“门窗工具”→“门口线”命令，如图 6-43 所示，对 M-1 添加门口线，命令行提示如下。

```
请选取需要加门口线的门: 选 M-1
请点取门口线所在的一侧<退出>:选择外侧
```

绘制结果如图 6-43 所示。

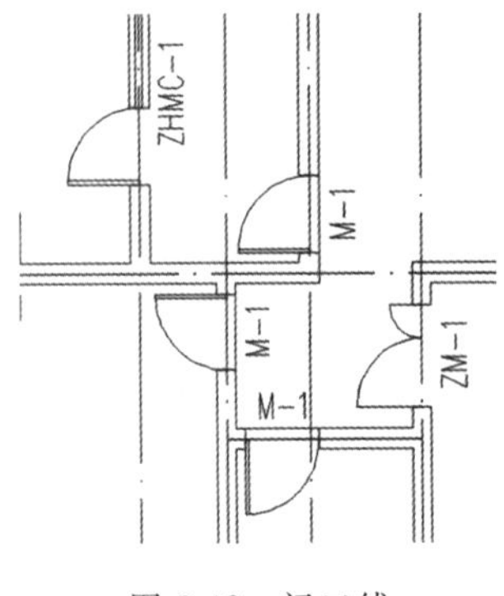

图 6-42 门口线

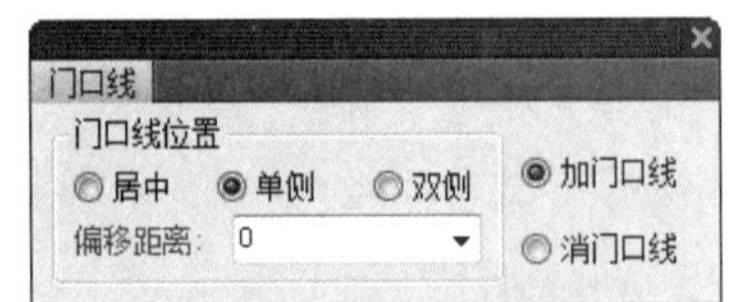

图 6-43 “门口线”对话框

(2) 保存图形。将图形以“门口线.dwg”为文件名进行保存。命令行提示如下。

```
命令: SAVEAS↙
```

Note

6.4.4 加装饰套

“加装饰套”命令用于添加装饰门窗套线，选择门窗后，在“装饰套”对话框中选择各种装饰风格和参数的装饰套。装饰套细致地描述了门窗附属的三维特征，包括各种门套线与筒子板、檐口板和窗台板的组合，主要用于室内设计的三维建模以及通过立面、剖面模块生成立剖面施工图中的相应部分。如果不要装饰套，可直接删除(Erase)装饰套对象。

执行方式如下。

命令行：JZST

菜单：“门窗”→“门窗工具”→“加装饰套”

单击菜单命令后，打开“门窗套设计”中的“门窗套”对话框，如图 6-44 所示。门窗装饰套中的“窗台/檐板”对话框如图 6-45 所示。在相应的框内输入数据，单击“确定”按钮完成操作。

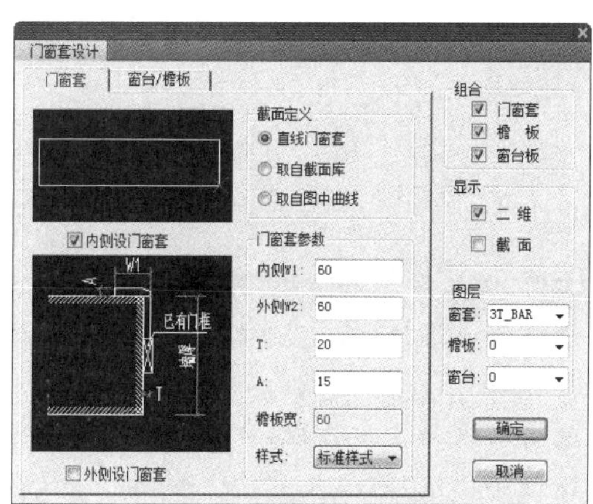

图 6-44 “门窗套”对话框

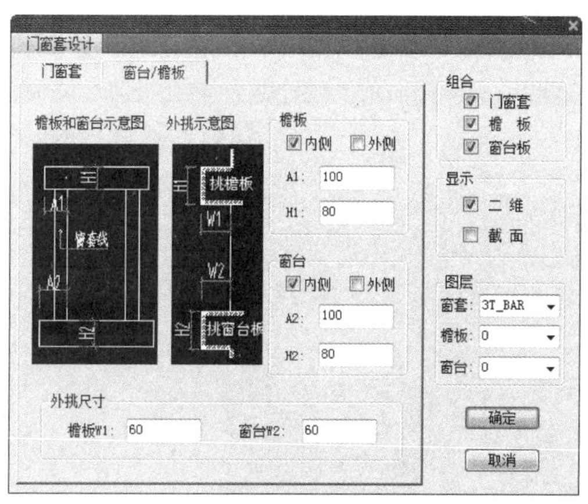

图 6-45 “窗台/檐板”对话框

第7章

楼梯

本章主要介绍普通楼梯、扶手、电梯和自动扶梯，也会详细讲述楼梯的扶手。

普通楼梯包括双跑和多跑楼梯，包含多种形式的楼梯，只有很特殊的楼梯才需要通过楼梯组件（梯段、休息平台、扶手等）拼合而成。扶手与栏杆都是楼梯的附属构件，在天正建筑中，栏杆专用于三维建模，对于平面图，仅需绘制扶手。

学习要点

- 普通楼梯的创建
- 扶手
- 电梯和自动扶梯

7.1　普通楼梯的创建

本书提供最常见的双跑和多跑楼梯的绘制，包含多种形式的楼梯，只有很特殊的楼梯才需要通过楼梯组件（梯段、休息平台、扶手等）拼合而成。

7.1.1　直线梯段

采用“直线梯段”命令可在对话框中输入梯段参数绘制直线梯段，可以单独使用，或用于组合复杂楼梯。

1. 执行方式

命令行：ZXTD

菜单：“楼梯其他”→“直线梯段”

执行上述任意一种执行方式后，打开“直线梯段”对话框，如图 7-1 所示。

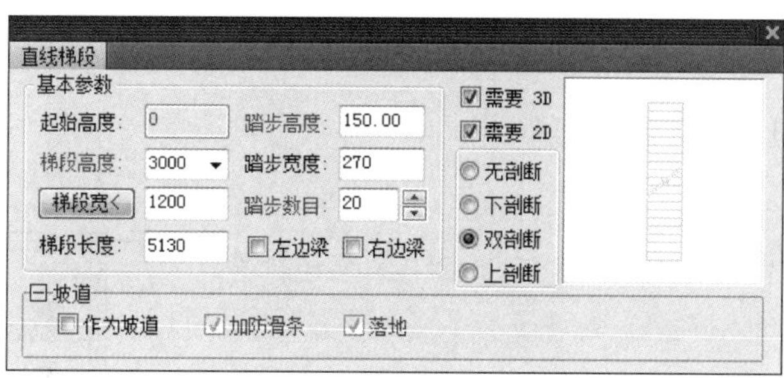

图 7-1　“直线梯段”对话框

2. 命令行

```
命令：ZXTD
点取位置或 [转 90 度(A)/左右翻(S)/上下翻(D)/对齐(F)/改转角(R)/改基点(T)]<退出>:选取梯段插入位置
```

3. 控件说明

起始高度：相对于本楼层地面起算的楼梯起始高度，梯段高以此算起。

梯段高度：直线楼梯的高度，等于踏步高度的总和。

梯段宽<：梯段宽度数值，点选该选项，可以在图 7-1 中点选两点确定梯段宽。

梯段长度：直线梯段的长度，等于平面投影的梯段长度。

踏步高度：输入踏步高度数值。

踏步宽度：输入踏步宽度数值。

踏步数目：输入需要的踏步数值，也可通过右侧上、下箭头调整数值。

坡道：选此项则踏步作为防滑条间距，楼梯段按坡道生成。有“作为坡道”“加防滑条”“落地”复选框。

Note

梯段宽：梯段被选中后亮显，点取两侧中央夹点改梯段宽，即可拖移该梯段改变宽度。

直线梯段的绘图如图 7-2 所示。

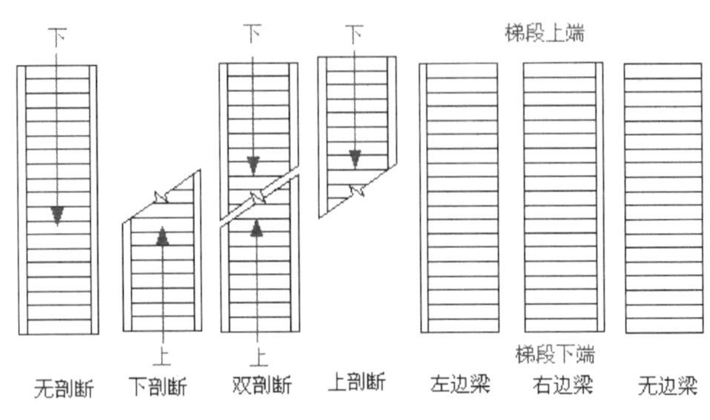

图 7-2　直线楼梯

7.1.2　上机练习——直线梯段

练习目标

直线梯段如图 7-3 所示。

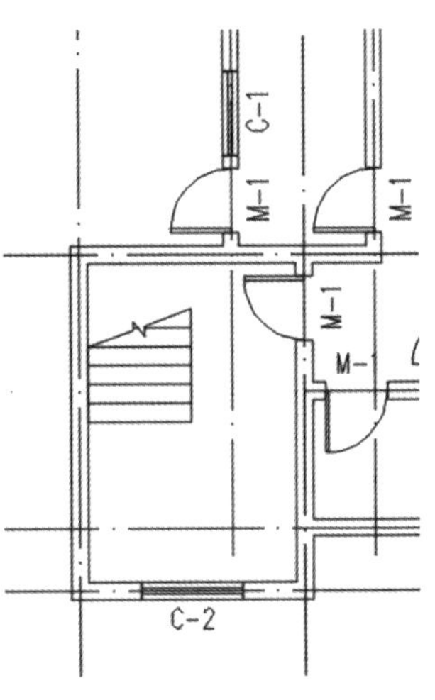

图 7-3　直线梯段

设计思路

打开源文件中的“插入窗”图形，利用“直线梯段”命令，绘制直线梯段。

操作步骤

（1）选择菜单栏中的“楼梯其他”→“直线梯段”命令，打开“直线梯段”对话框，如图 7-4 所示，“楼梯高度”设置为“3300”，“梯段宽”设置为“1530”，“楼梯长度”为“2700”，“踏步高度”设置为“300”，“踏步宽度”设置为“270”，“踏步数目”为“11”，选择“下剖断”，绘制直线梯段。

图 7-4　“直线梯段”对话框

命令行提示如下。

```
命令: ZXTD
点取位置或 [转 90 度(A)/左右翻(S)/上下翻(D)/对齐(F)/改转角(R)/改基点(T)]<退出>:
```

绘制结果如图 7-3 所示。

(2) 保存图形。将图形以“直线梯段.dwg”为文件名进行保存。命令行提示如下。

Note

```
命令: SAVEAS↙
```

7.1.3　圆弧梯段

采用“圆弧梯段”命令可在对话框中输入梯段参数来实现，可以绘制单独的弧形楼梯，或者用来组合复杂楼梯。

1. 执行方式

命令行：YHTD

菜单：“楼梯其他”→“圆弧梯段”

单击菜单命令后，打开“圆弧梯段”对话框，如图 7-5 所示。

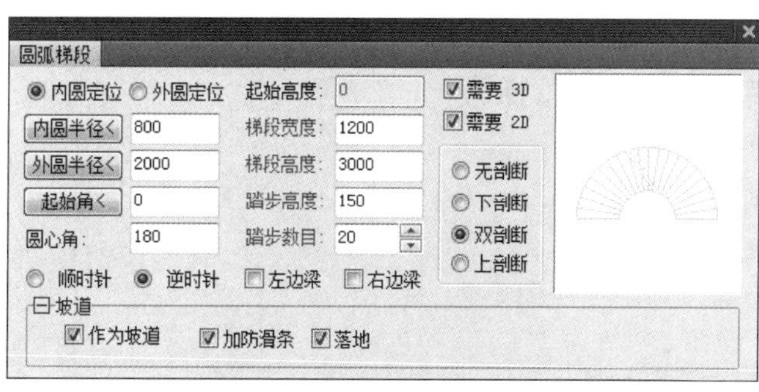

图 7-5　“圆弧梯段”对话框

2. 命令行

```
命令: YHTD
点取位置或 [转 90 度(A)/左右翻(S)/上下翻(D)/对齐(F)/改转角(R)/改基点(T)]<退出>:单击
梯段的插入位置
```

3. 控件说明

内圆半径：圆弧梯段的内圆半径。

外圆半径：圆弧梯段的外圆半径。

起始角：定位圆弧梯段的起始角度位置。

圆心角：圆弧梯段的角度。

起始高度：相对于本楼层地面起算的楼梯起始高度，梯段高以此算起。

梯段宽度：圆弧梯段的宽度。

梯段高度：圆弧梯段的高度，等于踏步高度的总和。

踏步高度：输入踏步高度数值。

踏步数目：输入需要的踏步数值，也可通过右侧上、下箭头进行数值的调整。

加防滑条：选此项则踏步作为防滑条间距，楼梯段按坡道生成。

Note

楼梯夹点的功能说明如图 7-6 所示。

改内径：梯段被选中后亮显，同时显示七个夹点，如果该圆弧梯段带有剖断，在剖断的两端还会显示两个夹点。梯段内圆中心的夹点为改内径。点取该夹点，即可拖移该梯段的内圆改变其半径。

改外径：梯段外圆中心的夹点为改外径。点取该夹点，即可拖移该梯段的外圆改变其半径。

移动梯段：拖动五个夹点中任意一个，即可以该夹点为基点移动梯段。

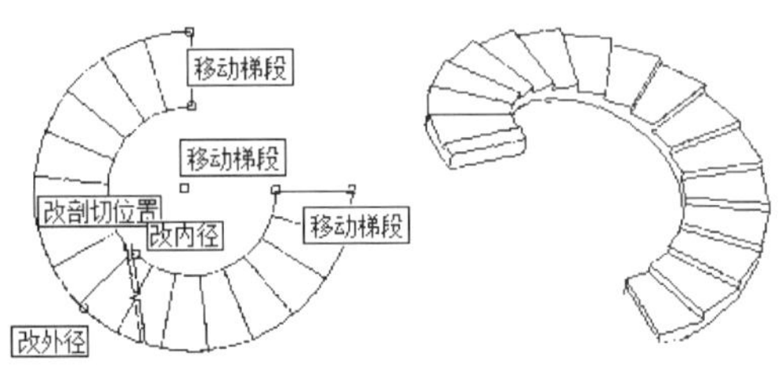

图 7-6　楼梯夹点

7.1.4　上机练习——圆弧梯段

练习目标

圆弧梯段如图 7-7 所示。

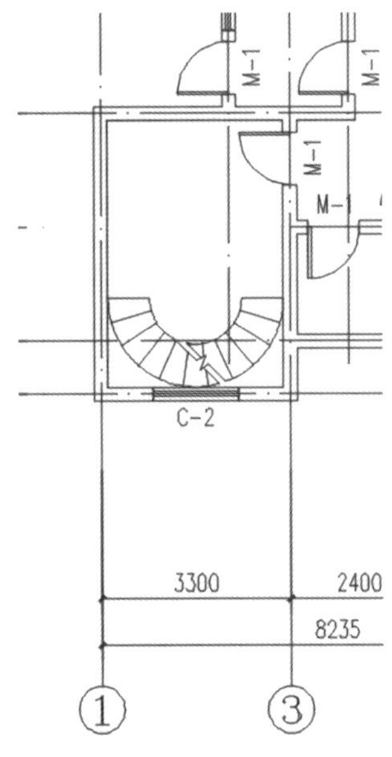

图 7-7　圆弧梯段

设计思路

打开源文件中的“插入窗”图形，利用“圆弧梯段”命令，绘制圆弧梯段。

操作步骤

(1) 选择菜单栏中的“楼梯其他”→“圆弧梯段”命令，打开“圆弧梯段”对话框，将“内圆半径”设置为“800”，“外圆半径”设置为“1530”，“圆心角”为“180”，“梯段宽度”设置为“730”，“梯段高度”设置为“3300”，“踏步高度”设置为“300”，“踏步数目”设置为“11”，以“顺时针”的方向绘制双剖段的弧形楼梯，如图 7-8 所示。

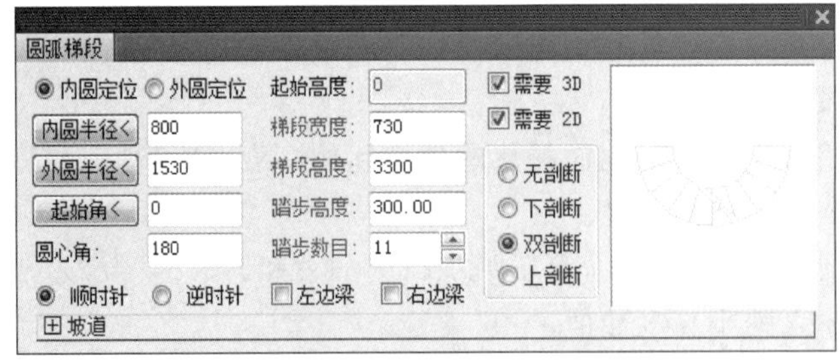

图 7-8　“圆弧梯段”对话框

命令行提示如下。

```
命令：YHTD
点取位置或 [转 90 度(A)/左右翻(S)/上下翻(D)/对齐(F)/改转角(R)/改基点(T)]<退出>:
```

绘制结果如图 7-7 所示。

(2) 保存图形。将图形以“圆弧梯段.dwg”为文件名进行保存。命令行提示如下。

```
命令：SAVEAS↙
```

7.1.5　任意梯段

采用“任意梯段”命令可以用图中直线或圆弧作为梯段边线，输入踏步参数来绘制楼梯。

1. 执行方式

命令行：RYTD

菜单：“楼梯其他”→“任意梯段”

2. 命令行

```
命令：RYTD
请点取梯段左侧边线(LINE/ARC):选一侧边线
请点取梯段右侧边线(LINE/ARC):选另一侧边线
```

打开“任意梯段”对话框，如图 7-9 所示。

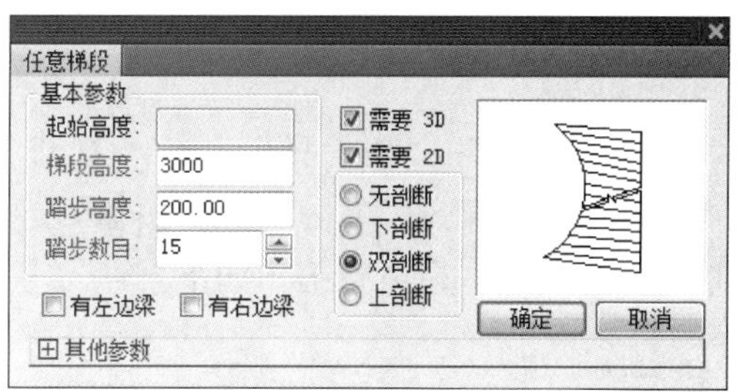

图 7-9　“任意梯段”对话框

楼梯夹点如图 7-10 所示。

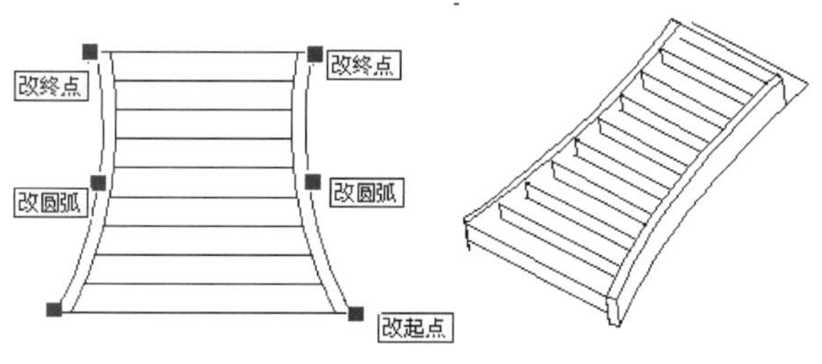

图 7-10　楼梯夹点

3. 控件说明

改起点：控制所选侧梯段的起点。如两边同时改变起点，可改变梯段的长度。

改终点：控制所选侧梯段的终点。如两边同时改变终点，可改变梯段的长度。

改圆弧/平移边线：中间的夹点为“平移边线”或者“改圆弧”，按边线类型而定，控制梯段的宽度或者圆弧的半径。

Note

7.1.6 上机练习——任意梯段

练习目标

任意梯段如图 7-11 所示。

设计思路

打开源文件中的“边线”，如图 7-12 所示，利用“任意梯段”命令，绘制梯段。

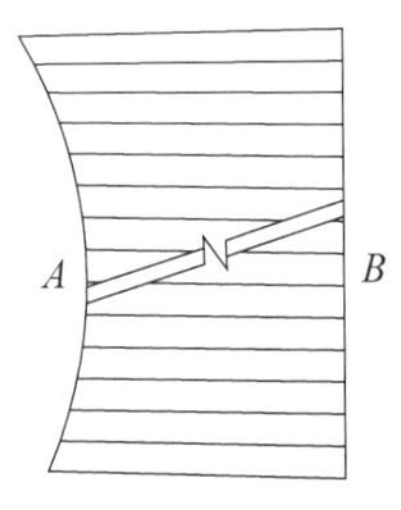

图 7-11　任意梯段

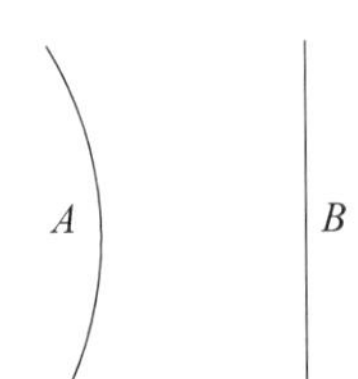

图 7-12　边线图形

操作步骤

(1) 选择菜单栏中的“楼梯其他”→“任意梯段”命令，打开“任意梯段”对话框，如图 7-9 所示，在对话框中输入相应的数值，单击“确定”按钮，绘制结果如图 7-13 所示。任意梯段的三维显示如图 7-14 所示。命令行提示如下。

```
请点取梯段左侧边线(LINE/ARC):选 A
请点取梯段右侧边线(LINE/ARC):选 B
```

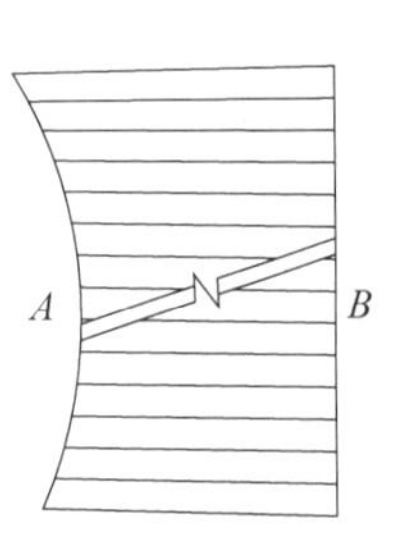

图 7-13　任意梯段图

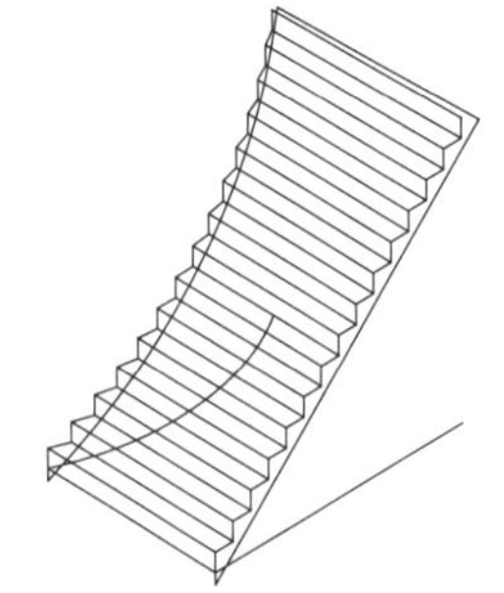

图 7-14　任意梯段的三维显示

（2）保存图形。将图形以“任意梯段.dwg”为文件名进行保存。命令行提示如下。

```
命令: SAVEAS↙
```

Note

7.1.7 双跑楼梯

双跑楼梯是最常见的楼梯形式，由两跑直线梯段、一个休息平台、一个或两个扶手以及一组或两组栏杆构成的自定义对象，具有二维视图和三维视图。

1. 执行方式

命令行：SPLT

菜单：“楼梯其他”→“双跑楼梯”

执行上述任意一种执行方式，打开“双跑楼梯”对话框，如图 7-15 所示。

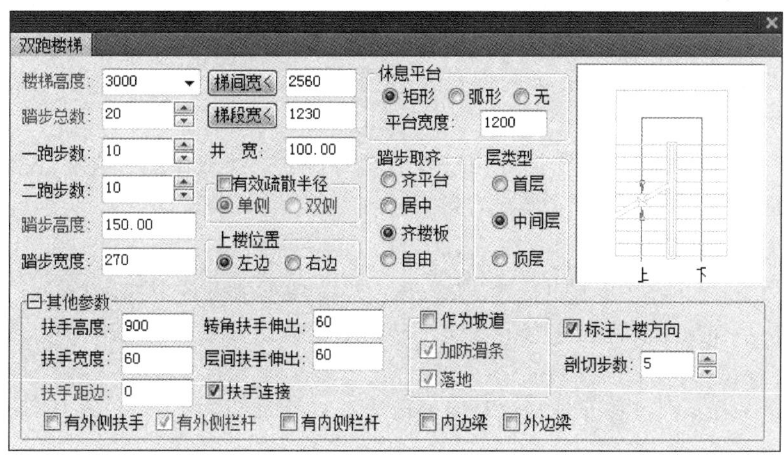

图 7-15 “双跑楼梯”对话框

2. 命令行

```
命令: SPLT
点取位置或 [转 90 度(A)/左右翻(S)/上下翻(D)/对齐(F)/改转角(R)/改基点(T)]<退出>:点选插入位置完成操作
```

3. 控件说明

梯间宽＜：双跑楼梯的总宽。单击按钮可从平面图中直接量取楼梯间净宽作为双跑楼梯总宽。

梯段宽＜：默认宽度或由总宽计算，余下二等分作梯段宽初值，单击按钮可从平面图中直接量取。

楼梯高度：双跑楼梯的总高，默认自动取当前层高的值，对相邻楼层高度不等时应按实际情况调整。

井宽：设置井宽参数，井宽＝梯间宽－(2×梯段宽)，最小井宽可以等于 0，这三个数值互相关联。

Note

有效疏散半径：设置是否绘制和单、双侧绘制有效疏散半径。

踏步总数：默认踏步总数 20，是双跑楼梯的关键参数。

一跑步数：以踏步总数推算一跑与二跑步数，总数为奇数时，先增二跑步数。

二跑步数：二跑步数默认与一跑步数相同，两者都允许用户修改。

踏步高度：踏步高度。用户可先输入大约的初始值，由楼梯高度与踏步数推算出最接近初值的设计值，推算出的踏步高有均分的舍入误差。

踏步宽度：踏步沿梯段方向的宽度，是用户优先决定的楼梯参数，但在勾选"作为坡道"后，仅用于推算出的防滑条宽度。

休息平台：有矩形、弧形、无三种选项，在非矩形休息平台时，可以选无平台，以便自己用平板功能设计休息平台。

平台宽度：休息平台的宽度应大于梯段宽度，在选弧形休息平台时，应修改宽度值，最小值不能为零。

踏步取齐：除了两跑步数不等时，可直接在"齐平台""居中""齐楼板"中选择两梯段相对位置，也可以通过拖动夹点任意调整两梯段之间的位置，此时踏步取齐为"自由"。

层类型：在平面图中按楼层分为三种类型绘制：首层只给出一跑的下剖断；中间层的一跑是双剖断；顶层的一跑无剖断。

扶手高宽：默认值分别为 900 高，60×100 的扶手断面尺寸。

扶手距边：在 1∶100 图上一般取 0，在 1∶50 详图上应标以实际值。

转角扶手伸出：设置在休息平台扶手转角处的伸出长度，默认 60，为 0 或者负值时扶手不伸出。

层间扶手伸出：设置在楼层间扶手起末端和转角处的伸出长度，默认 60，为 0 或者负值时扶手不伸出。

扶手连接：默认勾选此项，扶手过休息平台和楼层时连接，否则扶手在该处断开。

有外侧扶手：在外侧添加扶手，但不会生成外侧栏杆，在绘制室外楼梯时需要选择添加。

有外侧栏杆：外侧绘制扶手也可选择是否勾选绘制外侧栏杆，边界为墙时，常不用绘制栏杆。

有内侧栏杆：默认创建内侧扶手，勾选此复选框自动生成默认的矩形截面竖栏杆。

标注上楼方向：默认勾选此项，在楼梯对象中，按当前坐标系方向创建标注上楼、下楼方向的箭头和"上""下"文字。

剖切步数(高度)：作为楼梯时按步数设置剖切线中心所在位置，作为坡道时，按相对标高设置剖切线中心所在位置。

作为坡道：勾选此复选框，楼梯段按坡道生成，对话框中会显示出如下"单坡长度"的编辑框输入长度。

单坡长度：勾选作为坡道后，显示此编辑框，在这里输入其中一个坡道梯段的长度，但精确值依然受踏步数×踏步宽度的制约。

注意：勾选"作为坡道"前，要求楼梯的两跑步数相等，否则不能准确定义坡长；坡道防滑条的间距用步数来设置，要在勾选"作为坡道"前设好。

Note

7.1.8 上机练习——双跑楼梯

练习目标

双跑楼梯如图 7-16 所示。

设计思路

打开源文件中的“插入窗”图形，利用“双跑楼梯”命令，绘制双跑楼梯。

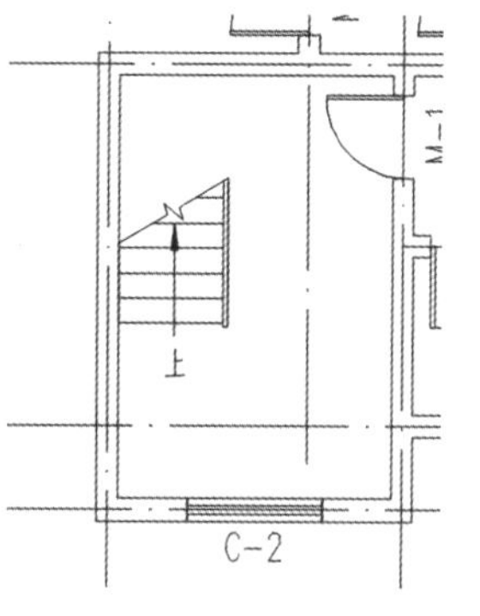

图 7-16 双跑楼梯

操作步骤

(1) 单击菜单中“楼梯其他”→“双跑楼梯”命令，打开“双跑楼梯”对话框，在对话框中输入相应的数值，如图 7-17 所示。命令行提示如下。

```
点取位置或 [转 90 度(A)/左右翻(S)/上下翻(D)/对齐(F)/改转角(R)/改基点(T)]<退出>:点选房间左上内角点
```

绘制结果如图 7-16 所示。

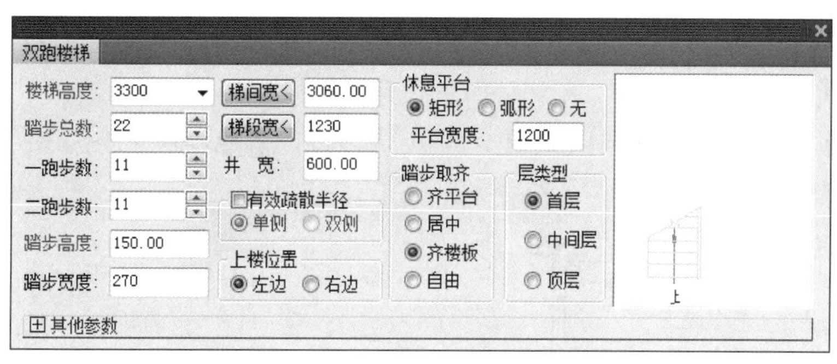

图 7-17 “双跑楼梯”对话框

(2) 保存图形。将图形以“双跑楼梯.dwg”为文件名进行保存。命令行提示如下。

```
命令: SAVEAS↙
```

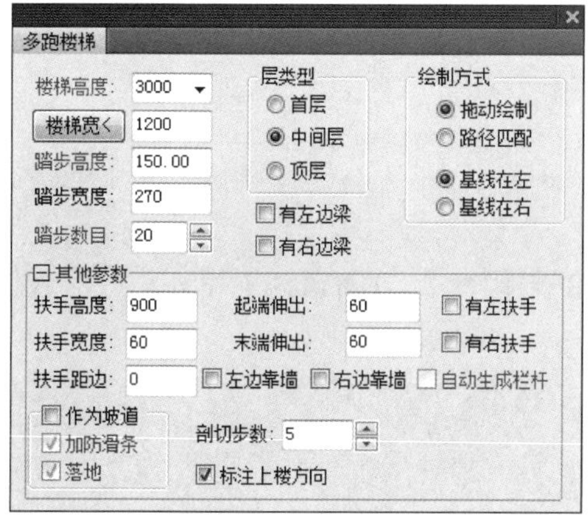

图 7-18 “多跑楼梯”对话框

7.1.9 多跑楼梯

“多跑楼梯”命令用于在输入关键点建立多跑(转角、直跑等)楼梯。

1. 执行方式

命令行：DPLT

菜单：“楼梯其他”→“多跑楼梯”

执行上述任意一种执行方式，打开“多跑楼梯”对话框，如图 7-18 所示。

Note

2. 命令行

```
命令: DPLT
输入下一点或 [路径切换到右侧(Q)]<退出>:
输入下一点或 [路径切换到右侧(Q)/撤销上一点(U)]<退出>:
输入下一点或 [绘制梯段(T)/路径切换到右侧(Q)/撤销上一点(U)]<切换到绘制梯段>:直到回车完成操作
```

3. 控件说明

楼梯高度：等于所有踏步高度的总和，改变楼梯高度会改变踏步数量，同时可能微调踏步高度。

踏步高度：输入一个大致的高度，系统将自动设置正确值，改变踏步高度可反向改变踏步数目。

踏步数目：改变踏步数将反向改变踏步高度。

7.1.10 上机练习——多跑楼梯

练习目标

多跑楼梯如图 7-19 所示。

设计思路

打开源文件中的“楼梯间”，如图 7-20 所示，利用“多跑楼梯”命令，设置相关的参数，绘制多跑楼梯。

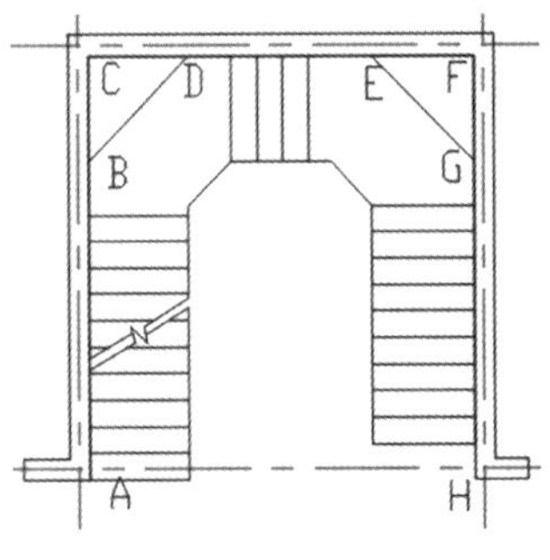

图 7-19 多跑楼梯

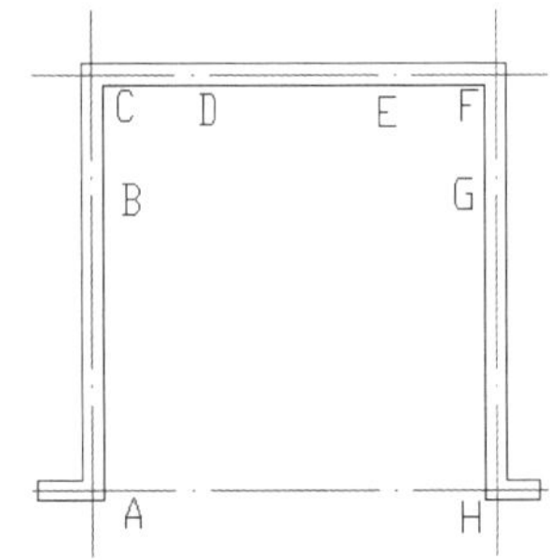

图 7-20 楼梯间

操作步骤

(1) 选择菜单栏中的“楼梯其他”→“多跑楼梯”命令，在对话框中输入相应的数值，如图 7-21 所示。命令行提示如下。

```
命令: DPLT
起点<退出>:选 A
输入下一点或 [路径切换到右侧(Q)]<退出>:选 B
输入下一点或 [路径切换到右侧(Q)/撤销上一点(U)]<退出>:选 D
```

```
输入下一点或 [绘制梯段(T)/路径切换到右侧(Q)/撤销上一点(U)]<切换到绘制梯段>:T
输入下一点或 [绘制平台(T)/路径切换到右侧(Q)/撤销上一点(U)]<退出>:选 E
输入下一点或 [路径切换到右侧(Q)/撤销上一点(U)]<退出>:选 G
输入下一点或 [绘制梯段(T)/路径切换到右侧(Q)/撤销上一点(U)]<切换到绘制梯段>:T
输入下一点或 [绘制平台(T)/路径切换到右侧(Q)/撤销上一点(U)]<退出>:选 H
```


绘制结果如图 7-19 所示。多跑楼梯的三维显示如图 7-22 所示。

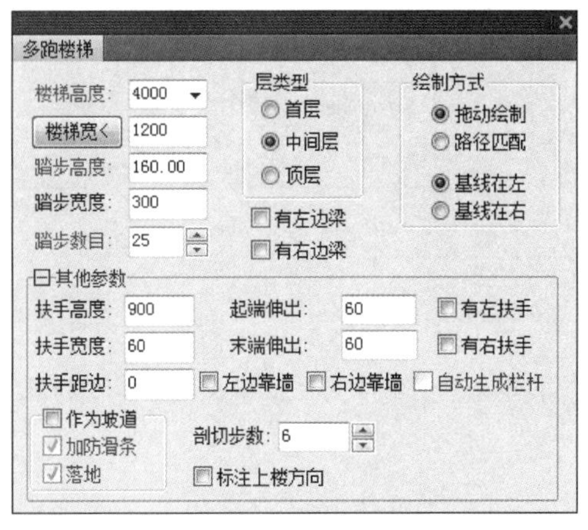

图 7-21　“多跑楼梯”对话框

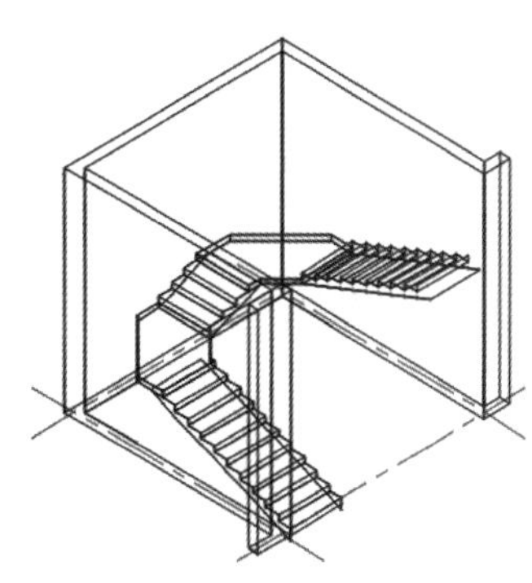

图 7-22　多跑楼梯的三维显示

（2）保存图形。将图形以“多跑楼梯.dwg”为文件名进行保存。命令行提示如下。

```
命令: SAVEAS↙
```

7.2　扶　　手

扶手作为与梯段配合的构件，与梯段和台阶产生关联。放置在梯段上的扶手，可以遮挡梯段，也可以被梯段的剖切线剖断，通过连接扶手命令把不同分段的扶手连接起来。

7.2.1　添加扶手

采用“添加扶手”命令可以沿楼梯或 PLINE 路径生成扶手。

1. 执行方式

命令行：TJFS

菜单：“楼梯其他”→“添加扶手”

2. 命令行

```
命令: TJFS
请选择梯段或作为路径的曲线(线/弧/圆/多段线):选取梯段线
```

Note

```
扶手宽度<60>:输入扶手宽度
扶手顶面高度<900>:输入扶手顶面高度
扶手距边<0>:输入扶手距离梯段边距离
```

双击创建的扶手，可以进入对象编辑状态，如图 7-23 所示。

在对话框中输入相应的数值，对扶手进行修改后单击“确定”按钮，完成操作。

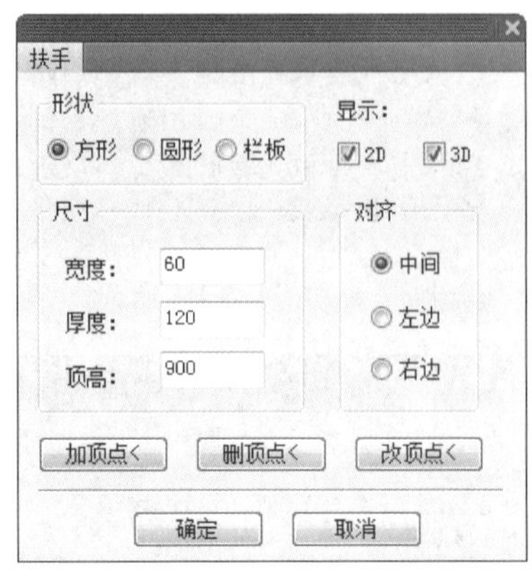

图 7-23 “扶手”对话框

7.2.2 上机练习——添加扶手

练习目标

添加如图 7-24 所示。

设计思路

打开源文件中的“任意楼梯”文件，利用“添加扶手”命令，设置相关参数，添加扶手。

操作步骤

（1）选择菜单栏中的“楼梯其他”→“添加扶手”命令，设置扶手的宽度为“60”，高度为“900”，绘制扶手，命令行提示如下。

```
命令: TJFS
请选择梯段或作为路径的曲线(线/弧/圆/多段线): 选 A
扶手宽度<60>:60
扶手顶面高度<900>:900
扶手距边<0>:0
```

（2）选择菜单栏中的“楼梯其他”→“添加扶手”命令，命令行提示如下。

```
命令: TJFS
请选择梯段或作为路径的曲线(线/弧/圆/多段线): 选 B
扶手宽度<60>:60
扶手顶面高度<900>:900
扶手距边<0>:0
```

绘制结果如图 7-24 所示。添加扶手的三维显示如图 7-25 所示。

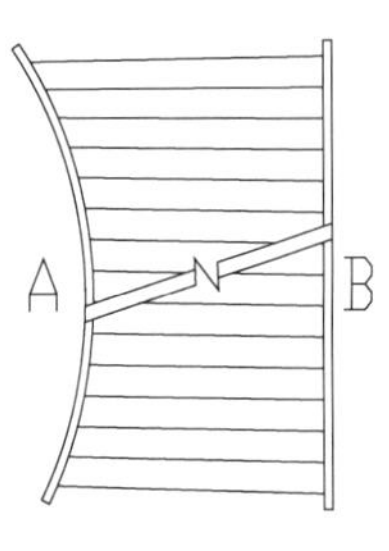

图 7-24 添加扶手

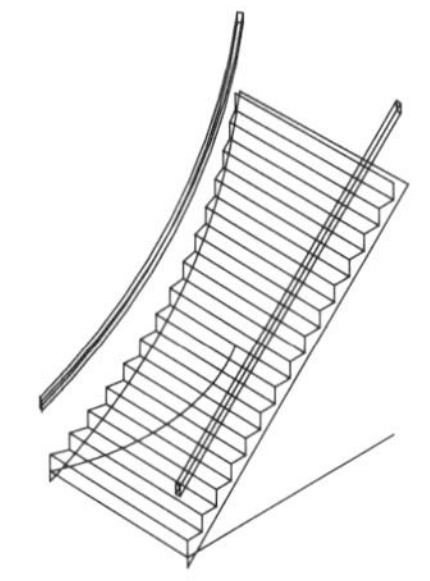

图 7-25 添加扶手的三维显示图

(3) 保存图形。将图形以“添加扶手.dwg”为文件名进行保存。命令行提示如下。

```
命令：SAVEAS↙
```

Note

7.2.3　连接扶手

采用“连接扶手”命令可以把两段扶手连成一段。

执行方式如下。

命令行：LJFS

菜单：“楼梯其他”→“连接扶手”

单击菜单命令后，命令行提示如下。

```
选择待连接的扶手(注意与顶点顺序一致):选择第一段扶手
选择待连接的扶手(注意与顶点顺序一致):选择另一段扶手
选择待连接的扶手(注意与顶点顺序一致):
```

回车后两段扶手连接起来。

7.2.4　上机练习——连接扶手

练习目标

连接扶手如图 7-26 所示。

设计思路

打开源文件中的“梯段”图形，如图 7-27 所示，利用“连接扶手”命令，添加连接扶手。

图 7-26　连接扶手

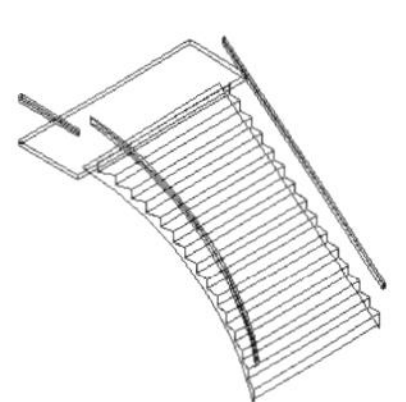

图 7-27　梯段

操作步骤

(1) 选择菜单栏中的“楼梯其他”→“连接扶手”命令，选择需要连接的扶手，对扶手进行连接，命令行提示如下。

```
选择待连接的扶手(注意与顶点顺序一致):选择第一段扶手
选择待连接的扶手(注意与顶点顺序一致):选择另一段扶手
选择待连接的扶手(注意与顶点顺序一致):
```

绘制结果如图 7-26 所示。

(2) 保存图形。将图形以“连接扶手.dwg”为文件名进行保存。命令行提示如下。

```
命令：SAVEAS↙
```

Note

7.3 电梯和自动扶梯

天正建筑提供了由自定义对象创建的自动扶梯对象，分为自动扶梯和自动坡道两个基本类型，后者可根据步道的倾斜角度为零，自动设为水平自动步道，改变对应的交互设置，使得设计更加人性化。自动扶梯对象根据扶梯的排列和运行方向提供了多种组合供设计时选择，适用于各种商场和车站、机场等复杂的实际情况。

7.3.1 电梯

本命令创建的电梯图形包括轿厢、平衡块和电梯门，其中轿厢和平衡块是二维线对象，电梯门是天正门窗对象；绘制条件是每一个电梯周围已经由天正墙体创建了封闭房间作为电梯井，如要求电梯井贯通多个电梯，则临时加虚墙分隔。电梯间一般为矩形，梯井道宽为开门侧墙长。

1. 执行方式

命令行：DT

菜单："楼梯其他"→"电梯"

执行上述任意一种执行方式，打开"电梯参数"对话框，如图 7-28 所示。

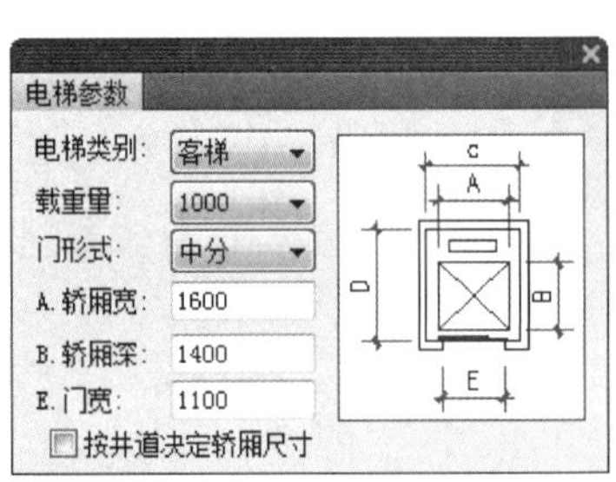

图 7-28 "电梯参数"对话框

对不需要按类别选取预设设计参数的电梯，可以按井道决定适当的轿厢与平衡块尺寸，勾选对话框中的"按井道决定轿厢尺寸"复选框，对话框中不用的参数虚显，保留"门形式"和"门宽"两项参数由用户设置，同时把"门宽"设为常用的 1100mm。取消"按井道决定轿厢尺寸"复选框勾选后，"门宽"等参数恢复由电梯类别决定。

在对话框中输入相应的数值，在绘图区单击，命令行提示如下。

```
命令: DT
请给出电梯间的一个角点或 [参考点(R)]<退出>:点选电梯间一个角点
再给出上一角点的对角点:点选电梯间相对的角点
请点取开电梯门的墙线<退出>:选取开门的墙线，可多选
请点取平衡块的所在的一侧<退出>:选取平衡块所在位置
请点取其他开电梯门的墙线<无>:
请给出电梯间的一个角点或 [参考点(R)]<退出>:
```

2. 控件说明

电梯类别：分为客梯、住宅梯、医院梯、货梯四种类型，每种电梯有不同的设计参数。

载重量：单击右侧下拉菜单，选择载重量。

门形式：分为中分和旁分两种。

A. 轿厢宽：输入轿厢的宽度。

B. 轿厢深：输入轿厢的进深。

E. 门宽：输入电梯的门宽。

7.3.2　上机练习——电梯

练习目标

电梯如图 7-29 所示。

设计思路

打开源文件中的“电梯间”，如图 7-30 所示，利用“电梯”命令，设置相关的参数，绘制电梯。

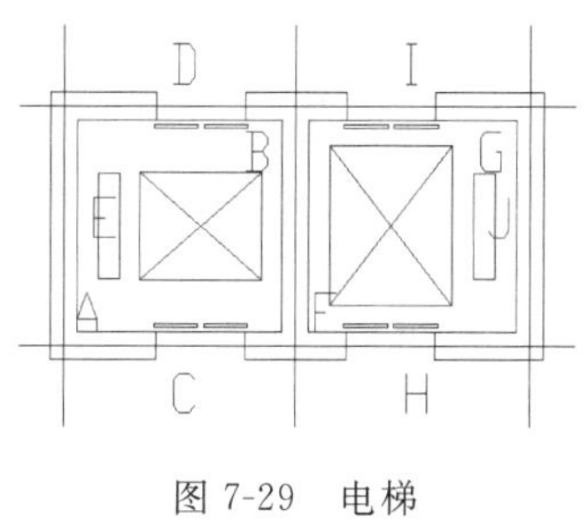

图 7-29　电梯

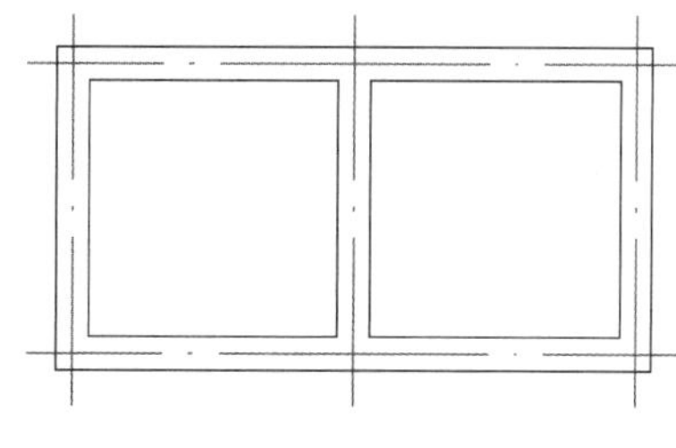

图 7-30　电梯间图

操作步骤

(1) 选择菜单栏中的“楼梯其他”→“电梯”命令，打开“电梯参数”对话框，按图 7-31 设置参数，在绘图区域单击，命令行提示如下。

```
命令: DT
请给出电梯间的一个角点或 [参考点(R)]<退出>:选 A
再给出上一角点的对角点: 选 B
请点取开电梯门的墙线<退出>:选 C
请点取平衡块的所在的一侧<退出>:选 E
请点取其他开电梯门的墙线<无>:选 D
请给出电梯间的一个角点或 [参考点(R)]<退出>:
```

(2) 选择菜单栏中的“楼梯其他”→“电梯”命令，打开“电梯参数”对话框，按图 7-31 进行设置。在绘图区域单击，命令行提示如下。

```
命令: DT
请给出电梯间的一个角点或 [参考点(R)]<退出>:选 F
再给出上一角点的对角点: 选 G
请点取开电梯门的墙线<退出>:选 H
请点取平衡块所在的一侧<退出>:选 J
请点取其他开电梯门的墙线<无>:选 I
请给出电梯间的一个角点或 [参考点(R)]<退出>:
```

绘制电梯图结果如图 7-29 所示。

Note

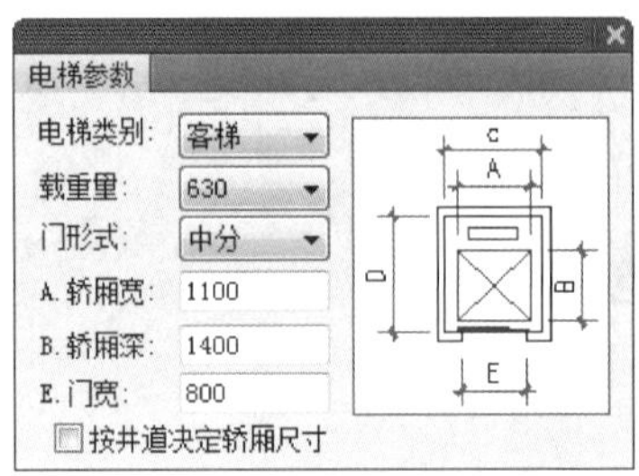

图 7-31 “电梯参数”对话框

(3) 保存图形。将图形以“电梯.dwg”为文件名进行保存。命令行提示如下。

```
命令: SAVEAS↙
```

7.3.3 自动扶梯

采用“自动扶梯”命令可以在对话框中输入自动扶梯的类型和梯段参数,绘制单台或双台自动扶梯,在顶层还设有洞口选项,拖动夹点可以解决楼板开洞时扶梯局部隐藏的绘制。

1. 执行方式

命令行:ZDFT

菜单:“楼梯其他”→“自动扶梯”

单击菜单命令后,打开“自动扶梯”对话框,如图 7-32 所示。

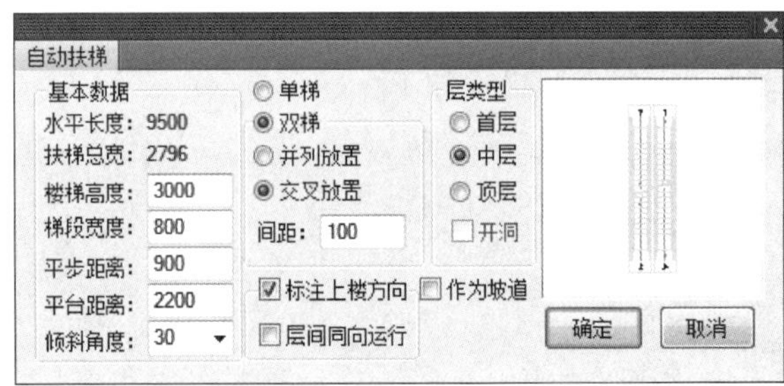

图 7-32 “自动扶梯”对话框

在对话框中输入相应的数值,单击“确定”按钮,命令行提示如下。

```
点取位置或 [转 90 度(A)/左右翻(S)/上下翻(D)/对齐(F)/改转角(R)/改基点(T)]<退出>:点选插入点
```

2. 控件说明

楼梯高度:相对于本楼层自动扶梯第一工作点起,到第二工作点止的设计高度。

梯段宽度:是指自动扶梯不算两侧裙板的活动踏步净长度作为梯段的净宽。

平步距离:从自动扶梯工作点开始到踏步端线的距离,当为水平步道时,平步距离为 0。

平台距离：从自动扶梯工作点开始到扶梯平台安装端线的距离，当为水平步道时，平台距离需用户重新设置。

倾斜角度：自动扶梯的倾斜角，商品自动扶梯为30°、35°，坡道为10°、12°，当倾斜角为0时作为步道，交互界面和参数相应修改。

单梯与双梯：可以一次创建成对的自动扶梯或者单台的自动扶梯。

并列与交叉放置：双梯两个梯段的倾斜方向可选方向一致或者方向相反。

间距：双梯之间相邻裙板之间的净距。

作为坡道：勾选此复选框，扶梯按坡道的默认角度10°或12°取值，长度重新计算。

标注上楼方向：默认勾选此复选框，标注自动扶梯上、下楼方向，默认中层时剖切到的上行和下行梯段运行方向箭头表示相对运行(上楼/下楼)。

层间同向运行：勾选此复选框后，中层时剖切到的上行和下行梯段运行方向箭头表示同向运行(都是上楼)。

层类型：三个互锁按钮，表示当前扶梯处于首层(底层)、中层和顶层。

开洞：开洞功能可绘制顶层板开洞的扶梯，隐藏自动扶梯洞口以外的部分，勾选开洞后遮挡扶梯下端，提供一个夹点拖动改变洞口长度。

其他设施

本节主要讲解基于墙体创建阳台、台阶、坡道和散水等设施的方法。

学习要点

- 阳台
- 台阶
- 坡道
- 散水

8.1　阳　　台

采用"阳台"命令可以直接绘制阳台，或把预先绘制好的 PLINE 线转成阳台。

执行方式如下。

命令行：YT

菜单："楼梯其他"→"阳台"

单击菜单命令后，有以下两种执行方式。

（1）任意绘制：沿着阳台边界进行绘制。命令行提示如下。

```
命令：YT
起点<退出>:单击阳台的起点
直段下一点或［弧段(A)/回退(U)]<结束>:点阳台的角点
直段下一点或［弧段(A)/回退(U)]<结束>:点阳台的下一角点
直段下一点或［弧段(A)/回退(U)]<结束>:
请选择邻接的墙(或门窗)和柱:选取与阳台相连的墙体或门窗
请点取邻接的墙(或门窗)和柱:
请选择邻接的墙(或门窗)和柱:
请点取接墙的边:
```

（2）利用已有的 PLINE 线绘制：用于自定义的特殊形式阳台。命令行提示如下。

```
命令：YT
选择一曲线(LINE/ARC/PLINE):选择已有的曲线
请选择邻接的墙(或门窗)和柱：选取与阳台相连的墙体或门窗
请选择邻接的墙(或门窗)和柱：选取与阳台相连的墙体或门窗
请选择邻接的墙(或门窗)和柱:
请点取接墙的边:
```

执行两种方式，都会打开"绘制阳台"对话框，如图 8-1 所示。

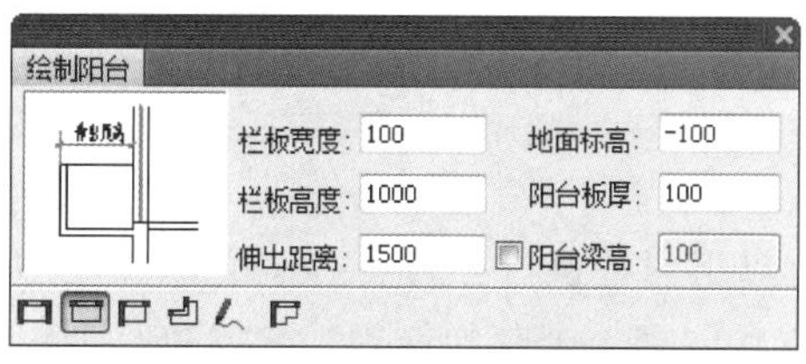

图 8-1　"绘制阳台"对话框

工具栏从左到右分别为凹阳台、矩形阳台、阴角阳台、偏移生成、任意绘制以及选择已有路径绘制共六种阳台绘制方式，勾选"阳台梁高"后，输入阳台梁高度可创建梁式阳台。阳台栏板能按不同要求处理保温墙体的保温层，在"高级选项"中，用户可以设定阳台栏板是否遮挡墙体保温层。

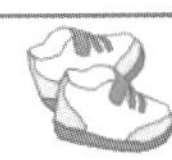

8.2 上机练习——阳台

Note

练习目标

阳台如图 8-2 所示。

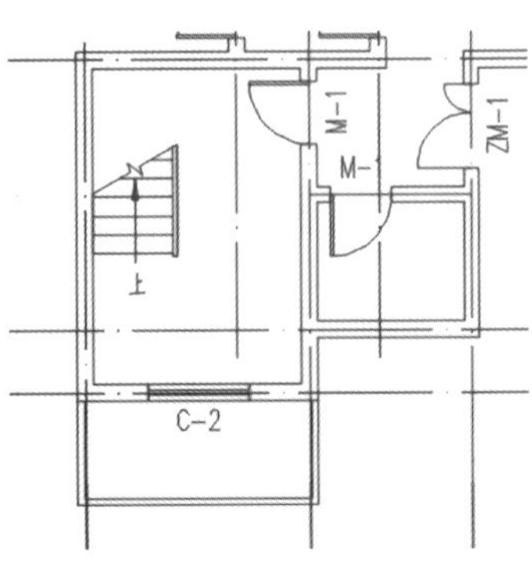

图 8-2 阳台

设计思路

打开源文件中的“双跑楼梯”图形，利用“阳台”命令，设置相关的参数，绘制阳台。

操作步骤

（1）单击菜单中“楼梯其他”→“阳台”，打开“绘制阳台”对话框，绘制阳台。命令行提示如下。

```
命令：YT
阳台起点<退出>:
阳台终点或［翻转到另一侧(F)]<取消>:F
```

绘制结果如图 8-2 所示。

（2）保存图形。将图形以“阳台. dwg”为文件名进行保存。命令行提示如下。

```
命令：SAVEAS↙
```

8.3 台　　阶

采用“台阶”命令可直接绘制矩形单面台阶、矩形三面台阶、阴角台阶、沿墙偏移等预定样式的台阶，或把预先绘制好的 PLINE 转成台阶，或直接绘制平台创建台阶。

执行方式如下。

命令行：TJ

菜单：“楼梯其他”→“台阶”。

单击菜单命令后，有以下两种执行方式。

（1）直接绘制：沿着台阶第一个踏步作为平台，生成台阶，命令行提示如下。

```
命令：TJ
台阶平台轮廓线的起点<退出>:单击台阶平台的起点
直段下一点或［弧段(A)/回退(U)]<结束>:点取台阶平台的角点
直段下一点或［弧段(A)/回退(U)]<结束>:点取台阶平台的下一角点……
直段下一点或［弧段(A)/回退(U)]<结束>:
请选择邻接的墙(或门窗)和柱：选取与台阶平台相连的墙体或门窗
请选择邻接的墙(或门窗)和柱：
请单击没有踏步的边：自定义虚线显示该边，可选其他没有踏步的边
```

Note

(2) 利用已有的 PLINE 线绘制：用于自定义的特殊形式。命令行提示如下。

```
命令：TJ
台阶平台轮廓线的起点<退出>:p
选择一曲线(LINE/ARC/PLINE):选择已有的曲线
请选择邻接的墙(或门窗)和柱：选取与台阶平台相连的墙体或门窗
请选择邻接的墙(或门窗)和柱：选取与台阶平台相连的墙体或门窗
请选择邻接的墙(或门窗)和柱：
请点取没有踏步的边：自定义虚线显示该边,可选其他没有踏步的边
```

执行两种方式，界面都会打开“台阶”对话框，如图 8-3 所示。

台阶预定义的样式如图 8-4 所示。

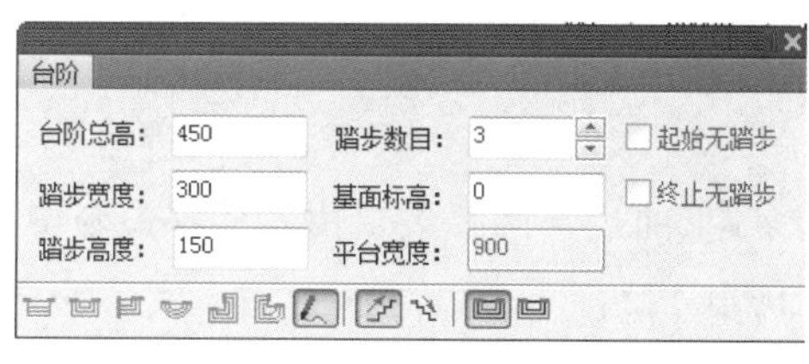

图 8-3　“台阶”对话框

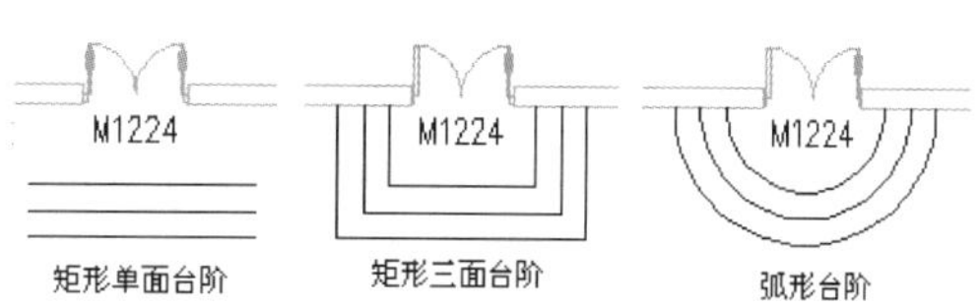

图 8-4　台阶

8.4　上机练习——台阶

练习目标

台阶如图 8-5 所示。

设计思路

打开源文件中的“房间图”，利用“台阶”命令，设置相关的参数，绘制台阶。

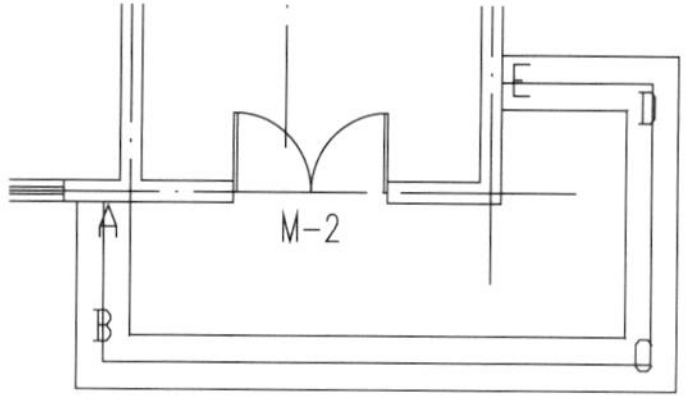

图 8-5　台阶

操作步骤

(1) 打开菜单栏中的“楼梯其他”→“台阶”命令，命令行提示如下。

```
命令：TJ
台阶平台轮廓线的起点<退出>:选 A
直段下一点或 [弧段(A)/回退(U)]<结束>:选 B
直段下一点或 [弧段(A)/回退(U)]<结束>:选 C
直段下一点或 [弧段(A)/回退(U)]<结束>:选 D
直段下一点或 [弧段(A)/回退(U)]<结束>:选 E
直段下一点或 [弧段(A)/回退(U)]<结束>:
请选择邻接的墙(或门窗)和柱：选墙体
请选择邻接的墙(或门窗)和柱：选墙体
```

Note

```
请选择邻接的墙(或门窗)和柱:
请点取没有踏步的边:
请选择邻接的墙(或门窗)和柱: 自定义虚线显示该边,可选其他没有踏步的边,本例直接回车
```

打开的"台阶"对话框如图 8-3 所示。在对话框中输入相应的数值,生成台阶。绘制结果如图 8-5 所示。

(2) 保存图形。将图形以"台阶.dwg"为文件名进行保存。命令行提示如下。

```
命令: SAVEAS↙
```

8.5 坡　道

本命令通过设置参数构造单跑的入口坡道,多跑、曲边与圆弧坡道由各楼梯命令中"作为坡道"选项创建,坡道也可以遮挡之前绘制的散水。

1. 执行方式

命令行: PD

菜单: "楼梯其他"→"坡道"

采用上述任意一种执行方式,打开"坡道"对话框,如图 8-6 所示。

2. 对话框控件的参数意义(图 8-7)

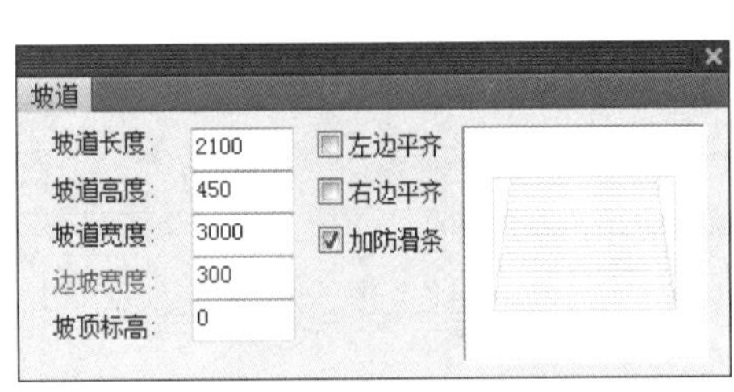

图 8-6 "坡道"对话框

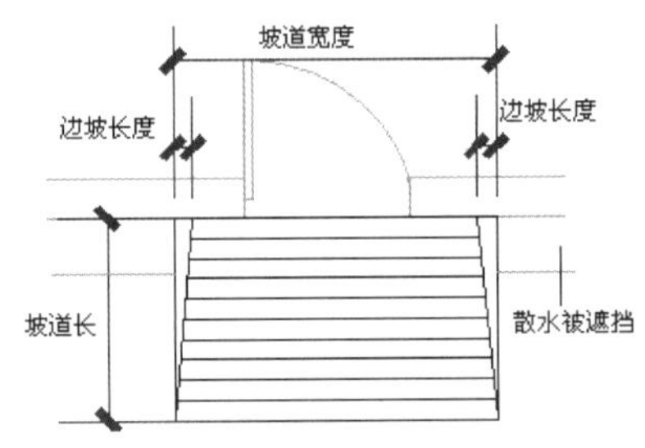

图 8-7 坡道参数

坡道有图 8-8 所示的变化形式,插入点在坡道上边中点处。

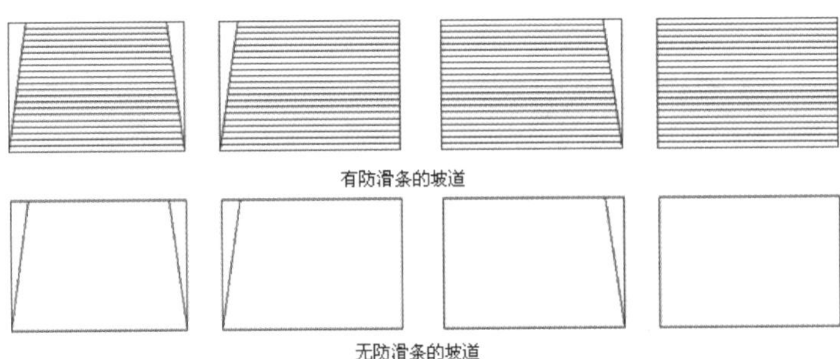

图 8-8 坡道形式

命令行：

> 点取位置或 [转 90 度(A)/左右翻(S)/上下翻(D)/对齐(F)/改转角(R)/改基点(T)]<退出>：单击坡道的插入位置

Note

8.6 散　　水

采用“散水”命令可通过自动搜索外墙线来绘制散水。散水对象每一条边的宽度可以不同，开始按统一的全局宽度创建，通过夹点和对象编辑单独修改各段宽度，也可以再修改为统一的全局宽度。

1. 执行方式

命令行：SS

菜单：“楼梯其他”→“散水”

单击菜单命令后，打开“散水”对话框，如图 8-9 所示。

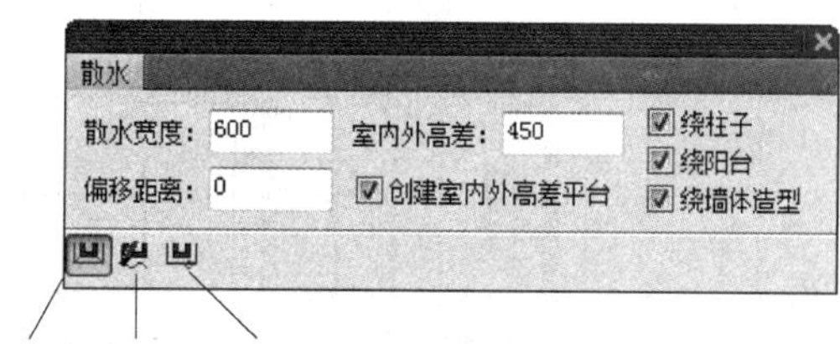

图 8-9 “散水”对话框

命令行：

> 请选择构成一完整建筑物的所有墙体(或门窗、阳台)<退出>：框选所有的建筑物生成相应的散水

2. 控件说明

室内外高差：键入本工程范围使用的室内外高差，默认为 450。

偏移距离：键入本工程外墙勒脚对外墙皮的偏移值。

散水宽度：键入新的散水宽度，默认为 600。

创建室内外高差平台：勾选复选框后，在各房间中按零标高创建室内地面。

绕柱子/绕阳台/绕墙体造型：勾选复选框后，散水绕过柱子、阳台、墙体造型创建，否则穿过这些构件创建，请按设计实际要求勾选。

搜索自动生成：第一个图标是搜索墙体自动生成散水对象。

任意绘制：第二个图标是逐点给出散水的基点，动态地绘制散水对象，注意散水在路径的右侧生成。

选择已有路径生成：第三个图标是选择已有的多段线或圆作为散水的路径生成散水对象，多段线不要求闭合。

Note

8.7 上机练习——散水

练习目标

散水如图 8-10 所示。

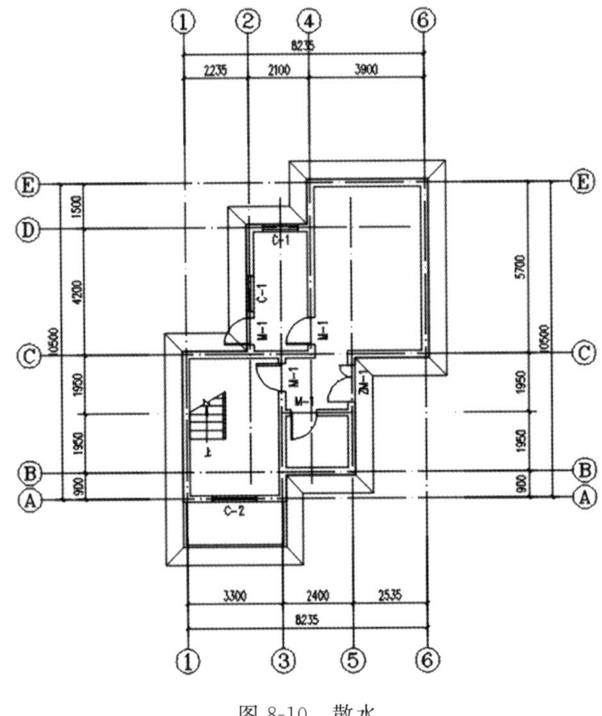

图 8-10 散水

设计思路

打开源文件中的"阳台"图形，利用"散水"命令，绘制散水。

操作步骤

(1) 打开菜单栏中的"楼梯其他"→"散水"命令，命令行提示如下。

```
命令：SS
请选择构成一完整建筑物的所有墙体(或门窗、阳台)<退出>:框选建筑物
请选择构成一完整建筑物的所有墙体(或门窗、阳台)<退出>:
指定对角点或 [栏选(F)/圈围(WP)/圈交(CP)]: 直接回车
```

打开"散水"对话框，如图 8-11 所示，在对话框中输入相应的数值，生成的散水结果如图 8-10 所示。

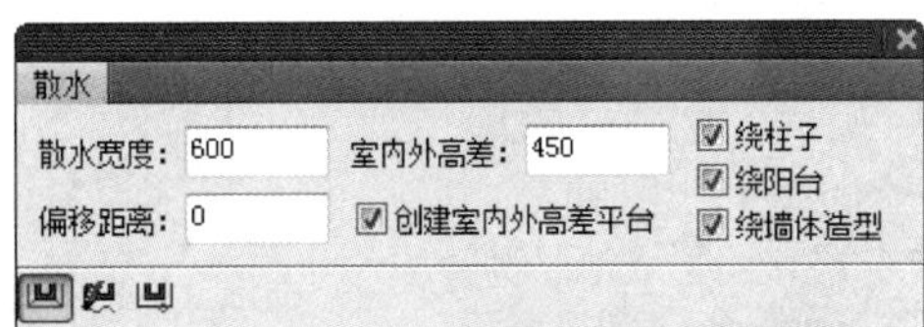

图 8-11　“散水”对话框

(2) 保存图形。将图形以“散水.dwg”为文件名进行保存。命令行提示如下。

```
命令：SAVEAS↙
```

第9章

房间

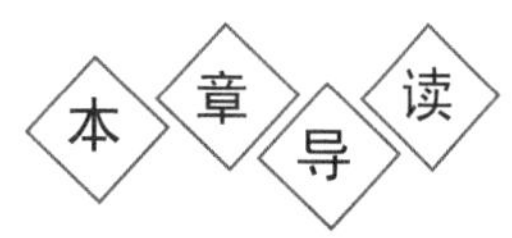

本章介绍搜索房间、查询面积、套内面积、面积累加等有关房间面积的操作方式；房间加踢脚线、奇数分格、偶数分格、布置洁具、布置隔断、布置隔板有关房间内部有关地板天花板操作，有关卫生间内洁具、隔断，隔板的布置。

学习要点

- 房间面积的创建
- 房间的布置
- 房间洁具的布置

9.1　房间面积的创建

房间面积是一系列符合房产测量规范和建筑设计规范统计规则的命令，按这些规范的不同计算方法，获得多种面积指标统计表格，分别用于房产部门的面积统计和设计审查报批。此外，为创建用于渲染的室内三维模型，房间对象提供了一个三维地面的特性，开启该特性就可以获得三维楼板，一般建筑施工图不需要开启这个特性。面积指标统计可使用“搜索房间”“套内面积”“查询面积”“公摊面积”“面积统计”等命令执行。

9.1.1　搜索房间

“搜索房间”命令用于新生成或更新已有的房间信息对象，同时生成房间地面，标注位置位于房间的中心。

1. 执行方式

命令行：SSFJ

菜单：“房间屋顶”→“搜索房间”

执行上述任意一种执行方式，打开“搜索房间”对话框，如图 9-1 所示。

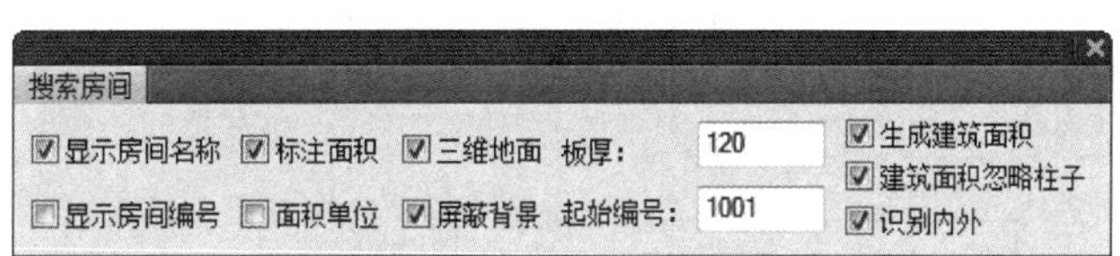

图 9-1　“搜索房间”对话框

2. 命令行

命令：SSFJ
请选择构成一完整建筑物的所有墙体(或门窗)：选取平面图中的墙体
请选择构成一完整建筑物的所有墙体(或门窗)：
请单击建筑面积的标注位置<退出>：在建筑物外标注建筑面积

如想更改房间名称，直接在房间名称上双击即可更改。

3. 控件说明

显示房间名称：标示房间名称。

标注面积：房间使用面积的标注形式，是否显示面积数值。

面积单位：是否标示面积单位，默认以 m^2 为单位。

三维地面：选择时，可以在标示的同时，沿着房间对象边界生成三维地面。

屏蔽背景：选择时，可以屏蔽房间标注下面的图案。

板厚：生成三维地面时，可给出地面的厚度。

显示房间编号：房间的标识类型，建筑平面图标识房间名称，其他专业标识房间编号，也可以同时标识。

Note

生成建筑面积：在搜索生成房间的同时，计算建筑面积，建筑面积如图 9-2 所示。

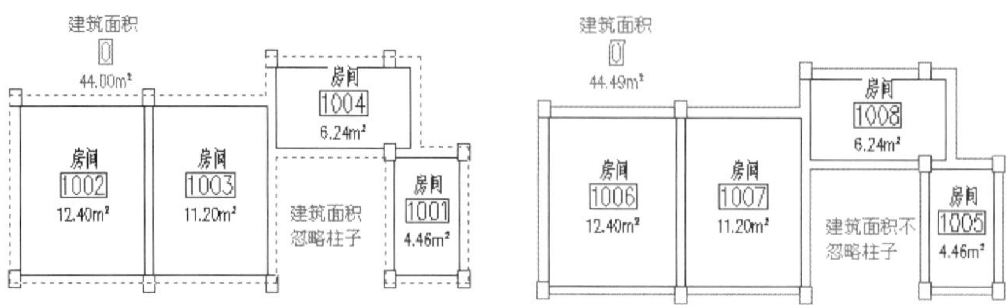

图 9-2　建筑面积

建筑面积忽略柱子：建筑面积计算规则中忽略凸出墙面的柱子与墙垛。

识别内外：勾选后同时执行识别内外墙功能，用于建筑节能。

9.1.2　上机练习——搜索房间

练习目标

搜索房间如图 9-3 所示。

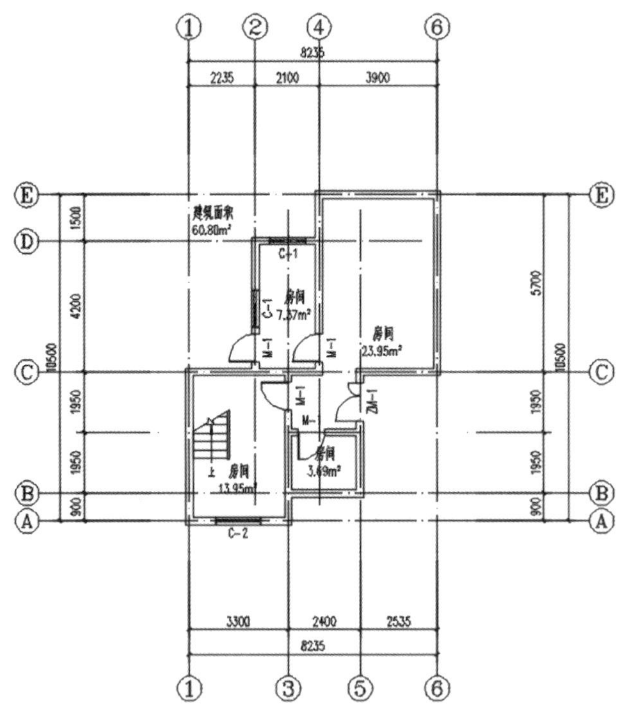

图 9-3　搜索房间

设计思路

打开源文件中的“双跑楼梯”文件，单击“搜索房间”命令，设置相关的参数，进行房间的搜索。

操作步骤

（1）单击“房间屋顶”→“搜索房间”命令，打开“搜索房间”对话框，如图 9-4 所示。命令行提示如下。

```
命令：SSFJ
请选择构成一完整建筑物的所有墙体(或门窗)：框选建筑物
请选择构成一完整建筑物的所有墙体(或门窗)：
请单击建筑面积的标注位置<退出>：选择标注建筑面积的地方
```

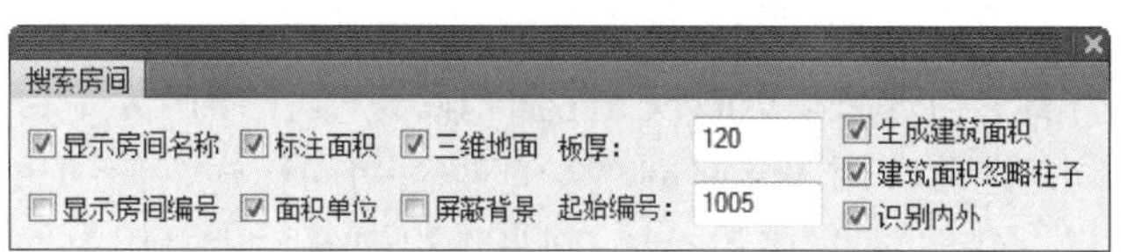

图 9-4　“搜索房间”对话框

绘制结果如图 9-3 所示。

（2）保存图形。将图形以“搜索房间.dwg”为文件名进行保存。命令行提示如下。

```
命令：SAVEAS↙
```

9.1.3　房间编辑

在使用“搜索房间”命令后，当前图形中生成房间对象显示为房间面积的文字对象，根据需要重新命名。可双击房间对象直接命名，也可以选中房间后右击“对象编辑”，弹出如图 9-5 所示的“编辑房间”对话框，用于编辑房间编号和房间名称。勾选“显示填充”复选框后，可以对房间进行图案填充。可过滤掉指定的最小、最大尺寸的房间，对这些房间将不会进行搜索。

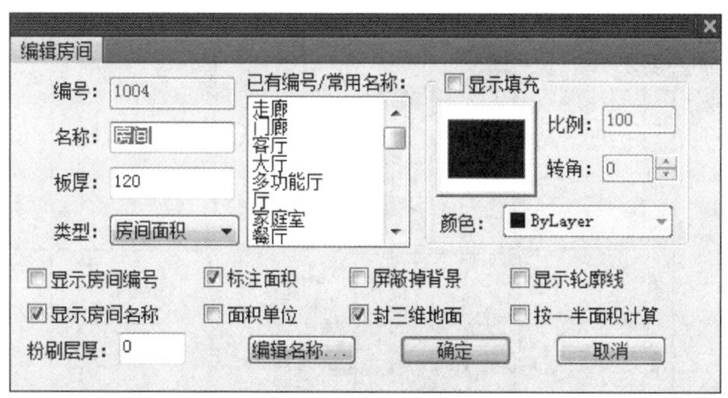

图 9-5　“编辑房间”对话框

也可以利用“编辑房间”对话框对房间进行编辑，修改面积单位、文字高度和文字样式等。

相关控件说明如下。

编号：对应每个房间的自动数字编号，用于其他专业标识房间。

名称：用户给出的房间名称，可从右侧的常用房间列表选取，房间名称与面积统计

Note

的厅室数量有关，类型为洞口时默认名称是"洞口"，其他类型为"房间"。

粉刷层厚：房间墙体的粉刷层厚度，用于扣除实际粉刷厚度，精确统计房间面积。

板厚：生成三维地面时，给出地面的厚度。

类型：可以通过列表修改当前房间对象的类型为"套内面积""建筑轮廓面积""洞口面积""分摊面积""套内阳台面积"。

封三维地面：勾选则表示同时沿着房间对象边界生成三维地面。

标注面积：勾选可标注面积数据。

面积单位：勾选可标注面积单位(平方米)。

显示轮廓线：勾选后显示面积范围的轮廓线，否则选择面积对象才能显示。

按一半面积计算：勾选后该房间按一半面积计算，用于净高为1.2～2.1m的房间。

屏蔽掉背景：勾选后利用Wipeout的功能屏蔽房间标注下面的填充图案。

显示房间编号/名称：选择面积对象，则显示房间编号或者房间名称。

编辑名称…：光标进入"名称"编辑框时，该按钮可用，单击进入对话框列表，可修改或者增加名称。

显示填充：勾选后，可以用当前图案对房间对象进行填充，图案比例、颜色和图案可选，单击图像框进入图案管理界面可选择其他图案或者下拉颜色列表改颜色。

9.1.4 上机练习——房间编辑

练习目标

房间编辑如图9-6所示。

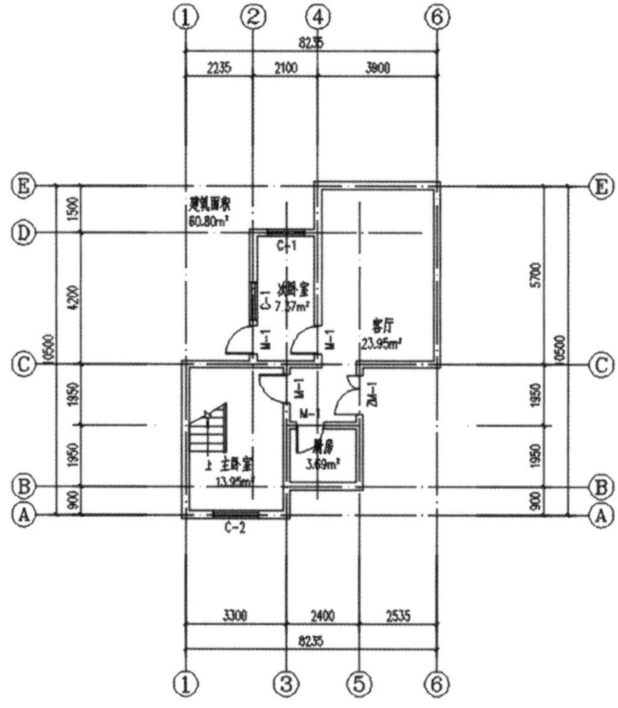

图9-6 房间编辑

设计思路

打开源文件中的“搜索房间”文件，可利用“编辑房间”命令修改房间名称。

操作步骤

(1) 双击房间对象，直接在原位置编辑命名，也可以选中后右击“对象编辑”，界面弹出如图 9-1 所示的“编辑房间”对话框，如图 9-7 所示，可直接在“名称”中命名，或者在“已有编号/常用名称”中进行选择、设置。

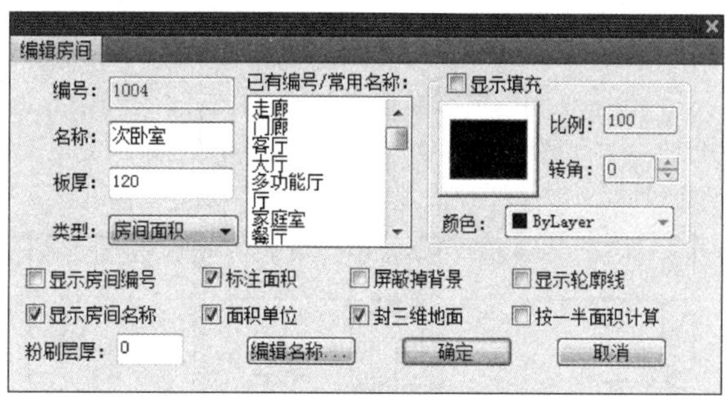

图 9-7　“编辑房间”对话框

绘制结果如图 9-6 所示。

(2) 保存图形。将图形以“房间编辑.dwg”为文件名进行保存。命令行提示如下。

```
命令: SAVEAS↙
```

9.1.5　查询面积

采用“查询面积”命令可以查询由墙体组成的房间面积、阳台面积和闭合多段线面积，命令执行方式如下。

1. 执行方式

命令行：CXMJ

菜单：“房间屋顶”→“查询面积”

单击菜单命令后，打开“查询面积”对话框，如图 9-8 所示。

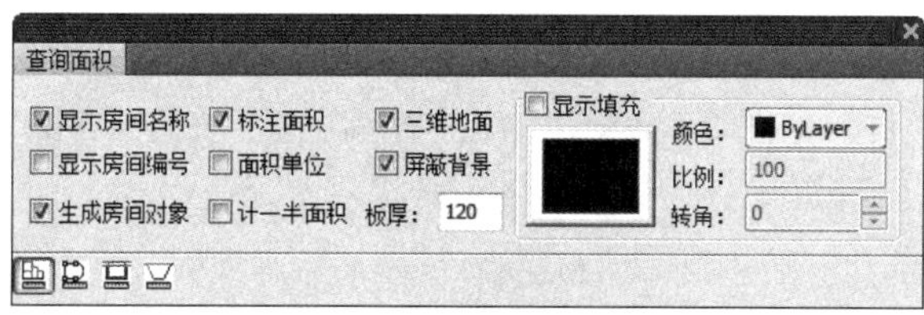

图 9-8　“查询面积”对话框

2. 命令行

```
命令: CXMJ
```

```
请选择构成一完整建筑物的所有墙体(或门窗)<退出>:指定对角点:
请点取建筑面积的标注位置<退出>:
```

Note

9.1.6 上机练习——查询面积

练习目标

查询面积如图 9-9 所示。

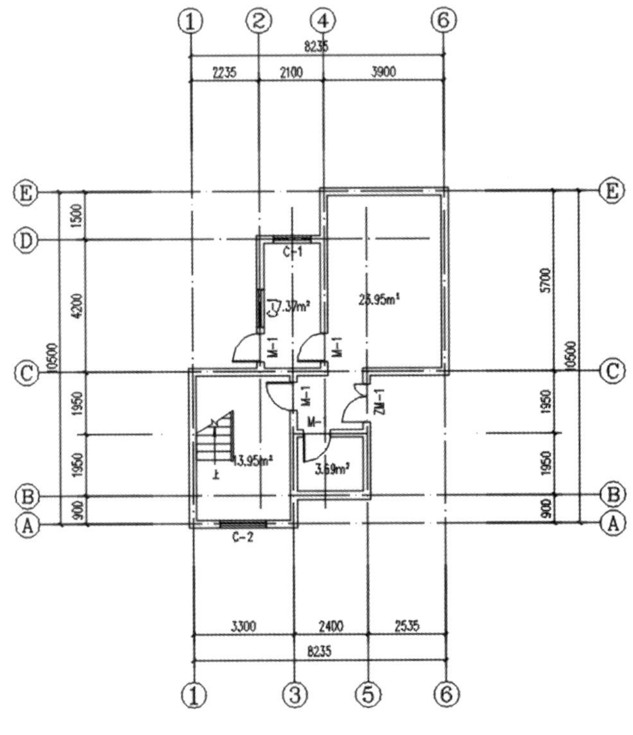

图 9-9 查询面积

设计思路

打开源文件中的“双跑楼梯”文件，单击“查询面积”命令，可以查询房间面积。

操作步骤

(1) 打开墙体门窗，如图 9-9 所示，单击“查询面积”命令，去除“生成房间对象”的勾选，勾选“面积单位”，如图 9-10 所示，命令行提示如下。

```
命令: CXMJ
请选择查询面积的范围:框选所有图形
请选择查询面积的范围:选择房间
请在屏幕上点取一点<返回>面积 = 23.9472 平方米
......
```

绘制结果如图 9-9 所示。

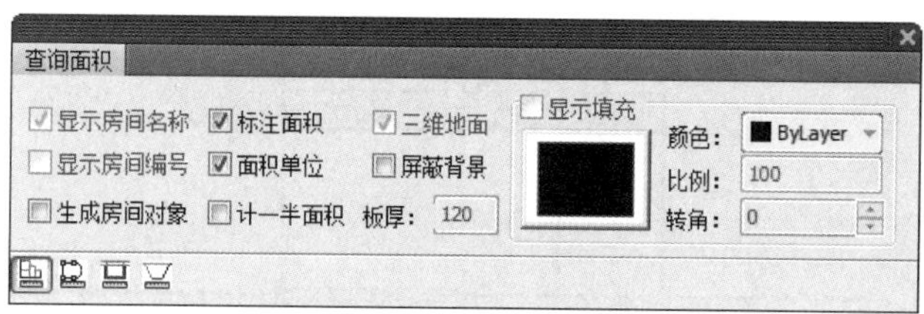

图 9-10 “查询面积”对话框

（2）保存图形。将图形以“查询面积.dwg”为文件名进行保存。命令行提示如下。

```
命令：SAVEAS↙
```

9.1.7 房间轮廓

房间轮廓线以封闭 PLINE 线表示，轮廓线可以用于其他用途，如把它转为地面，或用来作为生成踢脚线等装饰线脚的边界。

1. 执行方式

命令行：FJLK

菜单：“房间屋顶”→“房间轮廓”

2. 命令行

```
命令：FJLK
请指定房间内一点或 {参考点[R]}<退出>：点取房间内任意一点
是否生成封闭的多段线?[是(Y)/否(N)]<Y>：要求键入 N 或回车
```

9.1.8 上机练习——房间轮廓

 练习目标

房间轮廓如图 9-11 所示。

 设计思路

打开源文件中的“双跑楼梯”文件，利用“房间轮廓”命令，绘制由多段线组成的房间轮廓线。

 操作步骤

（1）单击菜单中“房间屋顶”→“房间轮廓”命令，绘制房间的轮廓线，命令行提示如下。

```
命令：FJLK
请指定房间内一点或 [参考点(R)]<退出>：选择房间
是否生成封闭的多段线?[是(Y)/否(N)]<Y>：单击键盘上的回车键
```

（2）保存图形。将图形以“房间轮廓.dwg”为文件名进行保存。命令行提示如下。

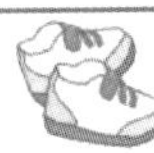

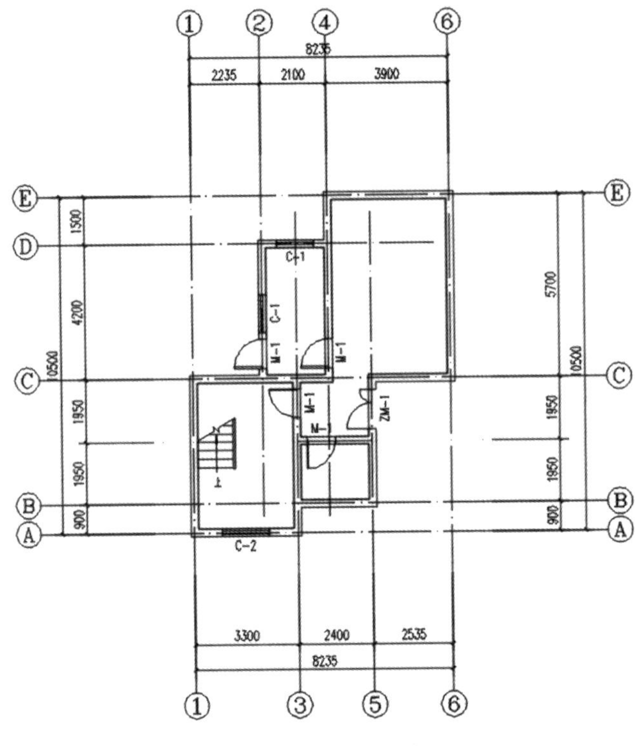

图 9-11　房间轮廓

```
命令：SAVEAS↙
```

9.1.9　楼板洞口

采用"面积计算"命令可对选取的房间使用面积、阳台面积、建筑平面的建筑面积等数值合计。

1. 执行方式

命令行：LBDK

菜单："房间屋顶"→"楼板洞口"

2. 命令行

```
命令：LBDK
请选择房间\防火分区对象<退出>:左键点取房间或防火分区对象
请选择洞口边界线(闭合多段线或圆)或[删除洞口(Q)]<退出>:左键选择房间或者防火分区轮廓内的闭合多段线或圆
```

9.1.10　上机练习——楼板洞口

练习目标

楼板洞口如图 9-12 所示。

设计思路

打开源文件中的“原图”文件，如图 9-13 所示，利用“楼板洞口”命令，绘制楼板洞口。

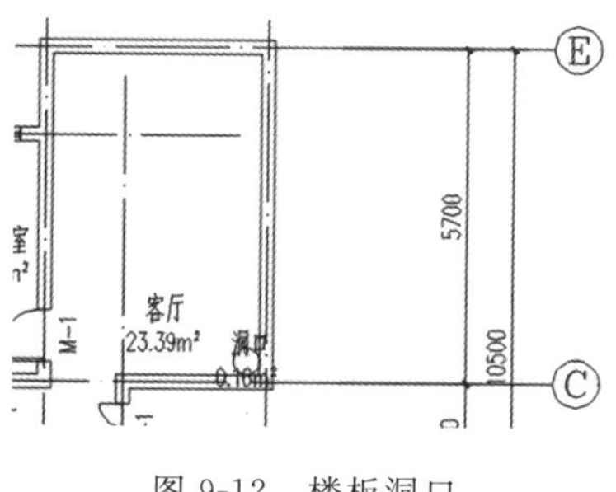

图 9-12　楼板洞口

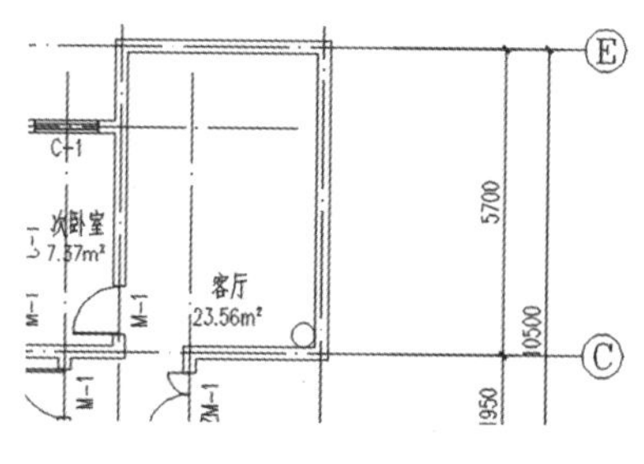

图 9-13　原图

操作步骤

(1) 单击菜单中“房间屋顶”→“楼板洞口”命令，绘制客厅的楼板洞口，如图 9-12 所示，命令行提示如下。

```
命令：LBDK
请选择房间\防火分区对象<退出>:选择客厅
请选择洞口边界线(闭合多段线或圆)或[删除洞口(Q)]<退出>:选择圆
请选择洞口边界线(闭合多段线或圆):按键盘上的回车键
```

(2) 保存图形。将图形以“楼板洞口.dwg”为文件名进行保存。命令行提示如下。

```
命令：SAVEAS↙
```

9.1.11　面积计算

本命令用于统计“查询面积”“套内面积”等命令获得的房间使用面积、阳台面积、建筑面积等，用于不能直接测量到所需面积的情况，取面积对象或者标注数字均可。增加对多段线、填充和防火分区对象的支持。面积计算功能支持更多的运算符和括号，默认采用命令行模式，可以选择快捷键切换到对话框模式。

1. 执行方式

命令行：MJJS

菜单：“房间屋顶”→“面积计算”

2. 命令行

```
命令：MJJS
请选择求和的对象或[高级模式(Q)]<退出>: 框选所有图形
请选择求和的对象:
共选中了 4 个对象，求和结果 = 48.96
点取面积标注位置<退出>:
```

3. 控件说明

房间面积：勾选该项可统计通过“搜索房间”“查询面积”“套内面积”“公摊面积”命令生成的房间对象的面积。

数值文字：勾选该项可取文字中的数值进行面积统计。

多段线：勾选该项可统计闭合和不闭合多段线的面积。

填充：勾选该项可统计填充对象的面积。

防火分区对象：勾选该项可统计防火分区对象的面积。

9.1.12 上机练习——面积计算

练习目标

面积计算如图 9-14 所示。

设计思路

打开源文件中的“查询面积”文件，可利用“面积计算”命令计算图形的总面积。

操作步骤

(1) 单击菜单中“房间屋顶”→“面积计算”命令，绘制客厅的楼板洞口，如图 9-14 所示，命令行提示如下。

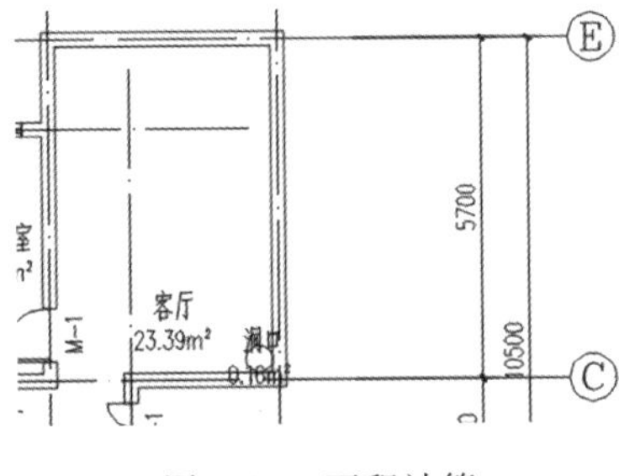

图 9-14　面积计算

```
命令：MJJS
请选择求和的对象或[高级模式(Q)]<退出>：框选所有图形
请选择求和的对象：
共选中了 4 个对象，求和结果 = 48.96
点取面积标注位置<退出>:
```

(2) 保存图形。将图形以“面积计算.dwg”为文件名进行保存。命令行提示如下。

```
命令：SAVEAS↙
```

9.2 房间的布置

9.2.1 加踢脚线

“加踢脚线”命令用于生成房间的踢脚线。本命令自动搜索房间轮廓，按用户选择的踢脚截面生成二维和三维一体的踢脚线，门和洞口处自动断开，可用于室内装饰设计建模，也可以作为室外的勒脚使用，踢脚线支持 AutoCAD 的 Break(打断)命令，因此取消了“断踢脚线”命令。

1. 执行方式

命令行：JTJX

菜单："房间屋顶"→"房间布置"→"加踢脚线"

单击菜单命令后，打开"踢脚线生成"对话框，如图 9-15 所示。

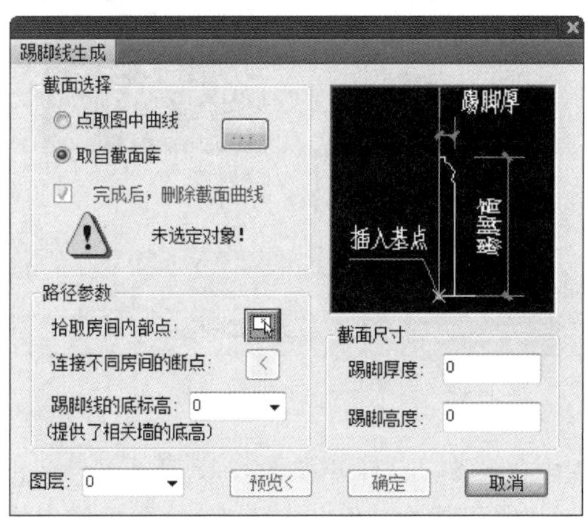

图 9-15 "踢脚线生成"对话框

2. 控件说明

点取图中曲线：点选本选项后，单击进入图形中选择截面形状。

取自截面库：点选本选项后，单击右侧"…"进入踢脚线库，在库中选择需要的截面形式。

拾取房间内部点：单击右侧按钮，在绘图区房间中单击选取房间内部点。

连接不同房间的断点：单击右侧按钮执行命令。房间门洞无门套时，应该连接踢脚线断点。

踢脚线的底标高：输入踢脚线底标高数值。在房间有高差时，在指定标高处生成踢脚线。

踢脚厚度：踢脚截面的厚度。

踢脚高度：踢脚截面的高度。

9.2.2 上机练习——加踢脚线

练习目标

加踢脚线如图 9-16 所示。

设计思路

打开源文件中的"房间编辑"文件，利用"加踢脚线"命令，为厨房添加踢脚线。

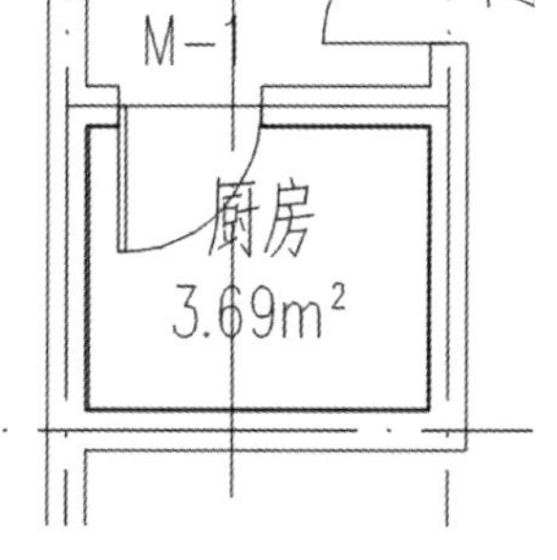

图 9-16 加踢脚线

操作步骤

(1) 单击"房间屋顶"→"房间布置"→"加踢脚线"命

令，打开“踢脚线生成”对话框，如图 9-17 所示。

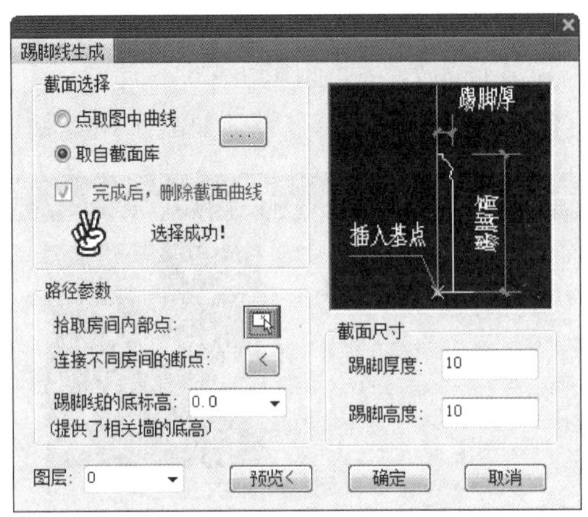

图 9-17 “踢脚线生成”对话框

(2) 在“取自截面库”右侧单击，打开如图 9-18 所示的“天正图库管理系统”对话框，选择内角线，双击返回“踢脚线生成”对话框，在“拾取房间内部点”右侧单击，选取厨房内部点。对其他控件参数进行设定，“踢脚线的底标高”中设为“0.0”，“踢脚厚度”设为“10”，“踢脚高度”设为“10”，单击“确定”按钮完成操作，结果如图 9-16 所示。

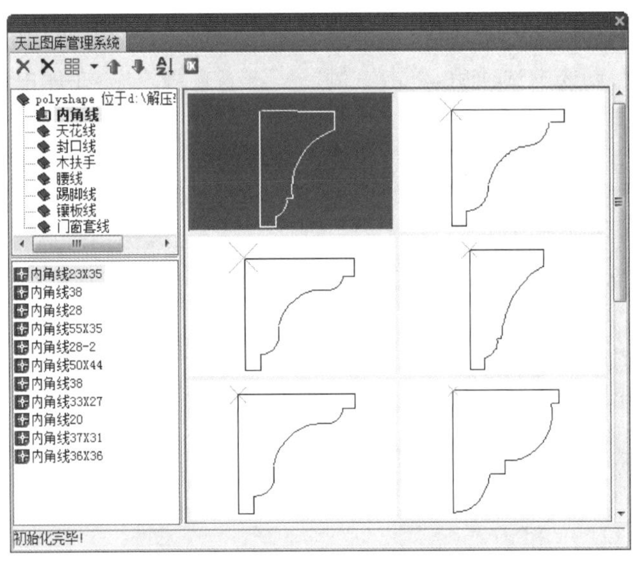

图 9-18 “天正图库管理系统”对话框

(3) 保存图形。将图形以“加踢脚线.dwg”为文件名进行保存。命令行提示如下。

```
命令: SAVEAS↙
```

9.2.3 奇数分格

“奇数分格”命令可用于绘制按奇数分格的地面或天花平面，也可以利用 AutoCAD

中的直线命令进行绘制。

1. 执行方式

命令行：JSFG
菜单："房间屋顶"→"房间布置"→"奇数分格"

2. 命令行

```
命令: JSFG
请用三点定一个要奇数分格的四边形, 第一点 <退出>:选四边形的第一个角点
第二点 <退出>:选四边形的相邻的另一个角点
第三点 <退出>:选四边形的相邻的第三个角点
第一、二点方向上的分格宽度(小于 100 为格数) <500>:输入大于 100 的数则为分格的宽度; 输入小于 100 的则为格数,命令行提示输入新的分格宽度
第二、三点方向上的分格宽度(小于 100 为格数) <600>:同上确定相邻边分格宽度
```

9.2.4 上机练习——奇数分格

练习目标

奇数分格如图 9-19 所示。

设计思路

打开源文件中的"房间编辑"文件，单击"奇数分格"命令，设置相关的参数，为次卧室墙体添加奇数分格。

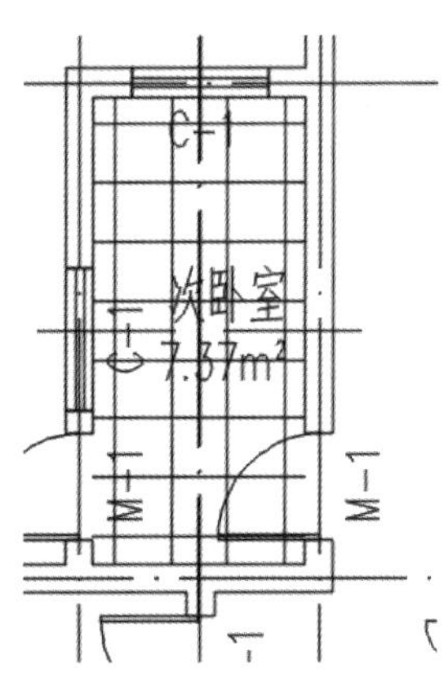

图 9-19 奇数分格

操作步骤

(1) 选择菜单栏中的"房间屋顶"→"房间布置"→"奇数分格"命令，为次卧室添加分格线，命令行提示如下。

```
命令: JSFG
请用三点定一个要奇数分格的四边形, 第一点 <退出>:选择次卧室墙体的内角点
第二点 <退出>:选择次卧室墙体的另一角点
第三点 <退出>:选择次卧室墙体的第三个角点
第一、二点方向上的分格宽度(小于 100 为格数) <500>: 500
第二、三点方向上的分格宽度(小于 100 为格数) <600>:500
```

中间生成对称轴，绘制结果如图 9-19 所示。

(2) 保存图形。将图形以"奇数分格.dwg"为文件名进行保存。命令行提示如下。

```
命令: SAVEAS↙
```

9.2.5 偶数分格

"偶数分格"命令用于绘制按偶数分格的地面或吊顶平面。

1. 执行方式

命令行：OSFG

菜单:“房间屋顶”→“房间布置”→“偶数分格”

2. 命令行

Note

```
命令: OSFG
请用三点定一个要偶数分格的四边形, 第一点 <退出>:选四边形的第一个角点
第二点 <退出>:选四边形的相邻的另一个角点
第三点 <退出>:选四边形的相邻的第三个角点
第一、二点方向上的分格宽度(小于 100 为格数)<600>:输入大于 100 的数则为分格的宽度; 输入小于 100 的则为格数,命令行提示输入新的分格宽度
第二、三点方向上的分格宽度(小于 100 为格数)<600>:同上确定相邻边分格宽度
```

9.3 房间洁具的布置

9.3.1 布置洁具

采用“布置洁具”命令可以在卫生间或浴室中选取相应的洁具类型,布置卫生洁具等设施。

执行方式如下。

命令行:BZJJ

菜单:“房间屋顶”→“房间布置”→“布置洁具”。

单击菜单命令后,打开“天正洁具”对话框,如图 9-20 所示。

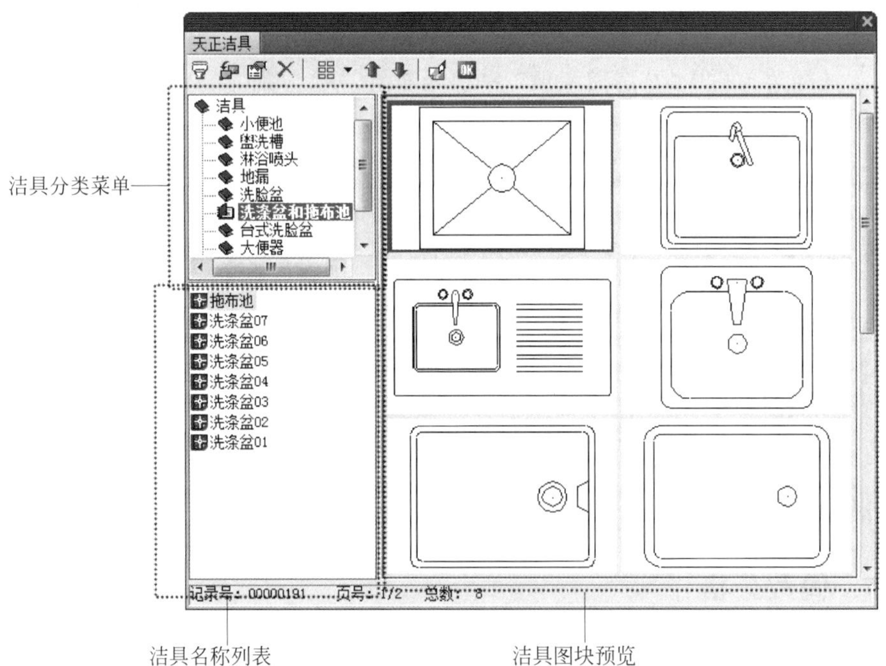

图 9-20 “天正洁具”对话框

洁具分类菜单：显示卫生洁具库的类别树状目录。其中当前类别粗体显示。

洁具名称列表：显示卫生洁具库当前类别下的图块名称。

洁具图块预览：显示当前库内所有卫生洁具图块的预览图像。被选中的图块显示红框，同时名称列表中亮显该项洁具名称。

在“天正洁具”对话框中选择不同类型的洁具后，系统自动给出与该类型相适应的布置方法。在右侧预览框中双击所需布置的卫生洁具，可根据弹出的对话框和命令行在图中布置洁具。

9.3.2　上机练习——布置洁具

练习目标

布置洁具如图 9-21 所示。

设计思路

打开源文件中的“双跑楼梯”文件，单击“布置洁具”命令，为图形添加洁具。

操作步骤

（1）单击菜单中的“房间屋顶”→“房间布置”→“布置洁具”命令，打开“天正洁具”对话框，如图 9-20 所示。

（2）单击“洗涤盆和拖布池”，右侧双击选定的拖布池，打开“布置拖布池”对话框，如图 9-22 所示。

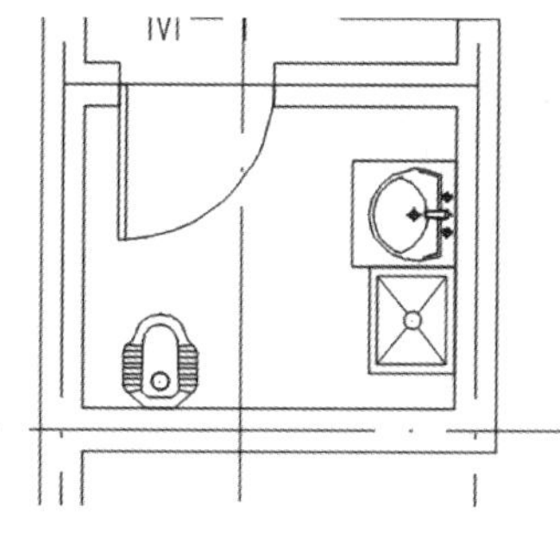

图 9-21　布置洁具

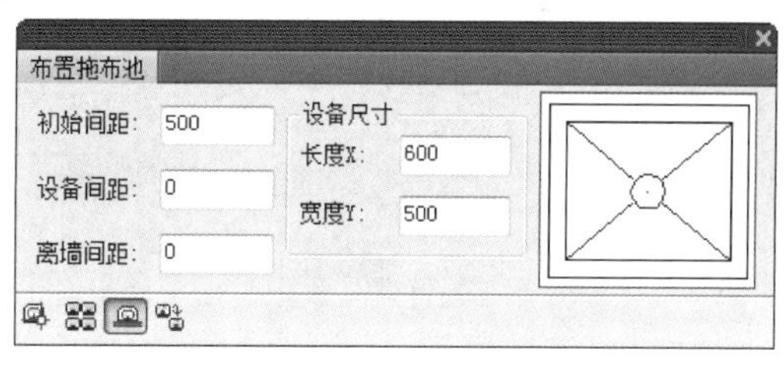

图 9-22　“布置拖布池”对话框

在对话框中设定拖布池的参数。

（3）单击绘图区域，命令行提示如下。

```
请选择沿墙边线 <退出>:选墙线
插入第一个洁具[插入基点(B)] <退出>:
```

绘制结果如图 9-23 所示。

（4）单击“台式洗脸盆”，右侧双击选定的台上式洗脸盆 1，打开“布置台上式洗脸盆 1”对话框，如图 9-24 所示。

在对话框中设定台上式洗脸盆的参数。

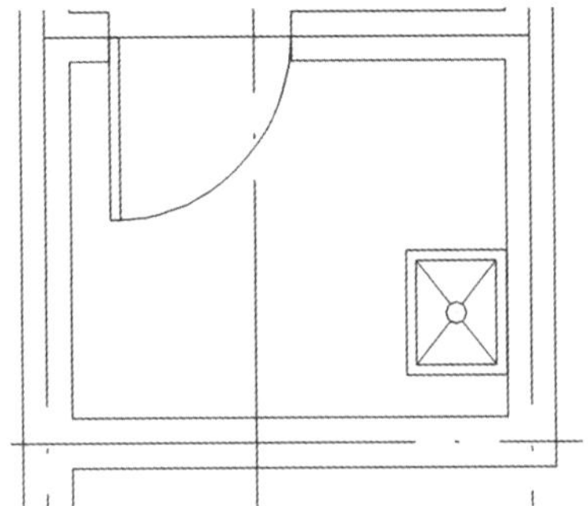
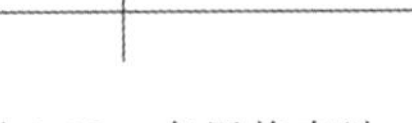

图 9-23　布置拖布池

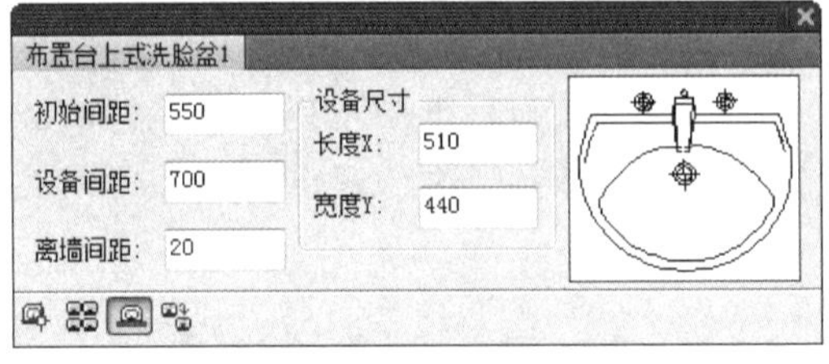

图 9-24　“布置台上式洗脸盆 1”对话框

(5) 单击绘图区域,命令行提示如下。

```
请选择沿墙边线 <退出>:选墙线
插入第一个洁具[插入基点(B)] <退出>:
下一个<结束>:在洗脸盆增加方向上点一下
下一个<结束>:在洗脸盆增加方向上点一下
下一个<结束>
台面宽度<600>:600
台面长度<2300>:600
请选择沿墙边线 <退出>:
```

绘制结果如图 9-21 所示。

(6) 单击“大便器”,右侧双击选定的蹲便器,打开“布置蹲便器(感应式)”对话框,如图 9-25 所示。

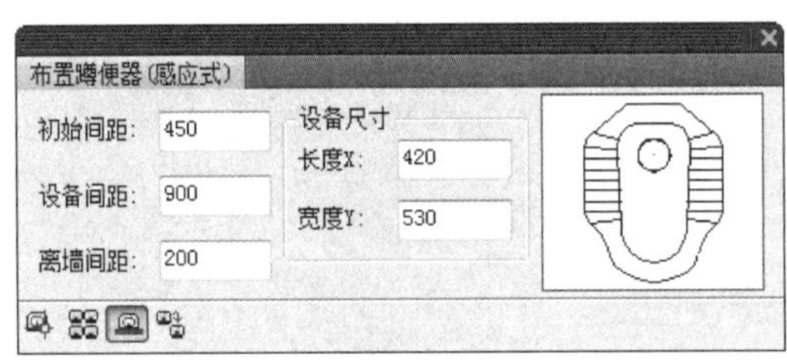

图 9-25　“布置蹲便器(感应式)”对话框

(7) 单击绘图区域,命令行提示如下。

```
请选择沿墙边线 <退出>:选墙线
下一个<结束>:在蹲便器增加方向上点一下
下一个<结束>:在蹲便器增加方向上点一下
下一个<结束>>:
请选择沿墙边线 <退出>:
```

绘制结果如图 9-21 所示。

(8) 保存图形。将图形以“布置洁具.dwg”为文件名进行保存。命令行提示如下。

```
命令: SAVEAS↙
```

9.3.3　布置隔断

本命令通过两点选取已经插入的洁具，布置卫生间隔断，要求先布置洁具才能执行，隔板与门采用了墙对象和门窗对象，支持对象编辑；由于使用卫生隔断类型，隔断内的面积不参与房间划分和面积计算。

执行方式如下。

命令行：BZGD

菜单："房间屋顶"→"房间布置"→"布置隔断"

单击菜单后，命令行提示如下。

```
命令：BZGD
输入一直线来选洁具！
起点：单击直线起点
终点：单击直线终点
隔断间距
隔断长度<1200>：输入隔板的长度
隔断门宽<600>：输入隔板的宽度
```

9.3.4　上机练习——布置隔断

练习目标

布置隔断如图 9-26 所示。

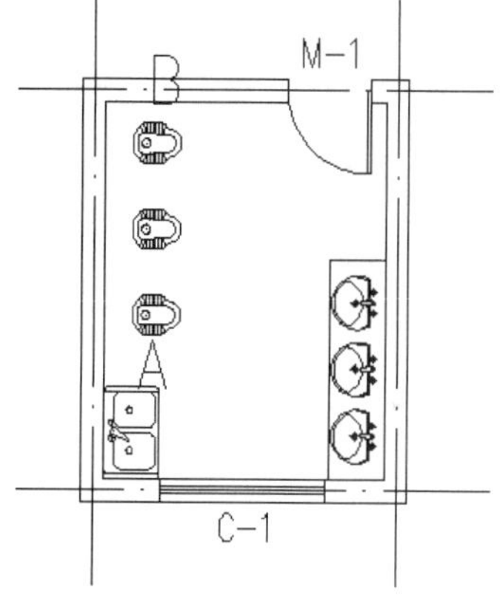

图 9-26　布置隔断

设计思路

打开源文件中的"房间图"图形，利用"布置隔断"命令，设置相关的参数，为图形布置隔断。

操作步骤

（1）单击"房间屋顶"→"房间布置"→"布置隔断"命令，命令行提示如下。

```
命令：BZGD
输入一直线来选洁具！
起点：选 A
终点：选 B
隔断间距<800>：
隔断长度<1200>：1200
隔断门宽<600>：600
```

命令执行完毕后如图 9-26 所示。

（2）保存图形。将图形以"布置隔断.dwg"为文件名进行保存。命令行提示如下。

```
命令：SAVEAS↙
```

Note

9.3.5 布置隔板

“布置隔板”命令是通过两点线选取已经插入的洁具，布置卫生间隔板，用于小便器之间。

执行方式如下。

命令行：BZGB

菜单：“房间屋顶”→“房间布置”→“布置隔板”

单击菜单后，命令行提示如下。

```
命令：BZGB
输入一直线来选洁具!
起点：单击直线起点
终点：单击直线终点
隔板长度<400>:输入隔板的长度
```

9.3.6 上机练习——布置隔板

练习目标

布置隔板如图 9-27 所示。

设计思路

打开源文件中的“房间图”图形，如图 9-28 所示，利用“布置隔板”命令，设置相关的参数，为图形布置隔板。

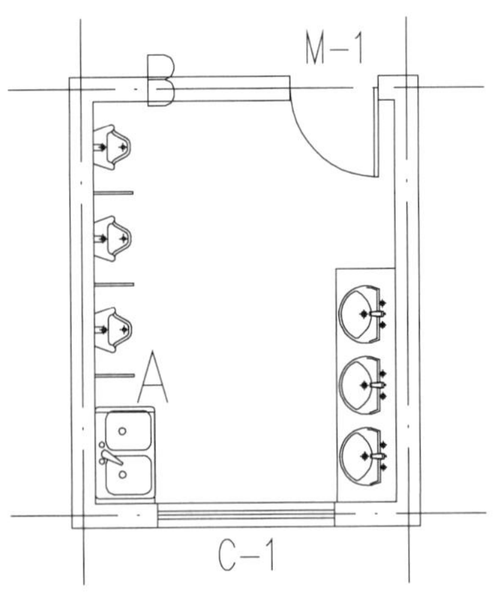

图 9-27 布置隔板

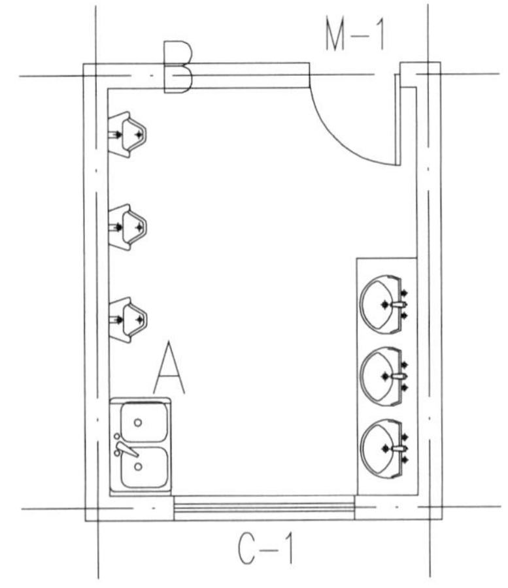

图 9-28 房间图

操作步骤

(1) 单击菜单中的“房间屋顶”→“房间布置”→“布置隔板”命令，为“房间图”添加隔板。命令行提示如下。

Note

```
命令: BZGB
输入一直线来选洁具!
起点: 选 A
终点: 选 B
隔板长度<400>:
```

命令执行完毕后如图 9-27 所示。

(2) 保存图形。将图形以“布置隔板.dwg”为文件名进行保存。命令行提示如下。

```
命令: SAVEAS ↙
```

第10章 屋顶

天正软件提供了多种屋顶造型功能,人字坡顶包括单坡屋顶和双坡屋顶,任意坡顶是指由任意多段线围合而成的四坡屋顶、矩形屋顶,包括歇山屋顶和攒尖屋顶。用户也可以利用三维造型工具自建其他形式的屋顶,如用平板对象和路径曲面对象相结合构造带有复杂檐口的平屋顶,利用路径曲面构建曲面屋顶(歇山屋顶)。天正屋顶均为自定义对象,支持对象编辑、特性编辑和夹点编辑等编辑方式,可用于天正节能和天正日照模型。

本章主要学习搜屋顶线、人字坡顶、任意坡顶、攒尖屋顶、加老虎窗、加雨水管等有关屋顶面图形的绘制。

学习要点

- 搜屋顶线
- 人字坡顶
- 任意坡顶
- 攒尖屋顶
- 加老虎窗
- 加雨水管

10.1 搜屋顶线

“搜屋顶线”命令用于搜索整体墙线，按照外墙的外边生成屋顶平面的轮廓线。

1. 执行方式

命令行：SWDX

菜单：“房间屋顶”→“搜屋顶线”

2. 命令行

```
命令：SWDX
请选择构成一完整建筑物的所有墙体(或门窗):框选建筑物
请选择构成一完整建筑物的所有墙体(或门窗):
偏移外皮距离<600>:屋顶的出檐长度
```

10.2 上机练习——搜屋顶线

练习目标

搜屋顶线如图 10-1 所示。

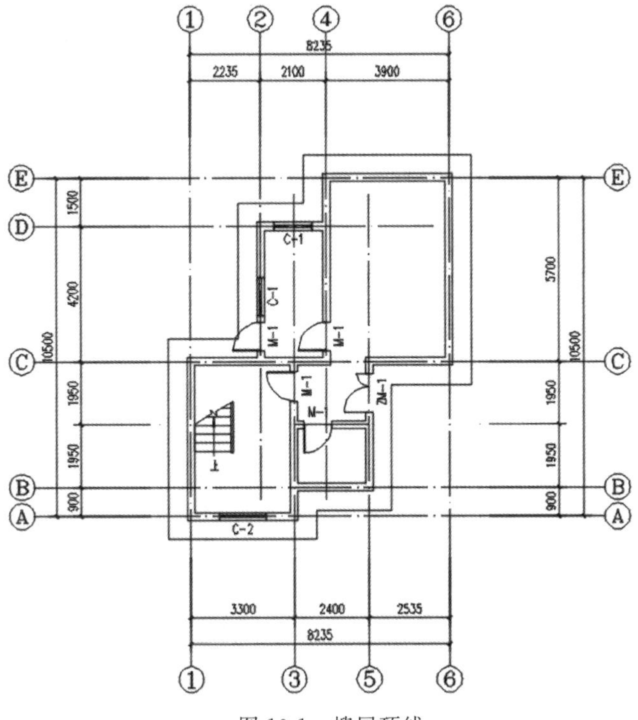

图 10-1　搜屋顶线

设计思路

打开源文件中的"双跑楼梯"图形，利用"搜屋顶线"命令，搜索房间的顶线。

操作步骤

(1) 单击菜单中的"房间屋顶"→"搜屋顶线"命令，框选整个建筑物，绘制屋顶线，命令行提示如下。

```
命令: SWDX
请选择构成一完整建筑物的所有墙体(或门窗): 框选建筑物
请选择构成一完整建筑物的所有墙体(或门窗):
偏移外皮距离<600>:
```

绘制结果如图 10-1 所示。

(2) 保存图形。将图形以"搜屋顶线.dwg"为文件名进行保存。命令行提示如下。

```
命令: SAVEAS↙
```

10.3 人字坡顶

采用"人字坡顶"命令可由封闭的多段线生成指定坡度角的单坡或双坡屋面对象。两侧坡面的坡度可具有不同的坡角，可指定屋脊位置与标高，可随意指定和调整屋脊线，因此两侧坡面可具有不同的底标高，除了使用角度设置坡顶的坡角，还可以通过限定坡顶高度的方式自动求算坡角，此时创建的屋面具有相同的底标高。

1. 执行方式

命令行：RZPD

菜单："房间屋顶"→"人字坡顶"

执行上述任意一种执行方式，打开"人字坡顶"对话框，如图 10-2 所示。

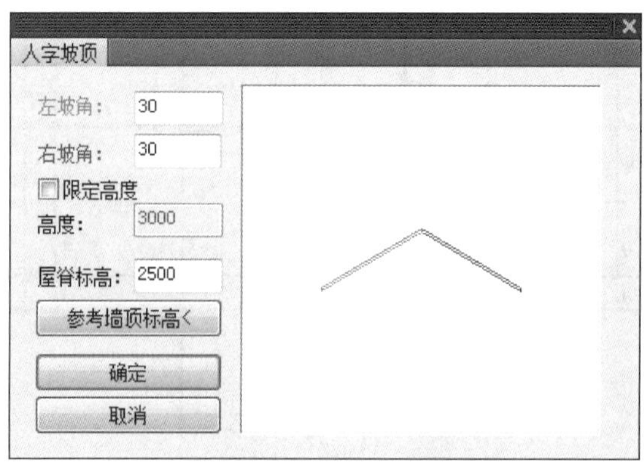

图 10-2 "人字坡顶"对话框

2. 命令行

```
命令：RZPD
请选择一封闭的多段线<退出>:选择封闭多段线
请输入屋脊线的起点<退出>:输入屋脊起点
请输入屋脊线的终点<退出>:输入屋脊终点
```

3. 控件说明

左坡角/右坡角：在各栏中分别输入坡角，无论脊线是否居中，默认左右坡角都是相等的。

限定高度：勾选“限定高度”复选框，用高度而非坡角定义屋顶，脊线不居中时左右坡角不等。

高度：勾选“限定高度”后，在此输入坡屋顶高度。

屋脊标高：以本图 $Z=0$ 起算的屋脊高度。

参考墙顶标高<：选取相关墙对象，可以沿高度方向移动坡顶，使屋顶与墙顶关联。

图像框：在其中显示屋顶三维预览图，拖动光标可旋转屋顶，支持滚轮缩放、中键平移。

10.4 上机练习——人字坡顶

练习目标

人字坡顶如图 10-3 所示。

设计思路

打开源文件中的“墙体图”，如图 10-4 所示，利用“搜屋顶线”“人字坡顶”命令绘制人字坡顶。

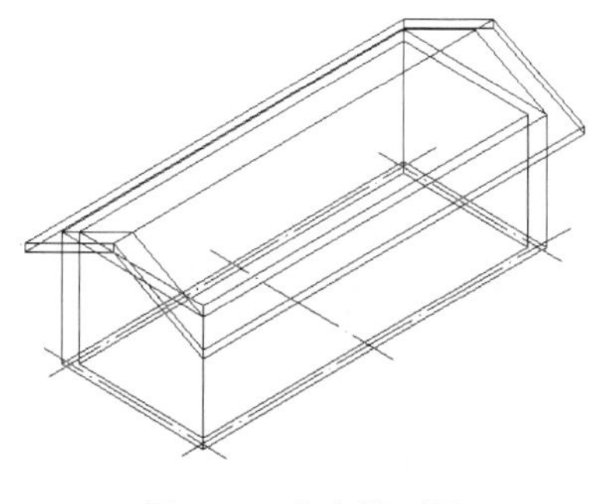

图 10-3 人字坡顶图

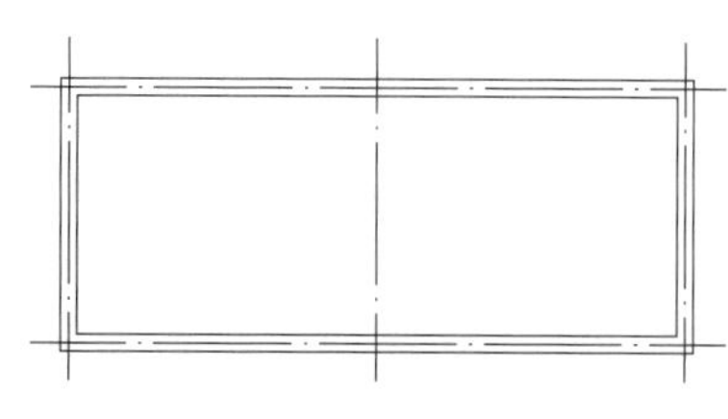

图 10-4 墙体图

操作步骤

(1) 单击菜单中的“房间屋顶”→“搜屋顶线”命令，绘制封闭的多段线，然后单击菜

单中的“房间屋顶”→“人字坡顶”命令,命令行提示如下。

```
命令: RZPD
请选择一封闭的多段线<退出>:选择 A
请输入屋脊线的起点<退出>:选择 B
请输入屋脊线的终点<退出>:选择 C
```

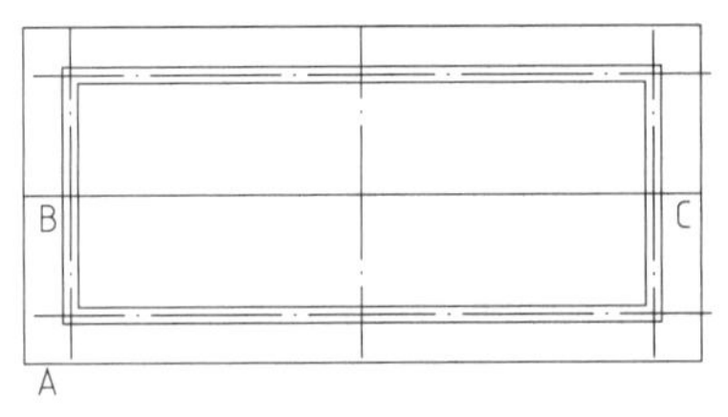

图 10-5　人字坡顶立体视图

绘制结果如图 10-5 所示。三维视图如图 10-3 所示。

(2) 保存图形。将图形以“人字坡顶.dwg”为文件名进行保存。命令行提示如下。

```
命令: SAVEAS↙
```

10.5　任意坡顶

采用“任意坡顶”命令可由封闭的多段线生成指定坡度的坡形屋面,对象编辑可分别修改各坡度。

执行方式如下。

命令行:RYPD

菜单:“房间屋顶”→“任意坡顶”

单击菜单命令后,命令行提示如下:

```
命令: RYPD
选择一封闭的多段线<退出>:点选封闭的多段线
请输入坡度角<30>:输入屋顶坡度角
出檐长<600>:输入出檐长度
```

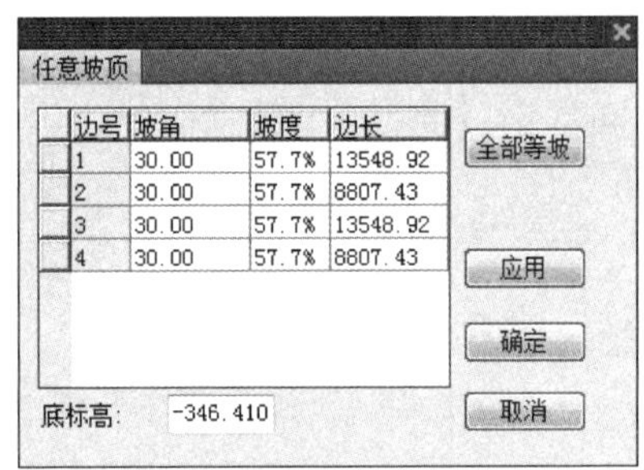

图 10-6　“任意坡顶”对话框

生成等坡度的四坡屋顶,可在“任意坡顶”对话框中对各个坡面的坡度进行修改,如图 10-6 所示。随即生成等坡度的四坡屋顶,可通过夹点和对话框方式进行修改,如图 10-7 所示,夹点分顶点夹点和边夹点两种,拖动夹点可以改变屋顶平面形状,但不能改变坡度。

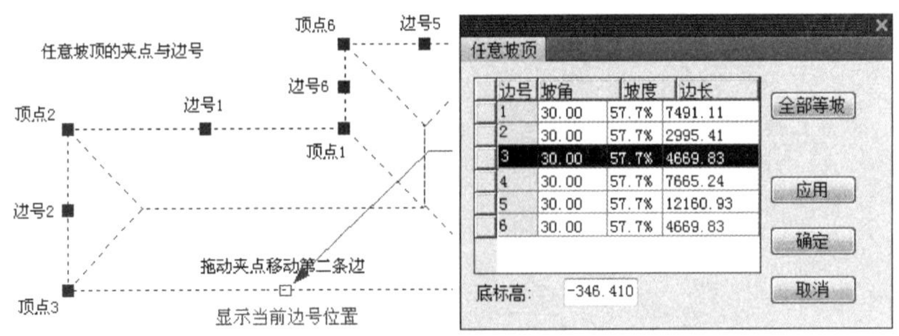

图 10-7　夹点和边号

10.6　上机练习——任意坡顶

练习目标

任意坡顶如图10-8所示。

设计思路

打开源文件中的“墙体图”，利用“任意坡顶”命令，绘制任意坡顶，如图10-9所示。

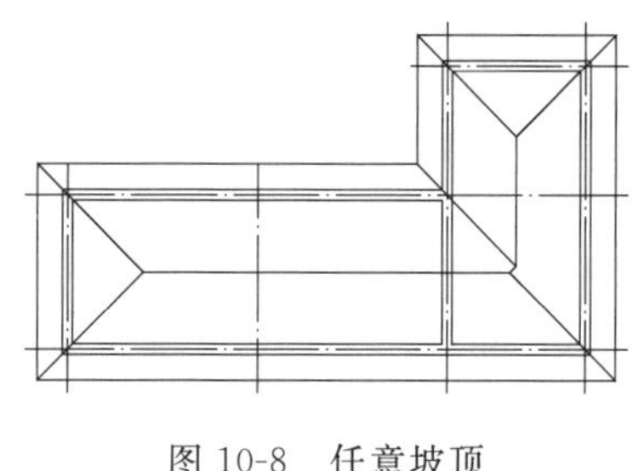

图10-8　任意坡顶

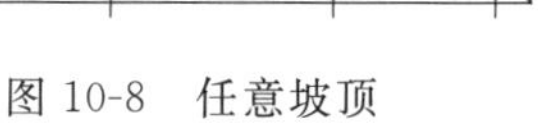

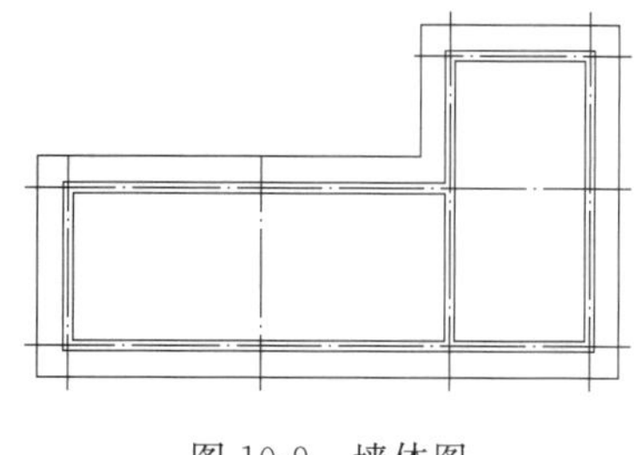

图10-9　墙体图

操作步骤

(1) 单击菜单中的“房间屋顶”→“任意坡顶”命令，绘制坡顶，命令行提示如下。

```
命令: RYPD
选择一封闭的多段线<退出>:点选封闭的多段线
请输入坡度角 <30>:30
出檐长<600>:600
```

绘制结果如图10-8示。

(2) 保存图形。将图形以“任意坡顶.dwg”为文件名进行保存。命令行提示如下。

```
命令: SAVEAS↙
```

10.7　攒尖屋顶

本命令可用于构造攒尖屋顶三维模型，但不能生成曲面构成的中国古建亭子顶。此对象对布尔运算的支持仅限于作为第二运算对象，它本身不能被其他闭合对象剪裁。攒尖屋顶提供了新的夹点，拖动夹点可以调整出檐长，特性栏中提供了可编辑的檐板厚度参数，如图10-10所示。

Note

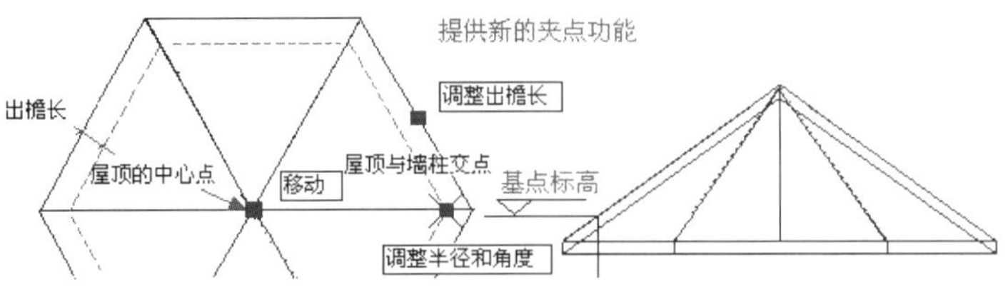

图 10-10　夹点编辑

1. 执行方式

命令行：CJWD

菜单："房间屋顶"→"攒尖屋顶"

执行上述任意一种执行方式，打开"攒尖屋顶"对话框，如图 10-11 所示。

图 10-11　"攒尖屋顶"对话框

在对话框中输入相应的数值，点选"中心点"，命令行提示如下。

```
命令：CJWD
请输入屋顶中心位置<退出>
获得第二个点：
```

2. 控件说明

屋顶高：攒尖屋顶净高度。

边数：屋顶正多边形的边数。

出檐长：从屋顶中心开始偏移到边界的长度，默认为 600，可以为 0。

基点标高：与墙柱连接的屋顶上皮处的屋面标高，默认该标高为楼层标高 0。

半径：坡顶多边形外接圆的半径。

10.8　加老虎窗

采用"加老虎窗"命令可在三维屋顶生成多种老虎窗形式，老虎窗对象提供了墙上开窗功能，并提供了图层设置、窗宽、窗高等多种参数，可通过对象编辑进行修改，本命令支持单位为米的绘制，便于日照软件的配合应用。

1. 执行方式

命令行：JLHC

菜单："房间屋顶"→"加老虎窗"

2. 命令行

命令：JLHC
请选择屋顶<退出>：选择需要加老虎窗的坡屋面

打开"加老虎窗"对话框，如图 10-12 所示。

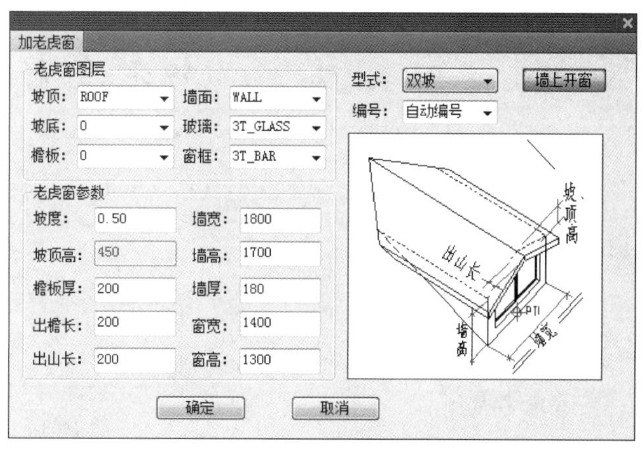

图 10-12 "加老虎窗"对话框

在对话框中输入相应的数值，单击"确定"按钮，命令行提示如下。

请点取插入点或［修改参数(S)］<退出>：在坡屋面上单击插入点

3. 控件说明

型式：有双坡、三角坡、平顶窗、梯形坡和三坡共计五种类型，如图 10-13 所示。

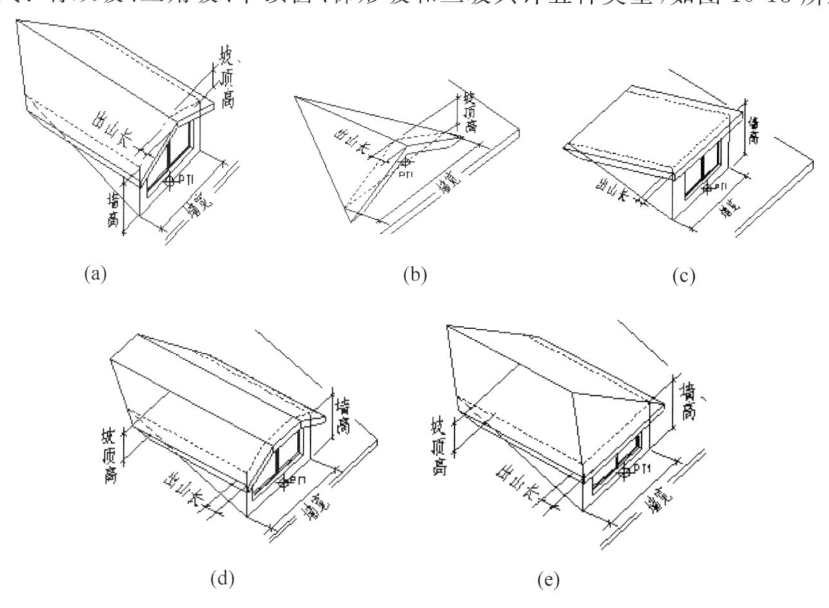

图 10-13 老虎窗的型式

(a) 双坡；(b) 三角坡；(c) 平顶窗；(d) 梯形坡；(e) 三坡

Note

编号：老虎窗编号，用户给定。

窗高/窗宽：老虎窗开启的小窗高度与宽度。

墙宽/墙高：老虎窗正面墙体的宽度与侧面墙体的高度。

坡顶高/坡度：老虎窗自身坡顶高度与坡面的倾斜度。

墙上开窗：本按钮默认打开，如果关闭，则老虎窗自身的墙上不开窗。

10.9 上机练习——加老虎窗

练习目标

加老虎窗，如图 10-14 所示。

设计思路

打开源文件中的“坡屋顶图”，如图 10-14 所示，单击“加老虎窗”命令，绘制老虎窗。

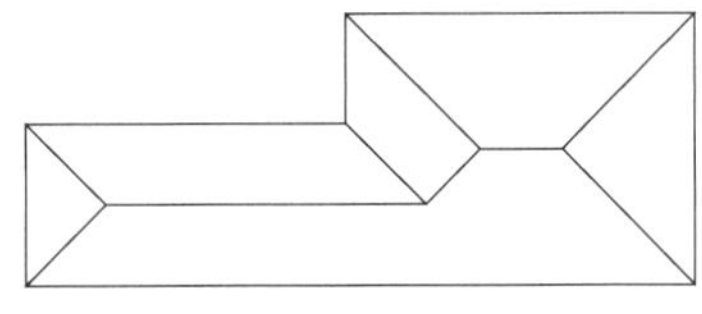

图 10-14 坡屋顶图

操作步骤

（1）单击菜单栏中的“房间屋顶”→“加老虎窗”命令，命令行提示如下。

```
命令：JLHC
请选择屋顶<退出>:选择坡面
```

打开“加老虎窗”对话框，如图 10-12 所示，在相应框中输入数值，单击“确定”按钮，命令行提示如下。

```
老虎窗的插入位置或 [参考点(R)]<退出>:
```

完成此处老虎窗插入后，使用相同的方法完成另外一侧老虎窗的插入，如图 10-15、图 10-16 所示。

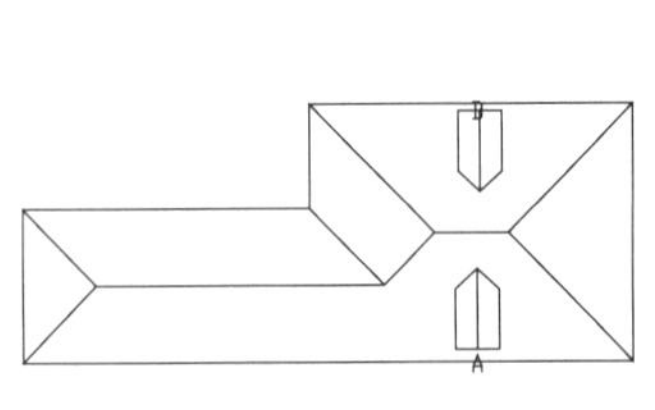

图 10-15 加老虎窗

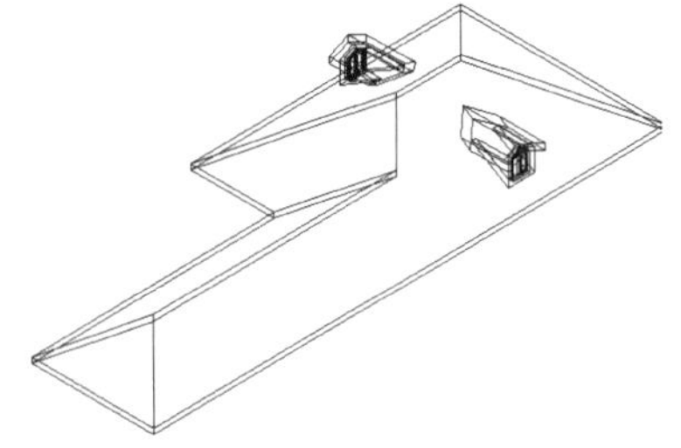

图 10-16 加老虎窗立体视图

（2）保存图形。将图形以“加老虎窗.dwg”为文件名进行保存。命令行提示如下。

```
命令：SAVEAS↙
```

10.10 加雨水管

“加雨水管”命令用于在屋顶平面图中绘制雨水管。

1. 执行方式

命令行：JYSG

菜单：“房间屋顶”→“加雨水管”

2. 命令行

```
命令: JYSG
请给出雨水管入水洞口的起始点[参考点(R)/管径(D)/洞口宽(W)]<退出>:点选雨水管的起始点
出水口结束点[管径(D)/洞口宽(W)]<退出>:点选雨水管的结束点
```

第11章

文字表格

文字注释是图形中很重要的一部分内容，进行各种设计时，不仅要绘出图形，还要在图形中标注一些文字，如注释说明等，对图形对象加以解释。图表在图形中也有大量的应用，如明细表、参数表和标题栏等。

本章介绍有关文字的样式、单行文字和多行文字等添加方式，以及文字的格式编辑工具；表格的创建及编辑方式。

学 习 要 点

- 文字工具
- 表格工具
- 表格单元编辑

Note

11.1　文字工具

文字是建筑绘图中的重要组成部分，所有的设计说明、符号标注和尺寸标注等都需要用文字去表达。本节主要讲解文字输入和编辑的方式。

11.1.1　文字样式

采用“文字样式”命令可以新建、重命名、删除文字样式，并可设置图形中的当前文字样式。

1. 执行方式

命令行：WZYS

菜单：“文字表格”→“文字样式”

执行上述任意一种执行方式，打开“文字样式”对话框，如图 11-1 所示。

图 11-1　“文字样式”对话框

2. 控件说明

样式名：单击下拉菜单选择样式名。

新建：新建文字样式，单击后首先命名新文字样式，然后选定相应的字体和参数。

重命名：给文字样式重新命名。

中文参数、西方参数：在下侧中文参数和西文参数中选择合适的字体类型，同时可以通过预览功能显示。具体文字样式应根据相关规定执行。

11.1.2　单行文字

采用“单行文字”命令可以创建符合建筑制图标注的单行文字。

1. 执行方式

命令行：DHWZ

Note

菜单："文字表格"→"单行文字"

单击菜单命令后，打开"单行文字"对话框，如图 11-2 所示。

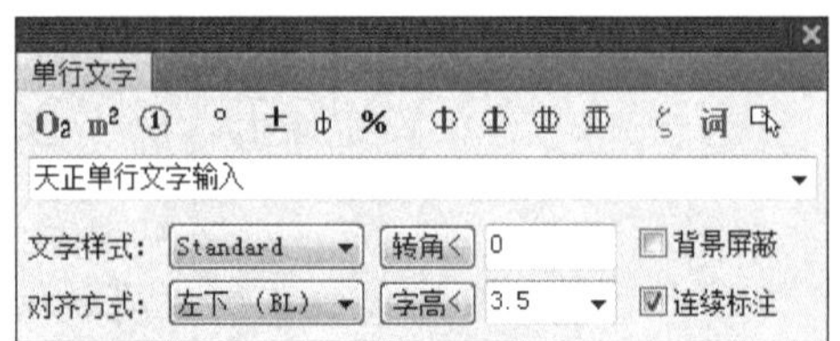

图 11-2 "单行文字"对话框

2. 控件说明

文字输入区：输入需要的文字内容。

文字样式：单击右侧下拉菜单选择文字样式。

对齐方式：单击右侧下拉菜单选择文字对齐方式。

转角<：输入文字的转角。

字高<：输入文字的高度。

背景屏蔽：选择后文字屏蔽背景。

连续标注：选择后单行文字可以连续标注。

其他特殊符号见相应的操作提示即可。

11.1.3 上机练习——单行文字

练习目标

单行文字如图 11-3 所示。

A ①~②轴间建筑面积100m²，用的钢筋为Ф。

图 11-3 单行文字图

设计思路

利用"单行文字"对话框，输入相关文字，并进行相关的设置，标注单行文字。

操作步骤

(1) 单击"文字表格"→"单行文字"，打开的对话框，如图 11-2 所示。

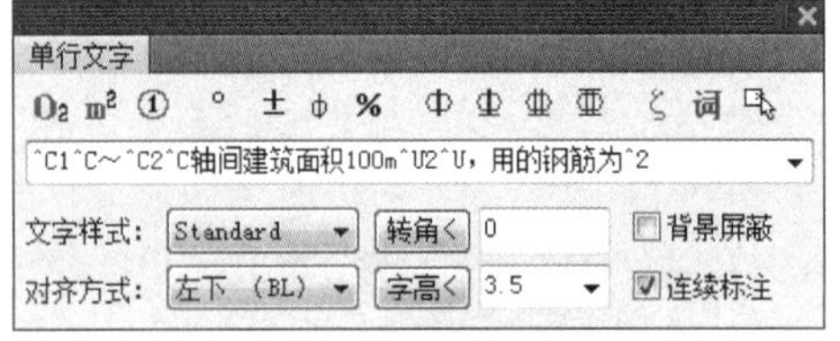

图 11-4 "单行文字"对话框

(2) 先将"文字输入区"清空，然后输入"1～2 轴间建筑面积 100m²，用的钢筋为"，然后选中"1"，选择圆圈文字；选中"2"，选择圆圈文字；选中 m 后面的 2，点选上标；最后选取适合的钢筋标号。此时对话框如图 11-4 所示。

在绘图区中单击，命令行提示如下。

```
请点取插入位置<退出>:
请点取插入位置<退出>:
```

绘制结果如图 11-3 所示。

(3) 保存图形。将图形以"单行文字.dwg"为文件名进行保存。命令行提示如下。

Note

命令：SAVEAS↙

11.1.4　多行文字

采用“多行文字”命令可以创建符合建筑制图标注的整段文字。

1. 执行方式

菜单：“文字表格”→“多行文字”

单击菜单命令后，打开的对话框如图 11-5 所示。

图 11-5　“多行文字”对话框

2. 控件说明

行距系数：表示行间的净距，单位是文字高度。

文字样式：单击右侧下拉菜单，选择文字样式。

对齐：单击右侧下拉菜单，选择文字对齐方式。

页宽＜：输入文字的限制宽度。

字高＜：输入文字的高度。

转角：输入文字的旋转角度。

文字输入区：在其中输入多行文字。

其他特殊符号见相应的操作提示即可。

11.1.5　上机练习——多行文字

练习目标

多行文字如图 11-6 所示。

1构件下料前，须放1:1大样校对尺寸，无误后下料加工，出厂前应进行预装检查。
2当采用自动切割构件下料时，可局部修磨，当采用手工切割时，应刨平。
3如需接长，钢结构构件要求坡口等强焊接，焊透全截面，并用引弧板施焊。

图 11-6　多行文字

设计思路

打开“多行文字”对话框，输入相关文字，并进行相关的设置，标注多行文字。

操作步骤

Note

(1) 单击菜单中的“文字表格”→“多行文字”命令，打开的对话框如图 11-6 所示。

(2) 在“文字输入区”中输入如图 11-7 所示的文字。

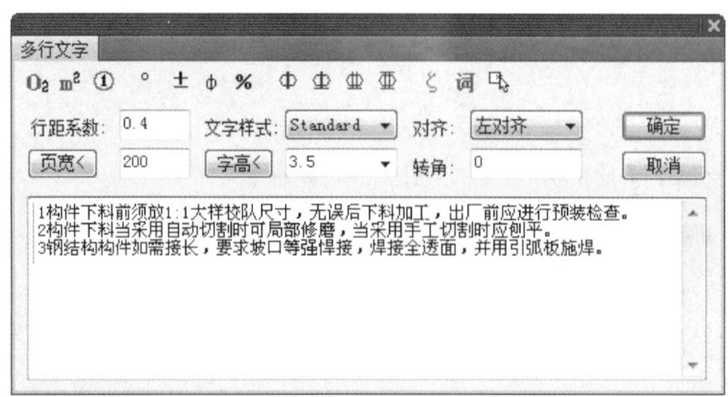

图 11-7 “多行文字”对话框

在绘图区中单击，命令行提示如下。

```
左上角或 [参考点(R)]<退出>:
```

绘制结果如图 11-6 所示。

(3) 保存图形。将图形以“多行文字.dwg”为文件名进行保存。命令行提示如下。

```
命令: SAVEAS↙
```

11.1.6 曲线文字

采用“曲线文字”命令可以直接按弧线方向书写中英文字符串，或者在已有的多段线上布置中英文字符串，可将图中的文字改排成曲线。

执行方式如下。

命令行：QXWZ

菜单：“文字表格”→“曲线文字”

单击菜单命令后，命令行提示如下。

```
A - 直接写弧线文字/P - 按已有曲线布置文字<A>:
```

1. 直接写弧线文字

输入“A”，则直接写出按弧形布置的文字，命令行提示如下。

```
请输入弧线文字圆心位置<退出>:选圆心点
请输入弧线文字中心位置<退出>:选字串插入中心
输入文字:输入文字内容
请输入模型空间字高<500>:输入字高
文字面向圆心排列吗(Yes/No)<Yes>?输入 Y 生成按圆弧排列的曲线文字,输入 N 生成背向圆心
方向文字
```

2. 按已有曲线布置文字

输入“P”，按已有的多段线布置文字和字符，命令行提示如下。

```
请选取文字的基线 <退出>:选择曲线
输入文字: 输入文字内容
请键入模型空间字高 <500>:输入字高
```

系统将文字等距写在曲线上。

11.1.7　上机练习——曲线文字

练习目标

曲线文字如图 11-8 所示。

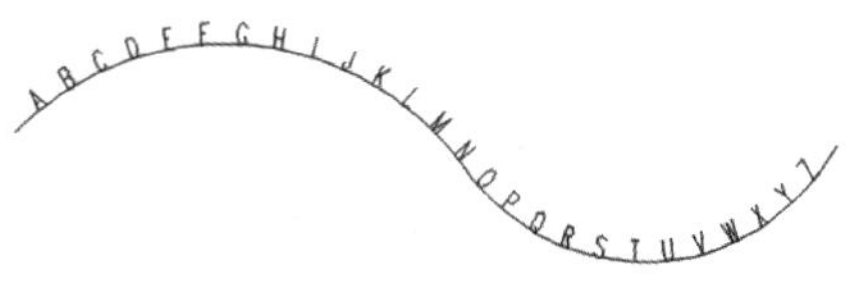

图 11-8　曲线文字

设计思路

打开“曲线文字”命令，输入相关文字，并进行相关的设置，标注曲线文字。

操作步骤

(1) 单击菜单中“文字表格”→“曲线文字”，命令行提示如下。

```
命令: QXWZ
A-直接写弧线文字/P-按已有曲线布置文字<A>:p
请选取文字的基线 <退出>:
输入文字:ABCDEFGHIJKLMNOPQRSTUVWXYZ
请键入模型空间字高 <500>: 3000
```

绘制结果如图 11-8 所示。

(2) 保存图形。将图形以“曲线文字.dwg”为文件名进行保存。命令行提示如下。

```
命令: SAVEAS↙
```

11.1.8　专业词库

采用“专业词库”命令可以输入或维护专业词库的内容，由用户扩充专业词库，提供一些常用的建筑专业词汇随时插入图中。词库还可在各种符号标注命令中调用，其中，作法标注命令可调用北方地区常用的《工程做法》(J909. G 120—2008)的主要内容。

1. 执行方式

命令行：ZYCK

菜单：“文字表格”→“专业词库”

单击菜单命令后，找开的对话框如图 11-9 所示。

2. 控件说明

词汇分类：在词库中按不同专业分类。

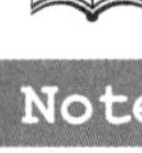

词汇列表：按专业词汇列表。

导入文件：将文本文件按行作为词汇，导入当前目录中。

输出文件：把当前类别中所有的词汇输出到一个文本文件中。

文字替换<：选择好目标文字，单击文字替换按钮，输入要替换成的目标文字。

修改索引：在文字编辑区修改打算插入的文字（回车可增加行数），单击此按钮后更新词汇列表中的词汇索引。

拾取文字<：把图上的文字拾取到编辑框中进行修改或替换。

入库：把编辑框内的文字添加到当前词汇列表中。

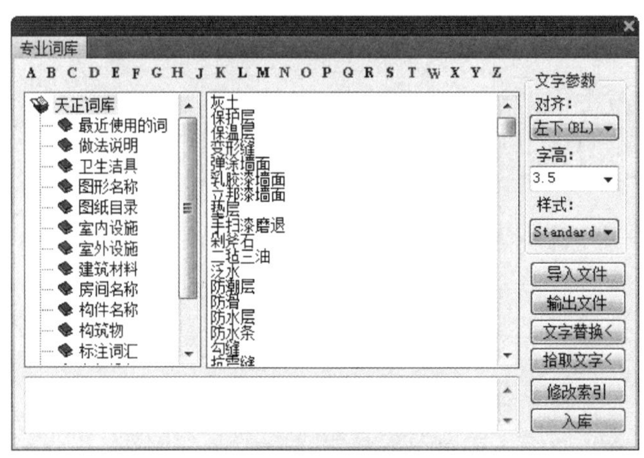

图 11-9 “专业词库”对话框

在编辑框内输入需要的文字内容后单击绘图区域，命令行提示如下。

请指定文字的插入点<退出>:将文字内容插入需要位置

11.1.9 上机练习——专业词库

练习目标

专业词库内容如图 11-10 所示。

饰面（由设计人定）
满刮2厚面层耐水腻子找平
满刷氯偏乳液（或乳化光油）防潮涂料两道，横纵向各刷一道（用防水石膏板时无此道工序）
9.5厚纸面石膏板，用自攻螺丝与龙骨固定，中距≤200
U型轻钢龙骨横撑CB60×27（或CB50×20）中距1200
U型轻钢龙骨CB60×27（或CB50×20）中距429
10号镀锌低碳钢丝（或Φ6钢筋）吊杆，中距横向≤800纵向429，吊杆上部与预留钢筋吊环固定
钢筋混凝土板内预留Φ10钢筋吊环（勾），中距横向≤800纵向429（预制混凝土板可在板缝内预留吊环）

图 11-10 专业词库图

设计思路

打开“专业词库”对话框，添加专业词库。

操作步骤

(1) 单击菜单中的“文字表格”→“专业词库”命令，打开的对话框如图 11-9 所示。在词汇分类中选择“顶棚屋面做法”，右侧词汇列表中选择“纸面石膏板吊顶 1”，在编辑框内显示要输入的文字，如图 11-11 所示。

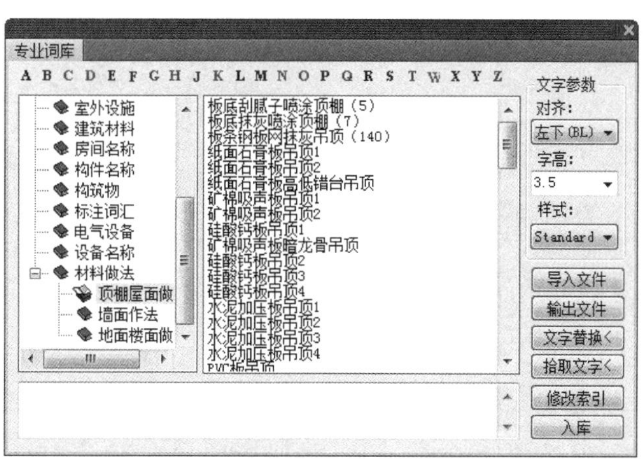

图 11-11 “专业词库”对话框

单击绘图区域，命令行提示如下。

```
请指定文字的插入点<退出>:将文字内容插入需要位置
```

绘制结果如图 11-10 所示。

(2) 保存图形。将图形以“专业词库.dwg”为文件名进行保存。命令行提示如下。

```
命令: SAVEAS↙
```

11.1.10 转角自纠

采用“转角自纠”命令可把不符合建筑制图标准的文字予以纠正。

执行方式如下。

命令行：ZJZJ

菜单：“文字表格”→“转角自纠”

单击菜单命令后，命令行提示如下。

```
请选择天正文字:选择需要调整的文字即可
```

11.1.11 上机练习——转角自纠

练习目标

转角自纠如图 11-12 所示。

设计思路

打开源文件中的"原文字"图形，如图 11-13 所示，选择"转角自纠"命令，进行转角自纠。

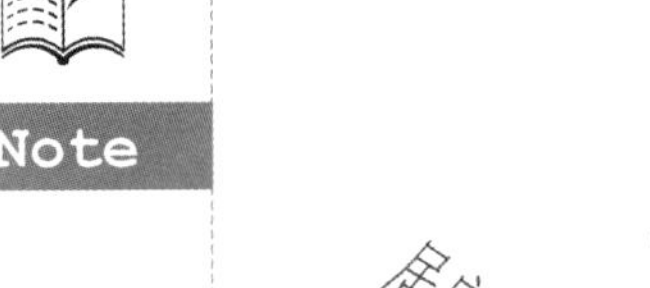

图 11-12　转角自纠

图 11-13　原文字

操作步骤

(1) 单击菜单中的"文字表格"→"转角自纠"命令，命令行提示如下。

```
请选择天正文字:选字体
请选择天正文字:选字体
请选择天正文字:选字体
```

绘制结果如图 11-12 所示。

(2) 保存图形。将图形以"转角自纠.dwg"为文件名进行保存。命令行提示如下。

```
命令: SAVEAS↙
```

11.1.12　文字合并

采用"文字合并"命令可把天正单行文字的段落合成一个天正多行文字。

执行方式如下。

命令行：WZHB

菜单："文字表格"→"文字合并"

单击菜单命令后，命令行提示如下。

```
命令: WZHB
请选择要合并的文字段落<退出>:框选天正单行文字的段落
请选择要合并的文字段落<退出>:
[合并为单行文字(D)]<合并为多行文字>:默认合并为多行文字,选 D 则合并为单行文字
移动到目标位置<替换原文字>:选取文字移动到的位置
```

生成符合要求的天正多行文字。

11.1.13　上机练习——文字合并

练习目标

文字合并如图 11-14 所示。

设计思路

打开源文件中的“原文字 1”图形，如图 11-15 所示，选择“文字合并”命令，进行文字合并。

1.目录
2.建筑平面图
3.建筑立面图
4.建筑剖面图
5.建筑详图

图 11-14 文字合并

1.目录
2.建筑平面图
3.建筑立面图
4.建筑剖面图
5.建筑详图

图 11-15 原文字 1

操作步骤

(1) 单击菜单中的“文字表格”→“文字合并”命令，命令行提示如下。

```
命令：WZHB
请选择要合并的文字段落<退出>:框选天正单行文字的段落
请选择要合并的文字段落<退出>:
[合并为单行文字(D)]<合并为多行文字>:
移动到目标位置<替换原文字>:选取文字移动到的位置
```

绘制结果如图 11-14 所示。

(2) 保存图形。将图形以“文字合并.dwg”为文件名进行保存。命令行提示如下。

```
命令：SAVEAS↙
```

11.1.14 统一字高

采用“统一字高”命令可把所选择的文字字高统一为给定的字高。

1. 执行方式

命令行：TYZG

菜单：“文字表格”→“统一字高”

2. 命令行

```
命令：TYZG
请选择要修改的文字(ACAD 文字,天正文字)<退出>指定对角点：框选需要统一字高的文字
请选择要修改的文字(ACAD 文字,天正文字)<退出>
字高() <3.5mm>统一后的文字字高
```

11.1.15 上机练习——统一字高

练习目标

统一字高如图 11-16 所示。

设计思路

Note

打开源文件中的"原文字2"图形，如图11-17所示，选择"统一字高"命令，进行字高的统一。

1.目录
2.建筑平面图
3.建筑立面图
4.建筑剖面图
5.建筑详图

图 11-16　统一字高

1.目录
2.建筑平面图
3.建筑立面图
4.建筑剖面图
5.建筑详图

图 11-17　原文字 2

操作步骤

(1) 单击菜单中的"文字表格"→"统一字高"命令，命令行提示如下。

```
命令：TYZG
请选择要修改的文字(ACAD文字,天正文字)<退出>指定对角点：框选需要统一字高的文字
请选择要修改的文字(ACAD文字,天正文字)<退出>
字高()<3.5mm>
```

绘制结果如图11-16所示。

(2) 保存图形。将图形以"统一字高.dwg"为文件名进行保存。命令行提示如下。

```
命令：SAVEAS↙
```

11.2　表格工具

表格是建筑绘图中的重要组成部分，通过表格可以层次清楚地表达大量的数据内容，表格可以独立绘制，也可以在门窗表和图纸目录中应用。

11.2.1　新建表格

采用"新建表格"命令可以绘制表格，并输入文字。

执行方式如下。

命令行：XJBG

菜单："文字表格"→"新建表格"

执行上述任意一种执行方式，打开的对话框如图11-18所示。

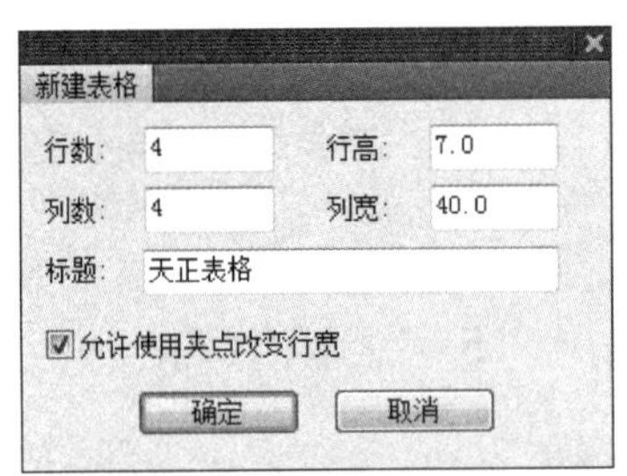

图 11-18　"新建表格"对话框

在其中输入需要的表格数据，单击"确定"按钮，命令行提示如下。

```
命令: XJBG
左上角点或 [参考点(R)]<退出>:选取表格左上角在图样中的位置
```

点取表格位置后，单击选中表格，双击需要输入的单元格，即可对编辑栏进行文字输入。

Note

11.2.2　上机练习——新建表格

练习目标

新建表格如图 11-19 所示。

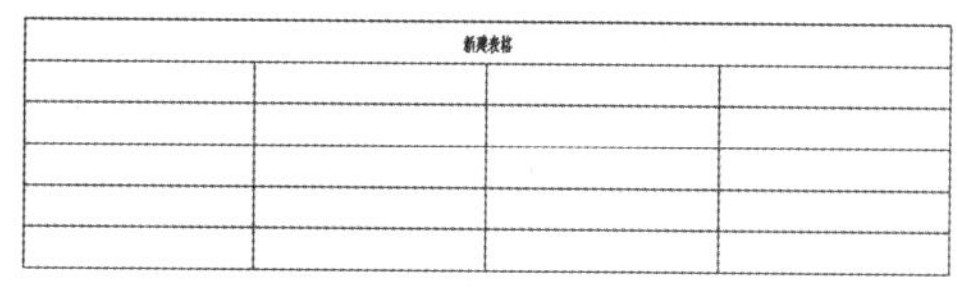

图 11-19　新建表格

设计思路

利用“新建表格”命令，设置相关的参数，新建表格。

操作步骤

(1) 单击菜单中的“文字表格”→“新建表格”命令，打开的对话框如图 11-20 所示，将行数设置为“5”，行高设置为“7.0”，列数设置为“4”，列宽设置为“40.0”，勾选“允许使用夹点改变行宽”选项，单击“确定”按钮，返回绘图区域，指定角点，绘制表格。

双击表格，打开“表格设定”对话框，在“文字参数”选项卡中，将“水平对齐”设置为“居中”，“垂直对齐”设置为“居中”，其他保持不变，如图 11-21 所示。在“标题”选项卡中，将“水平对齐”设置为“居中”，“垂直对齐”设置为“居中”，然后单击“确定”按钮(图 11-22)，命令行提示如下。

```
左上角点或 [参考点(R)]<退出>:选取表格左上角在图纸中的位置
```

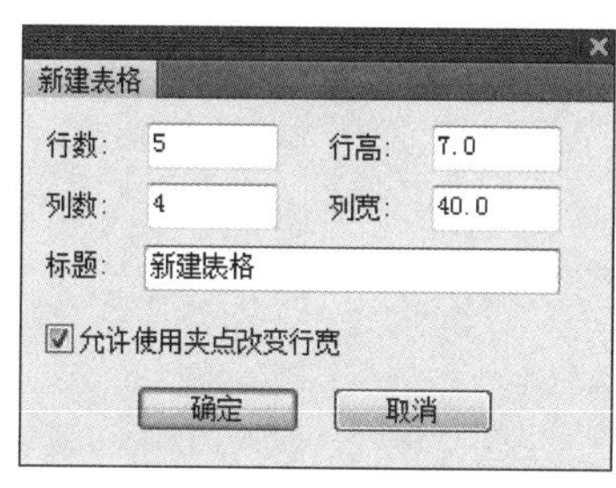

图 11-20　“新建表格”对话框

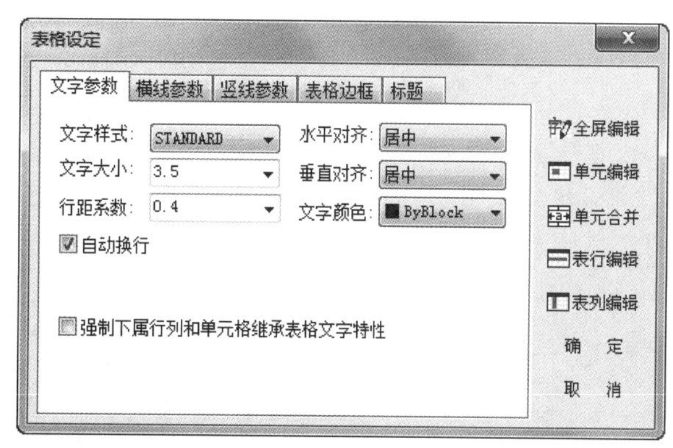

图 11-21　“文字参数”选项卡

Note

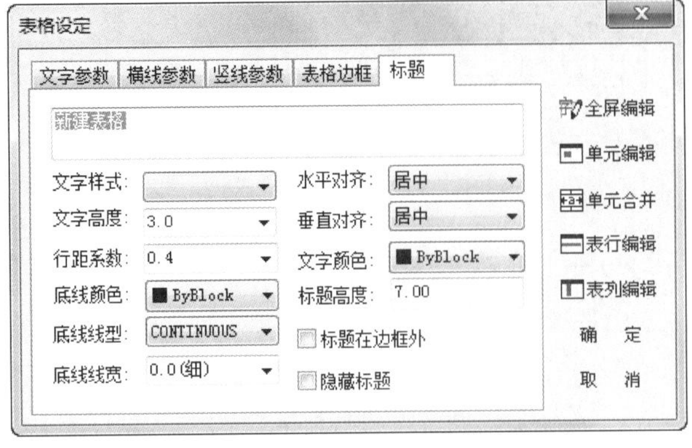

图 11-22 “标题”选项卡

通过以上步骤即可完成表格的创建，绘制结果如图 11-19 所示。

(2) 保存图形。将图形以“新建表格.dwg”为文件名进行保存。命令行提示如下。

```
命令: SAVEAS↙
```

11.2.3 全屏编辑

采用“全屏编辑”命令可以对表格内容进行全屏编辑。

1. 执行方式

命令行：QPBJ

菜单：“文字表格”→“表格编辑”→“全屏编辑”

2. 命令行

```
命令: QPBJ
选择表格:点选需要进行编辑的表格
```

打开“表格内容”对话框，如图 11-23 所示。

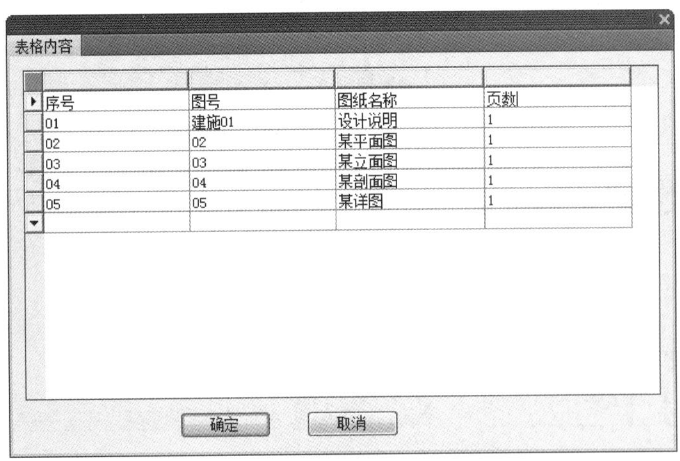
表格内容

序号	图号	图纸名称	页数
01	建施01	设计说明	1
02	02	某平面图	1
03	03	某立面图	1
04	04	某剖面图	1
05	05	某详图	1

确定　取消

图 11-23 “表格内容”对话框

此时，可在此对话框内填入需要编辑的文字内容，在对话框内表行右击进行表行操作。

11.2.4　上机练习——全屏编辑

练习目标

全屏编辑如图 11-24 所示。

新建表格			
序号	图号	图纸名称	页数
01	建施01	设计说明	1
02	02	某平面图	1
03	03	某立面图	1
04	04	某剖面图	1
05	05	某详图	1

图 11-24　全屏编辑

设计思路

打开源文件中的“新建表格”文件，利用“全屏编辑”命令，显示表格需要编辑的对话框，在其中输入内容。

操作步骤

(1) 单击菜单中的“文字表格”→“表格编辑”→“全屏编辑”命令，点选图中的表格，命令行提示如下。

```
命令: QPBJ
选择表格:点选表格
```

打开“表格内容”对话框，在其中输入编辑的内容，如图 11-23 所示，然后单击“确定”按钮，生成的表格如图 11-24 所示。

(2) 保存图形。将图形以“全屏编辑.dwg”为文件名进行保存。命令行提示如下。

```
命令: SAVEAS↙
```

11.2.5　拆分表格

采用“拆分表格”命令可以把表格分解为多个子表格，有行拆分和列拆分两种。

1. 执行方式

命令行：CFBG

菜单：“文字表格”→“表格编辑”→“拆分表格”

执行上述任意一种执行方式，打开的对话框如图 11-25 所示。

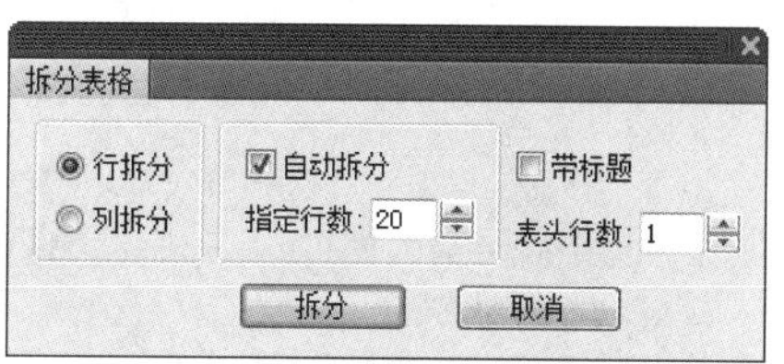

图 11-25　“拆分表格”对话框

在对话框中勾选“行拆分”，在中间框内选定“自动拆分”，“指定行数”输入“20”，在右侧勾选“带标题”，然后单击“拆分”按钮，命令行提示如下。

```
命令: CFBG
选择表格:单击需要拆分的表格
```

2. 控件说明

行拆分：对表格的行进行拆分。

列拆分：对表格的列进行拆分。

自动拆分：按指定行数自动进行拆分。

指定行数：对于新表格不算表头的行数，可通过上下箭头选择。

带标题：拆分后的表格是否带有原有标题。

表头行数：定义表头的行数，可通过上下箭头选择。

完成操作后，拆分后的新表格自动布置在原表格右边，原表格被拆分缩小。若在中间框内不选定“自动拆分”，则需要通过“交互拆分”方式进行拆分，命令行提示如下。

```
请点取要拆分的起始行<退出>:选择拆分新表格的起始行
请点取插入位置<返回>:插入新表格的位置
请点取要拆分的起始行<退出>:
```

11.2.6 上机练习——拆分表格

练习目标

拆分表格如图 11-26 所示。

设计思路

打开源文件中的“全屏编辑”文件，单击“拆分表格”命令，进行表格的拆分。

操作步骤

(1) 单击菜单中的“文字表格”→“表格编辑”→“拆分表格”命令，打开的对话框如图 11-25 所示。

(2) 在对话框中勾选“列拆分”，在中间框内勾选“自动拆分”，在“指定列数”中输入“2”，在右侧勾选“带标题”，单击“拆分”按钮，拆分结果如图 11-26 所示。命令行提示如下。

新建表格	
序号	图号
01	建施01
02	02
03	03
04	04
05	05

新建表格	
图纸名称	页数
设计说明	1
某平面图	1
某立面图	1
某剖面图	1
某详图	1

图 11-26　拆分表格

```
命令: CFBG
请点取要拆分的起始行<退出>:选表格中序号下的第 3 行
请点取插入位置<返回>:在图中选择新表格位置
请点取要拆分的起始行<退出>:
```

(3) 保存图形。将图形以“拆分表格.dwg”为文件名进行保存。命令行提示如下。

```
命令：SAVEAS↙
```

Note

11.2.7　合并表格

采用“合并表格”命令可以把多个表格合并为一个表格，默认按行合并，也可以改为按列合并。

1. 执行方式

命令行：HBBG

菜单：“文字表格”→“表格编辑”→“合并表格”

2. 命令行

```
命令：HBBG
选择第一个表格或 [列合并(C)]<退出>:选择位于表格首页的表格
选择下一个表格<退出>:选择连接的表格
选择下一个表格<退出>:
```

完成表格行数合并后，标题保留第一个表格的标题。

注意：如果被合并的表格有不同列数，最终表格的列数为最多的列数，各个表格合并后，多余的表头由用户自行删除，如图 11-27 所示。

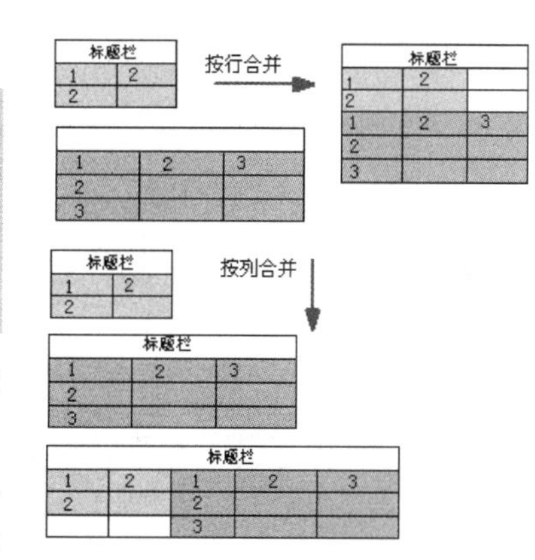

图 11-27　合并表格

11.2.8　上机练习——合并表格

练习目标

合并表格如图 11-28 所示。

新建表格			
序号	图号	图纸名称	页数
01	建施01	设计说明	1
02	02	某平面图	1
03	03	某立面图	1
04	04	某剖面图	1
05	05	某详图	1

图 11-28　合并表格

设计思路

打开源文件中的“拆分表格”图形，利用“合并表格”命令，进行表格的合并。

操作步骤

(1) 单击菜单中的“文字表格”→“表格编辑”→“合并表格”命令，将两个表格进行合并。命令行提示如下。

```
选择第一个表格或 [列合并(C)]<退出>:输入 C,转换为列合并
选择第一个表格或 [行合并(C)]<退出>:
选择下一个表格<退出>:选择上面的表格
选择下一个表格<退出>:选择下面的表格
```

完成表格列数合并,标题保留第一个表格的标题,结果如图 11-28 所示。

(2) 保存图形。将图形以"合并表格.dwg"为文件名进行保存。命令行提示如下。

```
命令: SAVEAS↙
```

11.2.9 增加表行

采用"增加表行"命令可以在指定表格行之前或之后增加一行。

1. 执行方式

命令行: ZJBH

菜单: "文字表格"→"表格编辑"→"增加表行"

2. 命令行

```
命令: ZJBH
请点取一表行以(在本行之前)插入新行或 [在本行之后插入(A)/复制当前行(S)]<退出>:在需要增加的表行上单击则在当前表行前增加一空行,也可输入 A 在表行后插入一空行,输入 S 复制当前行
请点取一表行以(在本行之前)插入新行或 [在本行之后插入(A)/复制当前行(S)]<退出>:
```

11.2.10 上机练习——增加表行

练习目标

增加表行如图 11-29 所示。

新建表格			
序号	图号	图纸名称	页数
01	建施01	设计说明	1
02	02	某平面图	1
03	03	某立面图	1
04	04	某剖面图	1
05	05	某详图	1

图 11-29 增加表行

设计思路

打开源文件中的"合并表格"图形,利用"增加表行"命令,增加表格行数。

操作步骤

(1) 打开原有表格(图 11-28),选择菜单栏中的"文字表格"→"表格编辑"→"增加

Note

表行”命令，命令行提示如下。

```
请点取一表行以(在本行之前)插入新行或 [在本行之后插入(A)/复制当前行(S)]<退出>:A
请点取一表行以(在本行之后)插入新行或 [在本行之前插入(A)/复制当前行(S)]<退出>:点选
序号 5 处
请点取一表行以(在本行之后)插入新行或 [在本行之前插入(A)/复制当前行(S)]<退出>:
```

绘制结果如图 11-29 所示。

(2) 保存图形。将图形以“增加表行.dwg”为文件名进行保存。命令行提示如下。

```
命令: SAVEAS↙
```

11.2.11 删除表行

采用“删除表行”命令可以以“行”为单位一次删除当前指定的行。

1. 执行方式

命令行：SCBH

菜单：“文字表格”→“表格编辑”→“删除表行”

2. 命令行

```
命令: SCBH
请点取要删除的表行<退出>选需要删除的表行
请点取要删除的表行<退出>
```

11.2.12 上机练习——删除表行

练习目标

删除表行如图 11-30 所示。

新建表格			
序号	图号	图纸名称	页数
01	建施01	设计说明	1
02	02	某平面图	1
03	03	某立面图	1
04	04	某剖面图	1
05	05	某详图	1

图 11-30 删除表行

设计思路

打开源文件中的“增加表行”图形，利用“删除表行”命令，进行表格行数的删除。

操作步骤

(1) 单击菜单中的“文字表格”→“表格编辑”→“删除表行”命令，选择最后一行，进行删除操作。命令行提示如下。

```
命令: SCBH
请点取要删除的表行<退出>点取最后一行
请点取要删除的表行<退出>
```

Note

结果如图 11-30 所示。

(2) 保存图形。将图形以"删除表行.dwg"为文件名进行保存。命令行提示如下。

```
命令: SAVEAS↙
```

11.2.13 转出 Word

采用"转出 Word"命令可以把天正表格输出到 Word 新表单中,或者更新到当前表单的选中区域。

1. 执行方式

菜单:"文字表格"→"转出 Word"

2. 命令行

```
请点取表格对象<退出>: 选择一个表格对象
```

此时系统自动启动 Word,并创建一个新的 Word 文档,把所选定的表格内容输入该文档中。

11.2.14 上机练习——转出 Word

练习目标

转出 Word 如图 11-31 所示。

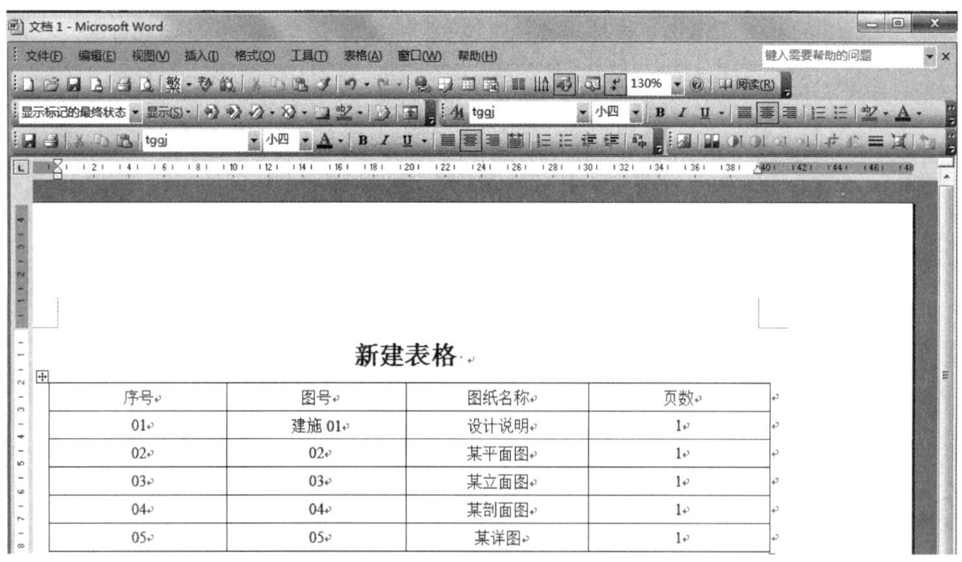

图 11-31 转出 Word

设计思路

打开源文件中的“合并表格”图形，利用“转出 Word”命令，将表格转到一个 Excel 表格。

操作步骤

(1) 单击菜单中“文字表格”→“转出 Word”命令，选择打开的表格，将其转出到一个 Excel 表，结果如图 11-31 所示。命令行提示如下。

```
命令: Sheet2Word
请选择表格<退出>: 选择表格
```

(2) 保存图形。将图形以“转出 Word”为文件名进行保存。命令行提示如下。

```
命令: SAVEAS ↙
```

11.2.15 转出 Excel

采用“转出 Excel”命令可以把天正表格输出到 Excel 新表单中，或者更新到当前表单的选中区域。

执行方式如下。

菜单：“文字表格”→“单行文字”

单击菜单命令后，命令行提示如下。

```
宏名称(M): Sheet2excel
Select an object: 选中一个表格对象
```

此时系统自动打开一个 Excel，并将表格内容输入到 Excel 表格中。

11.3 表格单元编辑

表格绘制完成之后，有时候需要对绘制的表格进行修改编辑，利用表格编辑和单元编辑中的相关命令即可以对对象进行编辑。

11.3.1 表列编辑

采用“表列编辑”命令可以编辑表格的一列或多列。

1. 执行方式

命令行：BLBJ

菜单：“文字表格”→“表格编辑”→“表列编辑”

2. 命令行

```
命令: BLBJ
请点取一表列以编辑属性或 [多列属性(M)/插入列(A)/加末列(T)/删除列(E)/交换列(X)]<退出>:鼠标放在灰色的表格处单击
```

Note

单击相应的表格，打开的“列设定”对话框如图 11-32 所示。在对话框中选择需要的列设定参数，然后单击“确定”按钮完成操作，此时鼠标移动到的表列显示为灰色，依此类推，直到单击“确定”按钮完成操作。

图 11-32 “列设定”对话框

11.3.2 上机练习——表列编辑

练习目标

表列编辑如图 11-33 所示。

新建表格			
序号	图号	图纸名称	页数
01	建施01	设计说明	1
02	02	某平面图	1
03	03	某立面图	1
04	04	某剖面图	1
05	05	某详图	1

图 11-33 表列编辑

设计思路

打开源文件中的“合并表格”图形，利用“表列编辑”命令，将文字进行居中编辑。

操作步骤

(1) 单击菜单中的“文字表格”→“表格编辑”→“表列编辑”命令，命令行提示如下。

```
命令: BLBJ
请点取一表列以编辑属性或 [多列属性(M)/插入列(A)/加末列(T)/删除列(E)/交换列(X)]<退出>:在第一列中单击
```

显示的对话框如图 11-32 所示。单击“水平对齐”，选择“居中”，然后单击“确定”按钮完成操作，绘制结果如图 11-33 所示。

(2) 保存图形。将图形以“表列编辑.dwg”为文件名进行保存。命令行提示如下。

```
命令: SAVEAS↙
```

11.3.3　表行编辑

采用“表行编辑”命令可以编辑表格的一行或多行。

1. 执行方式

命令行：BHBJ

菜单：“文字表格”→“表格编辑”→“表行编辑”

2. 命令行

```
命令：BHBJ
请点取一表行以编辑属性或[多行属性(M)/增加行(A)/末尾加行(T)/删除行(E)/复制行(C)/交换行(X)]<退出>:鼠标放在灰色的表格处单击
```

在相应的表格处单击，打开的对话框如图11-34所示。在对话框中选择需要设定的行参数，单击“确定”按钮完成操作，此时鼠标移动到的表列将显示为灰色，依此类推，直到单击“确定”按钮完成操作。

11.3.4　单元编辑

采用“单元编辑”命令可以编辑表格单元格，双击要编辑的单元即可修改属性或文字。

1. 执行方式

命令行：DYBJ

菜单：“文字表格”→“单元编辑”→“单元格编辑”

2. 命令行

```
命令：DYBJ
请点取一单元格进行编辑或[多格属性(M)/单元分解(X)]<退出>:选择需要编辑的单元格
请点取确定多格的第二点以编辑属性<退出>:
请点取要分解的单元格或[单格编辑(S)/多格属性(M)]<退出>:
```

此时，显示的“单元格编辑”对话框如图11-35所示。

图11-34　“行设定”对话框

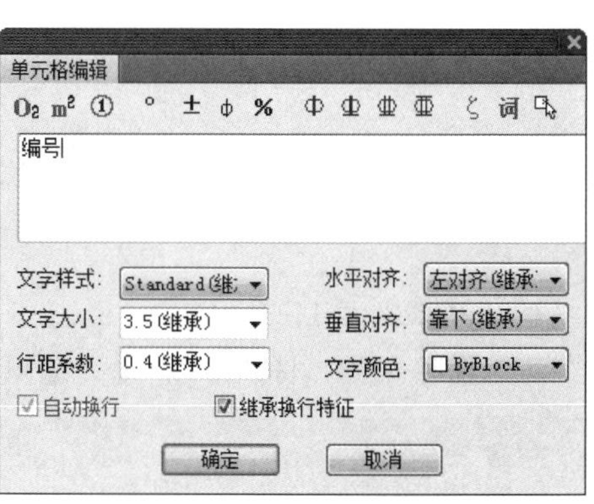

图11-35　“单元格编辑”对话框

在对话框中选择需要设定的行参数，单击“确定”按钮完成操作，此时鼠标移动到的表列将显示为灰色，依此类推，直到单击“确定”按钮完成操作。

Note

11.3.5 上机练习——单元编辑

练习目标

单元编辑如图 11-36 所示。

新建表格			
序号	图号	图纸名称	数量
01	建施01	设计说明	1
02	02	某平面图	1
03	03	某立面图	1
04	04	某剖面图	1
05	05	某详图	1

图 11-36　单元编辑

设计思路

打开源文件中的“合并表格”图形，利用“单元编辑”命令，将“页数”更改为“数量”。

操作步骤

(1) 单击菜单中的“文字表格”→“单元编辑”→“单元格编辑”命令，打开“单元格编辑”对话框，如图 11-37 所示，将“页数”更改为“数量”，命令行提示如下。

```
命令: DYBJ
请点取一单元格进行编辑或 [多格属性(M)/单元分解(X)]<退出>:选择序号单元格
```

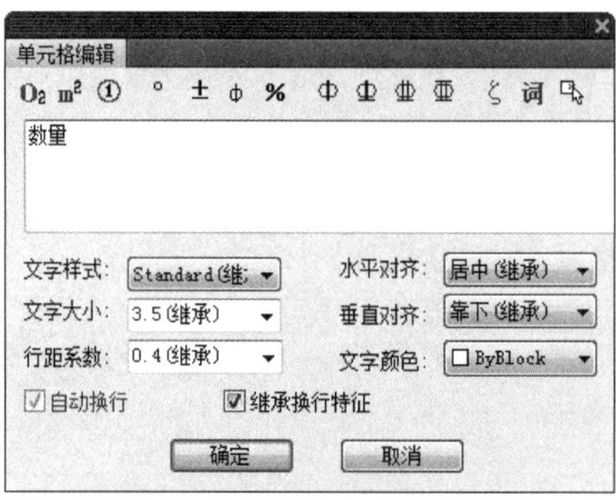

图 11-37　“单元格编辑”对话框

绘制结果如图 11-36 所示。

(2) 保存图形。将图形以“单元编辑.dwg”为文件名进行保存。命令行提示如下。

```
命令: SAVEAS↙
```

11.3.6 单元递增

采用“单元递增”命令可以复制单元文字内容,并同时将单元内容的某一项递增或递减,同时按“Shift 键”为直接复制,按“Ctrl 键”为递减。

执行方式如下。

命令行:DYDZ

菜单:“文字表格”→“单元编辑”→“单元递增”

单击菜单命令后,命令行提示如下。

```
命令: DYDZ
点取第一个单元格<退出>:选取第一需要递增项
点取最后一个单元格<退出>:选取最后的递增项
```

11.3.7 上机练习——单元递增

练习目标

单元递增如图 11-38 所示。

新建表格			
序号	图号	图纸名称	数量
序号	建施01	设计说明	1
序号	02	某平面图	1
序号	03	某立面图	1
序号	04	某剖面图	1
序号	05	某详图	1

图 11-38 单元递增

设计思路

打开源文件中的“单元编辑”图形,利用“单元递增”命令,将“序号”文字进行单元递增。

操作步骤

(1) 单击菜单中的“文字表格”→“表格编辑”→“单元递增”命令,将“序号”文字进行单元递增,绘制结果如图 11-38 所示。

命令行提示如下。

```
命令: DYDZ
点取第一个单元格<退出>:选取最上面的单元格
点取最后一个单元格<退出>:选取最下面的单元格
```

(2) 保存图形。将图形以“单元递增.dwg”为文件名进行保存。命令行提示如下。

```
命令: SAVEAS↙
```

11.3.8 单元复制

采用“单元复制”命令可以复制表格中某一单元内容或者图块、文字对象至目标表格单元。

执行方式如下。

命令行：DYFZ

菜单：“文字表格”→“单元编辑”→“单元复制”

单击菜单命令后，命令行提示如下。

```
命令：DYFZ
点取拷贝源单元格或［选取文字(A)/选取图块(B)]<退出>:选取要复制的单元格
点取粘贴至单元格(按 Ctrl 键重新选择复制源)[选取文字(A)/选取图块(B)]<退出>:选取粘贴到的单元格
点取粘贴至单元格(按 Ctrl 键重新选择复制源)[选取文字(A)/选取图块(B)]<退出>:
```

11.3.9 单元合并

采用“单元合并”命令可以合并表格的单元格。

1. 执行方式

命令行：DYHB

菜单：“文字表格”→“单元编辑”→“单元合并”

2. 命令行

```
命令：DYHB
点取第一个角点:框选要合并的单元格
点取另一个角点:选取另一点完成操作
```

11.3.10 上机练习——单元合并

练习目标

单元合并如图 11-39 所示。

设计思路

打开源文件中的“原有表格”图形，如图 11-40 所示，利用“单元合并”命令，进行表格单元合并。

新建表格			
编号	内容		

图 11-39 单元合并

新建表格			
编号	内容		

图 11-40 原有表格

 操作步骤

(1) 单击菜单中的"文字表格"→"单元编辑"→"单元合并"命令，将表格进行合并，合并后的文字居中，绘制结果如图 11-39 所示。

命令行提示如下。

```
点取第一个角点:点选"编号"单元格
点取另一个角点:点下面的第 4 个单元格
```

(2) 保存图形。将图形以"单元合并.dwg"为文件名进行保存。命令行提示如下。

```
命令: SAVEAS↙
```

11.3.11　撤销合并

采用"撤销合并"命令可以撤销已经合并的单元格。

1. 执行方式

命令行：CXHB

菜单："文字表格"→"单元编辑"→"撤销合并"

2. 命令行

```
命令: CXHB
点取已经合并的单元格<退出>:点取需要撤销合并的单元格,同时恢复原有单元的组成结构
```

11.3.12　上机练习——撤销合并

 练习目标

撤销合并如图 11-41 所示。

新建表格			
编号	内容		
编号			
编号			
编号			
编号			

图 11-41　撤销合并

 设计思路

打开源文件中的"单元合并"图形，利用"撤销合并"命令，进行表格单元的撤销。

 操作步骤

(1) 单击菜单中的"文字表格"→"单元编辑"→"撤销合并"命令，撤销需要合并的单元格，绘制结果如图 11-41 所示。

命令行提示如下。

```
命令: CXHB
点取已经合并的单元格<退出>:点取需要撤销合并的单元格
```

Note

(2) 保存图形。将图形以“撤销合并.dwg”为文件名进行保存。命令行提示如下。

```
命令: SAVEAS↙
```

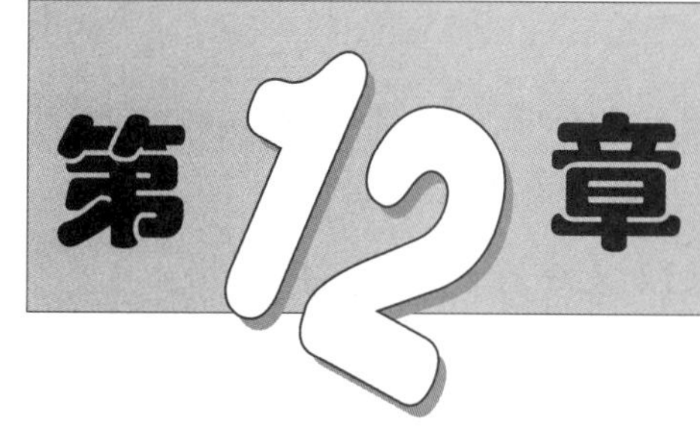

第12章 尺寸标注

尺寸标注是绘图设计过程当中相当重要的一个环节。因为图形的主要作用是表达物体的形状，而物体各部分的真实大小和各部分之间的确切位置只能通过尺寸标注来表达。因此，没有正确的尺寸标注，绘制出的图纸对于加工制造就没有意义。

本章介绍有关实体的门窗、墙厚、内门的标注，标注方法的两点、快速、逐点的标注，以及有关弧度的半径、直径、角度、弧长等的标注。还包括有关尺寸标注的各种尺寸编辑命令。

学习要点

- 尺寸标注的创建
- 尺寸标注的编辑

Note

12.1 尺寸标注的创建

尺寸标注是建筑绘图中的重要组成部分，通过尺寸标注可以对图上的门窗、墙体等进行直线、角度、弧长标注等。

12.1.1 门窗标注

采用“门窗标注”命令可以标注门窗的定位尺寸。

执行方式如下。

命令行：MCBZ

菜单：“尺寸标注”→“门窗标注”

单击菜单命令后，命令行提示如下。

```
命令：MCBZ
请用线选第一、二道尺寸线及墙体
起点<退出>：在第一道尺寸线外面不远处取一个点 P1
终点<退出>：在外墙内侧取一个点 P2，系统自动给定位置来绘制该段墙体的门窗标注
选择其他墙体：添加被内墙断开的其他要标注墙体，回车结束命令
```

12.1.2 上机练习——门窗标注

练习目标

门窗标注如图 12-1 所示。

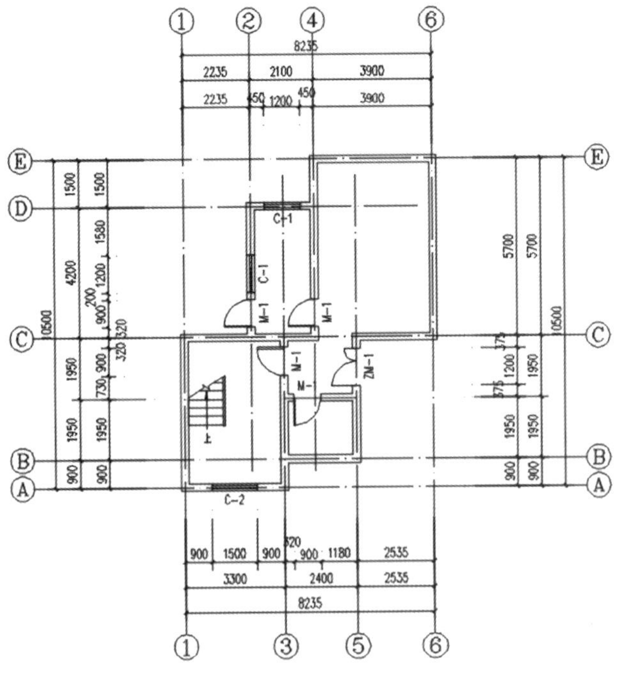

图 12-1　门窗标注

设计思路

打开源文件中的“双跑楼梯”图形，利用“门窗标注”命令，标注门窗尺寸。

操作步骤

（1）单击菜单中的“尺寸标注”→“门窗标注”命令，标注 C-2 的尺寸，如图 12-2 所示。命令行提示如下。

```
命令：MCBZ
请用线选第一、二道尺寸线及墙体!
起点<退出>:选择 C－2 处的墙体
终点<退出>:选择 C－2 处的墙体
选择其他墙体：
```

（2）单击菜单中的“尺寸标注”→“门窗标注”命令，标注 M-1 的尺寸，如图 12-3 所示。命令行提示如下。

```
命令：MCBZ
请用线选第一、二道尺寸线及墙体!
起点<退出>:选择 M－1 处的墙体
终点<退出>:选择 M－1 处的墙体
选择其他墙体：
```

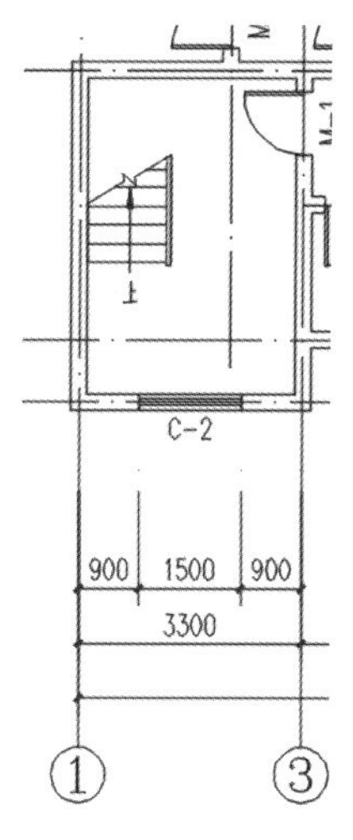

图 12-2 C-2 标注

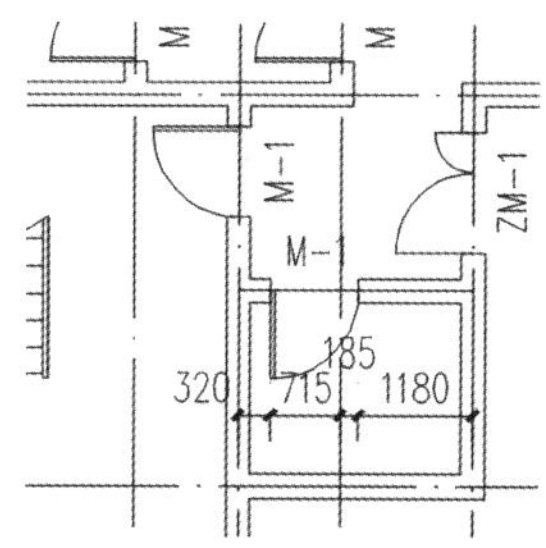

图 12-3 M-1 标注

（3）单击菜单中的“尺寸标注”→“尺寸编辑”→“合并区间”命令（此命令会在以后详细讲述），框选中间的尺寸进行合并，结果如图 12-4 所示。

（4）调整标注尺寸的位置，结果如图 12-5 所示。

（5）采用相同的方法标注其余的尺寸，结果如图 12-1 所示。

（6）保存图形。将图形以“门窗标注.dwg”为文件名进行保存。命令行提示如下。

```
命令：SAVEAS↙
```

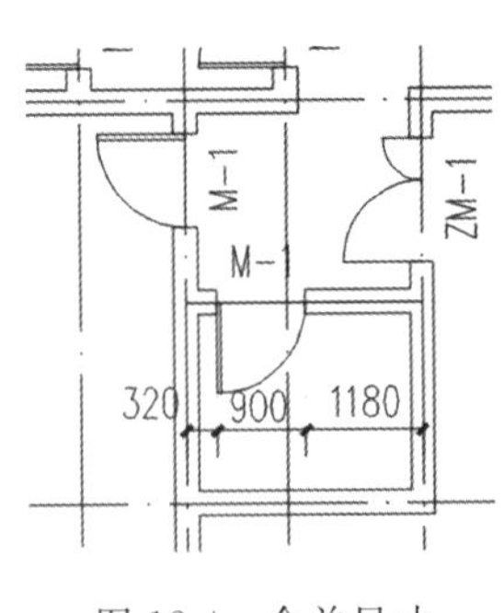

图 12-4　合并尺寸

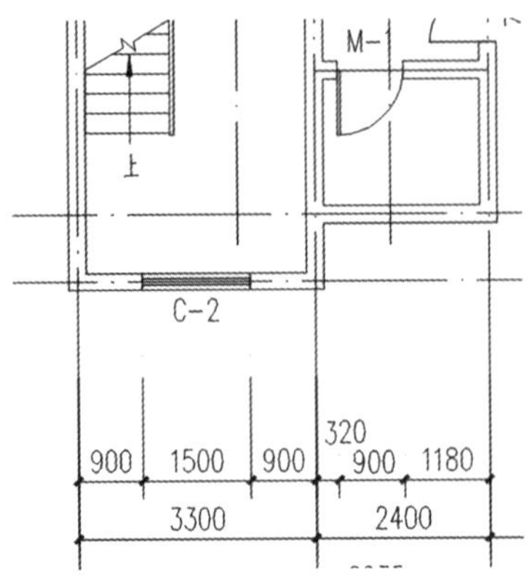

图 12-5　调整尺寸

12.1.3　墙厚标注

采用"墙厚标注"命令可以对两点连线穿越的墙体进行墙厚标注，在墙体内有轴线存在时，标注以轴线划分为左、右墙宽；当墙体内没有轴线存在时，可标注墙体的总宽。

1. 执行方式

命令行：QHBZ

菜单："尺寸标注"→"墙厚标注"

2. 命令行

```
命令：QHBZ
直线第一点<退出>:单击直线选取的起始点
直线第二点<退出>:单击直线选取的终点
```

墙厚标注的实例如图 12-6 所示。

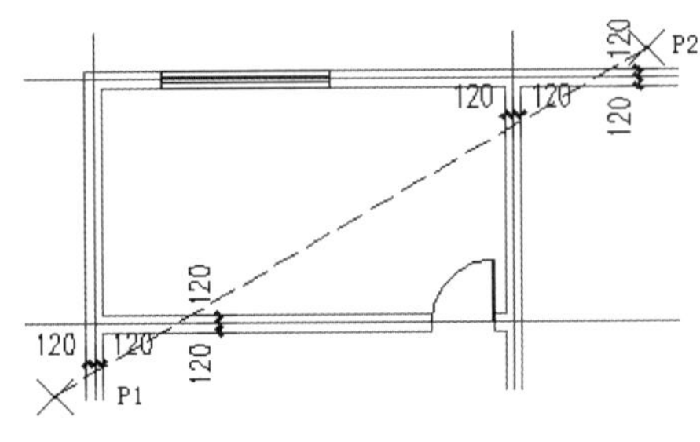

图 12-6　墙厚标注实例图

12.1.4　上机练习——墙厚标注

练习目标

墙厚标注如图 12-7 所示。

设计思路

打开源文件中的"门窗标注"图形，利用"墙厚标注"命令，标注墙厚尺寸。

操作步骤

(1) 单击菜单中的"尺寸标注"→"墙厚标注"命令，通过直线选取经过墙体的墙厚尺寸，如图 12-8 所示。命令行提示如下。

```
命令：QHBZ
直线第一点<退出>:单击直线选取的起始点
直线第二点<退出>:单击直线选取的终点
```

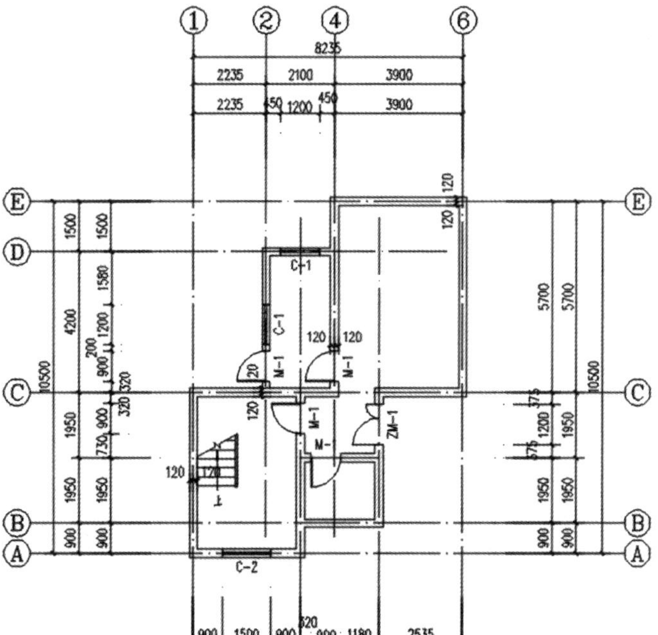

图 12-7　墙厚标注

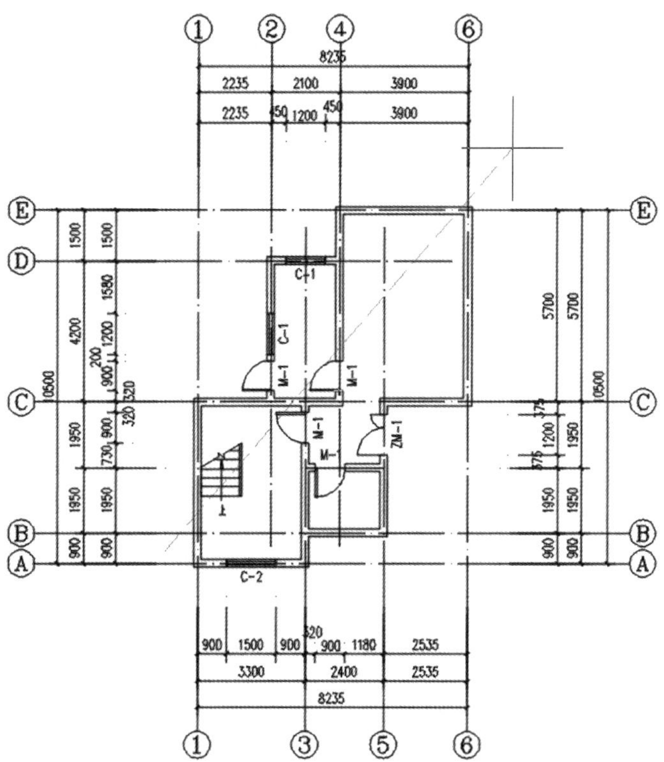

图 12-8　选取墙厚尺寸

(2) 保存图形。将图形以"墙厚标注.dwg"为文件名进行保存。命令行提示如下。

```
命令: SAVEAS ↙
```

Note

12.1.5 内门标注

采用"内门标注"命令可以标注内墙门窗尺寸以及门窗与最近的轴线或墙边的关系。

1. 执行方式

命令行：NMBZ

菜单："尺寸标注"→"内门标注"

2. 命令行

```
命令: NMBZ
标注方式: 轴线定位. 请用线选门窗,并且第二点作为尺寸线位置
起点或 [垛宽定位(A)]<退出>:在标注门窗一侧起点或者选 A 改变垛宽定位
终点<退出>:选标注门窗的另一侧点为定位终点
```

12.1.6 两点标注

采用"两点标注"命令可以对两点连线穿越的墙体轴线等对象已经相关的其他对象进行定位标注。

1. 执行方式

命令行：LDBZ

菜单："尺寸标注"→"两点标注"

2. 命令行

```
命令: LDBZ
选择起点[当前: 墙面标注/墙中标注(C)]<退出>:选取标注尺寸线一端或选 C 进入墙中标注
选择终点<退出>:选取标注尺寸线另一端
选择标注位置点:这里可以选择墙体外适当一点
选择终点或增删轴线、墙、门窗、柱子:选取墙段上其他需要标注的进行标注
```

12.1.7 上机练习——两点标注

练习目标

两点标注如图 12-9 所示。

设计思路

打开源文件中的"双跑楼梯"图形，利用"两点标注"命令，标注两点尺寸。

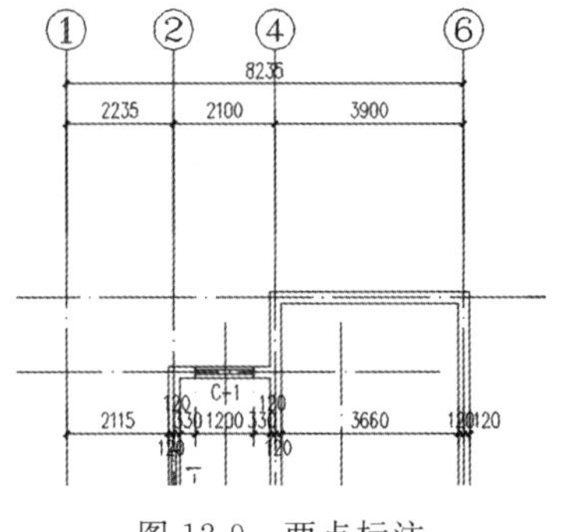

图 12-9 两点标注

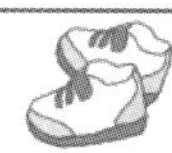

操作步骤

Note

(1) 单击菜单中的“尺寸标注”→“两点标注”命令，选择两点标注尺寸，结果如图 12-6 所示。

命令行提示如下。

```
命令: LDBZ
选择起点[当前: 墙面标注/墙中标注(C)]<退出>:
选择终点<退出>:
选择标注位置点:这里可以选择墙体下侧适当一点
```

(2) 保存图形。将图形以“两点标注.dwg”为文件名进行保存。命令行提示如下。

```
命令: SAVEAS↙
```

12.1.8 平行标注

“平行标注”命令用于平面平行轴线以及其他平行对象之间的间距尺寸标注。

执行方式如下。

命令行：PXBZ

菜单：“尺寸标注”→“平行标注”

单击菜单命令后，命令行提示如下。

```
命令: PXBZ
请选择起点或[设置图层过滤(S)]<退出>: 在需要标注的轴线一侧点取起点或者键入 S 来设置图层过滤
选择终点<退出>:在标注对象的另一侧点取终点,程序自动生成标注
请点取尺寸线位置<退出>:单击尺寸线位置,命令完成; 或者右键回车或空格结束命令
```

平行标注实例如图 12-10 所示。

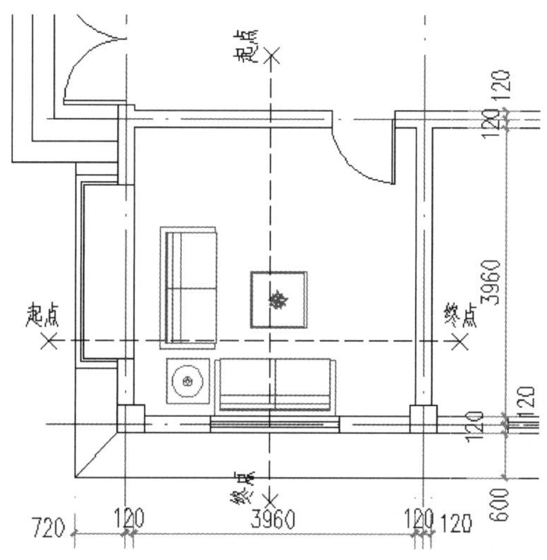

图 12-10 平行标注

Note

12.1.9 双线标注

“双线标注”为两点标注的衍生命令，可用于标注附近有关系的轴线、墙线、门窗、柱子等构件标注尺寸及外包尺寸，并可标注各墙中点，或者添加其他标注点，热键“U”可撤销上一个标注点。

1. 执行方式

命令行：SXBZ

菜单：“尺寸标注”→“双线标注”

2. 命令行

```
命令：SXBZ
选择起点(当前墙面标注)或 [墙中标注(C)]<退出>：在标注尺寸线一端点取起始点或键入 C 进入墙中标注，提示相同
选择终点<退出>：在标注尺寸线另一端点取结束点
选择标注位置点：通过光标移动的位置，程序自动搜索离尺寸段最近的墙体上的门窗和柱子对象，靠近哪侧的墙体，该侧墙上的门窗，柱子对象的尺寸线会被预览出来
选择终点或门窗柱子：可继续选择门窗柱子标注，回车结束选择
```

双线标注的实例如图 12-11 所示。

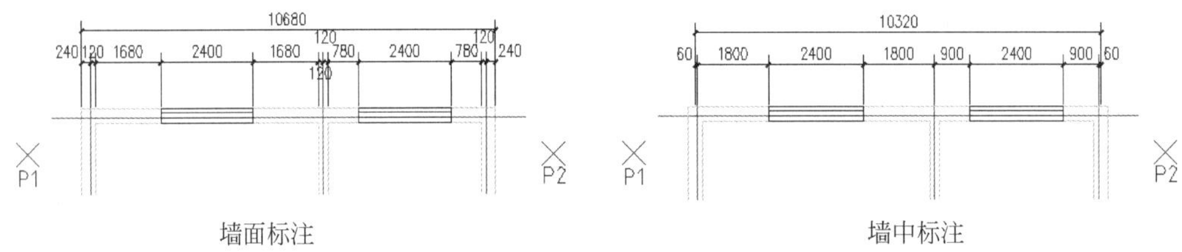

图 12-11　双线标注

12.1.10 上机练习——双线标注

练习目标

双线标注如图 12-12 所示。

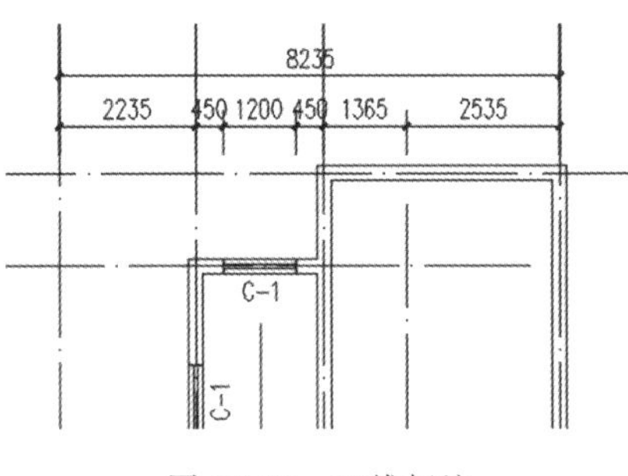

图 12-12　双线标注

设计思路

打开源文件中的“双跑楼梯”图形，利用“双线标注”命令，标注上侧尺寸。

操作步骤

（1）单击菜单中的“尺寸标注”→“双线标注”命令，选择上侧的墙体，标注上侧的细部尺寸和总尺寸，命令行提示如下。

```
命令：SXBZ
选择需要尺寸标注的墙[带柱子(Y)]<退出>:
选择需要尺寸标注的墙[带柱子(Y)]<退出>:
```

绘制结果如图 12-12 所示。

(2) 保存图形。将图形以“双线标注.dwg”为文件名进行保存。命令行提示如下。

```
命令: SAVEAS↙
```

12.1.11　快速标注

采用“快速标注”命令可以快速识别图形外轮廓或者基线点,沿着对象的长、宽方向标注对象的几何特征尺寸。

执行方式如下。

命令行: KSBZ

菜单:“尺寸标注”→“快速标注”

单击菜单命令后,命令行提示如下。

```
命令: KSBZ
请选择需要尺寸标注的墙[带柱子(Y)]<退出>: 选取要标注的对象
请选择需要尺寸标注的墙[带柱子(Y)]<退出>:
```

12.1.12　上机练习——快速标注

练习目标

快速标注如图 12-13 所示。

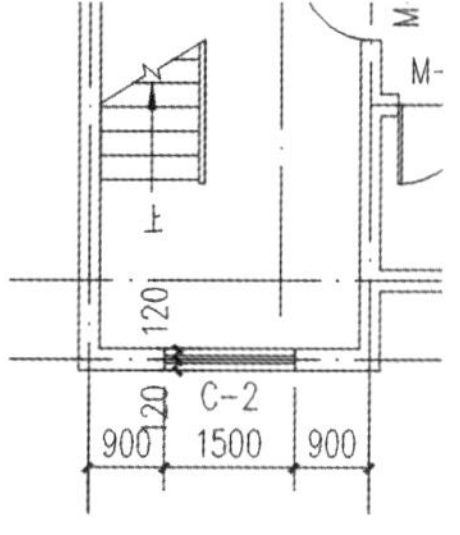

图 12-13　快速标注

设计思路

打开源文件中的“双跑楼梯”图形,利用“快速标注”命令,快速标注尺寸。

操作步骤

(1) 单击菜单中的“尺寸标注”→“快速标注”命令,标注尺寸。命令行提示如下。

```
命令: KSBZ
选择需要尺寸标注的墙[带柱子(Y)]<退出>: 选择墙体
选择需要尺寸标注的墙[带柱子(Y)]<退出>:
```

绘制结果如图 12-13 所示。

(2) 保存图形。将图形以“快速标注.dwg”为文件名进行保存。命令行提示如下。

```
命令: SAVEAS↙
```

12.1.13　自由标注

采用“自由标注”命令可以快速完成图形的标注,框选需要标注的图形,就可以完成对框选部分的所有标注。

执行方式如下。

命令行：ZYBZ

菜单："尺寸标注"→"自由标注"

单击菜单命令后，命令行提示如下。

```
命令：ZYBZ
选择要标注的几何图形：
指定尺寸线位置(当前标注方式:连续加整体)或 [整体(T)/连续(C)/连续加整体(A)]<退出>:
```

12.1.14　楼梯标注

采用"楼梯标注"命令可以为天正图形中的楼梯图形直接添加标注。

执行方式如下。

命令行：LTBZ

菜单："尺寸标注"→"楼梯标注"

单击菜单命令后，命令行提示如下。

```
命令：LTBZ
请点取待标注的楼梯(注：双跑、双分平行、交叉、剪刀楼梯点取其不同位置可标注不同尺寸)<退出>:
请点取尺寸线位置<退出>:
```

12.1.15　上机练习——楼梯标注

练习目标

楼梯标注如图 12-14 所示。

设计思路

打开源文件中的"墙体图"图形，如图 12-15 所示，利用"楼梯标注"命令，标注楼梯尺寸。

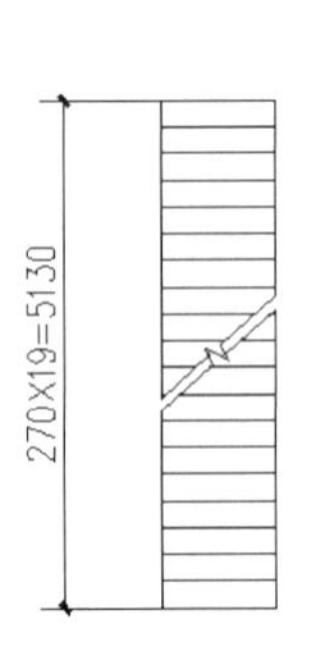

图 12-14　楼梯标注

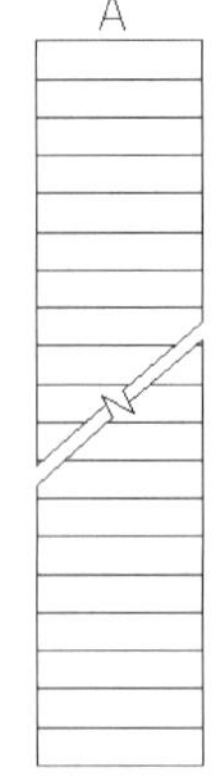

图 12-15　墙体图

Note

操作步骤

(1) 单击菜单中的"尺寸标注"→"楼梯标注"命令，标注楼梯的尺寸，命令行提示如下。

```
命令: LTBZ
请点取待标注的楼梯(注: 双跑、双分平行、交叉、剪刀楼梯点取其不同位置可标注不同尺寸)<退出>:点选 A 点
请点取尺寸线位置<退出>:选择楼梯左侧
请输入其他标注点或 [参考点(R)]<退出>:
```

绘制结果如图 12-14 所示。

(2) 保存图形。将图形以"楼梯标注.dwg"为文件名进行保存。命令行提示如下。

```
命令: SAVEAS↙
```

12.1.16　逐点标注

采用"逐点标注"命令可以单击各标注点，沿给定的一个直线方向标注连续尺寸。

1. 执行方式

命令行：ZDBZ

菜单："尺寸标注"→"逐点标注"

2. 命令行

```
命令: ZDBZ
起点或 [参考点(R)]<退出>:选取第一个标注的起点
第二点<退出>:选取第一个标注的终点
请点取尺寸线位置或 [更正尺寸线方向(D)]<退出>:单击尺寸线位置
请输入其他标注点或 [撤销上一标注点(U)]<结束>:选择下一个标注点
请输入其他标注点或 [撤销上一标注点(U)]<结束>:继续选点，回车结束
```

12.1.17　上机练习——逐点标注

练习目标

逐点标注，如图 12-16 所示。

设计思路

打开源文件中的"双跑楼梯"图形，利用"逐点标注"命令，标注①～③轴下侧的细部尺寸。

图 12-16　逐点标注

操作步骤

(1) 单击菜单中的"尺寸标注"→"逐点标注"命令，标注①～③轴下侧的细部尺寸。命令行提示如下。

```
命令: ZDBZ
起点或 [参考点(R)]<退出>:选择墙体
第二点<退出>:选择墙体
请点取尺寸线位置或 [更正尺寸线方向(D)]<退出>:
请输入其他标注点或 [撤销上一标注点(U)]<结束>:
```

Note

完成标注后,绘制结果如图 12-16 所示。

(2) 保存图形。将图形以“逐点标注.dwg”为文件名进行保存。命令行提示如下。

```
命令: SAVEAS↙
```

12.1.18 半径标注

采用“半径标注”命令可以对弧墙或弧线进行半径标注。

执行方式如下。

命令行:BJBZ

菜单:“尺寸标注”→“半径标注”

单击菜单命令后,命令行提示如下。

```
命令: BJBZ
请选择待标注的圆弧<退出>:选取需要进行半径标注的弧线或弧墙
```

12.1.19 上机练习——半径标注

练习目标

半径标注如图 12-17 所示。

设计思路

打开源文件中的“墙体图”,如图 12-18 所示,利用“半径标注”命令进行标注。

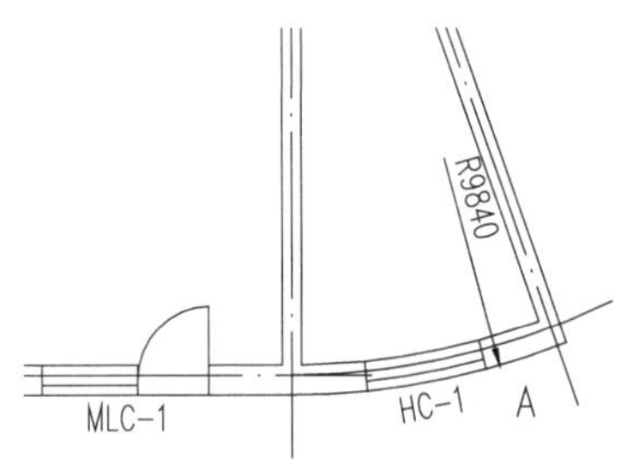

图 12-17　半径标注

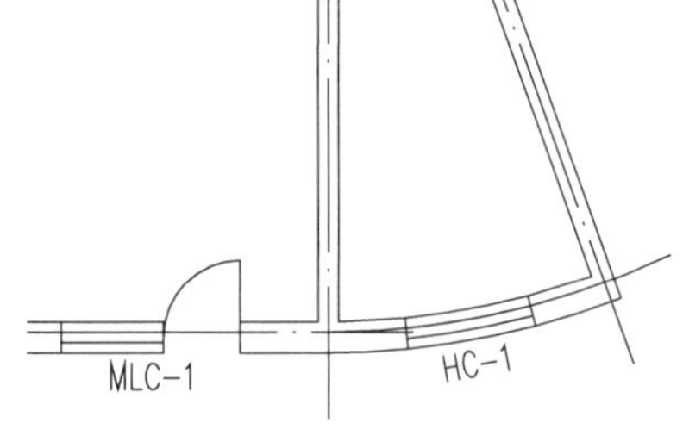

图 12-18　墙体图

操作步骤

(1) 单击菜单中的“尺寸标注”→“半径标注”命令,选择圆弧进行标注,命令行提示如下。

```
请选择待标注的圆弧<退出>:选 A
```

完成标注后，绘制结果如图 12-17 所示。

(2) 保存图形。将图形以"半径标注.dwg"为文件名进行保存。命令行提示如下。

```
命令: SAVEAS↙
```

12.1.20　直径标注

采用"直径标注"命令可以对圆进行直径标注。

执行方式如下。

命令行：ZJBZ

菜单："尺寸标注"→"直径标注"

单击菜单命令后，命令行提示如下。

```
命令: ZJBZ
请选择待标注的圆弧<退出>:选取需要进行直径标注的弧线或弧墙
```

12.1.21　上机练习——直径标注

练习目标

直径标注如图 12-19 所示。

设计思路

打开源文件中的"墙体图 1"，如图 12-20 所示，利用"直径标注"命令，进行标注。

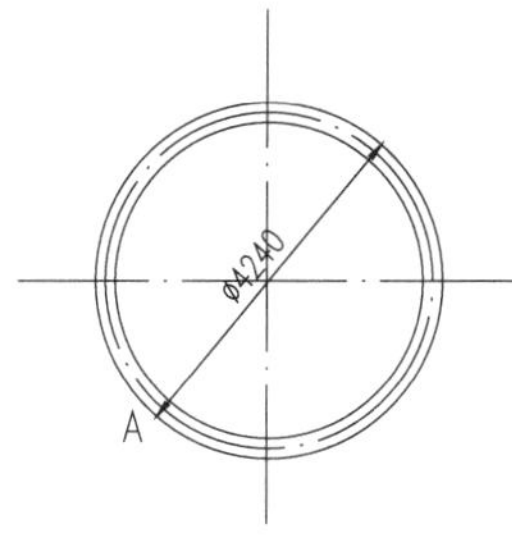

图 12-19　直径标注

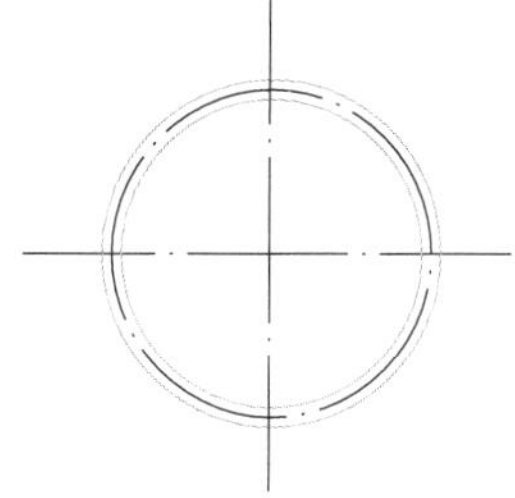

图 12-20　墙体图 1

操作步骤

(1) 单击菜单中的"尺寸标注"→"直径标注"命令，命令行提示如下。

```
命令: ZJBZ
请选择待标注的圆弧<退出>:选择圆弧
```

完成标注后，绘制结果如图 12-19 所示。

(2) 保存图形。将图形以"直径标注.dwg"为文件名进行保存。命令行提示如下。

```
命令: SAVEAS↙
```

Note

12.1.22　角度标注

采用“角度标注”命令可以基于两条线创建角度标注，沿逆时针方向标注角度。

1. 执行方式

命令行：JDBZ

菜单：“尺寸标注”→“角度标注”

2. 命令行

```
命令: JDBZ
请选择第一条直线<退出>:选取第一条直线
请选择第二条直线<退出>:选取第二条直线
请确定尺寸线位置<退出>:
```

12.1.23　上机练习——角度标注

练习目标

角度标注如图 12-21 所示。

设计思路

打开源文件中的“相交直线”图形，如图 12-22 所示，利用“角度标注”命令，进行标注。

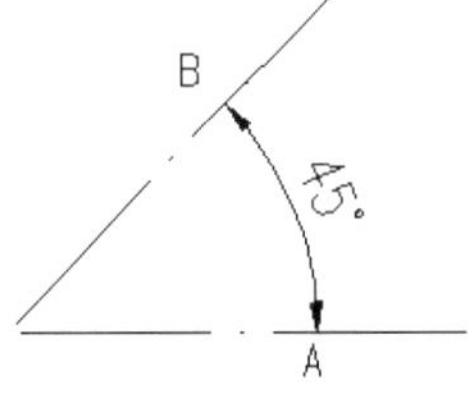

图 12-21　角度标注

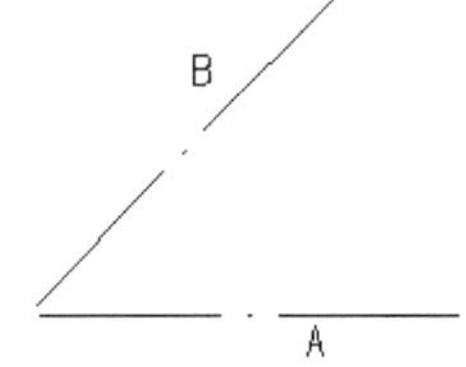

图 12-22　相交直线

操作步骤

(1) 单击菜单中的“尺寸标注”→“角度标注”命令，命令行提示如下。

```
命令: JDBZ
请选择第一条直线<退出>:选 A
请选择第二条直线<退出>:选 B
请确定尺寸线位置<退出>:
```

完成标注后，绘制结果如图 12-21 所示。

(2) 保存图形。将图形以“角度标注.dwg”为文件名进行保存。命令行提示如下。

```
命令：SAVEAS↙
```

12.1.24　弧弦标注

采用"弧弦标注"命令可以按国家规定方式标注弧长。

执行方式如下。

命令行：HXBZ

菜单："尺寸标注"→"弧弦标注"

单击菜单命令后，命令行提示如下。

```
命令：HXBZ
请选择要标注的弧段：选择需要标注的弧线或弧墙
请移动光标位置确定要标注的尺寸类型<退出>:
请指定标注点：确定标注线的位置
请输入其他标注点<退出>:连续选择其他标注点
请输入其他标注点<结束>:
```

12.1.25　上机练习——弧弦标注

练习目标

弧长标注如图 12-23 所示。

设计思路

打开源文件中的"墙体图 2"图形，如图 12-24 所示，单击"弧弦标注"命令，标注弧弦。

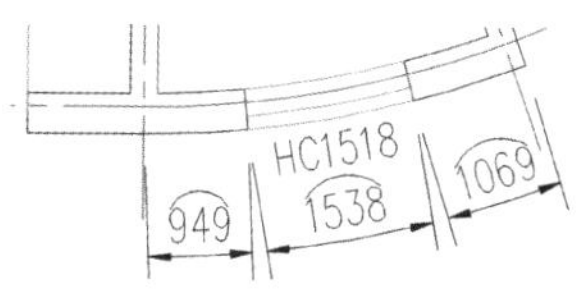

图 12-23　弧弦标注

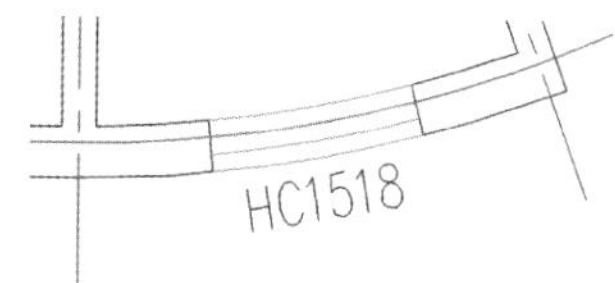

图 12-24　墙体图 2

操作步骤

(1) 单击菜单中的"尺寸标注"→"弧弦标注"命令，命令行提示如下。

```
命令：HXBZ
请选择要标注的弧段：选 A
请移动光标位置确定要标注的尺寸类型<退出>:选 B
请指定标注点：选 B
请输入其他标注点<结束>:选 C
请输入其他标注点<结束>:选 D
请输入其他标注点<结束>:
```

完成标注后，绘制结果如图 12-23 所示。

(2) 保存图形。将图形以“弧弦标注.dwg”为文件名进行保存。命令行提示如下。

```
命令：SAVEAS↙
```

Note

12.2 尺寸标注的编辑

12.2.1 文字复位

“文字复位”命令是将尺寸标注中被拖动夹点移动过的文字恢复原来的位置，可解决夹点拖动不当时与其他夹点合并的问题。本命令可用于符号标注中的“标高符号”“箭头引注”“剖面剖切”“断面剖切”四个对象中的文字，特别是在“剖面剖切”“断面剖切”对象改变比例时，可以使文字恢复正确位置。

1. 执行方式

命令行：WZFW

菜单：“尺寸标注”→“尺寸编辑”→“文字复位”

2. 命令行

```
命令：WZFW
请选择需复位文字的对象：点选需要复位的标注
请选择需复位文字的对象：
```

12.2.2 上机练习——文字复位

练习目标

文字复位如图 12-25 所示。

设计思路

打开源文件中的“墙体图 3”图形，如图 12-26 所示，利用“文字复位”命令，进行文字复位。

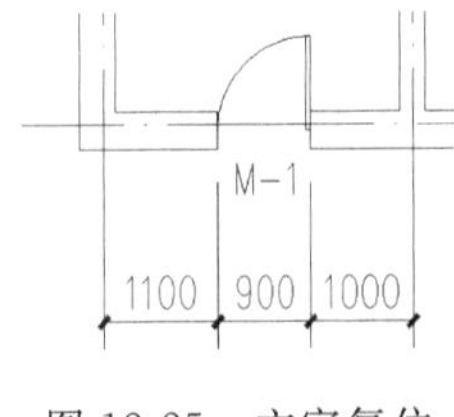

图 12-25 文字复位

图 12-26 墙体图 3

操作步骤

(1) 单击菜单中的“尺寸标注”→“尺寸编辑”→“文字复位”命令，选择尺寸，调整尺

寸位置,命令行提示如下。

```
命令: WZFW
请选择需复位文字的对象:  选择文字标注
请选择需复位文字的对象:
```

绘制结果如图 12-25 所示。

(2) 保存图形。将图形以"文字复位.dwg"为文件名进行保存。命令行提示如下。

```
命令: SAVEAS↙
```

12.2.3　文字复值

采用"文字复值"命令可以把尺寸文字恢复为默认的测量值。

执行方式如下。

命令行:WZFZ

菜单:"尺寸标注"→"尺寸编辑"→"文字复值"

单击菜单命令后,命令行提示如下。

```
命令: WZFZ
请选择天正尺寸标注:点选需要复值的标注
请选择天正尺寸标注:
```

12.2.4　上机练习——文字复值

练习目标

文字复值如图 12-27 所示。

设计思路

打开源文件中的"墙体图 4"图形,如图 12-28 所示,利用"文字复值"命令,进行文字复值。

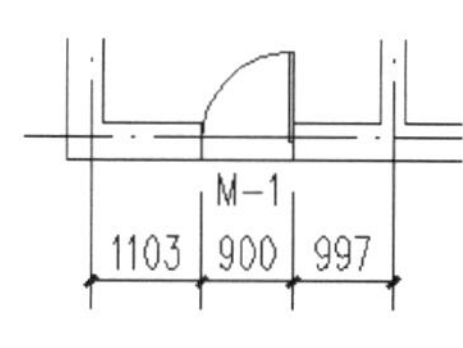

图 12-27　文字复值

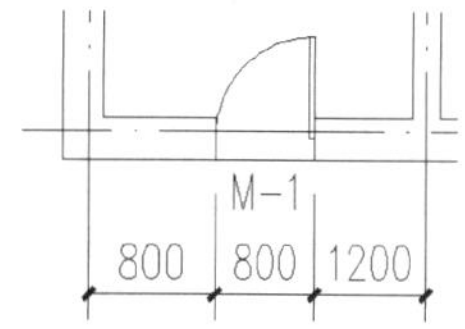

图 12-28　墙体图 4

操作步骤

(1) 单击菜单中的"尺寸标注"→"尺寸编辑"→"文字复值"命令,命令行提示如下。

```
命令: WZFZ
请选择天正尺寸标注:选择文字标注
请选择天正尺寸标注:
```

Note

绘制结果如图 12-27 所示。

(2) 保存图形。将图形以"文字复值.dwg"为文件名进行保存。命令行提示如下。

```
命令: SAVEAS↙
```

12.2.5 裁剪延伸

采用"剪裁延伸"命令可以根据指定的新位置,对尺寸标注进行裁切或延伸。

1. 执行方式

命令行: CJYS

菜单:"尺寸标注"→"尺寸编辑"→"裁剪延伸"

2. 命令行

```
命令: CJYS
要裁剪或延伸的尺寸线<退出>:选择相应的尺寸线
请给出裁剪延伸的基准点:点选需要延伸或剪切到的位置
```

12.2.6 上机练习——裁剪延伸

练习目标

裁剪延伸如图 12-29 所示。

设计思路

打开源文件中的"墙体图 5"图形,如图 12-30 所示,利用"剪裁延伸"命令,进行剪裁延伸。

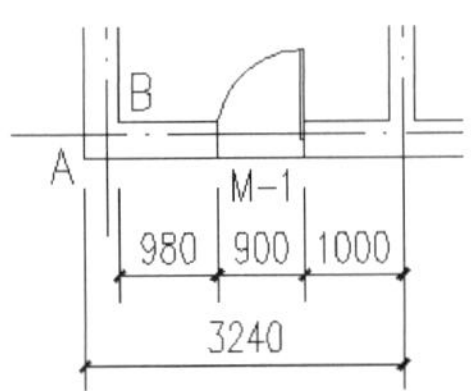

图 12-29 裁剪延伸

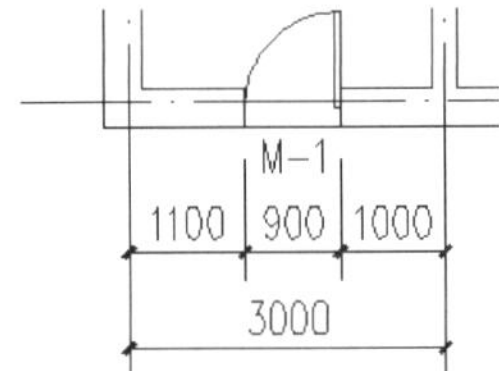

图 12-30 墙体图 5

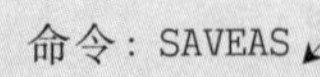

操作步骤

(1) 单击菜单中的"尺寸标注"→"尺寸编辑"→"裁剪延伸"命令,延伸尺寸,命令行提示如下。

```
命令: CJYS
要裁剪或延伸的尺寸线<退出>:选轴线标注
请给出裁剪延伸的基准点:选 A
```

完成轴线尺寸的延伸后,做尺寸线的剪切。

```
命令: CJYS
要裁剪或延伸的尺寸线<退出>:选上侧墙体标注
请给出裁剪延伸的基准点: 选 B
```

绘制结果如图 12-29 所示。

(2) 保存图形。将图形以"裁剪延伸.dwg"为文件名进行保存。命令行提示如下。

```
命令: SAVEAS ↙
```

12.2.7 取消尺寸

采用"取消尺寸"命令可以删除天正标注对象中指定的尺寸线区间。如果尺寸线共有奇数段,采用该命令删除中间段时,会把原来标注对象分开成为两个相同类型的标注对象。因为天正标注对象是由多个区间的尺寸线组成的,用 Erase(删除)命令无法删除其中某一个区间,必须使用"取消尺寸"命令完成。

执行方式如下。

命令行: QXCC

菜单:"尺寸标注"→"尺寸编辑"→"取消尺寸"

单击菜单命令后,命令行提示如下。

```
命令: QXCC
选择待删除尺寸的区间线或尺寸文字[整体删除(A)]<退出>:点选要删除的尺寸线区
选择待删除尺寸的区间线或尺寸文字[整体删除(A)]<退出>:
```

12.2.8 上机练习——取消尺寸

 **练习目标**

取消尺寸如图 12-31 所示。

 **设计思路**

打开源文件中的"墙体图 6"图形,如图 12-32 所示,利用"取消尺寸"命令,进行尺寸取消。

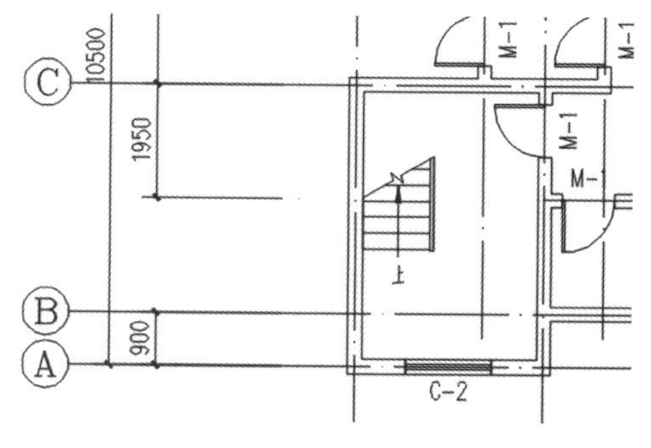

图 12-31 取消尺寸

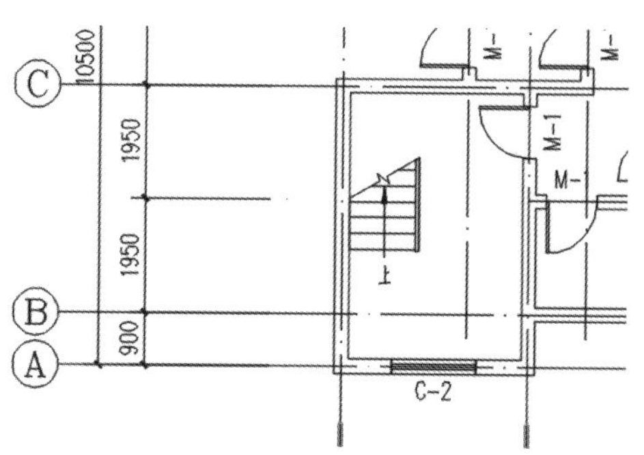

图 12-32 墙体图 6

操作步骤

(1) 单击菜单中的"尺寸标注"→"尺寸编辑"→"取消尺寸"命令,命令行提示如下。

Note

```
命令: QXCC
选择待删除尺寸的区间线或尺寸文字[整体删除(A)]<退出>:选择尺寸
选择待删除尺寸的区间线或尺寸文字[整体删除(A)]<退出>:
```

绘制结果如图 12-31 所示。

(2) 保存图形。将图形以"取消尺寸.dwg"为文件名进行保存。命令行提示如下。

```
命令: SAVEAS↙
```

12.2.9 连接尺寸

采用"连接尺寸"命令可以把平行的多个尺寸标注连接成一个连续的尺寸标注对象。

执行方式如下。

命令行:LJCC

菜单:"尺寸标注"→"尺寸编辑"→"连接尺寸"

单击菜单命令后,命令行提示如下。

```
命令: LJCC
选择需要连接尺寸标注<退出>:
选择需要连接尺寸标注<退出>:
选择主尺寸标注<退出>:
```

12.2.10 上机练习——连接尺寸

练习目标

连接尺寸如图 12-33 所示。

设计思路

打开源文件中的"取消尺寸"图形,利用"连接尺寸"命令,进行尺寸连接。

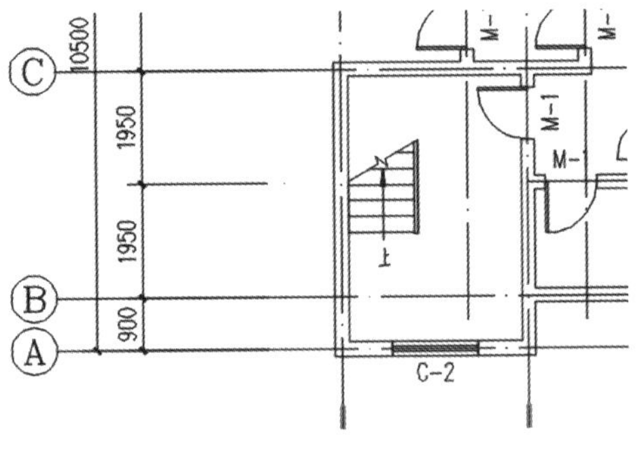

图 12-33 连接尺寸

操作步骤

(1) 单击菜单中的"尺寸标注"→"尺寸编辑"→"连接尺寸"命令,将尺寸连接,命令行提示如下。

```
命令: LJCC
选择主尺寸标注<退出>:选择标注
选择需要连接的尺寸标注<退出>:选择标注
选择需要连接的尺寸标注<退出>:
```

绘制结果如图 12-33 所示。

(2) 保存图形。将图形以"连接尺寸.dwg"为文件名进行保存。命令行提示如下。

```
命令: SAVEAS↙
```

12.2.11 尺寸打断

采用"尺寸打断"命令可以把一组尺寸标注打断为两组独立的尺寸标注。

执行方式如下。

命令行：CCDD

菜单："尺寸标注"→"尺寸编辑"→"尺寸打断"

单击菜单命令后，命令行提示如下。

```
命令: CCDD
请在要打断的一侧点取尺寸线<退出>:在要打断的标注处点一下
```

12.2.12 上机练习——尺寸打断

练习目标

尺寸打断如图 12-34 所示。

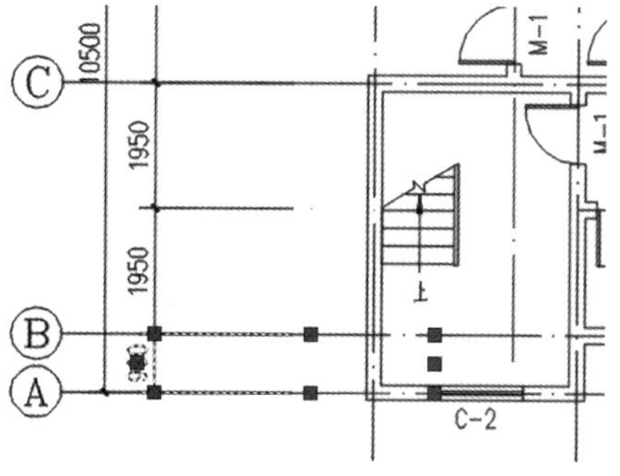

图 12-34 尺寸打断

设计思路

打开源文件中的"双跑楼梯"图形，利用"尺寸打断"命令，进行尺寸打断。

操作步骤

(1) 单击菜单中的"尺寸标注"→"尺寸编辑"→"尺寸打断"命令，选择左下侧的尺寸，命令行提示如下。

```
命令: CCDD
请在要打断的一侧点取尺寸线<退出>:
```

完成后将一组尺寸标注打断为两组独立的尺寸标注，绘制结果如图 12-34 所示，其中 1950 和剩下的尺寸为一组，900 为一组。

(2) 保存图形。将图形以"尺寸打断 dwg"为文件名进行保存。命令行提示如下。

```
命令: SAVEAS↙
```

12.2.13 拆分区间

采用"拆分区间"命令可以把一个区间分成多个区间。

执行方式如下。

命令行：CFQJ

菜单："尺寸标注"→"尺寸编辑"→"拆分区间"

单击菜单命令后，命令行提示如下。

Note

```
命令: CFQJ
选择待拆分的尺寸区间<退出>:
点取待增补的标注点的位置<退出>:
点取待增补的标注点的位置或[撤销(U)]<退出>:
```

12.2.14　上机练习——拆分区间

练习目标

拆分区间如图 12-35 所示。

设计思路

打开源文件中的"双跑楼梯"图形，利用"拆分区间"命令，将尺寸 3300 拆分成 900、1500 和 900。

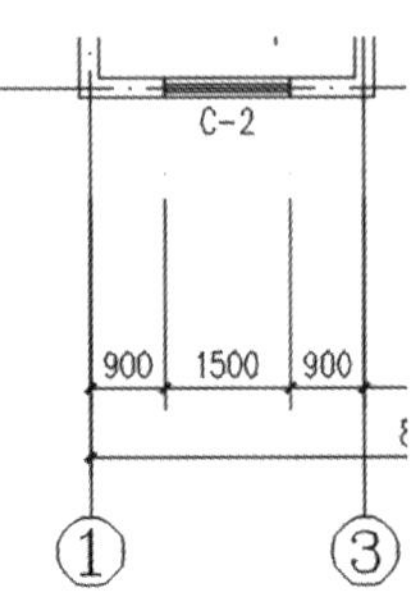

图 12-35　拆分区间

操作步骤

（1）单击菜单中的"尺寸标注"→"尺寸编辑"→"拆分区间"命令，将尺寸 3300 拆分成 900、1500 和 900，命令行提示如下。

```
命令: CFQJ
选择待拆分的尺寸区间<退出>:选择尺寸 3300
点取待增补的标注点的位置<退出>:自左向右点取标注位置
```

绘制结果如图 12-35 所示。

（2）保存图形。将图形以"拆分区间.dwg"为文件名进行保存。命令行提示如下。

```
命令: SAVEAS↙
```

12.2.15　合并区间

采用"合并区间"命令可以把天正标注对象中的相邻区间合并为一个区间。

执行方式如下。

命令行：HBQJ

菜单："尺寸标注"→"尺寸编辑"→"合并区间"

单击菜单命令后，命令行提示如下。

```
命令: HBQJ
请框选合并区间中的尺寸界线箭头<退出>:框选两个要合并的区间的中间尺寸线
请框选合并区间中的尺寸界线箭头或 [撤销(U)]<退出>:选取其他要合并的区间
```

Note

12.2.16 上机练习——合并区间

练习目标

合并区间如图 12-36 所示。

设计思路

打开源文件中的“拆分区间”图形，利用“合并区间”命令，将细部尺寸合并成为一个总尺寸。

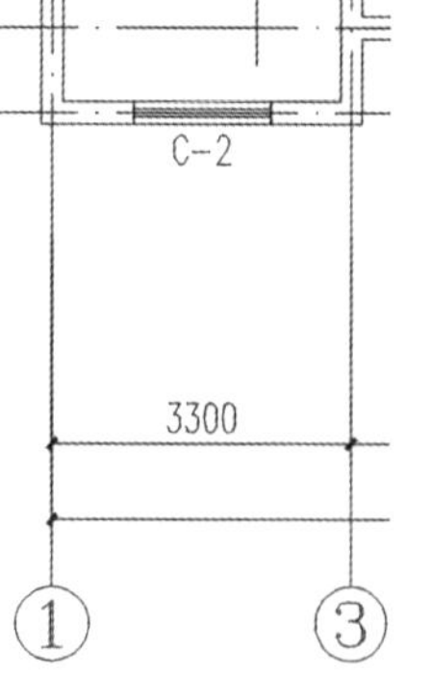

图 12-36 合并区间

操作步骤

(1) 单击菜单中的“尺寸标注”→“尺寸编辑”→“合并区间”命令，将细部尺寸 900、1500 和 900 合并成为一个总尺寸 3300。命令行提示如下。

```
命令: HBQJ
请框选合并区间中的尺寸界线箭头<退出>:框选尺寸 900、1500 和 900
请框选合并区间中的尺寸界线箭头或 [撤销(U)]<退出>:
```

绘制结果如图 12-36 所示。

(2) 保存图形。将图形以“合并区间.dwg”为文件名进行保存。命令行提示如下。

```
命令: SAVEAS↙
```

12.2.17 等分区间

采用“等分区间”命令可以把天正标注对象的某一个区间按指定等分数等分为多个区间。

执行方式如下。

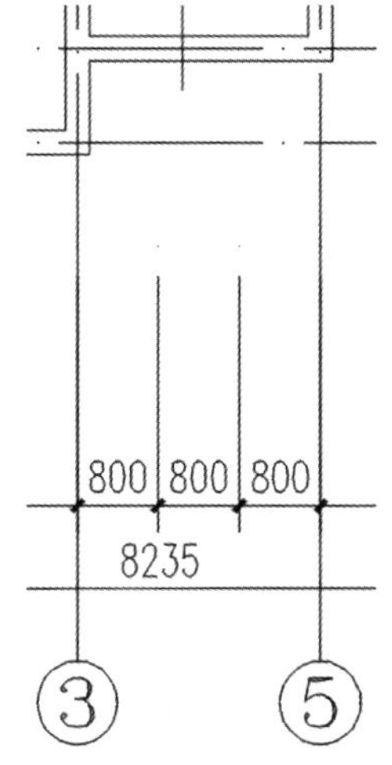

图 12-37 等分区间

命令行：DFQJ

菜单：“尺寸标注”→“尺寸编辑”→“等分区间”

单击菜单命令后，命令行提示如下。

```
命令: DFQJ
请选择需要等分的尺寸区间<退出>:选择需要等分的区间
输入等分数<退出>:输入等分数量
```

12.2.18 上机练习——等分区间

练习目标

等分区间如图 12-37 所示。

设计思路

打开源文件中的“双跑楼梯”图形，利用“等分区间”命令，

进行区间的等分。

操作步骤

(1) 单击菜单中的"尺寸标注"→"尺寸编辑"→"等分区间"命令,命令行提示如下。

```
请选择需要等分的尺寸区间<退出>:选择尺寸
输入等分数<退出>:3
```

以上完成将一个区间分成三等分,绘制结果如图 12-37 所示。

(2) 保存图形。将图形以"等分区间.dwg"为文件名进行保存。命令行提示如下。

```
命令: SAVEAS↙
```

12.2.19 等式标注

采用"等式标注"命令可以把天正标注对象的一个尺寸分解为多个相等尺寸。

执行方式如下。

命令行:DSBZ

菜单:"尺寸标注"→"尺寸编辑"→"等式标注"

单击菜单命令后,命令行提示如下。

```
命令: DSBZ
请选择需要等分的尺寸区间<退出>:选择需要等分的尺寸标注
输入等分数<退出>:输入等分数量
```

12.2.20 上机练习——等式标注

练习目标

等式标注如图 12-38 所示。

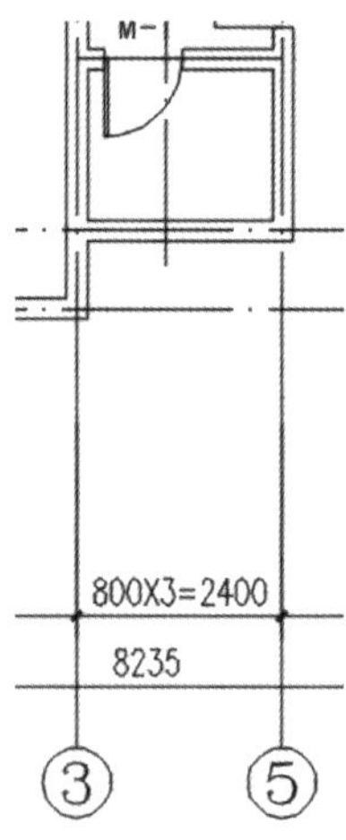

图 12-38 等式标注

设计思路

打开源文件中的"双跑楼梯"图形,利用"等式标注"命令,选择尺寸 2400,将一个尺寸分成三等分,进行等式标注。

操作步骤

(1) 单击菜单中的"尺寸标注"→"尺寸编辑"→"等式标注"命令,选择尺寸 2400,将一个尺寸分成三等分,命令行提示如下。

```
命令: DSBZ
请选择需要等分的尺寸区间<退出>:2400
输入等分数<退出>:3
```

绘制结果如图 12-38 所示。

(2) 保存图形。将图形以“等式标注.dwg”为文件名进行保存。命令行提示如下。

```
命令: SAVEAS↙
```

12.2.21　尺寸等距

采用“等分区间”命令可以把天正标注对象的某一个将一个尺寸分解为多个相等尺寸。

执行方式如下。

命令行：CUDJ

菜单：“尺寸标注”→“尺寸编辑”→“尺寸等距”

单击菜单命令后，命令行提示如下。

```
命令: CUDJ
请选择参考标注<退出>:
请选择其他标注:指定对角点:
```

12.2.22　对齐标注

采用“对齐标注”命令可以把多个天正标注对象按参考标注对象对齐排列。

执行方式如下。

命令行：DQBZ

菜单：“尺寸标注”→“尺寸编辑”→“对齐标注”

单击菜单命令后，命令行提示如下。

```
命令: DQBZ
选择参考标注<退出>:选取作为参考的标注,以它为标准
选择其他标注<退出>: 选取其他要对齐的标注
选择其他标注<退出>:
```

执行“对齐标注”命令，把三个标注对象对齐，如图 12-39 所示。

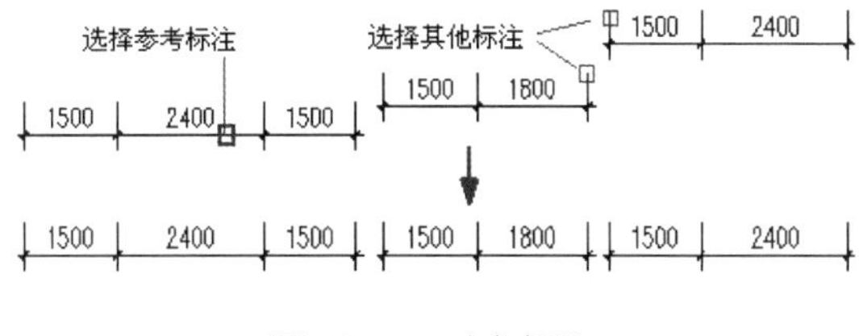

图 12-39　对齐标注

12.2.23　增补尺寸

采用“增补尺寸”命令可以对已有的尺寸标注增加标注点。

执行方式如下。

命令行：ZBCC

菜单:"尺寸标注"→"尺寸编辑"→"增补尺寸"

单击菜单命令后,命令行提示如下。

Note

```
命令: ZBCC
请选择尺寸标注<退出>:
选择需要增补尺寸
点取待增补的标注点的位置或 [参考点(R)]<退出>:选择增补点
点取待增补的标注点的位置或 [参考点(R)/撤销上一标注点(U)]<退出>:选择增补点
点取待增补的标注点的位置或 [参考点(R)/撤销上一标注点(U)]<退出>:
```

12.2.24　上机练习——增补尺寸

练习目标

增补尺寸如图 12-40 所示。

设计思路

打开源文件中的"双跑楼梯"图形,利用"增补尺寸"命令,进行尺寸的增补。

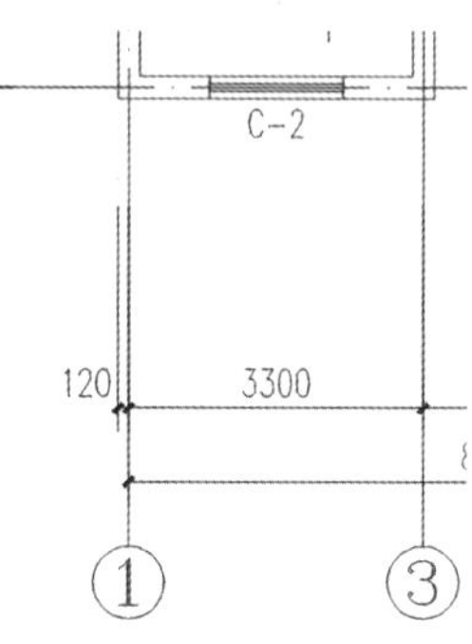

图 12-40　增补尺寸

操作步骤

(1) 单击菜单中的"尺寸标注"→"尺寸编辑"→"增补尺寸"命令,在尺寸 3300 左侧添加尺寸 120,命令行提示如下。

```
命令: ZBCC
请选择尺寸标注<退出>:
点取待增补的标注点的位置或 [参考点(R)]<退出>:选 A
点取待增补的标注点的位置或 [参考点(R)/撤销上一标注点(U)]<退出>:选 B
点取待增补的标注点的位置或 [参考点(R)/撤销上一标注点(U)]<退出>:
```

绘制结果如图 12-40 所示。

(2) 保存图形。将图形以"增补尺寸.dwg"为文件名进行保存。命令行提示如下。

```
命令: SAVEAS↙
```

12.2.25　切换角标

采用"切换角标"命令可以对角度标注、弦长标注和弧长标注进行相互转化。

执行方式如下。

命令行:QHJB

菜单:"尺寸标注"→"尺寸编辑"→"切换角标"

单击菜单命令后,命令行提示如下。

```
命令: QHJB
请选择天正角度标注: 选择需要切换角标的标注
请选择天正角度标注:
```

12.2.26　上机练习——切换角标

练习目标

切换角标如图 12-41 所示。

设计思路

打开源文件中的“弧弦标注”图形，如图 12-42 所示，利用“切换角标”命令，进行角标的切换。

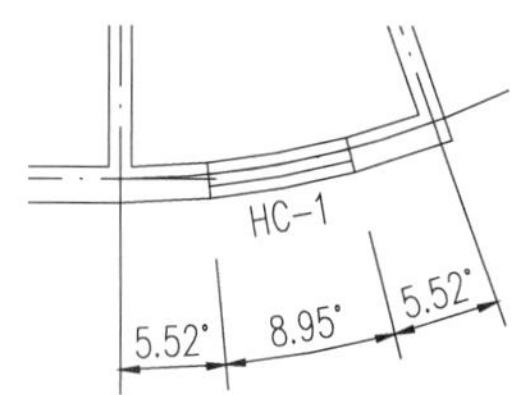

图 12-41　切换角标

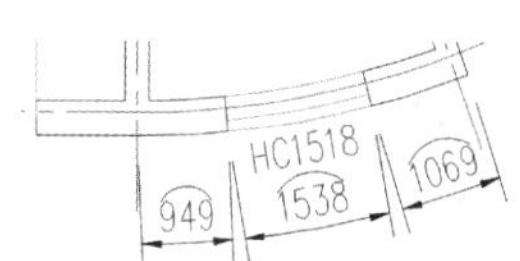

图 12-42　弧弦标注

操作步骤

（1）单击菜单中的“尺寸标注”→“尺寸编辑”→“切换角标”命令，命令行提示如下。

```
请选择天正角度标注:选标注
请选择天正角度标注:
```

绘制结果如图 12-41 所示。

（2）保存图形。将图形以“切换角标.dwg”为文件名进行保存。命令行提示如下。

```
命令: SAVEAS↙
```

第13章

符号标注

按照建筑制图的国标工程符号规定画法，天正软件提供了一整套自定义的工程符号对象，采用这些符号对象可以方便地绘制剖切号、指北针、引注箭头，绘制各种详图符号、引出标注符号。使用自定义工程符号对象，不是简单地插入符号图块，而是在图上添加了代表建筑工程专业含义的图形符号对象，提供了专业夹点定义和内部保存有对象特性数据，用户除了在插入符号的过程中通过对话框的参数控制选项，还可以根据绘图的不同要求，在图上已插入的工程符号上，拖动夹点或者按Ctrl+1启动对象特性栏，在其中更改工程符号的特性，双击符号中的文字，即可在原位置更改文字内容。

学习要点

- 标高符号
- 工程符号的标注

13.1 标 高 符 号

坐标标注在工程制图中用来表示某个点的平面位置，一般由政府的测绘部门提供，而标高标注则是用来表示某个点的高程或者垂直高度。标高有绝对标高和相对标高的概念，绝对标高的数值也来自当地测绘部门，而相对标高则是由设计单位设计的，一般是室内一层地坪，与绝对标高有相对关系。天正软件分别定义了坐标对象和标高对象来实现坐标和标高的标注，这些符号的画法符合国家制图规范的工程符号图例。

13.1.1 坐标标注

采用“标高标注”命令可以标注各种标高符号，可连续标注标高。

执行方式如下。

命令行：ZBBZ

菜单：“符号标注”→“坐标标注”

在“坐标标注”对话框（图 13-1）中选取建筑工程中常用的基线方式。命令行提示如下。

```
当前绘图单位:mm,标注单位:M;以世界坐标取值;北向角度 90.0000 度
请点取标注点或 [设置(S)\批量标注(Q)]<退出>:S
```

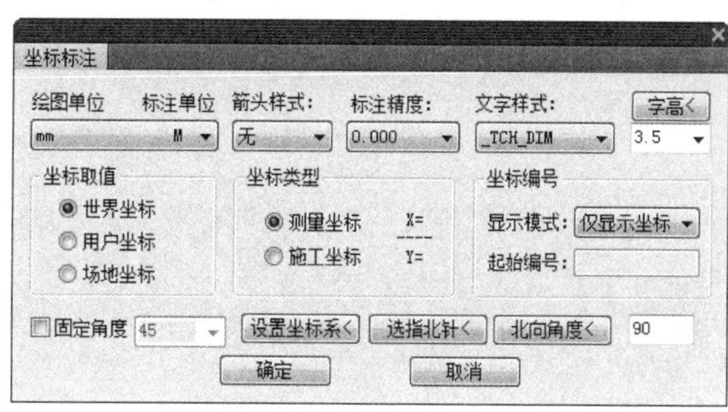

图 13-1 “坐标标注”对话框

坐标取值可以从世界坐标系或用户坐标系 UCS 中任意选择（默认取世界坐标系），注意如选择以用户坐标系 UCS 取值，应该用 UCS 命令把当前图形设为要选择使用的 UCS（因为 UCS 可以有多个），当前如果为世界坐标系时，坐标取值与世界坐标系一致。

南北向的坐标为 X(A)，东西方向坐标为 Y(B)，与建筑绘图习惯使用的 XOY 坐标系是相反的。

如果图上插入了指北针符号，在对话框中单击“选指北针＜”，从图中选择指北针，系统以它的指向为 X(A)方向标注新的坐标点。

默认图形中的建筑坐北朝南布置，“北向角度＜”设置为“90”（图纸上方），如正北方向不是图纸上方，单击“北向角度＜”给出正北方向。

当显示模式为仅显示编号和全部显示时，可设置标注编号。

使用 UCS 标注的坐标符号使用颜色为青色，区别于使用世界坐标标注的坐标符号，在同一 DWG 图中，不得使用两种坐标系统进行坐标标注。

Note

13.1.2 标高标注

“标高标注”命令在界面中分为两个页面，分别用于建筑专业的平面图标高标注、立剖面图楼面标高标注，以及总图专业的地坪标高标注、绝对标高和相对标高的关联标注。地坪标高符合总图制图规范的三角形、圆形实心标高符号，提供可选的两种标注排列，标高数字右方或者下方可加注文字，说明标高的类型。标高文字提供夹点，需要时可以拖动夹点移动标高文字。

1. 执行方式

命令行：BGBZ

菜单：“符号标注”→“标高标注”

执行上述任意一种执行方式，打开“标高标注”对话框，如图 13-2 所示。

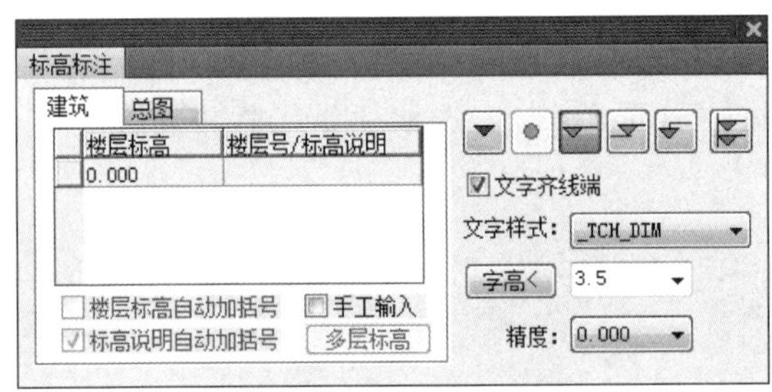

图 13-2 “标高标注”对话框

2. 命令行

```
命令：BGBZ
请点取标高点或 [参考标高(R)]<退出>:选取标高点
请点取标高方向<退出>:标高尺寸方向
下一点或 [第一点(F)]<退出>:选取其他标高点
下一点或 [第一点(F)]<退出>:
```

13.1.3 上机练习——标高标注

练习目标

标高标注如图 13-3 所示。

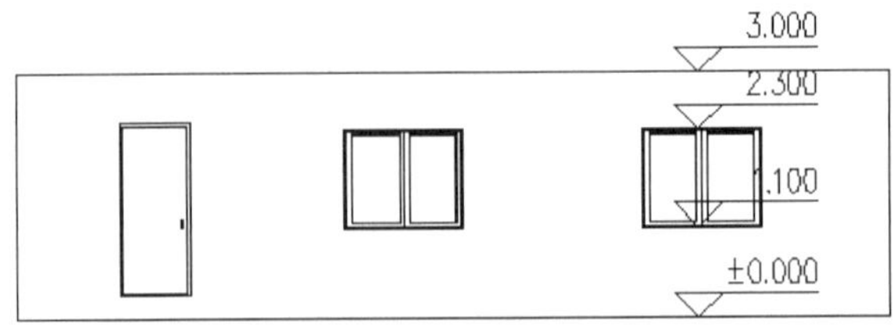

图 13-3 标高标注

设计思路

打开源文件中的“立面图”图形，如图 13-4 所示，利用“标高标注”命令，标注标高。

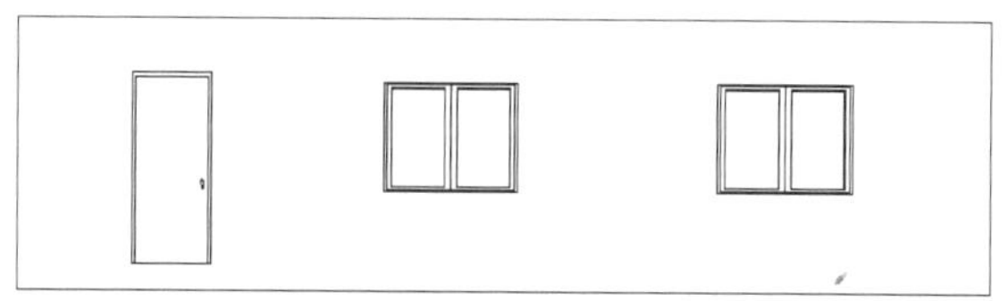

图 13-4　立面图

操作步骤

(1) 单击菜单中的“符号标注”→“标高标注”命令，打开的对话框如图 13-2 所示，在绘图区域单击，命令行提示如下。

```
命令: BGBZ
请点取标高点或 [参考标高(R)]<退出>:选取地坪
请点取标高方向<退出>:选标高点的右侧
下一点或 [第一点(F)]<退出>:选取窗下
下一点或 [第一点(F)]<退出>:选取窗上
下一点或 [第一点(F)]<退出>:选屋顶
下一点或 [第一点(F)]<退出>:
```

绘制结果如图 13-3 所示。

(2) 保存图形。将图形以“标高标注.dwg”为文件名进行保存。命令行提示如下。

```
命令: SAVEAS ↙
```

13.1.4　标高检查

采用“标高检查”命令可以通过一个给定标高对立剖面图中其他标高符号进行检查。

执行方式如下。

命令行：BGJC

菜单：“符号标注”→“标高检查”

单击菜单命令后，命令行提示如下。

```
命令: BGJC
选择参考标高或 [参考当前用户坐标系(T)]<退出>:选择参考坐标
选择待检查的标高标注:选择待检查的标高
选择待检查的标高标注: 选择待检查的标高
选择待检查的标高标注: 选择待检查的标高
选择待检查的标高标注:
```

选中的 3 个标高，全部正确。

Note

Note

13.1.5　标高对齐

新增的“标高对齐”命令，用于把选中标高按新点取的标高位置或参考标高位置竖向对齐。

执行方式如下。

命令行：BGDQ

菜单：“符号标注”→“标高对齐”

单击菜单命令后，命令行提示如下。

```
命令：BGDQ
请选择需对齐的标高标注或[参考对齐(Q)]<退出>:选择参考坐标
请选择需对齐的标高标注:选择待检查的标高
请选择需对齐的标高标注:
```

选中的 2 个标高，全部对齐！

13.1.6　上机练习——标高对齐

练习目标

标高对齐如图 13-5 所示。

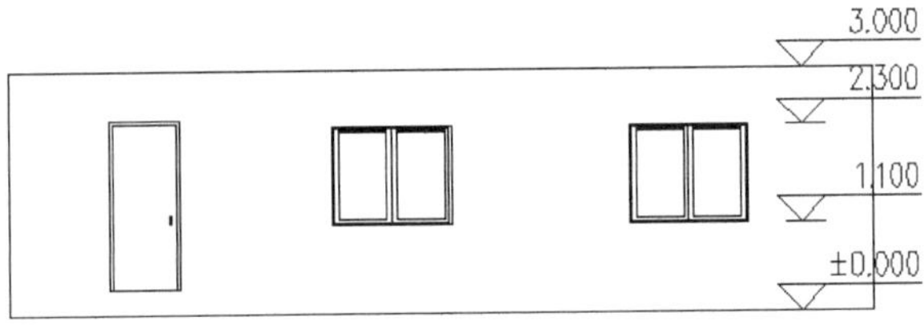

图 13-5　标高对齐

设计思路

打开源文件中的“立面图”图形，如图 13-6 所示，利用“标高对齐”命令，对齐标高。

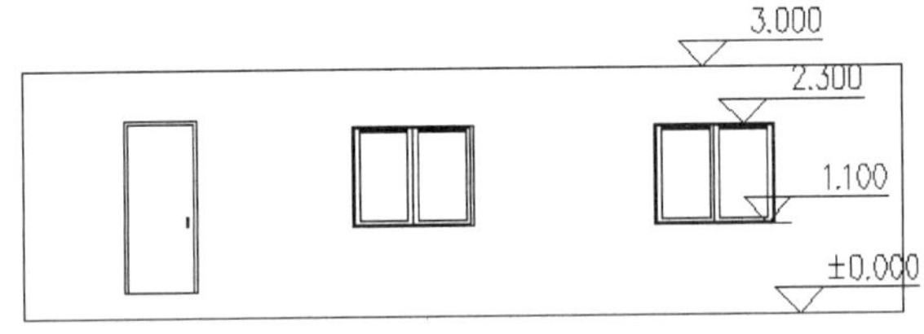

图 13-6　立面图

操作步骤

(1) 单击菜单中的“符号标注”→“标高对齐”命令，命令行提示如下。

```
命令：BGDQ
请选择需对齐的标高标注或[参考对齐(Q)]<退出>:
```

```
请选择需对齐的标高标注:
请选择需对齐的标高标注:
请选择需对齐的标高标注:
请选择需对齐的标高标注:
请点取标高对齐点<不变>:
请点取标高基线对齐点<不变>:此时直接回车
```

最终绘制结果如图 13-5 所示。

(2) 保存图形，将图形以“标高对齐.dwg”为文件名进行保存。命令行提示如下。

```
命令: SAVEAS↙
```

13.2　工程符号的标注

创建天正符号标注绝非是简单地插入符号图块，而是在图上添加代表建筑工程专业含义的图形符号对象，平面图的剖面符号可用于立面和剖面工程图的生成。

13.2.1　箭头引注

采用“箭头引注”命令可以绘制带有箭头的引出标注，文字可从线端标注也可从线上标注，引线可以多次转折，用于楼梯方向线、坡度等标注，天正软件提供五种箭头样式和两行说明文字。

执行方式如下。

命令行：JTYZ

菜单：“符号标注”→“箭头引注”

单击菜单命令后，显示对话框如图 13-7 所示。

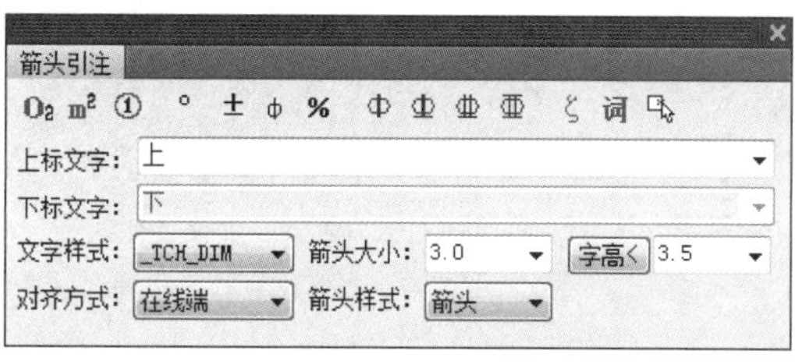

图 13-7　“箭头引注”对话框

首先在下侧选项中添加适当选择，然后在对话框中输入要标注的文字。在绘图区域中单击，命令行提示如下。

```
命令: JTYZ
箭头起点或 [单击图中曲线(P)/单击参考点(R)]<退出>:选择箭头起点
直段下一点或 [弧段(A)/回退(U)]<结束>:选择箭头线的转角
直段下一点或 [弧段(A)/回退(U)]<结束>:选择箭头线的转角
直段下一点或 [弧段(A)/回退(U)]<结束>:
```

在对话框中输入引线端部或者引线上、下要标注的文字，可以从下拉列表选取命令保存的文字历史记录，也可以不输入文字只画箭头，对话框中还提供了更改箭头长度、样式的功能，箭头长度按最终图纸尺寸为准，以毫米为单位给出。箭头的可选样式有“箭头”“半箭头”“点”“十字”“无”共五种。

Note

13.2.2　上机练习——箭头引注

练习目标

箭头引注如图 13-8 所示。

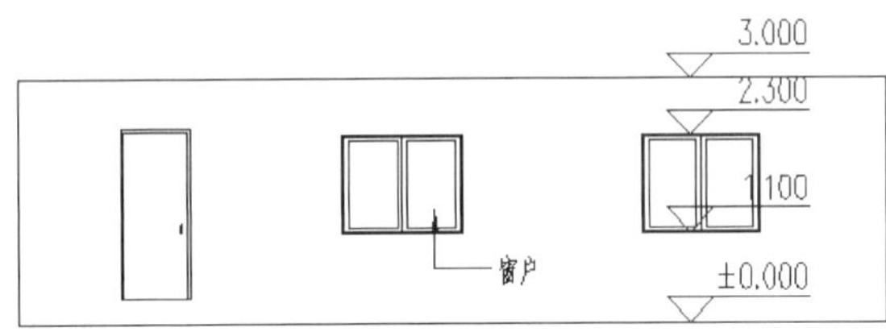

图 13-8　箭头引注

设计思路

打开源文件中的“标高对齐”图形，利用“箭头引注”命令，对箭头进行引注。

操作步骤

(1) 单击菜单中的“符号标注”→“箭头引注”命令，打开对话框，在文字框中输入“窗户”，然后在绘图区域单击，命令行提示如下。

```
命令: JTYZ
箭头起点或 [单击图中曲线(P)/单击参考点(R)]<退出>:选择窗内一点
直段下一点或 [弧段(A)/回退(U)]<结束>:选择下面的直线点
直段下一点或 [弧段(A)/回退(U)]<结束>:选择水平的直线点
直段下一点或 [弧段(A)/回退(U)]<结束>:
```

以上完成窗户的箭头引注，绘制结果如图 13-8 所示。

(2) 保存图形。将图形以“箭头引注. dwg”为文件名进行保存。命令行提示如下。

```
命令: SAVEAS↙
```

13.2.3　引出标注

采用“引出标注”命令可以用引线引出来对多个标注点做同一内容的标注。

执行方式如下。

命令行：YCBZ

菜单：“符号标注”→“引出标注”

单击菜单命令后，显示对话框如图 13-9 所示。

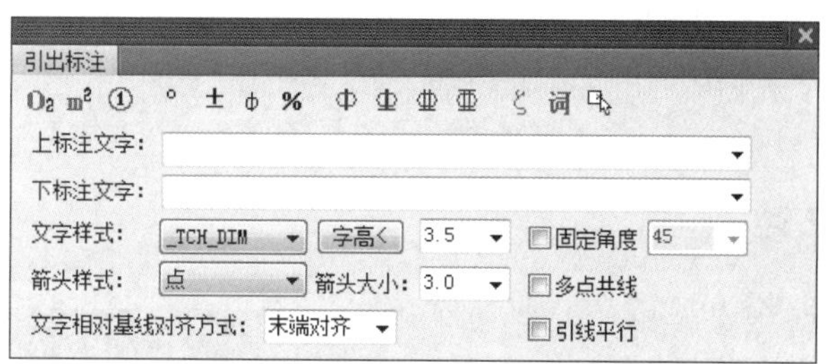

图 13-9　“引出标注”对话框

Note

首先在下侧选项中添加适当选择，然后在对话框中输入要标注的文字。在绘图区域中单击，命令行提示如下。

```
命令: YCBZ
请给出标注第一点<退出>:选择标注起点
输入引线位置或 [更改箭头形式(A)]<退出>:选取引线位置
点取文字基线位置<退出>:选取基线位置
输入其他的标注点<结束>:
```

13.2.4　上机练习——引出标注

练习目标

引出标注如图 13-10 所示。

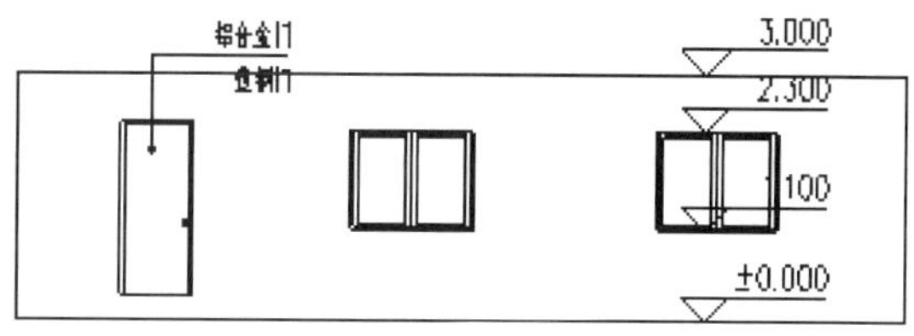

图 13-10　引出标注

设计思路

打开源文件中的“标高对齐”图形，利用“引出标注”命令，进行引出标注。

操作步骤

(1) 单击菜单中的“符号标注”→“引出标注”命令，打开的对话框如图 13-9 所示，在上侧文字框中输入“铝合金门”，在下侧文字框中输入“塑钢门”，然后在绘图区域单击，命令行提示如下。

```
请给出标注第一点<退出>:选择门内一点
输入引线位置或 [更改箭头形式(A)]<退出>:单击引线位置
点取文字基线位置<退出>:选取文字基线位置
输入其他的标注点<结束>:
```

绘制结果如图 13-10 所示。

（2）保存图形。将图形以“引出标注.dwg”为文件名进行保存。命令行提示如下。

```
命令：SAVEAS↙
```

13.2.5 做法标注

采用“做法标注”命令可以从专业词库获得标准做法，用以标注工程做法。

执行方式如下。

命令行：ZFBZ

菜单：“符号标注”→“做法标注”

执行上述任意一种执行方式，显示对话框如图13-11所示。

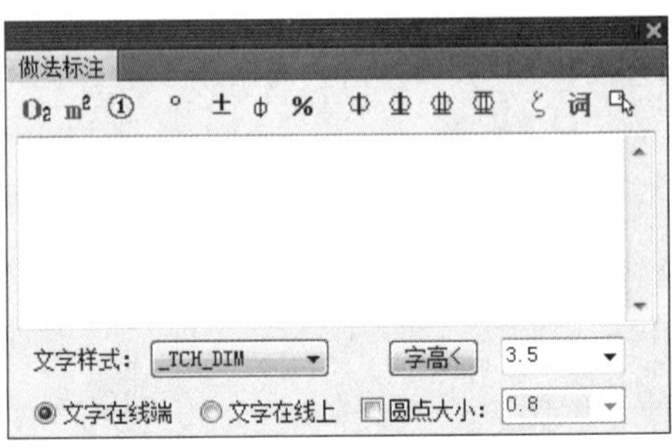

图13-11 “做法标注”对话框

首先在下侧选项中添加适当选择，然后在对话框中分行输入要标注的做法文字。在绘图区域中单击，命令行提示如下。

```
命令：ZFBZ
请给出标注第一点<退出>:选择标注起点
请给出文字基线位置<退出>:选择引线位置
请给出文字基线方向和长度<退出>:选择基线位置
请给出标注第一点<退出>:
```

13.2.6 索引符号

“索引符号”命令包括剖切索引号、指向索引号和夹点添加号圈三种。

执行方式如下。

命令行：SYFH

菜单：“符号标注”→“索引符号”

单击菜单命令后，打开的对话框如图13-12所示。

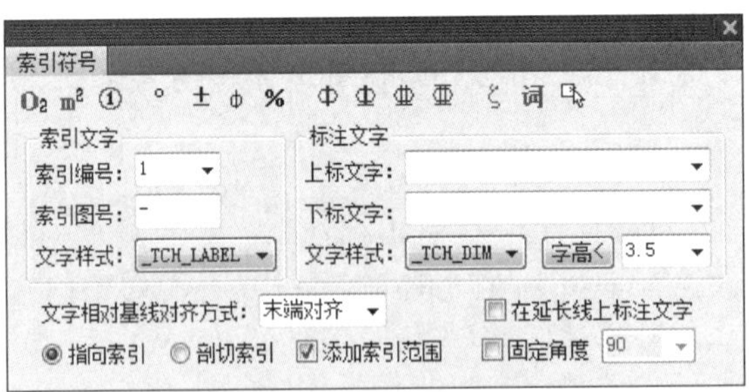

图13-12 “索引符号”对话框

首先在下侧选项中添加适当选择，选择“指向索引”“剖切索引”两类中的“指向索引”，在绘图区域中单击，命令行提示如下。

```
命令: SYFH
请给出索引节点的位置<退出>:选择索引点位置
请给出索引节点的范围<0.0>:
请给出转折点位置<退出>:选择转折点位置
请给出文字索引号位置<退出>:选择文字索引号的位置
请给出索引节点的位置<退出>:
```

选择“剖切索引”,在绘图区域中单击,命令行提示如下。

```
请给出索引节点的位置<退出>:选择索引点位置
请给出转折点位置<退出>:选择转折点位置
请给出文字索引号位置<退出>:选择文字索引号的位置
请给出剖视方向<当前>:选择剖视方向
请给出索引节点的位置<退出>:
```

13.2.7　上机练习——索引符号

练习目标

索引符号如图 13-13 所示。

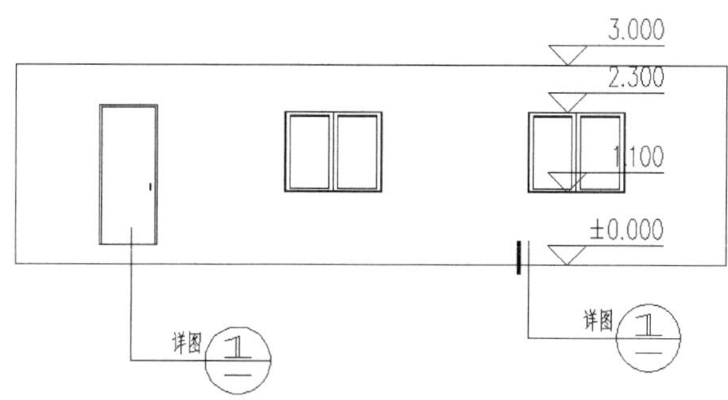

图 13-13　索引符号

设计思路

打开源文件中的“标高对齐”图形,利用“索引符号”命令,标注索引符号。

操作步骤

(1) 单击菜单中的“符号标注”→“索引符号”命令,打开的对话框如图 13-12 所示,选择“指向索引”,在对话框中选择适当的选项,选项填入内容如图 13-14 所示。

在绘图区域单击,命令行提示如下。

```
请给出索引节点的位置<退出>:选择门内一点
请给出索引节点的范围<0.0>:
请给出转折点位置<退出>:选择转折点位置
请给出文字索引号位置<退出>:选择文字索引号的位置
请给出索引节点的位置<退出>:
```

以上完成门的指向索引,绘制结果如图 13-13 所示。

Note

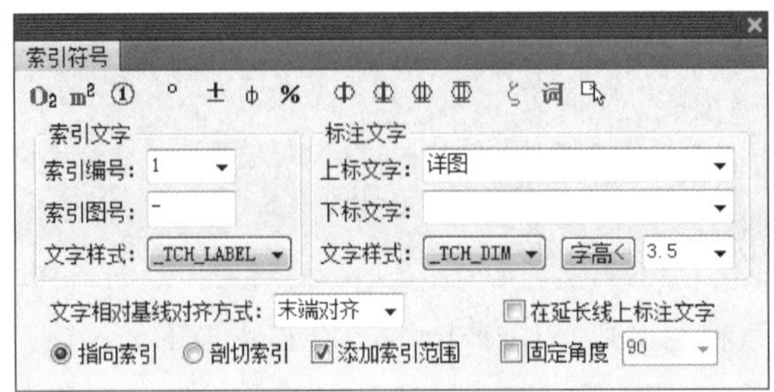

图 13-14 “指向索引”参数

(2) 选择“剖切索引”,在对话框中选择适当的选项,选项填入内容如图 13-15 所示。

图 13-15 “剖切索引”参数

在绘图区域单击,命令行提示如下。

```
请给出索引节点的位置<退出>:选择地坪部分
请给出转折点位置<退出>:选择转折点位置
请给出文字索引号位置<退出>:选择文字索引号的位置
请给出剖视方向<当前>:点选剖视方向
请给出索引节点的位置<退出>:
```

绘制结果如图 13-13 所示。

(3) 保存图形。将图形以“索引符号.dwg”为文件名进行保存。命令行提示如下。

```
命令: SAVEAS↙
```

13.2.8 索引图名

采用“索引图名”命令可以为图中局部详图标注索引图名。

执行方式如下。

命令行: SYTM

菜单: “符号标注”→“索引图名”

单击菜单命令后弹出“索引图名”对话框如图 13-16 所示,命令行提示如下。

图 13-16 “索引图名”对话框

```
命令: SYTM
请点取标注位置<退出>:选择标注位置
```

Note

13.2.9　剖面剖切

采用"剖面剖切"命令可以在图中标注剖面剖切符号，允许标注多级阶梯剖。

执行方式如下。

命令行：PMPQ

菜单："符号标注"→"剖切符号"

选择菜单栏中的"符号标注"→"剖切符号"命令，弹出"剖切符号"对话框，如图 13-17 所示。

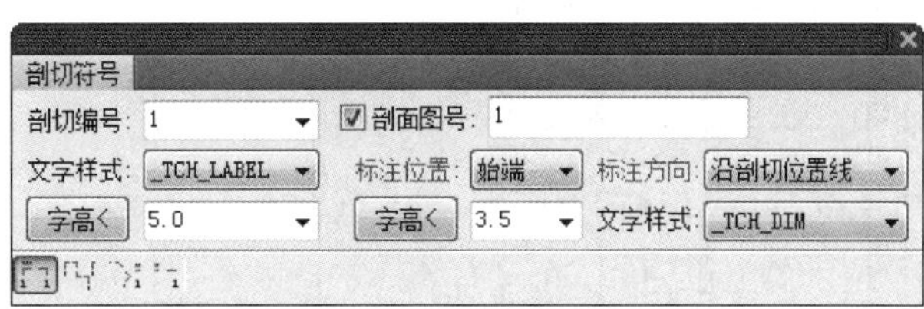

图 13-17　剖切符号

单击菜单命令后，命令行提示如下。

```
命令: PMPQ
请输入剖切编号<1>:输入编号
点取第一个剖切点<退出>:选取第一点
点取第二个剖切点<退出>:选取剖线的第二点
点取下一个剖切点<结束>:选取转折第一点
点取下一个剖切点<结束>:选择结束点
点取下一个剖切点<结束>:回车结束
点取剖视方向<当前>:选择剖视方向
```

13.2.10　加折断线

采用"加折断线"命令可以在图中绘制折断线。

执行方式如下。

命令行：JZDX

菜单："符号标注"→"加折断线"

单击菜单命令后，命令行提示如下。

```
命令: JZDX
点取折断线起点或 [选多段线(S)\绘双折断线(Q),当前: 绘单折断线]<退出>:选择折断线起点
点取折断线终点或 [改折断数目(N),当前 = 1]<退出>:选择折断线终点
当前切除外部,请选择保留范围或 [改为切除内部(Q)]<不切割>:
```

Note

13.2.11 上机练习——加折断线

练习目标

加折断线如图 13-18 所示。

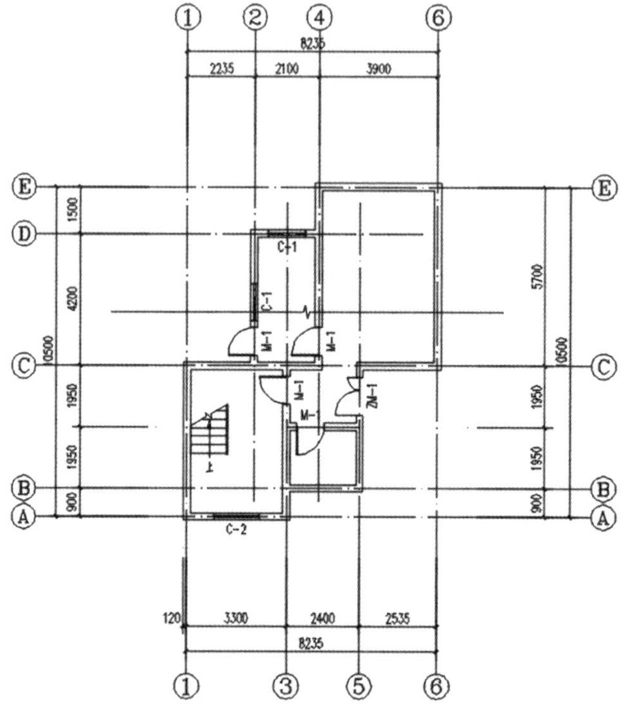

图 13-18　加折断线

设计思路

打开源文件中的“双跑楼梯”图形，利用“加折断线”命令，为平面图添加折断线。

操作步骤

(1) 单击菜单中的“符号标注”→“加折断线”命令，为平面图添加折断线，命令行提示如下。

```
命令: JZDX
点取折断线起点或 [选多段线(S)\绘双折断线(Q),当前: 绘单折断线]<退出>:选 A
点取折断线终点或 [改折断数目(N),当前 = 1]<退出>:选 B
当前切除外部,请选择保留范围或 [改为切除内部(Q)]<不切割>:
```

绘制结果如图 13-18 所示。

(2) 保存图形。将图形以“加折断线.dwg”为文件名进行保存。命令行提示如下。

```
命令: SAVEAS ↙
```

13.2.12　画指北针

采用“画指北针”命令可以在图中绘制指北针。

执行方式如下：

命令行：HZBZ

菜单：“符号标注”→“画指北针”

单击菜单命令后，命令行提示如下。

```
命令：HZBZ
指北针位置<退出>:选择指北针的插入位置
指北针方向<90.0>:选择指北针的方向或角度，以 x 轴正向为 0 起始，逆时针为正
```

13.2.13　上机练习——画指北针

练习目标

画指北针如图 13-19 所示。

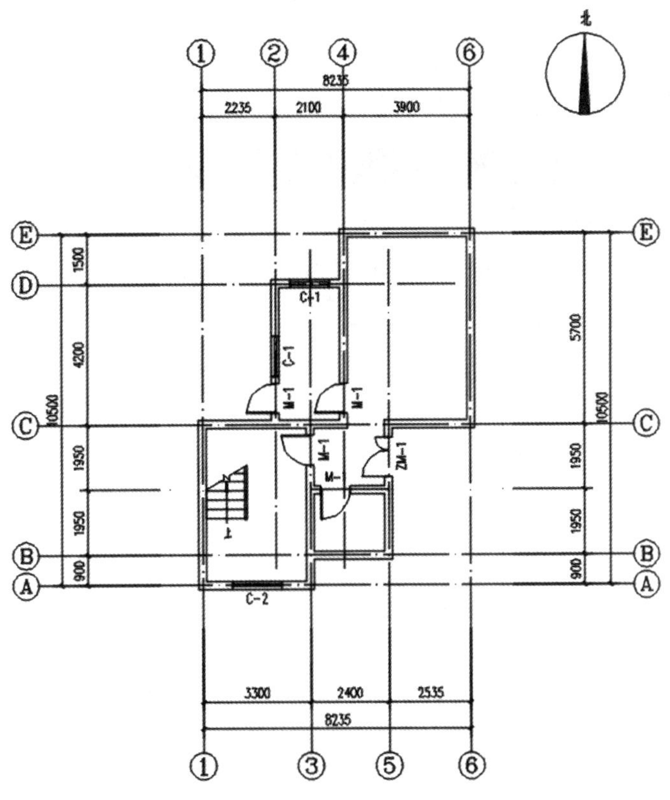

图 13-19　画指北针

设计思路

打开源文件中的“双跑楼梯”图形，利用“画指北针”命令，标注指北针。

操作步骤

Note

(1) 单击菜单中的“符号标注”→“画指北针”命令，命令行提示如下。

```
命令：HZBZ
指北针位置<退出>:选择指北针的插入点
指北针方向<90.0>:指定方向
```

绘制结果如图 13-19 所示。

(2) 保存图形。将图形以“画指北针.dwg”为文件名进行保存。命令行提示如下。

```
命令：SAVEAS↙
```

13.2.14 图名标注

采用“图名标注”命令可以为图中每个图形下方标出该图的图名，并且同时标注比例。

执行方式如下。

命令行：TMBZ

菜单：“符号标注”→“图名标注”

执行上述任意一种执行方式，显示对话框如图 13-20 所示。

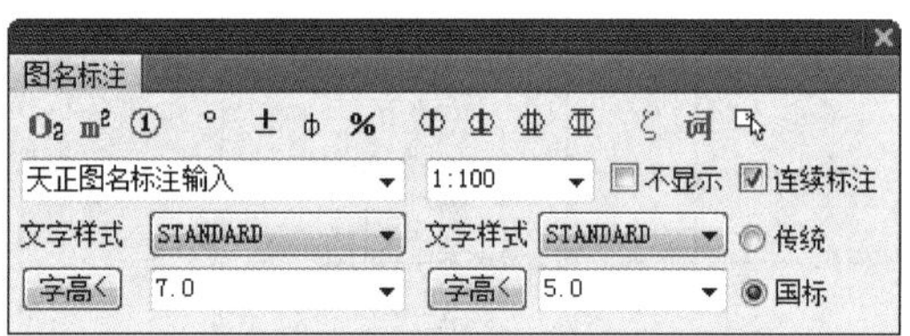

图 13-20 “图名标注”对话框

命令行提示如下。

```
命令：TMBZ
请点取插入位置<退出>:单击图名标注的位置
```

13.2.15 上机练习——图名标注

练习目标

图名标注如图 13-21 所示。

设计思路

打开源文件中的“画指北针”图形，利用“图名标注”命令，标注图名。

操作步骤

(1) 单击菜单中的“符号标注”→“图名标注”命令，打开的对话框如图 13-22 所示，

Note

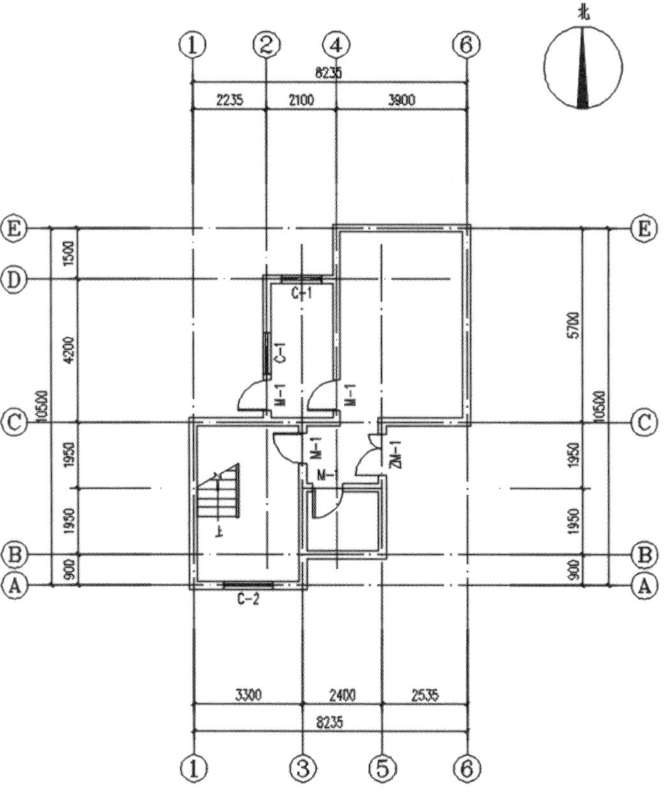

图 13-21　图名标注

输入图形名称为“建筑平面图”，比例设置为“1∶100”，字高为“7.0”。绘制的结果如图 13-21 所示。

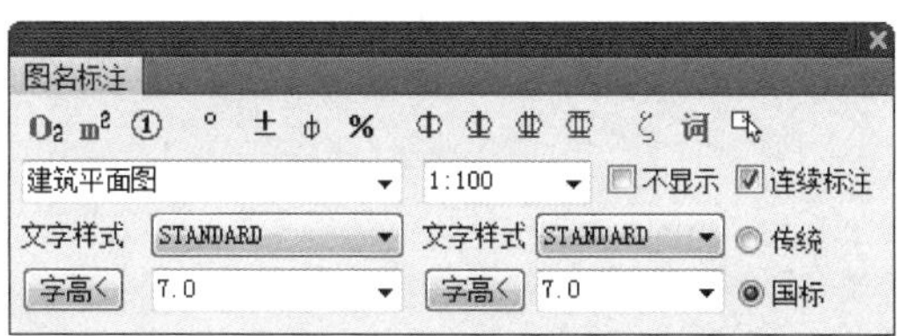

图 13-22　“图名标注”对话框

（2）保存图形。将图形以“图名标注.dwg”为文件名进行保存。命令行提示如下。

```
命令：SAVEAS↙
```

第14章

工具

工具命令包含常用工具、曲线工具、调整工具、观察工具和其他工具等。本章详细讲述几个常用的工具命令，可以对对象进行选择、移动、编辑或者隐藏显示等操作。

学 习 要 点

- 对象查询
- 对象编辑
- 对象选择
- 自由复制
- 自由移动
- 局部隐藏
- 局部可见
- 恢复可见

14.1 对象查询

“对象查询”命令不必选取，只要光标经过对象，即可出现文字窗口动态查看该对象的有关数据，如单击对象，则自动进入编辑状态。

1. 执行方式

命令行：DXCX

菜单：“工具”→“对象查询”

单击菜单命令后，图上显示光标，经过对象时出现文字窗口。

2. 命令行

```
命令：DXCX
```

14.2 上机练习——对象查询

练习目标

对象查询如图 14-1 所示。

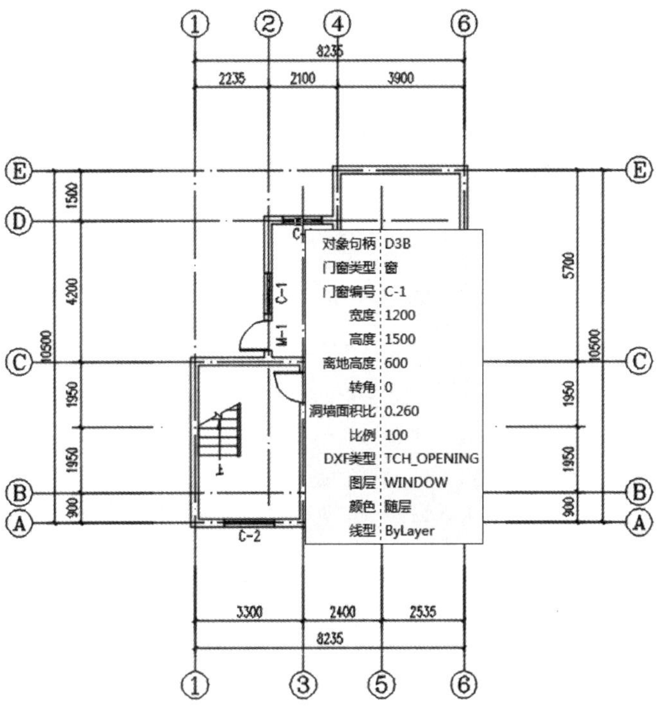

图 14-1 对象查询

设计思路

打开源文件中的"双跑楼梯"图形，利用"对象查询"命令，查询对象属性。

Note

操作步骤

(1) 单击菜单中的"工具"→"对象查询"命令，选择 C-1，命令行提示如下。

```
命令：DXCX
```

C-1 的属性如图 14-1 所示。

(2) 保存图形。将图形以"对象查询.dwg"为文件名进行保存。命令行提示如下。

```
命令：SAVEAS↙
```

14.3 对象编辑

采用"对象编辑"命令可以调用相应的编辑界面对天正对象进行编辑，默认双击对象启动本命令。

1. 执行方式

命令行：DXBJ

菜单："工具"→"对象编辑"

2. 命令行

```
命令：DXBJ
选择要编辑的物体：选取需编辑的对象，随即进入各自的对话框或命令行，根据所选择的天正对象而定
```

14.4 上机练习——对象编辑

练习目标

对象编辑如图 14-2 所示。

设计思路

打开源文件中的"双跑楼梯"图形，利用"对象编辑"命令，将 C-1 的宽度设置为 1800，高度设置为 2100。

操作步骤

(1) 单击菜单中的"工具"→"对象编辑"命令，选择 C-1，打开如图 14-3 所示的对话

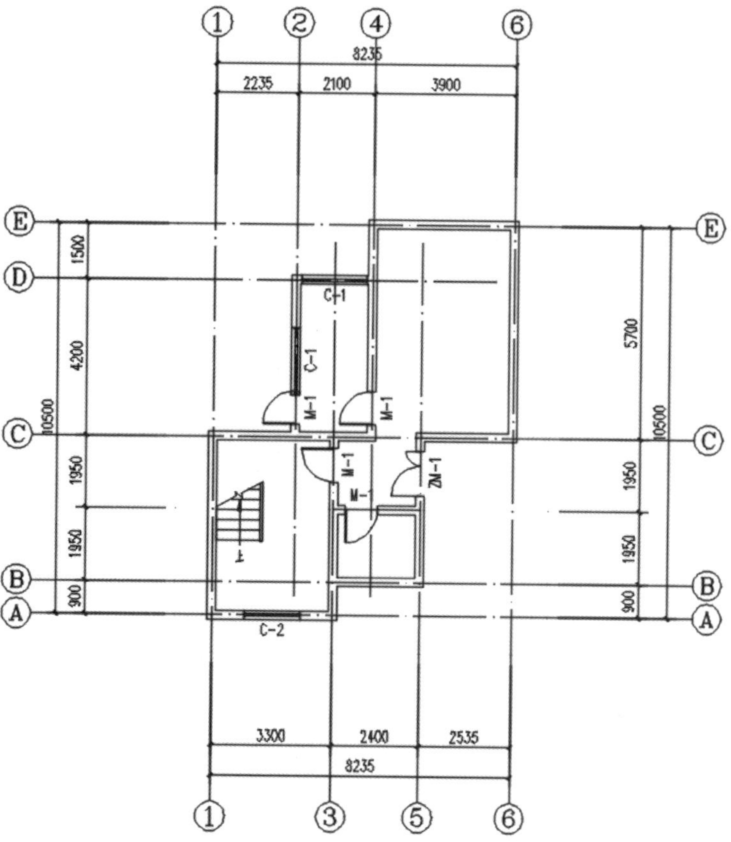

图 14-2　对象编辑

框，将 C-1 的宽度设置为“1800”，高度设置为“2100”。

在绘图区域单击，命令行提示如下。

```
命令：DXBJ
选择要编辑的物体：选择 C－1
其他 1 个相同编号的门窗是否同时参与修改?[全部(A)/部分(S)/否(N)]<N>:A
```

绘制结果如图 14-2 所示。

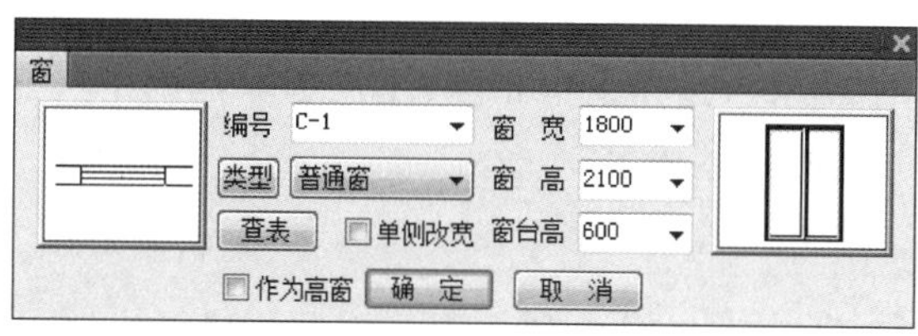

图 14-3　“窗”对话框

(2) 保存图形。将图形以“对象编辑. dwg”为文件名进行保存。命令行提示如下。

```
命令：SAVEAS ↙
```

Note

14.5 对象选择

本命令提供过滤选择对象功能。首先选择作为过滤条件的对象，再选择其他符合过滤条件的对象，在复杂的图形中筛选同类对象，建立需要批量操作的选择集。新提供构件材料的过滤，柱子和墙体可按材料过滤进行选择，默认匹配的结果存在新选择集中，也可以从新选择集中排除匹配内容。

1. 执行方式

命令行：DXXZ

菜单：工具→对象选择

执行上述任意一种执行方式，打开“匹配选项”对话框，如图 14-4 所示。

图 14-4 “匹配选项”对话框

2. 命令行

```
命令：DXXZ
请选择一个参考图元或 [恢复上次选择(2)]<退出>:选择要过滤的对象
提示：空选即为全选，中断用 ESC!
选择对象：框选范围或者直接回车表示全选(DWG 整个范围)
```

3. 控件说明

对象类型：过滤选择条件为图元对象的类型，比如选择所有的 PLINE。

图层：过滤选择条件为图层名，比如过滤参考图元的图层为 A，则选取对象时，只有 A 层的对象能被选中。

颜色：过滤选择条件为图元对象的颜色，目的是选择颜色相同的对象。

线型：过滤选择条件为图元对象的线型，比如删去虚线。

图块名称等：过滤选择条件为图块名称、门窗编号、文字属性和柱子类型与尺寸，快速选择同名图块，或编号相同的门窗、相同的柱子。

材料：过滤选择条件为柱子或者墙体的材料类型。

包括在选择集内：结果包含在选择集内。

排除在选择集外：结果从选择集中扣除，用户选取范围中可能包括某些不需要的匹配项，本命令可以过滤掉这些内容。

14.6 上机练习——对象选择

练习目标

对象选择如图 14-5 所示。

Note

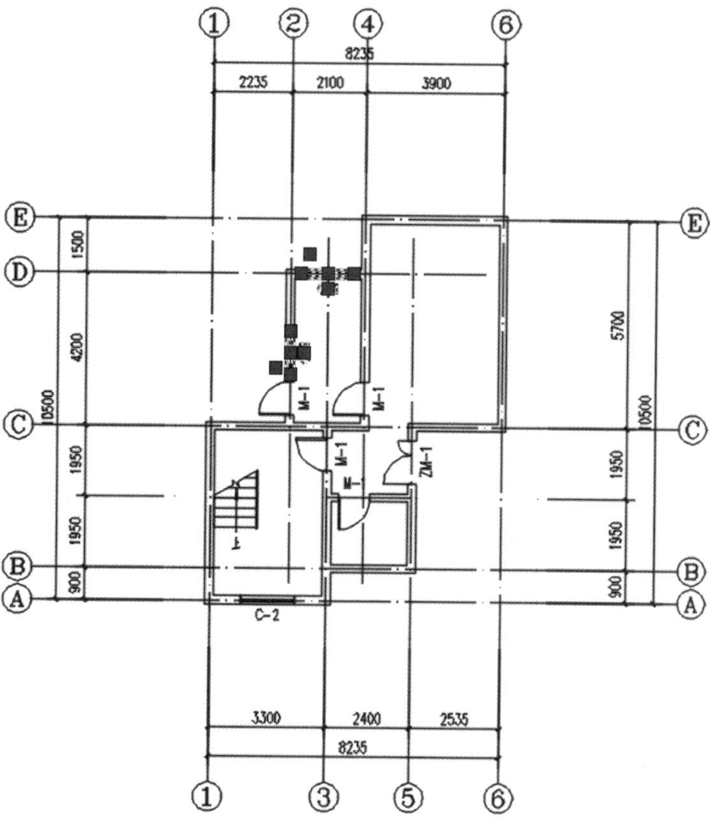

图 14-5 对象选择

设计思路

打开源文件中的"双跑楼梯"图形，利用"对象选择"命令，选择图中所有的 C-1。

操作步骤

(1) 单击菜单中的"工具"→"对象选择"命令，打开的对话框如图 14-4 所示，选择图中的所有 C-1。

命令行提示如下。

```
命令: DXXZ
请选择一个参考图元或 [恢复上次选择(2)]<退出>:选择 C－1
提示: 空选即为全选,中断用 ESC!
选择对象:按键盘上的回车键
```

绘制结果如图 14-5 所示。

(2) 保存图形。将图形以"对象选择.dwg"为文件名进行保存。命令行提示如下。

```
命令: SAVEAS↙
```

Note

14.7 自由复制

“自由复制”命令对 ACAD 对象与天正对象均起作用，能在复制对象之前对其进行旋转、镜像、改插入点等灵活处理，而且默认为多重复制，十分方便。

1. 执行方式

命令行：ZYFZ

菜单：“工具”→“自由复制”

2. 命令行

```
命令：ZYFZ
请选择要复制的对象：用任意选择方法选取对象
点取位置或 [转 90 度(A)/左右翻(S)/上下翻(D)/对齐(F)/改转角(R)/改基点(T)]<退出>：拖动到目标位置给点或者键入选项热键
```

14.8 上机练习——自由复制

练习目标

自由复制如图 14-6 所示。

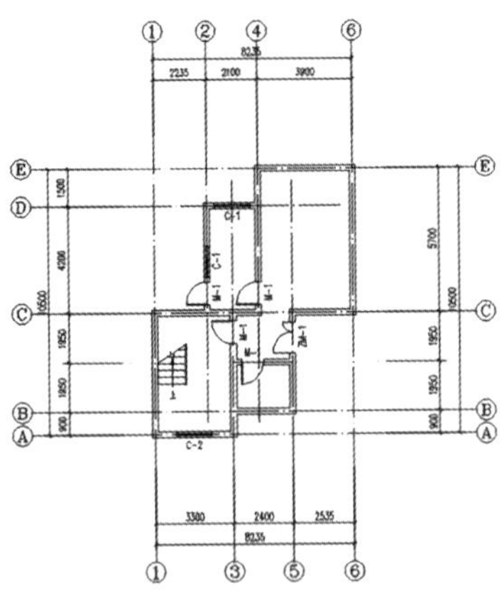

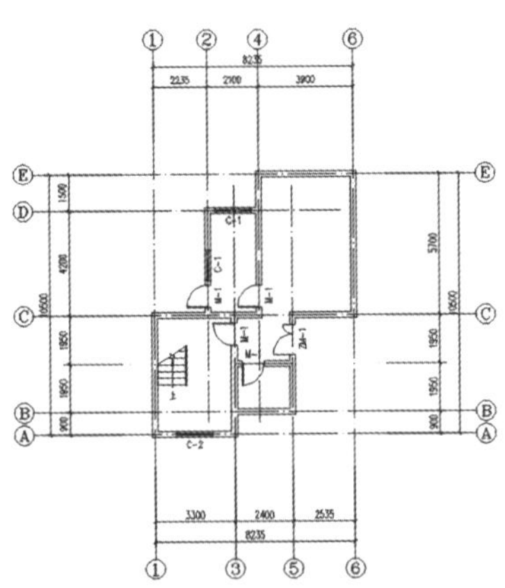

图 14-6 自由复制

设计思路

打开源文件中的“双跑楼梯”图形，利用“自由复制”命令，复制图形。

操作步骤

(1) 单击菜单中的“工具”→“自由复制”命令，框选所有图形，向右侧复制。

命令行提示如下。

```
命令: ZYFZ
请选择要复制的对象:框选所有图像
点取位置或 [转 90 度(A)/左右翻(S)/上下翻(D)/对齐(F)/改转角(R)/改基点(T)]<退出>: 拖动到目标位置
```

绘制结果如图 14-6 所示。

(2) 保存图形。将图形以"自由复制.dwg"为文件名进行保存。命令行提示如下。

```
命令: SAVEAS↙
```

14.9　自由移动

"自由移动"命令对 ACAD 对象与天正对象均起作用,能在移动对象就位前使用键盘先行对其进行旋转、镜像、改插入点等灵活处理。

1. 执行方式

命令行:ZYYD

菜单:"工具"→"自由移动"

2. 命令行

```
命令: ZYYD
请选择要移动的对象: 用任意选择方法选取对象
点取位置或 [转 90 度(A)/左右翻(S)/上下翻(D)/对齐(F)/改转角(R)/改基点(T)]<退出>: 拖动到目标位置给点或者键入选项热键
```

14.10　局部隐藏

采用"局部隐藏"命令可把妨碍观察和操作的对象临时隐藏起来;在三维操作中,经常会遇到前方的物体遮挡了想操作或观察的物体,这时可以把前方的物体临时隐藏起来,以方便观察或进行其他操作。

1. 执行方式

命令行:JBYC

菜单:"工具"→"局部隐藏"

2. 命令行

```
命令: JBYC
选择对象:选择待隐藏的对象
```

14.11 上机练习——局部隐藏

Note

练习目标

局部隐藏如图 14-7 所示。

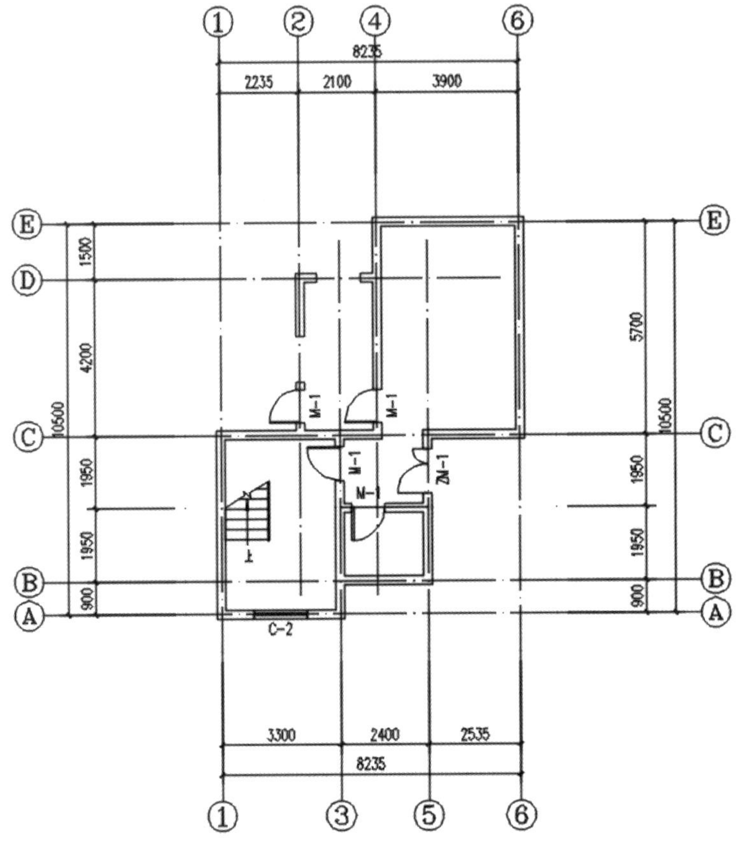

图 14-7　局部隐藏

设计思路

打开源文件中的"双跑楼梯"图形，利用"局部隐藏"命令，隐藏所有 C-1。

操作步骤

(1) 单击菜单中的"工具"→"局部隐藏"命令，将所有 C-1 隐藏。

命令行提示如下。

```
命令: JBYC
选择对象:选择所有 C-1
```

绘制结果如图 14-7 所示。

(2) 保存图形。将图形以“局部隐藏.dwg”为文件名进行保存。命令行提示如下。

```
命令: SAVEAS↙
```

14.12 局部可见

采用“局部可见”命令可选取要关注的对象进行显示,而把其余对象临时隐藏起来。

1. 执行方式

命令行:JBKJ

菜单:“工具”→“局部可见”

2. 命令行

```
命令: JBKJ
选择对象:选择非隐藏的对象,其余对象隐藏
选择对象:回车结束选择
```

14.13 上机练习——局部可见

练习目标

局部可见如图14-8所示。

设计思路

打开源文件中的“双跑楼梯”图形,利用“局部可见”命令,隐藏除C-1以外的所有图形。

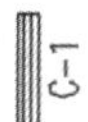

图14-8 局部可见

操作步骤

(1) 单击菜单中的“工具”→“局部可见”命令,隐藏除C-1以外的所有图形。命令行提示如下。

```
命令: JBKJ
选择对象:选择 C-1
选择对象:回车结束选择
```

绘制结果如图14-8所示。

(2) 保存图形。将图形以“局部可见.dwg”为文件名进行保存。命令行提示如下。

```
命令: SAVEAS↙
```

Note

14.14 恢复可见

采用“恢复可见”命令可对被局部隐藏的图形对象重新恢复可见。

1. 执行方式

命令行：HFKJ

菜单：“工具”→“恢复可见”

2. 命令行

```
命令：HFKJ
```

14.15 上机练习——恢复可见

练习目标

恢复可见如图 14-9 所示。

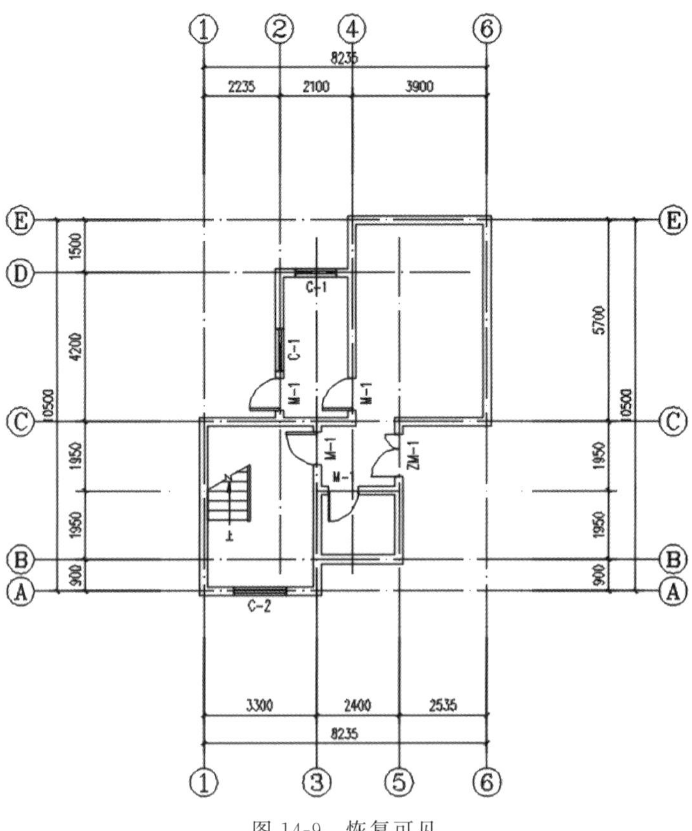

图 14-9 恢复可见

设计思路

打开源文件中的“局部可见”图形，利用“恢复可见”命令，显示所有图形。

操作步骤

(1) 单击菜单中的“工具”→“恢复可见”命令，显示所有图形。

命令行提示如下。

```
命令: HFKJ
```

绘制结果如图 14-9 所示。

(2) 保存图形。将图形以“恢复可见.dwg”为文件名进行保存。命令行提示如下。

```
命令: SAVEAS ↙
```

立面

建筑立面图是指用正投影法对建筑各个外墙面进行投影所得到的正投影图。以各层的建筑平面图为依据,利用天正建筑中的相关命令可以生成立面图,但是生成的立面图不能直接使用,应进行编辑和修改。

学习要点

- 立面的创建
- 立面的编辑

15.1　立面的创建

为了能获得尽量准确和详尽的立面图，用户在绘制平面图时，楼层高度、墙高、窗高、窗台高、阳台栏板高和台阶踏步高、级数等竖向参数应尽量正确。

15.1.1　新建工程文件

新建建筑立面图之前，首先要通过“文件布图”→“工程管理”命令，新建工程文件，并将各层的平面图添加到新建的文件当中，设置相应的参数。具体操作步骤如下：

（1）单击菜单中的“文件布图”→“工程管理”命令，打开“工程管理”对话框，选取“新建工程”，界面出现“另存为”对话框，如图 15-1 所示，在“文件名”中输入文件名称为“立面图”，然后单击“保存”按钮。

（2）返回“工程管理”对话框，点开下拉菜单“楼层”，如图 15-2 所示。

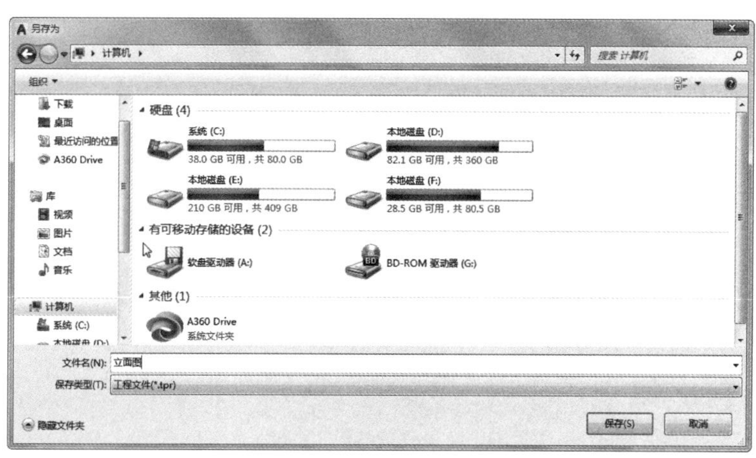

图 15-1　新建工程管理

图 15-2　“楼层”下拉菜单

命令行提示如下：

```
选择第一个角点<取消>:点选所选标准层
另一个角点<取消>:点选所选标准层
对齐点<取消>:选择开间和进深的第一轴线交点
成功定义楼层!
```

此时将所选的楼层定义为第一层，如图 15-3 所示。重复上面的操作完成其他楼层的定义，如图 15-4 所示。

15.1.2　建筑立面

工程文件建立之后，单击“建筑立面”命令，新建立面图形。

Note

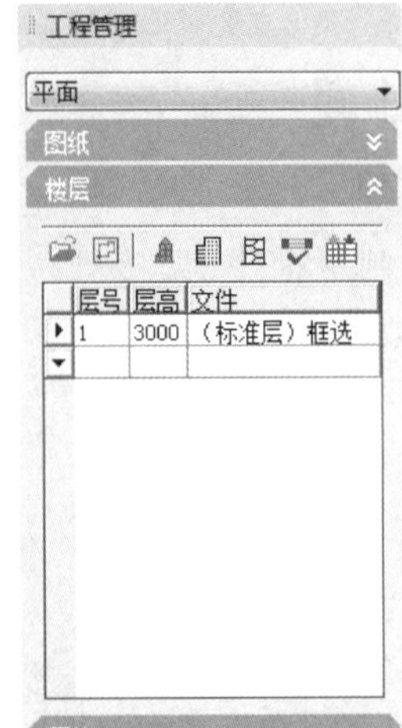

图 15-3　定义第一层

图 15-4　定义其他楼层

1. 执行方式

命令行：JZLM

菜单："立面"→"建筑立面"

2. 命令行

```
命令：JZLM
请输入立面方向或[正立面(F)/背立面(B)/左立面(L)/右立面(R)]<退出>:选择所需的立面
请选择要出现在立面图上的轴线:选择轴线
请选择要出现在立面图上的轴线:选择轴线
请选择要出现在立面图上的轴线:回车
```

此时出现"立面生成设置"对话框，如图 15-5 所示。

在对话框中输入标注的数值，然后单击"生成立面"按钮，出现"输入要生成的文件"对话框，在此对话框中输入要生成的立面文件的名称和位置，生成立面图，然后单击"保存(S)"按钮，即可在指定位置生成立面图，如图 15-6 所示。

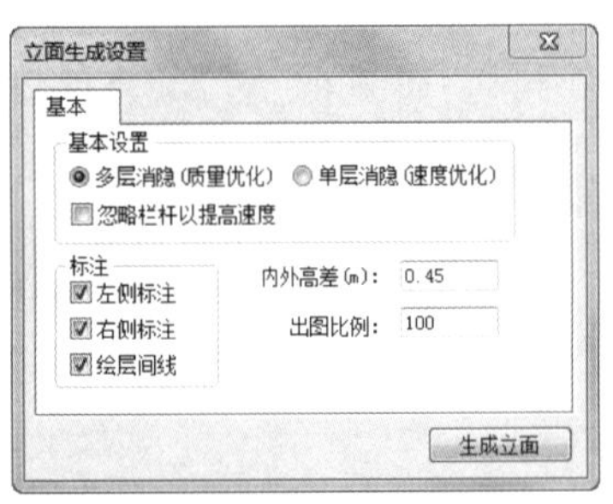

图 15-5　"立面生成设置"对话框

图 15-6　"输入要生成的文件"对话框

面的消隐计算是由天正编制的算法进行的，在楼梯栏杆采用复杂的造型栏杆时，由于这样的栏杆实体面数极多，如果也参加消隐计算，可能会使消隐计算的时间大大增长，在这种情况下，可选择“忽略栏杆以提高速度”，也就是说，“忽略栏杆”只对造型栏杆对象有影响。

3. 控件说明

多层消隐/单层消隐：前者考虑两个相邻楼层的消隐，速度较慢，但可考虑楼梯扶手等伸入上层的情况，消隐精度比较好。

内外高差：室内地面与室外地坪的高差。

出图比例：立面图的打印出图比例。

左侧标注/右侧标注：是否标注立面图左、右两侧的竖向标注，含楼层标高和尺寸。

绘层间线：楼层之间的水平横线是否绘制。

忽略栏杆：勾选此复选框，为了优化计算，忽略复杂栏杆的生成。

15.1.3 上机练习——建筑立面

练习目标

建筑立面如图 15-7 所示。

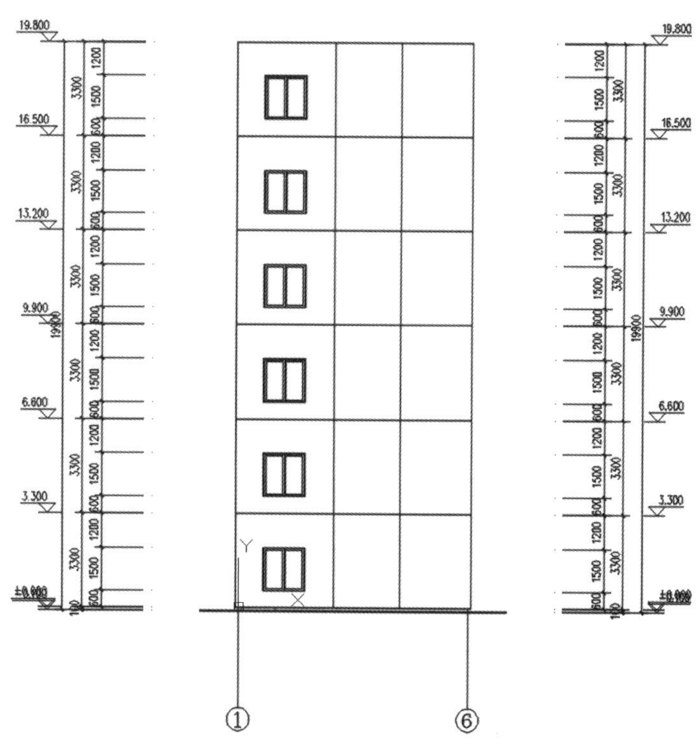

图 15-7 建筑立面

设计思路

打开源文件中的“平面图”图形，如图 15-8 所示，建立工程项目，生成立面图。

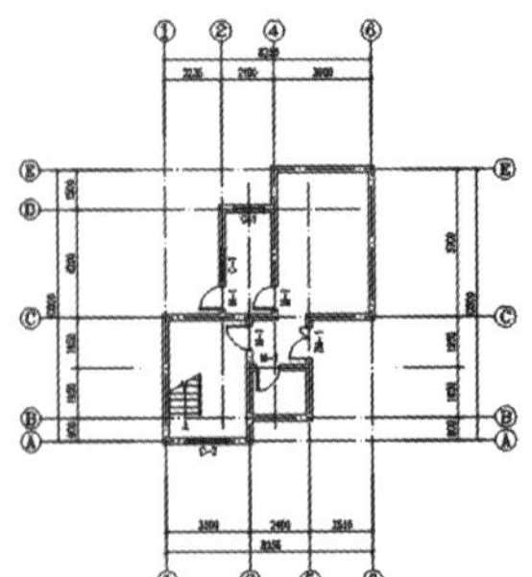
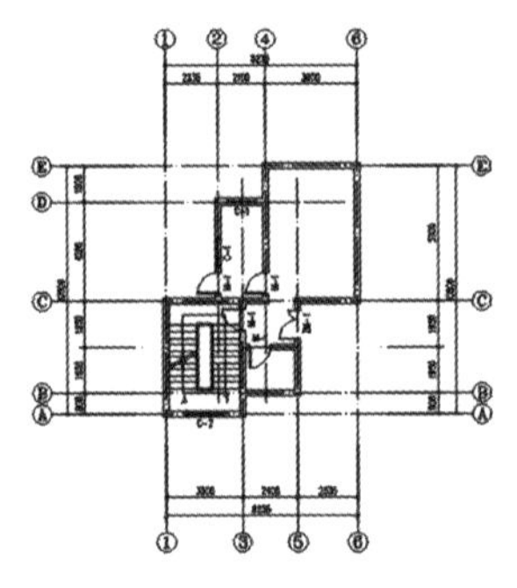
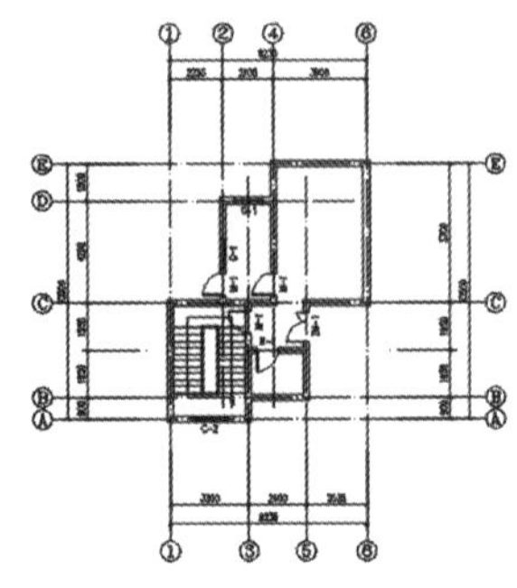

图 15-8　平面图

操作步骤

（1）单击菜单中的“文件布图”→“工程管理”命令，打开“工程管理”对话框，新建“立面图”的工程文件，如图 15-9 所示。

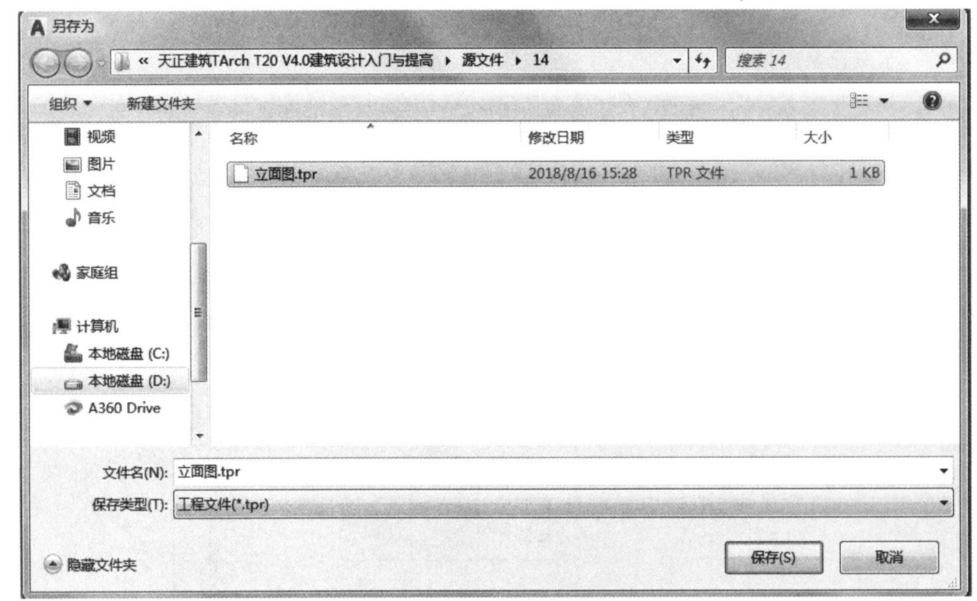

图 15-9　新建工程文件

（2）将各层的平面图添加到菜单“楼层”中，将层高均设置为 3300，共 6 层，标准层为 2～5 层，如图 15-10 所示。

（3）单击菜单中的“立面”→“建筑立面”，选择正立面，并显示轴线①和轴线⑥，命令行提示如下。

```
命令：JZLM
请输入立面方向或［正立面(F)/背立面(B)/左立面(L)/右立面(R)］<退出>:选择正立面 F
请选择要出现在立面图上的轴线:选择轴线①
请选择要出现在立面图上的轴线:选择轴线①
请选择要出现在立面图上的轴线:回车
```

此时出现“立面生成设置”对话框，设置内外高差为“0.1”，如图 15-11 所示。单击“生成立面”按钮，设置名称和保存的位置，如图 15-12 所示。

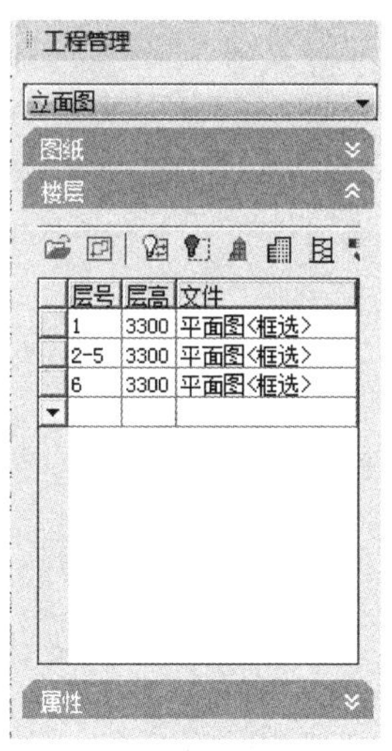

图 15-10　立面图

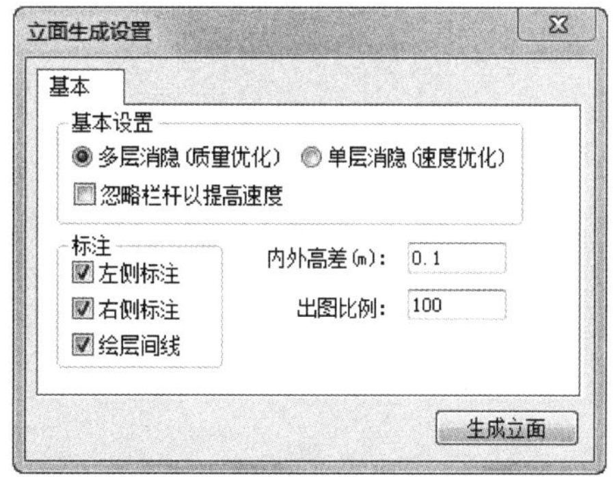

图 15-11　“立面生成设置”对话框

图 15-12　“输入要生成的文件”对话框

(4) 保存图形，将图形以“建筑立面.dwg”为文件名进行保存。命令行提示如下。

```
命令: SAVEAS↙
```

15.1.4　构件立面

采用“构件立面”命令可以对选定的三维对象生成立面形状。

执行方式如下。

命令行：GJLM

菜单：“立面”→“构件立面”

单击菜单命令后，命令行提示如下。

```
命令：GJLM
请输入立面方向或［正立面(F)/背立面(B)/左立面(L)/右立面(R)/顶视图(T)]<退出>：选择立面图的方向
请选择要生成立面的建筑构件：选择三维建筑构件
请选择要生成立面的建筑构件：回车结束选择
请单击放置位置：选择立面构件的位置
```

15.1.5 上机练习——构件立面

练习目标

楼梯平面图如图 15-13 所示。构件立面如图 15-14 所示。

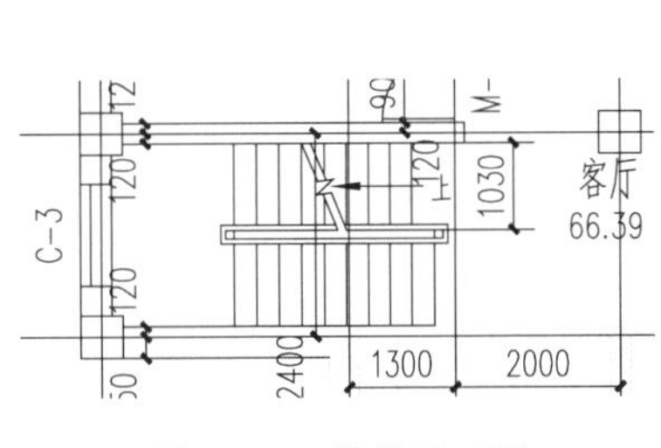

图 15-13 楼梯平面图

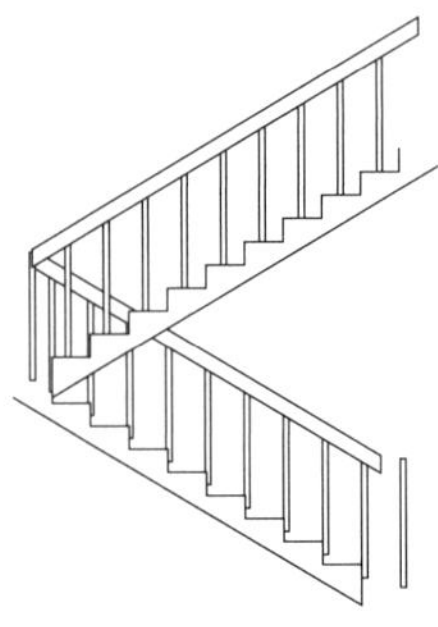

图 15-14 构件立面图

设计思路

打开源文件中的“楼梯”图形，利用“构件立面”命令，生成楼梯构件立面图。

操作步骤

(1) 单击菜单中的“立面”→“构件立面”命令，命令行提示如下。

```
命令：GJLM
请输入立面方向或［正立面(F)/背立面(B)/左立面(L)/右立面(R)/顶视图(T)]<退出>：F
请选择要生成立面的建筑构件：选择楼梯
请选择要生成立面的建筑构件：回车结束选择
请点取放置位置：选择楼梯立面的位置
```

(2) 绘制结果如图 15-13 所示。因为构件立面是软件自动生成，其中有些部分需要后期读者自己完善，使图形更加完善。

(3) 保存图形。将图形以“构件立面.dwg”为文件名进行保存。命令行提示如下。

```
命令：SAVEAS↙
```

15.1.6 立面门窗

采用“立面门窗”命令可以插入、替换立面图上的门窗，同时对立面门窗库进行

Note

维护。

执行方式如下。

命令行：LMMC

菜单："立面"→"立面门窗"

执行上述任意一种方式，打开"天正图库管理系统"对话框，如图 15-15 所示。

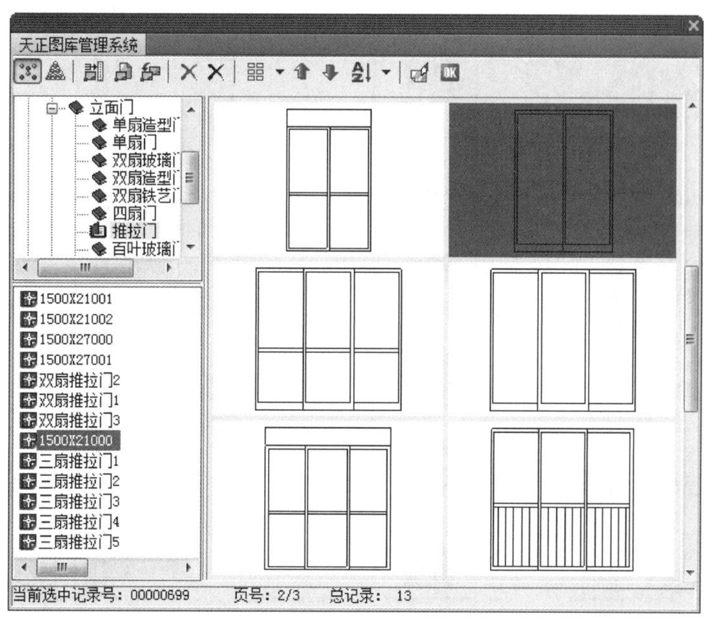

图 15-15　"天正图库管理系统"对话框

采用"立面门窗"命令可以直接插入门窗，以替换已有的门窗。

1. 直接插入门窗

在上侧图库中单击选择所需的门窗图块，命令行提示如下。

```
点取插入点或 [转 90(A)/左右(S)/上下(D)/对齐(F)/外框(E)/转角(R)/基点(T)/更换(C)]<退出>:E
第一个角点或 [参考点(R)]<退出>:选取门窗洞口的左下角
另一个角点：选取门窗洞口的右上角
```

天正软件自动按照选取图框的左下角和右上角所对应的范围，以左下角为插入点来生成门窗图块。

2. 替换已有的门窗

在上侧图库中单击选择所需替换成的门窗图块，然后单击上方的"替换"图标，命令行提示如下。

```
选择图中将要被替换的图块
选择对象:选择已有的门窗图块
选择对象:回车退出
```

天正软件自动选择新的门窗替换原有的门窗。

Note

15.1.7 上机练习——立面门窗

练习目标

立面门窗如图15-16所示。

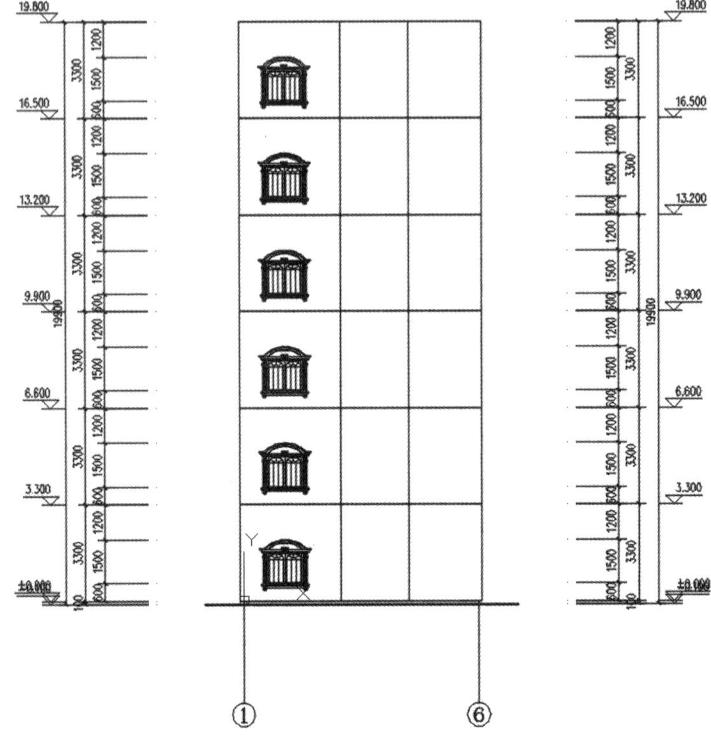

图15-16 立面门窗

设计思路

打开源文件中的"建筑立面"图形，利用"立面门窗"命令，替换门窗。

操作步骤

(1) 单击菜单中的"立面"→"立面门窗"命令，打开"天正图库管理系统"对话框，在对话框中单击选择所需替换成的窗图块，如图15-17所示。

单击上方的"替换"图标，命令行提示如下。

```
选择图中将要被替换的图块!
选择对象:选择已有的窗图块
选择对象:回车退出
```

天正软件自动选择新选的窗替换原有的窗，结果如图15-16所示。

(2) 保存图形。将图形以"立面门窗.dwg"为文件名进行保存。命令行提示如下。

```
命令: SAVEAS↙
```

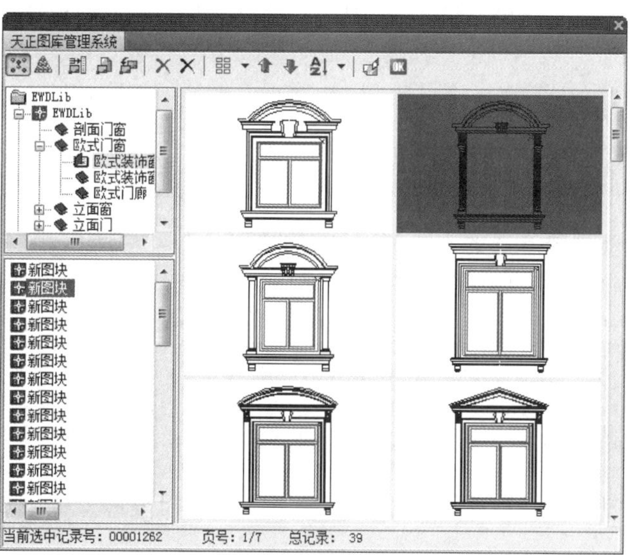

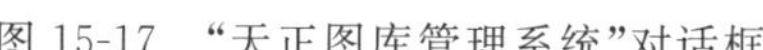
图 15-17 “天正图库管理系统”对话框

15.1.8 立面阳台

“立面阳台”命令用于替换、添加立面图上阳台的样式，也是对立面阳台图块管理的工具。

执行方式如下。

命令行：LMYT

菜单：“立面”→“立面阳台”

执行上述任意一种执行方式，打开“天正图库管理系统”对话框，如图 15-18 所示。

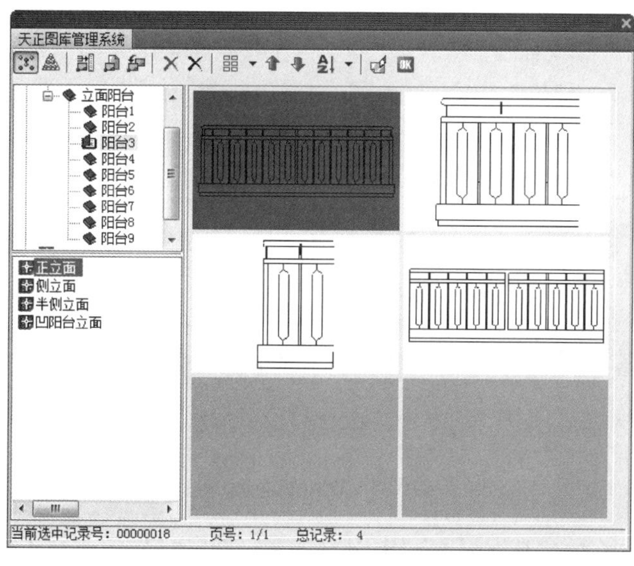

图 15-18 “天正图库管理系统”对话框

"立面阳台"可以替换已有的阳台,也可以直接插入阳台。在"替换选项"对话框中选择"保持插入尺寸",然后单击选择图 15-18 中需要替换的立面阳台。命令行提示如下。

Note

```
选择图中将要被替换的图块!
选择对象: 选择已有的阳台图块
选择对象: 回车退出
```

天正软件自动选择新选的阳台替换原有的阳台。

直接插入阳台。在上侧图库中双击选择所需的门窗图块,命令行提示如下。

```
点取插入点或 [转 90(A)/左右(S)/上下(D)/对齐(F)/外框(E)/转角(R)/基点(T)/更换(C)]<退出>:E
第一个角点或 [参考点(R)]<退出>:选取阳台的左下角
另一个角点: 选取阳台的右上角
```

天正软件自动按照选取图框的左下角和右上角所对应的范围,以左下角为插入点生成阳台图块。

15.1.9 立面屋顶

"立面屋顶"命令可完成包括平屋顶、单坡屋顶、双坡屋顶、四坡屋顶与歇山屋顶的正立面和侧立面、组合的屋顶立面、一侧与相邻墙体或其他屋面相连接的不对称屋顶。

立面屋顶命令提供了编组功能,将构成立面屋顶的多个对象进行组合,以便整体复制与移动;当需要对组成对象进行编辑时,单击状态行新增的"编组"按钮,使按钮弹起后将立面屋顶解组,编辑完成后单击按下该按钮,即可恢复立面屋顶编组。也可在创建立面屋顶前事先将"编组"按钮弹起,生成不作编组的立面屋顶。

1. 执行方式

命令行:LMWD

菜单:"立面"→"立面屋顶"

执行上述任意一种执行方式,打开"立面屋顶参数"对话框,如图 15-19 所示。

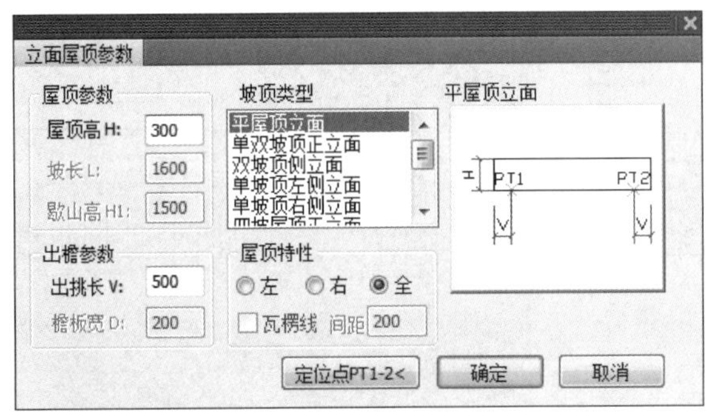

图 15-19 "立面屋顶参数"对话框

选择"平屋顶立面",在"屋顶高"中输入"300",在"出挑长"中输入"500",单击"定位点 PT1-2＜",在图 15-19 中选择屋顶的外侧,然后单击"确定"按钮完成操作。命令行提示如下。

```
命令: LMWD
请点取墙顶角点 PT1 <返回>:
请点取墙顶另一角点 PT2 <返回>:
```

Note

2. 控件说明

屋顶高：各种屋顶的高度，即从基点到屋顶的最高处。

坡长：坡屋顶倾斜部分的水平投影长度。

歇山高：歇山屋顶立面的歇山高度。

出挑长：斜线出外墙部分的投影长度。

檐板宽：檐板的宽度。

定位点 PT1-2＜：单击屋顶的定位点。

屋顶特性："左""右""全"表明屋顶的范围，可以与其他屋面组合。

坡顶类型：可供选择的坡顶类型有平屋顶立面、单双坡顶正立面、双坡顶侧立面、单坡顶左侧立面、单坡顶右侧立面、四坡屋顶正立面、四坡顶侧立面、歇山顶正立面、歇山顶侧立面。

瓦楞线：定义为瓦楞屋面，并且确定瓦楞线的间距。

15.1.10 上机练习——立面屋顶

练习目标

立面屋顶如图 15-20 所示。

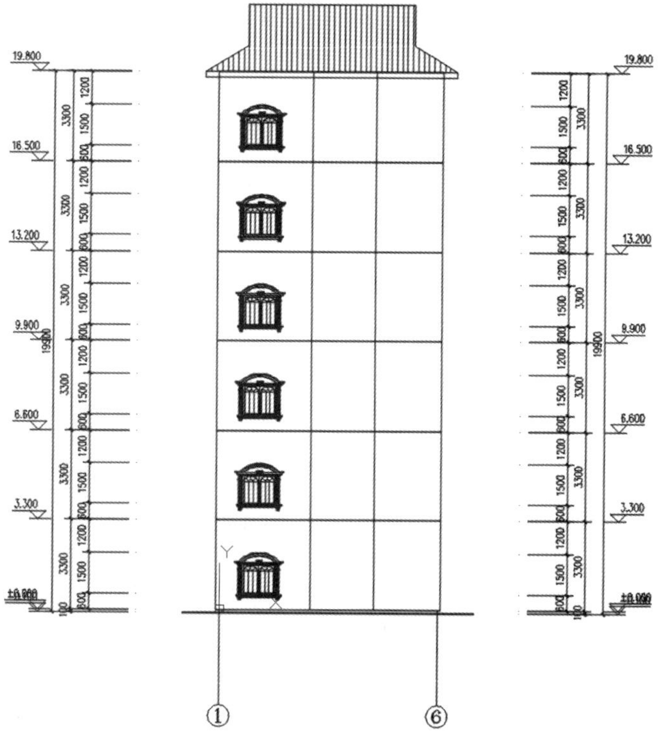

图 15-20 生成的立面屋顶图

设计思路

打开源文件中的“立面门窗”图形，利用“立面屋顶”命令，设置相关的参数，为图形添加立面屋顶。

操作步骤

(1) 单击菜单中的“立面”→“立面屋顶”命令，显示“立面屋顶参数”对话框，在其中填入歇山顶正立面的相关数据，如图 15-21 所示。

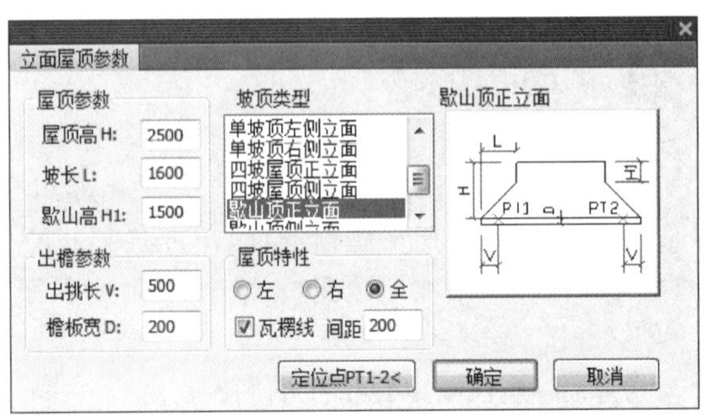

图 15-21 “立面屋顶参数”对话框

命令行提示如下。

```
命令: LMWD
请点取墙顶角点 PT1 <返回>:指定歇山的左侧的角点
请点取墙顶另一角点 PT2 <返回>:指定歇山的右侧的角点
```

结果如图 15-20 所示。

(2) 保存图形。将图形以“立面屋顶.dwg”为文件名进行保存。命令行提示如下。

```
命令: SAVEAS↙
```

15.2 立面的编辑

根据立面构件的要求，对生成的建筑立面进行编辑的命令总和，可以完成创建门窗、阳台、屋顶、门窗套、雨水管、轮廓线等功能。

15.2.1 门窗参数

采用“门窗参数”命令可以把已经生成的立面门窗尺寸以及门窗底标高作为默认值，用户修改立面门窗尺寸，系统按尺寸更新所选门窗。

1. 执行方式

命令行：MCCS

菜单：“立面”→“门窗参数”

Note

2. 命令行

```
命令: MCCS
选择立面门窗:选择门窗
选择立面门窗:回车退出
底标高<4000>:输入新的门窗底标高
高度<1800>:输入新的门窗高度
宽度<3000>:输入新的门窗宽度
```

15.2.2　上机练习——门窗参数

练习目标

门窗参数如图 15-22 所示。

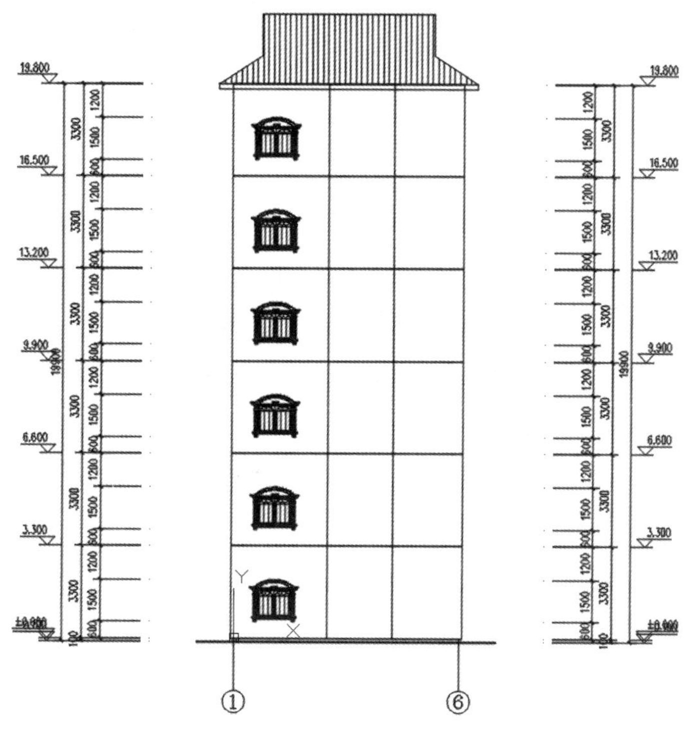

图 15-22　门窗参数

设计思路

打开源文件中的“立面屋顶”图形,利用“门窗参数”命令,更改门窗尺寸。

操作步骤

(1) 单击菜单中的“立面”→“门窗参数”命令,查询并更改左上侧的窗参数,命令行提示如下。

```
命令: MCCS
选择立面门窗:选择窗户图形
```

```
选择立面门窗:按键盘上的回车键
底标高<366>:600
高度<1734>:1500
宽度<1822>:1800
```

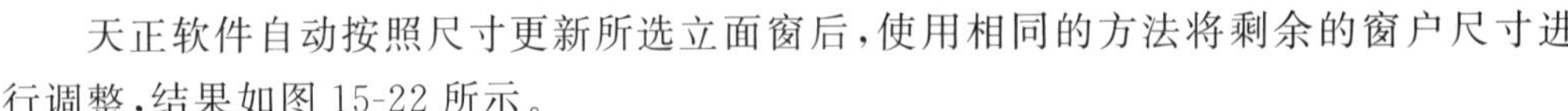

Note

天正软件自动按照尺寸更新所选立面窗后，使用相同的方法将剩余的窗户尺寸进行调整，结果如图 15-22 所示。

（2）保存图形。将图形以“门窗参数.dwg”为文件名进行保存。命令行提示如下。

```
命令: SAVEAS↙
```

15.2.3 立面窗套

采用“立面窗套”命令可以生成全包的窗套或者窗上沿线和下沿线。

1. 执行方式

命令行：LMCT

菜单：“立面”→“立面窗套”

选择菜单栏中的“立面”→“立面窗套”命令，命令行提示如下。

```
命令: LMCT
请指定窗套的左下角点 <退出>:选择所选窗的左下角
请指定窗套的右上角点 <推出>:选择所选窗的右上角
```

此时出现“窗套参数”对话框，分成全包模式和上下模式，其中全包模式如图 15-23 所示，上下模式如图 15-24 所示。

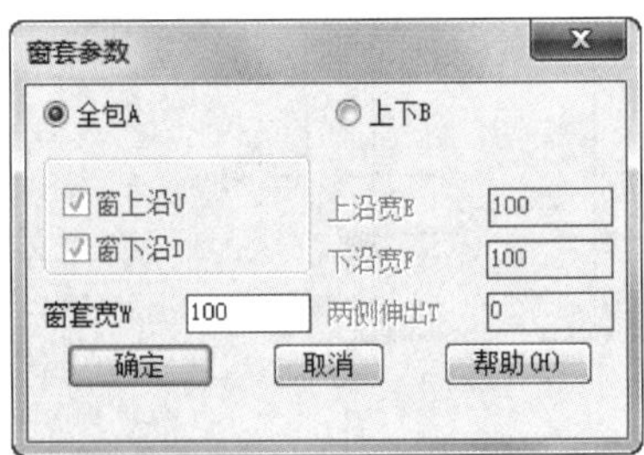

图 15-23 “窗套参数”对话框 1

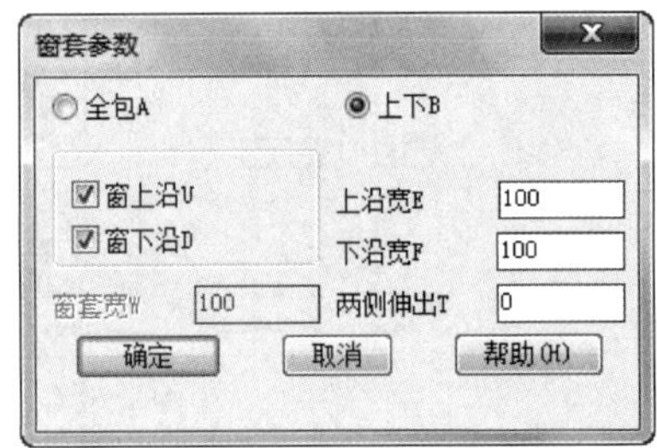

图 15-24 “窗套参数”对话框 2

在对话框中选择相应的数据，单击“确定”按钮完成操作。

2. 控件说明

全包：环窗四周创建矩形封闭窗套。

上下：在窗的上、下方分别生成窗上沿与窗下沿。

窗上沿/窗下沿：仅在选中“上下”时有效，分别表示仅要窗上沿或仅要窗下沿。

上沿宽/下沿宽：表示窗上沿线与窗下沿线的宽度。

两侧伸出：窗上、下沿两侧伸出的长度。

窗套宽：除窗上、下沿以外部分的窗套宽度。

15.2.4 上机练习——立面窗套

练习目标

立面窗套如图 15-25 所示。

设计思路

打开"立面窗套"命令,设置相关参数,添加立面窗套。

操作步骤

(1) 单击菜单中的"立面"→"立面窗套"命令,命令行提示如下。

```
命令: LMCT
请指定窗套的左下角点 <退出>:选择第一层窗的左下角
请指定窗套的右上角点 <推出>:选择第一层窗的右上角
```

此时出现"窗套参数"对话框,选择"上下 B"模式,如图 15-26 所示,单击"确定"按钮,结果如图 15-25 所示。

图 15-25 立面窗套

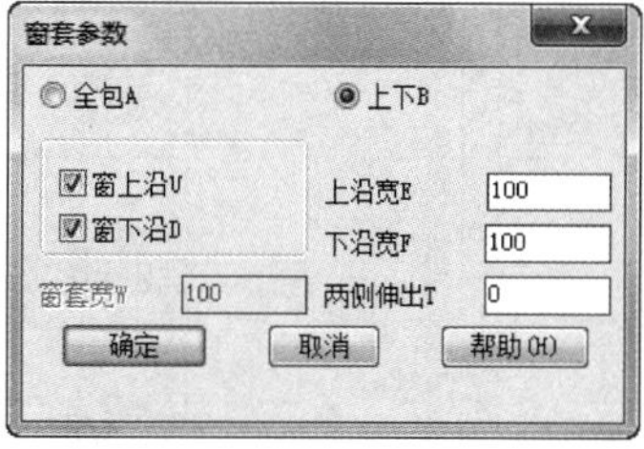

图 15-26 "窗套参数"对话框

(2) 保存图形。将图形以"立面窗套.dwg"为文件名进行保存。命令行提示如下。

```
命令: SAVEAS↙
```

15.2.5 雨水管线

本命令可在立面图中按给定的位置生成编组的雨水斗和雨水管,新改进的雨水管线可以转折绘制,自动遮挡立面上的各种装饰格线,移动和复制后可保持遮挡,必要时右键设置雨水管的"绘图次序"为"前置",恢复遮挡特性。由于提供了编组特性,可作为一个部件一次完成选择,便于复制和删除操作。

执行方式如下。

命令行: YSGX

菜单:"立面"→"雨水管线"

命令行提示如下。

```
命令: YSGX
请指定雨水管的起点[参考点(P)]<起点>:选择雨水管线的上侧起点
```

```
请指定雨水管的终点[参考点(P)]<终点>:选择雨水管线的下侧终点
请指定雨水管的管径<100>:选择雨水管径
```

Note

15.2.6 上机练习——雨水管线

练习目标

雨水管线如图 15-27 所示。

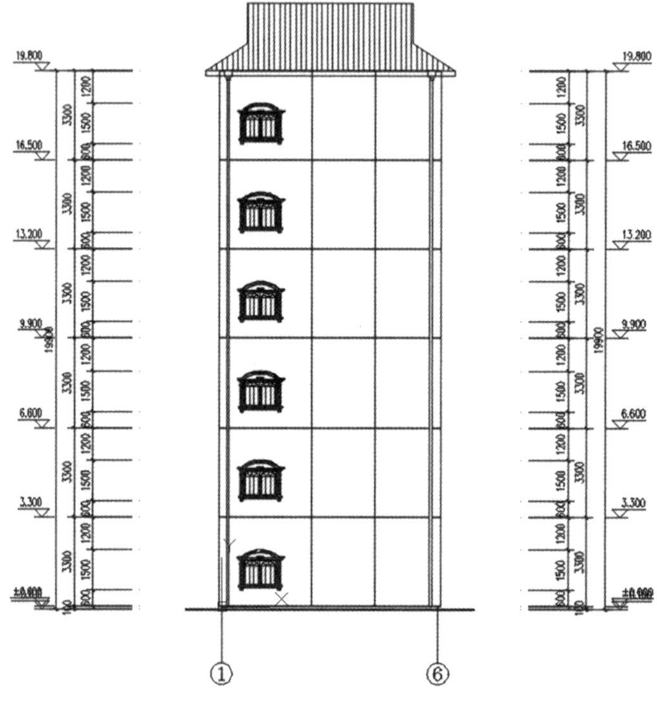

图 15-27　雨水管线

设计思路

打开源文件中的"立面窗套"图形，利用"雨水管线"命令，设置相关的参数，为图形添加雨水管线。

操作步骤

(1) 单击菜单中的"立面"→"雨水管线"命令，命令行提示如下。

```
命令: YSGX
请指定雨水管的起点[参考点(R)/管径(D)]<退出>:
请指定雨水管的起点[参考点(P)]<起点>:立面左上侧
请指定雨水管的终点[参考点(P)]<终点>:立面左下侧
```

生成左侧的立面雨水管，如图 15-27 所示。可采用相同的方法生成右侧的雨水管，如图 15-27 所示。

(2) 保存图形。将图形以“雨水管线.dwg”为文件名进行保存。命令行提示如下。

```
命令: SAVEAS↙
```

15.2.7　立面轮廓

采用“立面轮廓”命令可以自动搜索建筑立面外轮廓，在边界上加一圈粗实线，但不包括地坪线在内。

1. 执行方式

命令行：LMLK

菜单：“立面”→“立面轮廓”

2. 命令行

```
命令: LMLK
选择二维对象:指定对角点,框选二维图形
选择二维对象:回车退出
请输入轮廓线宽度(按模型空间的尺寸)<0>: 输入宽度
成功地生成了轮廓线
```

15.2.8　上机练习——立面轮廓

练习目标

立面轮廓如图 15-28 所示。

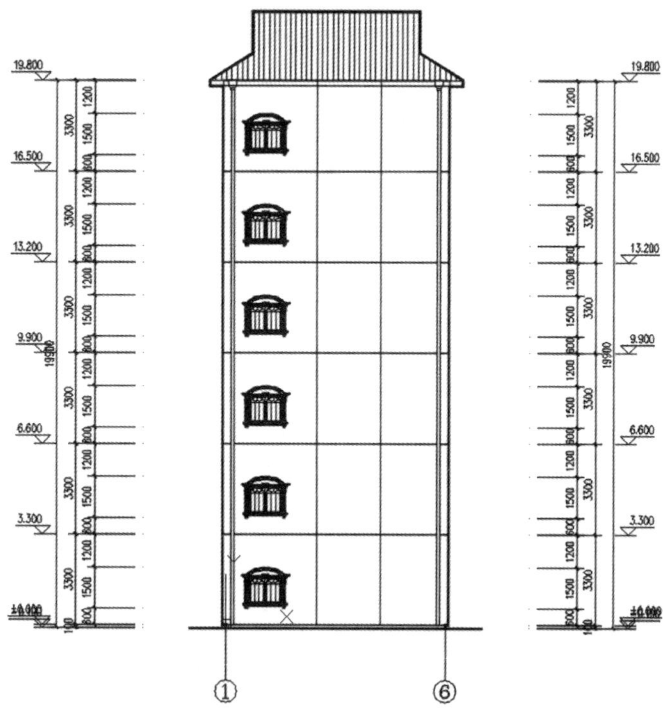

图 15-28　立面轮廓

设计思路

打开源文件中的“雨水管线”图形，利用“立面轮廓”命令，为图形添加立面轮廓。

Note

操作步骤

(1) 单击菜单中的“立面”→“立面轮廓”命令，为图形添加立面的轮廓线，命令行提示如下。

```
命令: LMLK
选择二维对象:指定对角点,框选立面图形
选择二维对象:回车退出
请输入轮廓线宽度(按模型空间的尺寸)<0>: 50
成功地生成了轮廓线
```

最终结果如图 15-28 所示。

(2) 保存图形。将图形以“立面轮廓.dwg”为文件名进行保存。命令行提示如下。

```
命令: SAVEAS↙
```

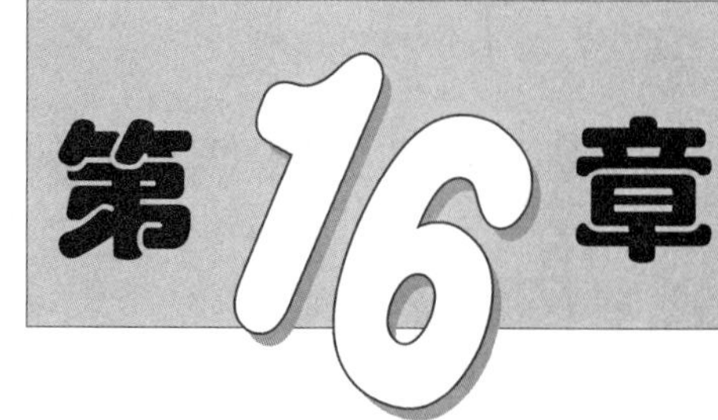

第16章 剖面

建筑剖面图是指用一个假想的剖切面将房屋垂直剖开所得到的投影图。建筑剖面图是与平面图和立面图相互配合表达建筑物的重要图样，它主要反映建筑物的结构形式、垂直空间利用、各层构造做法和门窗洞口高度等情况。

本章介绍建筑剖面和构件剖面，包括剖面中墙、楼板、梁、门窗、檐口、门窗过梁的绘制，栏杆的操作方法，剖面的填充和墙线加粗方式。

学习要点

- 剖面的创建
- 剖面楼梯与栏杆
- 剖面填充与加粗

16.1 剖面的创建

Note

一套完成的建筑图应包括平面图、立面图和剖面图。依据各层的平面图，参照立面图的创建方法，即可以创建出剖面图，天正建筑中提供了相应的命令。

16.1.1 建筑剖面

采用"建筑剖面"命令可以按照"工程管理"命令中的楼层表格数据，一次生成多层建筑剖面。在当前工程为空的情况下执行本命令，会出现警告对话框"请打开或新建一个工程管理项目"，并在工程数据库中建立楼层表。此时与立面图相似，必须首先建立好工程文件。

执行方式如下。

命令行：JZPM

菜单："剖面"→"建筑剖面"

单击"建筑剖面"命令，命令行提示如下。

```
命令: JZPM
请选择一剖切线:选择首层中生成的剖切线
请选择要出现在剖面图上的轴线:选择需要显示的轴线
请选择要出现在剖面图上的轴线:回车退出
```

显示"剖面生成设置"对话框，如图 16-1 所示。在对话框中输入标注的数值，然后单击菜单中的"剖面"→"建筑剖面"命令，出现"输入要生成的文件"对话框，输入名称和选择保存的位置，如图 16-2 所示。

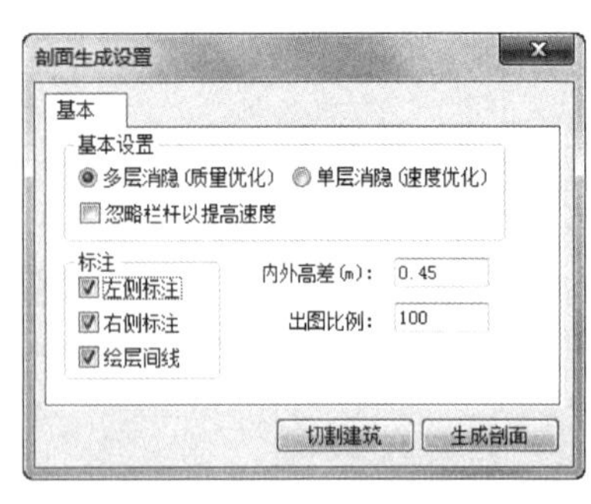

图 16-1 "剖面生成设置"对话框

图 16-2 "输入要生成的文件"对话框

16.1.2 上机练习——建筑剖面

练习目标

建筑剖面如图 16-3 所示。

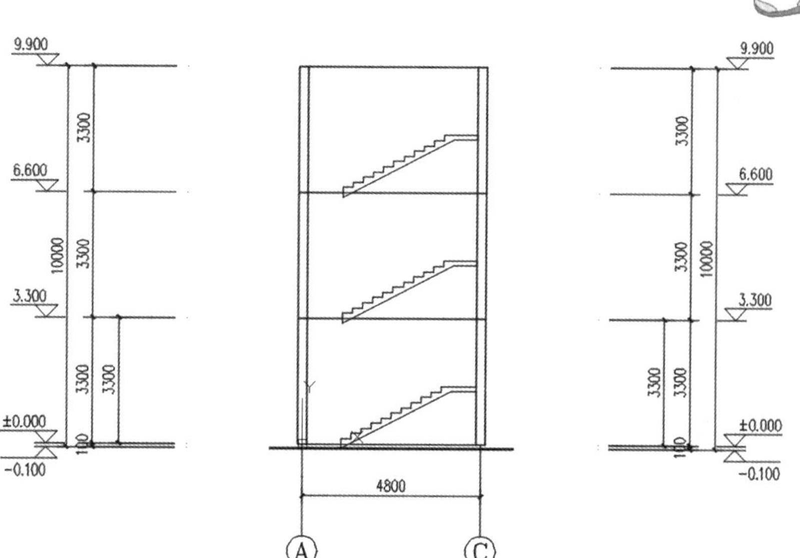

图 16-3 建筑剖面

设计思路

打开源文件中的“平面图”图形，确定剖面剖切位置，利用“建筑剖面”命令，生成建筑剖面图。

操作步骤

(1) 单击菜单中的“剖面”→“建筑剖面”命令，命令行提示如下。

```
命令: JZPM
请选择一剖切线:选择剖切线
请选择要出现在剖面图上的轴线:选择 A 轴
请选择要出现在剖面图上的轴线:选择 C 轴
请选择要出现在剖面图上的轴线:回车退出
```

此时出现“剖面生成设置”对话框，将内外高差设置为“0.10”，其余保持不变，如图 16-4 所示。单击“生成剖面”按钮，出现“输入要生成的文件”对话框，在此对话框中输入文件名称，并设置保存的位置，如图 16-5 所示。

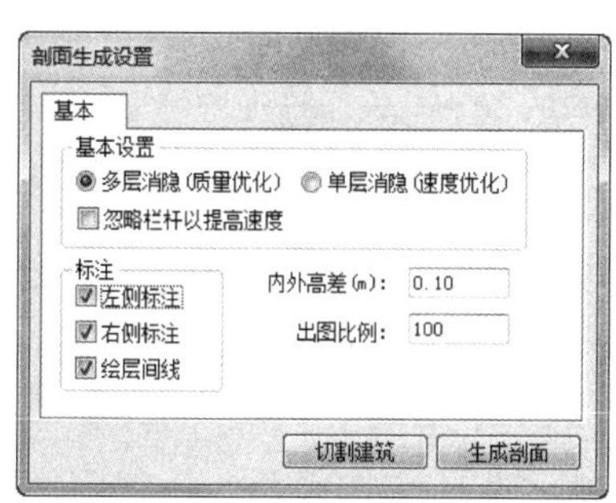

图 16-4 “剖面生成设置”对话框

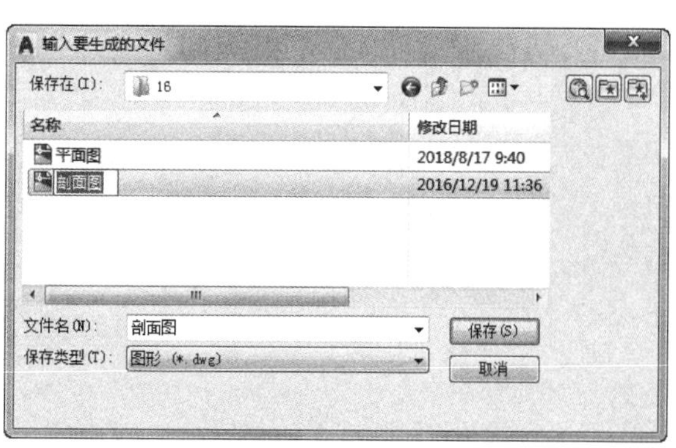

图 16-5 “输入要生成的文件”对话框

单击“保存(S)”按钮，即可在指定位置生成剖面图。

(2) 保存图形。将图形以“建筑剖面.dwg”为文件名进行保存。命令行提示如下。

```
命令：SAVEAS↙
```

Note

16.1.3 构件剖面

“构件剖面”命令用于生成当前标准层、局部构件或三维图块对象在指定剖视方向上的剖视图。

1. 执行方式

命令行：GJPM

菜单：“立面”→“构件剖面”

2. 命令行

```
命令：GJPM
请选择一剖切线：选择预先定义好的剖切线
请选择需要剖切的建筑构件：选择构件
请选择需要剖切的建筑构件：回车退出
请点取放置位置：将构件剖面放于合适位置
```

16.1.4 上机练习——构件剖面

练习目标

构件剖面如图 16-6 所示。

设计思路

打开源文件中的“楼梯图”图形，如图 16-7 所示。利用“构件剖面”命令，生成楼梯构件剖面图。

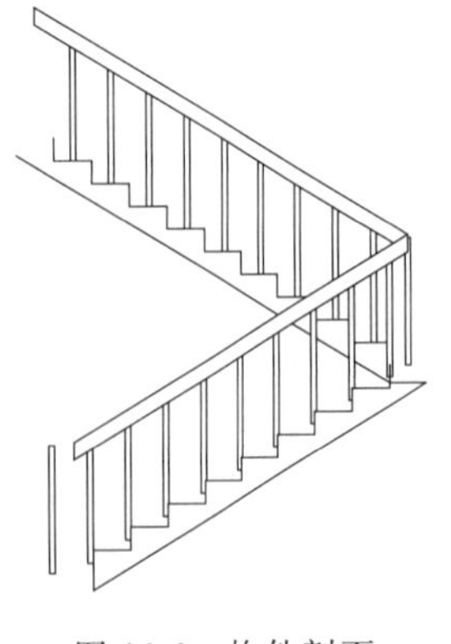

图 16-6 构件剖面

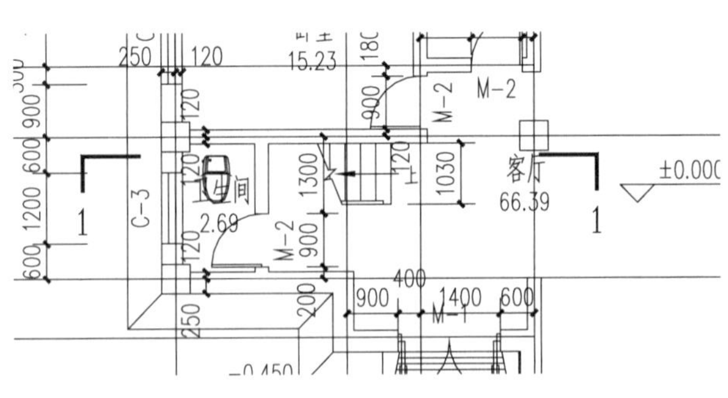

图 16-7 楼梯图

操作步骤

(1) 单击菜单中的"剖面"→"构件剖面"命令，命令行提示如下。

```
命令: GJPM
请选择一剖切线:选择剖切线 1
请选择需要剖切的建筑构件:选择楼梯
请选择需要剖切的建筑构件:回车退出
请点取放置位置:将构件剖面放于原有图纸的下侧
```

结果如图 16-6 所示。

(2) 保存图形。将图形以"构件剖面.dwg"为文件名进行保存。命令行提示如下。

```
命令: SAVEAS↙
```

16.1.5　画剖面墙

采用"画剖面墙"命令可以绘制剖面双线墙。

1. 执行方式

命令行：HPMQ

菜单："剖面"→"画剖面墙"

2. 命令行

```
命令: HPMQ
请单击墙的起点(圆弧墙宜逆时针绘制)[取参照点(F)单段(D)]<退出>:单击墙体的起点
墙厚当前值: 左墙 120, 右墙 120
请单击直墙的下一点[弧墙(A)/墙厚(W)/取参照点(F)/回退(U)] <结束>: 确定墙体宽度 W
请输入左墙厚 <120>:输入左墙厚度
请输入右墙厚 <120>: 输入右墙厚度 240
墙厚当前值: 左墙 120, 右墙 240
请单击直墙的下一点[弧墙(A)/墙厚(W)/取参照点(F)/回退(U)] <结束>:单击墙体终点
墙厚当前值: 左墙 120, 右墙 240
请单击直墙的下一点[弧墙(A)/墙厚(W)/取参照点(F)/回退(U)] <结束>:回车退出
```

16.1.6　上机练习——画剖面墙

练习目标

画剖面墙如图 16-8 所示。

设计思路

打开源文件中的"原剖面图"图形，如图 16-9 所示。利用"画剖面墙"命令，添加剖面墙。

Note

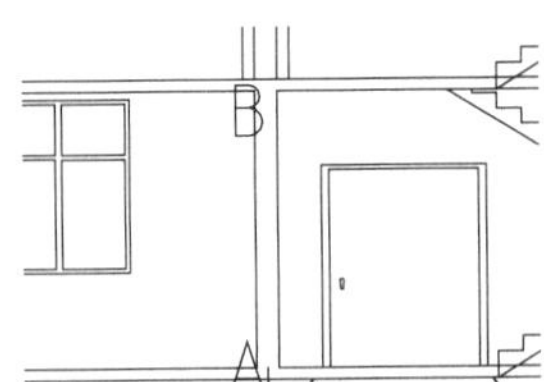

图 16-8　画剖面墙

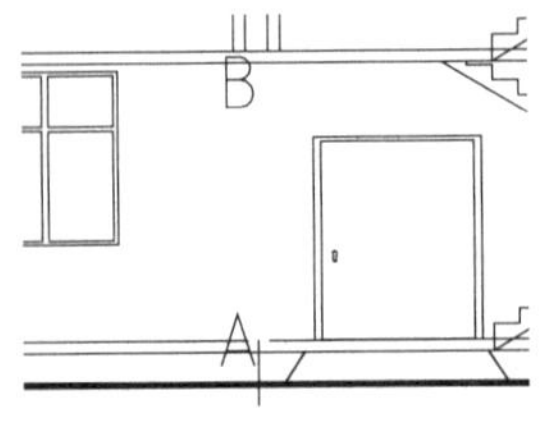

图 16-9　原剖面图

操作步骤

(1) 单击菜单中的“剖面”→“画剖面墙”命令，命令行提示如下。

```
命令：HPMQ
请单击墙的起点(圆弧墙宜逆时针绘制)[取参照点(F)单段(D)]<退出>:单击墙体的起点 A
墙厚当前值：左墙 120，右墙 120
请点取直墙的下一点[弧墙(A)/墙厚(W)/取参照点(F)/回退(U)] <结束>: 确定墙体宽度 W
请输入左墙厚 <120>:回车
请输入右墙厚 <120>: 回车
墙厚当前值：左墙 120，右墙 120
请单击直墙的下一点[弧墙(A)/墙厚(W)/取参照点(F)/回退(U)] <结束>:单击墙体终点 B
墙厚当前值：左墙 120，右墙 120
请点取直墙的下一点[弧墙(A)/墙厚(W)/取参照点(F)/回退(U)] <结束>:回车退出
```

结果如图 16-8 所示。

(2) 保存图形。将图形以“画剖面墙.dwg”为文件名进行保存。命令行提示如下。

```
命令：SAVEAS↙
```

16.1.7　双线楼板

采用“双线楼板”命令可以绘制剖面双线楼板。

执行方式如下。

命令行：SXLB

菜单：剖面→双线楼板

单击菜单中的“剖面”→“双线楼板”命令，命令行提示如下。

```
命令：SXLB
请输入楼板的起始点 <退出>:选楼板的起点
结束点 <退出>:选楼板的终点
楼板顶面标高 <3000>:楼面标高
楼板的厚度(向上加厚输负值) <200>:输入楼板的厚度
```

16.1.8　上机练习——双线楼板

练习目标

双线楼板如图 16-10 所示。

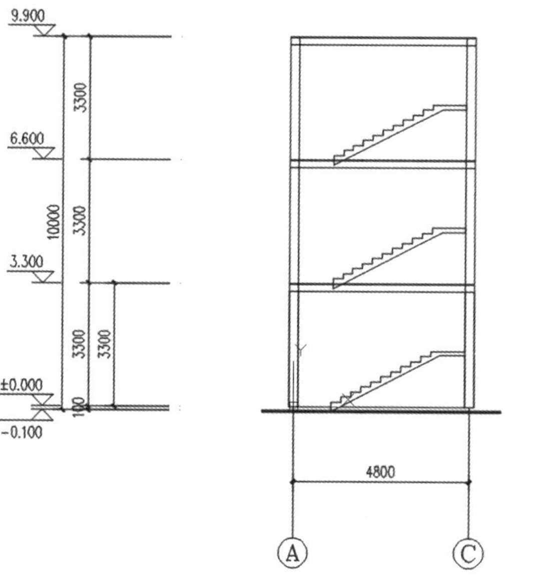

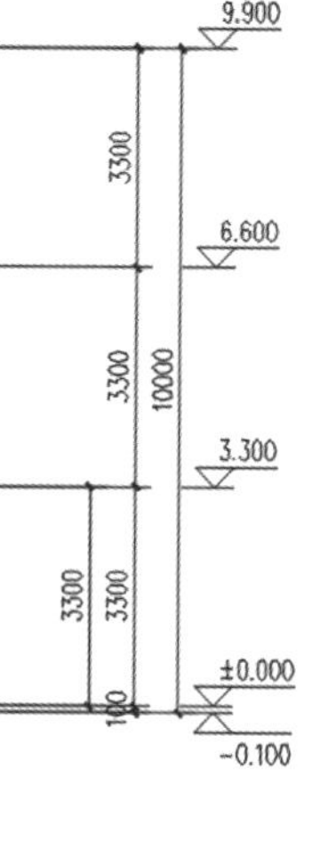

图 16-10　双线楼板

 **设计思路**

打开源文件中的“建筑剖面”图形，利用“双线楼板”命令，添加双线楼板。

 **操作步骤**

(1) 单击菜单中的“剖面”→“双线楼板”命令，命令行提示如下。

```
请输入楼板的起始点 <退出>:
结束点 <退出>:
楼板顶面标高 <3300>:回车
楼板的厚度(向上加厚输负值) <200>:回车
```

使用相同的方法绘制其他楼层的楼板，结果如图 16-10 所示。

(2) 保存图形。将图形以“双线楼板.dwg”为文件名进行保存。命令行提示如下。

```
命令: SAVEAS↙
```

16.1.9　预制楼板

采用“预制楼板”命令可以绘制剖面预制楼板。

1. 执行方式

命令行：YZLB

菜单：“剖面”→“预制楼板”

单击菜单中的“剖面”→“预制楼板”命令，此时界面出现“剖面楼板参数”对话框，预制楼板可以分成圆孔板(横剖)、圆孔板(纵剖)、槽形板(正放)、槽形板(反放)、实心板五种形式，选择合适的楼板形式，并在模板参数中输入相应的数据，如图 16-11 所示。

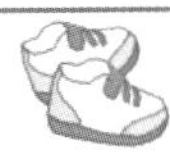

命令行提示如下。

```
命令: YZLB
请给出楼板的插入点 <退出>:选楼板的插入点
再给出插入方向 <退出>:选点确定楼板的方向
```

Note

图 16-11 “剖面楼板参数”对话框

2. 控件说明

楼板类型：选定当前预制楼板的形式：“圆孔板”(横剖和纵剖)、“槽形板”(正放和反放)、“实心板”。

楼板参数：确定当前楼板的尺寸和布置情况：楼板尺寸“宽 W”、“高 H”和槽形板“厚 T”以及布置情况的“块数 N”，其中“总宽 W<”是全部预制板和板缝的总宽度，单击从图上获取，修改单块板宽和块数，可以获得合理的板缝宽度。

基点定位：确定楼板的基点与楼板角点的相对位置，包括“偏移 X<”“偏移 Y<”“基点选择 P”。

16.1.10 加剖断梁

采用“加剖断梁”命令可以绘制楼板、休息平台下的梁截面。

执行方式如下。

命令行：JPDL

菜单：“剖面”→“加剖断梁”

命令行提示如下。

```
命令: JPDL
请输入剖面梁的参照点 <退出>:选择剖面梁顶定位点
梁左侧到参照点的距离 <150>:参照点到梁左侧的距离
梁右侧到参照点的距离 <150>:参照点到梁右侧的距离
梁底边到参照点的距离 <400>:参照点到梁底部的距离
```

16.1.11 上机练习——加剖断梁

练习目标

加剖断梁如图 16-12 所示。

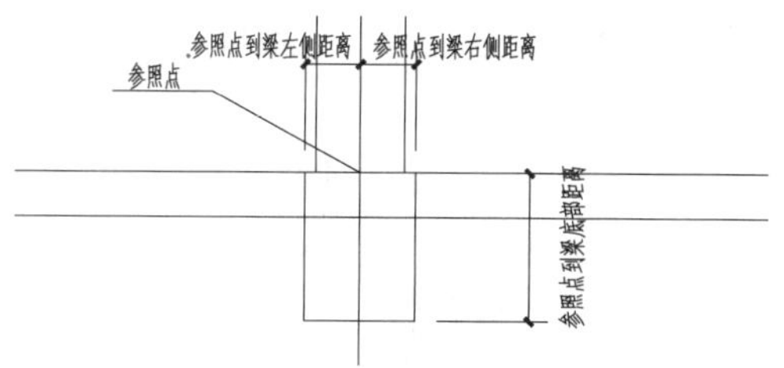

图 16-12　加剖断梁

设计思路

利用“加剖断梁”命令，添加剖断梁。

操作步骤

（1）单击菜单中的“剖面”→“加剖断梁”命令，命令行提示如下。

```
命令：JPDL
请输入剖面梁的参照点 <退出>:参照点
梁左侧到参照点的距离 <150>:150
梁右侧到参照点的距离 <150>:150
梁底边到参照点的距离 <400>:400
```

生成的预制楼板如图 16-12 所示。

（2）保存图形。将图形以“加剖断梁.dwg”为文件名进行保存。命令行提示如下。

```
命令：SAVEAS↙
```

16.1.12　剖面门窗

采用“剖面门窗”命令可以直接在图中插入剖面门窗。

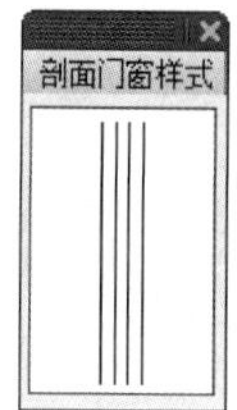

图 16-13　剖面门窗的默认形式

1. 执行方式

命令行：PMMC

菜单：“剖面”→“剖面门窗”

执行上述任意一种方式，出现剖面门窗的默认形式，如图 16-13 所示。

2. 命令行

```
命令：PMMC
请点取要插入门窗的剖面墙线[选择剖面门窗样式(S)/替换剖面门窗(R)/改窗台高(E)/改窗高(H)]<退出>:
```

（1）在命令行中输入“S”，打开“天正图库管理系统”对话框，如图 16-14 所示，双击选择所需的剖面门窗样式，即可调用。

（2）在命令行中输入“R”，可以对所选的门窗进行替换，命令行提示如下。

Note

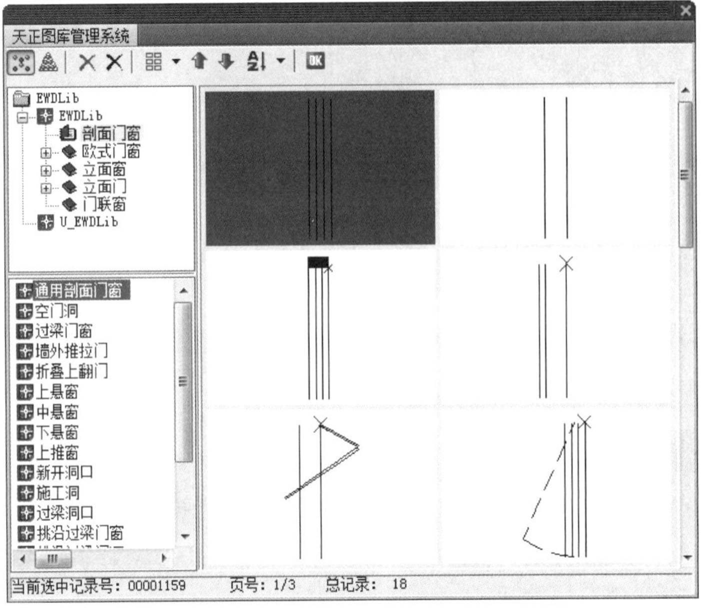

图 16-14 “天正图库管理系统”对话框

请选择所需替换的剖面门窗<退出>：此时在剖面图中选择多个要替换的剖面门窗，回车结束选择

(3) 在命令行中输入“E”，可以对所选的门窗的窗台高度进行修改，命令行提示如下。

请选择剖面门窗<退出>：选择要修改窗台高的门窗
请输入窗台相对高度[点取窗台位置(S)]<退出>：正值上移，负值下移

(4) 在命令行中输入“H”，指定门窗的高度，命令行提示如下。

请选择剖面门窗<退出>：选择要修改窗台高的门窗
请指定门窗高度<退出>：

16.1.13 剖面檐口

采用“剖面檐口”命令可以直接在图中绘制剖面檐口。

1. 执行方式

命令行：PMYK

菜单：“剖面”→“剖面檐口”

单击“剖面檐口”按钮，打开“剖面檐口参数”对话框，如图 16-15 所示。

命令行提示如下。

命令：PMYK
请给出剖面檐口的插入点 <退出>：根据基点选择，确定檐口的插入位置

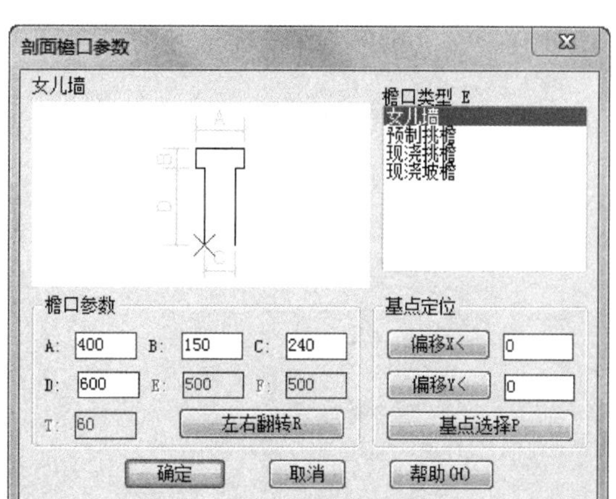

图 16-15　“剖面檐口参数”对话框

2. 控件说明

檐口类型：选定檐口的形式，有女儿墙、预制挑檐、现浇挑檐、现浇坡檐四种形式。

檐口参数：确定檐口的尺寸和布置情况。

基点定位：确定楼板的基点和相对位置。

16.1.14　上机练习——剖面檐口

练习目标

剖面檐口如图 16-16 所示。

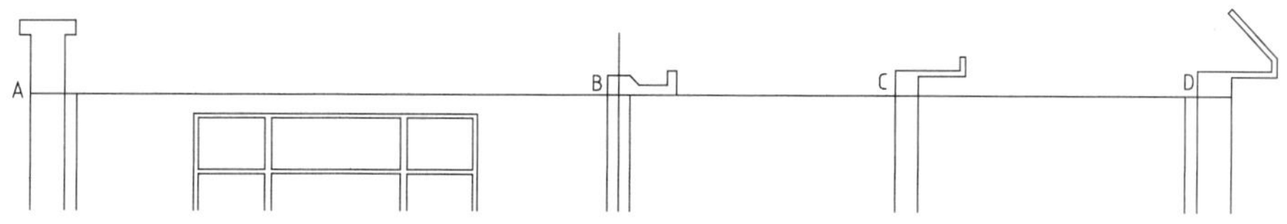

图 16-16　剖面檐口

设计思路

打开源文件中的“墙体图 1”图形，利用“剖面檐口”命令，添加剖面檐口。

操作步骤

(1) 单击菜单中“剖面”→“剖面檐口”命令，打开的对话框如图 16-15 所示。在“檐口类型”中选择“女儿墙”，其余参数如图 16-17 所示。单击“确定”按钮，在图中选择合适的插入点位置，命令行提示如下。

```
请给出剖面檐口的插入点 <退出>:选择 A
```

此时完成插入女儿墙操作，如图 16-18 所示。

Note

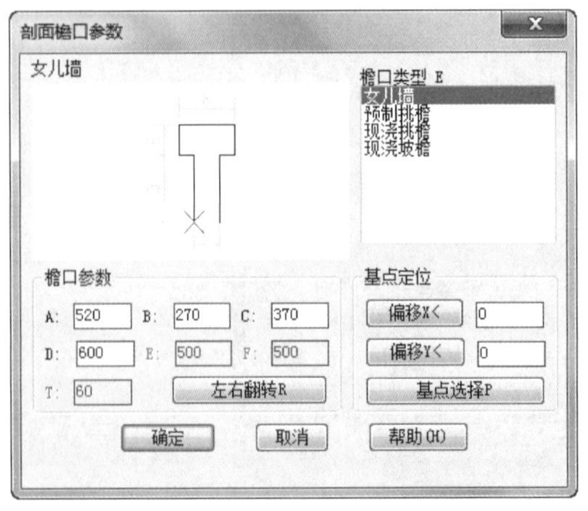

图 16-17 “剖面檐口参数”对话框

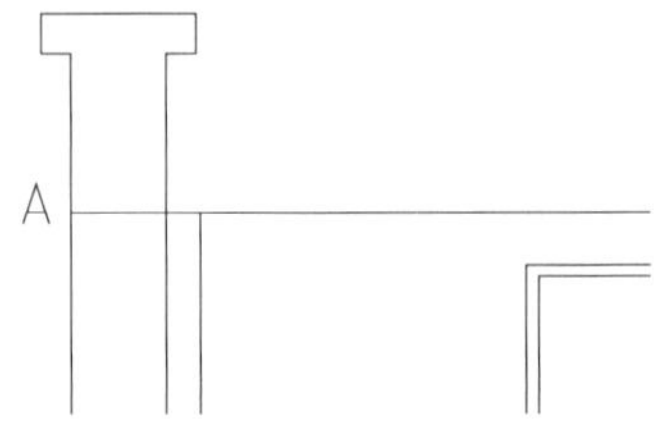

图 16-18 插入女儿墙

(2) 单击菜单中“剖面”→“剖面檐口”命令，打开的对话框如图 16-15 所示。在“檐口类型”中选择“预制挑檐”，其余参数如图 16-19 所示。单击“确定”按钮，在图中选择合适的插入点位置，命令行提示如下。

请给出剖面檐口的插入点 <退出>:选择 B

此时完成插入预制挑檐操作，如图 16-20 所示。

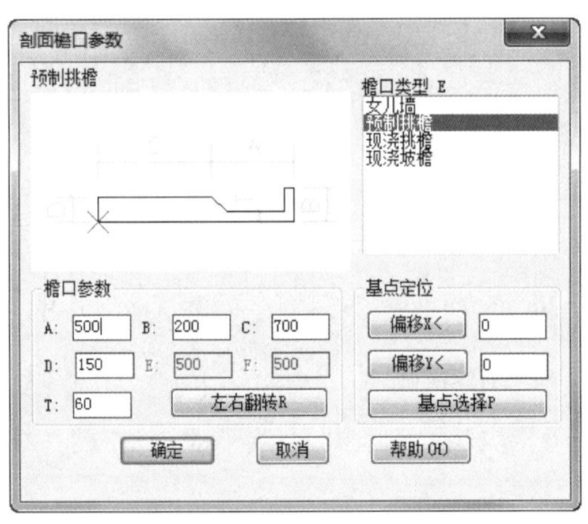

图 16-19 “剖面檐口参数”对话框

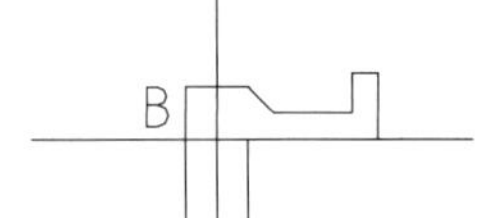

图 16-20 插入预制挑檐

(3) 单击菜单中“剖面”→“剖面檐口”命令，打开的对话框如图 16-15 所示。在“檐口类型”中选择“现浇挑檐”，其余参数如图 16-21 所示。单击“确定”按钮，在图中选择合适的插入点位置，命令行提示如下。

请给出剖面檐口的插入点 <退出>:选择 C

此时完成插入现浇挑檐操作，如图 16-22 所示。

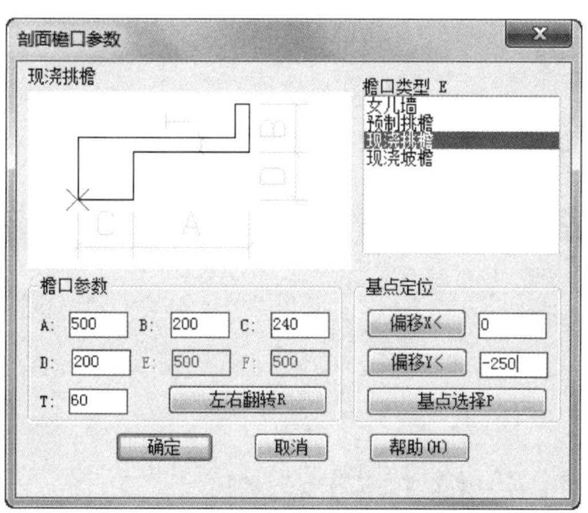

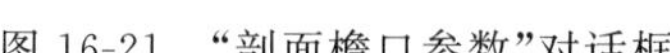

图 16-21 “剖面檐口参数”对话框

图 16-22 插入现浇挑檐

(4) 单击菜单中“剖面”→“剖面檐口”命令,打开的对话框如图 16-15 所示。在“檐口类型”中选择“现浇坡檐”,其余参数如图 16-23 所示。单击“确定”按钮,在图中选择合适的插入点位置,命令行提示如下。

```
请给出剖面檐口的插入点 <退出>:选择 C
```

此时完成插入现浇坡檐操作,如图 16-24 所示。

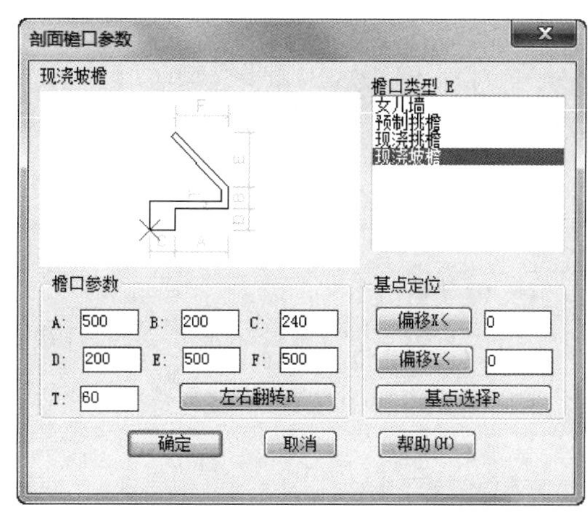

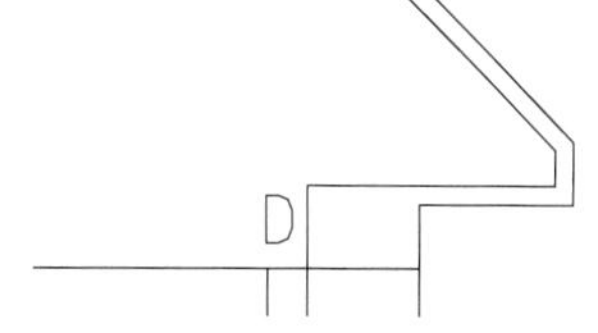

图 16-23 “剖面檐口参数”对话框

图 16-24 插入现浇坡檐

生成的剖面檐口如图 16-16 所示。

(5) 保存图形。将图形以“剖面檐口.dwg”为文件名进行保存。命令行提示如下。

```
命令: SAVEAS↙
```

16.1.15 门窗过梁

采用“门窗过梁”命令可以在剖面门窗上加过梁。

执行方式如下。

命令行：MCGL

菜单："剖面"→"门窗过梁"

单击菜单中的"剖面"→"门窗过梁"命令，命令行提示如下。

```
命令：MCGL
选择需加过梁的剖面门窗:选择剖面门窗
选择需加过梁的剖面门窗：
输入梁高<120>:输入梁高
```

16.2 剖面楼梯与栏杆

16.2.1 参数楼梯

采用"参数楼梯"命令可以按照参数交互方式生成剖面的或可见的楼梯，楼梯示意图如图 16-25 所示。但是直接创建的多跑剖面楼梯带有梯段遮挡特性，逐段叠加的楼梯梯段不能自动遮挡栏杆，可以使用 AutoCAD 2018 中的"修剪"命令进行修剪操作。

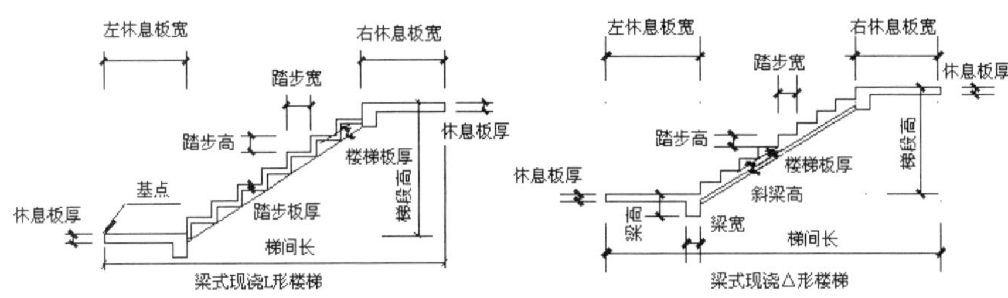

图 16-25　楼梯示意图

1. 执行方式

命令行：CSLT

菜单："剖面"→"参数楼梯"

打开"参数楼梯"对话框，如图 16-26 所示。

命令行提示如下。

```
命令：CSLT
请给出剖面楼梯的插入点 <退出>:选取插入点
```

此时，即可在指定位置生成剖面梯段图。

2. 控件说明

梯段类型列表：选定当前梯段的形式，有四种可选：板式楼梯、梁式现浇 L 形、梁式现浇△形和梁式预制。

Note

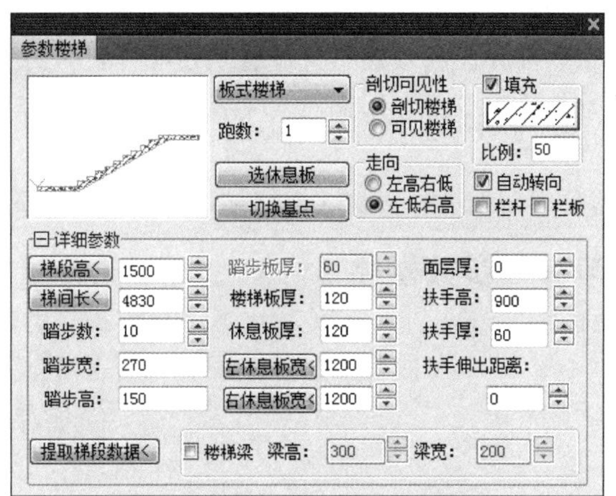

图 16-26 “参数楼梯”对话框

跑数：默认跑数为 1，在无模式对话框下可以连续绘制，此时各跑之间不能自动遮挡，跑数大于 2 时，各跑间按剖切与可见关系自动遮挡。

剖切可见性：用以选择画出的梯段是剖切部分还是可见部分，以图层 S_STAIR 或 S_E_STAIR 表示，颜色也有区别。

自动转向：在每次执行单跑楼梯绘制后，如勾选此项，楼梯走向会自动更换，便于绘制多层的双跑楼梯。

选休息板：用于确定是否绘出左、右两侧的休息板，分为全有、全无、左有和右有。

切换基点：确定基点(绿色×)在楼梯上的位置，在左、右平台板端部切换。

栏杆/栏板：一对互锁的复选框，切换栏杆或者栏板，也可两者都不勾选。

填充：勾选后单击下面的图像框，可选取图案或颜色(SOLID)填充剖切部分的梯段和休息平台区域，可见部分不填充。

比例：在此指定剖切部分的图案填充比例。

梯段高＜：当前梯段左、右平台面之间的高差。

梯间长＜：当前楼梯间总长度，用户可以单击此按钮从图上取两点获得梯间长度，也可以直接键入，是等于梯段长度加左、右休息平台宽的常数。

踏步数：当前梯段的踏步数量，用户可以单击进行调整。

踏步宽：当前梯段的踏步宽度，由用户输入或修改，它的改变会同时影响左、右休息平台宽度，需要适当调整。

踏步高：当前梯段的踏步高，通过梯段高/踏步数算得。

踏步板厚：梁式预制楼梯和现浇 L 形楼梯使用的踏步板厚度。

楼梯板厚：现浇楼梯板厚度。

左(右)休息板宽＜：当前楼梯间的左、右休息平台(楼板)宽度，可由用户键入、从图上取得或者由系统算出，均为 0 时梯间长等于梯段长，修改左休息板长后，相应右休息板长会自动改变，反之亦然。

面层厚：当前梯段的装饰面层厚度。

扶手高：当前梯段的扶手/栏板高度。

扶手厚：当前梯段的扶手厚度。

扶手伸出距离：从当前梯段起步和结束位置到扶手接头外边的距离(可以为0)。

提取楼梯数据<：从天正5以上平面楼梯对象提取梯段数据，双跑楼梯只提取第一跑数据。

楼梯梁：勾选后，分别在编辑框中输入楼梯梁剖面高度和宽度。

Note

16.2.2 上机练习——参数楼梯

练习目标

参数楼梯如图16-27所示。

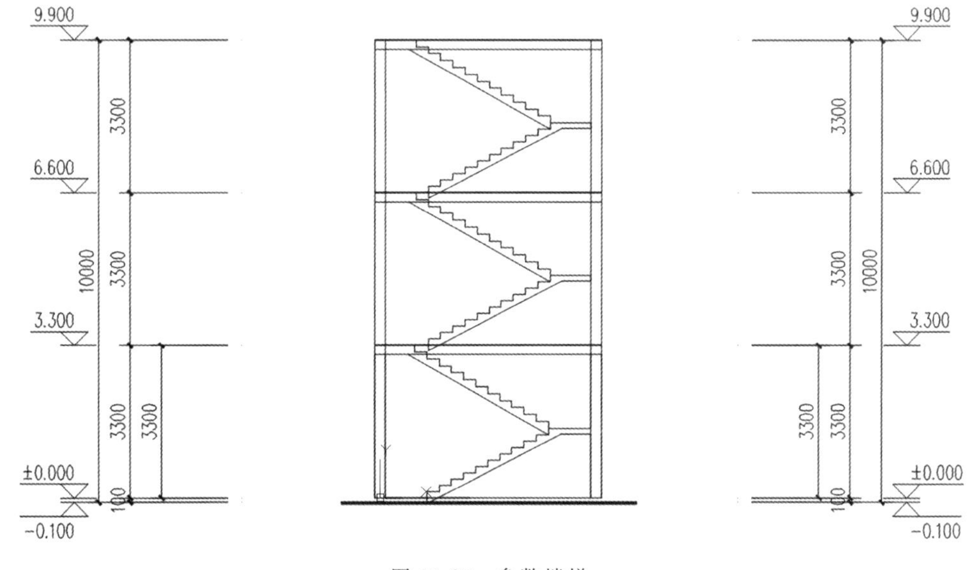

图16-27 参数楼梯

设计思路

利用"参数楼梯"命令，绘制楼梯。

操作步骤

(1) 单击菜单中的"剖面"→"参数楼梯"命令，此时界面出现剖面直楼"参数梯段"对话框，具体数据如图16-28所示。

命令行提示如下。

```
请给出剖面楼梯的插入点 <退出>:选取插入点
```

结果如图16-27所示。

(2) 保存图形。将图形以"参数楼梯.dwg"为文件名进行保存。命令行提示如下。

```
命令：SAVEAS↙
```

Note

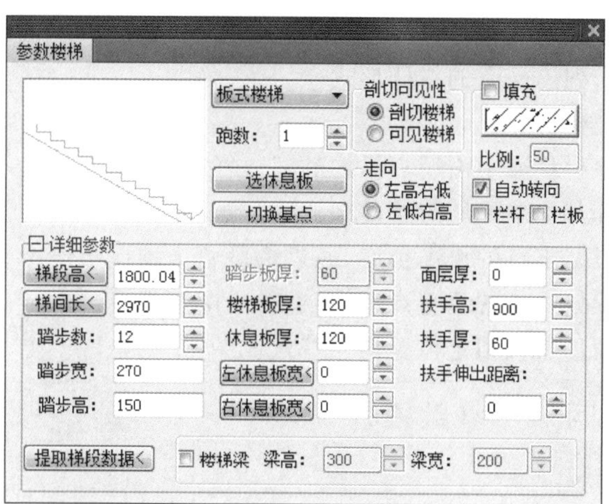

图 16-28 “参数梯段”对话框

16.2.3 参数栏杆

采用“参数栏杆”命令可以按参数交互方式生成楼梯栏杆。

1. 执行方式

命令行：CSLG

菜单：“剖面”→“参数栏杆”

打开“剖面楼梯栏杆参数”对话框，如图 16-29 所示。

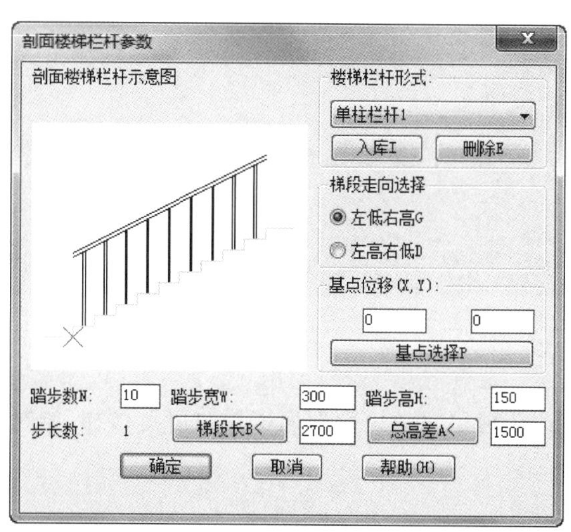

图 16-29 “剖面楼梯栏杆参数”对话框

在相应的楼梯栏杆中输入参数，然后单击“确定”按钮，命令行提示如下。

```
请给出剖面楼梯栏杆的插入点 <退出>:选择插入点
```

此时，即可在指定位置生成剖面楼梯栏杆。

2. 控件说明

楼梯栏杆形式：列出已有的栏杆形式。

入库：用来扩充栏杆库。

删除：用来删除栏杆库中由用户添加的某一栏杆形式。

步长数：指栏杆基本单元所跨越楼梯的踏步数。

梯段长：指梯段始末点的水平长度，通过梯段两个端点给出。

总高差：指梯段始末点的垂直高度，通过梯段两个端点给出。

基点选择：从图形中按预定位置切换基点。

Note

16.2.4 上机练习——参数栏杆

练习目标

参数栏杆如图 16-30 所示。

设计思路

利用“参数栏杆”命令，设置相关的参数，添加楼梯栏杆。

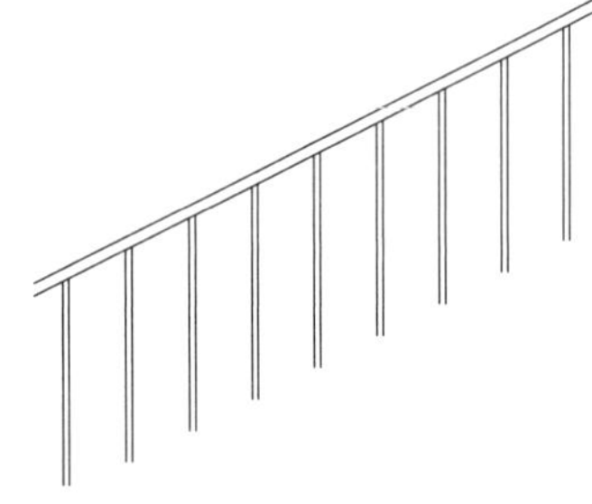

图 16-30 参数栏杆

操作步骤

(1) 单击菜单中的“剖面”→“参数栏杆”命令，此时界面出现“剖面楼梯栏杆参数”对话框，具体数据如图 16-29 所示。单击“确定”按钮，命令行提示如下。

```
请给出剖面楼梯的插入点 <退出>:选取插入点
```

结果如图 16-30 所示。

(2) 保存图形。将图形以“参数栏杆.dwg”为文件名进行保存。命令行提示如下。

```
命令: SAVEAS↙
```

16.2.5 楼梯栏杆

采用“楼梯栏杆”命令可以自动识别剖面楼梯与可见楼梯，绘制楼梯栏杆和扶手。

1. 执行方式

命令行：LTLG

菜单：剖面→楼梯栏杆

2. 命令行

```
命令: LTLG
```

指定位置生成楼梯栏杆。

16.2.6 上机练习——楼梯栏杆

练习目标

楼梯栏杆如图 16-31 所示。

设计思路

打开源文件中的“参数楼梯”图形，利用“楼梯栏杆”命令，添加楼梯栏杆。

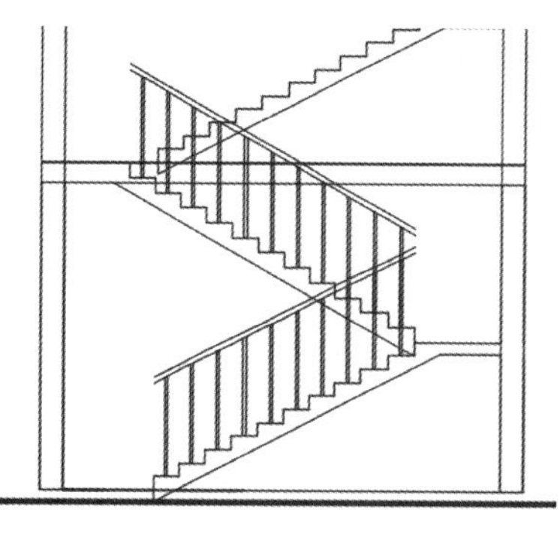

图 16-31 楼梯栏杆

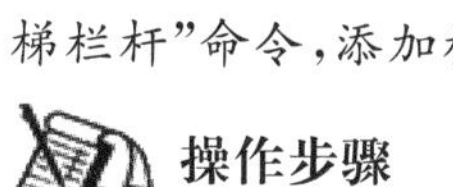

操作步骤

(1) 单击菜单中的“剖面”→“楼梯栏杆”命令，打开如图 16-32 所示的对话框，进行参数设置，插入楼梯栏杆，命令行提示如下。

```
命令: LTLG
```

此时，即可在指定位置生成剖面楼梯栏杆，如图 16-31 所示。

(2) 单击菜单中的“剖面”→“楼梯栏杆”命令，打开如图 16-33 所示的对话框，进行如图所示的设置，插入楼梯栏杆，命令行提示如下。

```
命令: LTLG
```

此时，即可在指定位置生成剖面楼梯栏杆，如图 16-31 所示。

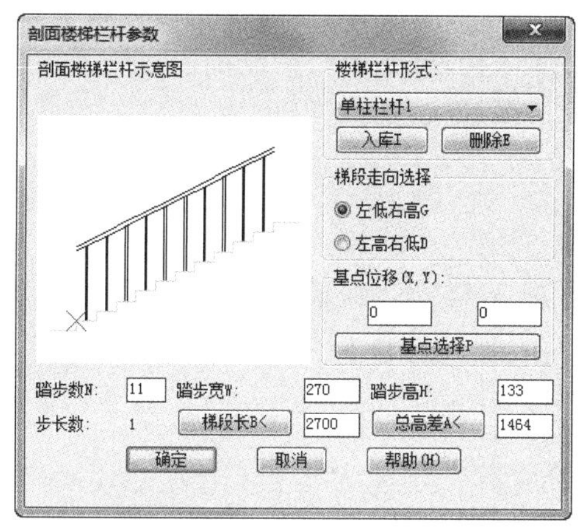

图 16-32 “剖面楼梯栏杆参数”对话框

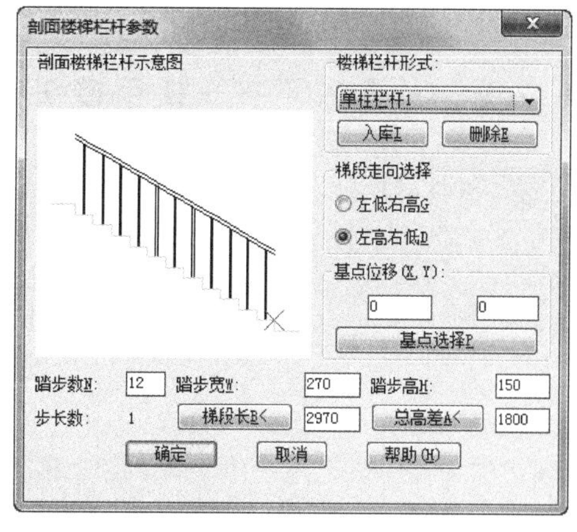

图 16-33 “剖面楼梯栏杆参数”对话框

(3) 保存图形，将图形以“楼梯栏杆.dwg”为文件名进行保存。命令行提示如下。

```
命令: SAVEAS↙
```

16.2.7 楼梯栏板

采用“楼梯栏板”命令可以自动识别剖面楼梯与可见楼梯，绘制实心楼梯栏板，命令执行方式如下。

命令行：LTLB

菜单：“剖面”→“楼梯栏板”

命令行提示如下。

Note

```
命令：LTLB
请输入楼梯扶手的高度 <1000>:输入楼梯扶手高度
是否要将遮挡线变虚(Y/N)? <Yes>:默认为打断
再输入楼梯扶手的起始点 <退出>:输入楼梯扶手的起始点
结束点 <退出>:输入楼梯扶手的结束点
再输入楼梯扶手的起始点 <退出>:回车退出
```

指定位置生成楼梯栏板。

16.2.8 扶手接头

采用“扶手接头”命令可以对楼梯扶手的接头位置做细部处理，命令执行方式如下。

命令行：FSJT

菜单：“剖面”→“扶手接头”

单击菜单命令后，命令行提示如下。

```
命令：FSJT
请输入扶手伸出距离<0>:100
请选择是否增加栏杆[增加栏杆(Y)/不增加栏杆(N)]<增加栏杆(Y)>:
请指定两点来确定需要连接的一对扶手! 选择第一个角点:
```

指定位置生成楼梯扶手接头。

16.2.9 上机练习——扶手接头

练习目标

扶手接头如图 16-34 所示。

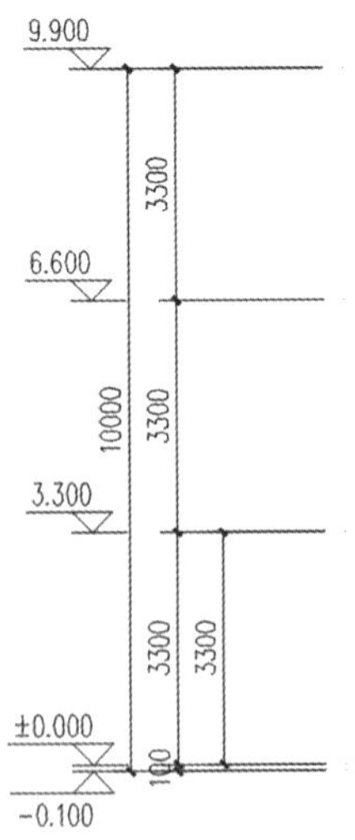

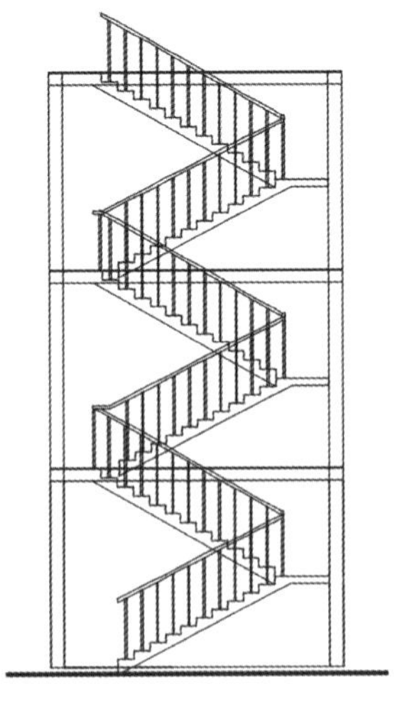

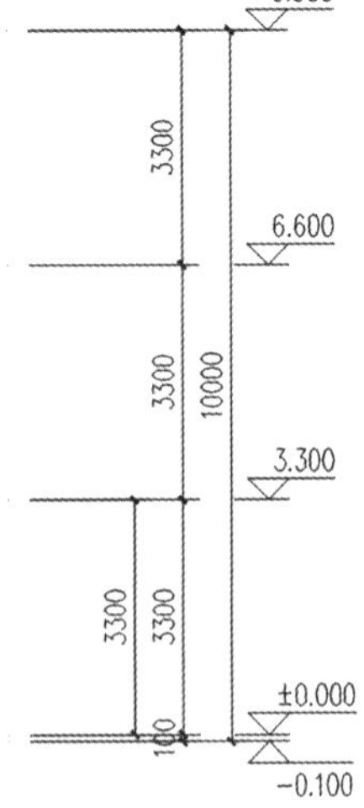

图 16-34 扶手接头

Note

设计思路

打开源文件中的“楼梯栏杆”图形，利用“扶手接头”命令，添加扶手接头。

操作步骤

(1) 单击菜单中的“剖面”→“扶手接头”命令，命令行提示如下。

```
请输入扶手伸出距离<600>:150
请选择是否增加栏杆[增加栏杆(Y)/不增加栏杆(N)]
<增加栏杆(Y)>:回车
请指定两点来确定需要连接的一对扶手! 选择第一
个角点<取消>:指定角点
另一个角点<取消>:
```

此时，即可在指定位置生成楼梯扶手接头，如图 16-35 所示。可使用相同的方法绘制剩余的楼梯栏杆和扶手，结果如图 16-34 所示。

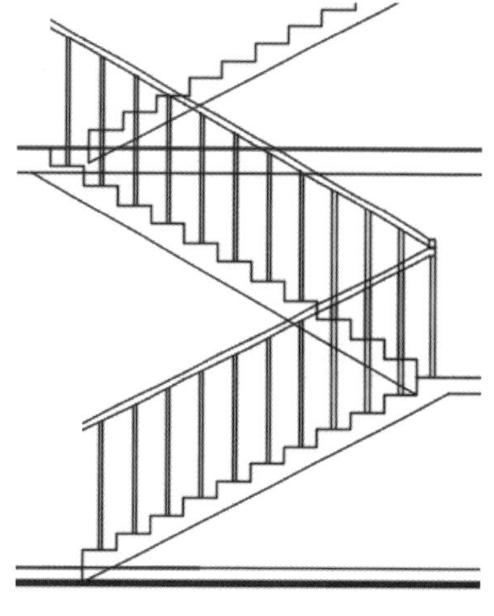

图 16-35　扶手接头

(2) 保存图形。将图形以“扶手接头.dwg”为文件名进行保存。命令行提示如下。

```
命令: SAVEAS↙
```

16.3　剖面填充与加粗

16.3.1　剖面填充

本命令可将剖面墙线与楼梯按指定的材料图例作图案填充，与 AutoCAD 2018 中的“图案填充(Bhatch)”命令的使用条件不同，本命令不要求墙端封闭即可填充图案。

命令行：PMTC

菜单：“剖面”→“剖面填充”

命令行提示如下。

```
命令: PMTC
请选取要填充的剖面墙线梁板楼梯<全选>: 选择要填充材料图例的成对墙线
```

此时，界面出现“请点取所需的填充图案”对话框，如图 16-36 所示。选中填充图案，然后单击“确定”按钮，此时即可在指定位置生成剖面填充图。

16.3.2　上机练习——剖面填充

练习目标

剖面填充如图 16-37 所示。

Note

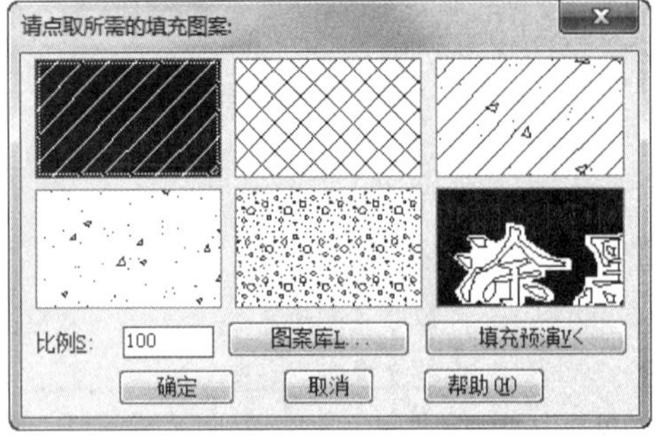

图 16-36 “请点取所需的填充图案”对话框

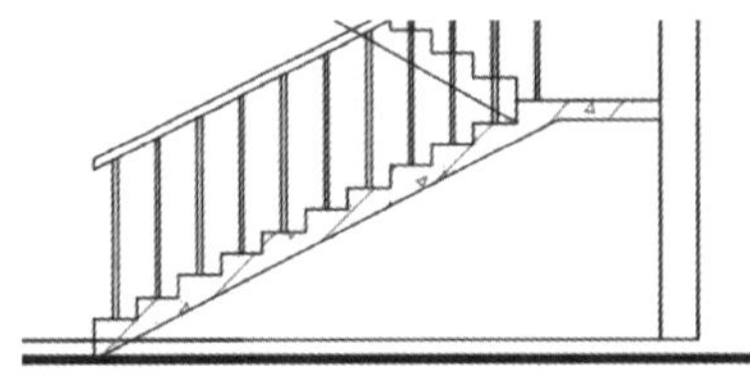

图 16-37 剖面填充

设计思路

打开源文件中的“楼梯栏杆”图形，利用“剖面填充”命令，进行剖面的填充。

操作步骤

(1) 单击菜单中的“剖面”→“剖面填充”命令，打开如图 16-38 所示的对话框，选择“钢筋混凝土”的填充图案，将楼梯进行填充，命令行提示如下。

```
命令: PMTC
请选取要填充的剖面墙线梁板楼梯<全选>:选择要填充的楼梯
选择对象: 回车退出
```

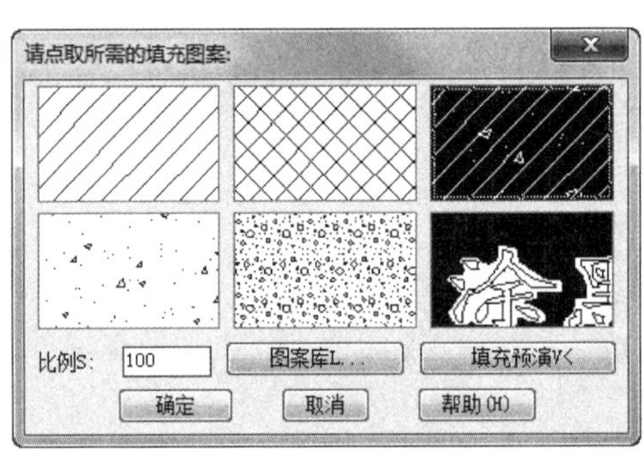

图 16-38 “请点取所需的填充图案”对话框

结果如图 16-37 所示。

(2) 保存图形。将图形以“剖面填充.dwg”为文件名进行保存。命令行提示如下。

```
命令: SAVEAS↙
```

16.3.3 居中加粗

采用“居中加粗”命令可以将剖面图中的剖切线向两侧加粗，命令执行方式如下。

命令行：JZJC

菜单：“剖面”→“居中加粗”

单击菜单命令后，命令行提示如下。

```
命令: JZJC
请选取要变粗的剖面墙线梁板楼梯线(向两侧加粗) <全选>:选择墙线
```

完成命令后，即可将指定墙线向两侧加粗。

16.3.4 上机练习——居中加粗

练习目标

居中加粗如图16-39所示。

设计思路

打开源文件中的"剖面填充"图形，利用"居中加粗"命令，在指定位置居中加粗。

操作步骤

(1) 单击菜单中的"剖面"→"居中加粗"命令，命令行提示如下。

```
命令: JZJC
请选取要变粗的剖面墙线梁板楼梯线(向两侧加粗) <全选>:选择墙线
```

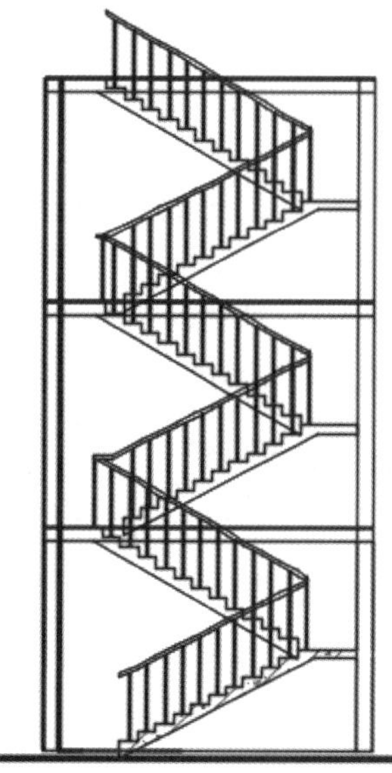

图16-39 居中加粗

结果如图16-39所示。

(2) 保存图形。将图形以"居中加粗图.dwg"为文件名进行保存。命令行提示如下。

```
命令: SAVEAS↙
```

16.3.5 向内加粗

采用"向内加粗"命令可以将剖面图中的剖切线向内侧加粗，命令执行方式如下。

命令行：XNJC

菜单："剖面"→"向内加粗"

命令行提示如下。

```
命令: XNJC
请选取要变粗的剖面墙线梁板楼梯线(向内侧加粗) <全选>:选择墙线
```

完成命令后，即可将指定墙线向内变粗。

16.3.6 取消加粗

本命令用于将已加粗的剖面墙线恢复原状，但不影响该墙线已有的剖面填充。

命令执行方式如下。

命令行：QXJC

菜单：“剖面”→“取消加粗”

单击菜单命令后，命令行提示如下。

命令：QXJC
请选取要恢复细线的剖切线 <全选>：选择加粗的墙线

完成命令后，即可将指定墙线恢复原状。

16.3.7 上机练习——取消加粗

练习目标

取消加粗如图 16-40 所示。

设计思路

打开源文件中的“取消加粗”图形，利用“取消加粗”命令，在指定位置取消加粗。

操作步骤

(1) 单击菜单中的“剖面”→“取消加粗”命令，命令行提示如下。

命令：QXJC
请选取要恢复细线的剖切线 <全选>：选择墙线
选择对象：回车退出

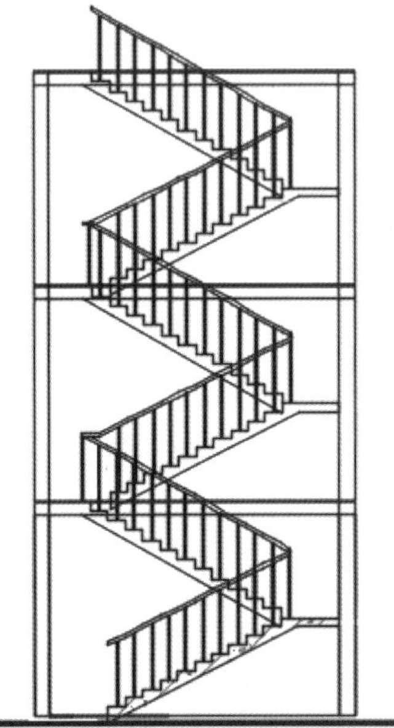

图 16-40 取消加粗

结果如图 16-40 所示。

(2) 保存图形。将图形以“取消加粗.dwg”为文件名进行保存。命令行提示如下。

命令：SAVEAS↙

办公楼设计综合实例

本章以办公楼为例，详细论述建筑平面图、立面图和剖面图的天正和CAD绘制方法与相关技巧，包括建筑平面图中的轴线、墙体、柱子和文字等，立面图中的建筑立面和构件立面，剖面图中的剖面墙和楼板等。

学习要点

- 办公楼平面图绘制
- 办公楼立面图绘制
- 办公楼剖面图绘制

Note

17.1 办公楼平面图绘制

本节从绘制一个综合办公楼入手，介绍综合运用天正命令和 AutoCAD 2018 中的命令完善图样的生成过程。办公楼平面图如图 17-1 所示。

17.1.1 定位轴网

图 17-1 所示的办公楼平面图对应图 17-2 所示的定位轴网。

定位轴网的绘图步骤如下。

(1) 单击菜单中的“轴网柱子”→“绘制轴网”命令，打开“绘制轴网”对话框，选择其中的“直线轴网”，选择默认的“下开”，在“轴间距”内输入“6000、3000、6000、6000、3000、2600、3000、3000、4800、4800”，打开的对话框如图 17-3 所示。

(2) 选择“左进”，在“轴间距”内输入“4800、3000、5100、6300”，打开的对话框如图 17-4 所示。

(3) 在屏幕空白位置单击，完成直线定位轴网绘制，如图 17-5 所示。

(4) 单击菜单中的“轴网柱子”→“绘制轴网”命令，打开“绘制轴网”对话框，选择其中的“弧线轴网”，勾选“夹角”“顺时针”两种方式，在“夹角”内输入“180”，“个数”输入“1”，“内弧半径”为“4800”。其他输入数据如图 17-6 所示。

(5) 在屏幕中选择轴线交点单击，完成定位轴网。

17.1.2 标注轴网

本图的轴号可以用“两点轴标”命令实现。采用“两点轴标”命令可以使纵向轴线以数字作轴号，横向轴网以字母作轴号。生成的标注轴网如图 17-7 所示。

标注轴网的步骤如下。

(1) 单击菜单中的“轴网柱子”→“轴网标注”命令，打开“轴网标注”对话框，如图 17-8 所示。在对话框中“输入起始轴号”为“1”，在对话框中选择“双侧标注”，在图中从左至右选择轴线，如图 17-9 所示。

(2) 单击菜单中的“轴网柱子”→“轴网标注”命令，在对话框中“输入起始轴号”为“A”，在对话框中选择“双侧标注”，在图中从下至上选择纵向轴线两侧的轴线，如图 17-7 所示。

17.1.3 添加轴线

本图例需要添加轴线，可以用天正提供的菜单命令实现。轴网如图 17-9 所示，添加轴线后的轴网如图 17-10 所示。

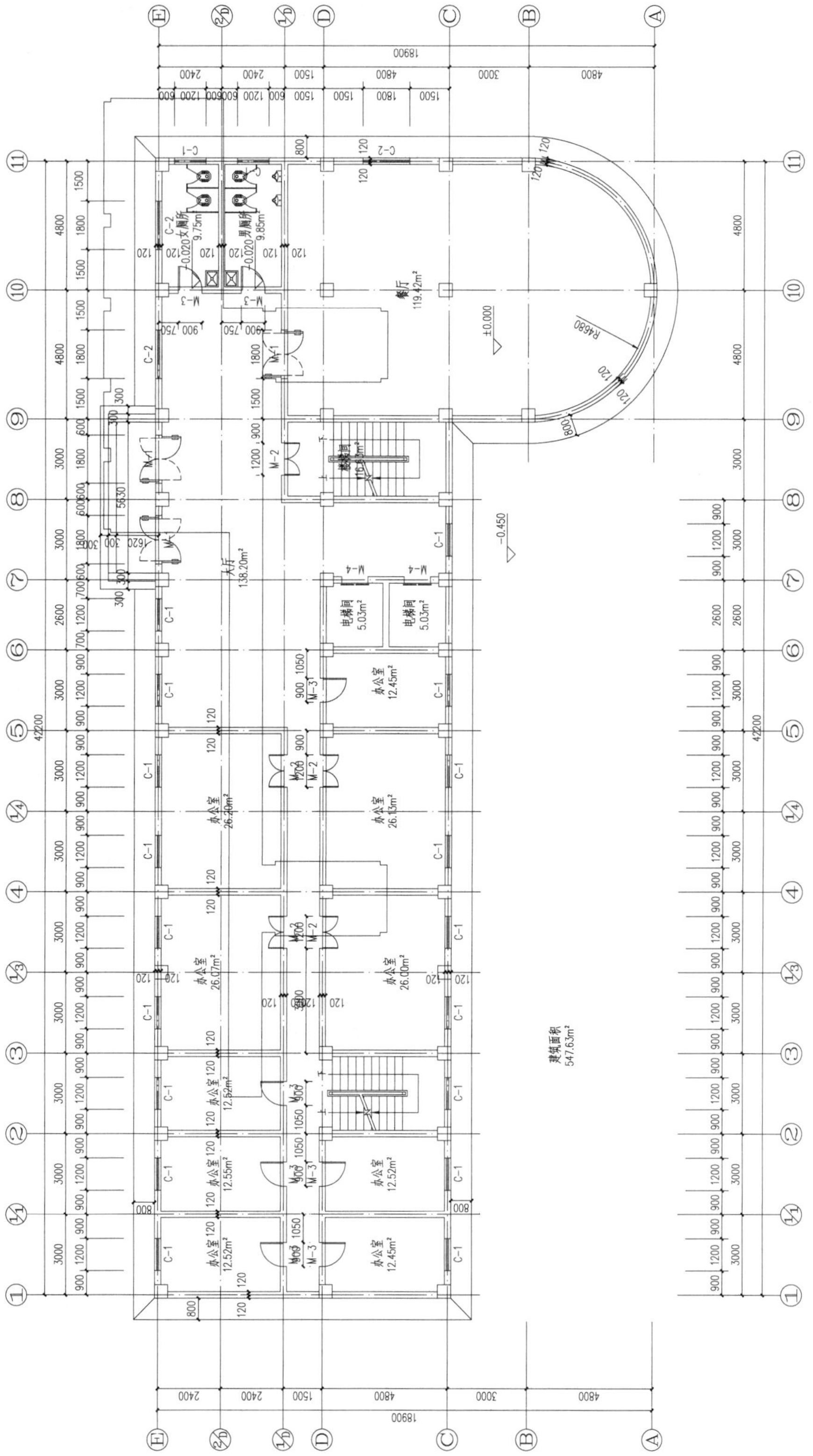

图 17-1　办公楼平面图

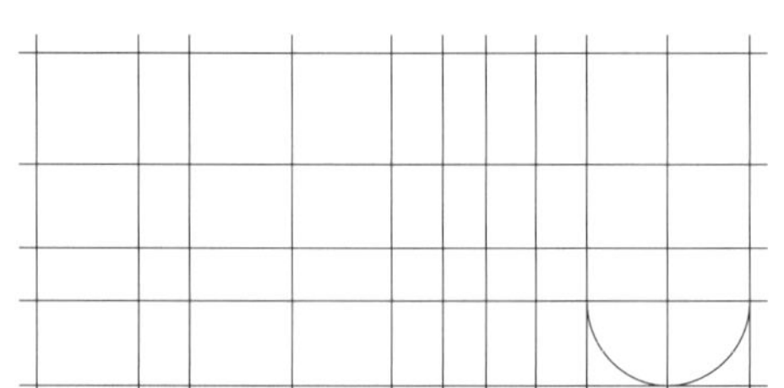

图 17-2 定位轴网

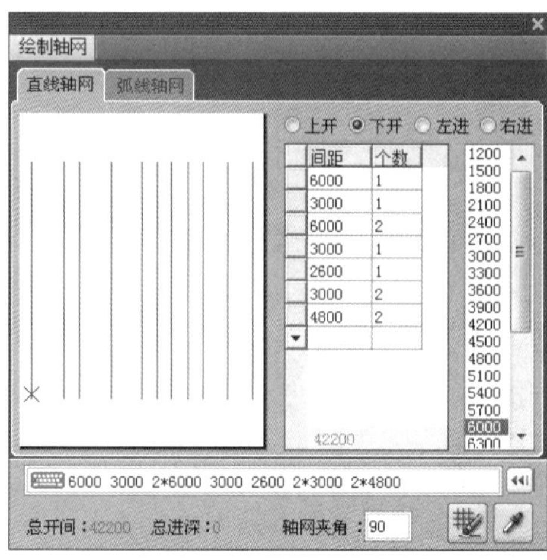

图 17-3 “下开”轴网

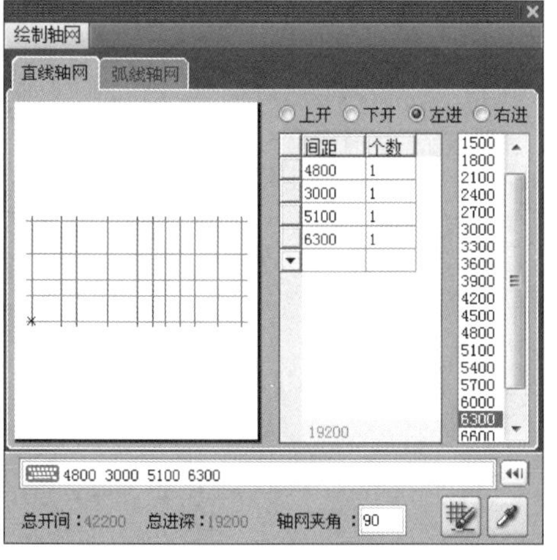

图 17-4 “左进”轴网

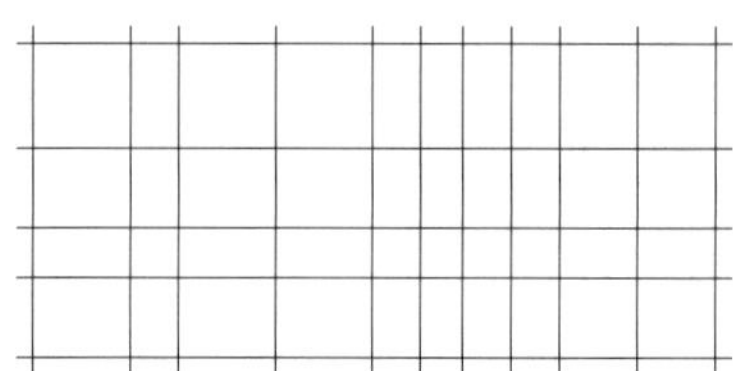

图 17-5 直线轴网

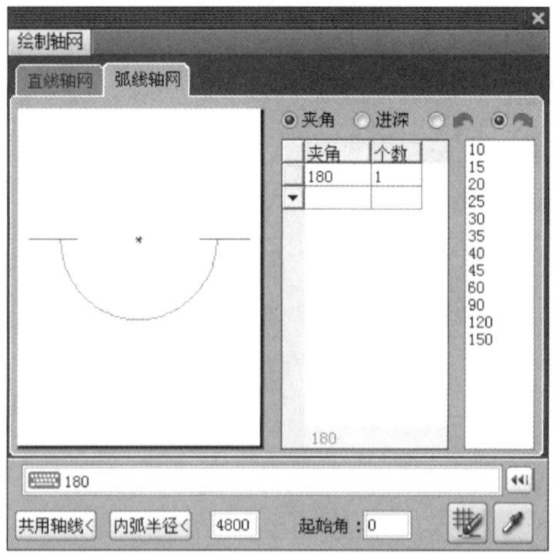

图 17-6 定位“弧线轴网”

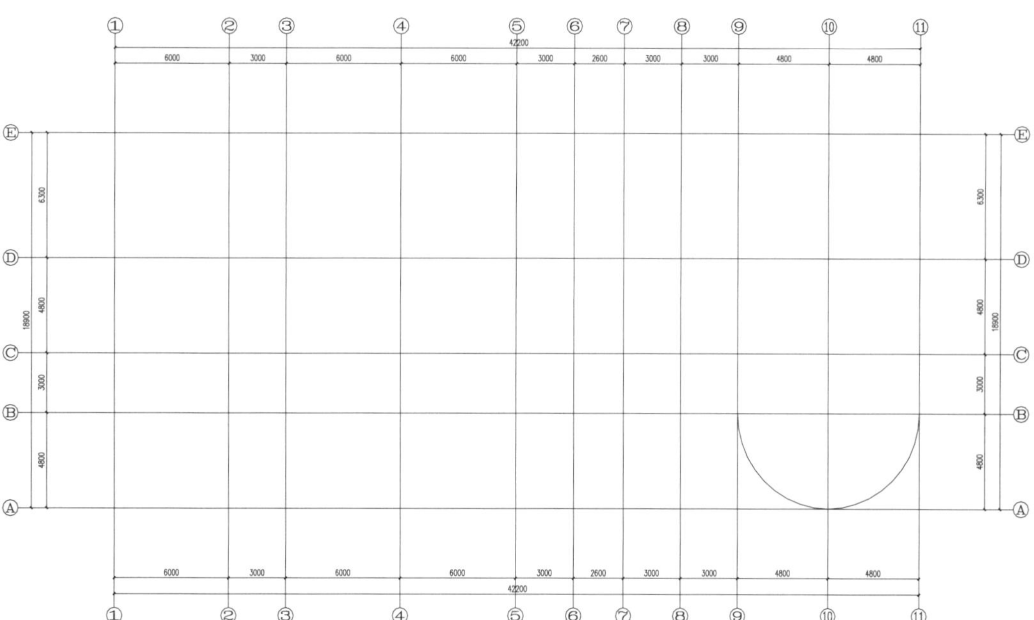

图 17-7　标注轴网

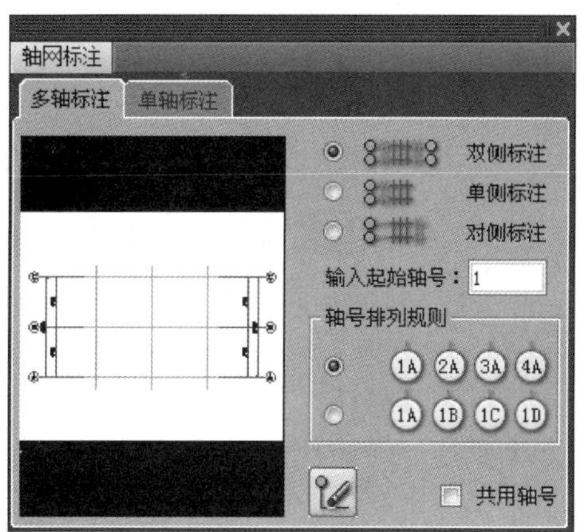

图 17-8　“轴网标注”对话框

添加轴线的步骤如下。

(1) 单击菜单中的“轴网柱子”→“添加轴线”命令，按照命令行提示选择轴线Ⓐ，向上偏移 1500 生成(D/1)轴，向上偏移 3900 生成(D/2)轴；选择轴线①，向右偏移 3000 生成(1/1)轴；选择轴线③，向右偏移 3000 生成(1/3)轴；选择轴线④，向右偏移 3000 生成(1/4)轴。此时轴线如图 17-11 所示。

(2) 对轴线过长部分可以进行修剪，就用到了“轴线裁剪”命令，框选需要裁剪的轴线，完成裁剪后的轴网如图 17-10 所示。

Note

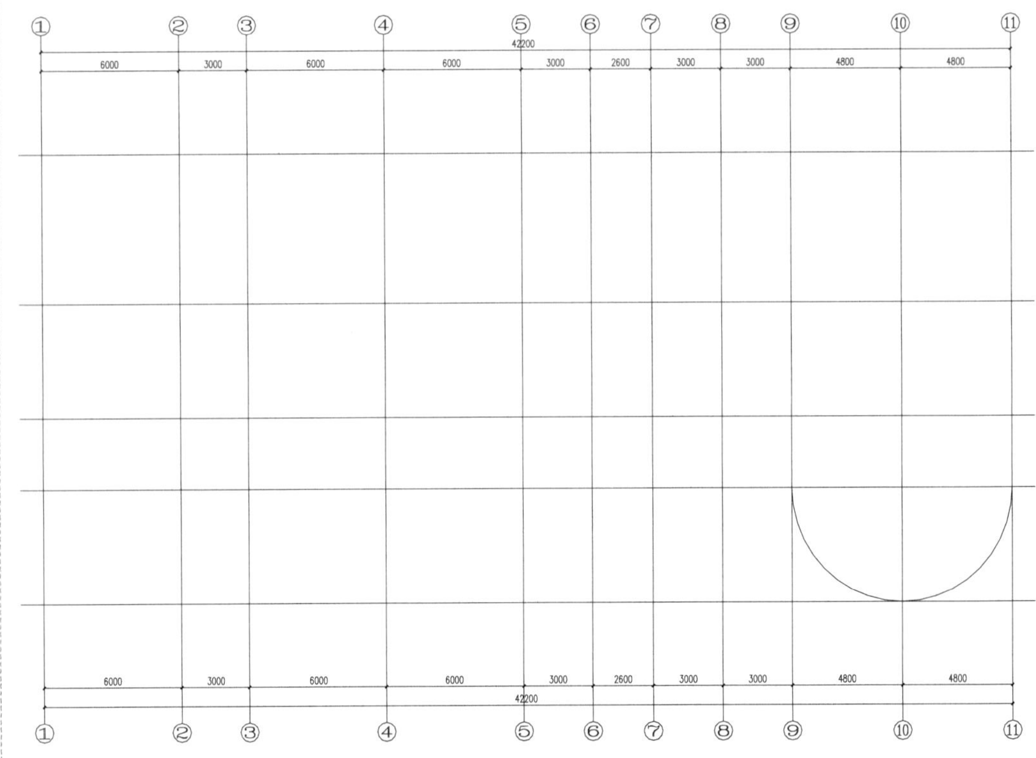

图 17-9　纵向轴标

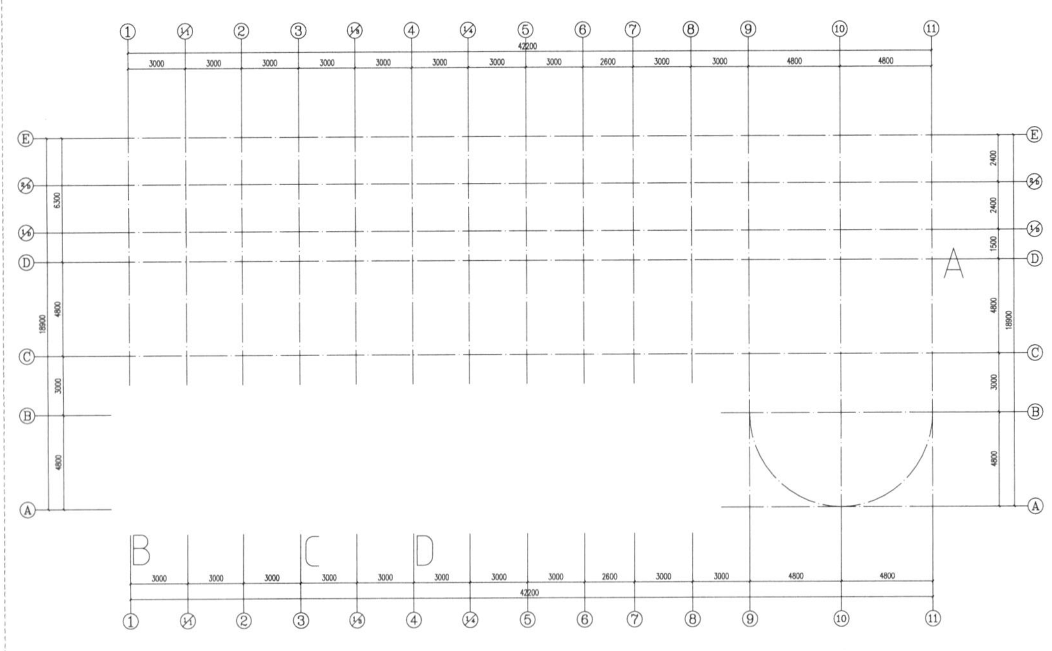

图 17-10　添加后轴网

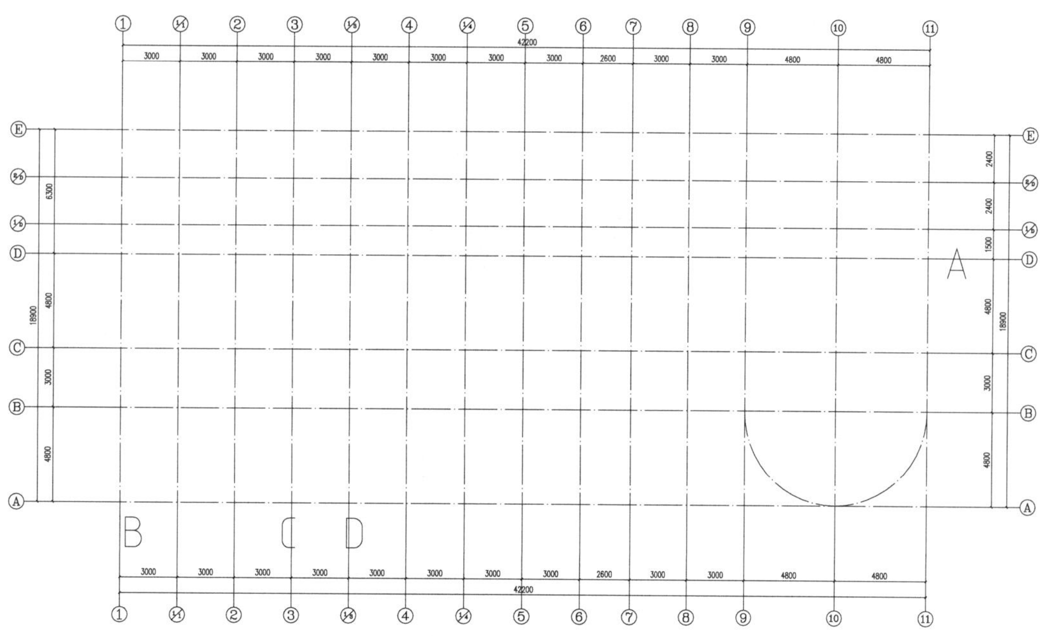

图 17-11 添加轴线

17.1.4 绘制墙体

绘制墙体时，多数用到的方式就是在轴线的基础上用天正方式生成墙体，可以方便以后操作中对墙体进行编辑。生成的墙体如图 17-12 所示。

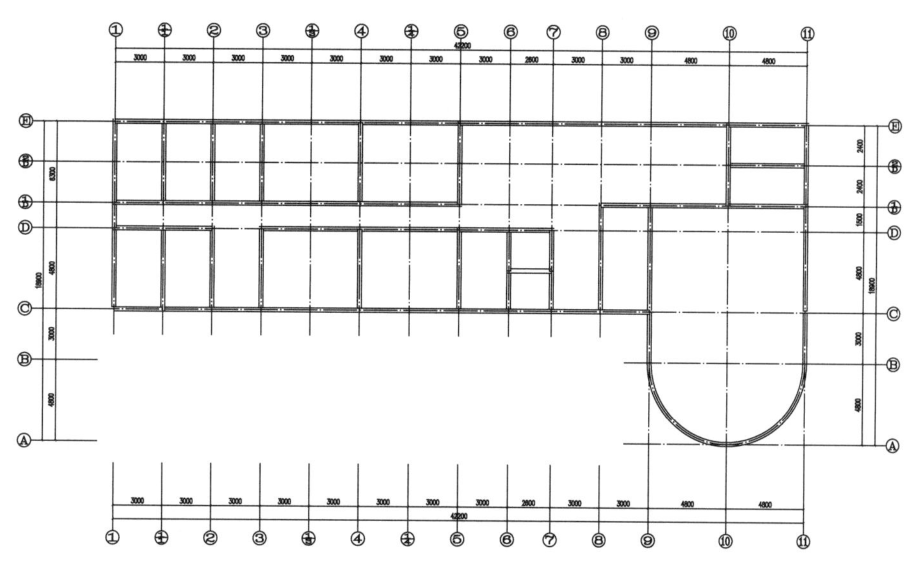

图 17-12 绘制墙体

绘制墙体的步骤如下。

(1) 单击菜单中的“墙体”→“绘制墙体”命令，在“墙体”对话框中输入相应的外墙

Note

数据，如图 17-13 所示。

选择建筑物外墙的角点顺序连接，注意在选择弧墙时根据命令行提示进行操作，最终形成如图 17-14 所示的外墙形状。

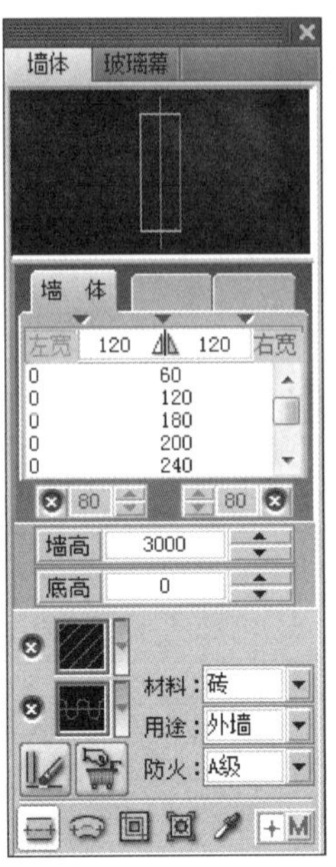

图 17-13　确定外墙数据

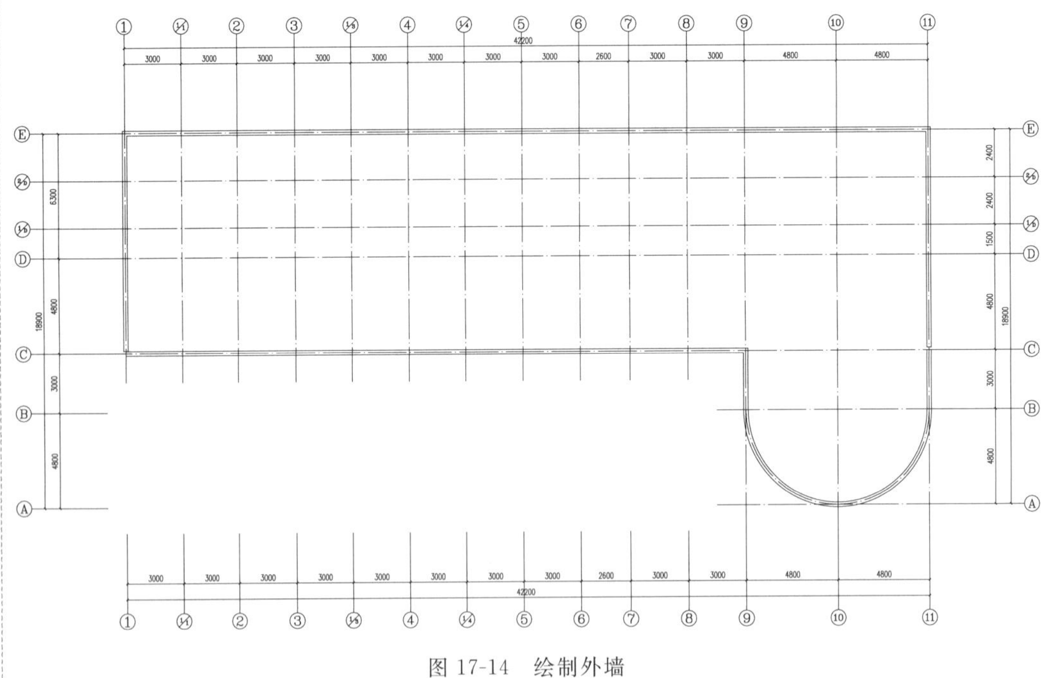

图 17-14　绘制外墙

(2) 单击菜单中的"墙体"→"绘制墙体"命令，在"墙体"对话框中输入相应的内墙数据，如图 17-15 所示。

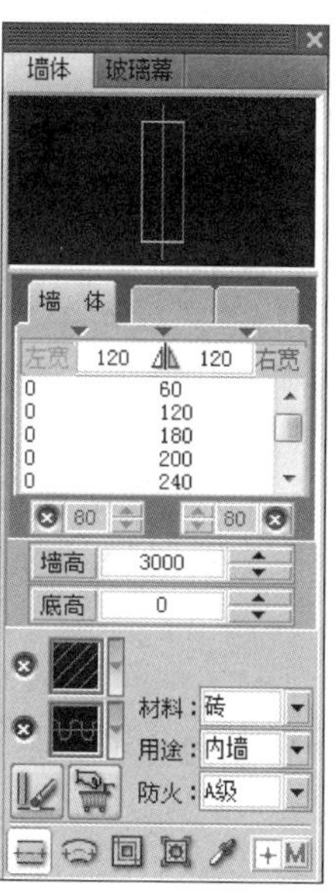

图 17-15 确定内墙数据

选择建筑物内墙的角点顺序连接，形成如图 17-16 所示的墙体形状。

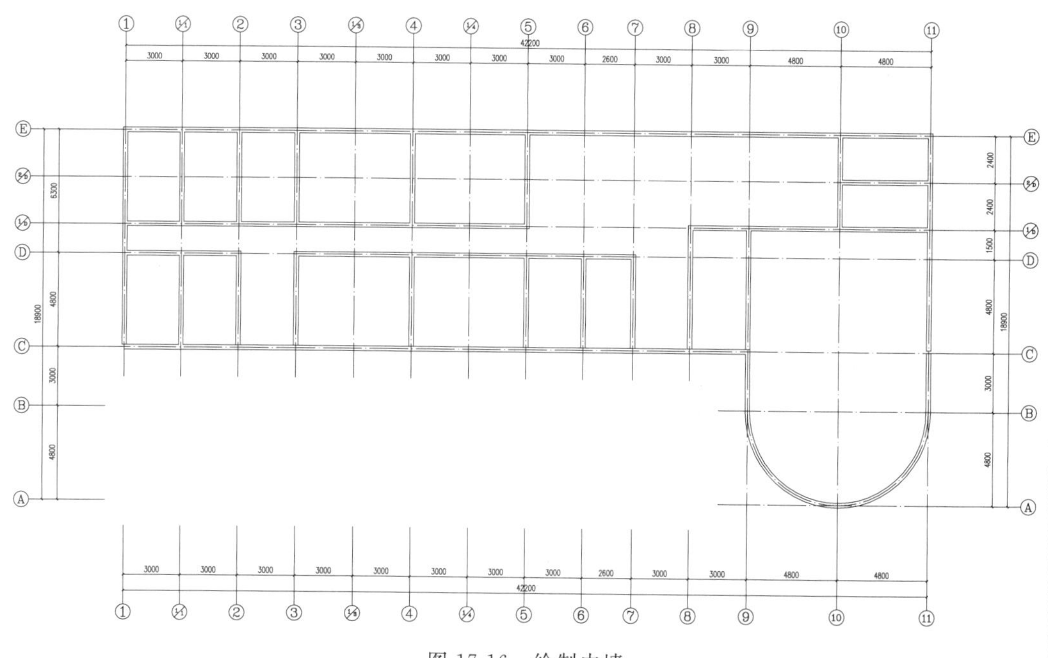

图 17-16 绘制内墙

(3) 可选用“单线变墙”命令，在两个电梯之间增加一道隔墙。在轴线层的新增墙体位置画一条单线，然后单击“单线变墙”命令，打开“单线变墙”对话框，在对话框中选择适当的数据，如图 17-17 所示。单击绘图区域，点选需要绘制墙体的单线。结果如图 17-18 所示。

Note

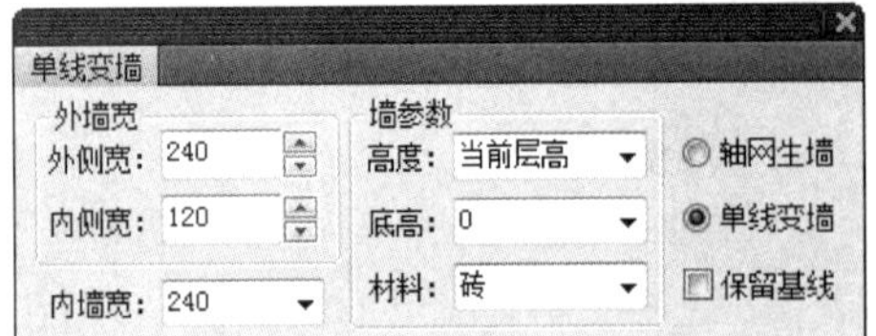

图 17-17 “单线变墙”对话框

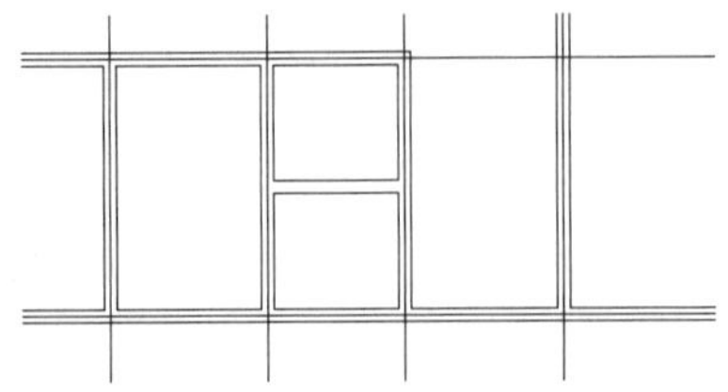

图 17-18 单线变墙

从图中可以看到,新增加的墙体与原有的墙体之间有重叠区域,最后用“修墙角”命令框选需要修整的墙体交汇区域,完成内、外墙的布设,如图 17-12 所示。

17.1.5 插入柱子

本例中插入的柱子为标准柱。生成的柱子如图 17-19 所示。

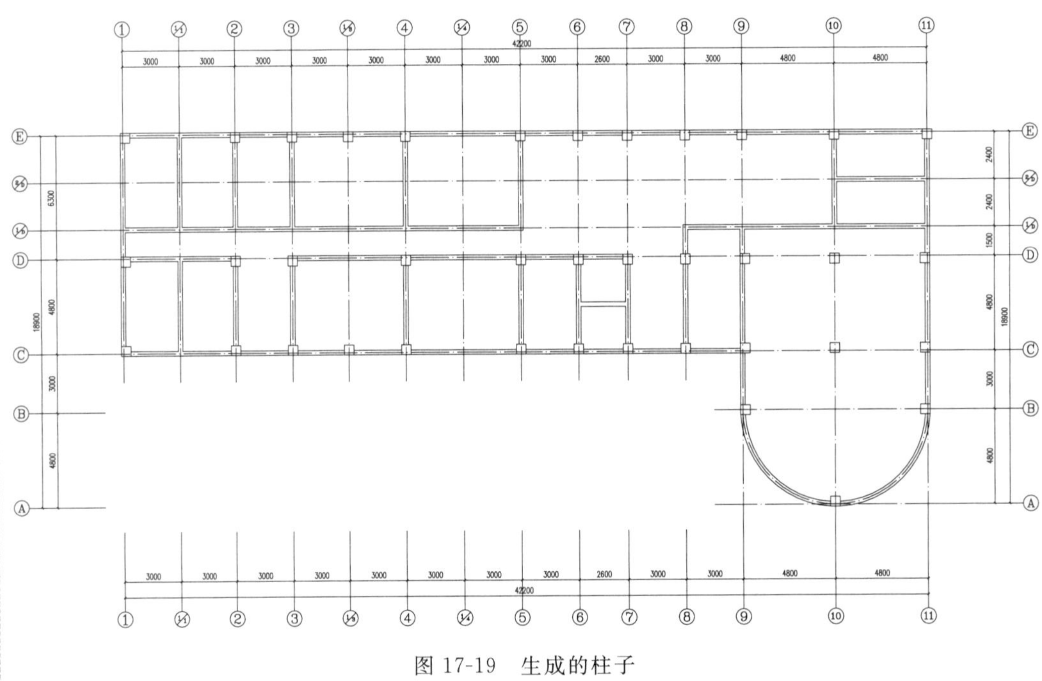

图 17-19 生成的柱子

插入柱子的步骤如下。

(1) 单击菜单中的“轴网柱子”→“标准柱”命令,在“标准柱”对话框中输入相应的柱子参数,如图 17-20 所示。

(2) 在绘图区域单击,选择建筑物需要设置柱子的轴线交点,形成如图 17-21 所示的插入柱子的形式。

(3) 此时图中柱子突出墙线,可以单击菜单中的“轴网柱子”→“柱齐墙边”命令,根据命令行提示选择建筑物需要对齐的墙边,然后选择需要对齐的柱子。

17.1.6 插入门窗

门窗可以分为很多种,插入门窗如图 17-22 所示。

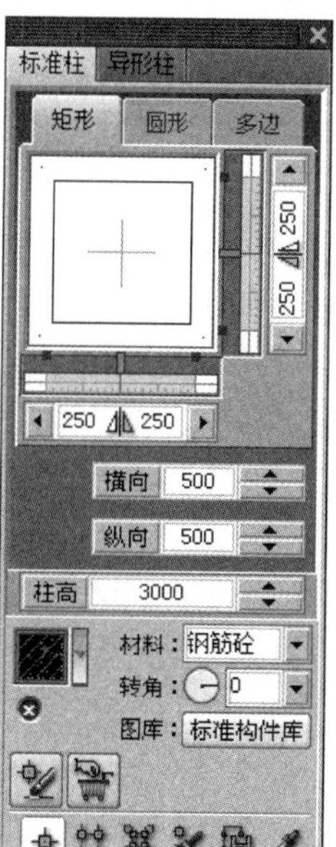

图 17-20　确定柱子参数

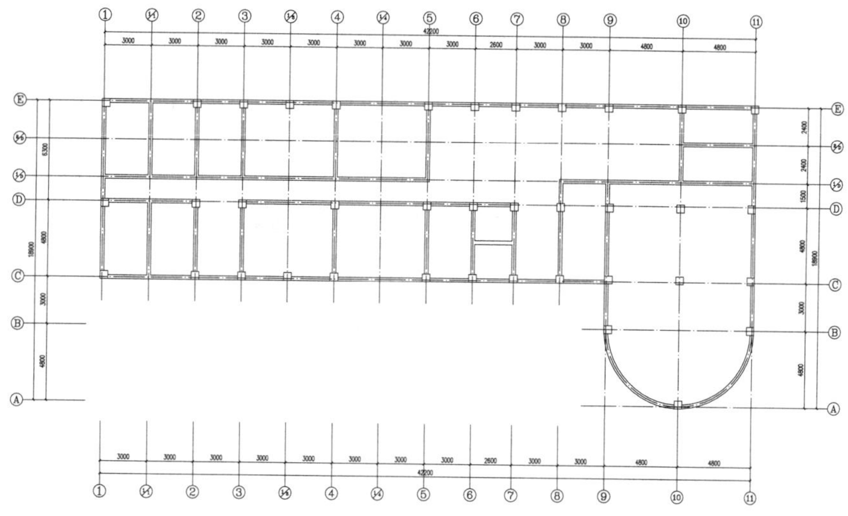

图 17-21　插入柱子

插入门窗的步骤如下。

(1) 单击菜单中的“门窗”→“门窗”命令，在对话框中输入相应的双扇弹簧门 M-1 数据，如图 17-23 所示。图中左侧门的形式，与本例中要求的双扇弹簧门不一致，此时单击左侧门，打开的对话框如图 17-24 所示。

(2) 双击选择的双扇弹簧门，此时显示“门”对话框，选取轴线等分插入方式，如图 17-25 所示。在绘图区域单击，选择建筑物需要设置 M-1 的位置，形成如图 17-26 所示的插入 M-1 的形式。

Note

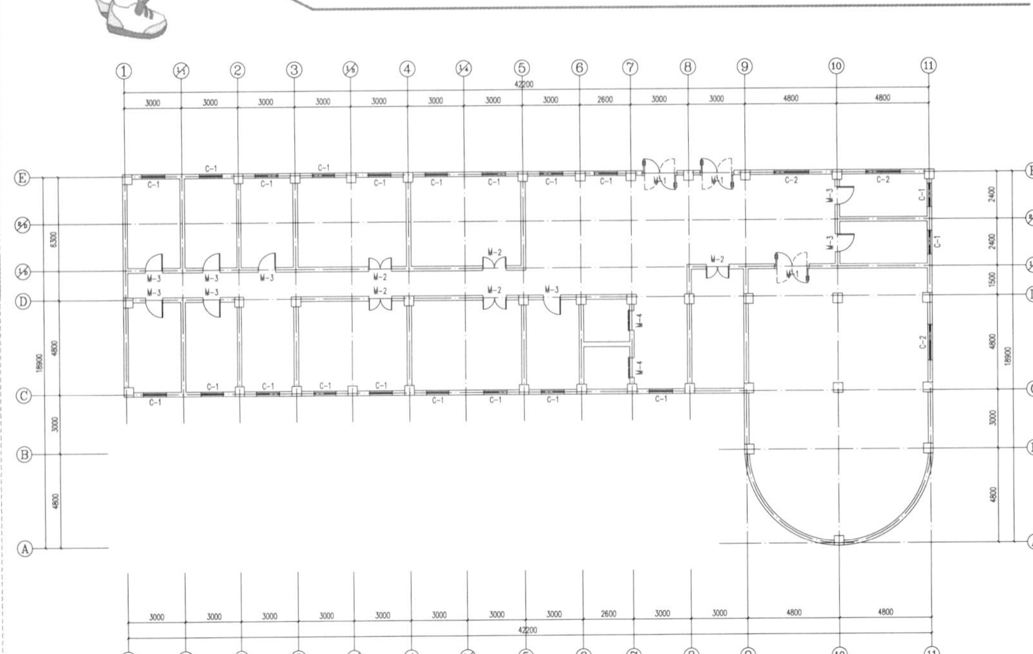

图 17-22　插入门窗

图 17-23　确定 M-1 数据

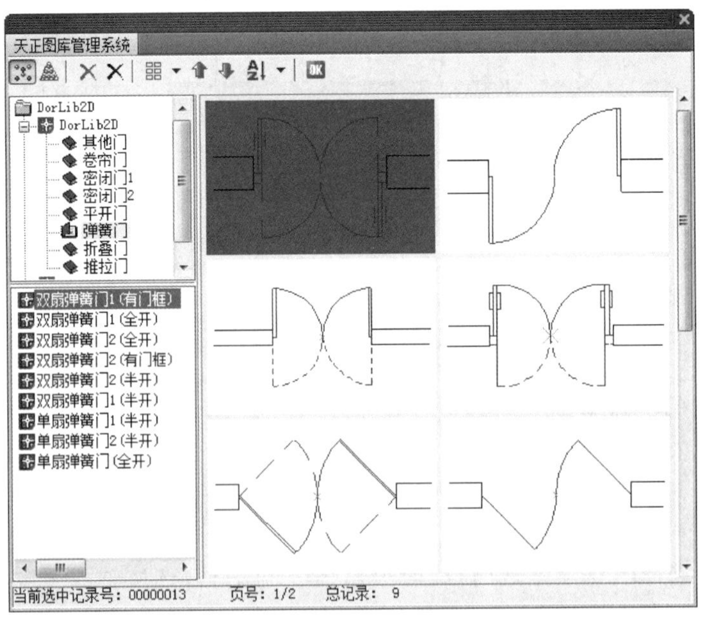

图 17-24　确定 M-1 形状

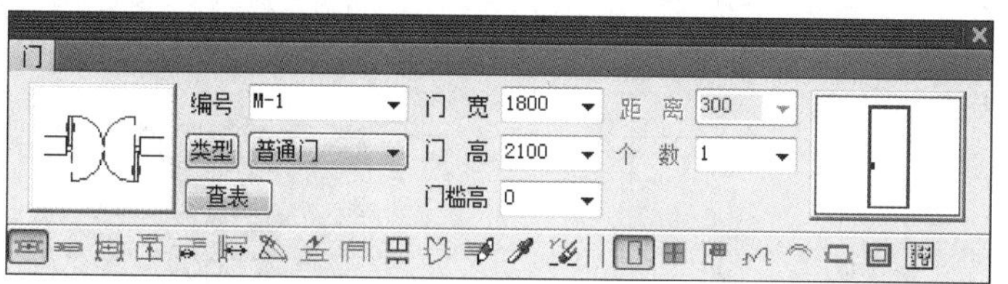

图 17-25 “门”对话框

Note

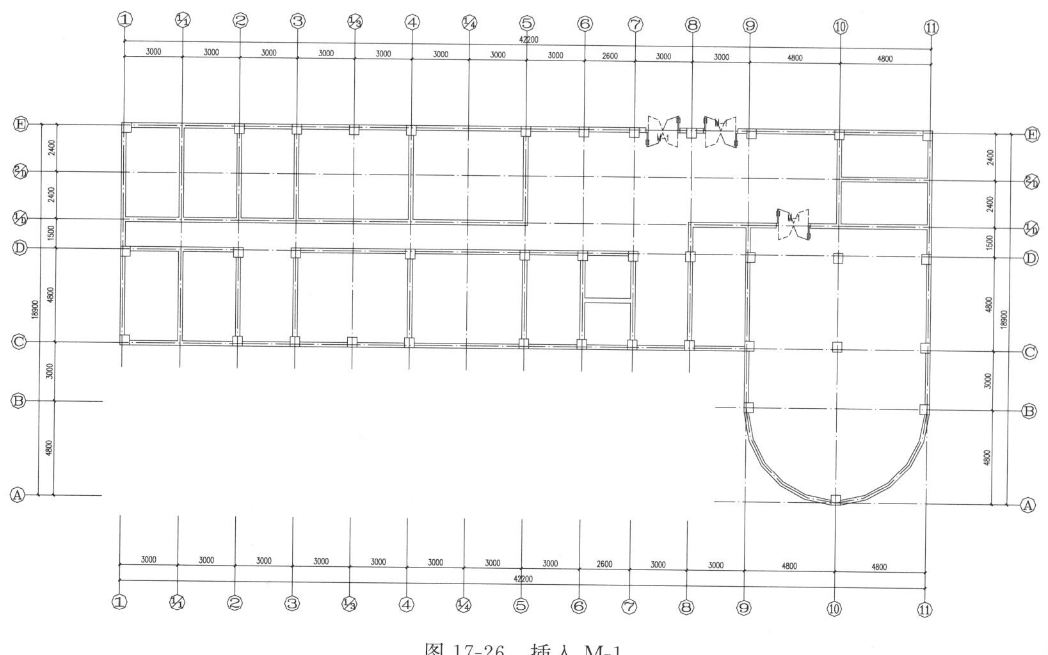

图 17-26 插入 M-1

(3) 单击菜单中的“门窗”→“门窗”命令，在“门”参数对话框中输入相应的 M-2 数据，如图 17-27 所示。图中左侧门的形式与本例中要求的双扇平开门不一致，此时单击左侧平面门，打开的对话框如图 17-28 所示。

图 17-27 确定 M-2 数据

(4) 双击选择双扇平开门，此时显示“门”对话框，选取轴线等分插入方式，如图 17-29 所示。

单击绘图区域，选择建筑物需要设置 M-2 的位置，形成如图 17-30 所示的形式。

图 17-30 中 M-2 开启方式均采用内开的方式，此时用到“内外翻转”按钮，根据命令行的提示进行门的内外翻转，最终形成的图如图 17-31 所示。

Note

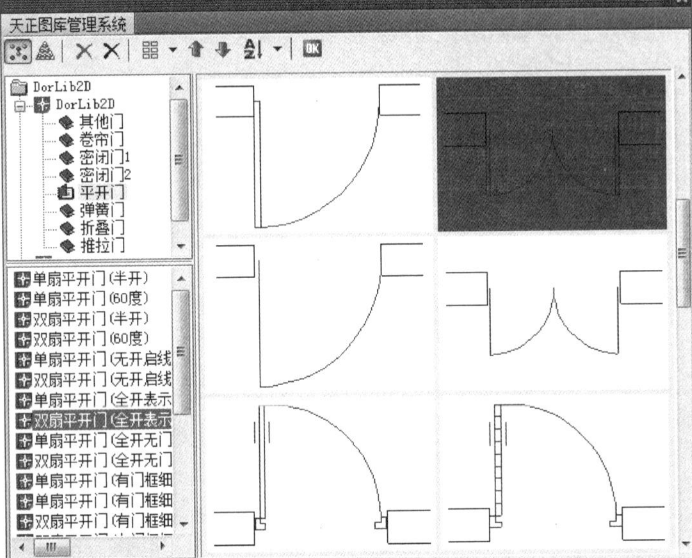

图 17-28　确定 M-2 形状

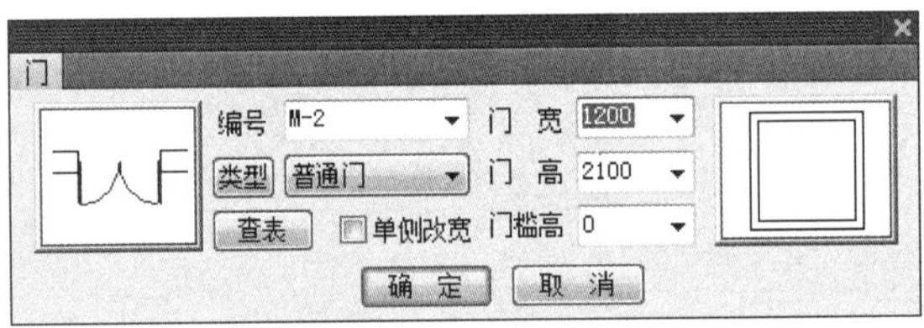

图 17-29　“门”对话框

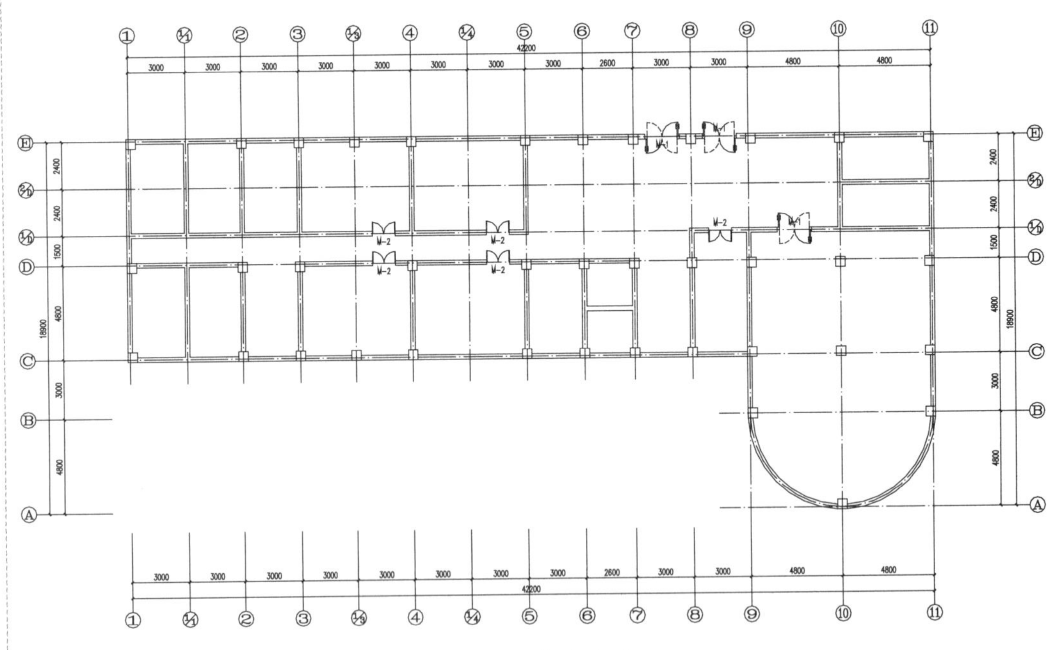

图 17-30　插入 M-2

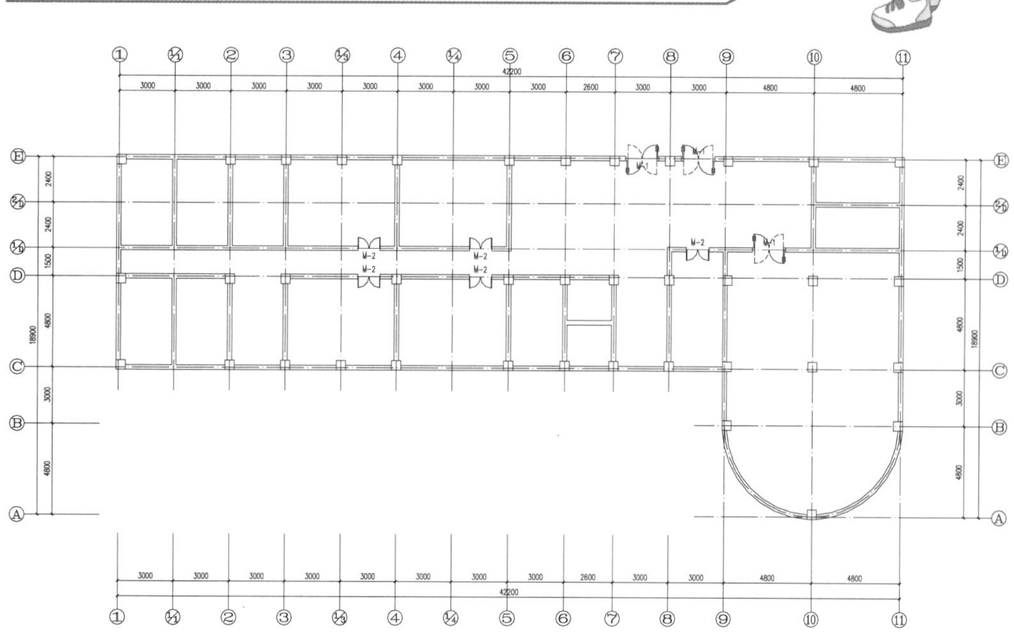

图 17-31　调整后的 M-2

（5）单击菜单中的“门窗”→“门窗”命令，在“门”对话框中输入相应的 M-3 数据，如图 17-32 所示。图中左侧门的形式与本例中要求的单扇平开门不一致，此时单击左侧平面门，打开的对话框如图 17-33 所示。

图 17-32　确定 M-3 数据

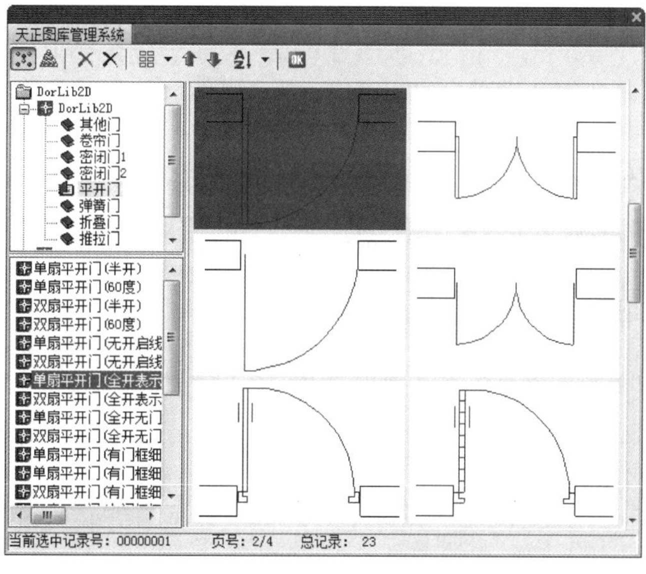

图 17-33　确定 M-3 形状

Note

(6) 双击选择的单扇平开门，此时打开“门”对话框，选取轴线等分插入方式，如图 17-34 所示。

图 17-34 “门”对话框

单击绘图区域，选择建筑物需要设置 M-3 的位置，形成如图 17-35 所示的形式。

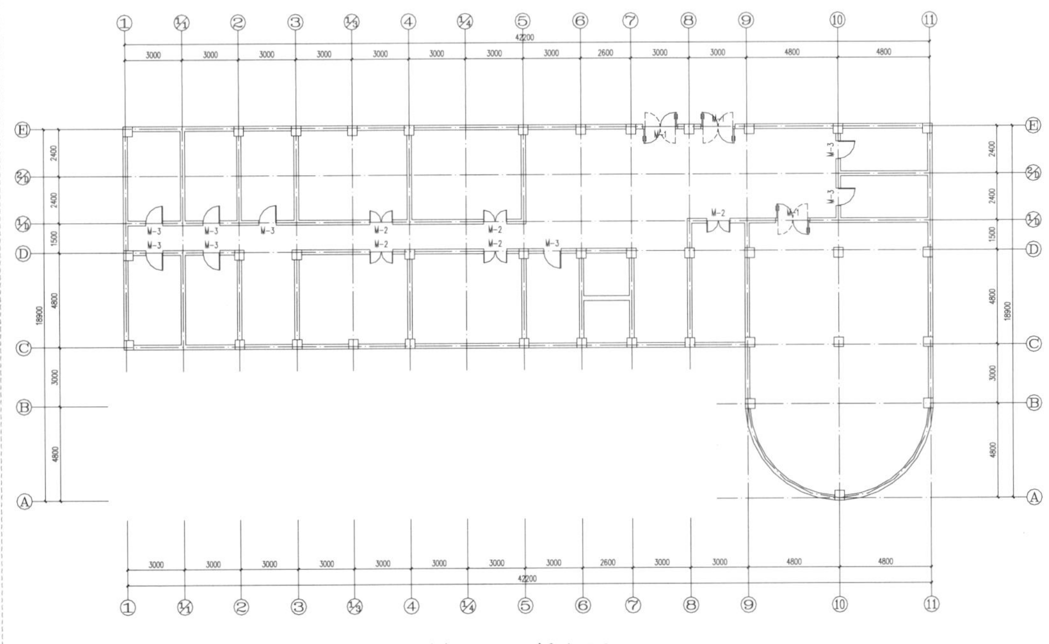

图 17-35 插入 M-3

(7) 输入电梯门，单击菜单中的“门窗”→“门窗”命令，在“门”参数对话框中输入相应的 M-4 数据，如图 17-36 所示。图中平开门与本例中要求的电梯门不一致，此时单击左侧平面门，打开的对话框如图 17-37 所示。

图 17-36 确定 M-4 数据

(8) 双击选择中分电梯门，此时打开“门”对话框，选取轴线等分插入方式，如图 17-38 所示。

单击绘图区域，选择建筑物需要设置 M-4 的位置，形成如图 17-39 所示的形式。

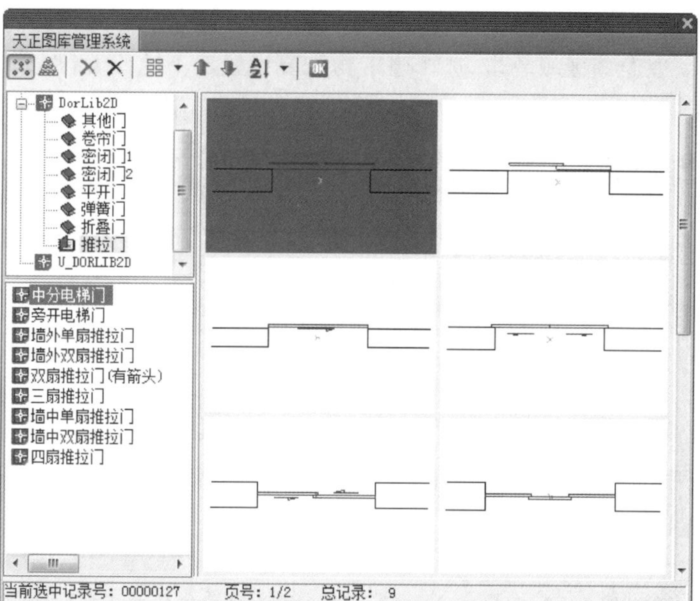

图 17-37　确定 M-4 形状

图 17-38　“门”对话框

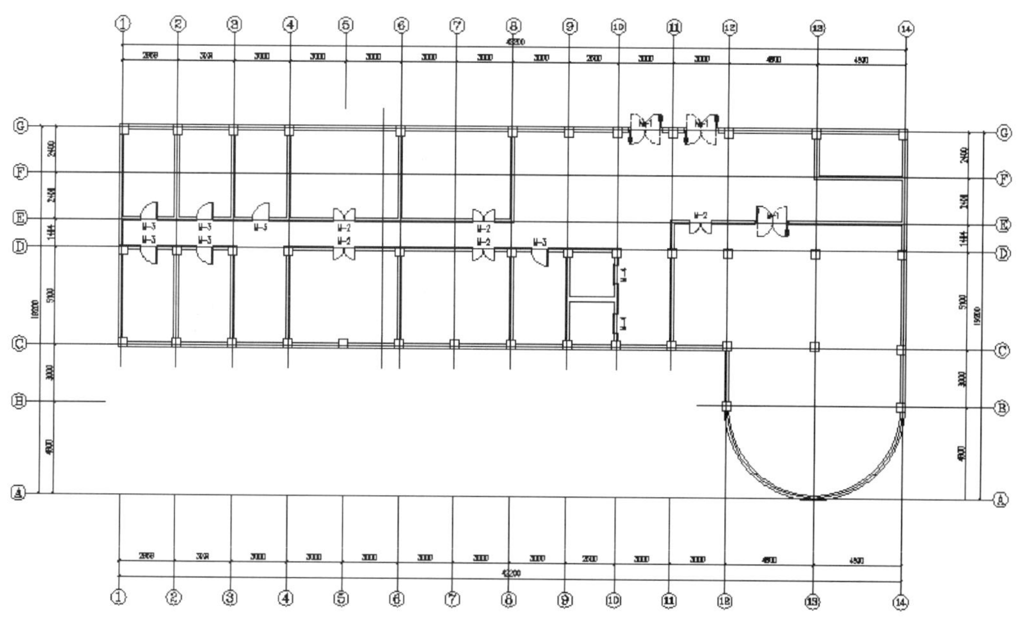

图 17-39　插入 M-4

Note

（9）单击菜单中的“门窗”→“门窗”命令，在“窗”对话框中输入相应的 C-1 数据，如图 17-40 所示。在绘图区域单击，选择建筑物需要设置 C-1 的位置，形成如图 17-41 所示的形式。

图 17-40 确定 C-1 数据

（10）单击菜单中的“门窗”→“门窗”命令，在“窗”对话框中输入相应的 C-2 数据，如图 17-42 所示。在绘图区域单击，选择建筑物需要设置 C-2 的位置，形成插入 C-2 的形式。由此完成插入门窗的工作。

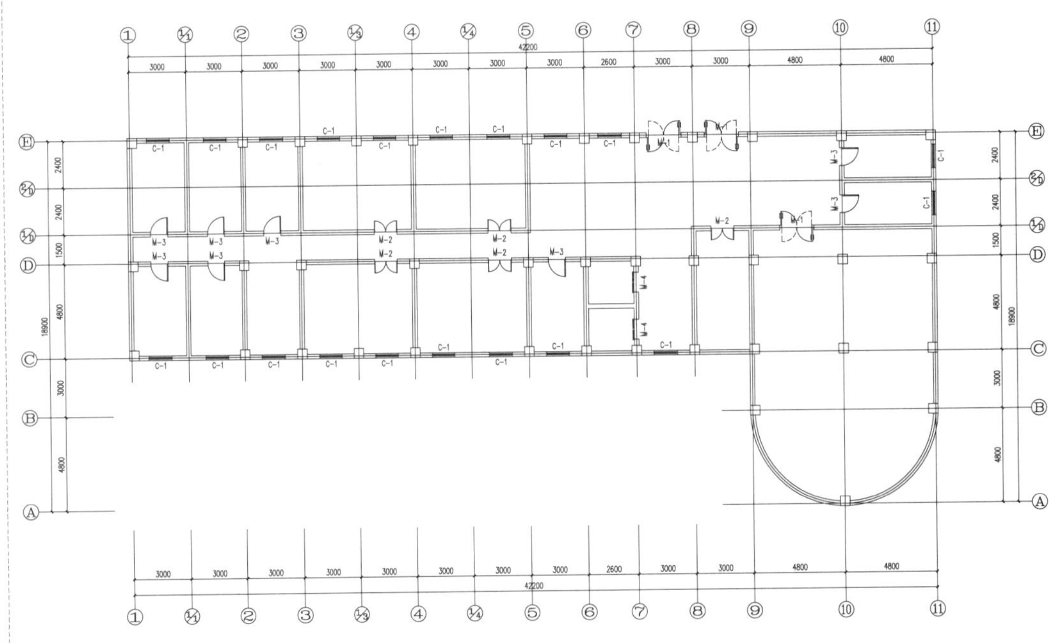

图 17-41 插入 C-1

图 17-42 确定 C-2 数据

17.1.7 插入楼梯

办公楼中有两个形式相同的楼梯，本例具体演示一个楼梯的生成过程。生成的楼

梯如图 17-43 所示。插入楼梯的步骤如下。

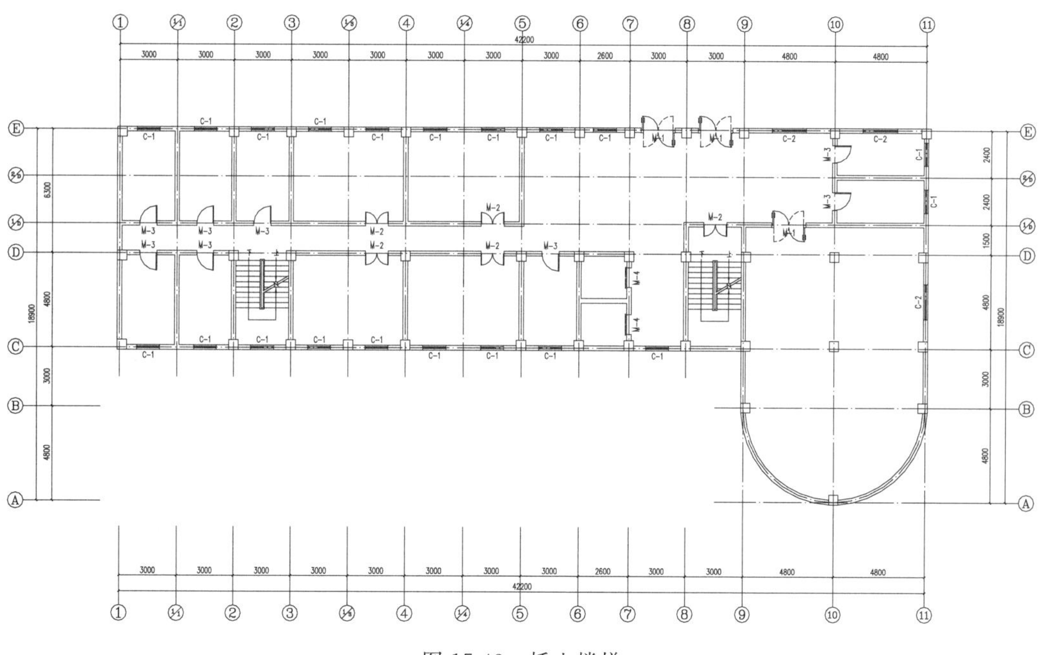

图 17-43　插入楼梯

（1）单击菜单中的“楼梯其他”→“双跑楼梯”命令，在“双跑楼梯”对话框中输入相应的楼梯数据。在“楼梯高度”中选取层高“3000”，单击“梯段宽”在图中选取楼梯间的内部净尺寸，“踏步总数”中选择“20”，“踏步高度”中选择“150”，“踏步宽度”中选择“270”，“休息平台”中选择“无”，“扶手高度”中选择“900”，“扶手宽度”中选择“60”，“踏步取齐”中选择“齐楼板”方式，“上楼位置”中选择“右边”，“层类型”中选择“中间层”，其余数据选取如图 17-44 所示。

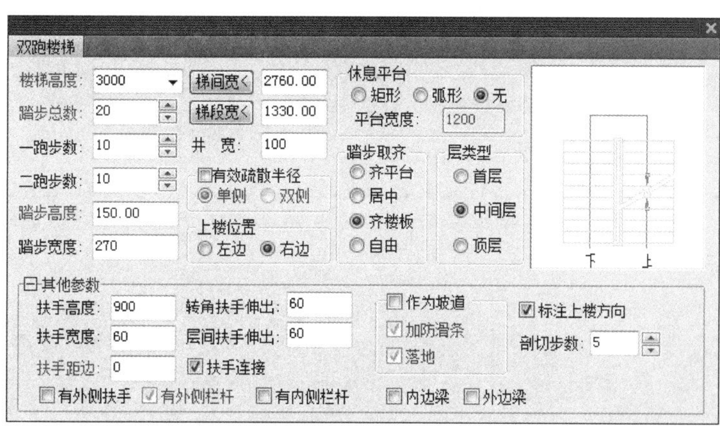

图 17-44　“双跑楼梯”对话框输入数据

（2）单击绘图区域，根据命令行提示选择楼梯的插入点，形成如图 17-45 所示的插入楼梯的形式。

（3）采用同样操作完成右侧的楼梯插入，如图 17-43 所示。

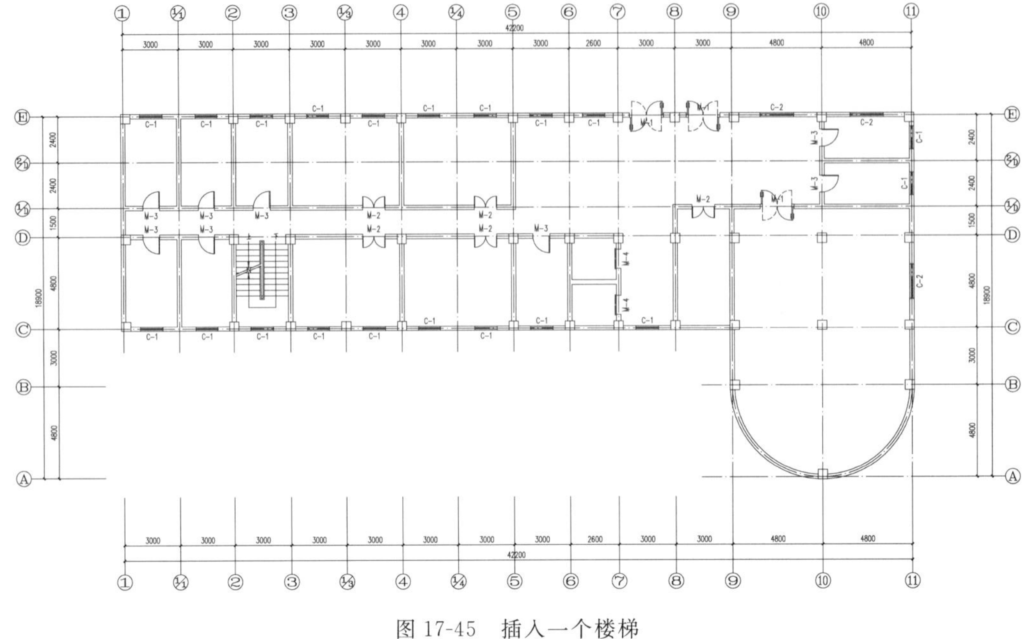

图 17-45　插入一个楼梯

17.1.8　插入台阶

本例中的台阶位于大门口处，可以直接用天正软件绘制而成。生成的台阶如图 17-46 所示。

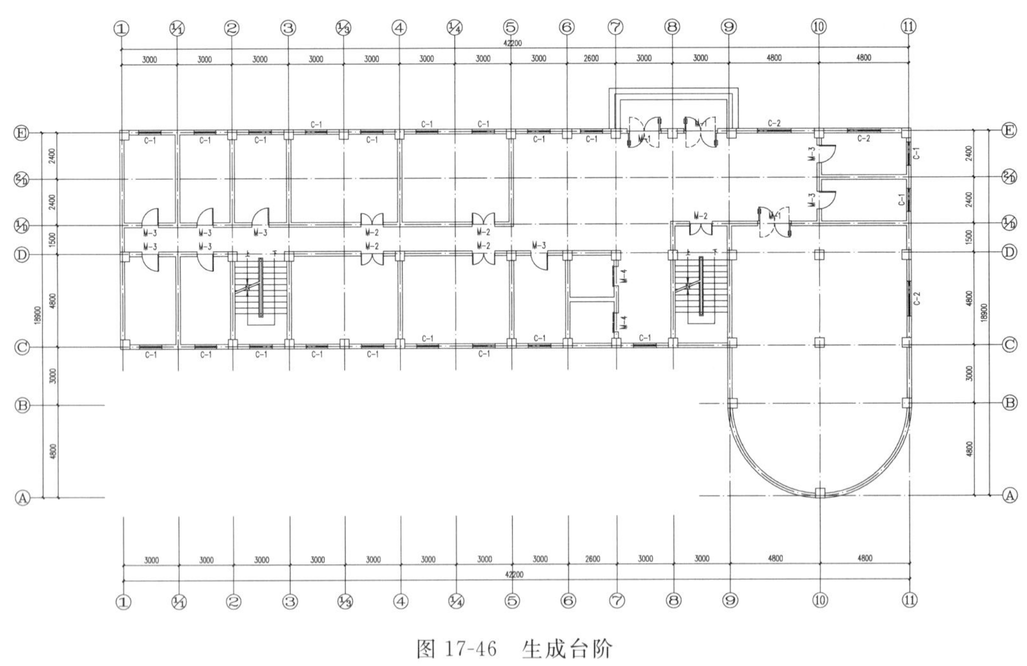

图 17-46　生成台阶

插入台阶的步骤如下。

(1) 单击菜单中的“楼梯其他”→“台阶”命令，根据命令行提示输入台阶上平面的尺

寸，选取相邻的墙体，在出现的“台阶”对话框中输入相应的台阶数据，如图 17-47 所示。

在“台阶总高”中选取内、外高差为“450”，在“踏步宽度”中选取“300”，在“踏步高度”中选取“150”。其余数据的选取见图 17-47。

Note

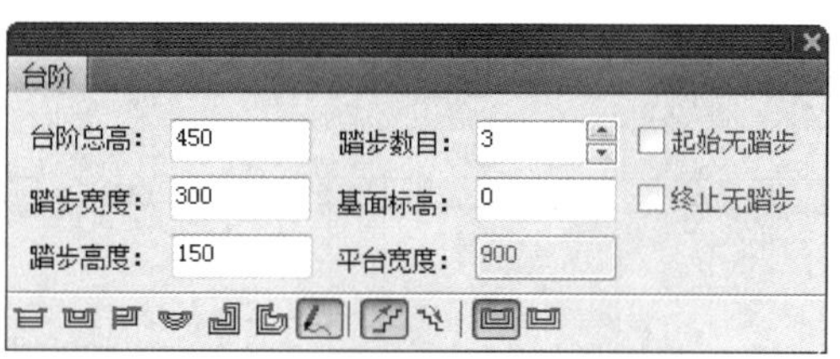

图 17-47　确定台阶数据

(2) 单击轴线交叉处，完成台阶的绘制，如图 17-46 所示。

17.1.9　绘制散水

散水可以直接用天正软件自动绘制而成。生成的散水如图 17-48 所示。

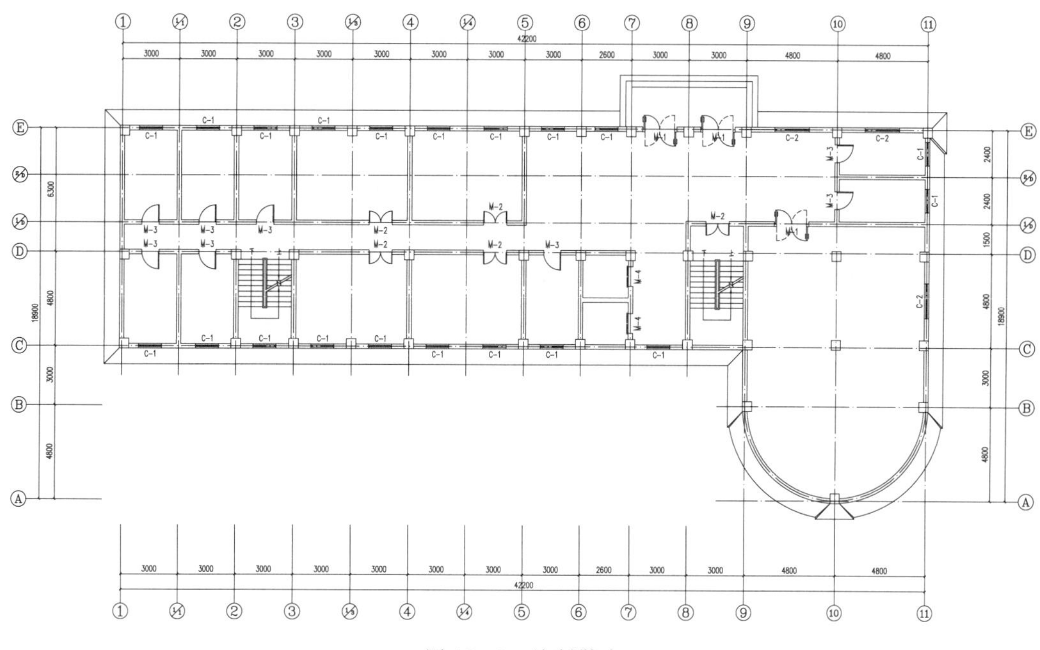

图 17-48　绘制散水

绘制散水的步骤如下。

(1) 单击菜单中的“楼梯其他”→“散水”命令，打开“散水”对话框，如图 17-49 所示。在“室内外高差”中选取内、外高差为“450”，在“散水宽度”中输入“600”，在“偏移距离”中选取“0”，勾选“创建室内外高差平台”选项，如图 17-49 所示。

(2) 单击绘图区域，根据命令行提示选择建筑物的封闭外墙，形成如图 17-48 所示的散水形式。

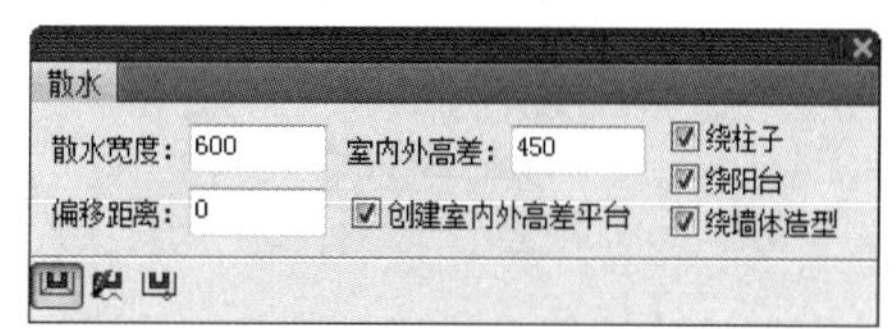

图 17-49　“散水”对话框

Note

17.1.10 布置洁具

卫生间洁具可以直接用天正图库自动绘制而成。生成的洁具如图 17-50 所示。

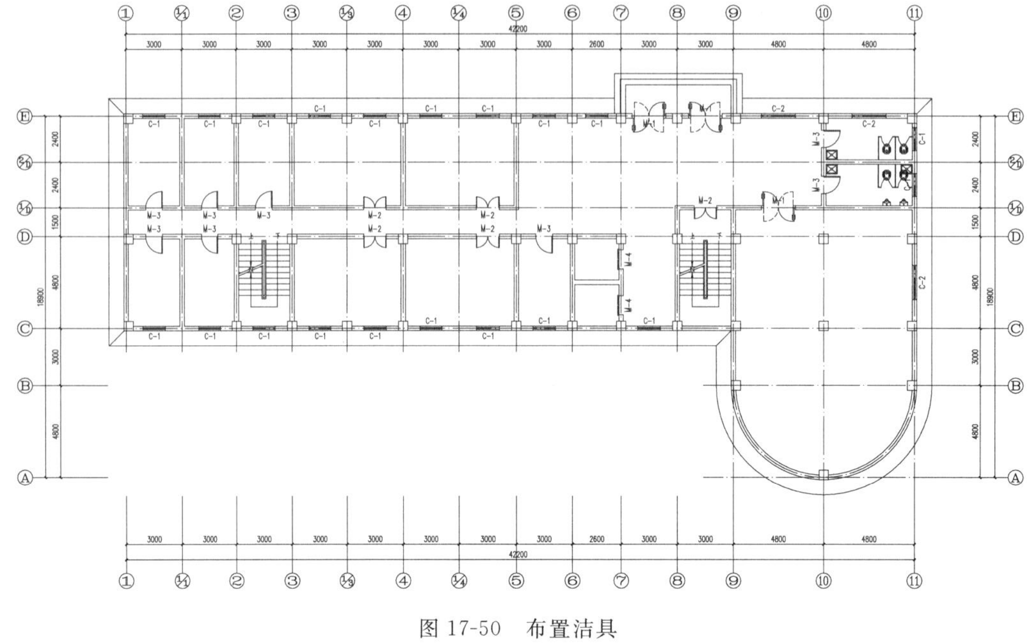

图 17-50 布置洁具

布置洁具的步骤如下。

(1) 单击菜单中的“房间屋顶”→“房间布置” →“布置洁具”命令，在“天正洁具”对话框中选择相应的洁具，本例选择大便器中蹲便器(感应式)，如图 17-51 所示。

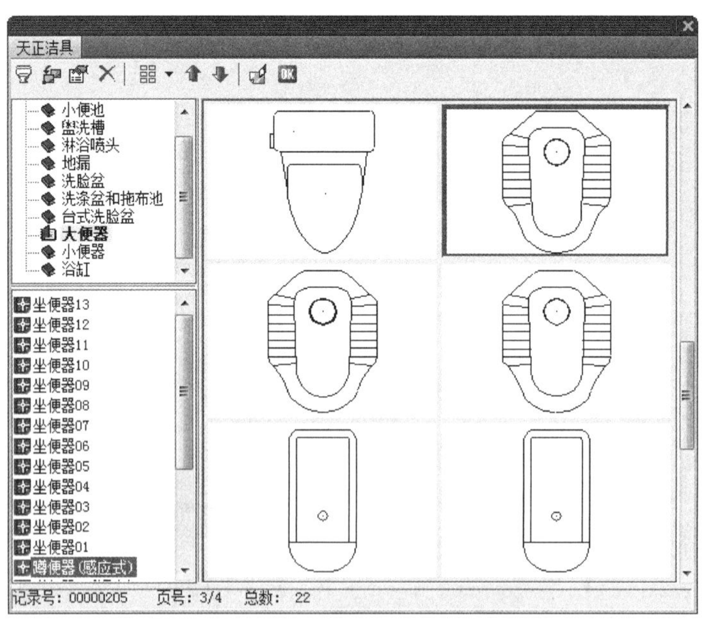

图 17-51 “天正洁具”对话框

Note

双击所选择的蹲便器，打开"布置蹲便器(感应式)"对话框，如图 17-52 所示。可以保持相应对话框中的数据不变，也可以进行修改，本例为保持不变。在绘图区域单击，根据命令行提示选择卫生间相应的墙线，在男、女厕所各布置两个蹲便器，如图 17-53 所示。

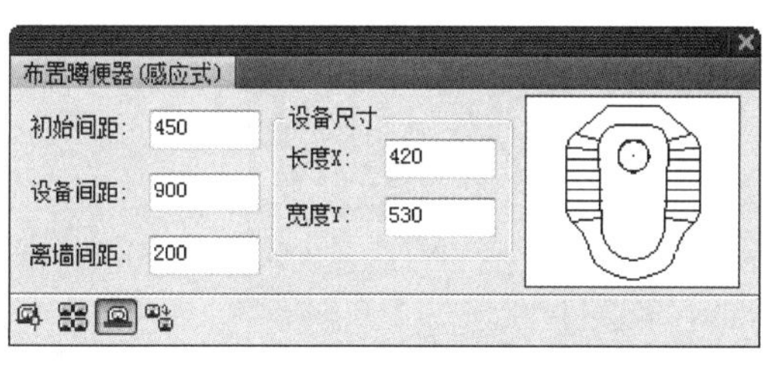

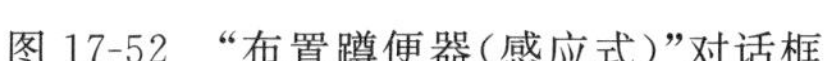
图 17-52 "布置蹲便器(感应式)"对话框

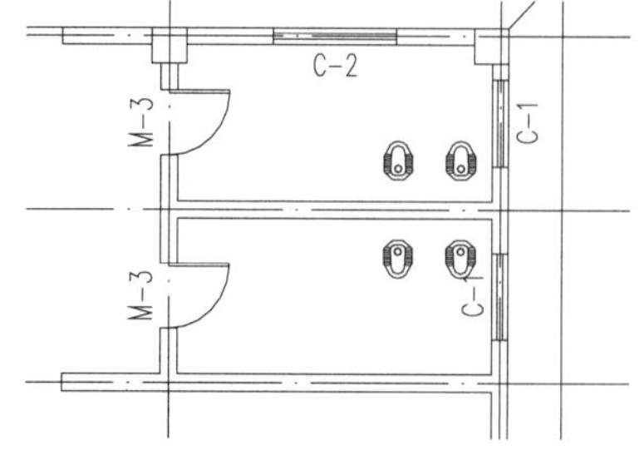

图 17-53 布置蹲便器

(2) 单击菜单中的"房间屋顶"→"房间布置" →"布置隔断"命令，然后根据命令行提示直线选取两个蹲便器，根据提示的隔断尺寸进行修正，最后回车完成布置隔断任务。进行重复操作，结果如图 17-54 所示。

可将男厕所的隔断门改为向内开。此时用到的按钮为"门窗"中的"内外翻转"，单击此按钮，然后在图中选择需要进行内外翻转的门，即可完成操作，如图 17-55 所示。

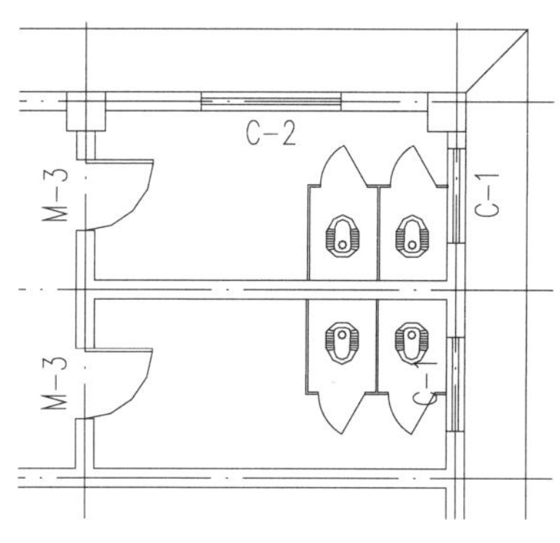

图 17-54 布置隔断

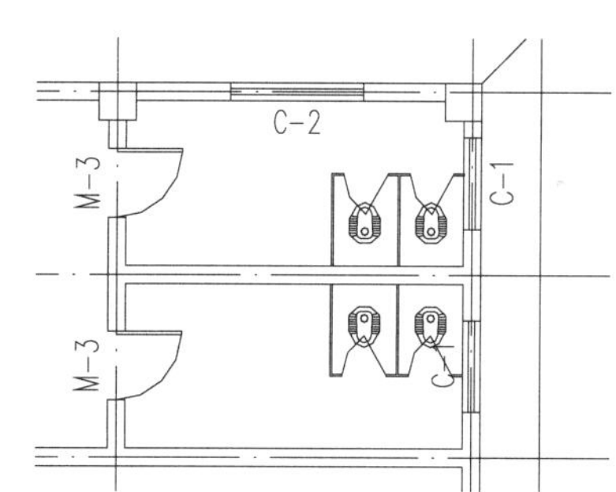

图 17-55 隔断门内外翻转

(3) 单击菜单中的"房间屋顶"→"房间布置" →"布置洁具"命令，在"天正洁具"对话框中选择相应的洁具，本例选择小便器(感应式)03，如图 17-56 所示。

(4) 双击所选择的小便器，打开"布置小便器(感应式)03"对话框，如图 17-57 所示。可保持相应对话框中的数据不变，也可以进行修改，本例为保持不变。在绘图区域单击，根据命令行提示选择卫生间相应的墙线，在男厕所布置两个小便器，形成如图 17-58 所示的形式。

(5) 单击菜单中的"房间屋顶"→"房间布置" →"布置洁具"命令，本例选择洗涤盆和拖布池，如图 17-59 所示。

Note

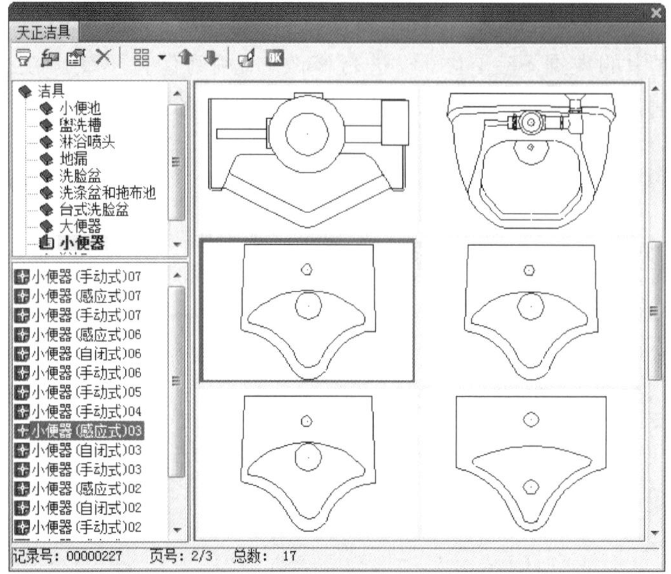

图 17-56 “天正洁具”对话框

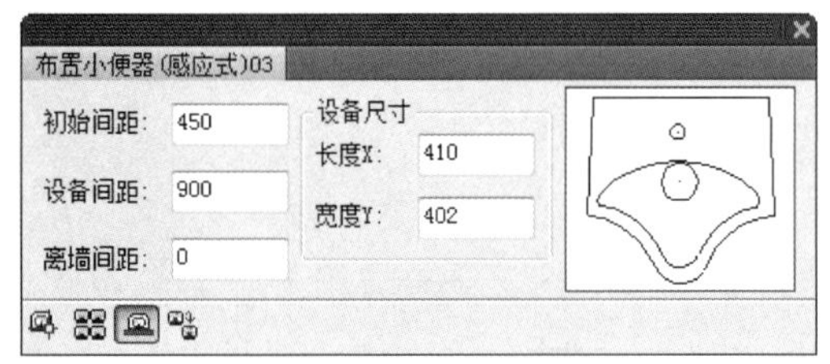

图 17-57 “布置小便器(感应式)03”对话框

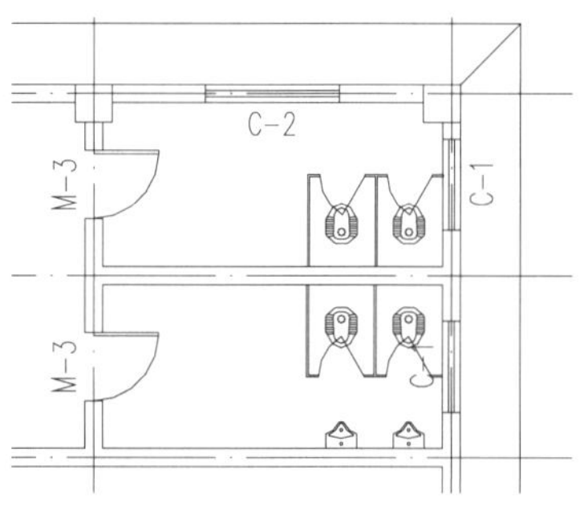

图 17-58 布置小便器

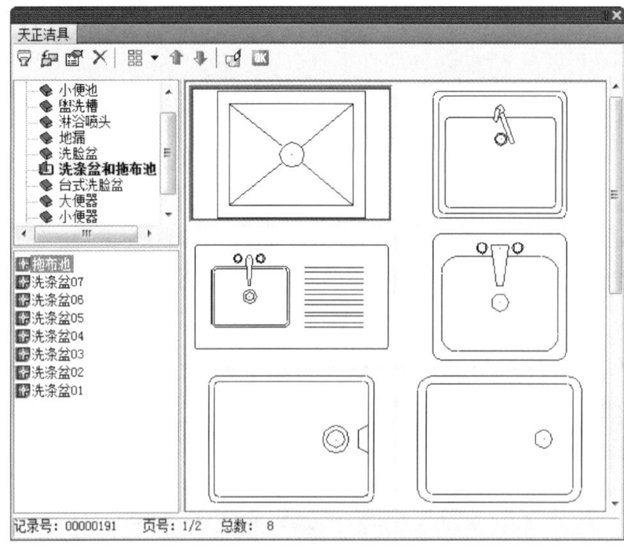

图 17-59 “天正洁具”对话框

(6) 双击所选择的拖布池，打开的对话框“布置拖布池”如图 17-60 所示。可保持相应对话框中的数据不变，也可以进行修改，本例为保持不变。在绘图区域单击，根据命令行提示选择卫生间相应的墙线，在男、女厕所各布置一个拖布池，形成如图 17-61 所示的形式。

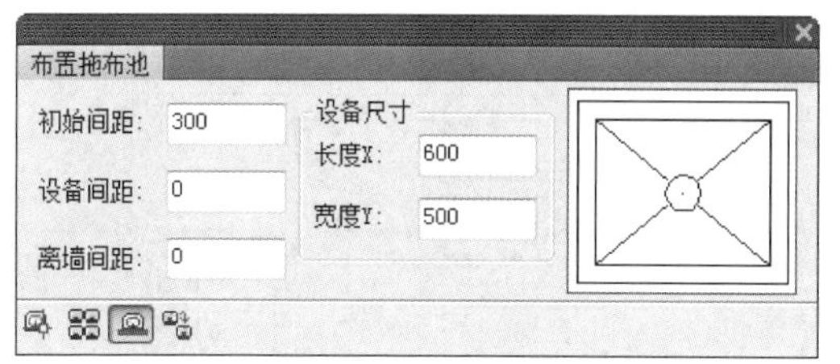

图 17-60 “布置拖布池”对话框

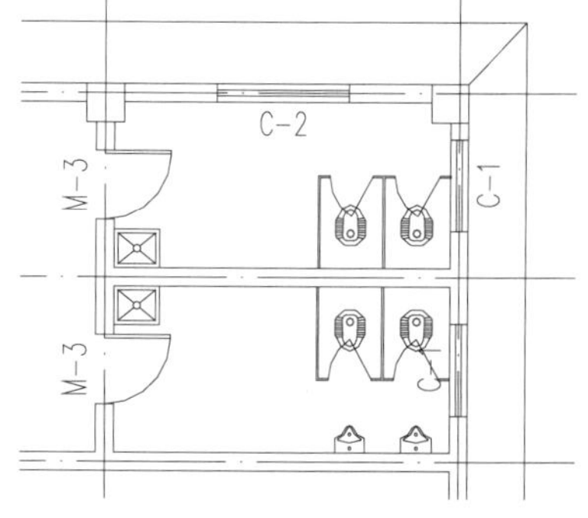

图 17-61 布置拖布池

17.1.11 房间标注

绘制房屋的标注信息可以直接由天正软件自动绘制而成，比如室内面积、房间编号等，本例中只生成室内面积。生成的房间标注如图 17-62 所示。

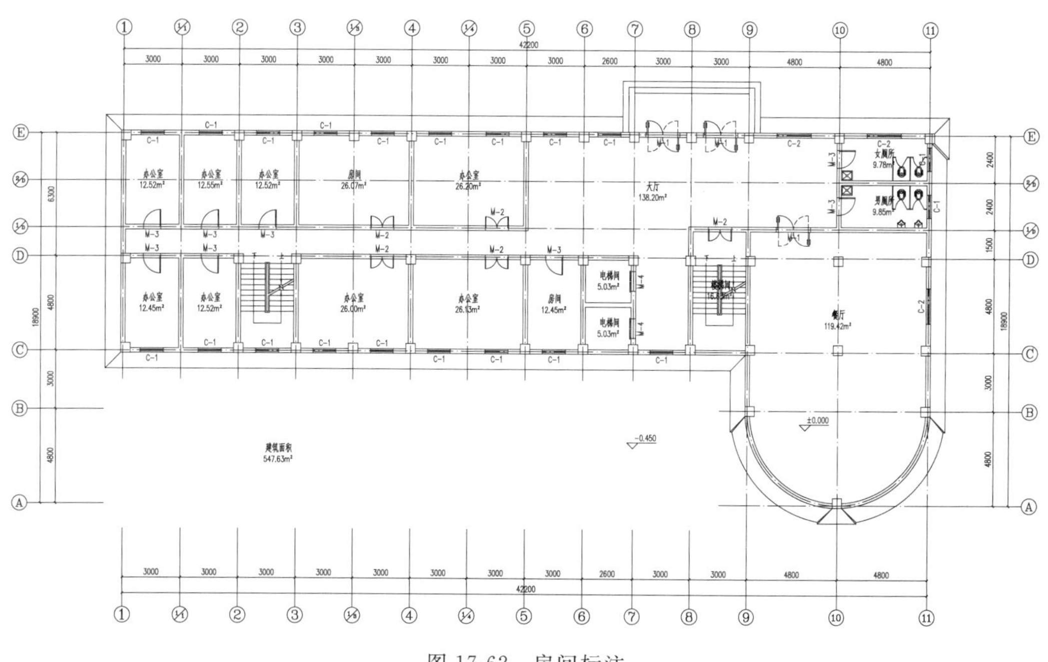

图 17-62 房间标注

生成房间标注信息的步骤如下。

(1) 单击菜单中的“房间屋顶”→“搜索房间”命令，在“搜索房间”对话框中输入相应的选择项目，如图 17-63 所示。

Note

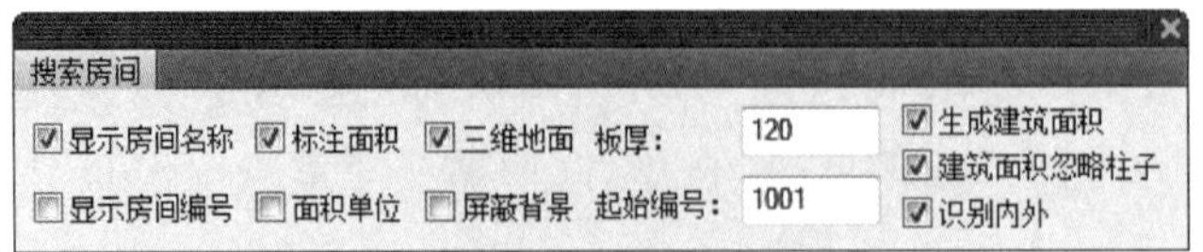

图 17-63 确定房间标注选项

(2) 单击绘图区域,根据命令行提示选择框选建筑物所有墙体,形成如图 17-64 所示的房间标注信息。

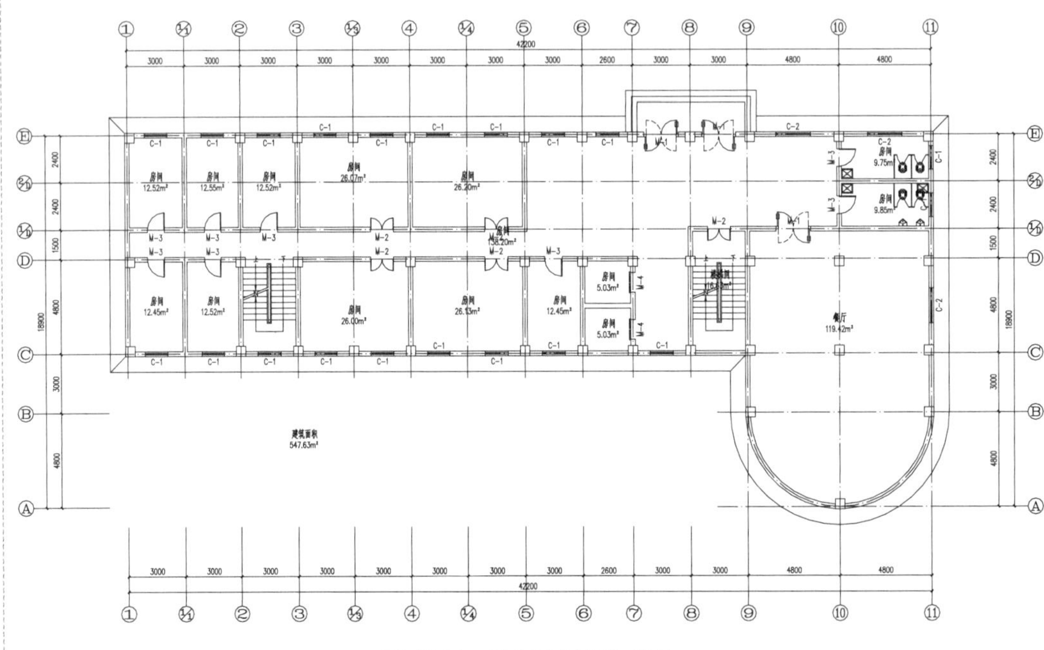

图 17-64 确定房间标注信息

(3) 通过在位编辑命令,双击需要修改名称的房间,直接修改名字。最终形成如图 17-62 所示的房间标注信息。

17.1.12 尺寸标注

尺寸标注在本例中主要是明确具体的建筑构件的平面尺寸,比如门窗、墙体等的位置尺寸。生成的尺寸标注如图 17-65 所示。

生成尺寸的步骤如下。

(1) 单击菜单中的"尺寸标注"→"门窗标注"命令,根据命令行提示选尺寸标注的门窗所在的墙线和第一、第二道标注线,自动生成外侧的门窗标注,具体步骤不再详述,生成的标注如图 17-66 所示。

(2) 完成外侧的门窗尺寸标注后对墙体进行墙厚标注,可以通过"墙厚标注"命令,按照命令行提示选择需要标注厚度的墙体,即可完成操作,最终形成的墙厚标注形式如图 17-67 所示。

(3) 单击菜单中的"尺寸标注"→"逐点标注"命令,自动生成内门标注,如图 17-68 所示。

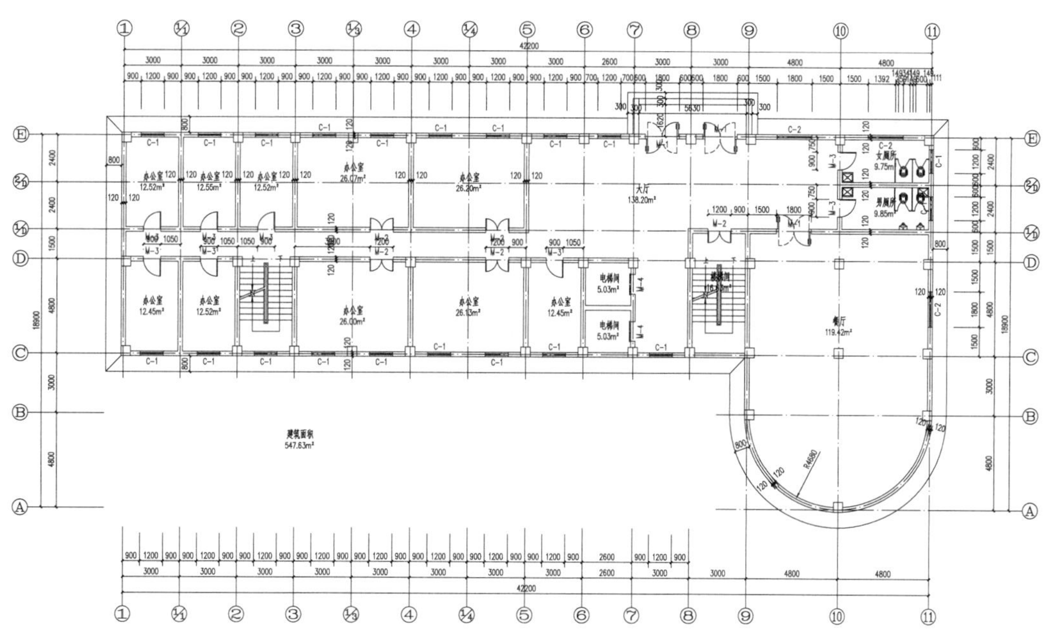

图 17-65　尺寸标注

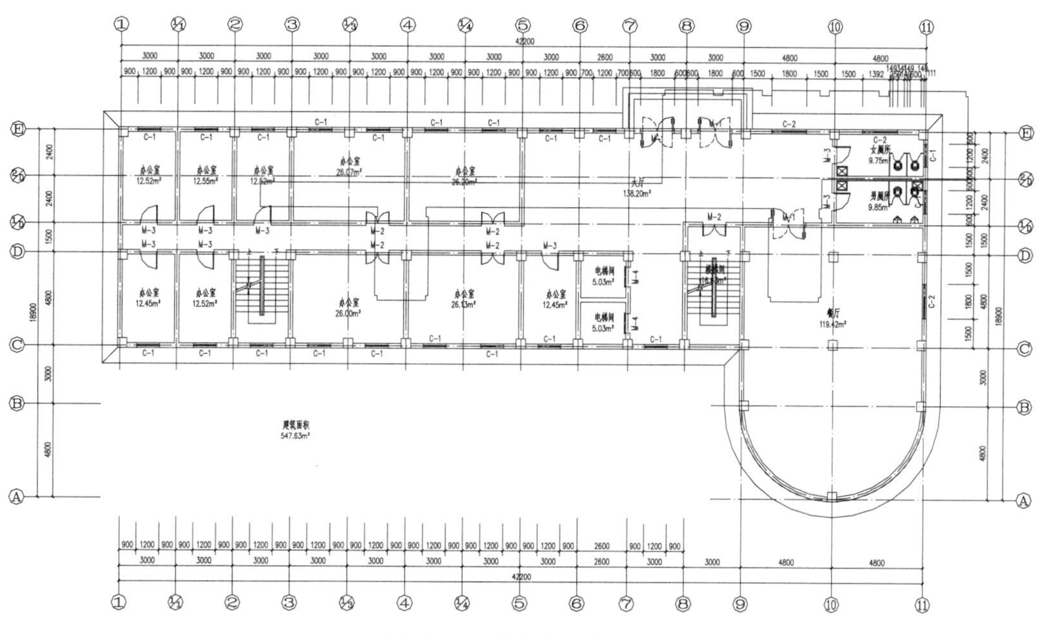

图 17-66　外侧的门窗标注

(4) 单击菜单中的“尺寸标注”→“半径标注”命令，根据命令行提示选择需要进行半径标注的圆弧，自动生成半径标注，如图 17-69 所示。

(5) 其他部位的标注可以采用“逐点标注”命令直接标注尺寸，具体方式不再详述。最终形成如图 17-65 所示的尺寸标注信息。

Note

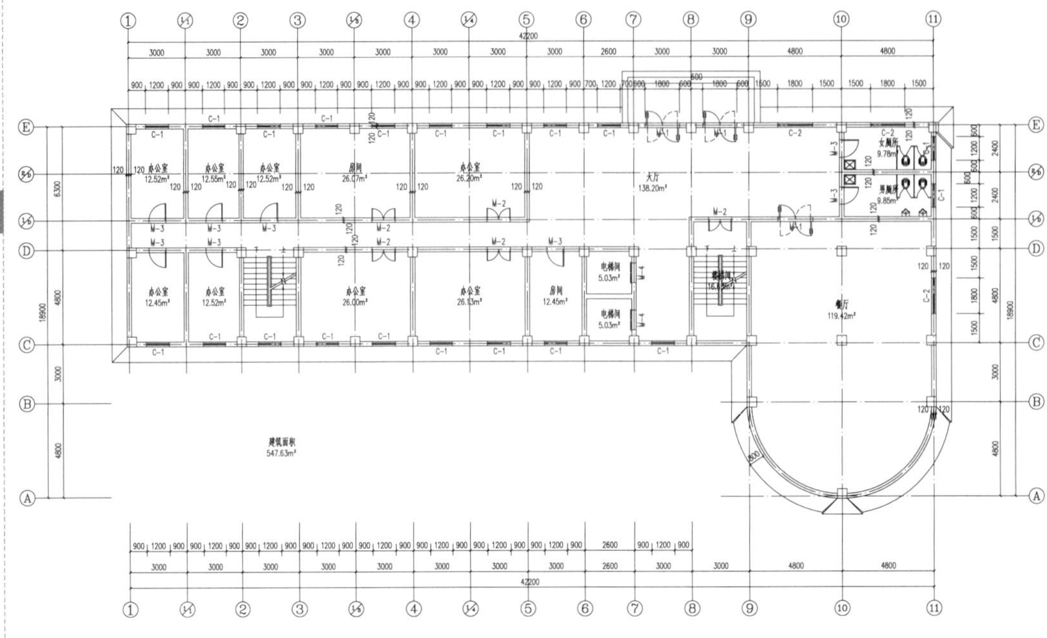
图 17-67　墙厚标注

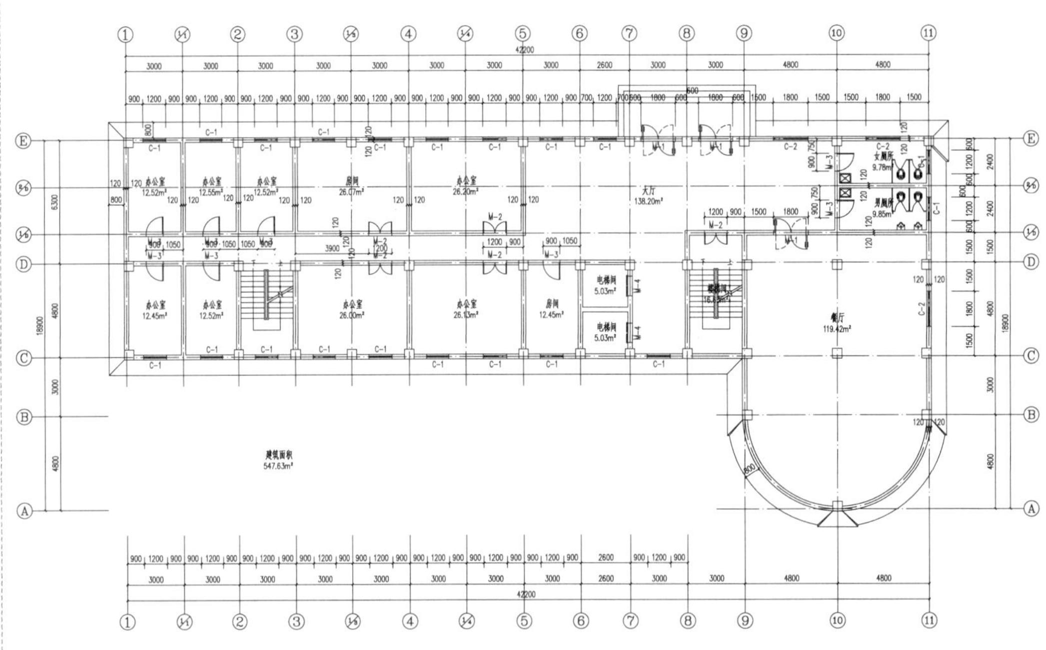
图 17-68　内门标注

17.1.13　标高标注

标高标注在本图中主要是明确建筑内外的平面高差。生成的标高标注如图 17-70 所示。

生成标高标注的步骤如下。

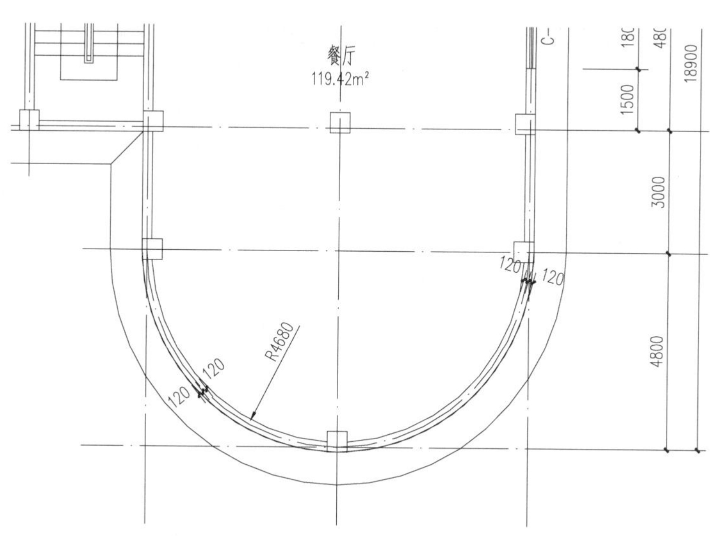

图 17-69 半径标注

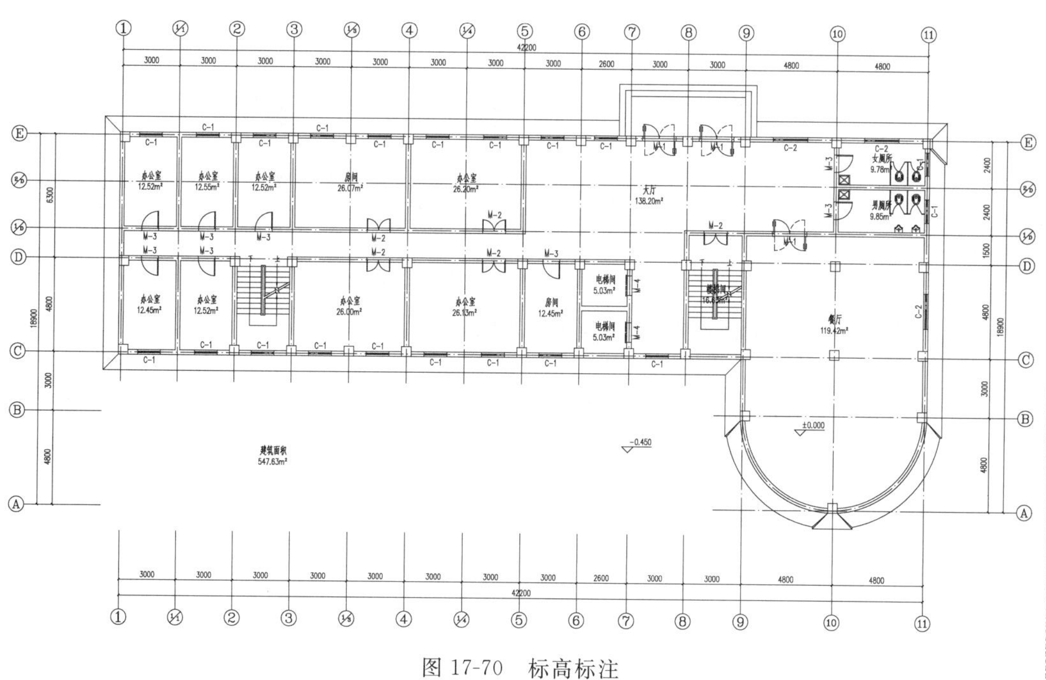

图 17-70 标高标注

(1) 单击菜单中的"符号标注"→"标高标注"命令，在"标高标注"对话框中输入楼层标高±0.000，勾选"手工输入"，如图 17-71 所示。同时在绘图区单击，选择室内标高位置为餐厅内部，如图 17-72 所示。

(2) 在"标高标注"对话框中输入楼层标高−0.450，如图 17-73 所示。同时在绘图区单击，选择室内标高位置为建筑物外侧，如图 17-74 所示。

(3) 在"标高标注"对话框中输入楼层标高−0.020，如图 17-75 所示。同时在绘图区单击，选择厕所标高位置为厕所内部，如图 17-76 所示。

Note

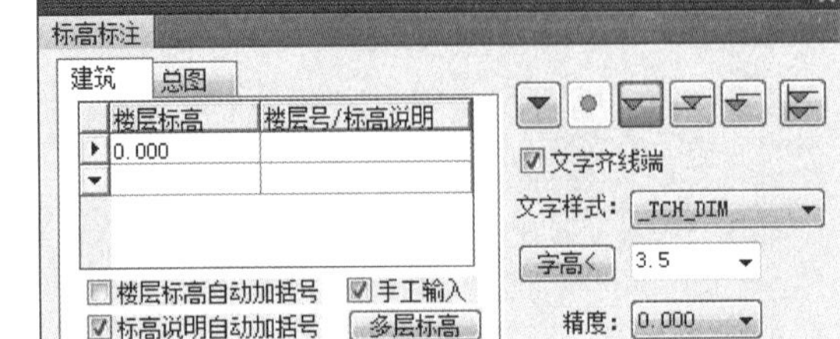

图 17-71 “标高标注”对话框

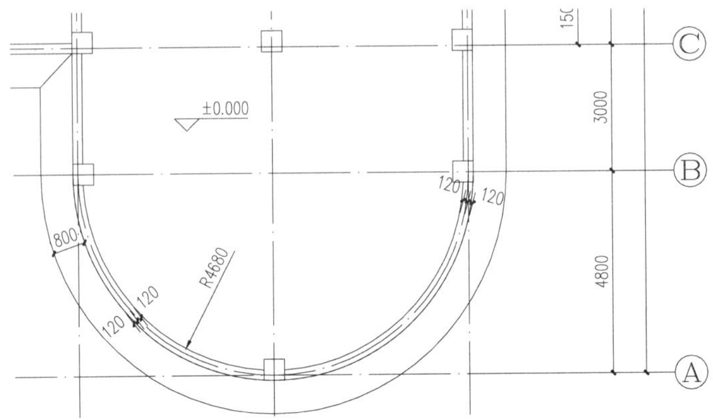

图 17-72 标注室内标高

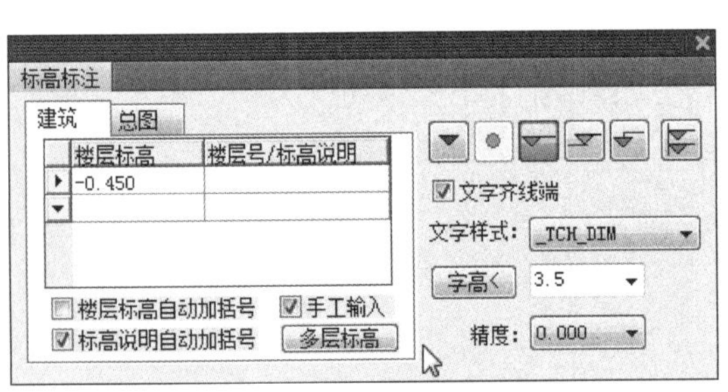

图 17-73 “标高标注”对话框

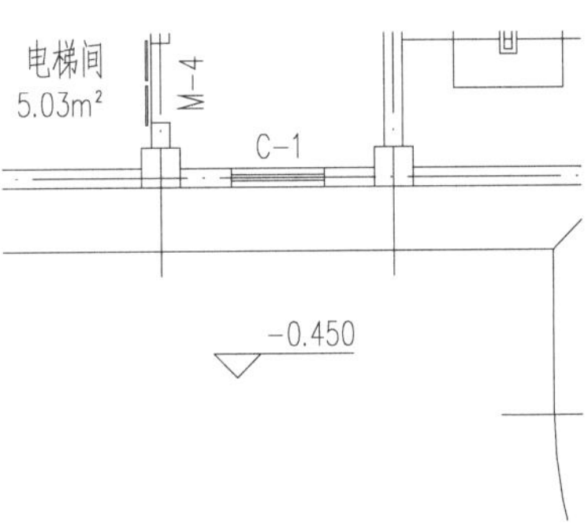

图 17-74 标注室外标高

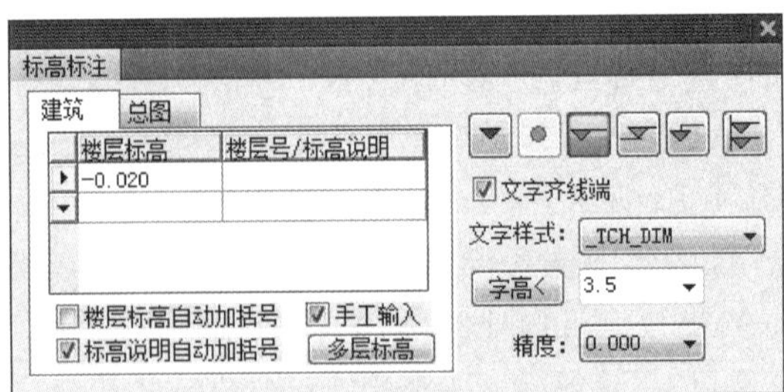

图 17-75 “标高标注”对话框

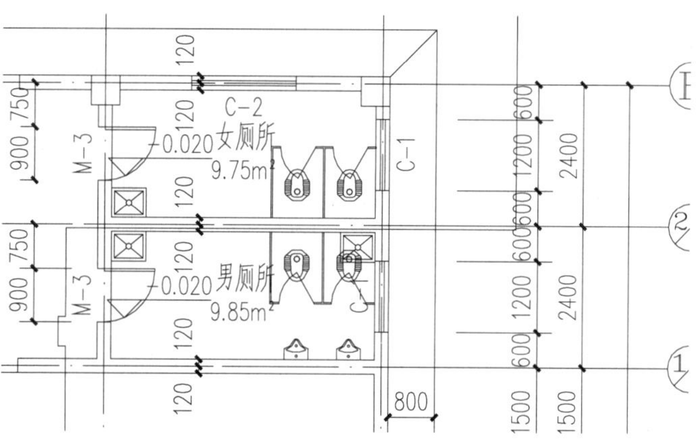

图 17-76　标注厕所标高

最终形成如图 17-70 所示的标高标注信息。通过以上基本绘图步骤，即可完成办公楼平面图的绘制。

17.2　办公楼立面图绘制

本节依据一个办公楼实例，运用立面的命令，详细介绍办公楼立面图的绘制方法。办公楼立面图如图 17-77 所示。

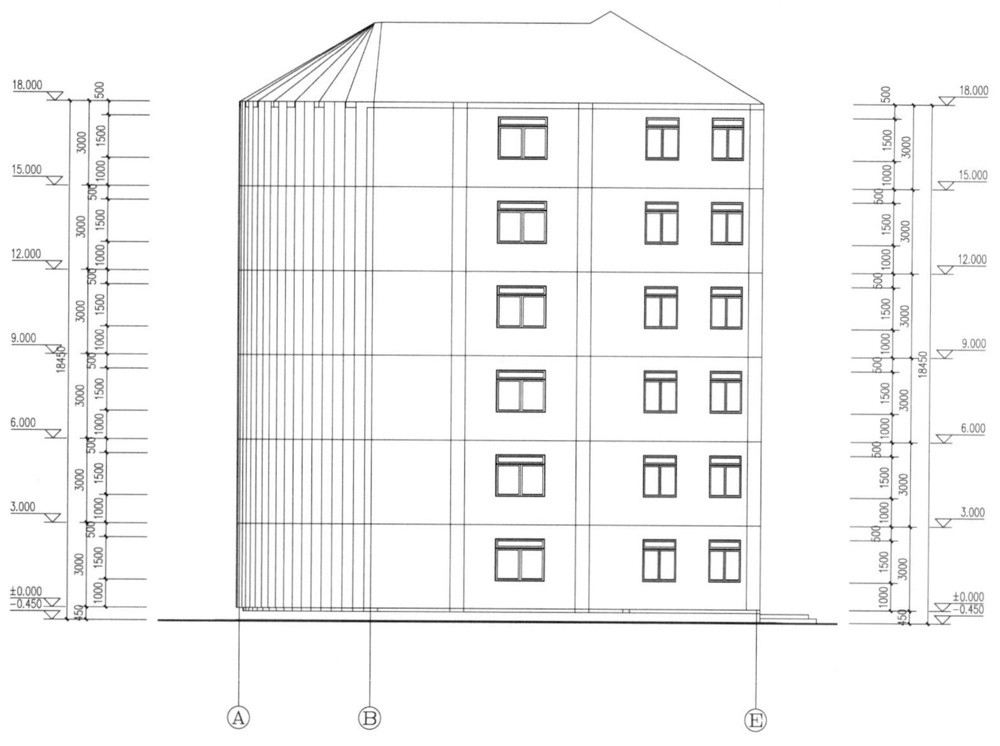

图 17-77　立面图

17.2.1 建筑立面

Note

在所有平面图都已经绘制完毕后，建立一个工程管理项目（具体见第 11 章），然后用“建筑立面”命令直接生成建筑立面，生成的建筑立面如图 17-77 所示。

打开需要进行生成建筑立面的各层平面图，如图 17-78 所示。生成建筑立面的步骤如下。

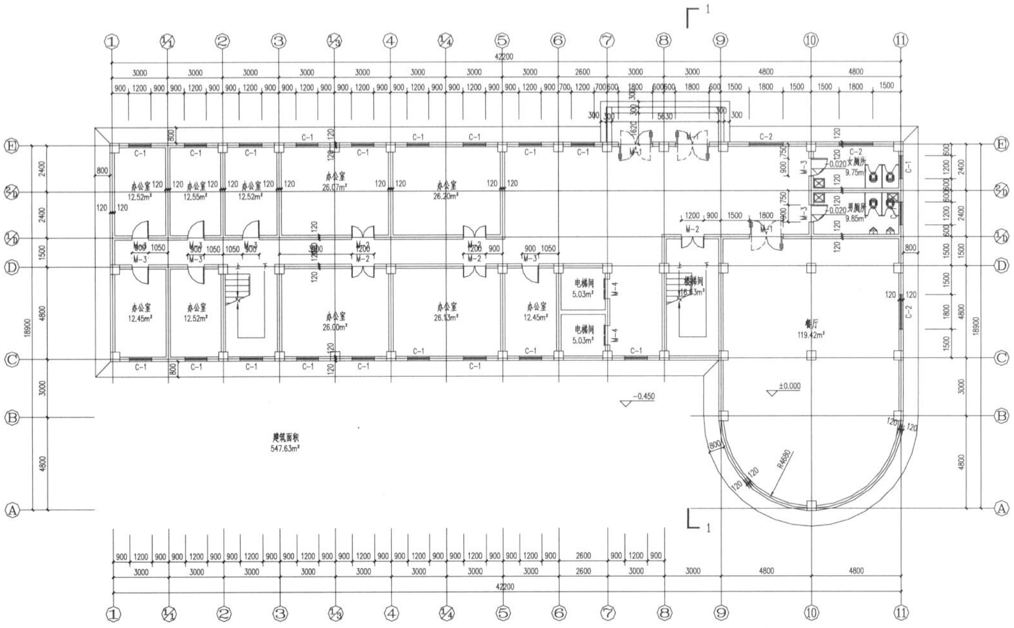

首层平面图 1:100

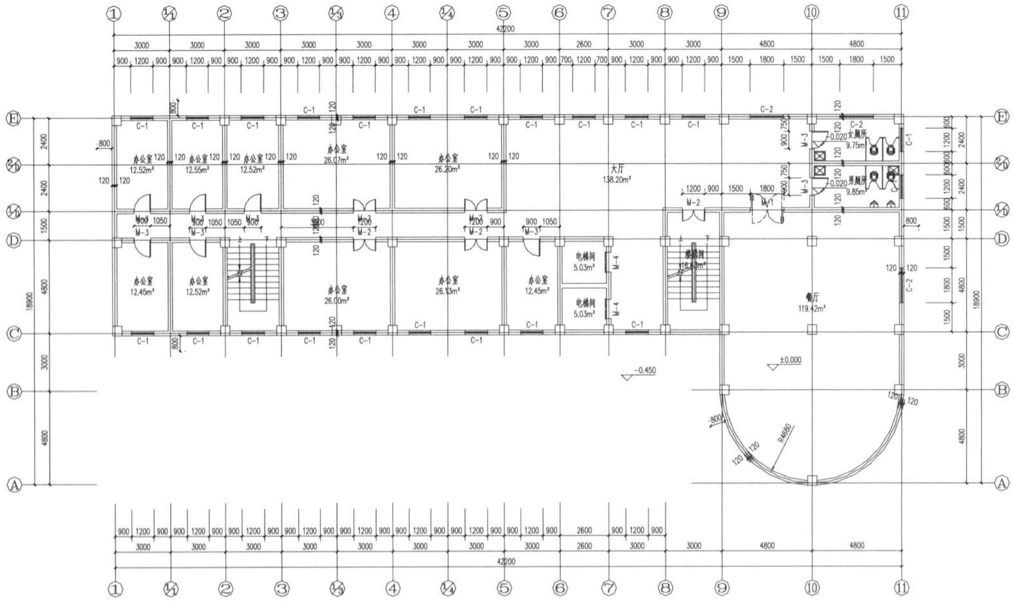

标准平面图 1:100

图 17-78 平面图

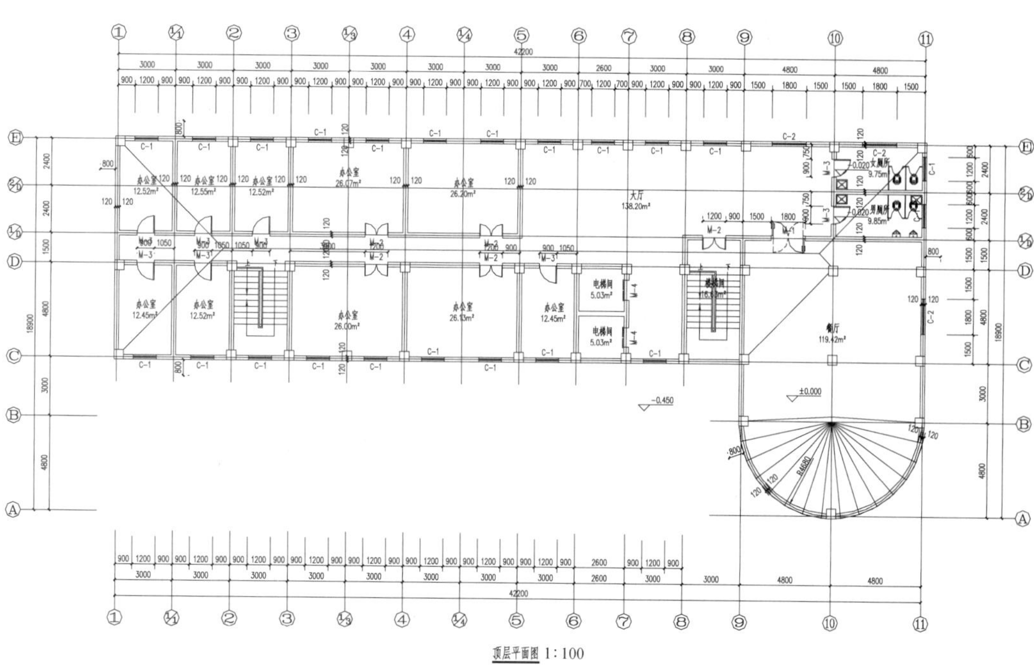

图 17-78　（续）

（1）建立工程项目(具体方式见第 11 章)，单击菜单中的"立面"→"建筑立面"命令，命令行提示如下。

```
请输入立面方向或 [正立面(F)/背立面(B)/左立面(L)/右立面(R)]<退出>:选择右立面 R
请选择要出现在立面图上的轴线:选择轴线 A
请选择要出现在立面图上的轴线:选择轴线 B
请选择要出现在立面图上的轴线:选择轴线 E
请选择要出现在立面图上的轴线:回车
```

此时界面出现"立面生成设置"对话框，如图 17-79 所示。在对话框中输入标注的数值，然后单击"生成立面"按钮，出现"输入要生成的文件"对话框，在此对话框中输入要生成的立面文件的名称和位置，如图 17-80 所示。

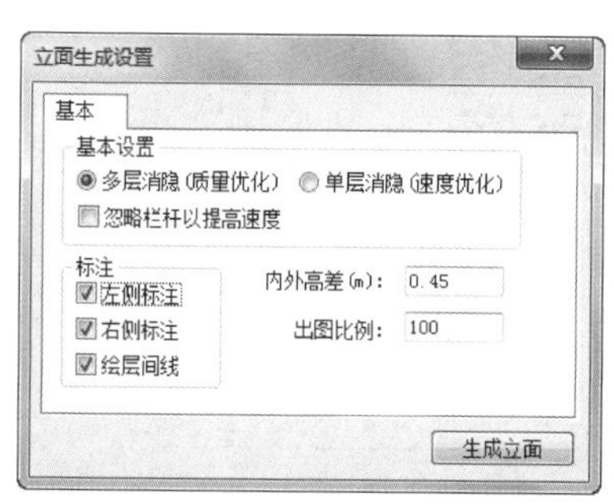

图 17-79　"立面生成设置"对话框

图 17-80　"输入要生成的文件"对话框

（2）单击"保存(S)"按钮，即可在指定位置生成立面图，如图 17-77 所示。

17.2.2 立面门窗

采用“立面门窗”命令可以插入、替换立面图上的门窗，同时对立面门窗库进行维护。生成的门窗立面如图 17-81 所示。

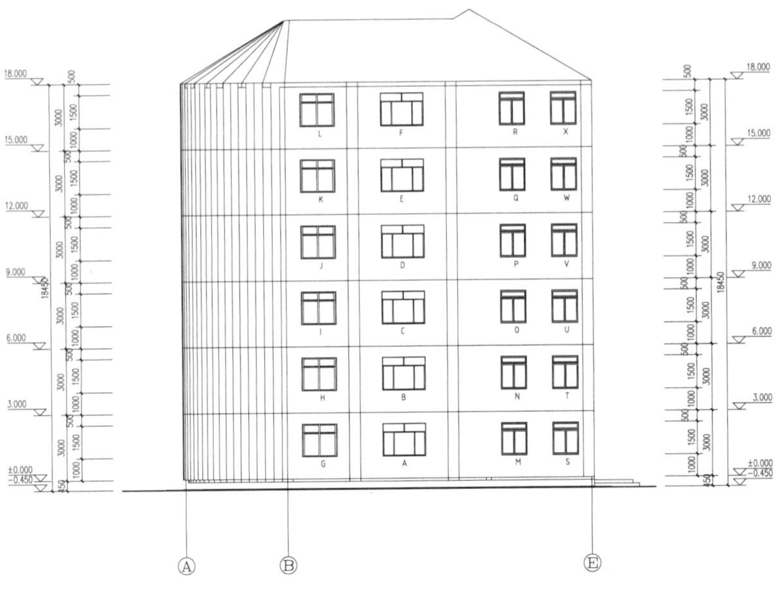

图 17-81　立面门窗图

立面门窗的操作步骤如下。

(1) 替换窗，打开需要进行编辑立面门窗的立面图，如图 17-82 所示。

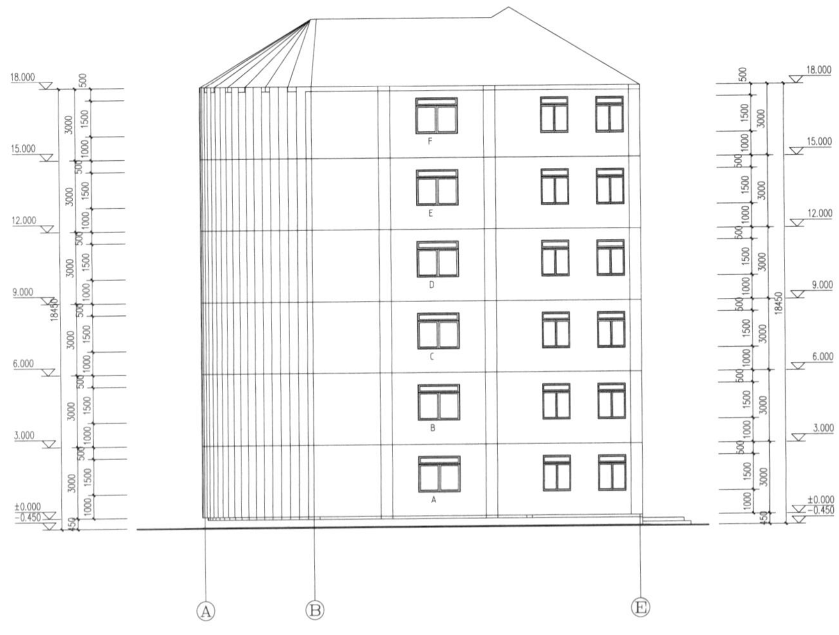

图 17-82　立面图

单击菜单中的“立面”→“立面门窗”命令，打开“天正图库管理系统”对话框，在对话框中选中替换成的窗样式，如图17-83所示。

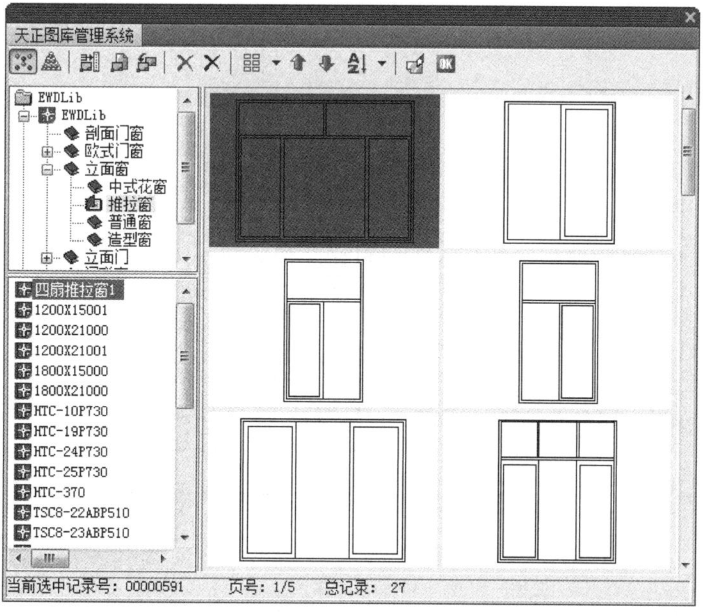

图17-83 “天正图库管理系统”对话框

单击上方的“替换”图标，命令行提示如下。

```
选择图中将要被替换的图块!
选择对象: 选择已有的窗图块 A
选择对象: 选择已有的窗图块 B
选择对象: 选择已有的窗图块 C
选择对象: 选择已有的窗图块 D
选择对象: 选择已有的窗图块 E
选择对象: 选择已有的窗图块 F
选择对象: 回车退出
```

天正软件自动选择新选的窗替换原有的窗，结果如图17-84所示。

(2) 生成窗，单击菜单中的“立面”→“立面门窗”命令，打开“天正图库管理系统”对话框，在对话框中选中生成的窗样式，如图17-85所示。

命令行提示如下。

```
点取插入点或 [转 90(A)/左右(S)/上下(D)/对齐(F)/外框(E)/转角(R)/基点(T)/更换(C)]<退出>:E
第一个角点或 [参考点(R)]<退出>:G
另一个角点:H
点取插入点或 [转 90(A)/左右(S)/上下(D)/对齐(F)/外框(E)/转角(R)/基点(T)/更换(C)]<退出>:回车退出
```

天正软件自动按照选取图框的左下角和右上角所对应的范围，以左下角为插入点来生成窗图块，如图17-86所示。

Note

图 17-84　替换后的窗

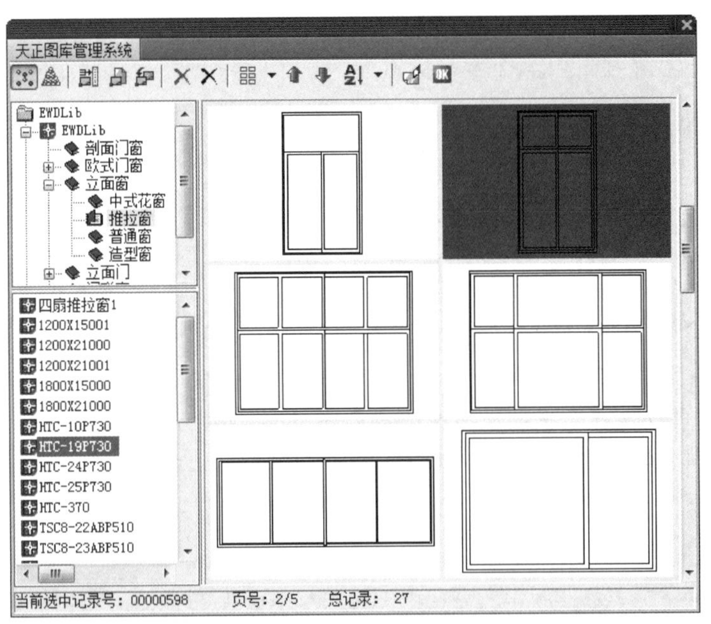

图 17-85　选择需要生成的窗

（3）重复操作立面门窗命令，生成的立面图如图 17-81 所示。

17.2.3　门窗参数

采用“门窗参数”命令可以修改立面门窗尺寸和位置。立面的门窗参数如图 17-87 所示。

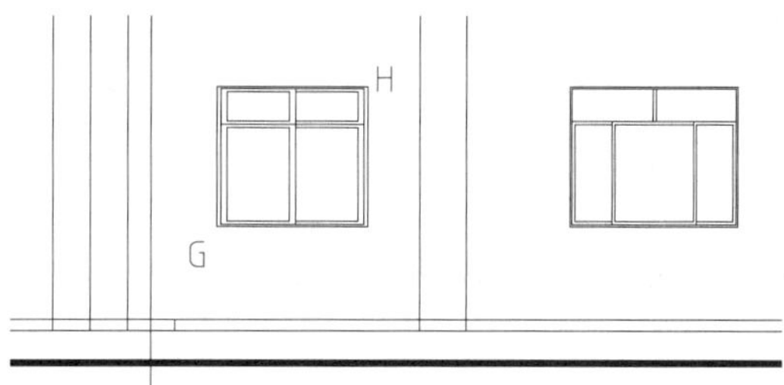

图 17-86 生成的窗

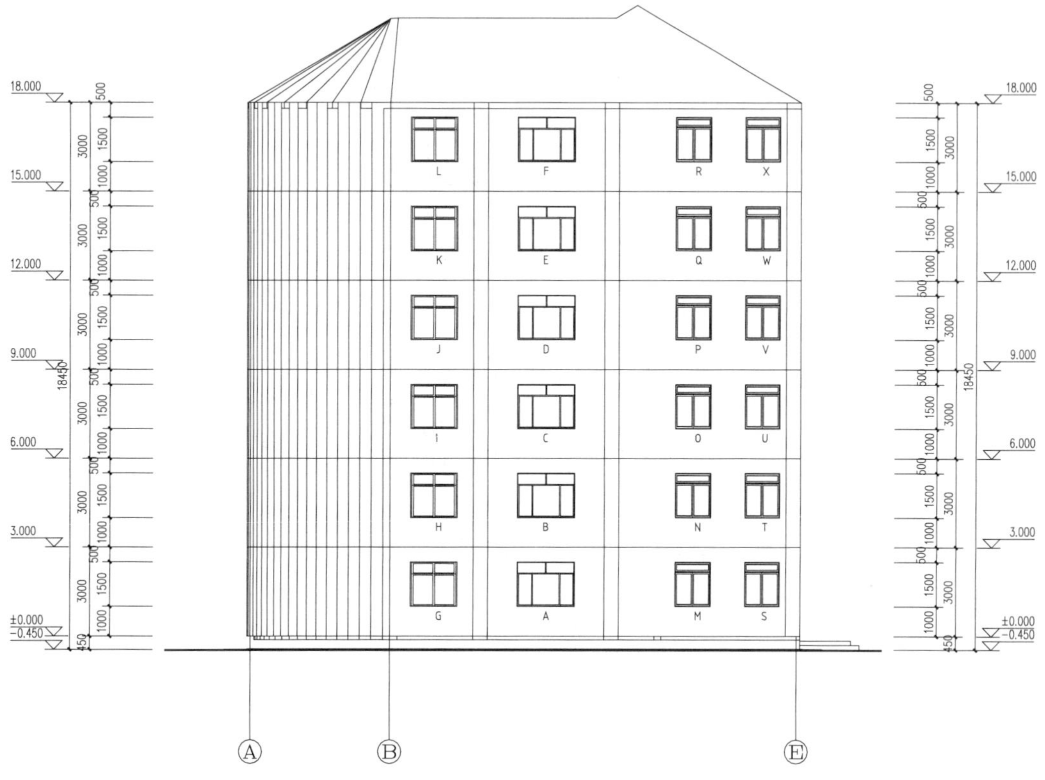

图 17-87 门窗参数图

立面门窗参数的操作步骤如下。

(1) 打开需要改变立面门窗参数的立面图,如图 17-87 所示,单击“门窗参数”按钮,命令行提示如下。

```
选择立面门窗:选 G
选择立面门窗:选 H
选择立面门窗:选 I
选择立面门窗:选 J
选择立面门窗:选 K
选择立面门窗:选 L
选择立面门窗:回车退出
```

```
底标高从 1000 到 16000 不等
底标高<不变>:回车确定
高度<1500>:1500
宽度<1800>:2000
```

Note

天正软件自动按照尺寸更新所选立面窗，结果如图 17-88 所示。

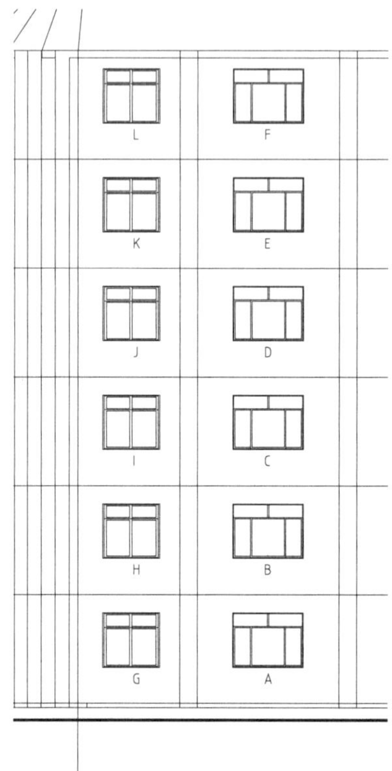

图 17-88　门窗参数更新结果

(2) 同理，对其余门窗也可进行门窗参数操作，更改门窗的尺寸和标高，具体内容在此不再详述。天正自动按照尺寸更新所选立面窗。

17.2.4　立面窗套

采用“立面窗套”命令可以生成全包的窗套或者窗上沿线和下沿线。生成的立面窗套如图 17-89 所示。

立面窗套操作步骤如下。

(1) 打开需要添加立面窗套的立面图，如图 17-89 所示，单击菜单中的“立面”→“立面窗套”命令，命令行提示如下。

```
请指定窗套的左下角点 <退出>:选择窗 A 的左下角
请指定窗套的右上角点 <推出>:选择窗 A 的右上角
```

此时出现“窗套参数”对话框，选择“全包”模式，在对话框中输入窗套宽数值“100”，如图 17-90 所示。

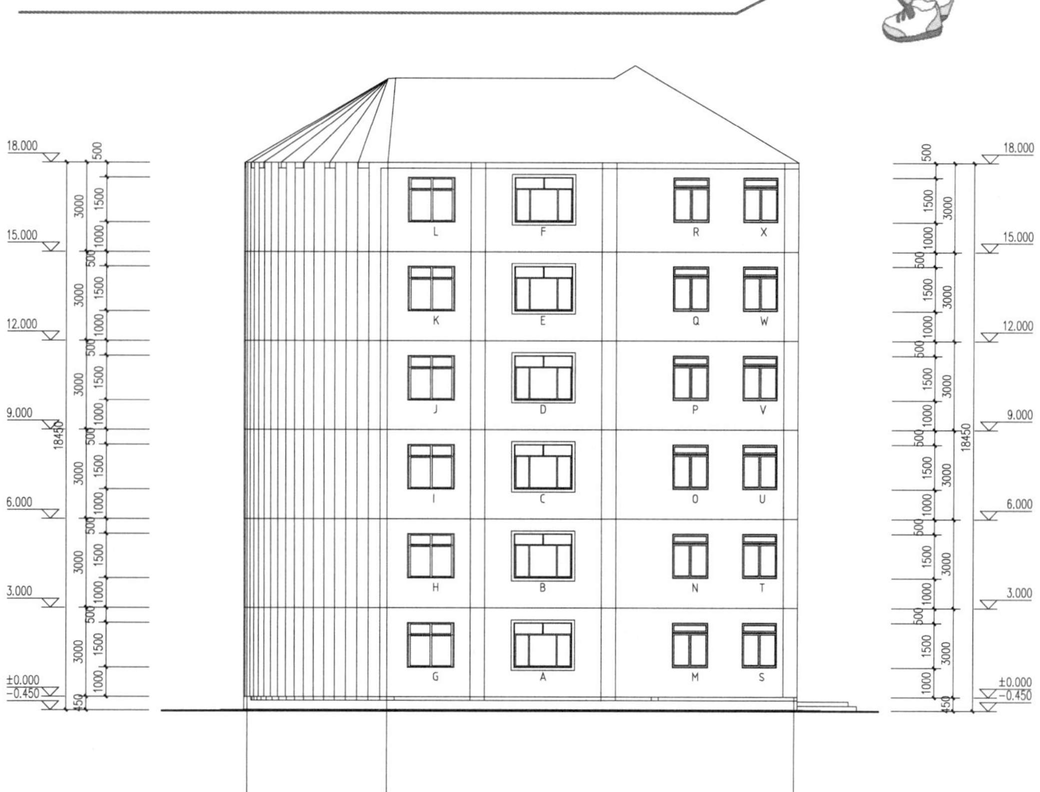

图 17-89　生成的立面窗套图

（2）单击“确定”按钮，A 窗加上全套，同理可完成 B、C、D、E、F 窗。结果如图 17-91 所示。

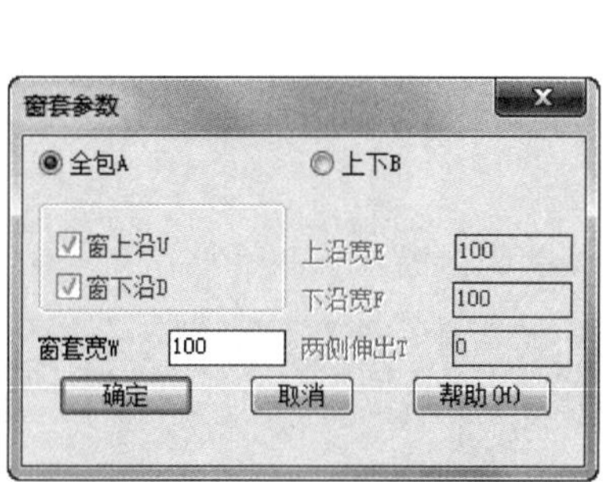

图 17-90　“窗套参数”对话框

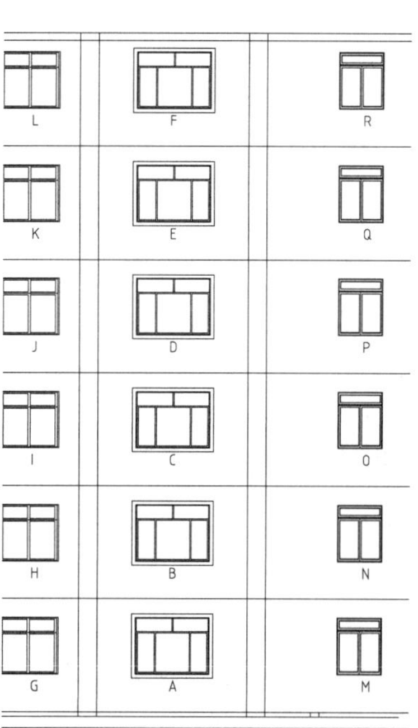

图 17-91　中间窗加窗套

（3）同理，也可以对其他窗户进行加窗套程序，本例图为其他窗户不加窗套，最终如图 17-89 所示。

Note

17.2.5 雨水管线

采用“雨水管线”命令可以按给定的位置生成竖直向下的雨水管。生成的雨水管线立面图如图 17-92 所示。

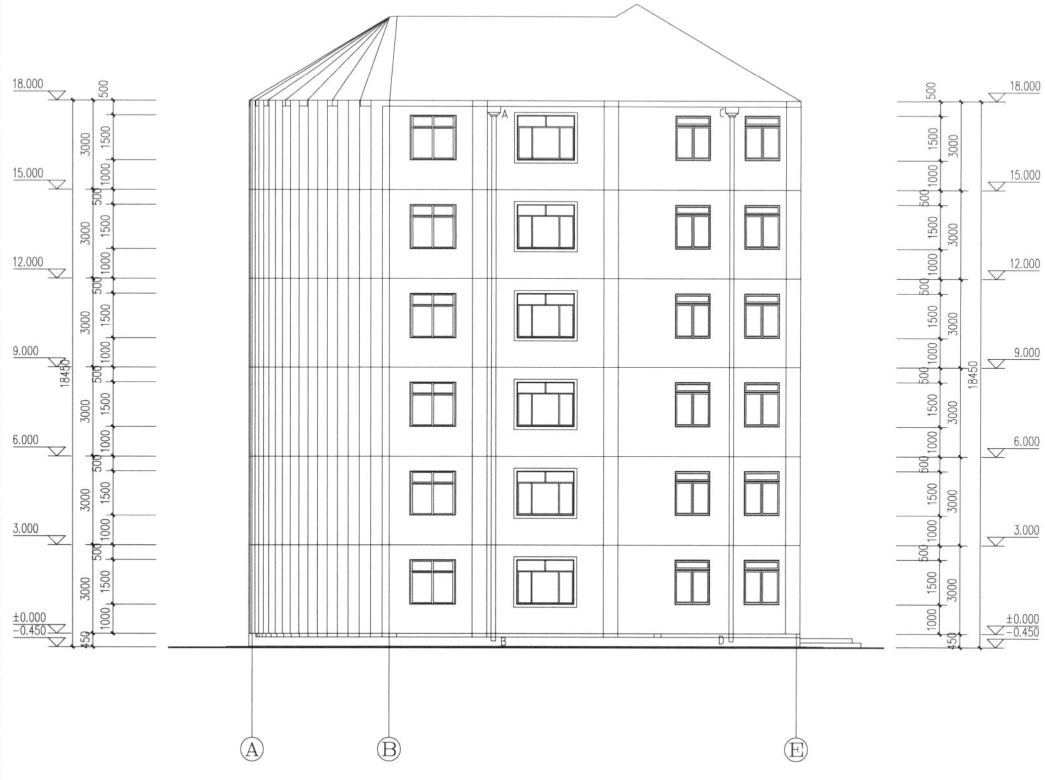

图 17-92 生成的雨水管线立面图

生成雨水管线的操作步骤如下。

（1）打开需要生成雨水管线的立面图，如图 17-92 所示，先生成左侧的雨水管，单击菜单中的“立面”→“雨水管线”命令，命令行提示如下。

```
请指定雨水管的起点[参考点(P)]<起点>:立面 A 点
请指定雨水管的终点[参考点(P)]<终点>:立面 B 点
请指定雨水管的管径 <100>:150
```

此时生成左侧的立面雨水管如图 17-93 所示。

（2）单击菜单中的“立面”→“雨水管线”命令，命令行提示如下。

```
请指定雨水管的起点[参考点(P)]<起点>:立面 C 点
请指定雨水管的终点[参考点(P)]<终点>:立面 D 点
请指定雨水管的管径 <100>:150
```

此时生成右侧的立面雨水管，如图 17-94 所示。最终生成的雨水管线立面图如图 17-92 所示。

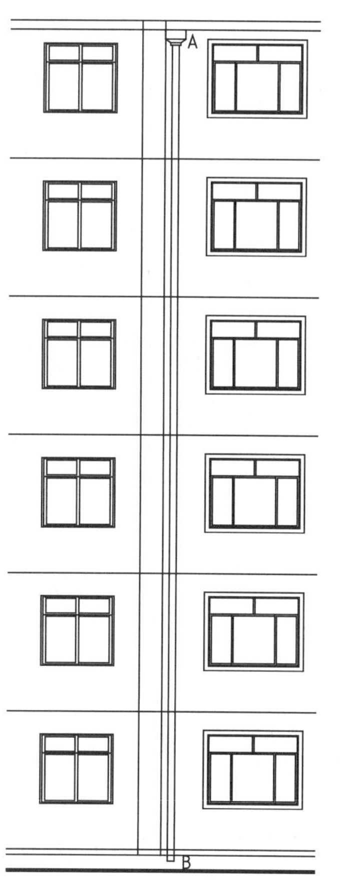

图 17-93 生成左侧的雨水管

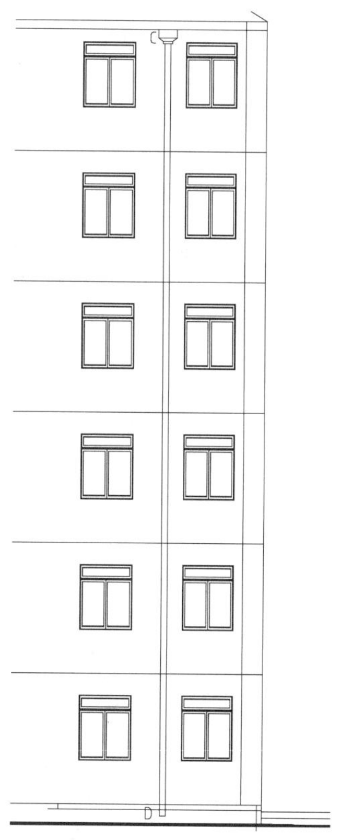

图 17-94 生成右侧的雨水管

17.2.6 立面轮廓

采用“立面轮廓”命令可以对立面图搜索轮廓，生成轮廓粗线。生成的立面轮廓如图 17-95 所示。

立面轮廓的操作方式如下。打开需要生成立面轮廓的图形，单击菜单中的“立面”→“立面轮廓”命令，命令行提示如下。

```
选择二维对象:指定对角点: 框选立面图形
选择二维对象:回车退出
请输入轮廓线宽度(按模型空间的尺寸)<0>: 100
成功生成了轮廓线
```

此时生成的立面轮廓如图 17-95 所示，即完成办公楼中一个立面的绘制。

Note

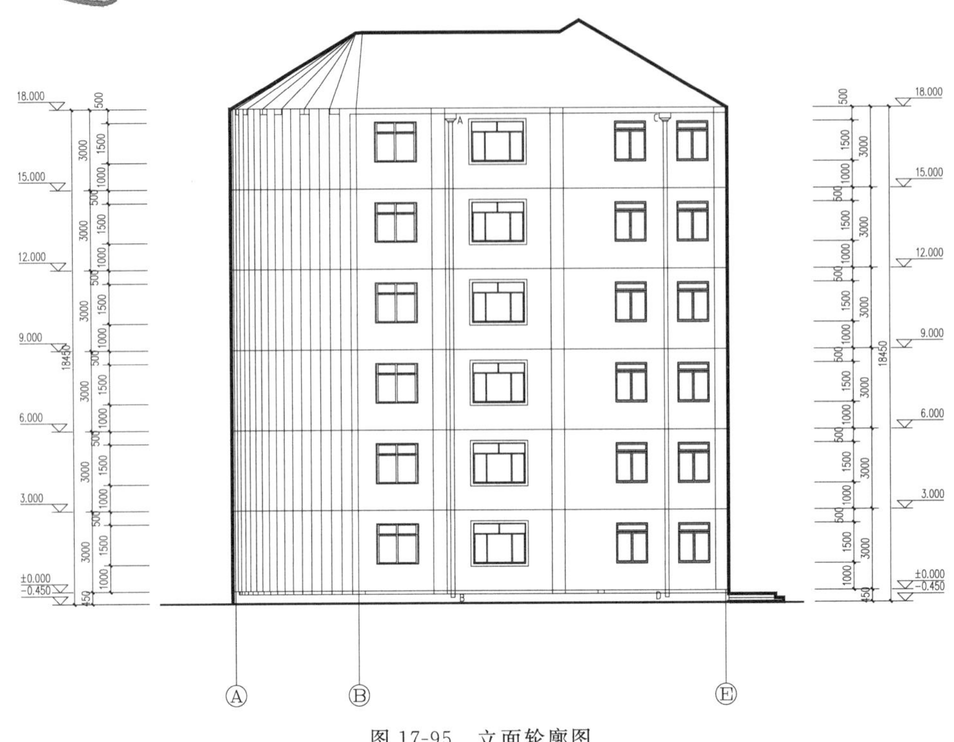

图 17-95　立面轮廓图

17.3　办公楼剖面图绘制

本节针对一个简单实例，综合运用剖面绘制的命令，详细介绍别墅剖面图的绘制方法。办公楼剖面图如图 17-96 所示。

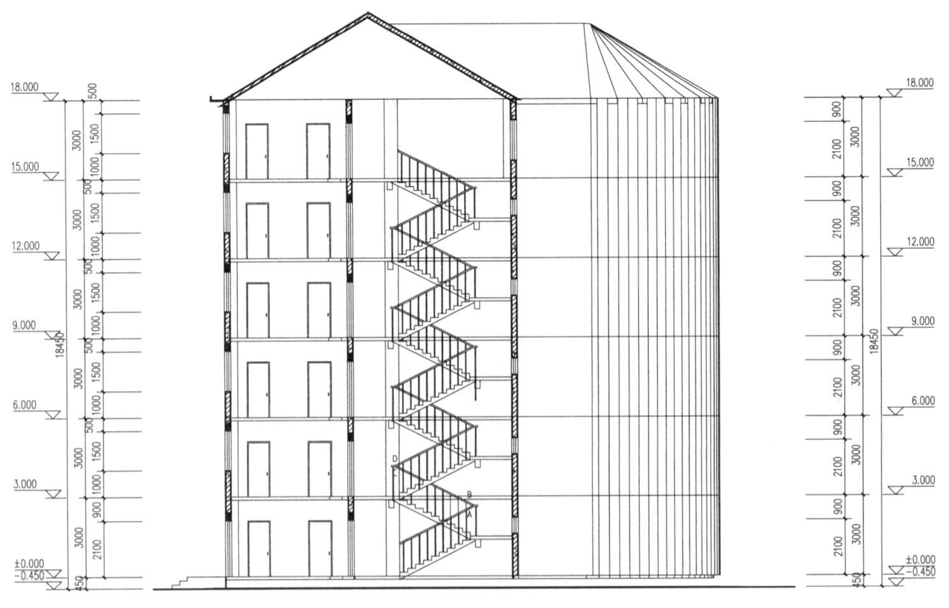

图 17-96　办公楼剖面图

17.3.1　建筑剖面

采用“建筑剖面”命令可以生成建筑物剖面，此时应先建立一个工程管理项目(具体见第 12 章)，在其中建立好剖切线，然后用“建筑剖面”命令直接生成建筑剖面，生成的建筑剖面如图 17-97 所示。

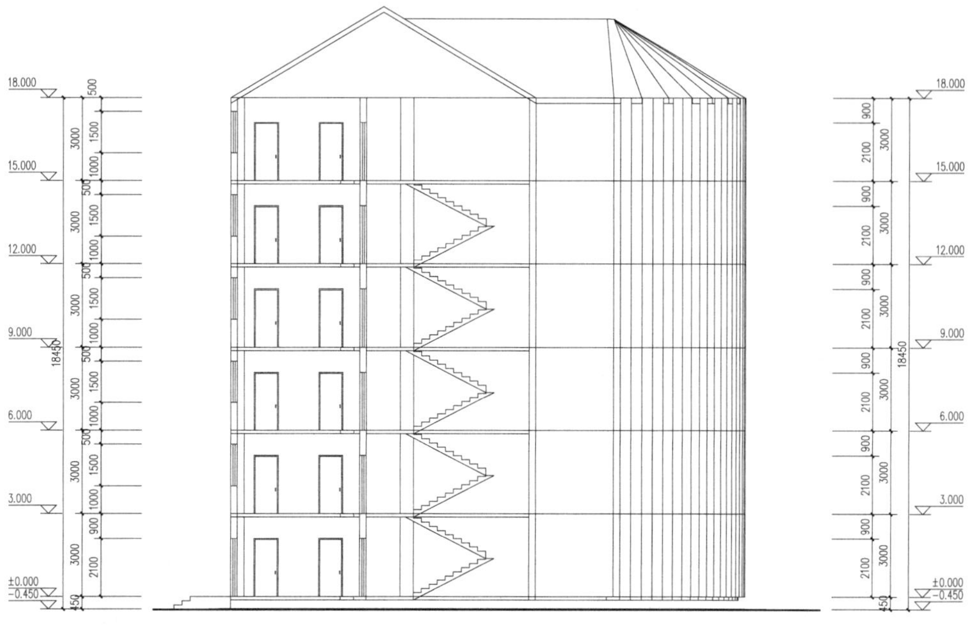

图 17-97　剖面图

打开需要生成建筑剖面的各层平面图，如图 17-98 所示。生成建筑剖面的步骤如下。

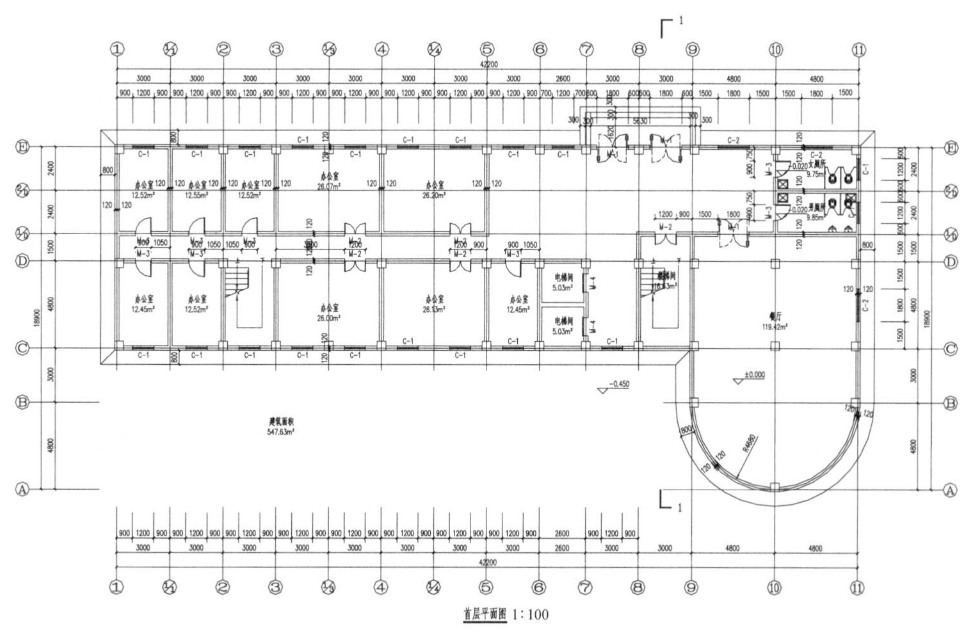

图 17-98　平面图

Note

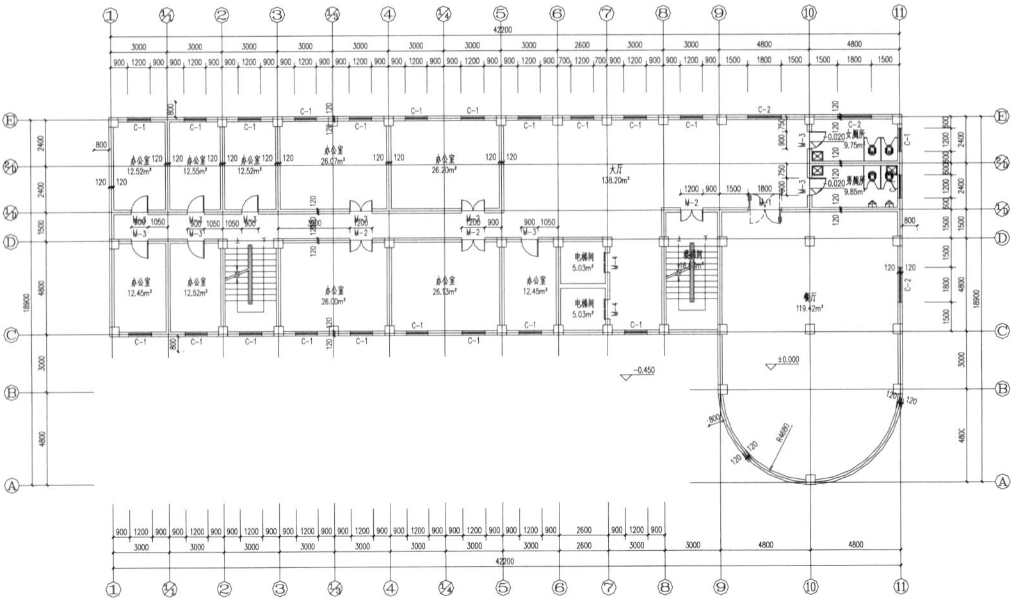

标准平面图 1:100

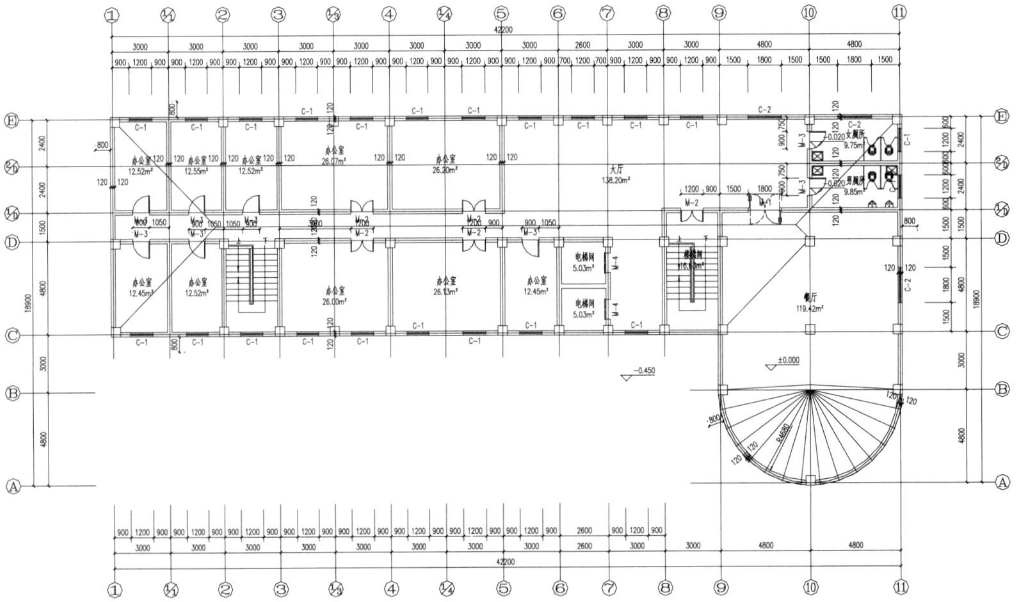

顶层平面图 1:100

图 17-98 （续）

（1）在首层确定剖面剖切位置，单击菜单中的“剖面”→“建筑剖面”命令，命令行提示如下。

> 请选择一剖切线：选择剖切线
> 请选择要出现在剖面图上的轴线：回车退出

此时界面出现“剖面生成设置”对话框，如图 17-99 所示。

Note

（2）在对话框中输入标注的数值，单击“生成剖面”按钮，出现“输入要生成的文件”对话框，在此对话框中输入要生成的剖面文件的名称和位置，如图 17-100 所示。

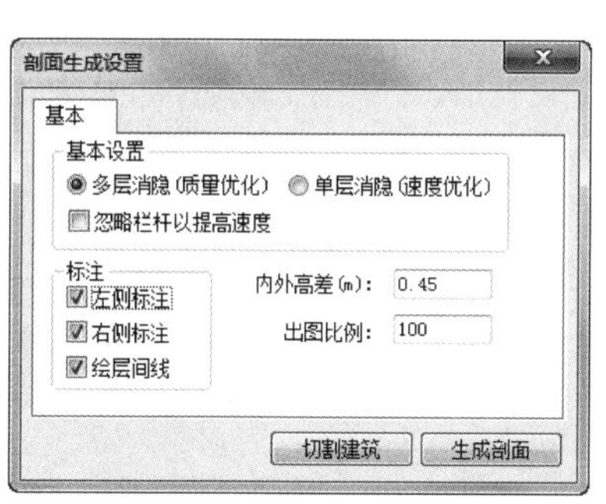

图 17-99　“剖面生成设置”对话框

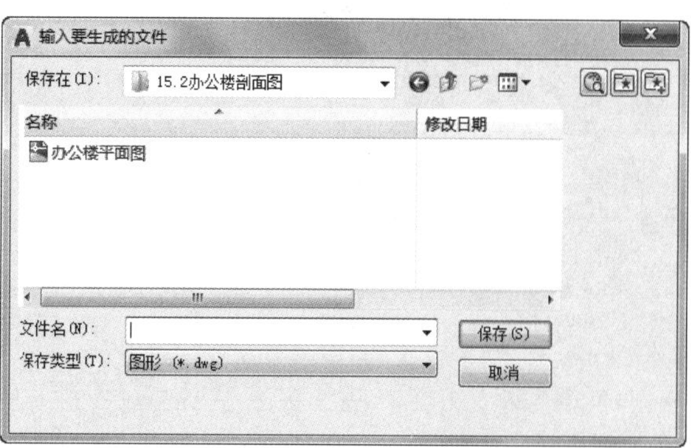

图 17-100　“输入要生成的文件”对话框

（3）单击“保存(S)”按钮，即可在指定位置生成剖面图，由天正软件生成的剖面图一般不可以直接应用，应进行适当的修整。

17.3.2　双线楼板

采用“双线楼板”命令可以绘制剖面双线楼板。双线楼板剖面图如图 17-101 所示。

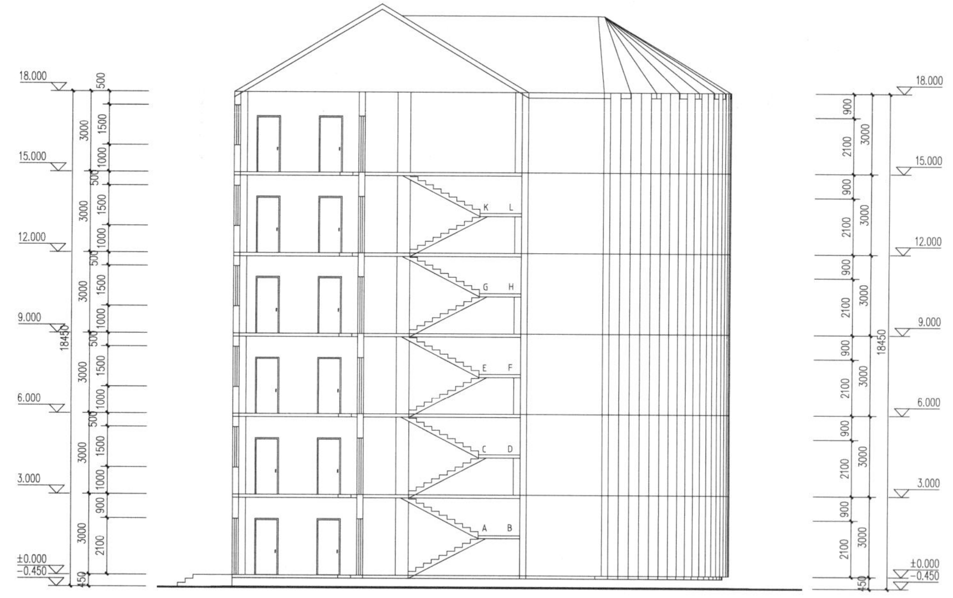

图 17-101　双线楼板剖面图

绘制双线楼板的操作步骤如下。

（1）打开需要生成双线楼板的立面图，如图 17-101 所示，单击菜单中的“剖面”→“双线楼板”命令，命令行提示如下。

```
请输入楼板的起始点 <退出>:A
```

```
结束点 <退出>:B
楼板顶面标高 <1493>:回车
楼板的厚度(向上加厚输负值) <200>:120
```

Note

生成的双线楼板如图 17-102 所示。

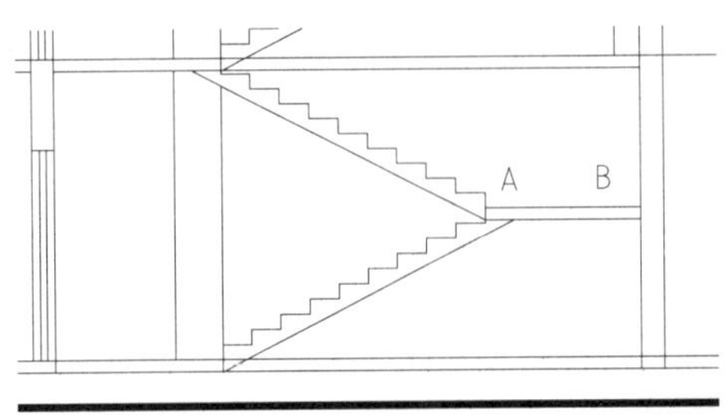

图 17-102　生成的双线楼板图

（2）单击菜单中的“剖面”→“双线楼板”命令，命令行提示如下。

```
请输入楼板的起始点 <退出>:C
结束点 <退出>:D
楼板顶面标高 <4493>:回车
楼板的厚度(向上加厚输负值) <200>:120
```

此时完成增加二层楼梯平台操作。

（3）依此类推，完成其他几层楼梯平台的绘制，绘制结果如图 17-101 所示。

17.3.3　加剖断梁

采用“加剖断梁”命令可以绘制楼板休息平台下的梁截面。生成的剖断梁如图 17-103 所示。

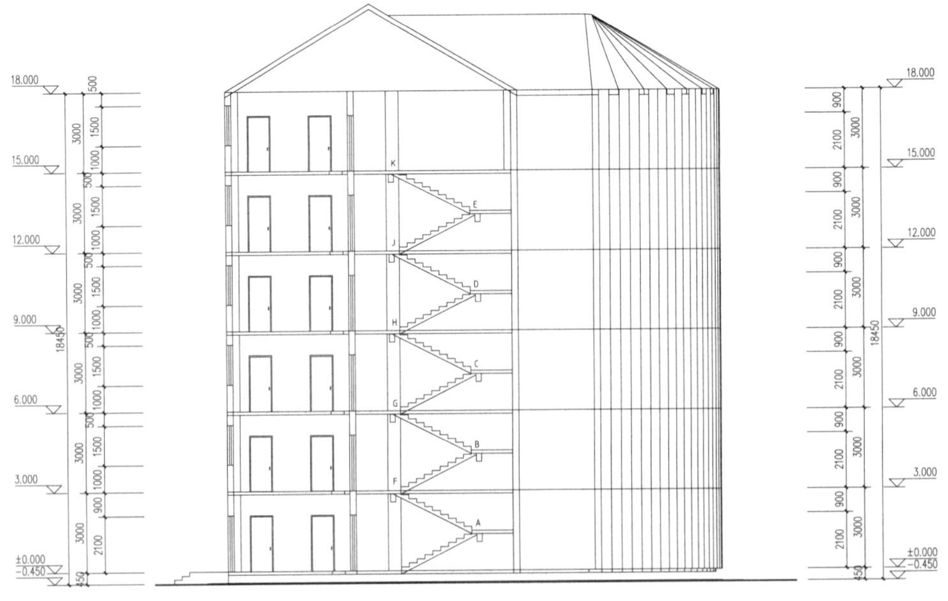

图 17-103　生成的剖断梁图

加剖断梁的操作步骤如下。

(1) 打开需要生成的剖断梁图，单击菜单中的“剖面”→“加剖断梁”命令，命令行提示如下。

```
请输入剖断梁的参照点 <退出>:选 A
梁左侧到参照点的距离 <100>:100
梁右侧到参照点的距离 <100>:100
梁底边到参照点的距离 <300>:300
```

Note

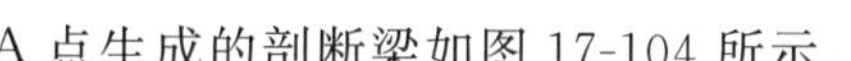

A 点生成的剖断梁如图 17-104 所示。

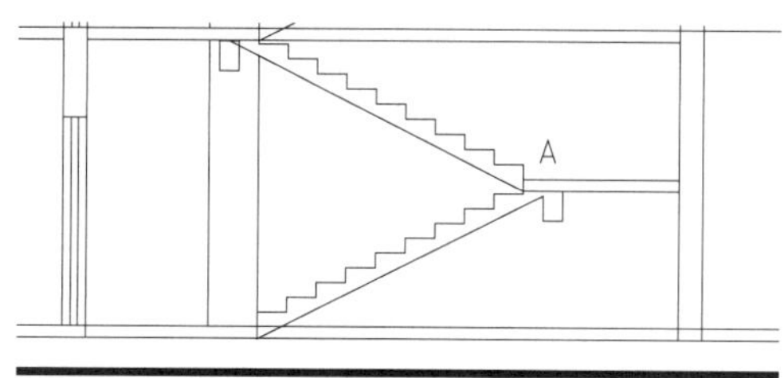

图 17-104　A 点生成的剖断梁图

(2) 同理，单击菜单中的“剖面”→“加剖断梁”命令，给 B、C、D、E、F、G、H、J、K 点加剖断梁，结果如图 17-103 所示。

17.3.4　剖面门窗

采用“剖面门窗”命令可以直接在图中插入剖面门窗，也可对剖面门窗进行编辑。本例为生成的剖面门窗，如图 17-105 所示。

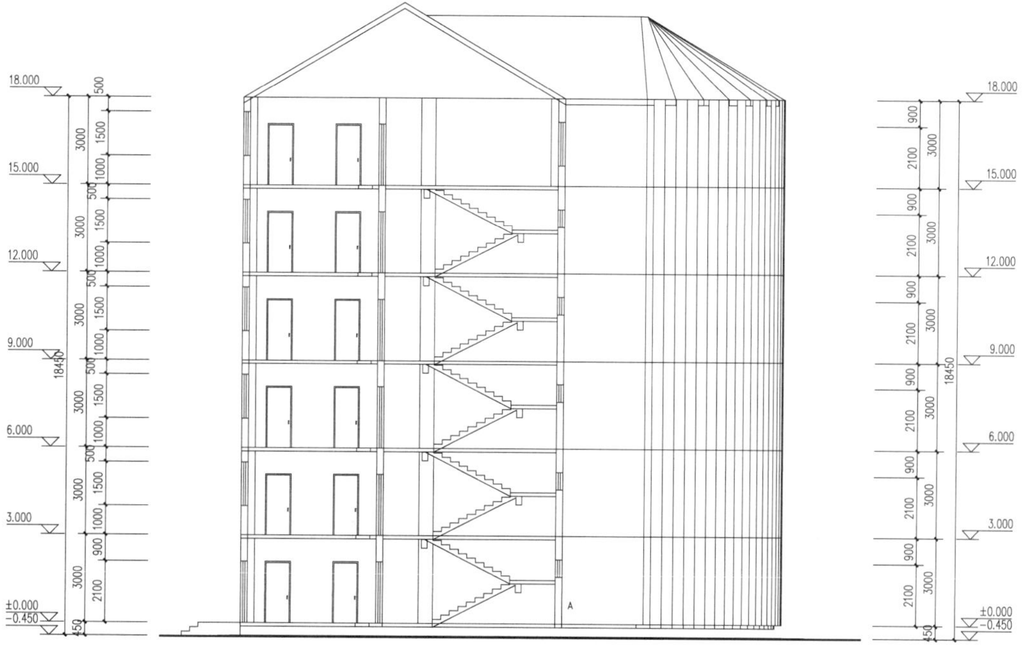

图 17-105　生成的剖面门窗图

剖面门窗的绘制步骤如下。

需要生成的剖面门窗图如图 17-105 所示，单击菜单中的“剖面”→“剖面门窗”命令，打开的剖面门窗形式如图 17-106 所示。

图 17-106　剖面门窗形式

命令行提示如下。

```
请点取剖面墙线下端或 [选择剖面门窗样式(S)/替换剖面门窗(R)/改窗台高(E)/改窗高(H)]
<退出>:选择墙线 A
门窗下口到墙下端距离<3000>:1600
门窗的高度<500>:600
门窗下口到墙下端距离<1600>:2400
门窗的高度<600>:600
门窗下口到墙下端距离<2400>:2400
门窗的高度<600>:600
门窗下口到墙下端距离<2400>:2400
门窗的高度<600>:600
门窗下口到墙下端距离<2400>:2400
门窗的高度<600>:600
门窗下口到墙下端距离<2400>:1500
门窗的高度<600>:1500
门窗下口到墙下端距离<1500>:退出
```

生成的剖面门窗如图 17-105 所示。

17.3.5　剖面檐口

采用“剖面檐口”命令可以直接在图中绘制剖面檐口。生成的剖面檐口如图 17-107 所示。

剖面檐口的操作步骤如下。

(1) 打开需要生成剖面檐口的立面图，单击菜单中的“剖面”→“剖面檐口”命令，打开的对话框如图 17-108 所示，在“檐口类型”中选择“现浇挑檐”。在“檐口参数”中输入数据，选择“左右翻转”，在基点定位中输入基点向下偏移的数值。

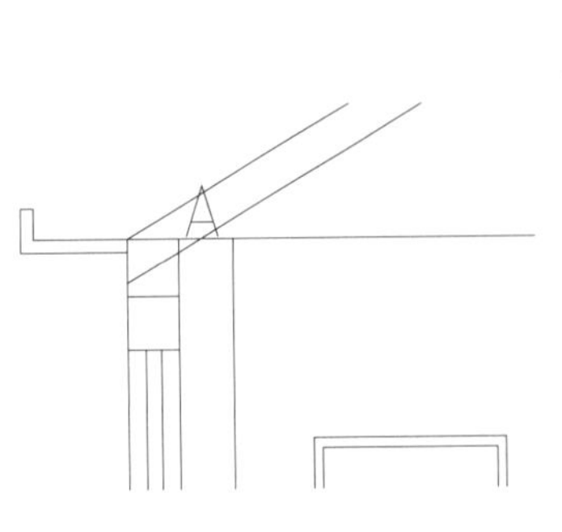

图 17-107　生成的剖面檐口图

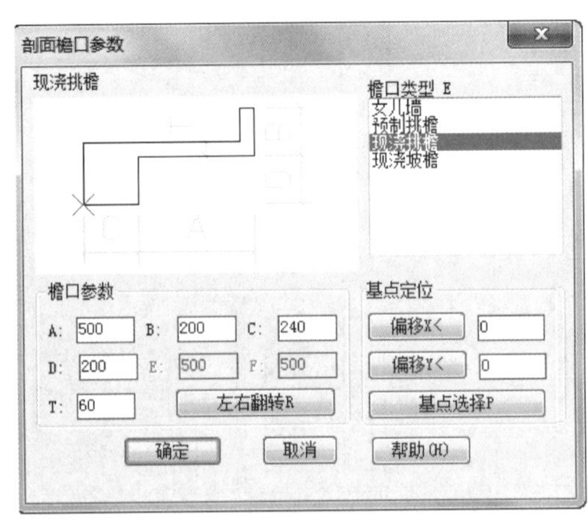

图 17-108　“剖面檐口参数”对话框

(2) 单击“确定”按钮，在图中选择合适的插入点位置，命令行提示如下。

```
请给出剖面檐口的插入点 <退出>:选择 A
```

此时完成插入现浇挑檐操作，如图 17-107 所示。

Note

17.3.6 门窗过梁

采用“门窗过梁”命令可以在剖面门窗上加过梁。剖面过梁的操作步骤如下。

(1) 打开需要生成门窗过梁的剖面图，如图 17-109 所示，生成窗上过梁，单击菜单中的“剖面”→“门窗过梁”命令，命令行提示如下。

```
选择需加过梁的剖面门窗: 选 B
选择需加过梁的剖面门窗: 选 C
选择需加过梁的剖面门窗: 选 D
选择需加过梁的剖面门窗: 选 E
选择需加过梁的剖面门窗: 选 F
选择需加过梁的剖面门窗:回车退出
输入梁高<120>:300
```

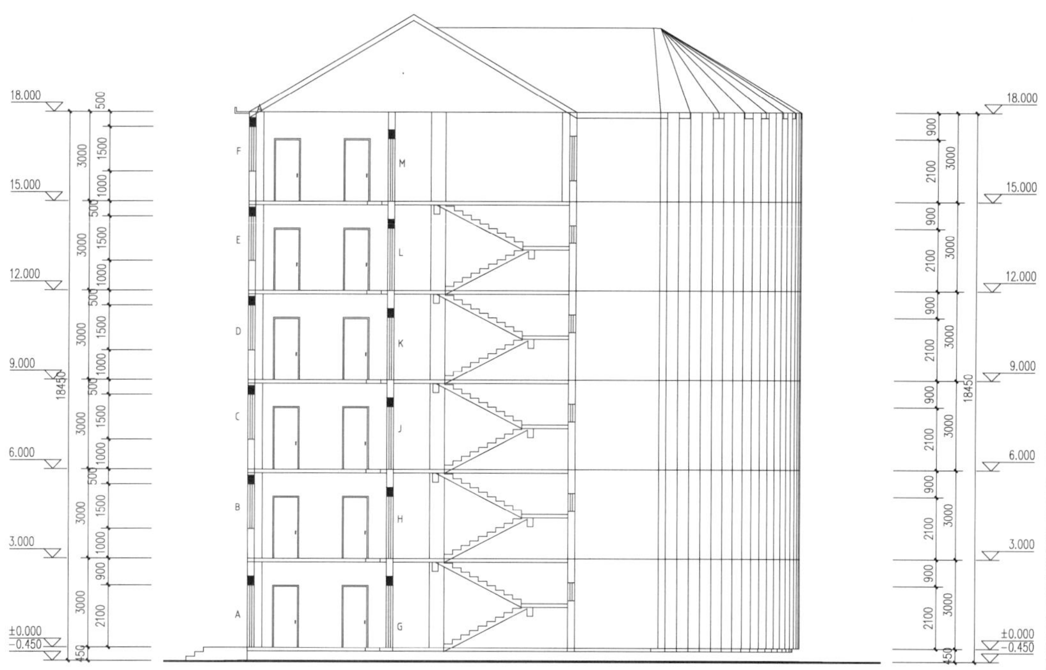

图 17-109 生成的门窗过梁图

生成的剖面窗过梁如图 17-110 所示。

(2) 生成门窗过梁，单击菜单中的“剖面”→“门窗过梁”命令，命令行提示如下。

```
选择需加过梁的剖面门窗: 选 A
选择需加过梁的剖面门窗: 选 G
选择需加过梁的剖面门窗: 选 H
```

Note

```
选择需加过梁的剖面门窗：选 J
选择需加过梁的剖面门窗：选 K
选择需加过梁的剖面门窗：选 L
选择需加过梁的剖面门窗：选 M
选择需加过梁的剖面门窗：回车退出
输入梁高<120>:300
```

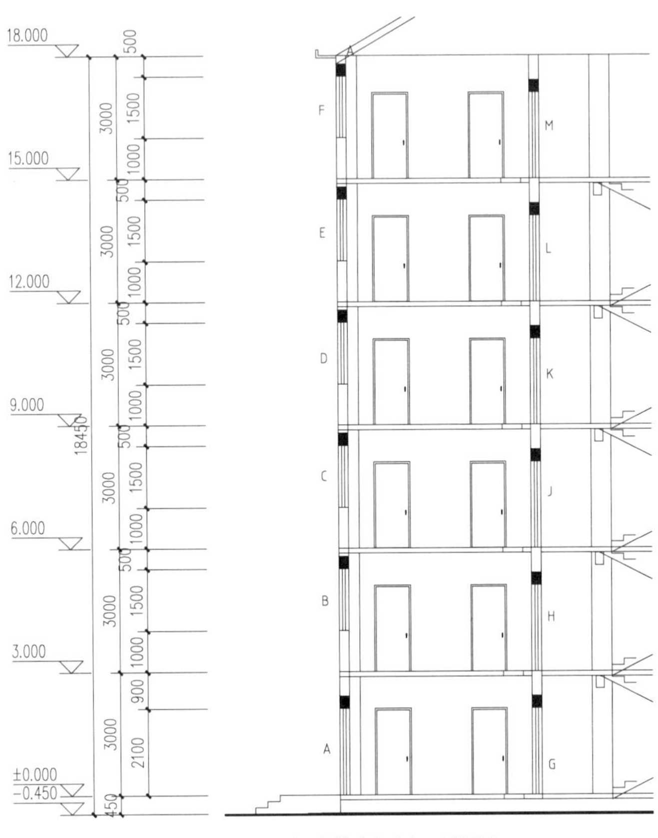

图 17-110　生成的剖面窗过梁图

生成的剖面门窗过梁如图 17-109 所示。

17.3.7　楼梯栏杆

采用“楼梯栏杆”命令可以自动识别剖面楼梯与可见楼梯，绘制楼梯栏杆和扶手，本例办公楼生成的楼梯栏杆如图 17-111 所示。

生成楼梯栏杆的步骤如下。

(1) 打开需要生成楼梯栏杆的剖面图 17-111，单击菜单中的“剖面”→“楼梯栏杆”命令，命令行提示如下。

```
请输入楼梯扶手的高度<1000>:1100
是否要打断遮挡线(Yes/No)?<Yes>:默认为打断
再输入楼梯扶手的起始点 <退出>:选 A
结束点 <退出>:选 B
再输入楼梯扶手的起始点 <退出>:回车退出
```

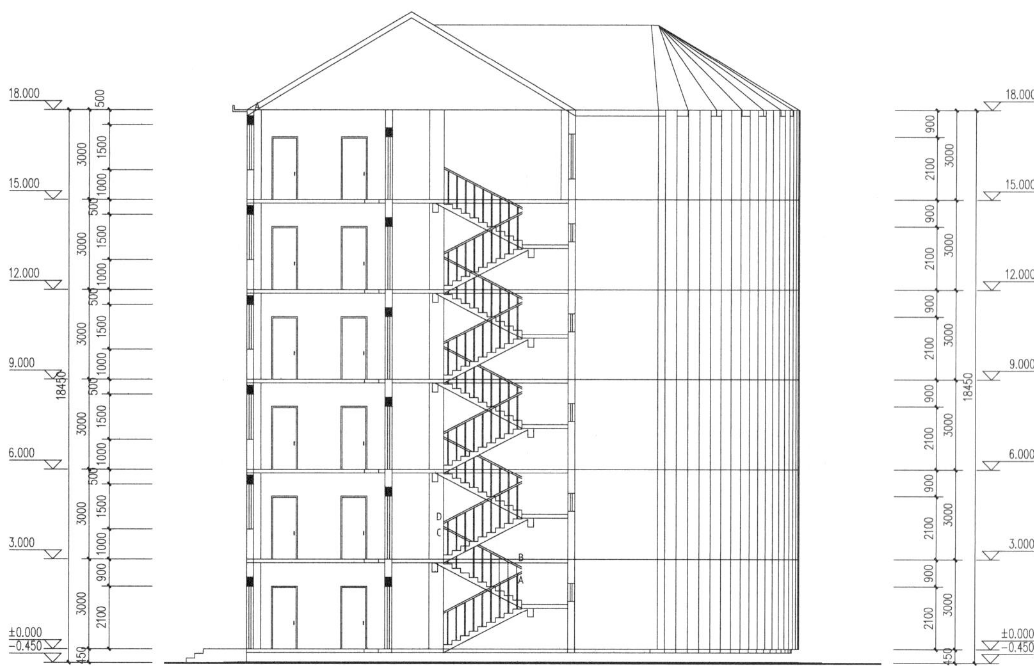

图 17-111　楼梯栏杆图

此时即完成一层的第一梯段的栏杆布置，如图 17-112 所示。

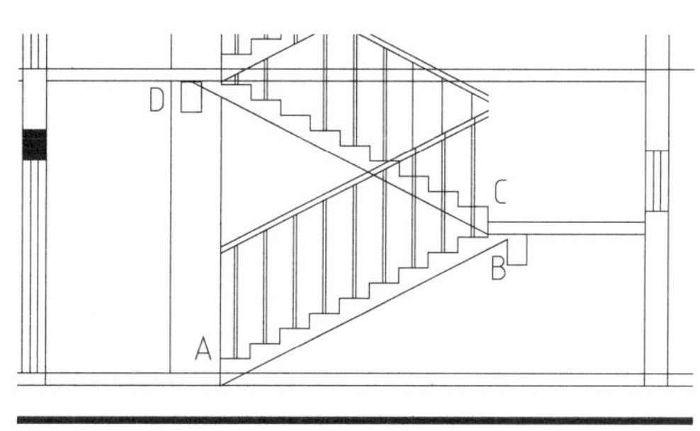

图 17-112　一层楼梯栏杆图

(2) 单击菜单中的“剖面”→“楼梯栏杆”命令，命令行提示如下。

```
请输入楼梯扶手的高度 <1000>:1000
是否要打断遮挡线(Yes/No)? <Yes>:默认为打断
再输入楼梯扶手的起始点 <退出>:选 C
结束点 <退出>:选 D
再输入楼梯扶手的起始点 <退出>:选 E
结束点 <退出>:选 F
再输入楼梯扶手的起始点 <退出>:选 G
结束点 <退出>:选 H
依此类推，完成其他栏杆生成……
再输入楼梯扶手的起始点 <退出>:回车退出
```

可在指定位置生成剖面楼梯栏杆，如图 17-113 所示。

Note

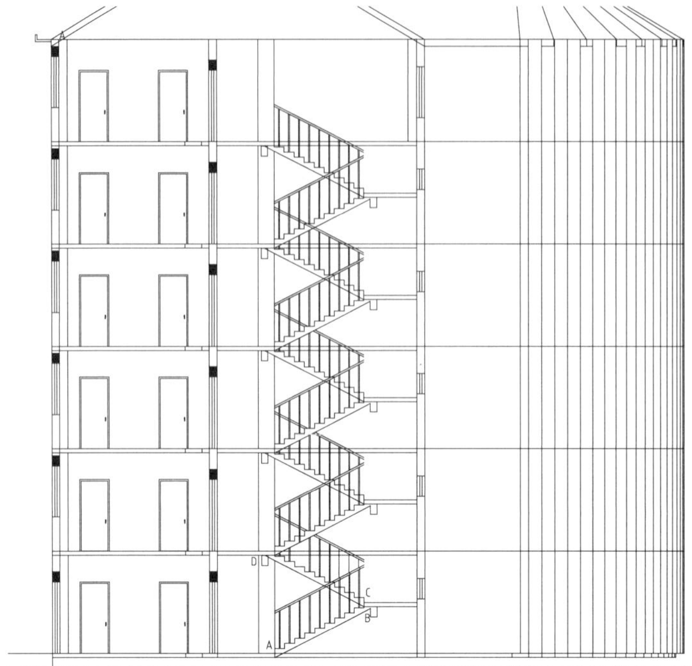

图 17-113　生成楼梯栏杆图

办公楼剖面楼梯栏杆的整体如图 17-111 所示。

17.3.8　扶手接头

采用"扶手接头"命令对楼梯扶手的接头位置做细部处理，生成的扶手接头如图 17-114 所示。

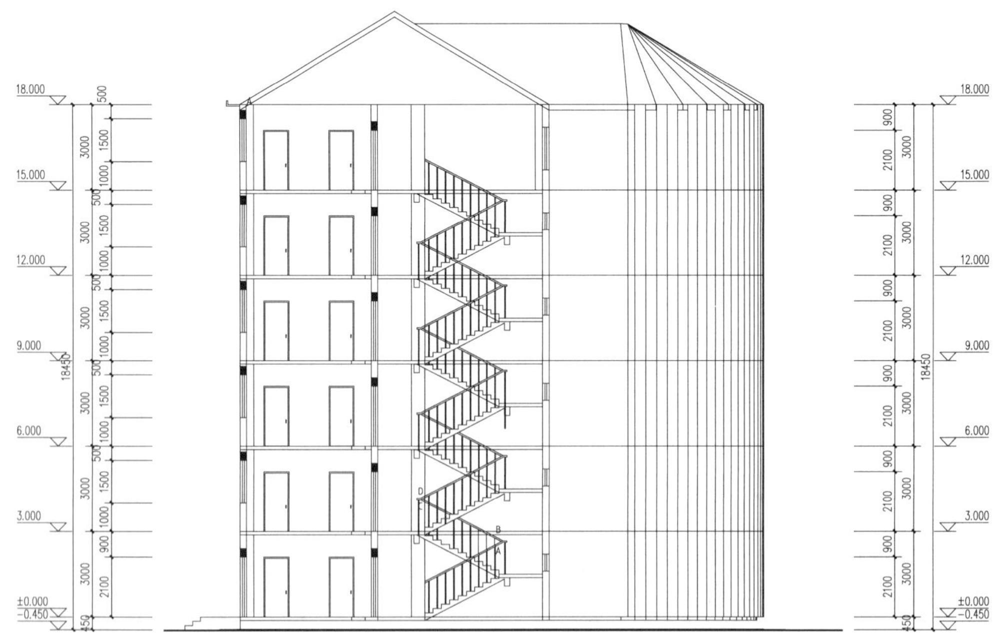

图 17-114　扶手接头图

扶手接头的操作步骤如下。

(1) 打开需要生成楼梯扶手接头的图,单击菜单中的"剖面"→"扶手接头"命令,命令行提示如下。

```
请输入扶手伸出距离<150>:250
请选择是否增加栏杆[增加栏杆(Y)/不增加栏杆(N)]<增加栏杆(Y)>: Y
请指定两点来确定需要连接的一对扶手! 选择第一个角点<取消>:框选 A 点
另一个角点<取消>:框选 B 点
请指定两点来确定需要连接的一对扶手! 选择第一个角点<取消>:回车退出
```

此时即可在一层平台指定位置生成楼梯扶手接头,如图 17-115 所示。

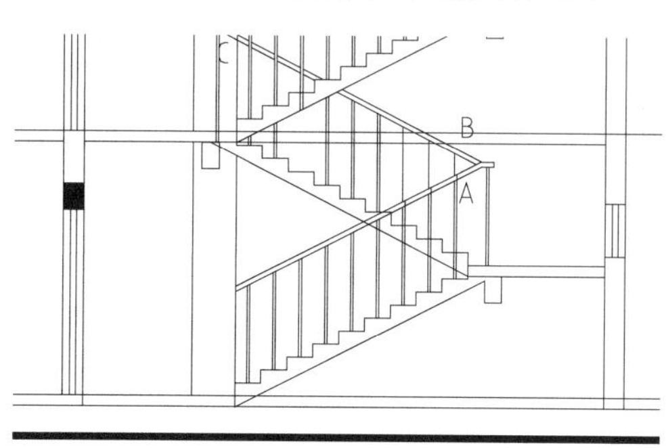

图 17-115　一层平台扶手接头图

(2) 同理,单击菜单中的"剖面"→"扶手接头"命令,完成其余楼梯栏杆扶手的接头,最终结果如图 17-114 所示。

17.3.9　剖面填充

采用"剖面填充"命令可以识别天正软件生成的剖面构件,进行图案填充。生成的剖面填充如图 17-116 所示。

剖面填充的操作步骤如下。

(1) 打开需要生成剖面填充的图,单击菜单中的"剖面"→"剖面填充"命令,命令行提示如下。

```
请选取要填充的剖面墙线梁板楼梯<全选>:框选左侧剖面墙
选择对象: 框选中间剖面墙
选择对象: 框选右侧剖面墙
选择对象: 框选屋面剖面
选择对象: 回车退出
```

此时出现"请点取所需的填充图案:"对话框,将其中的"比例"改为"50",如图 17-117 所示。

(2) 选中填充图案为钢筋混凝土,然后单击"确定"按钮,此时即可在指定位置生成剖面填充,如图 17-116 所示。

17.3.10　向内加粗

采用"向内加粗"命令可以将剖面图中的剖切线向内侧加粗,生成的向内加粗如

Note

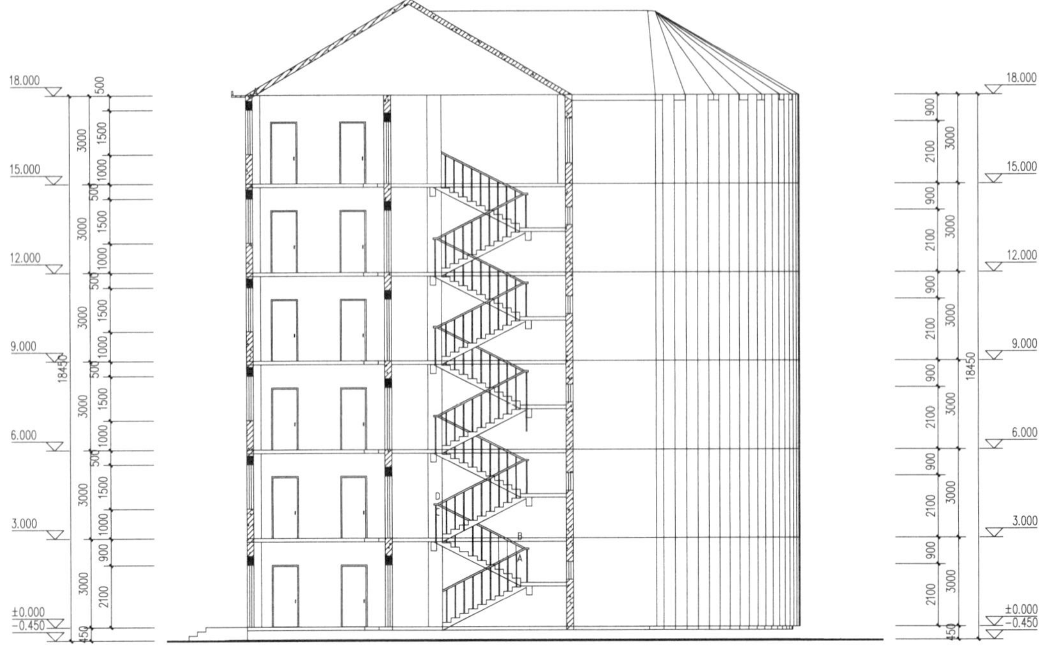

图 17-116　剖面填充图

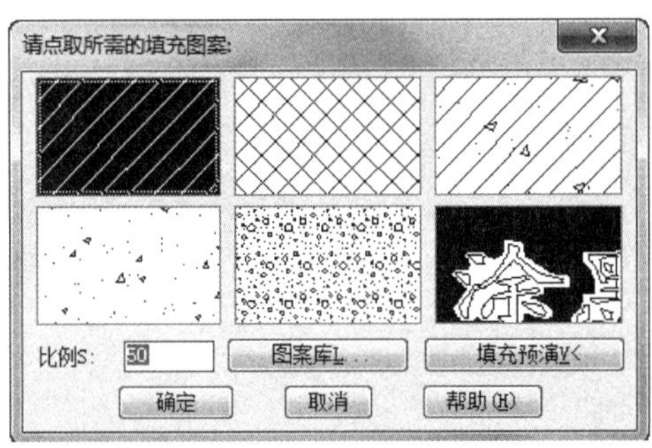

图 17-117　“请点取所需的填充图案:”对话框

图 17-118 所示。

向内加粗的操作步骤如下。

打开需要进行向内加粗的图 17-116,单击菜单中的“剖面”→“向内加粗”命令,命令行提示如下。

```
请选取要变粗的剖面墙线梁板楼梯线(向内侧加粗) <全选>:框选左侧剖面墙
选择对象: 框选中间剖面墙
选择对象: 框选右侧剖面墙
选择对象: 框选屋面剖面
选择对象: 回车退出完成操作
```

此时即可在指定位置生成向内加粗图,如图 17-118 所示。

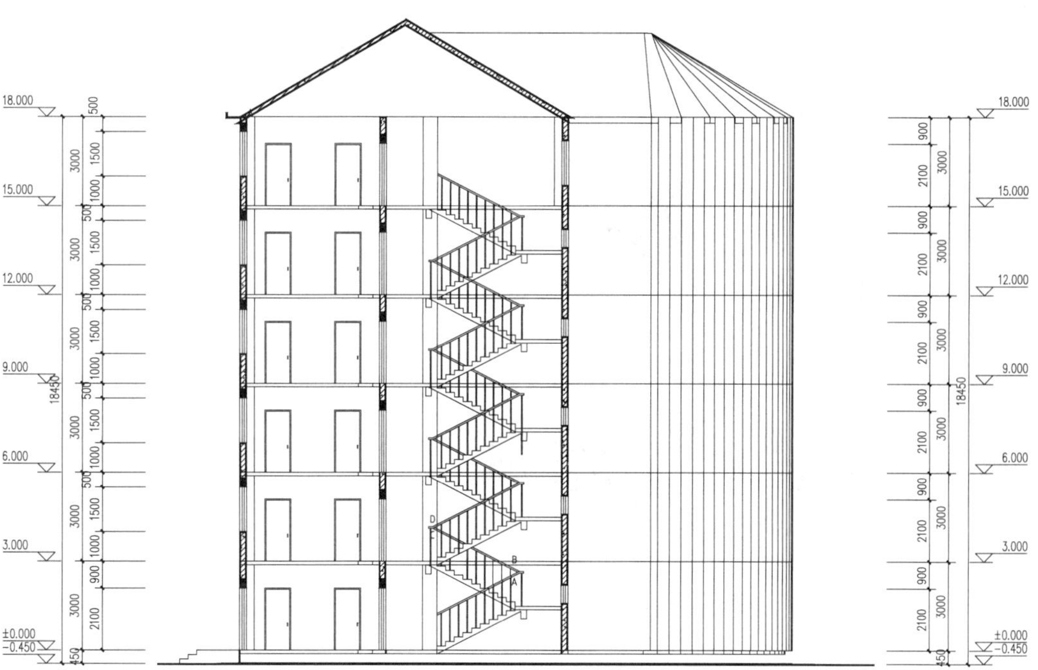

图 17-118　向内加粗图

别墅设计综合实例

本章以别墅作为实例，依次介绍如何利用天正软件绘制别墅的首层平面图、二层平面图、屋顶平面图、立面图和剖面图。

首先绘制建筑的轴线，然后绘制轴线上的墙体、门窗、家具和阳台等，最后进行尺寸、标高和图名的标注。

学习要点

- 别墅首层平面图绘制
- 别墅二层平面图绘制
- 别墅屋顶平面图绘制
- 别墅立面图绘制
- 别墅剖面图绘制

18.1　别墅首层平面图绘制

本节主要讲述运用天正命令绘制别墅平面图的方法，读者可综合运用前面讲述的命令，使得知识融会贯通，这里讲的是别墅首层平面图的绘制，如图 18-1 所示。

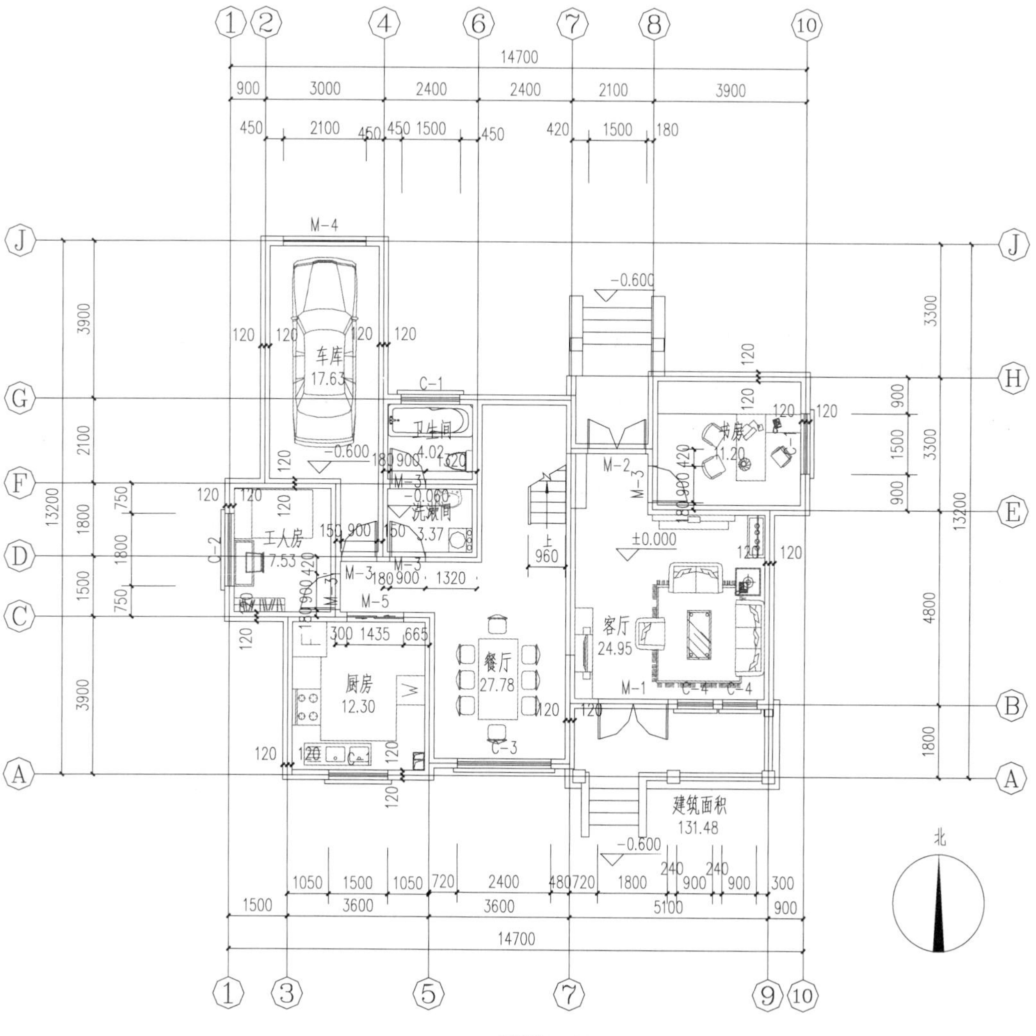

首层平面图 1:100

图 18-1　别墅首层平面图

18.1.1　定位轴网

图 18-2 为别墅平面图对应的定位轴网。

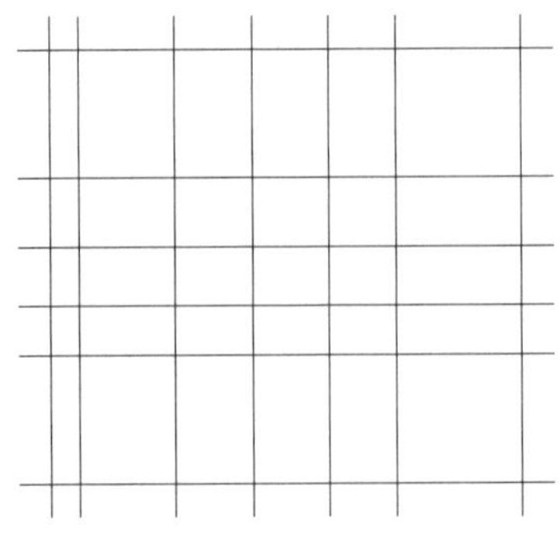

图 18-2　定位轴网

画定位轴网的步骤如下。

(1) 单击菜单中的"轴网柱子"→"绘制轴网"命令，显示"绘制轴网"对话框，选择其中的"直线轴网"，选择默认的"下开"，在"轴间距"内输入 900、3000、2400×2、2100、3900，如图 18-3 所示。

(2) 选择"左进"，在"轴间距"内输入 3900、1500、1800、2100、3900，如图 18-4 所示。

图 18-3　"下开"轴网

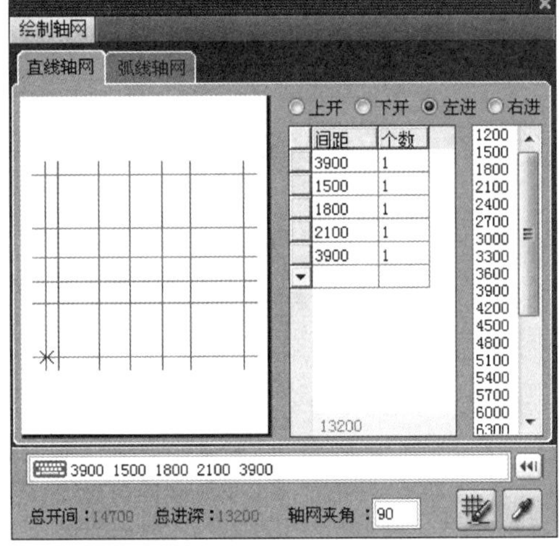

图 18-4　"左进"轴网

(3) 在屏幕上空白位置单击，完成定位轴网绘制，如图 18-2 所示。

18.1.2　编辑轴网

对轴网的编辑包括添加、删除、修剪等。本图需要添加轴线，可以用天正软件提供的菜单命令实现，添加后的轴网如图 18-5 所示。

添加轴线的步骤如下。

单击菜单中的"轴网柱子"→"添加轴线"命令，按照命令行提示选择轴线 2，向右偏移 600、1800，为轴线 1/2、2/2。同上，选择轴线 3，向右偏移 1200，为轴线 1/3。选择轴线 6，向右偏移 3000，为轴线 1/6。单击"添加轴线"按钮，按照命令行提示选择轴线 A，向上偏移 300、1500，为轴线 1/A、2/A。同上，选择轴线 C，向上偏移 1200，为轴线 1/C。

选择轴线 D，向上偏移 900，为轴线 1/D。选择轴线 E，向上偏移 600，为轴线 1/E。此时轴线如图 18-6 所示。修剪轴网后如图 18-5 所示。

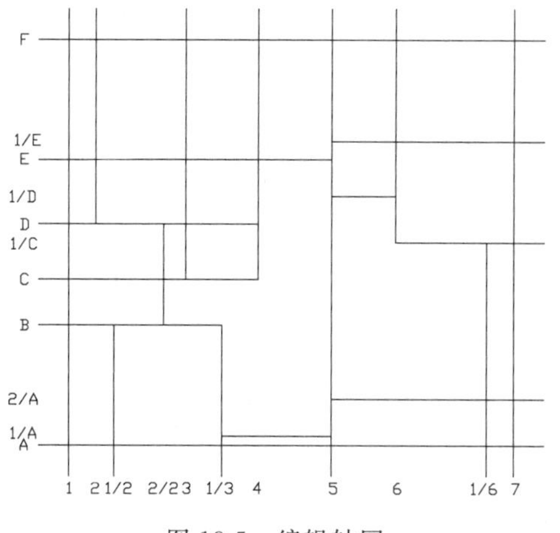

图 18-5　编辑轴网

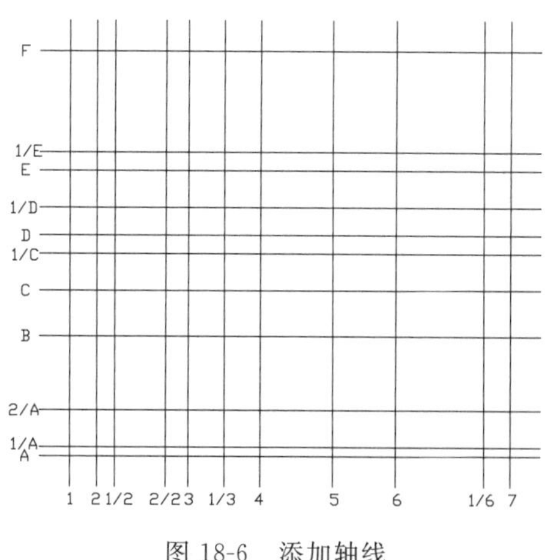

图 18-6　添加轴线

18.1.3　标注轴网

本图的轴号可以用“两点轴标”命令实现。“两点轴标”命令可以自动将纵向轴线以数字作轴号，横向轴网以字母作轴号。生成的标注轴网如图 18-7 所示。

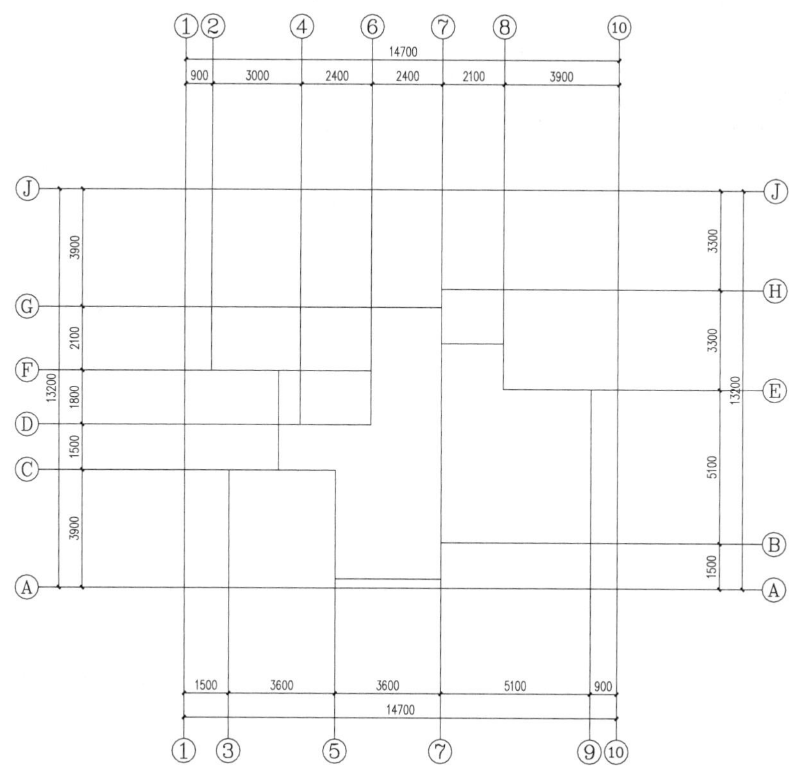

图 18-7　标注轴网

标注轴网的步骤如下。

(1) 单击菜单中的"轴网柱子"→"轴网标注"命令，显示"轴网标注"对话框，如图 18-8 所示。在对话框中输入"起始轴号"为 1，选择标注"双侧轴标"，在图中从左至右选择轴线，如图 18-9 所示。

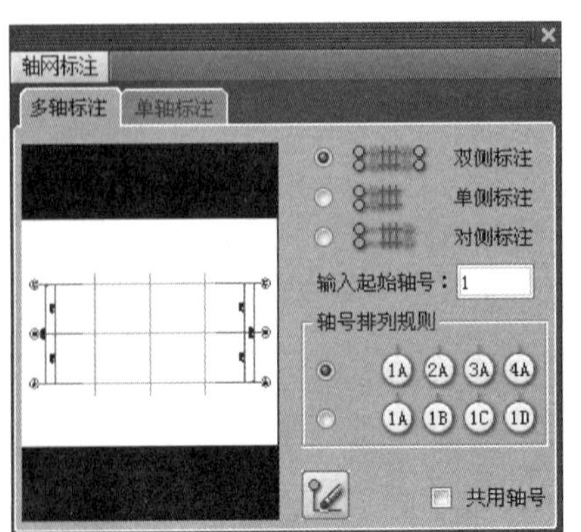

图 18-8 "轴网标注"对话框

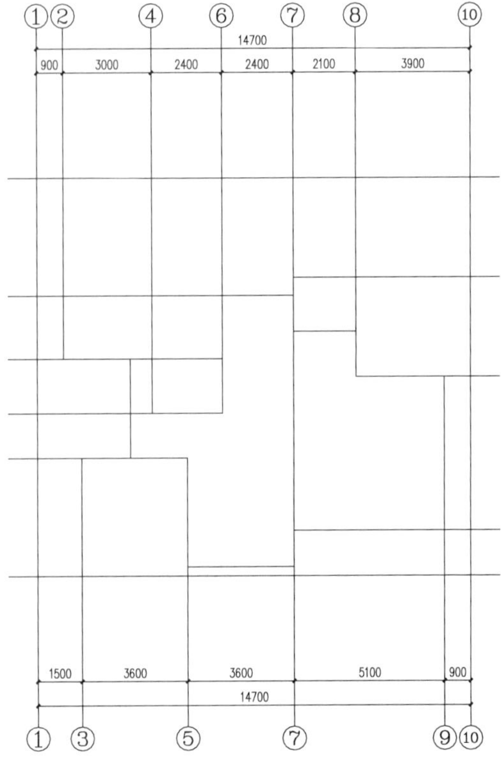

图 18-9 纵向轴标

(2) 单击菜单中的"轴网柱子"→"轴网标注"命令，在对话框中输入"起始轴号"为 A，在对话框中选择标注"双侧轴标"，在图中选择从下至上纵向轴线两侧的轴线，如图 18-7 所示。

18.1.4 绘制墙体

采用"绘制墙体"命令可以在轴线的基础上生成墙体。生成的墙体如图 18-10 所示。绘制墙体的步骤如下。

(1) 单击菜单中的"墙体"→"绘制墙体"命令，在"绘制墙体"对话框中输入相应的外墙数据，如图 18-11 所示。

选择建筑物外墙的角点顺序连接，形成如图 18-12 所示的外墙形状。

(2) 单击菜单中的"墙体"→"绘制墙体"命令，在"绘制墙体"对话框中输入相应的内墙数据，如图 18-13 所示。

选择建筑物内墙的角点顺序连接，形成如图 18-10 所示的内墙形状。

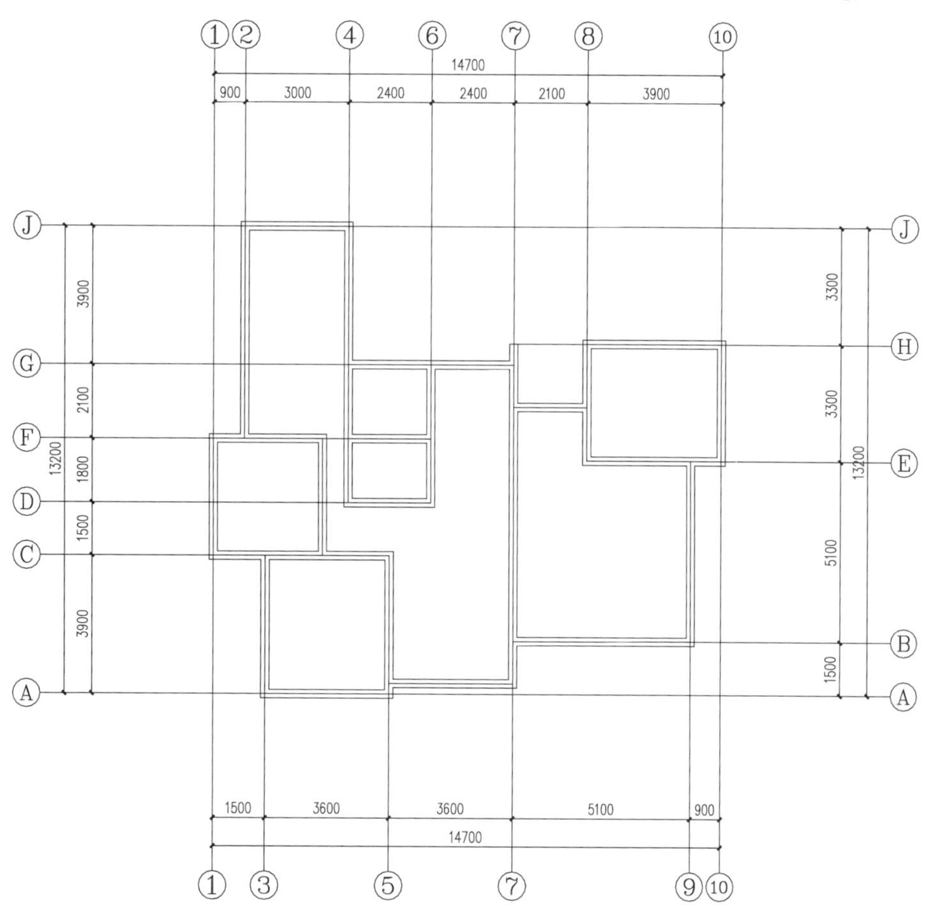

图 18-10　绘制墙体

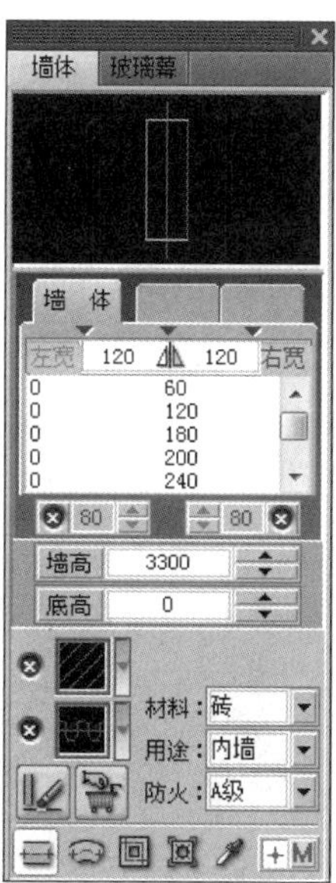

图 18-11　确定外墙数据

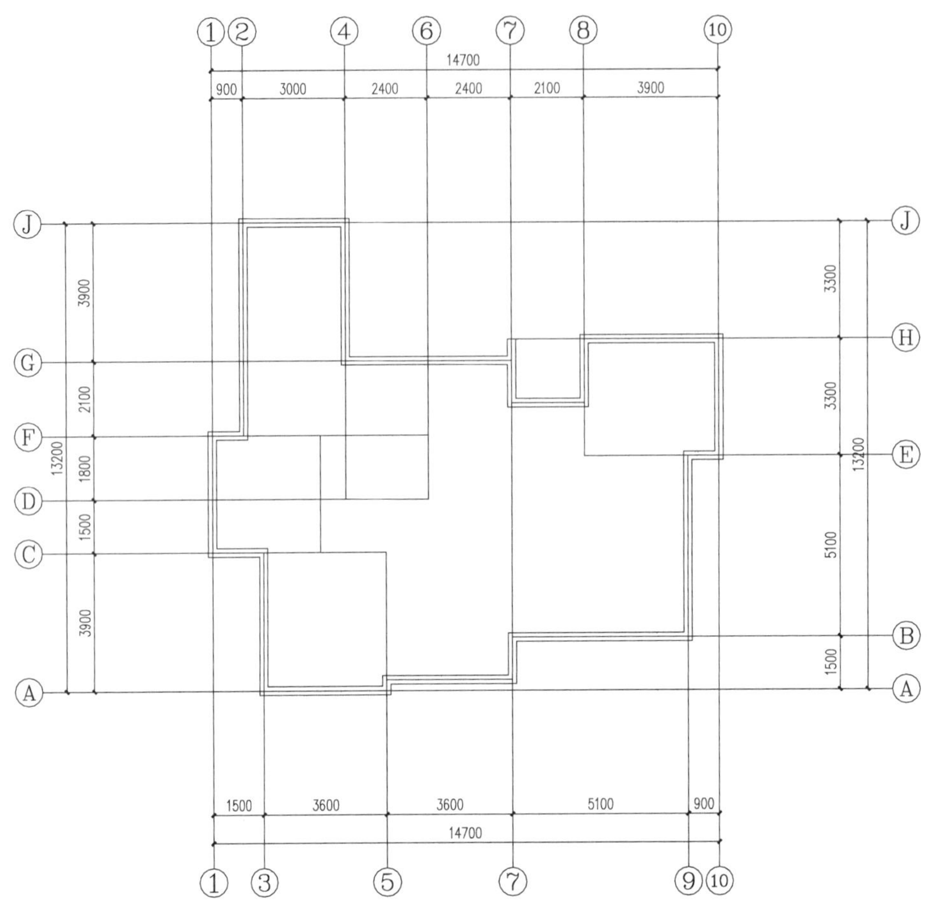

图 18-12　绘制外墙

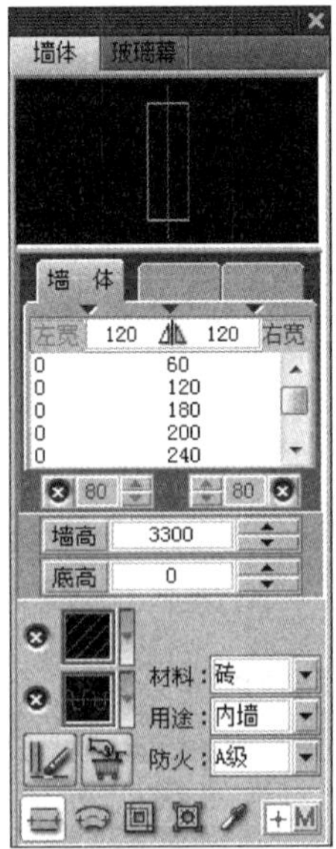

图 18-13　确定内墙数据

Note

18.1.5　插入柱子

插入的柱子为台阶上的立柱，生成的柱子如图 18-14 所示。

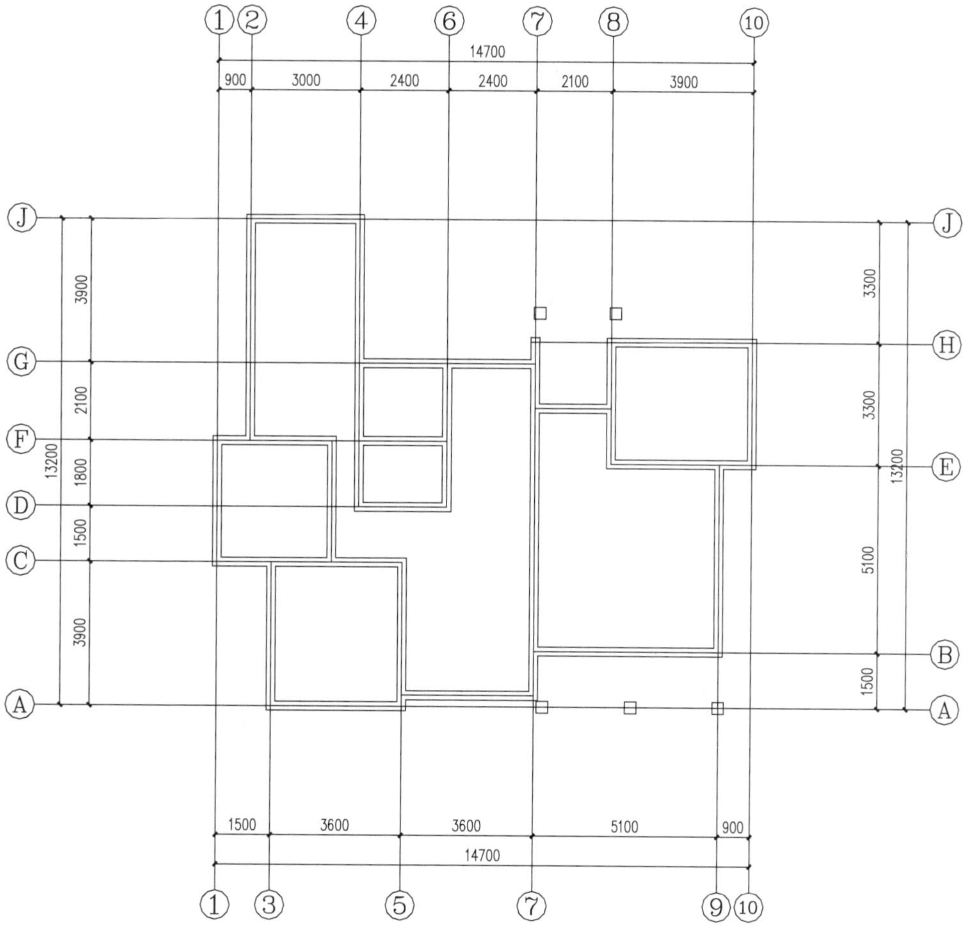

图 18-14　插入柱子

插入柱子的步骤如下。

(1) 单击菜单中的“轴网柱子”→“标准柱”命令，在“标准柱”对话框中输入相应柱子的数据，如图 18-15 所示。

(2) 单击绘图区域，选择建筑物需要设置柱子的插入点，形成如图 18-14 所示的插入柱子的形式。

18.1.6　插入门窗

门窗可以分为很多种，本例插入了一些常用的普通门窗。生成的插入门窗如图 18-16 所示。

插入门窗的步骤如下。

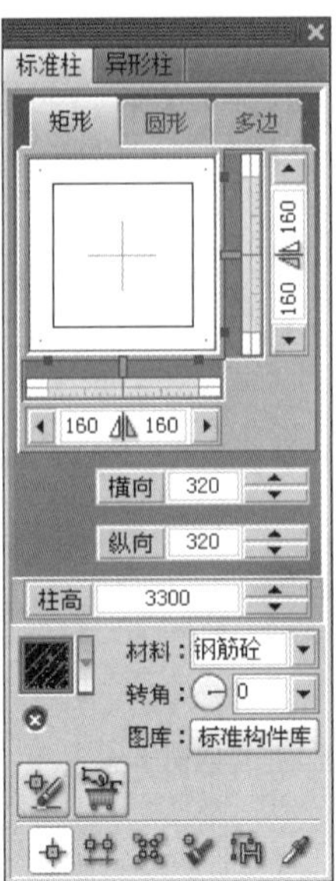

图 18-15　确定柱子数据

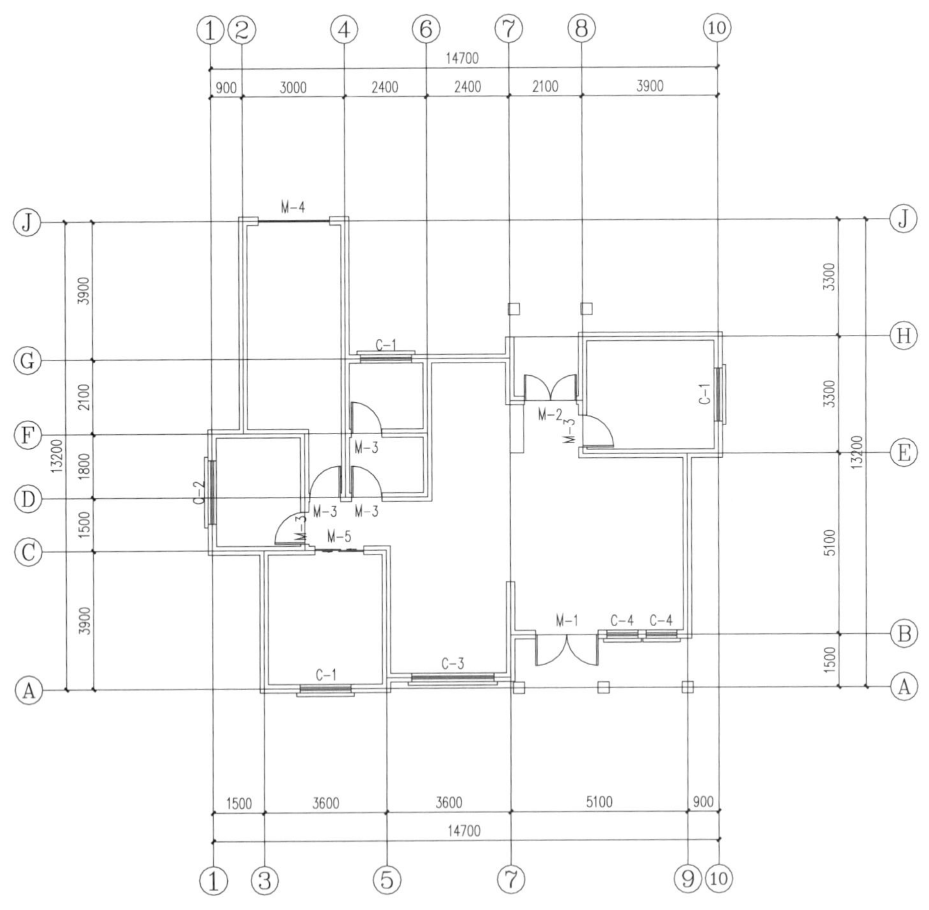

图 18-16　插入门窗

（1）单击菜单中的“门窗”→“门窗”命令，在“门”对话框中输入相应的M-1数据，如图18-17所示。

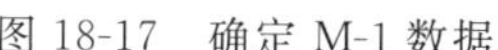
图18-17　确定M-1数据

单击绘图区域，选择建筑物需要设置M-1的位置，形成如图18-18所示的插入M-1的形式。

（2）单击菜单中的“门窗”→“门窗”命令，在“门”对话框中输入相应的M-2数据，如图18-19所示。

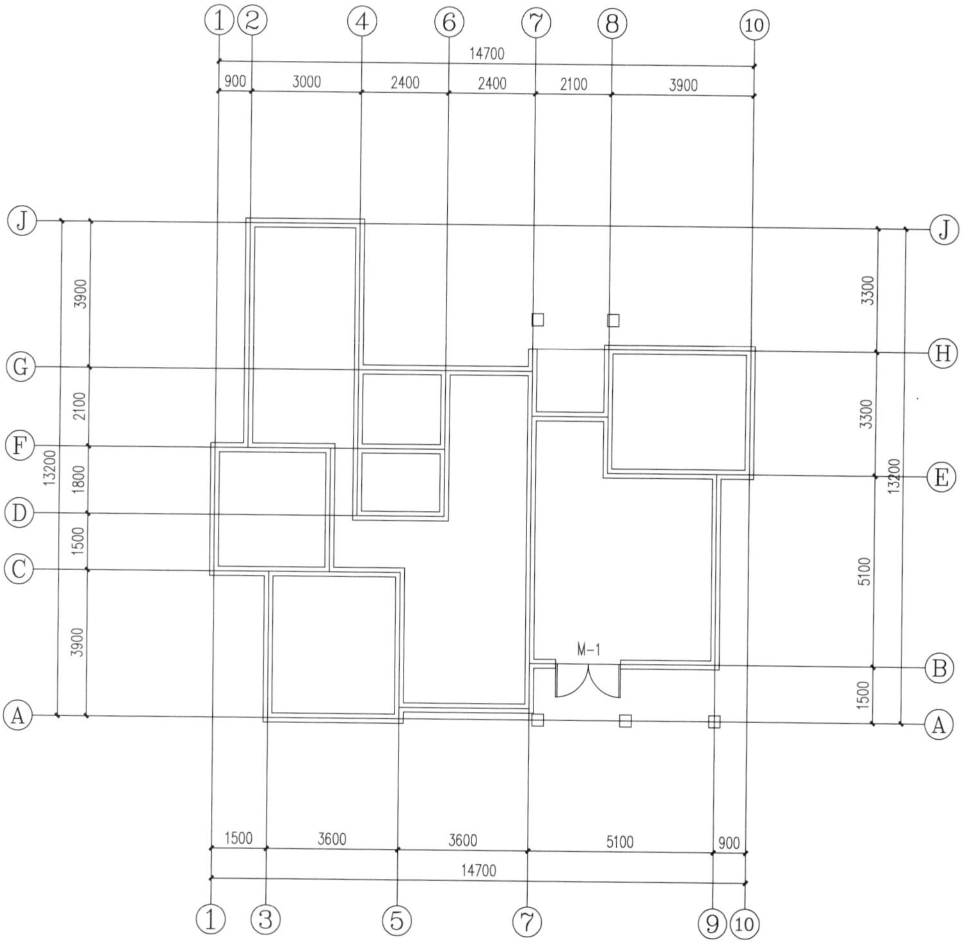

图18-18　插入M-1

Note

图 18-19　确定 M-2 数据

单击绘图区域，选择建筑物需要设置 M-2 的位置，形成如图 18-20 所示的插入 M-2 的形式。

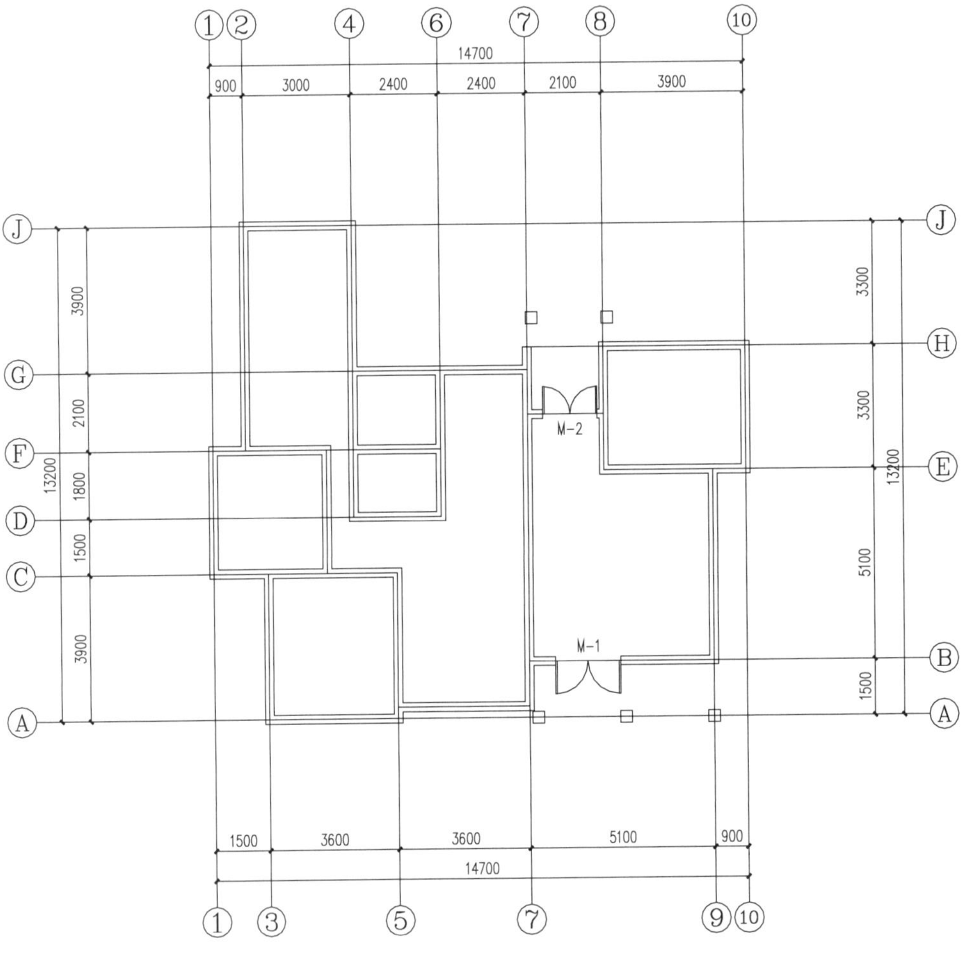

图 18-20　插入 M-2

(3) 单击菜单中的"门窗"→"门窗"命令，在"门"对话框中输入相应的 M-3 数据，并补充绘制部分墙体，如图 18-21 所示。

单击绘图区域，选择建筑物需要设置 M-3 的位置，形成如图 18-22 所示的插入 M-3 的形式。

(4) 单击菜单中的"门窗"→"门窗"命令，在"窗"对话框中输入相应的 C-1 数据，如

图 18-21　确定 M-3 数据

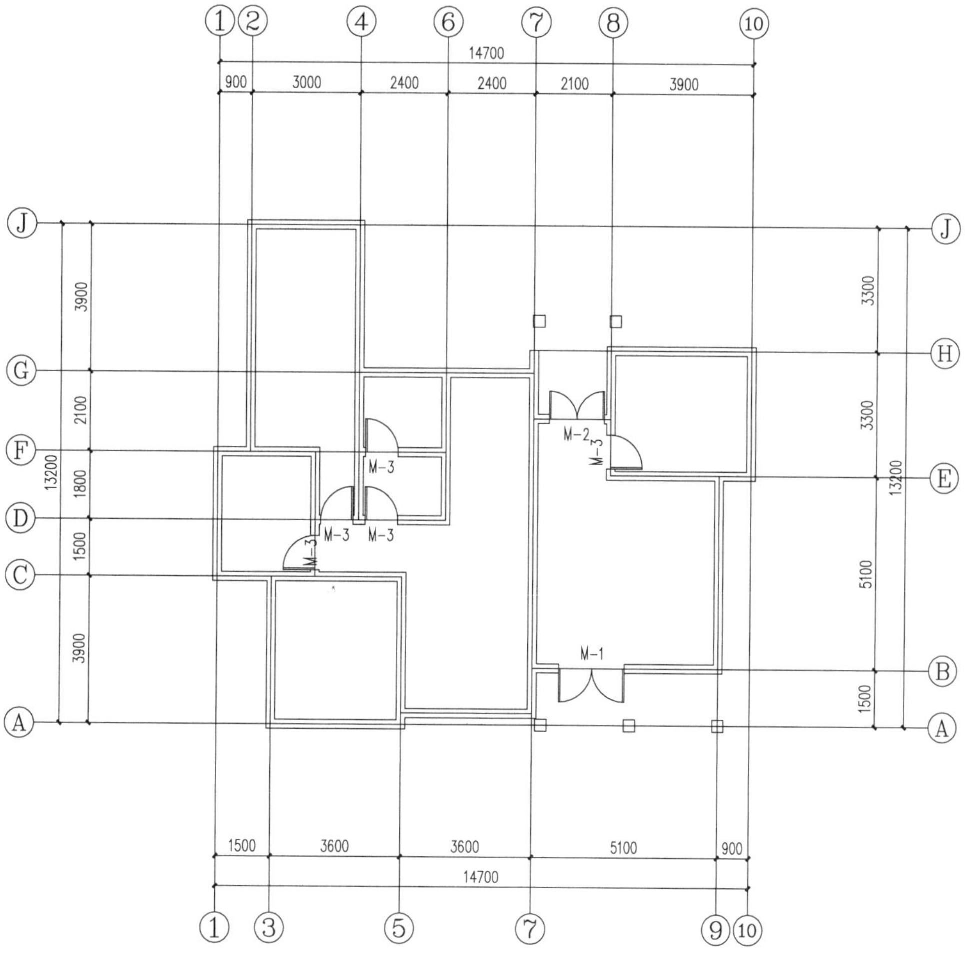

图 18-22　插入 M-3

图 18-23 所示。

单击绘图区域，选择建筑物需要设置 C-1 的位置，形成如图 18-24 所示的插入 C-1 的形式。

(5) 单击菜单中的“门窗”→“门窗”命令，在“窗”对话框中输入相应的 C-2 数据，如图 18-25 所示。

单击绘图区域，选择建筑物需要设置 C-2 的位置，形成如图 18-26 所示的插入 C-2 的形式。

Note

图 18-23　确定 C-1 数据

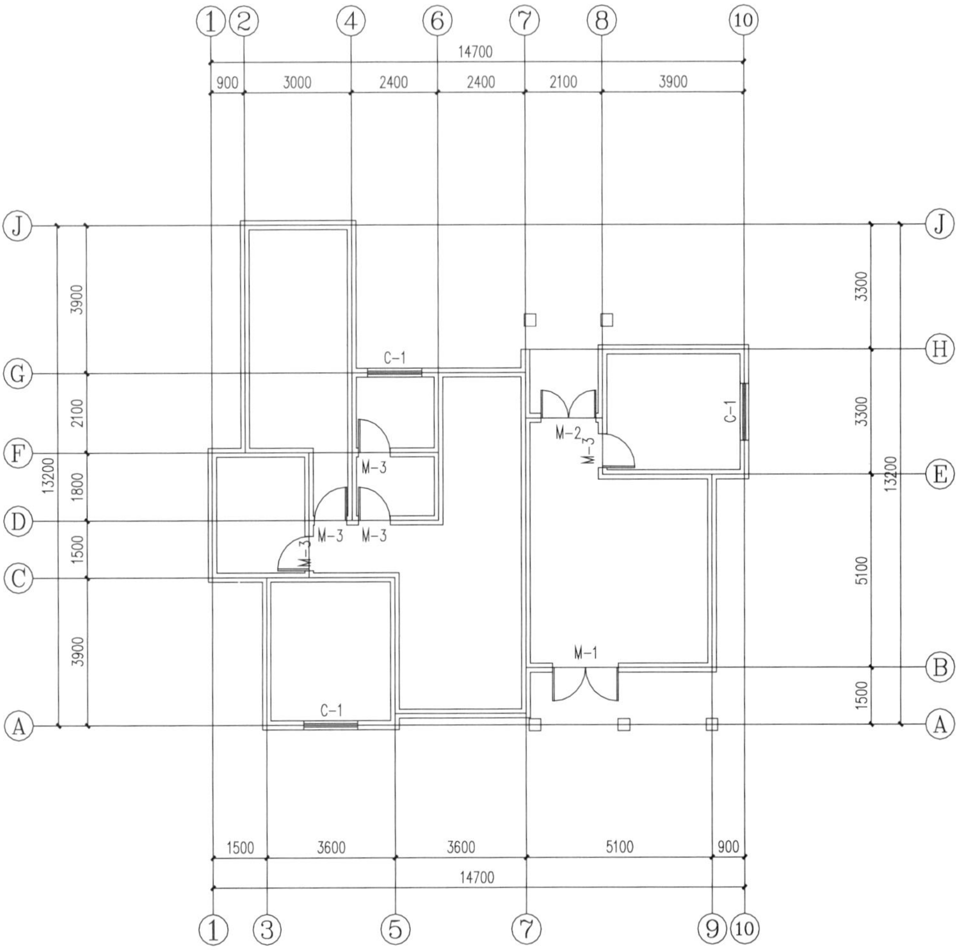

图 18-24　插入 C-1

图 18-25　确定 C-2 数据

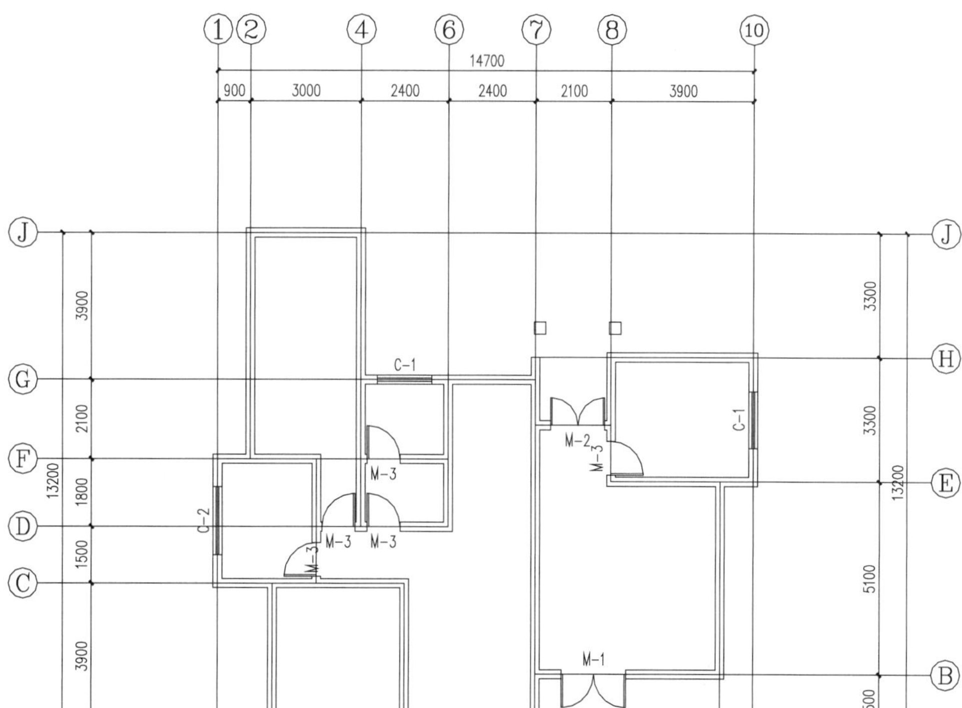

图 18-26　插入 C-2

（6）单击菜单中的“门窗”→“门窗”命令，在“窗”对话框中输入相应的 C-3 数据，如图 18-27 所示。

单击绘图区域，选择建筑物需要设置 C-3 的位置，形成如图 18-28 所示的插入 C-3 的形式。

图 18-27　确定 C-3 数据

（7）单击菜单中的“门窗”→“门窗”命令，在“窗”对话框中输入相应的 C-4 数据，如图 18-29 所示。

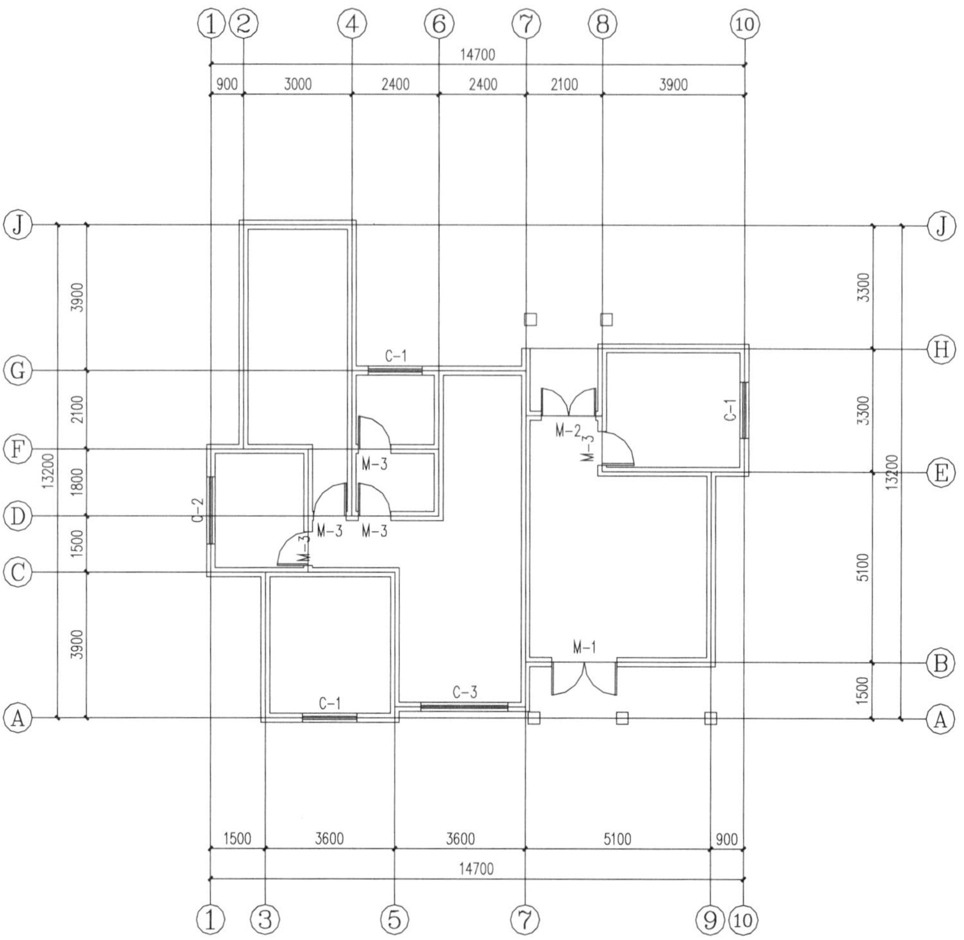

Note

图 18-28　插入 C-3

单击绘图区域，选择建筑物需要设置 C-4 的位置，形成如图 18-30 所示的插入 C-4 的形式。

图 18-29　确定 C-4 数据

(8) 单击菜单中的“门窗”→“门窗工具”→“加装饰套”命令，打开“门窗套设计”对话框，选择“窗台/檐板”选型卡，并设置其相应的参数，如图 18-31 所示。单击绘图区域窗户处，选择建筑物需要设置窗台的位置，形成如图 18-32 所示的窗户形式。

(9) 单击菜单中的“门窗”→“门窗”命令，在“门”对话框中输入相应的 M-4 数据，如图 18-33 所示。

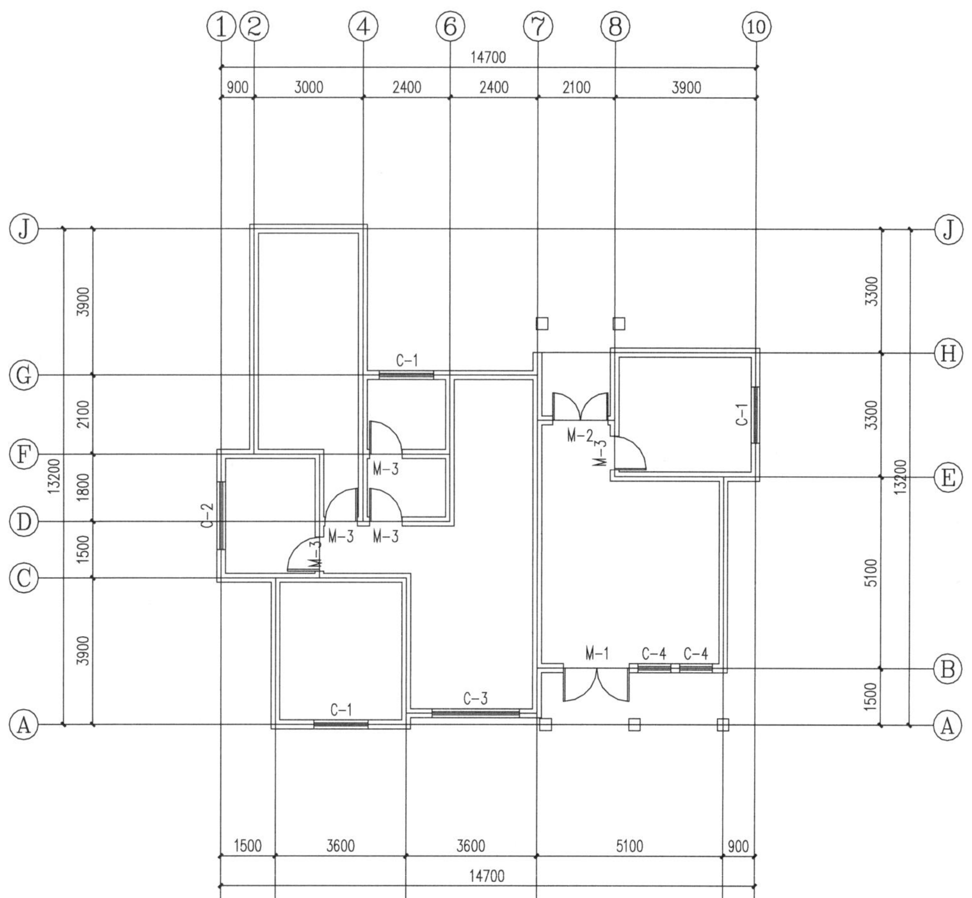

图 18-30　插入 C-4

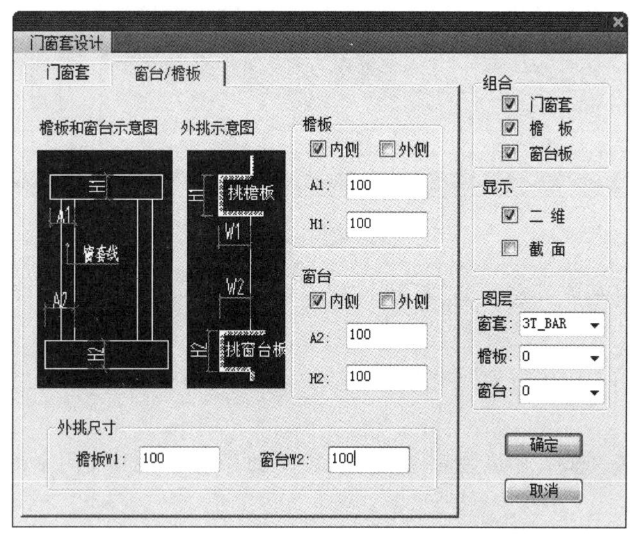

图 18-31　设置“窗台/檐板”选型卡参数

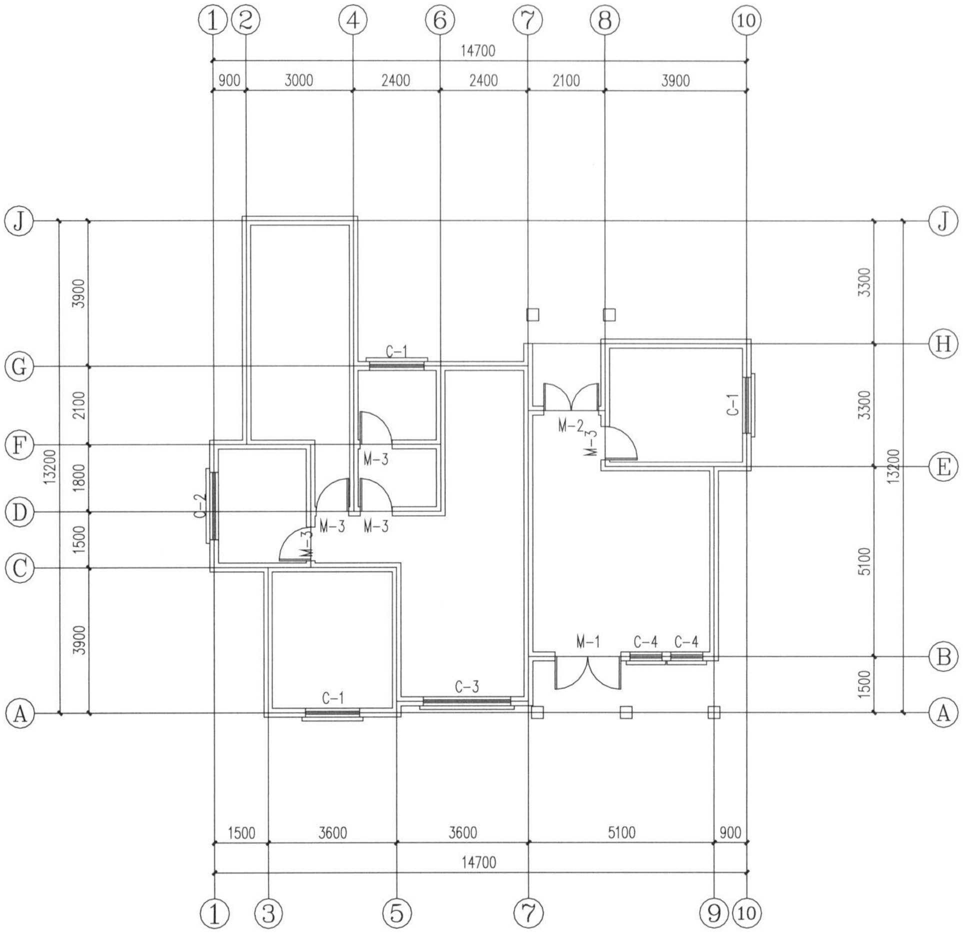

图 18-32　添加窗户装饰物

图 18-33　确定 M-4 数据

单击绘图区域车库外墙处，选择建筑物需要设置 M-4 的位置，形成如图 18-34 所示的门的形式。

(10) 单击菜单中的"门窗"→"门窗"命令，在"门"对话框中输入相应的 M-5 数据，如图 18-35 所示。

单击绘图区域，选择建筑物需要设置 M-5 的位置，并插入门洞，结果如图 18-16 所示。

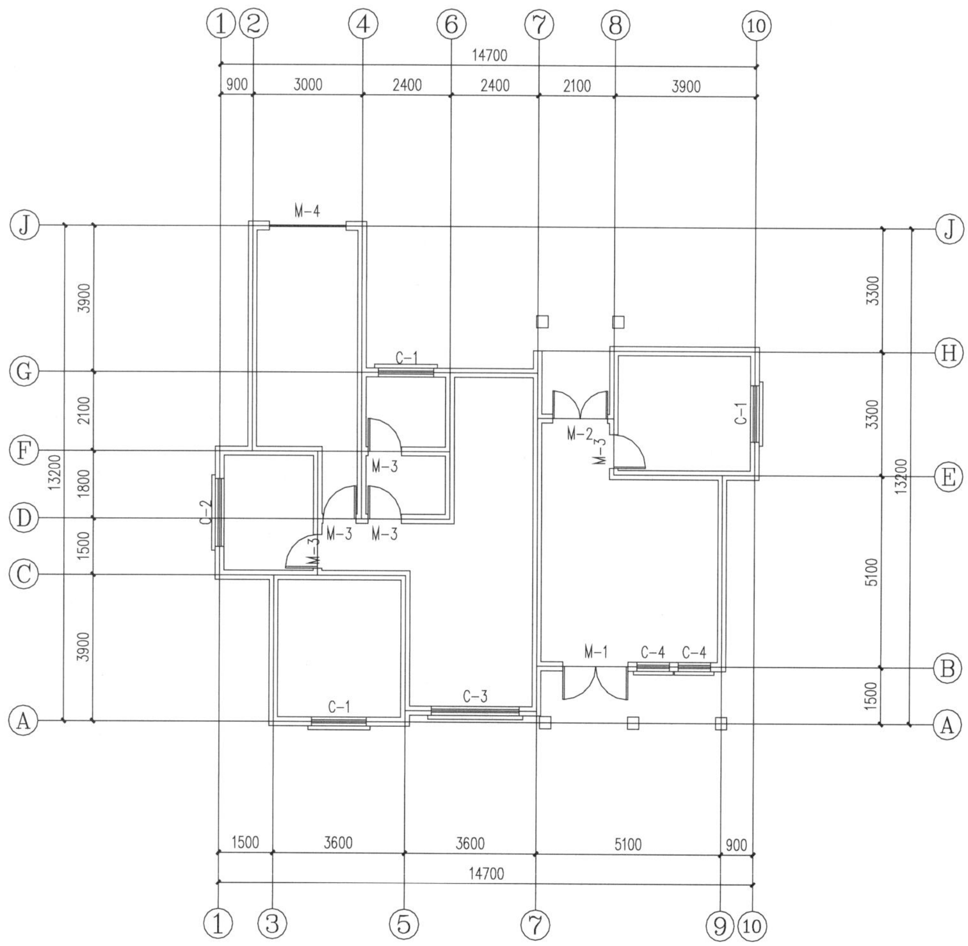

Note

图 18-34　插入 M-4

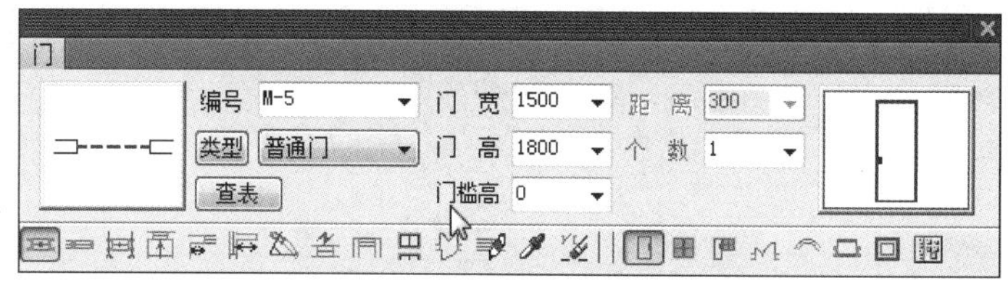

图 18-35　确定 M-5 数据

18.1.7　插入楼梯

插入的楼梯可由天正软件自动计算生成，生成的楼梯如图 18-36 所示。

插入楼梯的步骤如下。

(1) 单击菜单中的“楼梯其他”→“双跑楼梯”命令，在对话框中输入相应的楼梯数据。在“楼梯高度”中选取层高“3300”，单击“梯段宽”，在图中选取楼梯间的内部净尺寸。其余数据的选取见图 18-37。

(2) 单击绘图区域，根据命令行提示选择楼梯的插入点，形成如图 18-36 所示的插

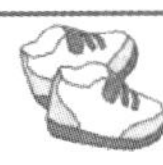

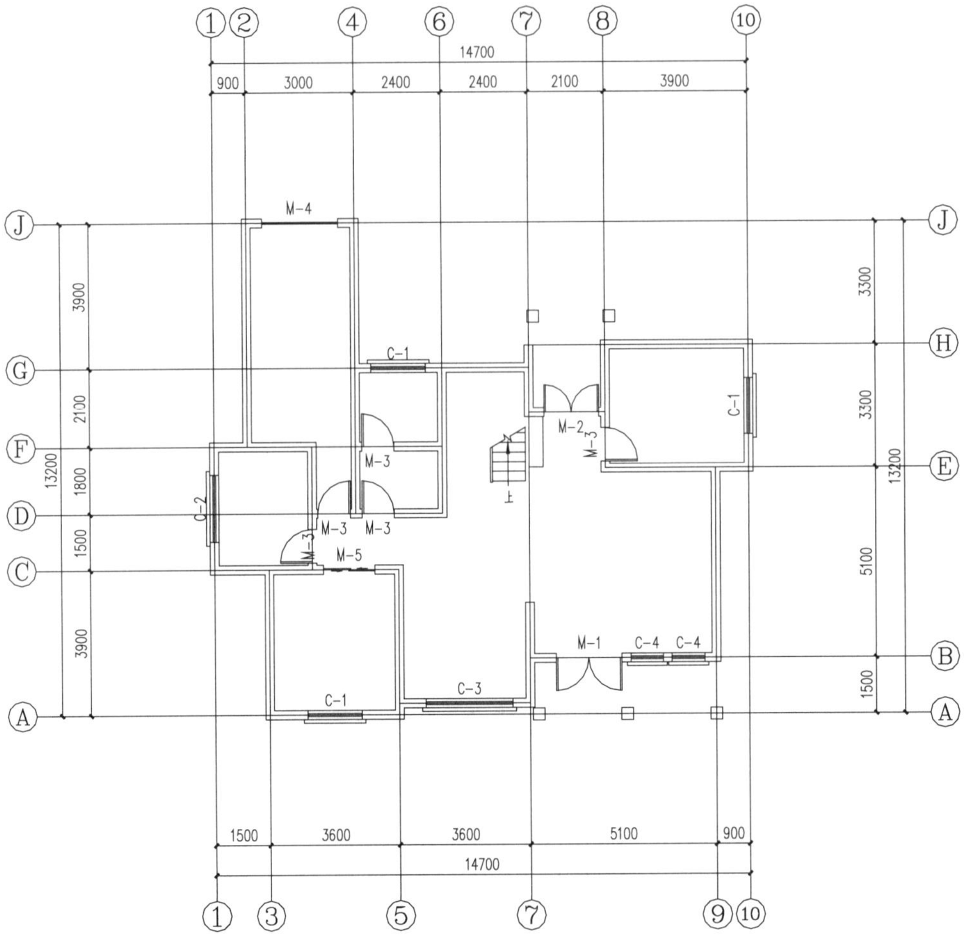

图 18-36　插入楼梯

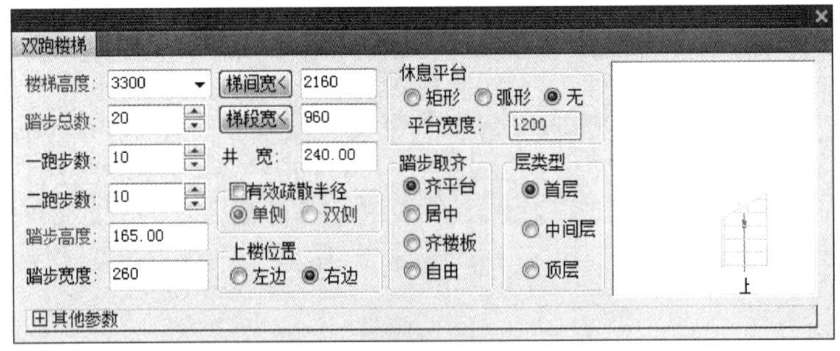

图 18-37　确定楼梯数据

入楼梯的形式。

18.1.8　插入台阶

台阶可以直接用天正绘制而成，生成的台阶如图 18-38 所示。绘制台阶的步骤如下。

(1) 首先采用 AutoCAD 2018 中的命令绘制台阶两边的扶手，利用“矩形”命令在合适位置绘制两个 340×1980 的矩形，如图 18-38 所示(注意：在天正绘图中对采用 AutoCAD 命令绘制的部分，在立面图中需要补充绘制，利用“生成立面图”命令是完不成的)。

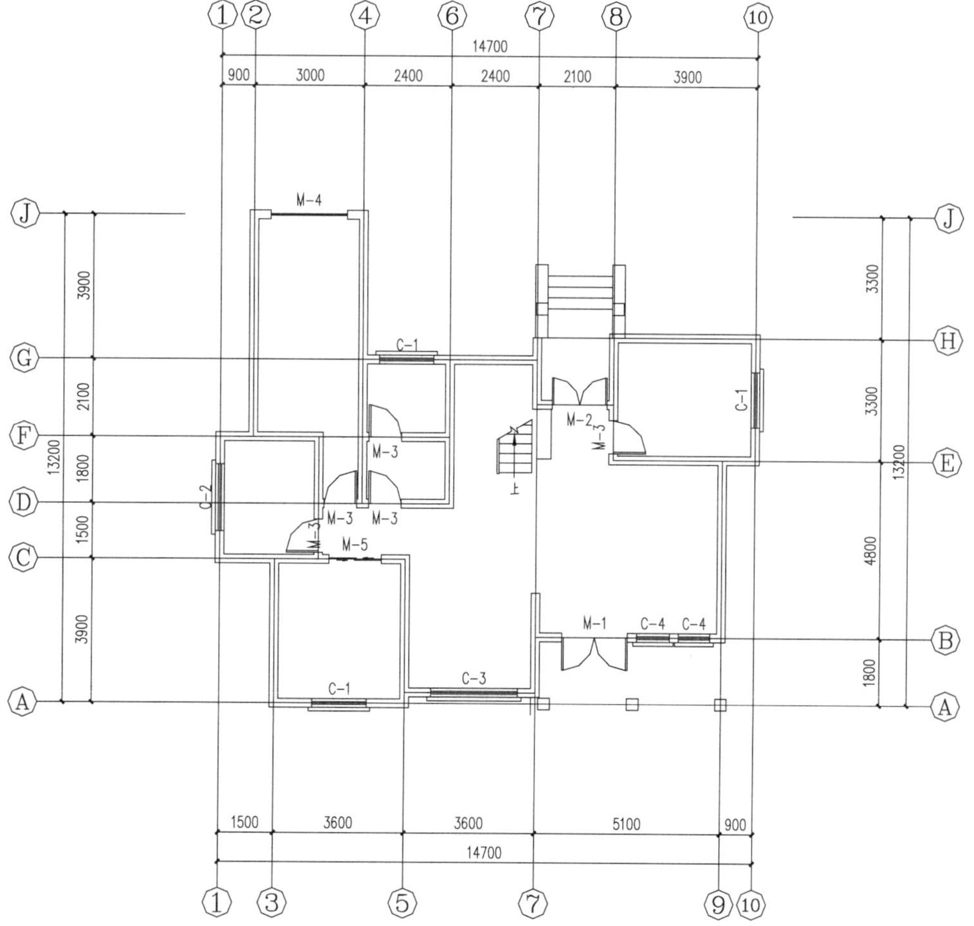

图 18-38 绘制台阶 1

(2) 单击菜单中的“楼梯其他”→“台阶”命令，在“台阶”对话框中输入相应的台阶数据，如图 18-39 所示。在“台阶总高”中选取内、外高差为 600，“踏步宽度”为 300。其余数据的选取见图 18-39。

图 18-39 确定坡道数据

（3）单击绘图区域，根据命令行提示选择台阶的插入点，形成如图 18-38 所示的插入台阶的形式。

（4）其他位置处的平台和台阶的绘制方法基本相同，不再一一赘述，最终结果如图 18-40 所示。

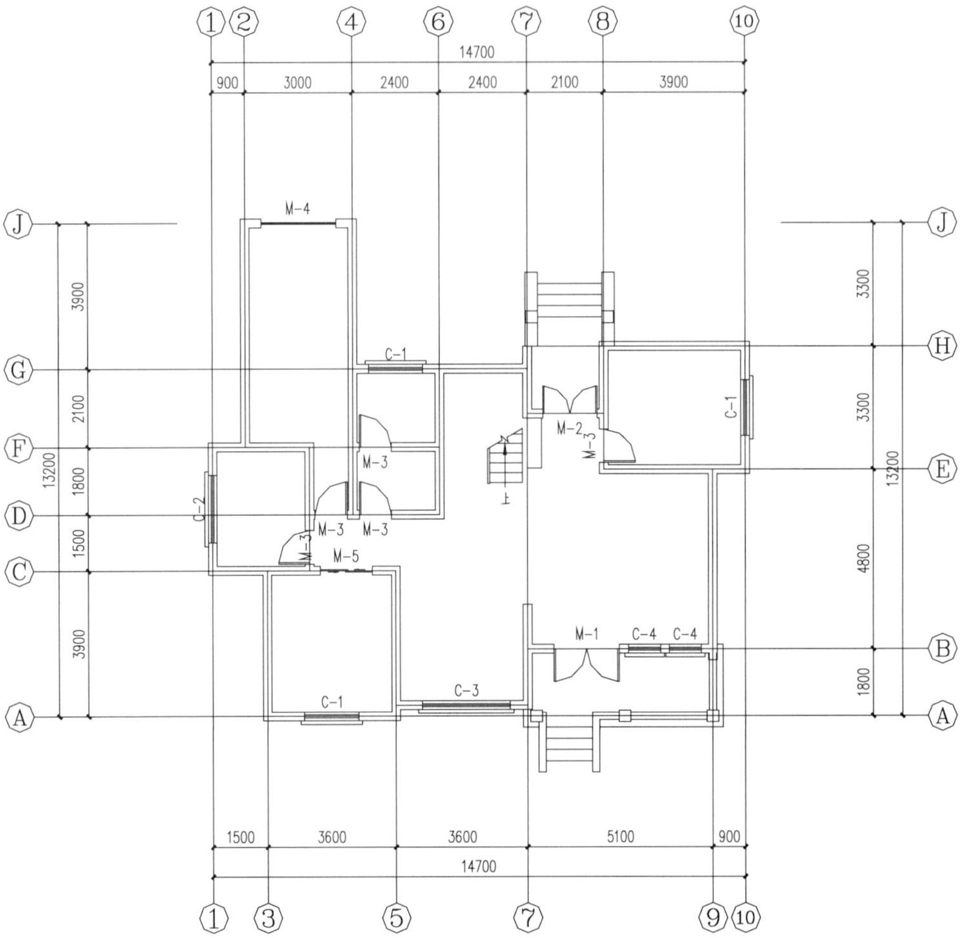

图 18-40　绘制台阶 2

18.1.9　布置家具

以布置卫生间洁具为例介绍布置家具的方法。卫生间洁具可以直接用天正图库自动绘制而成。布置洁具的步骤如下。

（1）单击菜单中的“房间屋顶”→“房间布置”→“布置洁具”命令，在“天正洁具”对话框中选择相应的洁具，本例选择“浴缸 07”，如图 18-41 所示。

（2）双击所选择的洁具，显示“布置浴缸 07”对话框，如图 18-42 所示。在对话框中填入相应的数据。

（3）单击绘图区域，根据命令行提示选择卫生间相应的墙线，形成如图 18-43 所示的布置洁具 1 的形式。

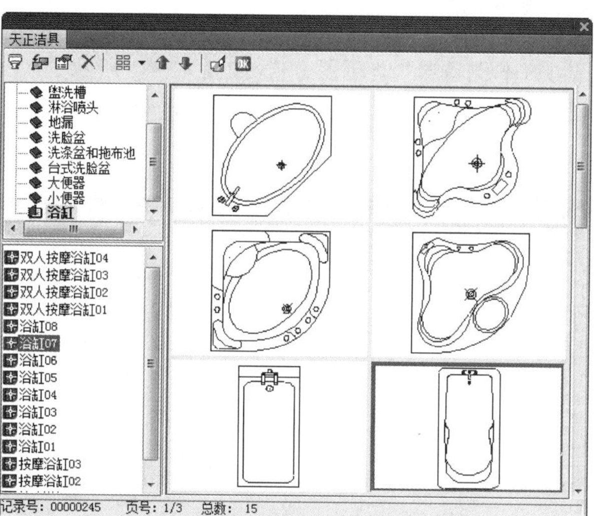

图 18-41　选择浴缸

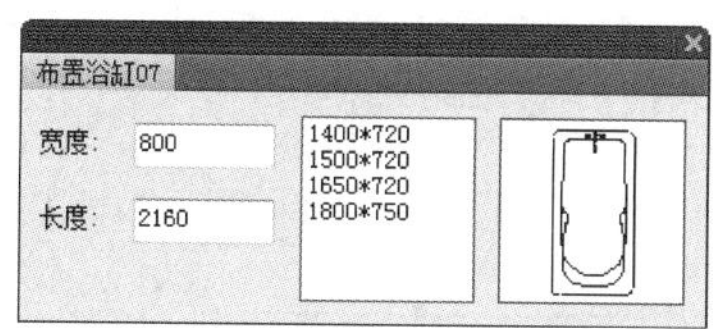

图 18-42　“布置浴缸 07”对话框

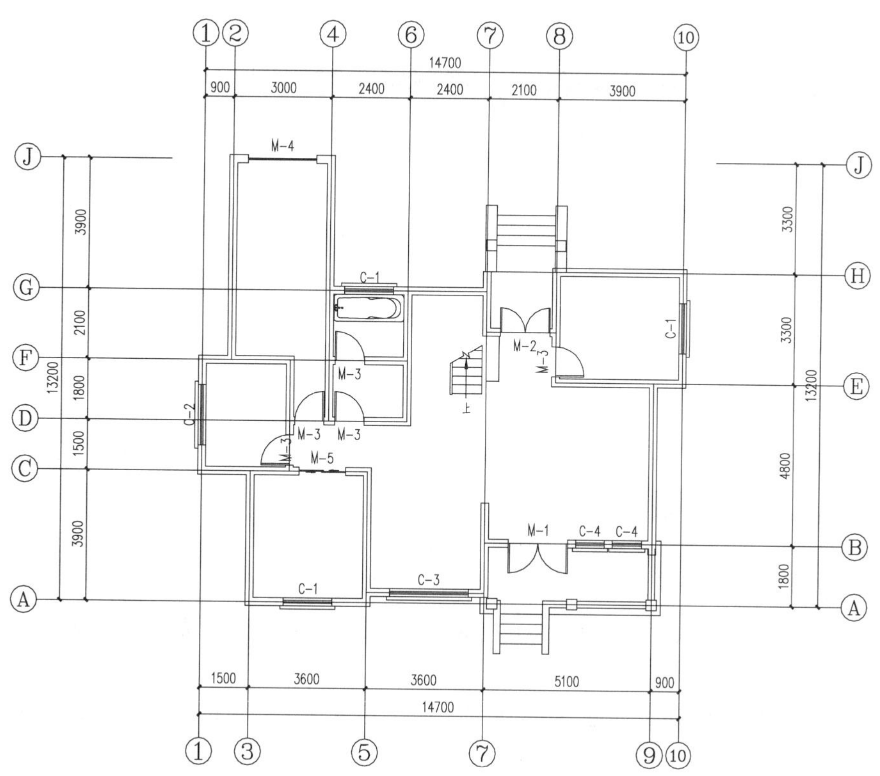

图 18-43　布置洁具 1

Note

(4) 单击菜单中的“房间屋顶”→“房间布置”→“布置洁具”命令，在“天正洁具”对话框中选择相应的洁具，本例选择“坐便器 03”，如图 18-44 所示。

(5) 双击所选择的洁具，打开“布置坐便器 03”对话框，如图 18-45 所示，在对话框中填入相应的数据。

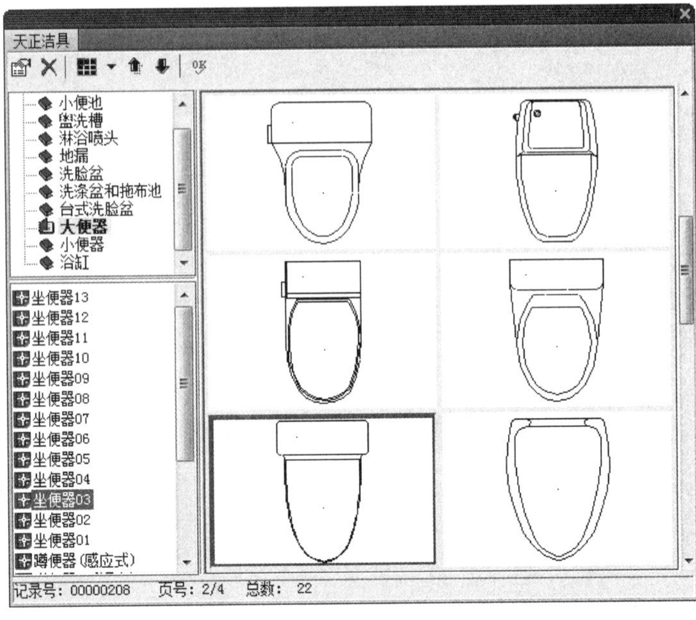

图 18-44　确定坐便器数据

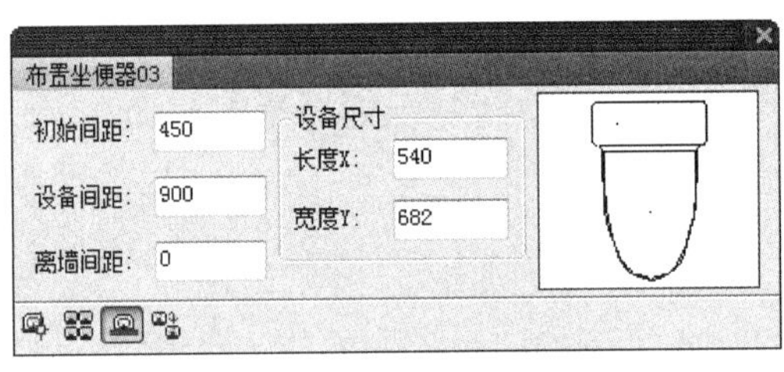

图 18-45　“布置坐便器 03”对话框

(6) 单击绘图区域，根据命令行提示选择卫生间相应的墙线，形成如图 18-46 所示的布置洁具 2 的形式。

(7) 右击图形任意空白处，打开的快捷菜单如图 18-47 所示，选择“通用图库”命令，打开“天正图库管理系统”对话框，本例选择“洗脸盆 20”，如图 18-48 所示。

(8) 双击所选择的洁具，显示“图块编辑”对话框，如图 18-49 所示，在对话框中填入相应的数据。

(9) 单击绘图区域，根据命令行提示选择合适的位置，形成如图 18-50 所示的图形。

(10) 其他家具的布置方法基本相同，这里不再一一赘述，最终结果如图 18-51 所示。

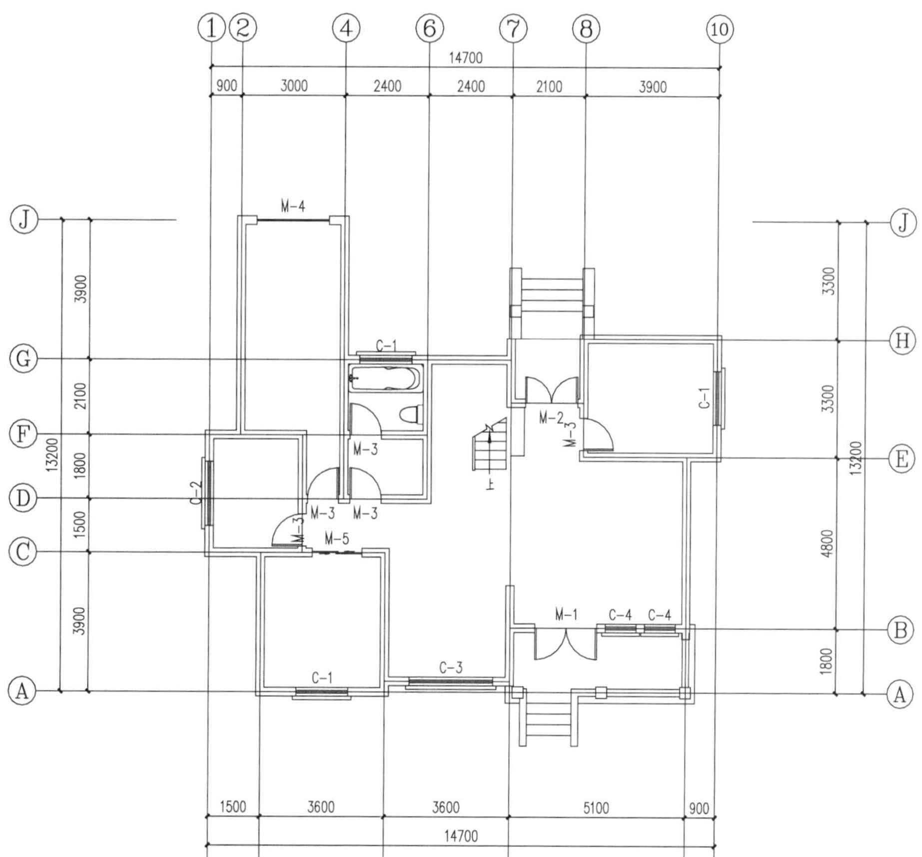

图 18-46 布置洁具 2

图 18-47 快捷菜单

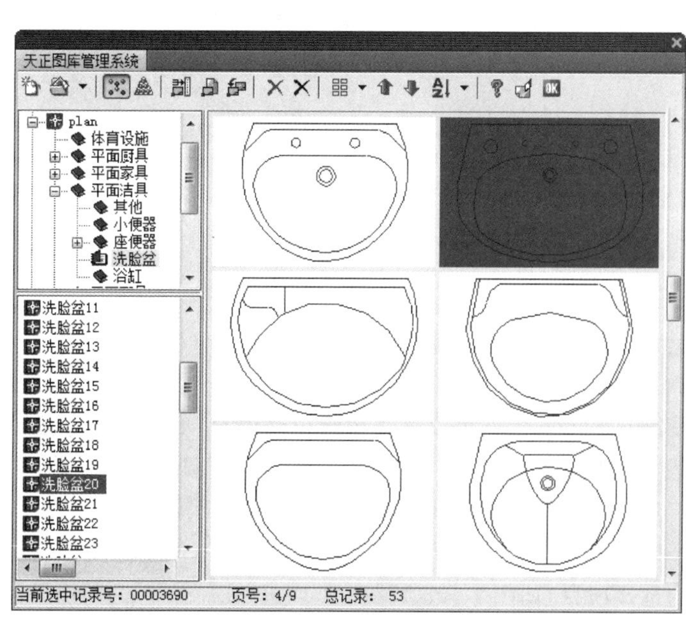

图 18-48 选择洗脸盆

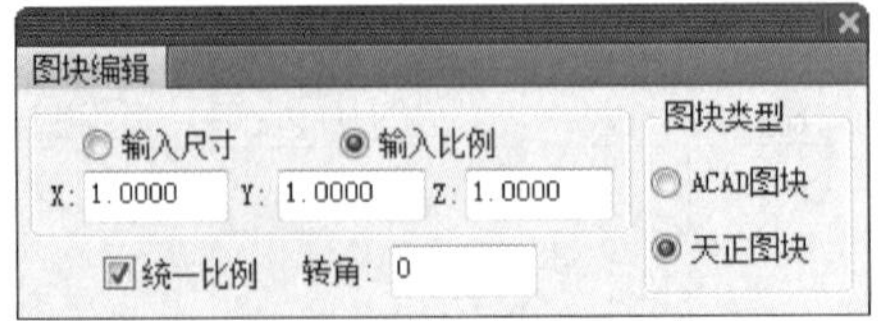

图 18-49 “图块编辑”对话框

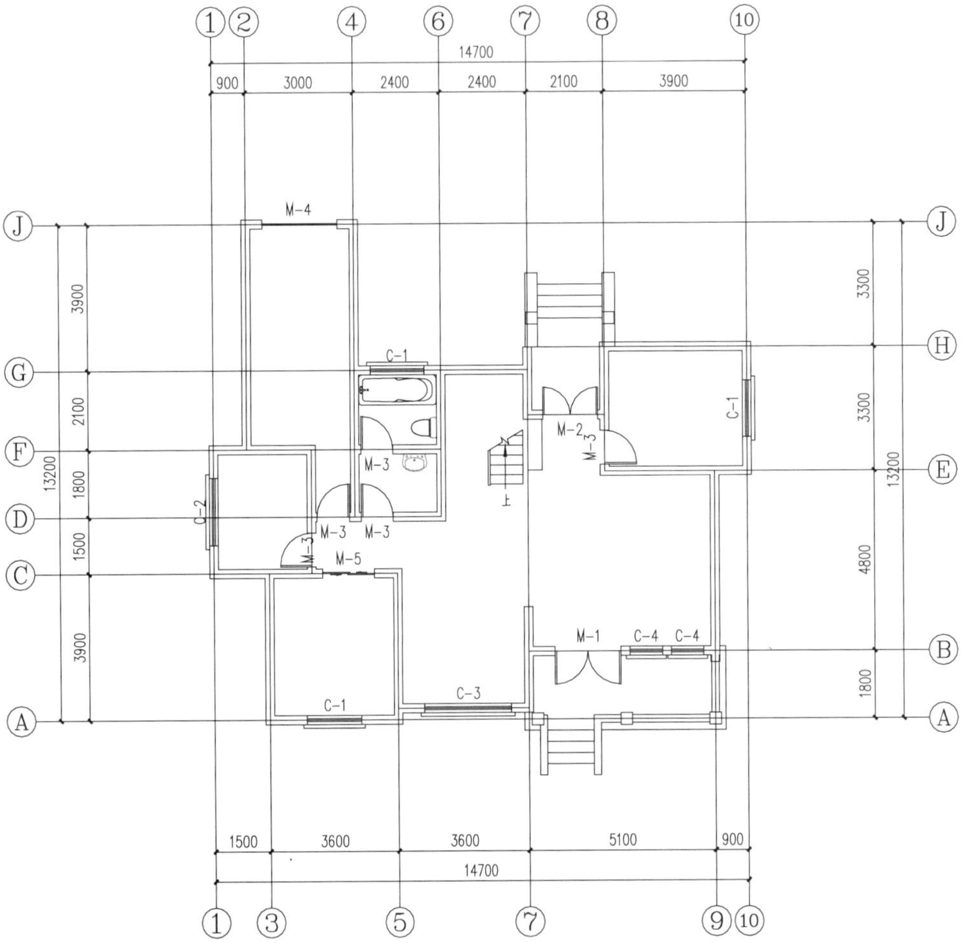

图 18-50 插入“洗脸盆”

18.1.10 房间标注

绘制房屋的信息可以直接用天正软件自动绘制而成，比如室内面积、房间编号等，本例中只生成室内面积。生成的房间标注如图 18-52 所示。

生成房间信息的步骤如下。

(1) 单击菜单中的“房间屋顶” →“搜索房间”命令，在“搜索房间”对话框中输入相应的选择项目，如图 18-53 所示。

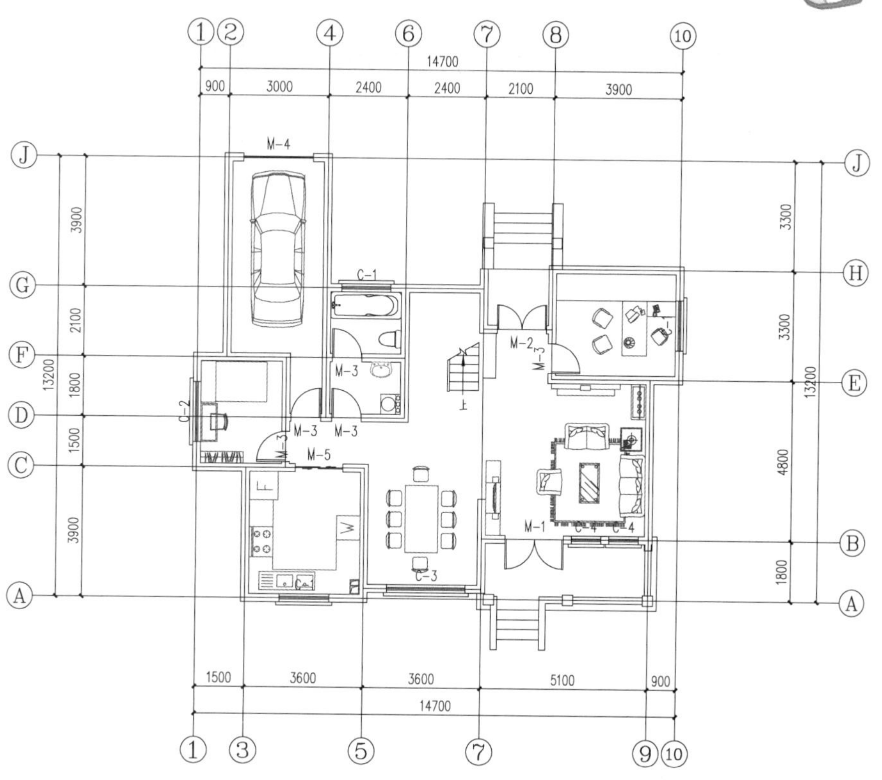

图 18-51　布置家具

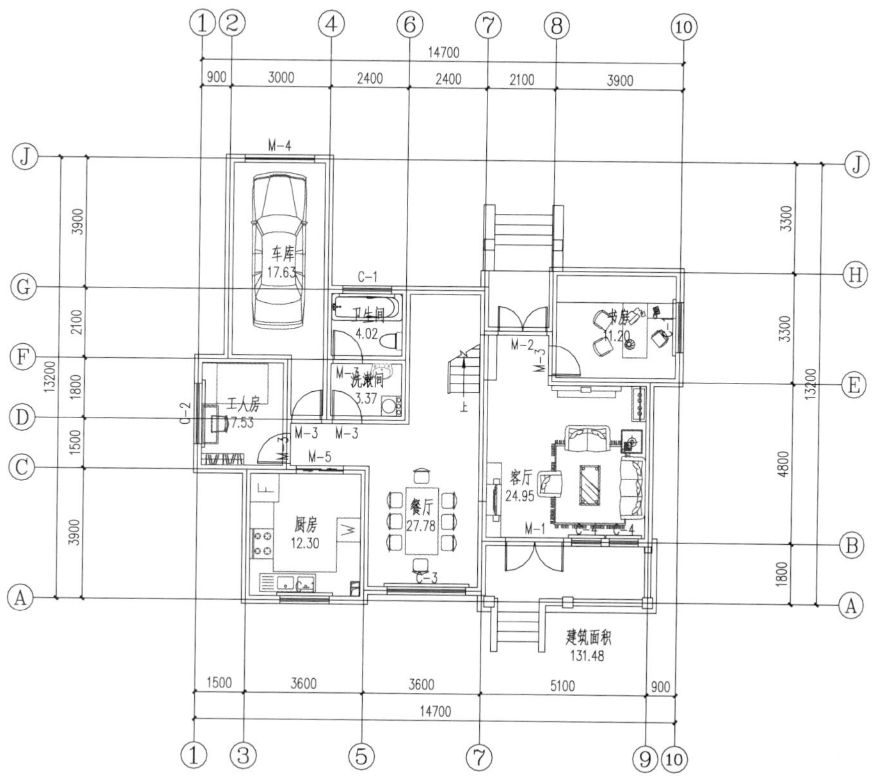

图 18-52　房间标注

Note

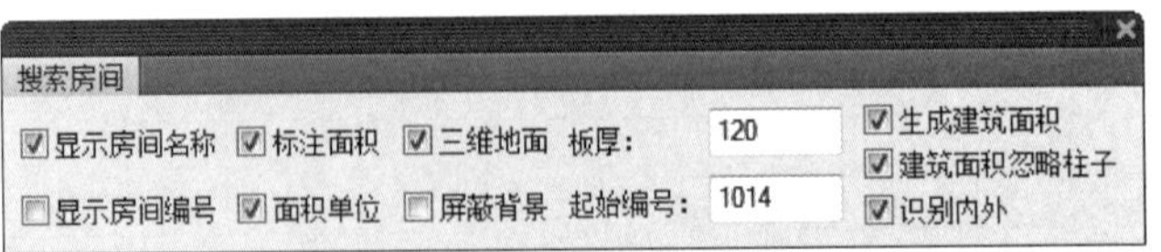

图 18-53　确定房间标注数据

(2) 单击绘图区域，根据命令行提示框选建筑物所有墙体，形成如图 18-54 所示的房间标注信息。

(3) 通过“在位编辑”命令，双击需要修改名称的房间，直接改名字，具体方式不再详述。最终形成如图 18-55 所示的房间标注信息。

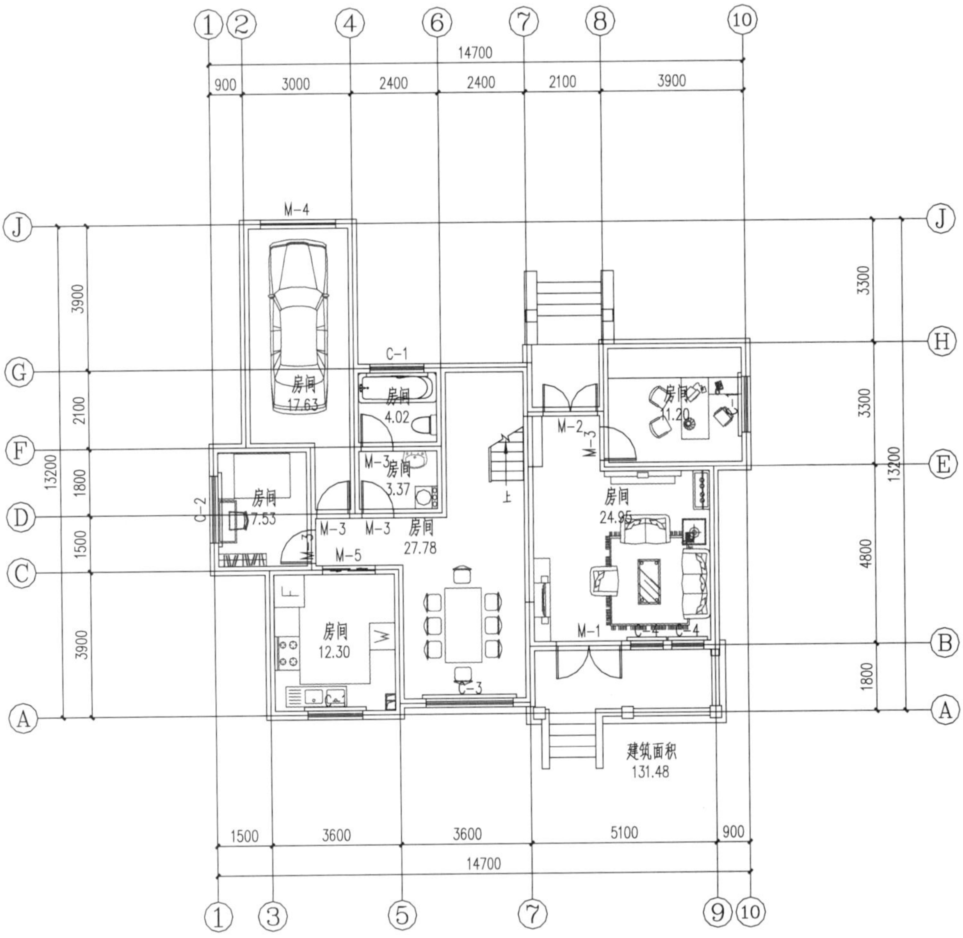

图 18-54　确定房间标注数据

18.1.11　尺寸标注

尺寸标注在本节主要是明确具体建筑构件的平面尺寸。生成的尺寸标注如图 18-56 所示。生成尺寸的步骤如下。

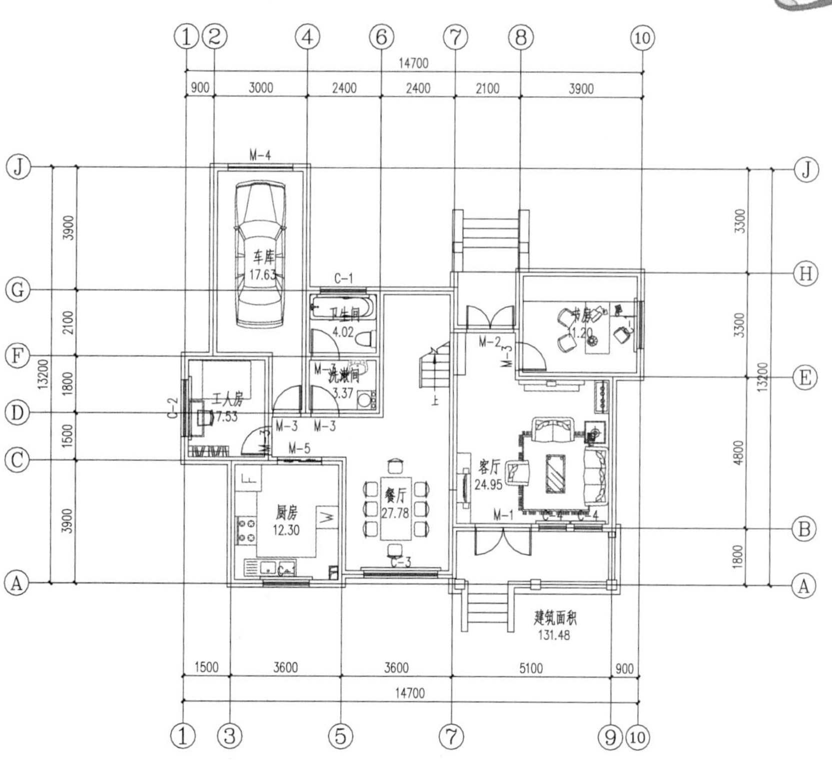

图 18-55 修改房间名称

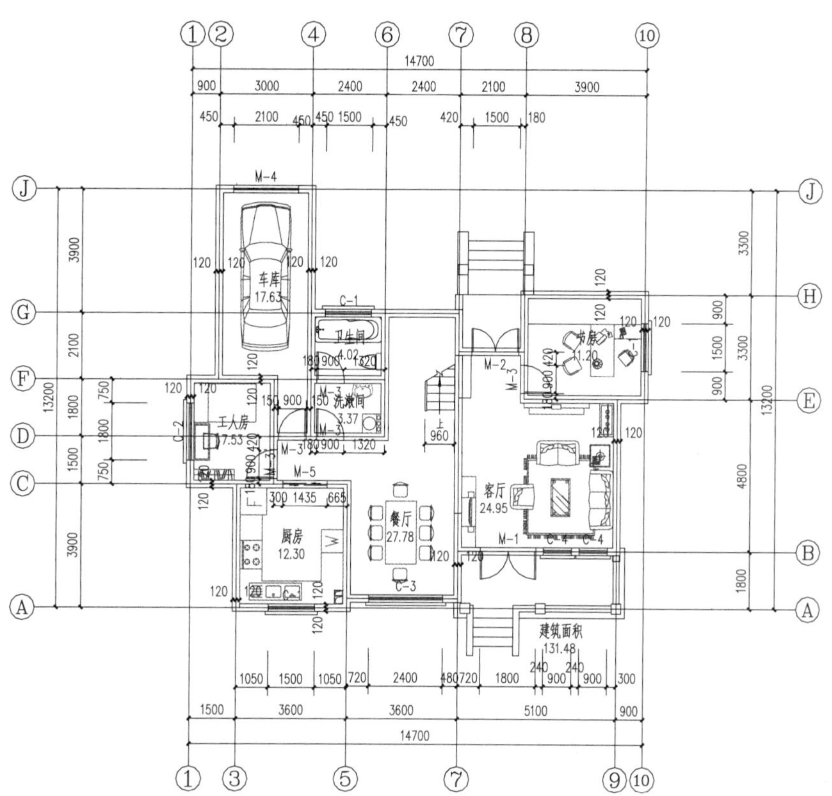

图 18-56 尺寸标注

（1）单击菜单中的“房间屋顶”→“门窗标注”命令，根据命令行提示选择尺寸标注门窗所在的墙线，自动生成门窗标注，自动生成的尺寸标注比较乱，可以通过 AutoCAD 2018 中的命令进行移动，如图 18-57 所示。

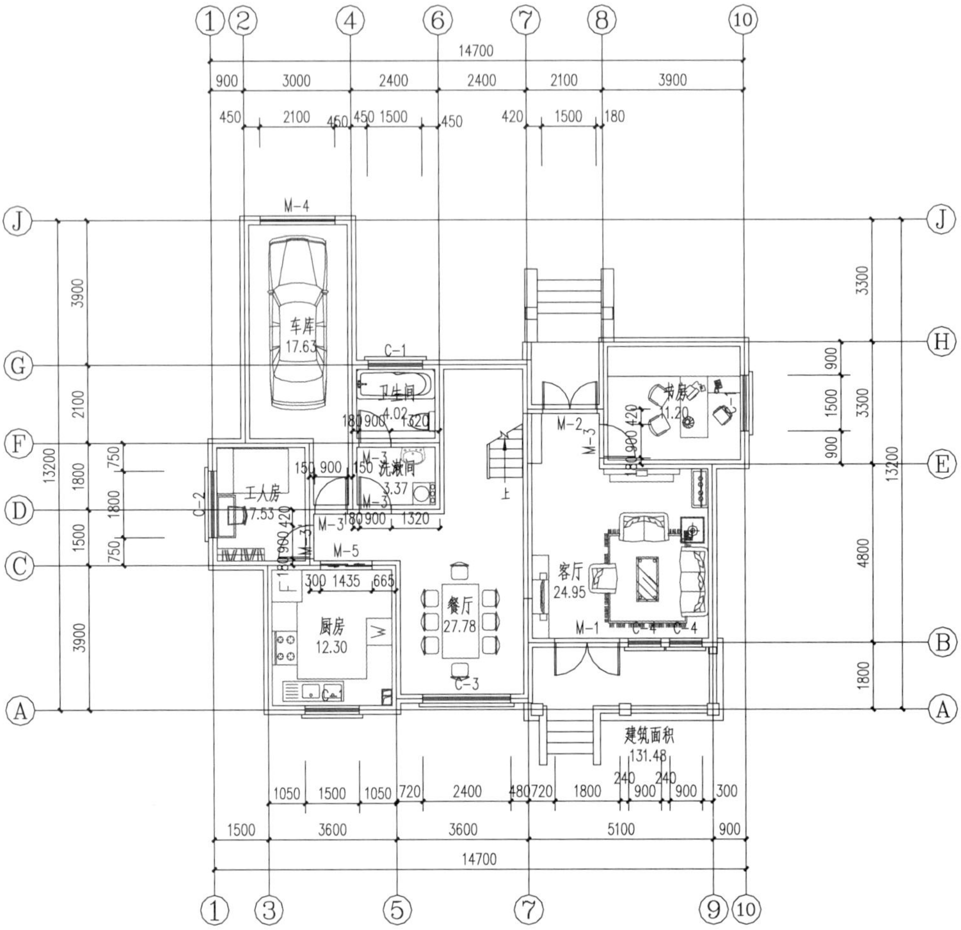

Note

图 18-57　自动生成的门窗标注

（2）单击菜单中的“房间屋顶”→“墙厚标注”命令，根据命令行提示选择标注的墙线，自动生成墙厚标注，如图 18-58 所示。

（3）其他部位的标注可以采用“逐点标注”，直接标注尺寸，具体方式不再详述。最终形成如图 18-56 所示的尺寸标注信息。

18.1.12　标高标注

标高标注在本节中主要是明确建筑内、外的平面高差。生成的标高标注如图 18-59 所示。

生成标高标注的步骤如下。

（1）单击菜单中的“符号标注”→“标高标注”命令，在“标高标注”对话框中输入相应的选择项目，标高栏中输入标高数值，勾选“手工输入”，如图 18-60 所示。

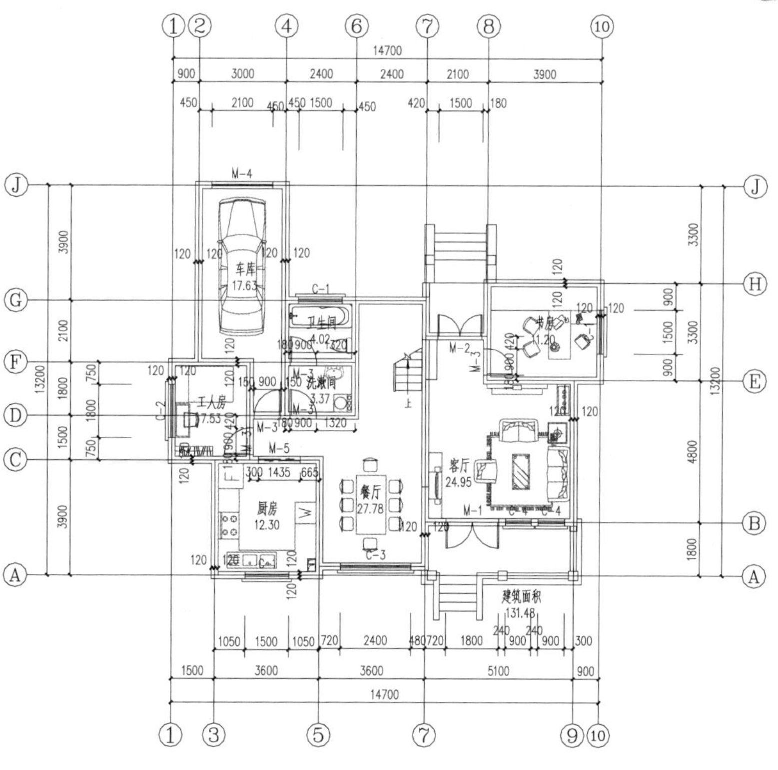

图 18-58　墙厚标注

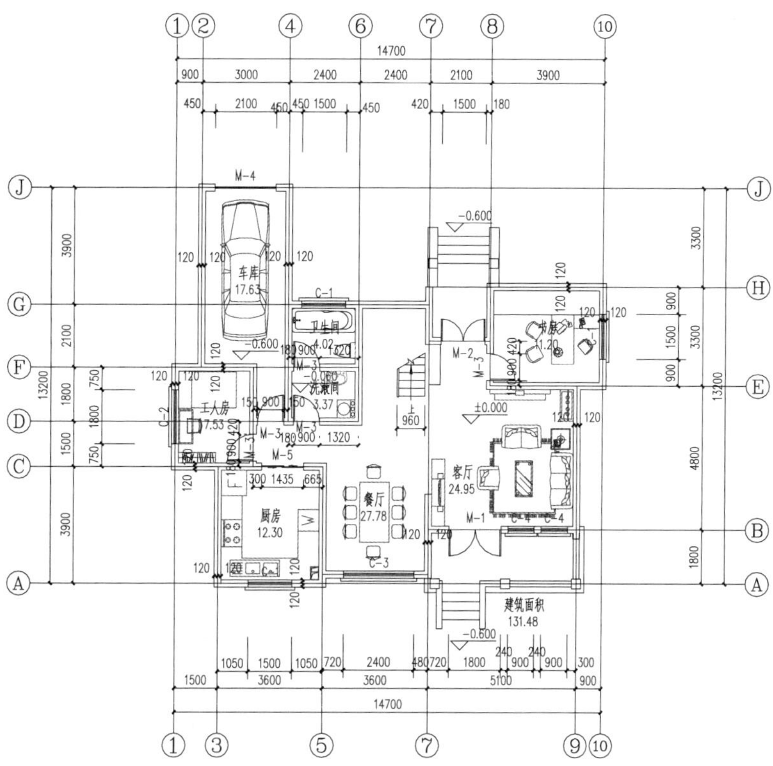

图 18-59　标高标注

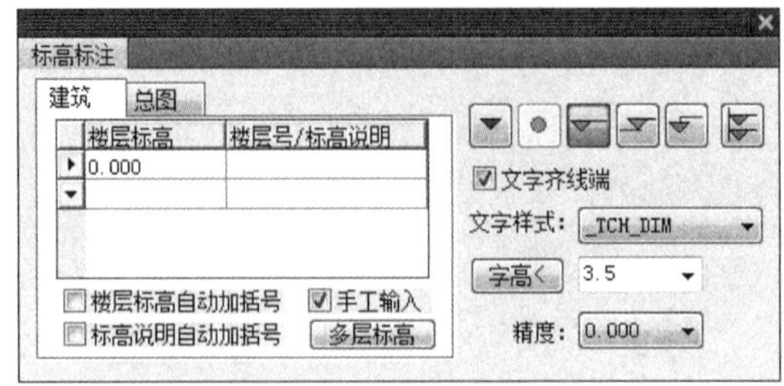

图 18-60 “标高标注”对话框

(2) 单击绘图区域,根据命令行提示标注建筑物内的标高,然后重复操作标注建筑物外的标高,最终形成如图 18-59 所示的标高标注的信息。

通过以上几种基本绘图方式,即可完成别墅平面图的绘制。

18.1.13 添加指北针

单击菜单中的“符号标注”→“画指北针”命令,选择指北针的插入点,并指定指北针的方向为 90°,标注结果如图 18-61 所示。

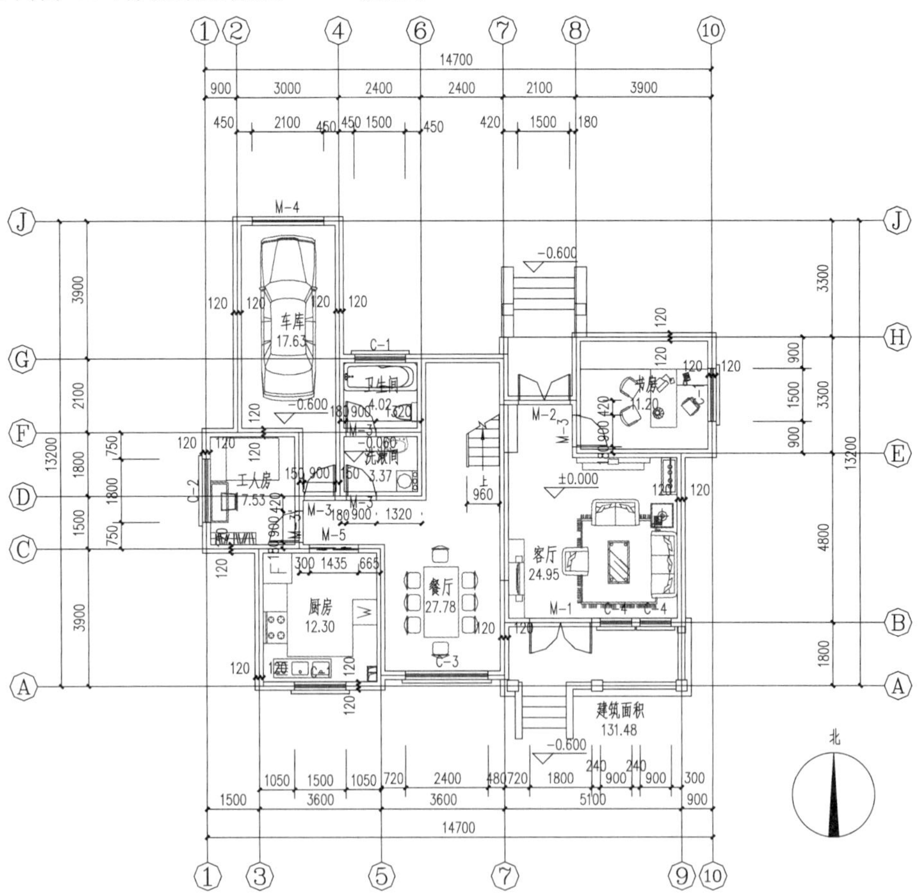

图 18-61 画指北针

18.1.14　图名标注

单击菜单中的“符号标注”→“图名标注”命令，在打开的“图名标注”对话框中输入图名“首层平面图”，并设置文字高度，如图 18-62 所示。在平面图下方正中央添加图名，标注的最终结果如图 18-1 所示。

图 18-62　“图名标注”对话框

18.2　别墅二层平面图绘制

本节主要讲述别墅二层平面图的绘制，综合运用天正命令和 AutoCAD 2018 中的命令完善图样的生成过程。别墅二层平面图如图 18-63 所示。

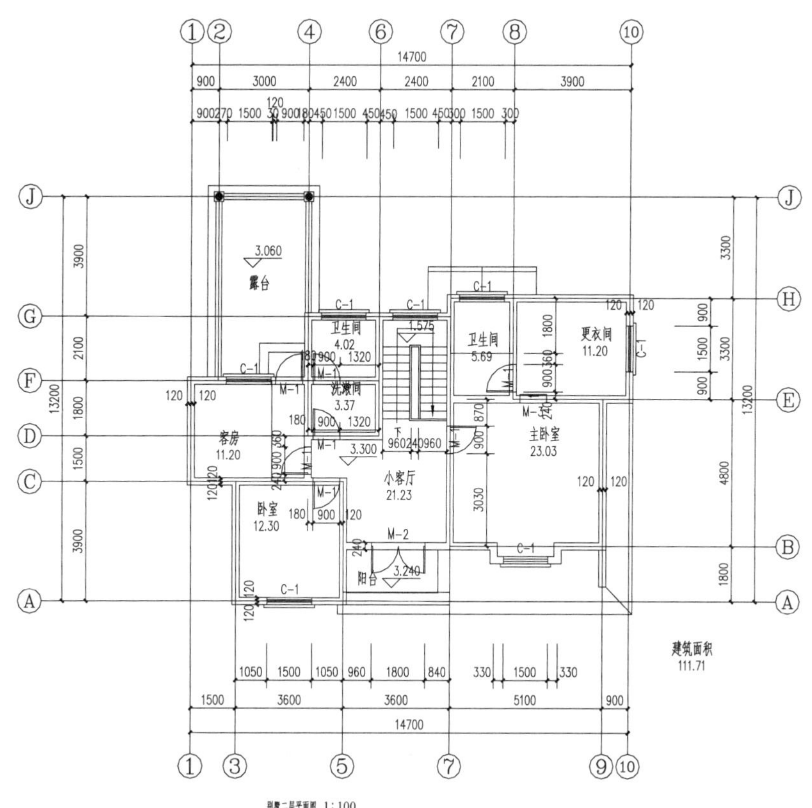

图 18-63　别墅二层平面图

Note

18.2.1 准备工作

“别墅二层平面图”绘制的准备工作是在“别墅首层平面图”的基础上进行的。首先打开“别墅首层平面图”,并将其另存为“别墅二层平面图”,如图 18-64 所示,接下来在此基础对其进行整理,将不需要的家具、部分细节尺寸、楼梯等删除,整理的结果如图 18-65 所示。

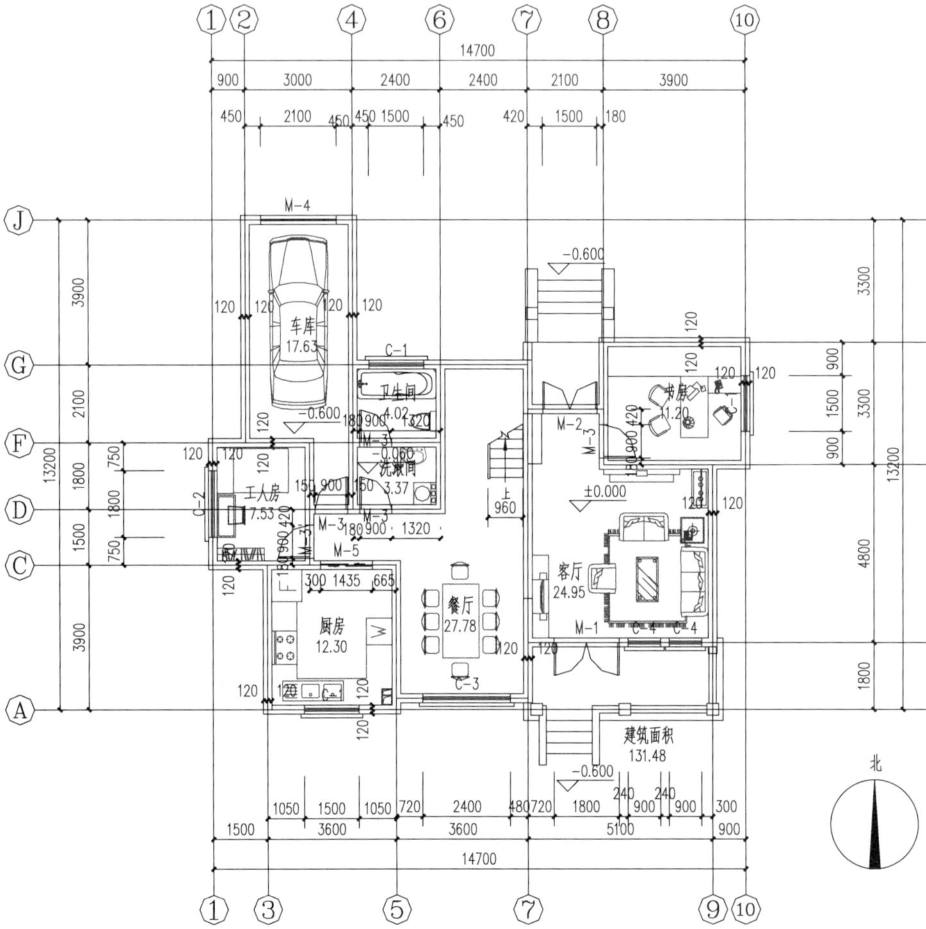

图 18-64 别墅首层平面图

18.2.2 绘制墙体

在图 18-65 的基础上对墙体进行修改和绘制,生成的墙体如图 18-66 所示。绘制墙体的步骤如下。

(1) 使用“删除”命令将多余的墙体删除,然后单击菜单中的“墙体”→“绘制墙体”命令,在“墙体”对话框中输入相应的外墙数据,如图 18-67 所示。

(2) 选择建筑物缺失的墙体,在合适位置补充绘制墙体,最终形成如图 18-63 所示的外墙形状。

Note

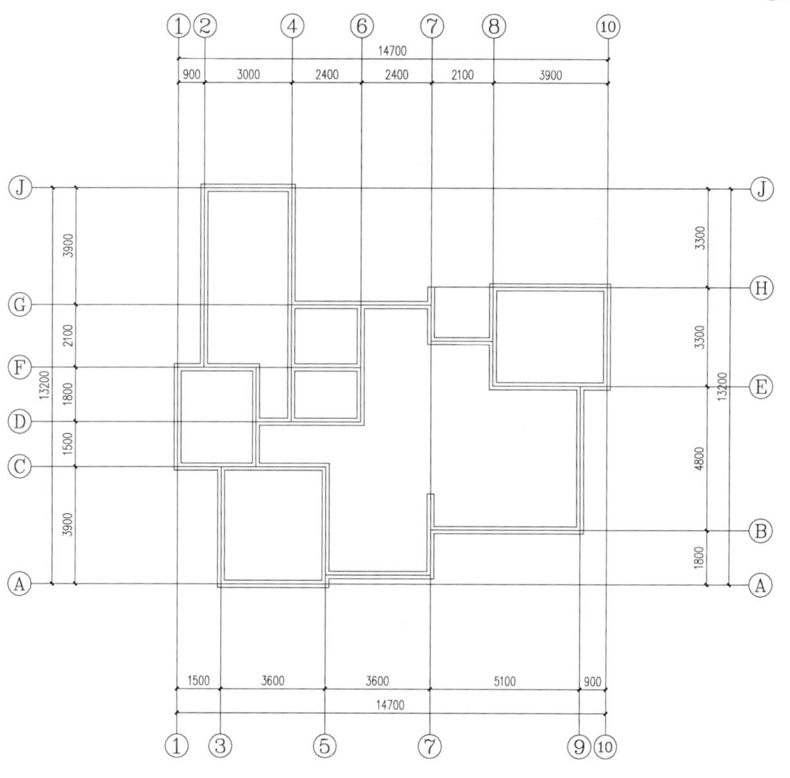

图 18-65　整理图形

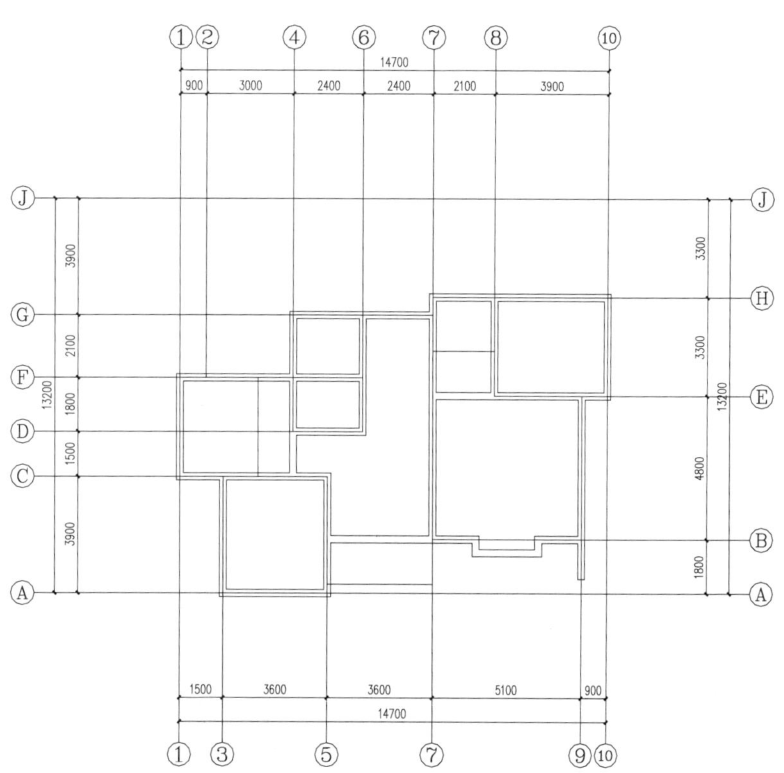

图 18-66　补充绘制外墙

Note

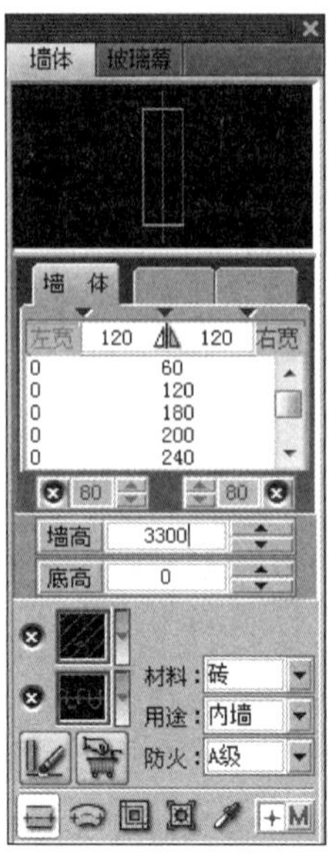

图 18-67　确定外墙数据

18.2.3　插入门窗

门窗可以分为很多种，本例中生成的插入门窗如图 18-68 所示。

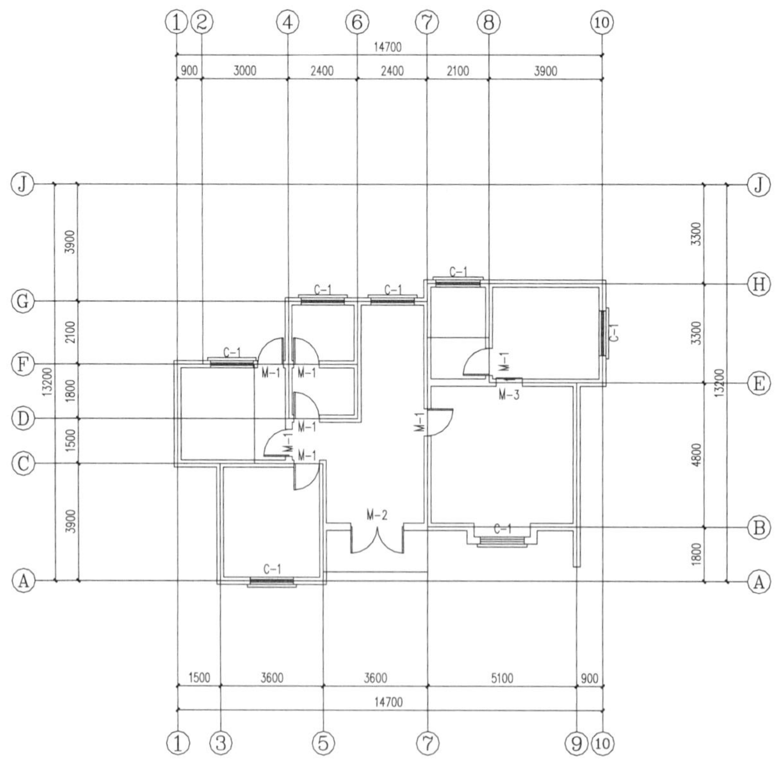

图 18-68　插入门窗

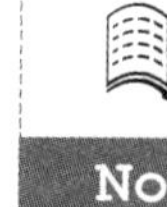

插入门窗的步骤如下。

(1) 单击菜单中的“门窗”→“门窗”命令，图 18-69 中平面门的形式与本例中要求的双扇弹簧门不一致，此时单击左侧门，在“门”对话框中输入相应的双扇弹簧门 M-1 数据，如图 18-69 所示。

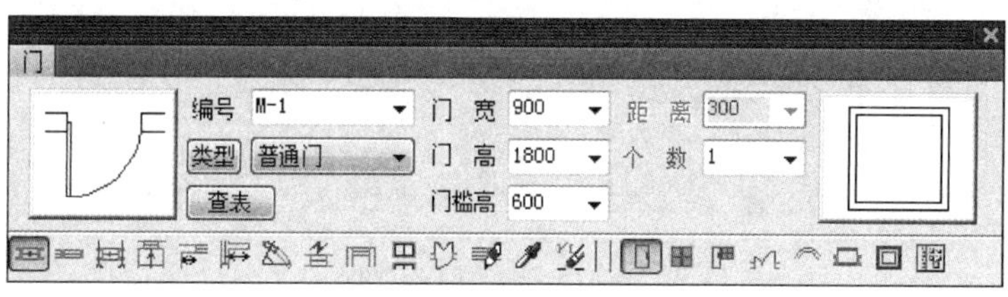

图 18-69 确定 M-1 数据

(2) 单击绘图区域，选择建筑物需要设置 M-1 的位置，形成如图 18-70 所示的插入 M-1 的形式。

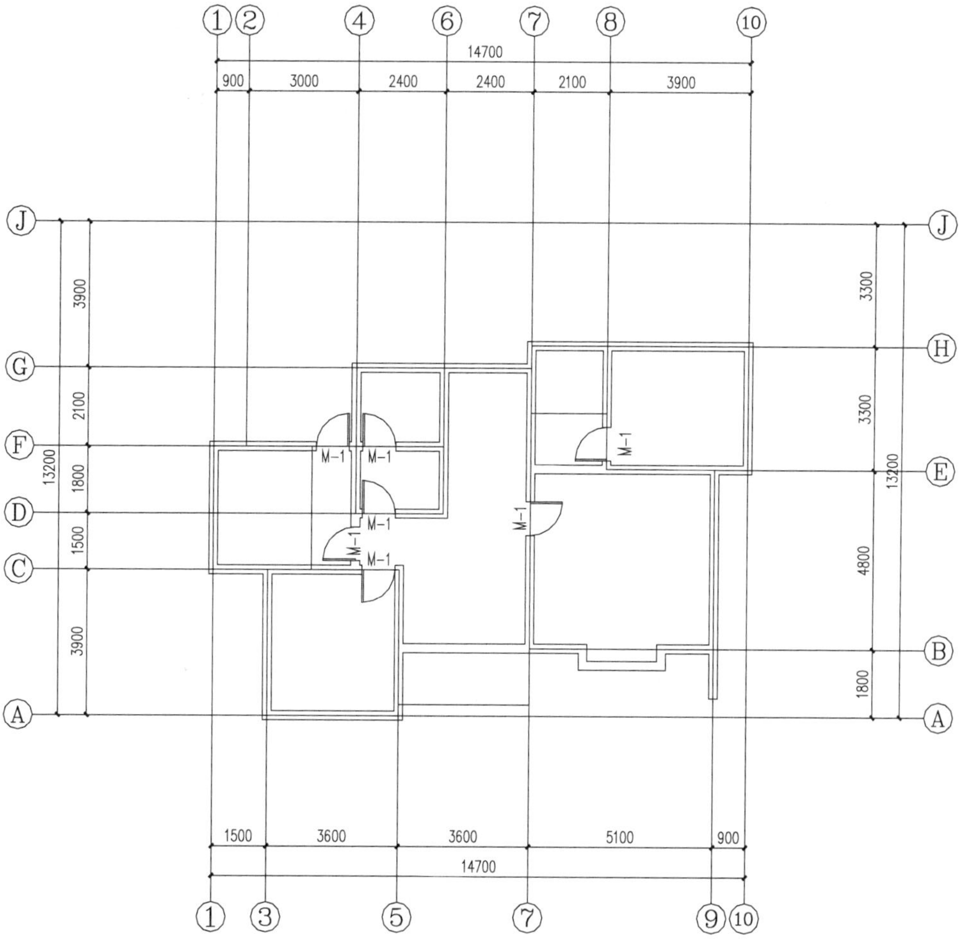

图 18-70 插入 M-1

(3) 单击菜单中的“门窗” →“门窗”命令，在“门”对话框中输入相应的 M-2 数据，如图 18-71 所示。图中左侧门的形式与本例中要求的双扇平开门不一致，此时选择单击平面门，打开的对话框如图 18-72 所示。

Note

图 18-71　确定 M-2 数据

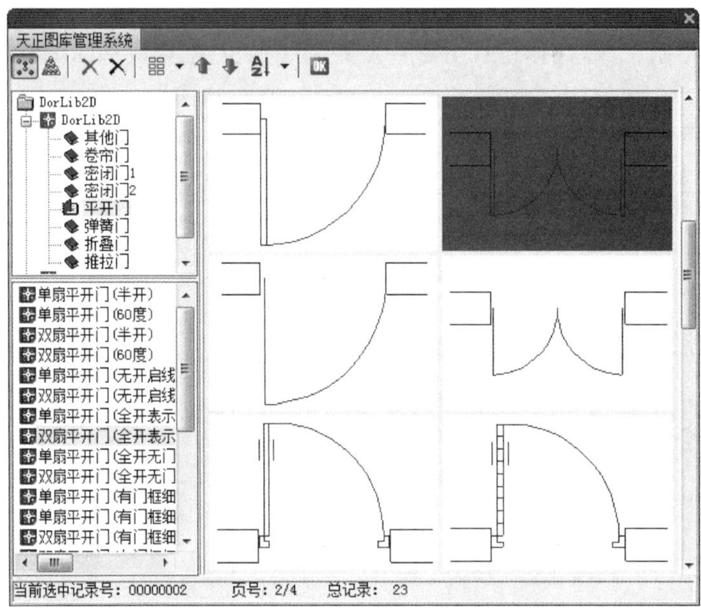

图 18-72　确定 M-2 形状

(4) 双击选择的双扇平开门，此时显示“门”对话框，选取轴线等分插入方式，如图 18-73 所示。

图 18-73　“门”对话框

(5) 单击绘图区域，选择建筑物需要设置 M-2 的位置，形成如图 18-74 所示的插入 M-2 的形式。

(6) 单击菜单中的“门窗” →“门窗”命令，在“门”对话框中输入相应的 M-3 数据，

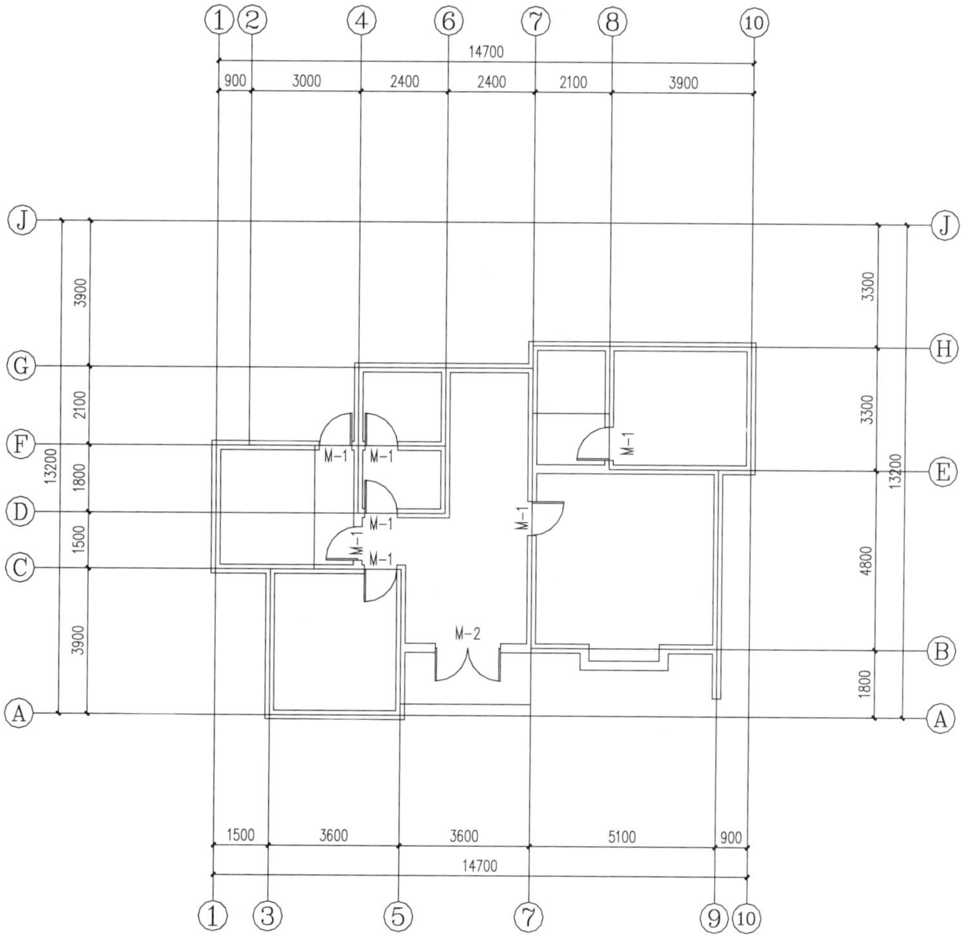

图 18-74 插入 M-2

如图 18-75 所示。图中平面门的形式与本例中要求的推拉门不一致，此时选择单击平面门，打开的对话框如图 18-76 所示。

（7）双击选择的双扇平开门，此时显示“门”对话框，选取自由插入的方式，如图 18-77 所示。

图 18-75 “门”对话框

（8）单击绘图区域，选择建筑物需要设置 M-3 的位置，形成如图 18-78 所示的插入 M-3 的形式。

Note

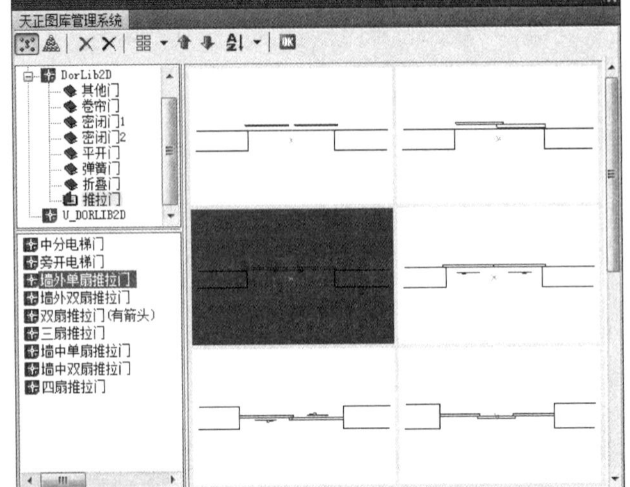

图 18-76　确定 M-3 形状

图 18-77　确定 M-3 数据

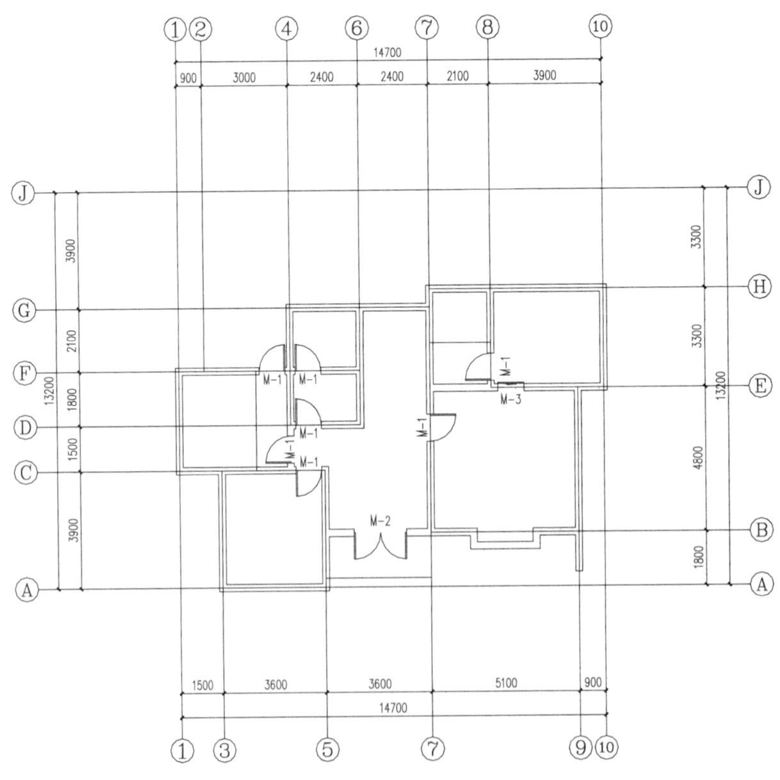

图 18-78　插入 M-3

Note

(9) 单击菜单中的“门窗”→“门窗”命令，在“窗”对话框中输入相应的 C-1 数据，如图 18-79 所示。

图 18-79 确定 C-1 数据

(10) 单击绘图区域，选择建筑物需要设置 C-1 的位置，形成如图 18-80 所示的插入 C-1 的形式。

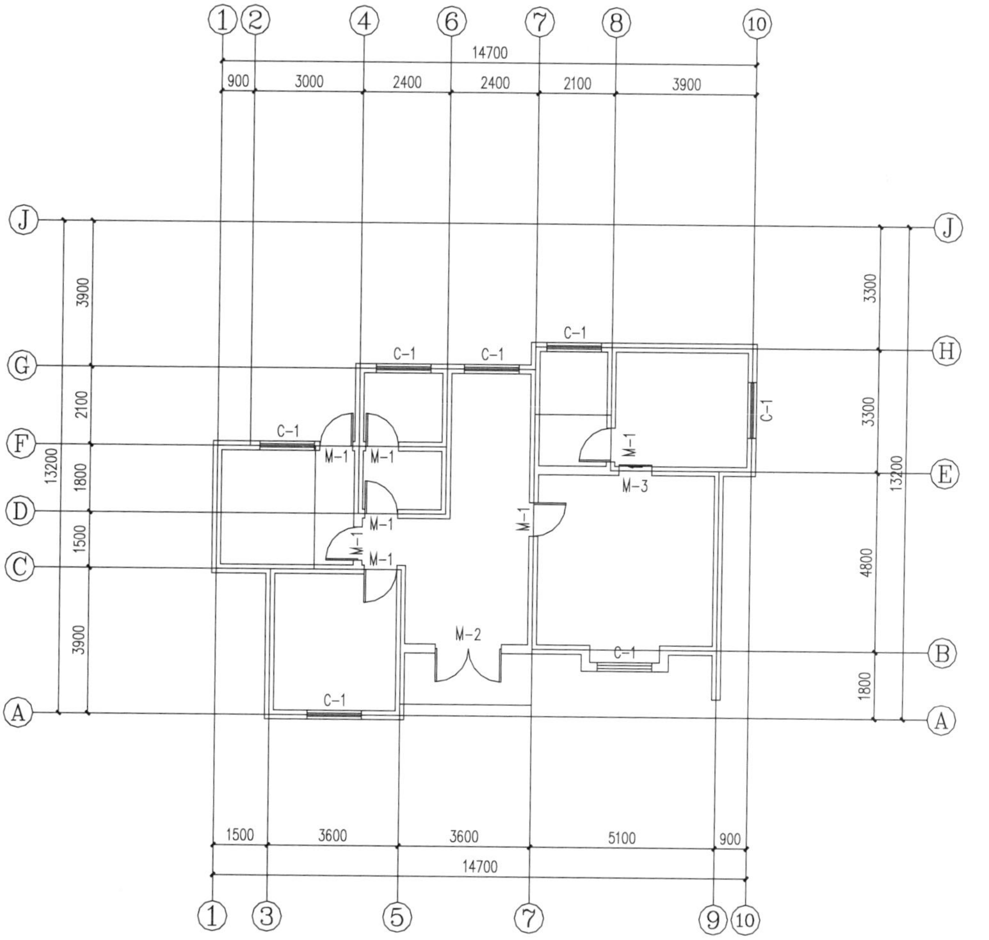

图 18-80 插入 C-1

(11) 单击菜单中的“门窗”→“门窗工具”→“加装饰套”命令，打开“门窗套设计”对话框，选择“窗台/檐板”选项卡，并设置其相应的参数，如图 18-81 所示。单击绘图区域窗户处，选择建筑物需要设置窗台的位置，形成如图 18-68 所示的窗户形式。

Note

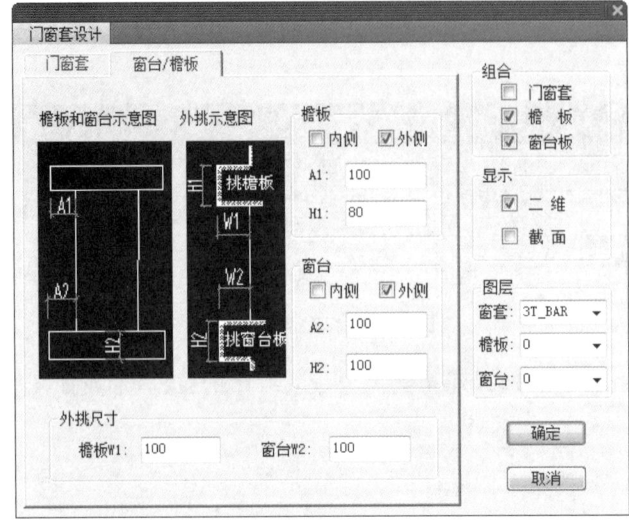

图 18-81 设置"窗台/檐板"选项卡参数

18.2.4 插入楼梯

本节具体讲述一个楼梯的生成过程,生成的楼梯如图 18-82 所示。

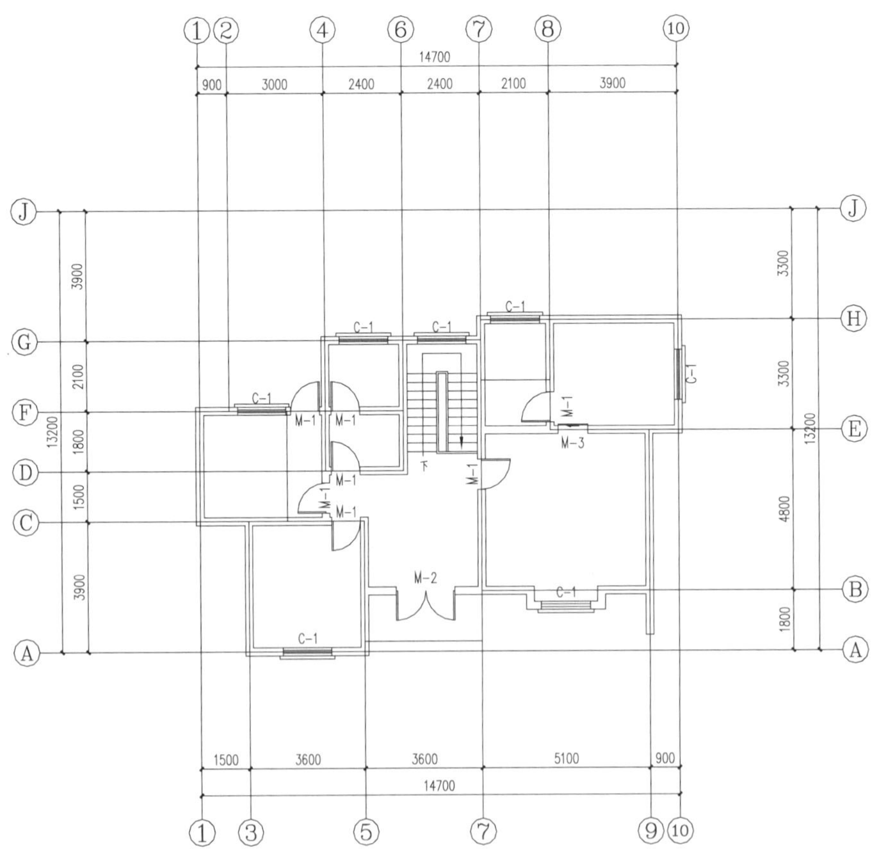

图 18-82 生成的楼梯

Note

插入楼梯的步骤如下。

（1）单击菜单中的"楼梯其他"→"双跑楼梯"命令，在"双跑楼梯"对话框中输入相应的楼梯数据。在"楼梯高度"中选取层高"3300"，单击"梯段宽"在图中选取楼梯间的内部净尺寸，"踏步总数"中选择"20"，"踏步高度"中选择"165"，"踏步宽度"中选择"260"，"休息平台"中选择"无"，"踏步取齐"中选择"齐平台"方式，"上楼位置"中选择"右边"，"层类型"中选择"顶层"，其余数据选取如图 18-83 所示。

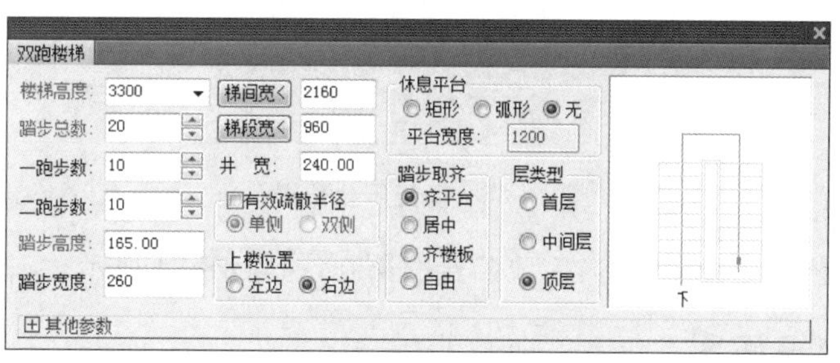

图 18-83　"双跑楼梯"对话框输入数据

（2）单击绘图区域，根据命令行提示选择楼梯的插入点，形成如图 18-82 所示的插入楼梯的形式。

18.2.5　插入阳台

本例中的阳台位于大门口处，可以直接用天正绘制而成，生成的阳台如图 18-84 所示。

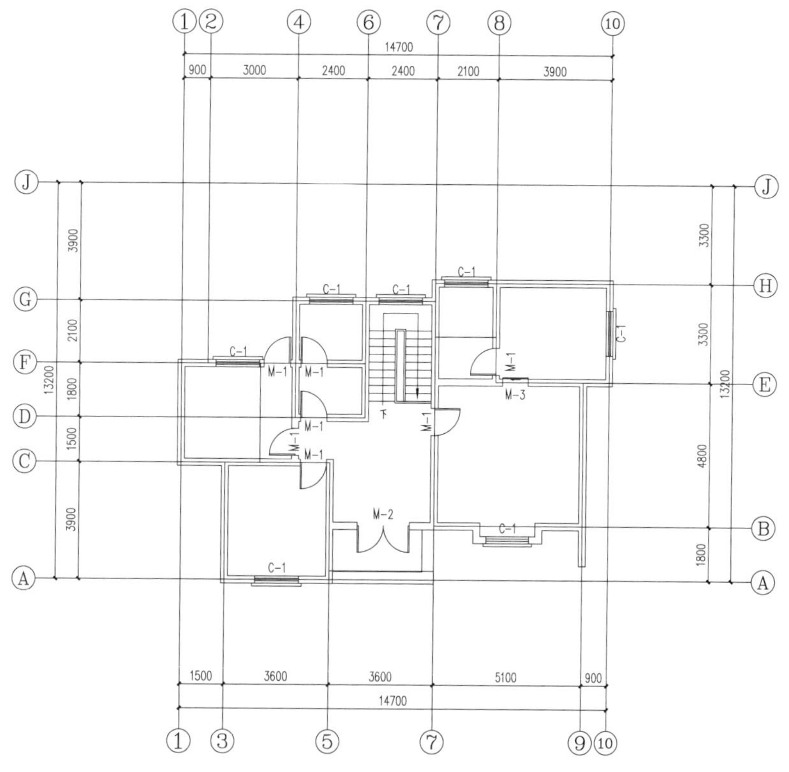

图 18-84　生成的阳台

Note

插入阳台的步骤如下。

(1) 单击菜单中的"楼梯其他"→"阳台"命令，此出现"绘制阳台"对话框，在"绘制阳台"对话框中输入相应的阳台相关数据，在"栏板宽度"中选取"400"，在"栏板高度"中选取"870"，如图 18-85 所示。

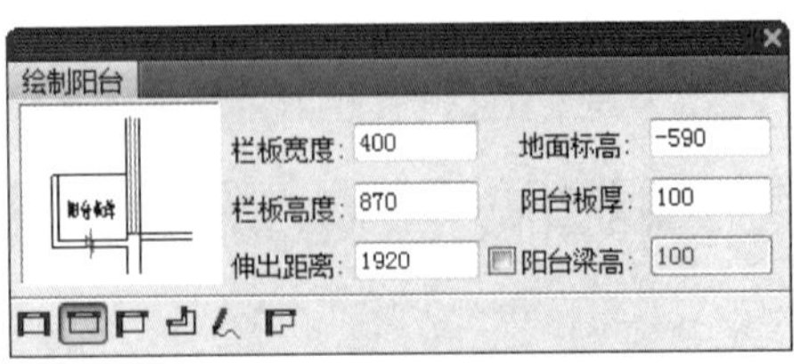

图 18-85　确定阳台数据

(2) 在合适位置处绘制阳台，完成阳台的绘制，如图 18-84 所示。

18.2.6　细化平面图

平面图的细节部分可以直接用 AutoCAD 2018 中的命令绘制而成，绘制的结果如图 18-86 所示。

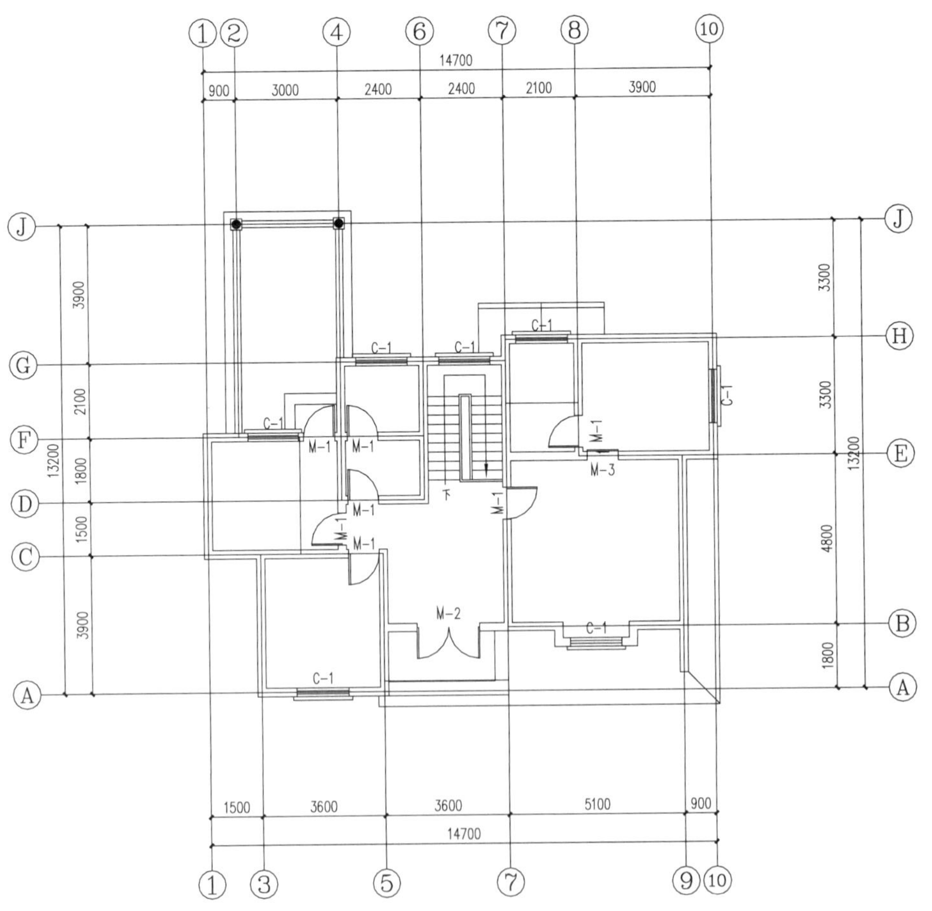

图 18-86　细化图形

Note

绘制细节部分的步骤如下。

(1) 单击菜单中的“绘图”→“多线”命令，并配合使用“直线”命令，在适当位置处绘制露台，如图 18-87 所示。

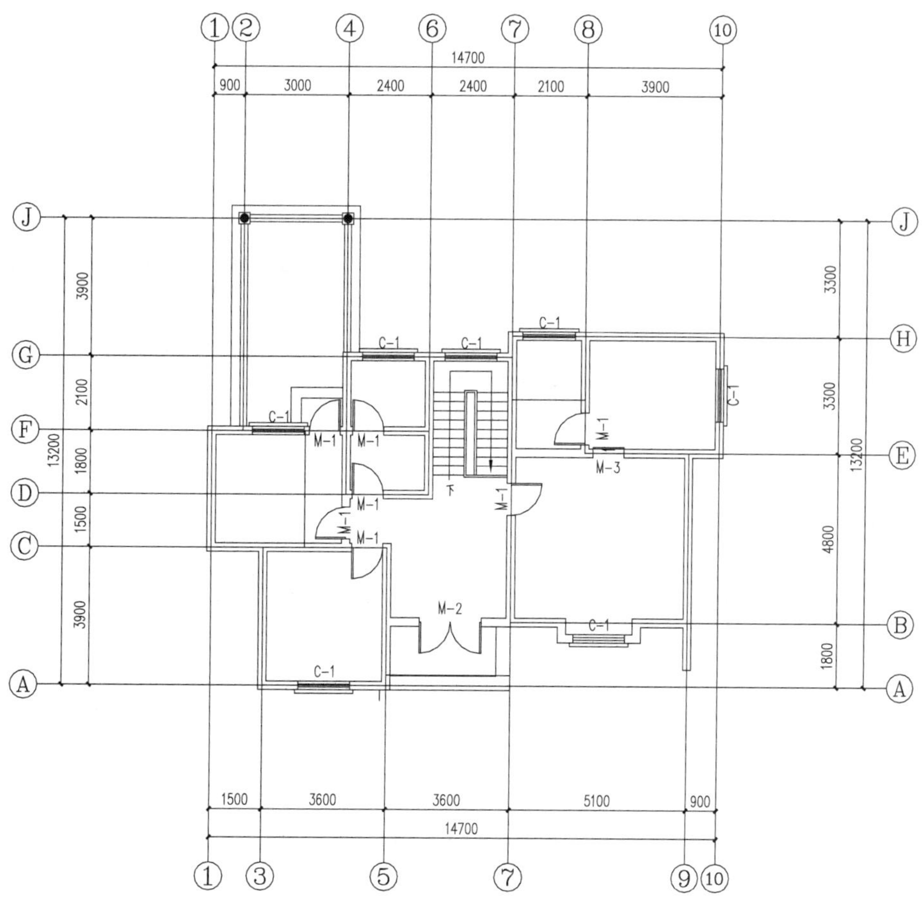

图 18-87　绘制露台

(2) 利用“直线”命令，在适当位置处绘制一层屋檐平面图，如图 18-86 所示。

18.2.7　布置家具

卫生间洁具可以直接用天正图库自动绘制而成，与首层平面图的家具布置方法基本相同。

以布置洁具为例进行讲解，布置洁具的步骤如下。

(1) 单击菜单中的“房间屋顶”→“房间布置”→“布置洁具”命令，在“天正洁具”对话框中选择相应的洁具，本例选择“浴缸 07”，如图 18-88 所示。

(2) 双击所选择的洁具，显示“布置浴缸 07”对话框，如图 18-89 所示。在对话框中填入相应的数据。

(3) 单击绘图区域，根据命令行提示选择卫生间相应的墙线，形成如图 18-90 所示的布置洁具的形式。

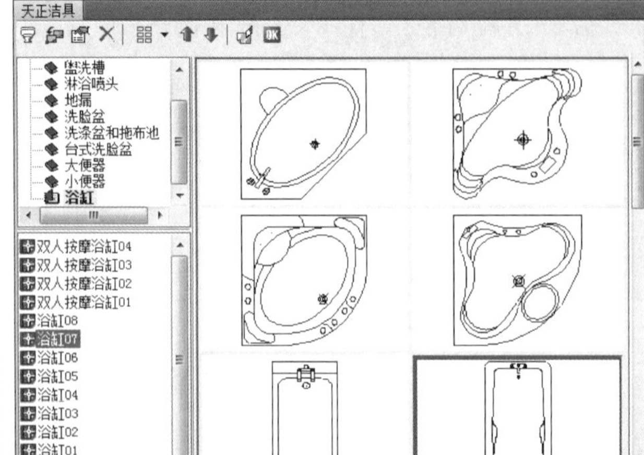

图 18-88 确定浴缸数据

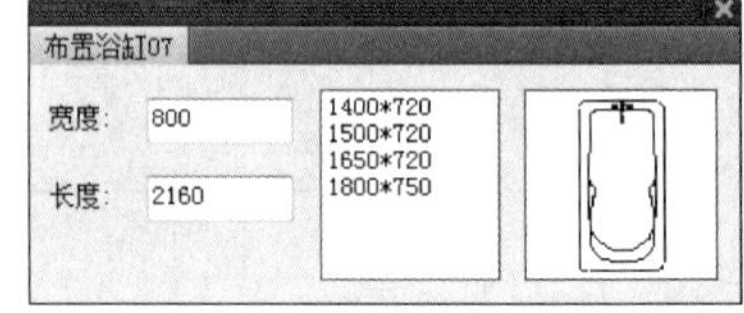

图 18-89 “布置浴缸 07”对话框

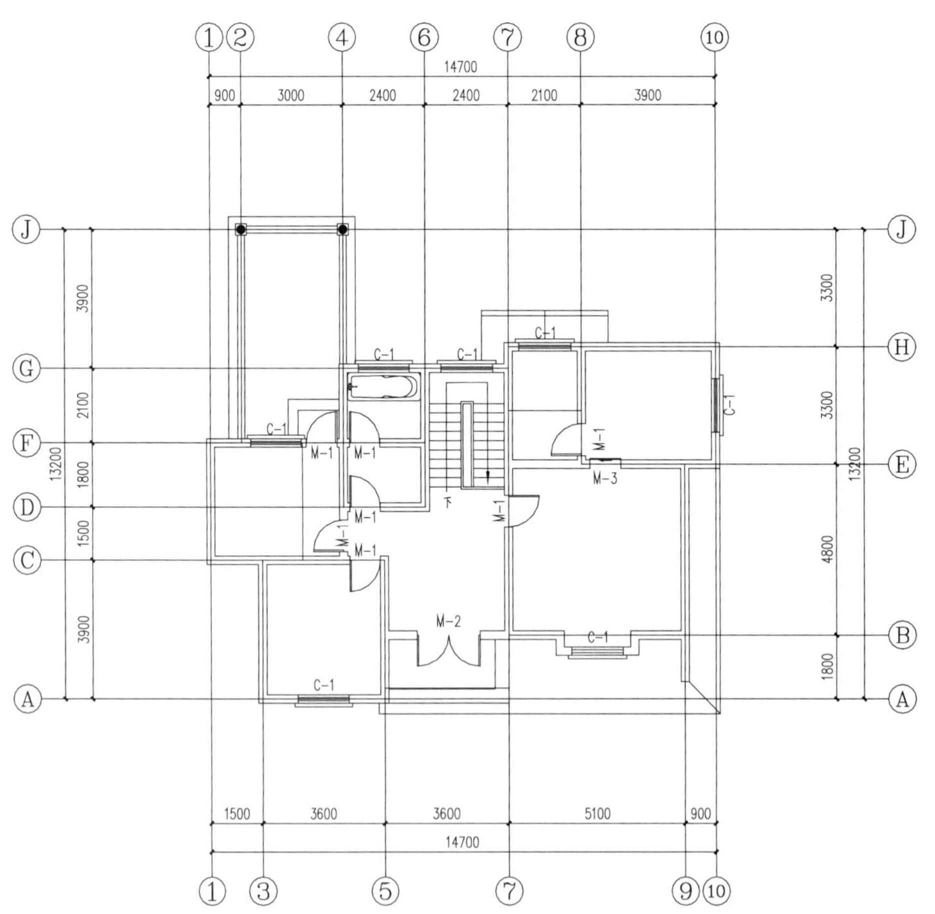

图 18-90 布置洁具 1

（4）单击菜单中的“房间屋顶”→“房间布置”→“布置洁具”命令，在“天正洁具”对话框中选择相应的洁具，本例选择“坐便器 03”，如图 18-91 所示。

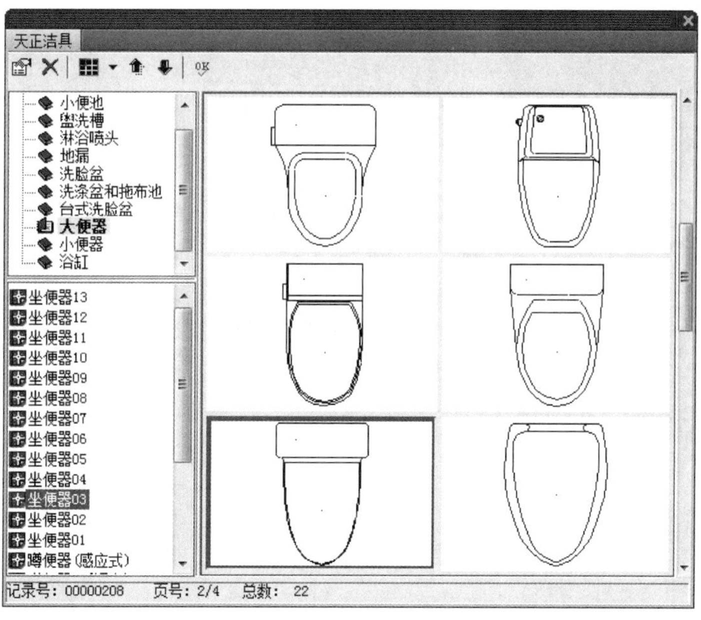

图 18-91　确定坐便器数据

（5）双击所选择的洁具，打开“布置坐便器 03”对话框，如图 18-92 所示，在对话框中填入相应的数据。

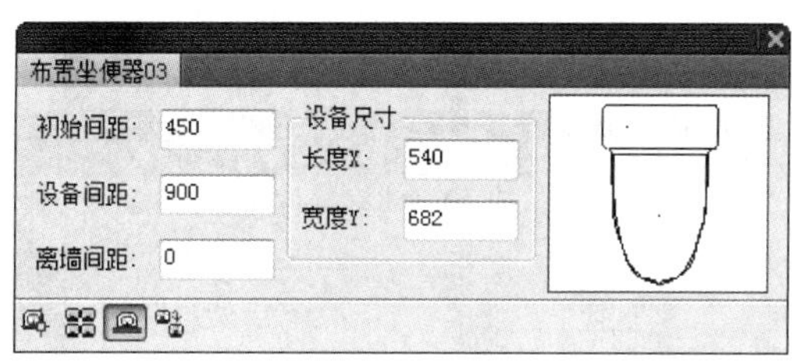

图 18-92　“布置坐便器 03”对话框

（6）单击绘图区域，根据命令行提示选择卫生间相应的墙线，形成如图 18-93 所示的布置洁具的形式。

（7）右击图形任意空白处，打开的快捷菜单如图 18-94 所示，选择“通用图库”命令，打开“天正图库管理系统”对话框，本例选择“洗脸盆 20”，如图 18-95 所示。

（8）双击所选择的洁具，显示“图块编辑”对话框，如图 18-96 所示，在对话框中填入相应的数据。

（9）单击绘图区域，根据命令行提示选择合适的位置，形成如图 18-97 所示的图形。

（10）其他家具的布置方法基本相同，这里不再一一赘述，最终结果如图 18-98 所示。

Note

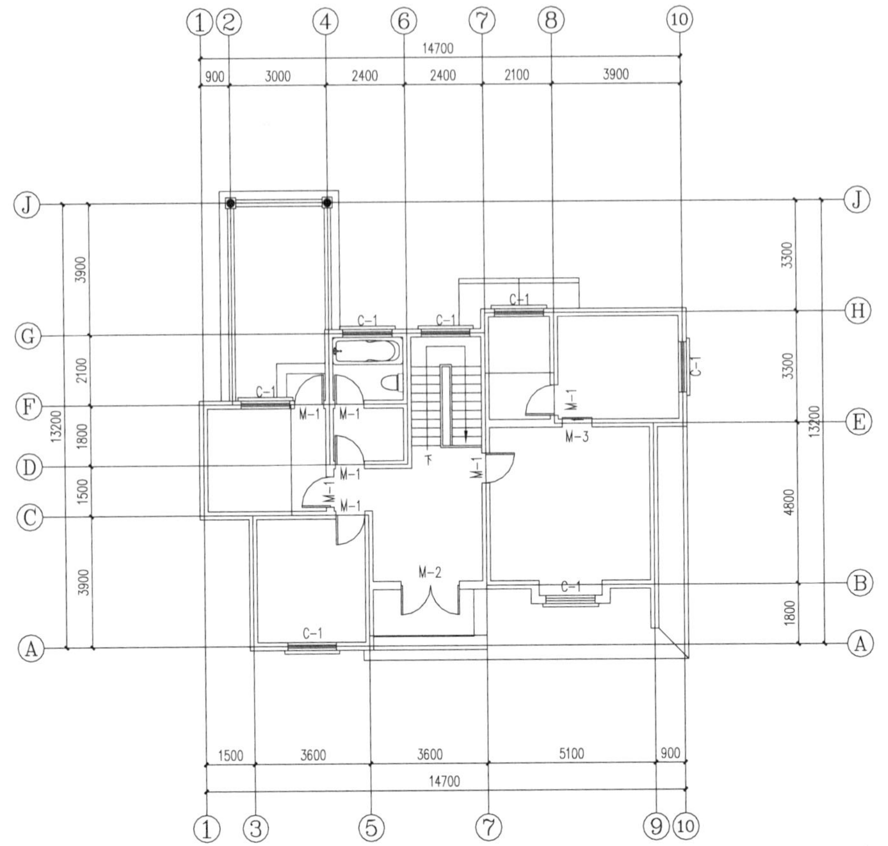

图 18-93　布置洁具 2

图 18-94　快捷菜单

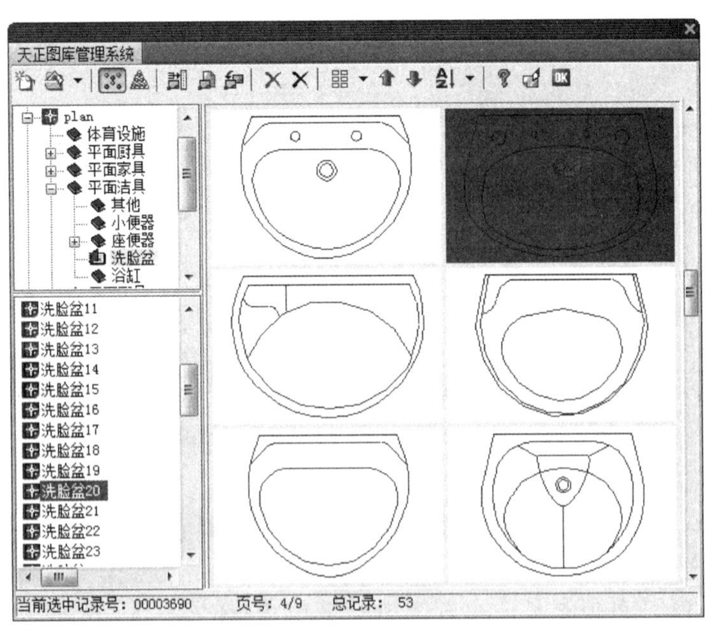

图 18-95　确定洗脸盆数据

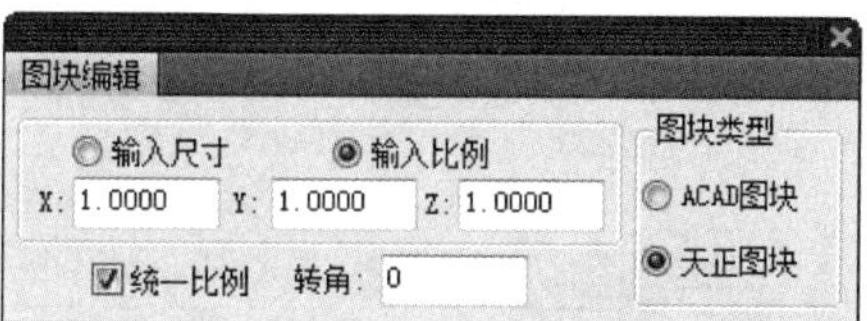

图 18-96 “图块编辑”对话框

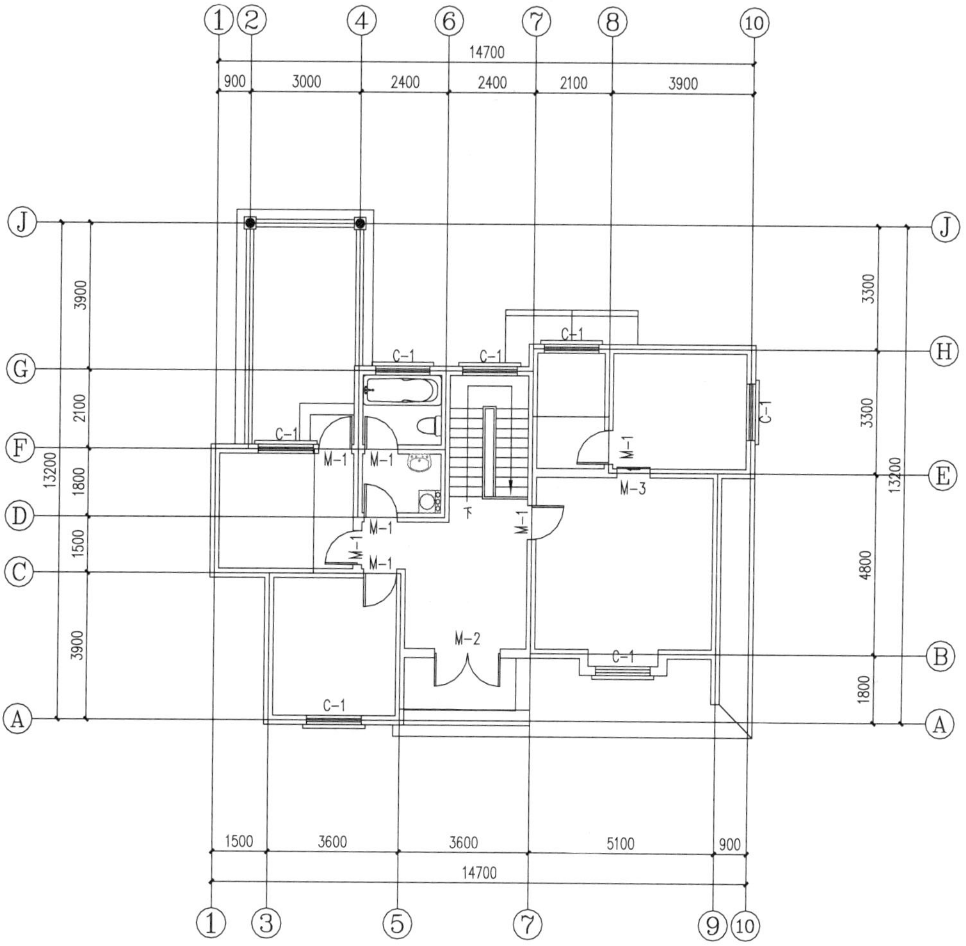

图 18-97 插入“洗脸盆”

18.2.8 房间标注

绘制房屋的信息可以直接由天正自动绘制而成，比如室内面积、房间编号等，本例中只生成室内面积。生成的房间标注如图 18-99 所示。

生成房间信息的步骤如下。

(1) 单击菜单中的“房间屋顶”→“搜索房间”命令，在“搜索房间”对话框中输入相应的选择项目，如图 18-100 所示。

Note

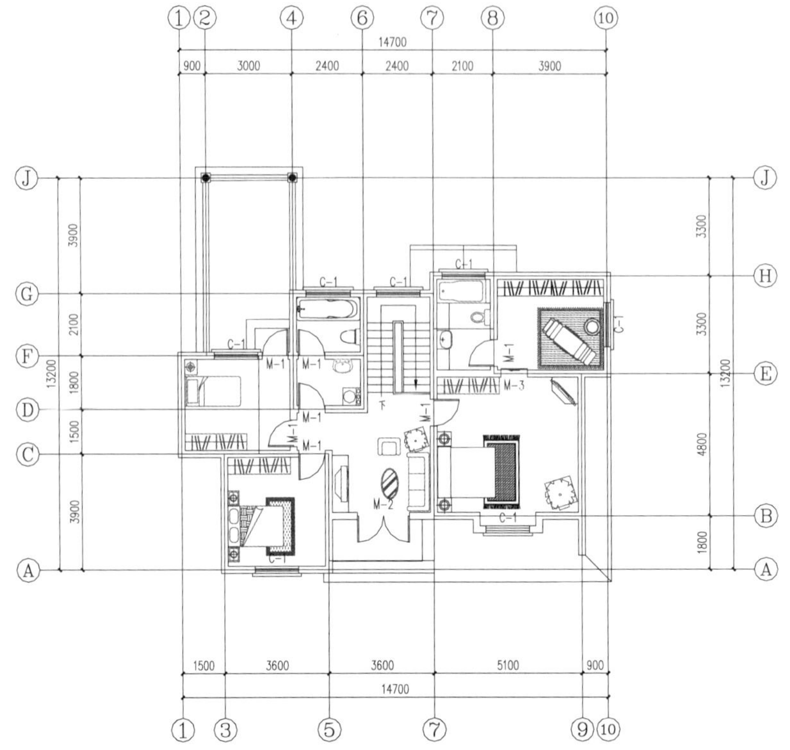

图 18-98　布置家具

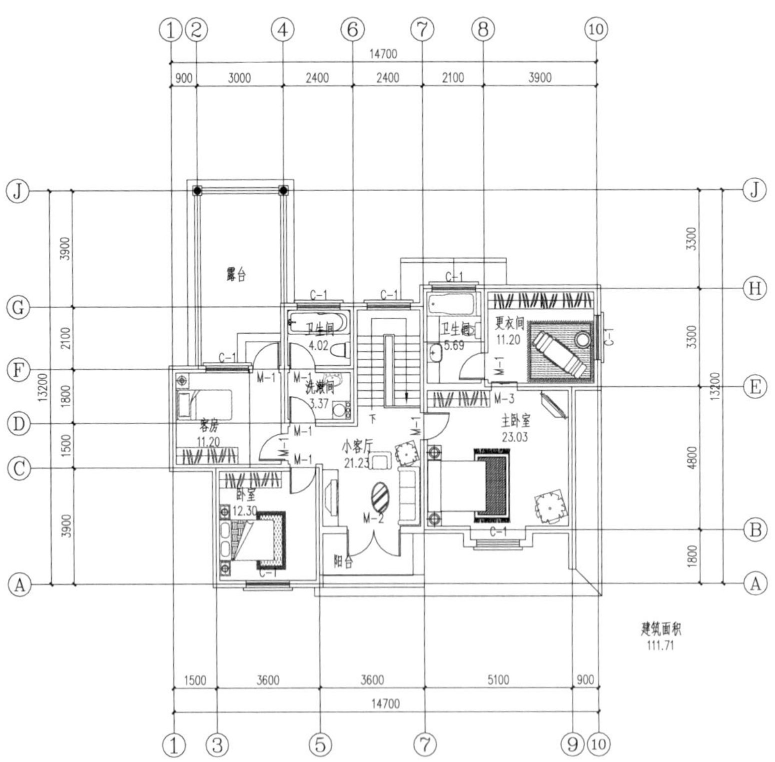

图 18-99　房间标注

Note

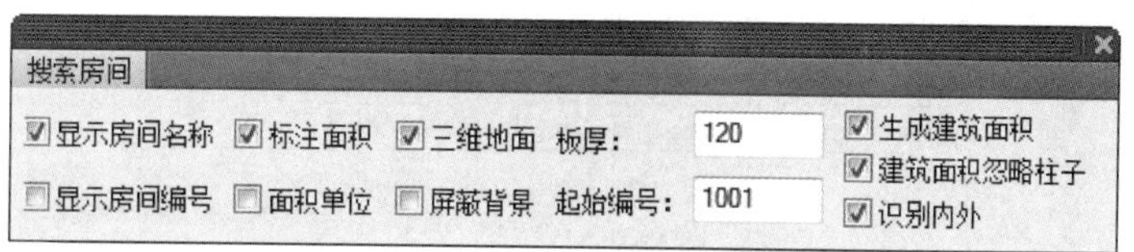

图 18-100　确定房间标注数据

（2）单击绘图区域，根据命令行提示框选建筑物所有墙体，形成如图 18-101 所示的房间标注信息。

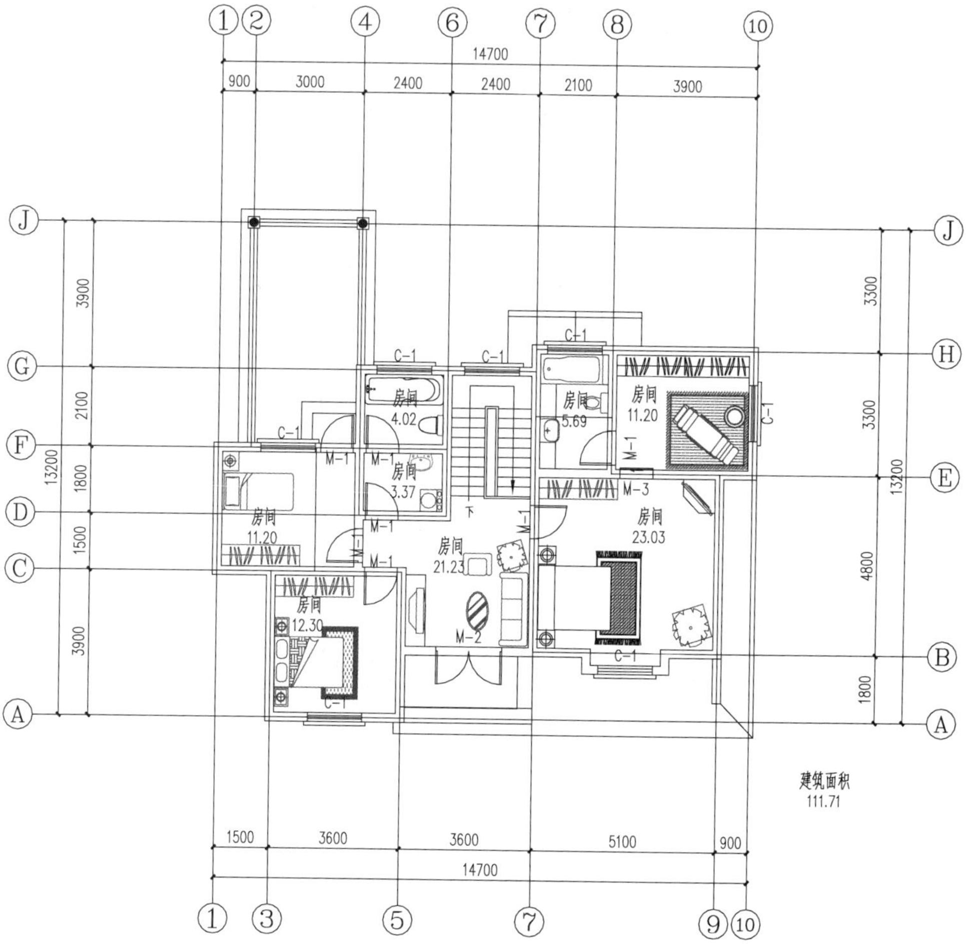

图 18-101　确定房间标注数据

（3）通过“在位编辑”命令，双击需要修改名称的房间，直接改名字，最终形成如图 18-102 所示的房间标注信息。

（4）单击菜单中的“文字表格”→“单行文字”命令，打开“单行文字”对话框，如图 18-103 所示，标注露台和阳台。最终形成的房间标注如图 18-99 所示。

Note

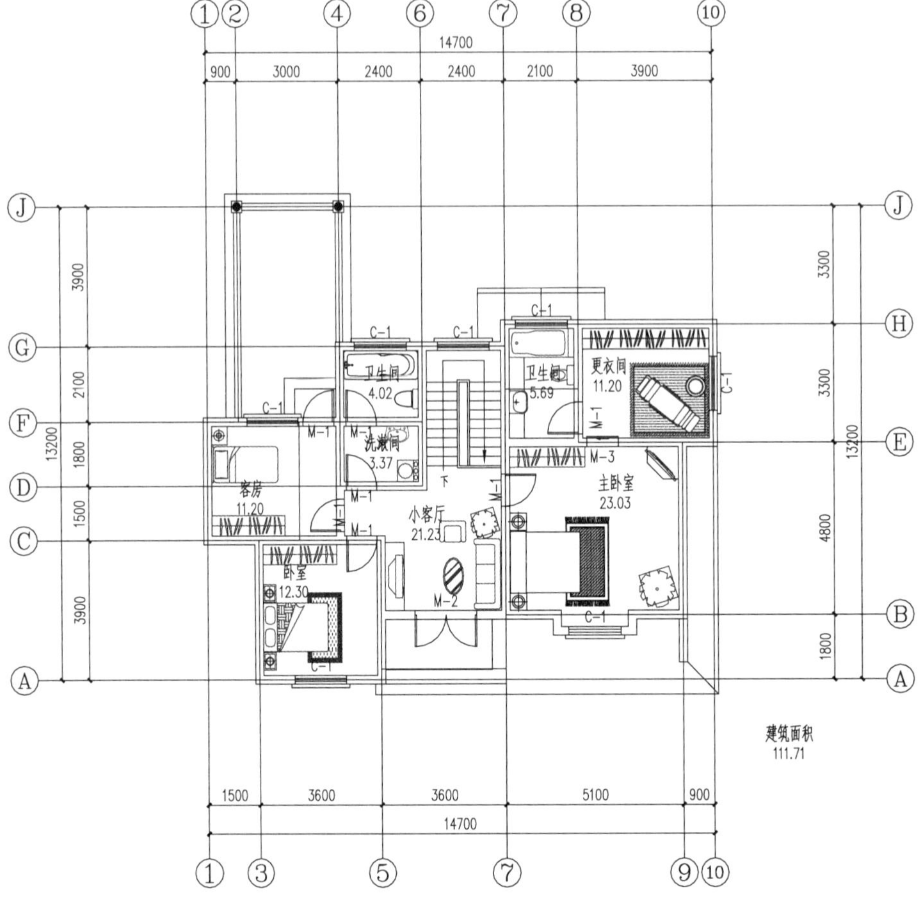

图 18-102　修改房间名称

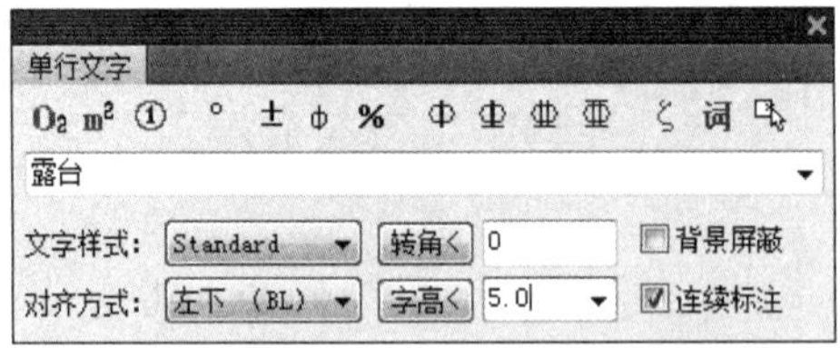

图 18-103　设置“单行文字”参数

18.2.9　尺寸标注

尺寸标注在本例中主要是明确具体的建筑构件的平面尺寸，比如门窗、墙体等位置尺寸。生成的尺寸标注如图 18-104 所示。

生成尺寸的步骤如下。

(1) 在标注门窗尺寸时，先把“家具”图层关闭，然后单击菜单中的“尺寸标注”→“门窗标注”命令，根据命令行提示线选尺寸标注的门窗所在的墙线和第一、第二道标注线，自动生成外侧的门窗标注，具体步骤不再详述，生成的标注如图 18-105 所示。

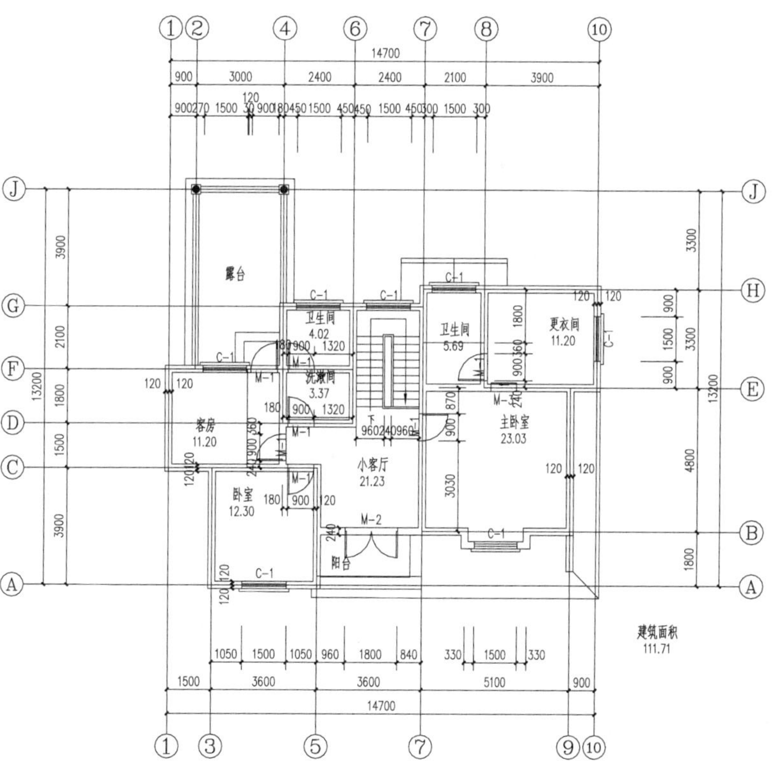

图 18-104　尺寸标注

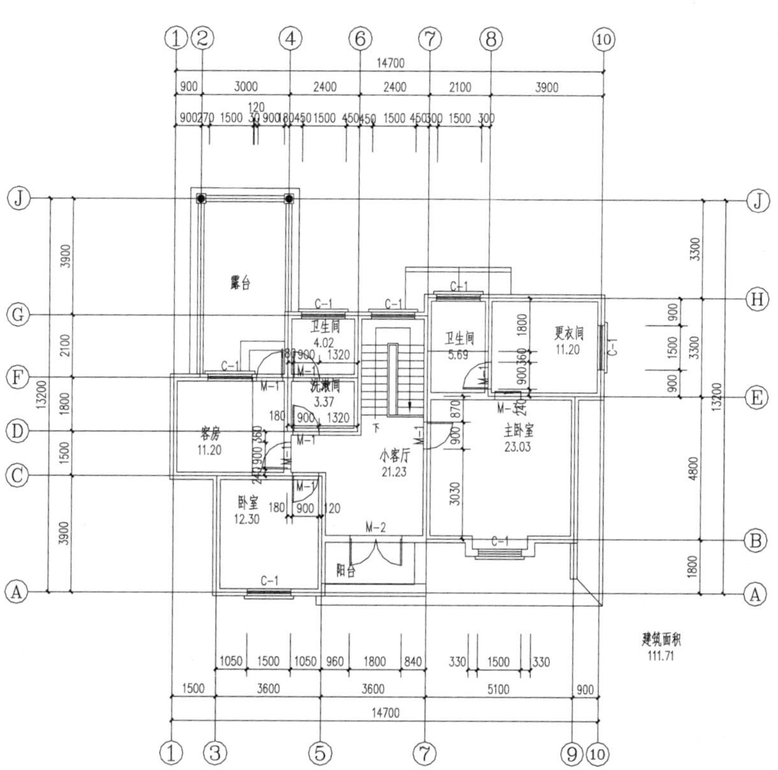

图 18-105　外侧的门窗标注

（2）对墙体进行墙厚标注。此时已完成外侧的门窗尺寸标注，对于墙厚标注，可以通过“墙厚标注”命令，按照命令行提示线选需要标注厚度的墙体，即可完成操作，最终形成的墙厚标注形式如图 18-106 所示。

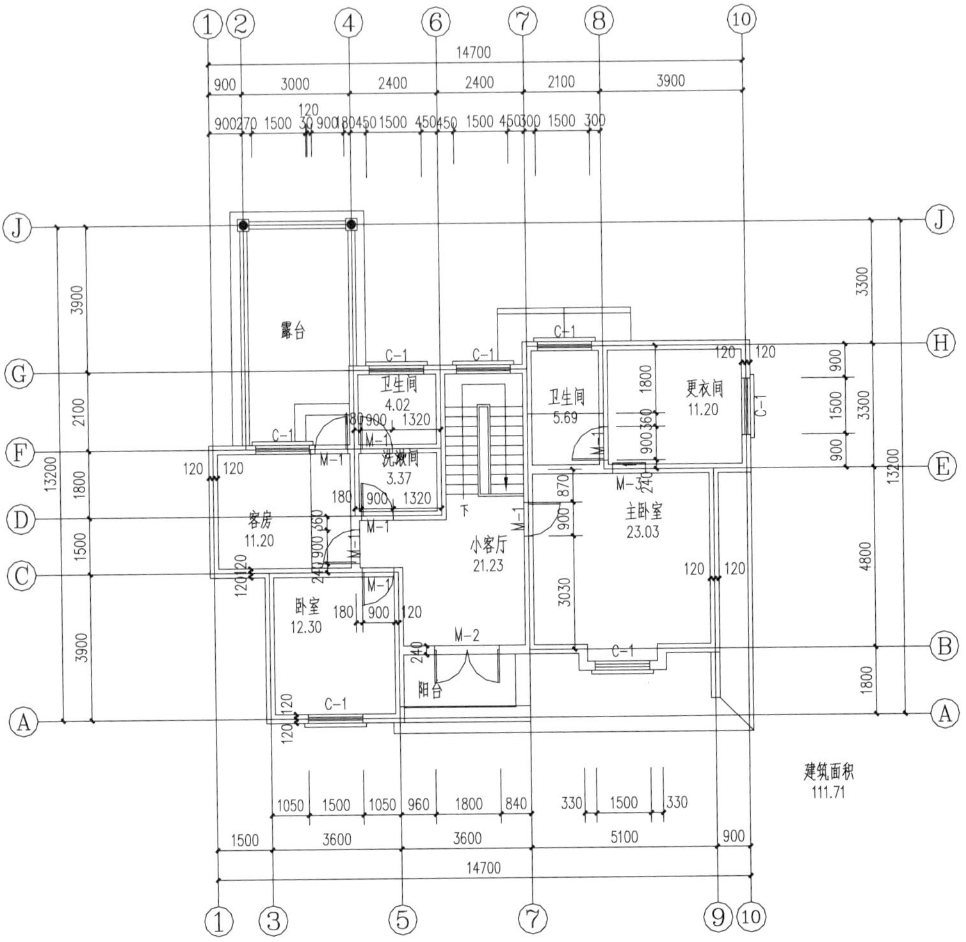

Note

图 18-106　墙厚标注

（3）其他部位的标注可以采用“逐点标注”命令，直接标注尺寸，具体方式不再详述。最终形成如图 18-104 所示的尺寸标注信息。

18.2.10　标高标注

标高标注在本节中主要是明确建筑内部的平面高差，生成的标高标注如图 18-107 所示。

生成标高标注的步骤如下。

（1）单击菜单中的“符号标注”→“标高标注”命令，在“标高标注”对话框中输入楼层标高 3.300，勾选“手工输入”，如图 18-108 所示。同时在绘图区单击，选择室内标高位置为餐厅内部，如图 18-109 所示。

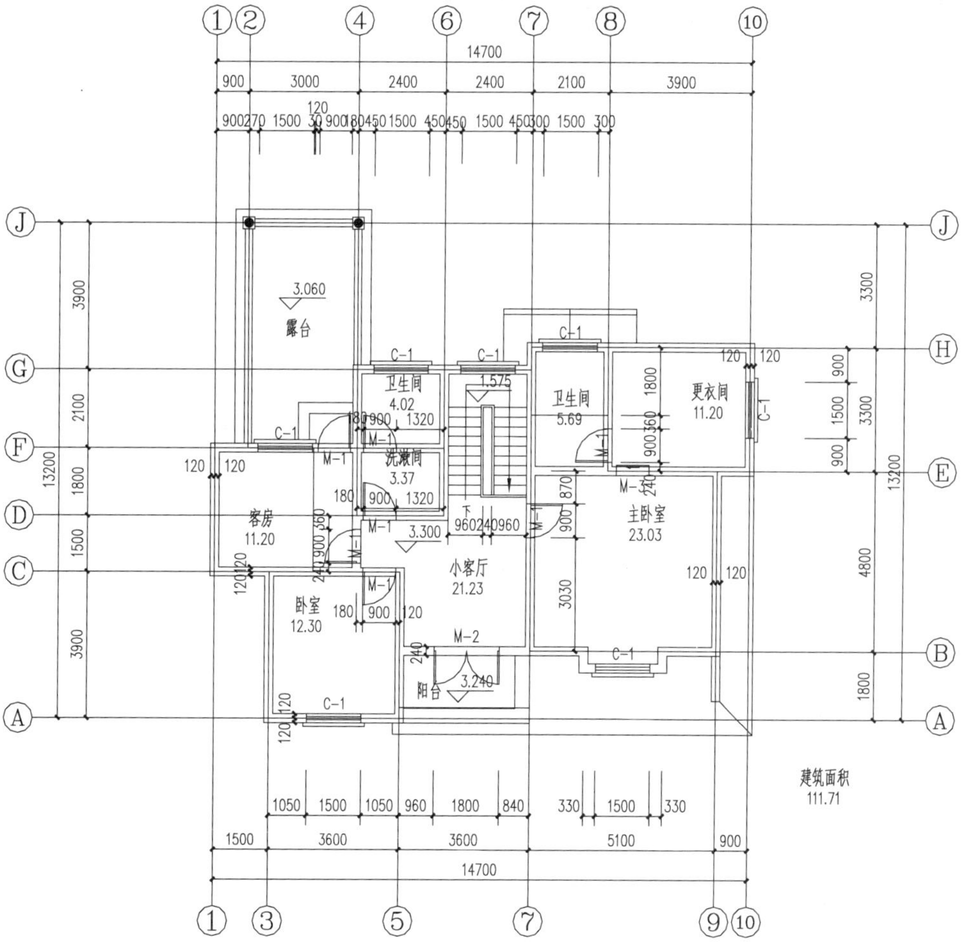

Note

图 18-107　标高标注

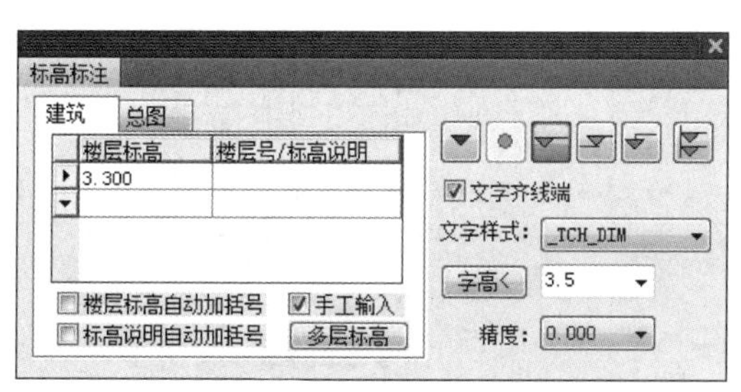

图 18-108　“标高标注”对话框

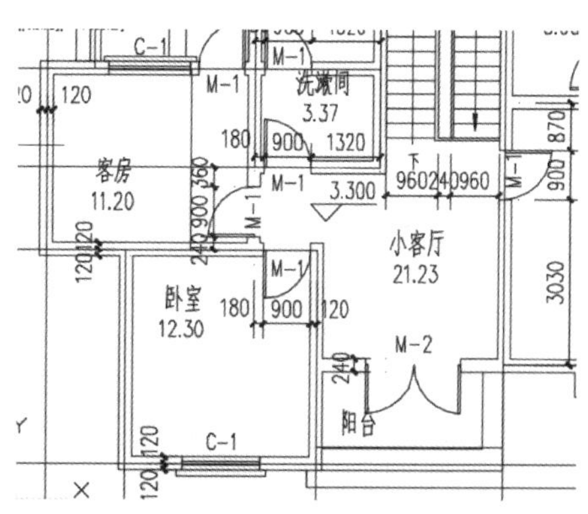

图 18-109　标注室内标高

(2) 在“标高标注”对话框中输入阳台标高“3.240”，如图 18-110 所示。同时在绘图区单击，选择阳台位置为其添加标注，如图 18-111 所示。

Note

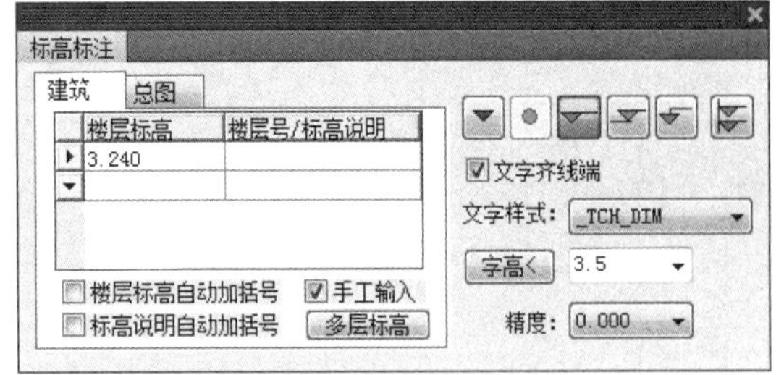

图 18-110 “标高标注”对话框

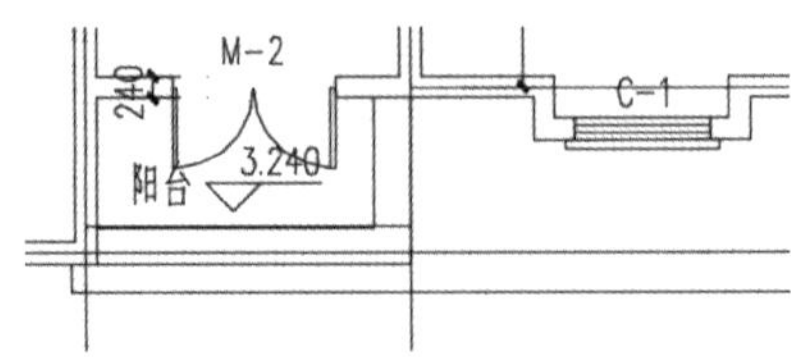

图 18-111 标注阳台标高

(3) 在“标高标注”对话框中输入露台标高“3.060”，如图 18-112 所示。在绘图区露台处单击标注标高，标注的结果如图 18-113 所示。

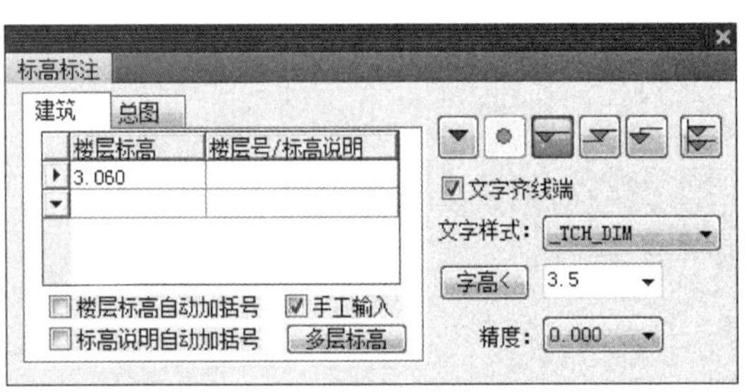

图 18-112 “标高标注”对话框

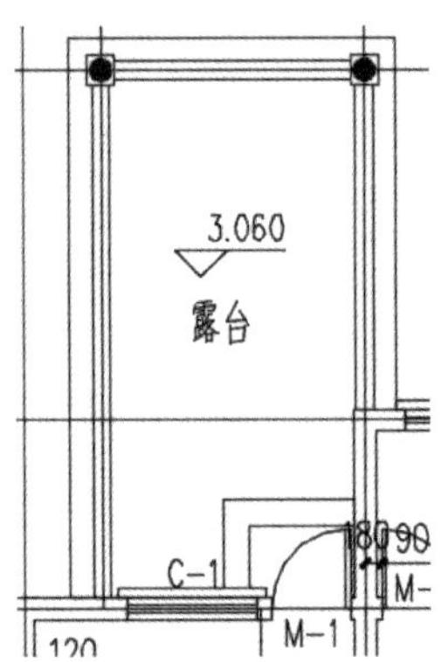

图 18-113 标注露台标高

(4) 在“标高标注”对话框中输入楼梯平台标高“1.575”，如图 18-114 所示。在楼梯平台处单击标注标高，标注的结果如图 18-115 所示。

最终形成如图 18-107 所示的标高标注信息。

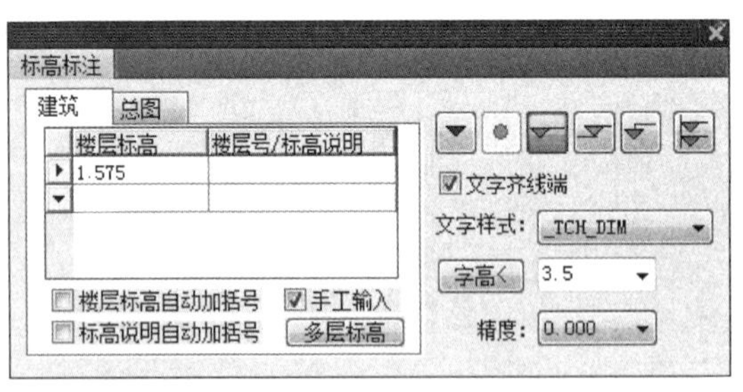

图 18-114 “标高标注”对话框

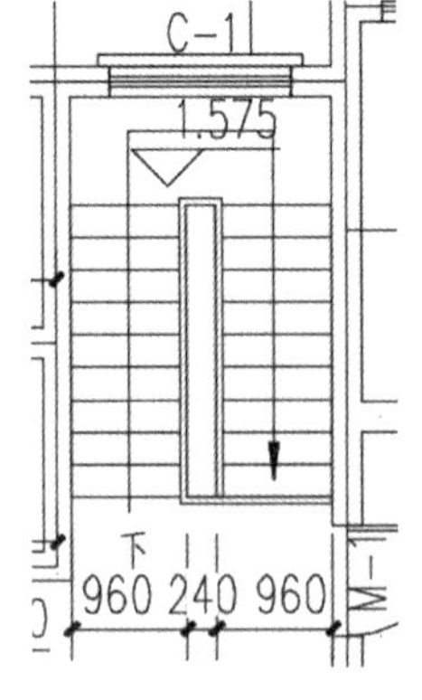

图 18-115 标注楼梯标高

18.2.11 图名标注

(1) 单击菜单中的“符号标注”→“图名标注”命令，在打开的“图名标注”对话框中

输入图名"别墅二层平面图"，并设置文字高度，如图 18-116 所示，在平面图下方正中央单击添加图名。

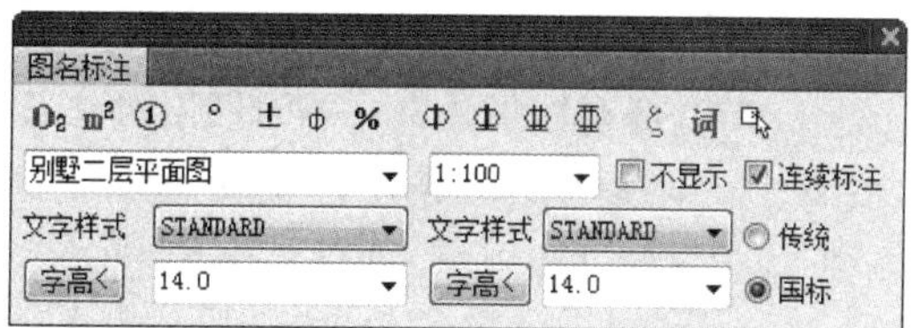

图 18-116　"图名标注"对话框

(2) 通过以上基本的绘图步骤，完成别墅二层平面图的绘制。

18.3　别墅屋顶平面图绘制

绘制别墅屋顶平面图的步骤比较简单，别墅屋顶平面图如图 18-117 所示。

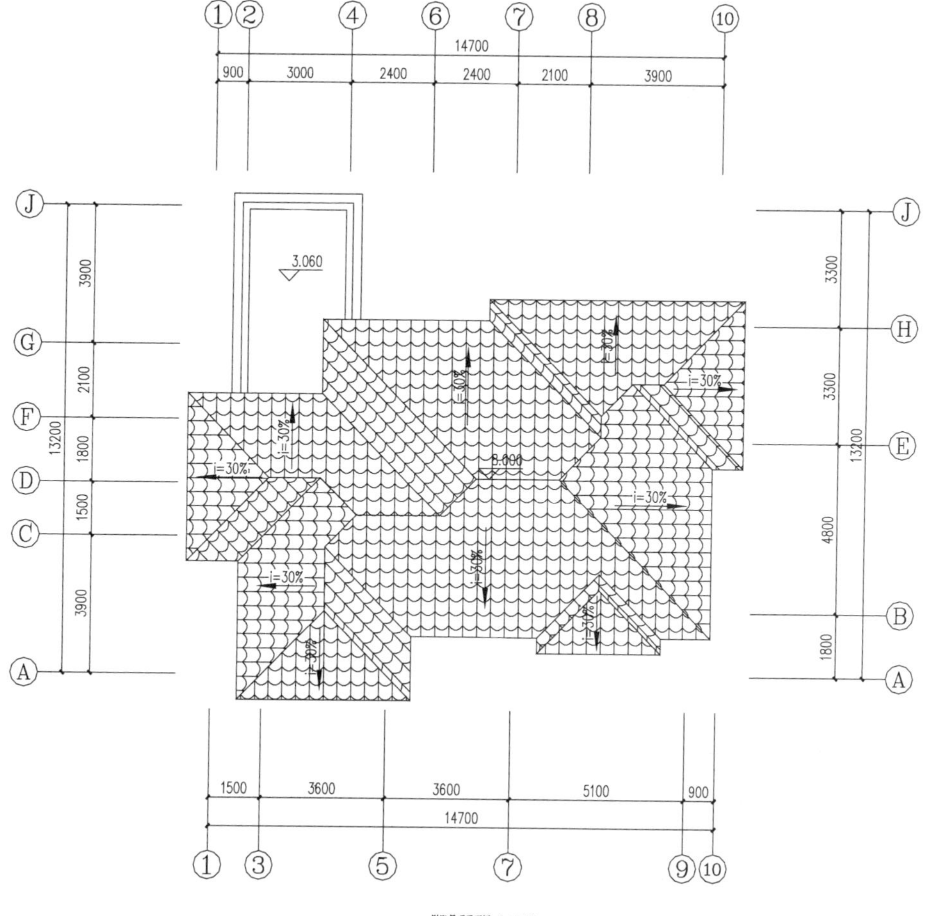

图 18-117　别墅屋顶平面图

Note

18.3.1 准备工作

本图绘制的准备工作是在“别墅二层平面图”的基础上做修改，并利用“房间屋顶”菜单中的相关命令来完成。首先打开“别墅二层平面图”，如图 18-118 所示，将其另存为“别墅屋顶平面图”，接下来在此基础上对其进行整理，将不需要的家具、部分细节尺寸、楼梯等删除，整理的结果如图 18-119 所示。

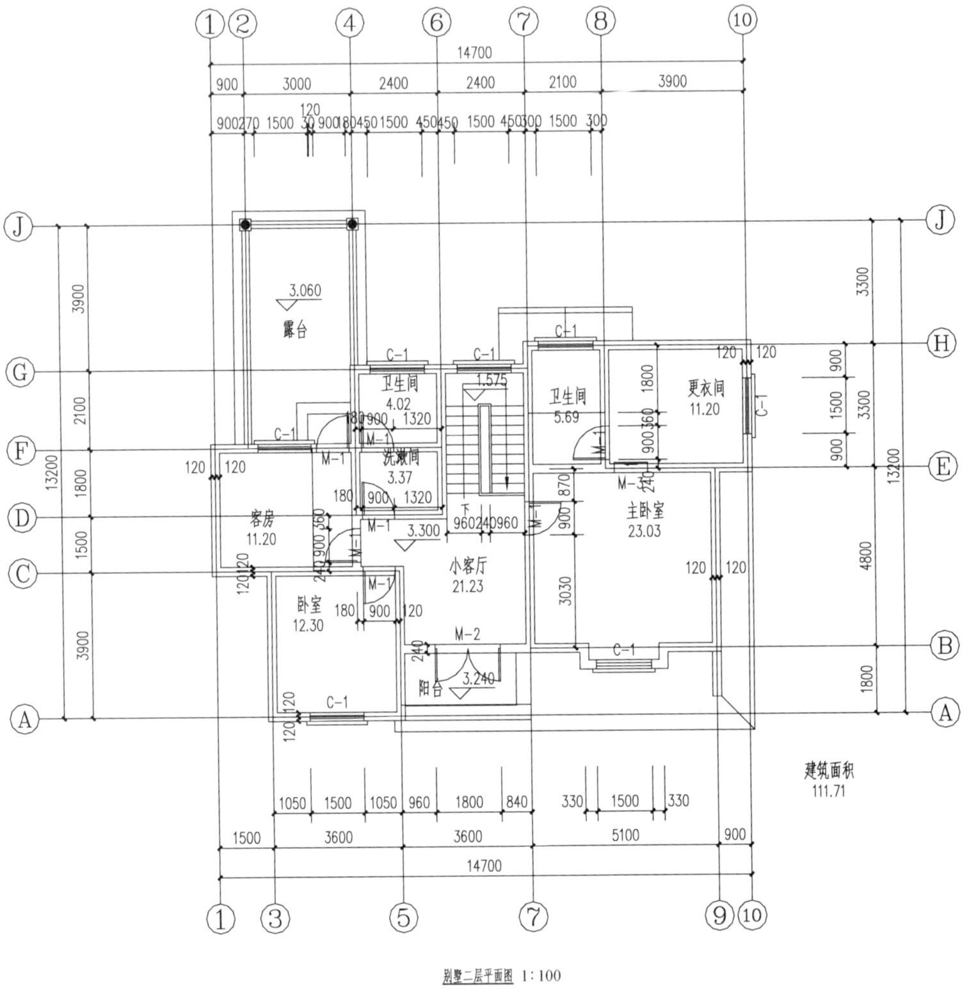

别墅二层平面图 1:100

图 18-118 别墅二层平面图

18.3.2 绘制屋顶轮廓

绘制屋顶轮廓的步骤如下。

(1) 单击菜单中的“房间屋顶”→“房间布置”→“搜屋顶线”命令，选择构成整栋建筑物的所有墙体，间距为 600，绘制外部轮廓线，如图 18-120 所示。

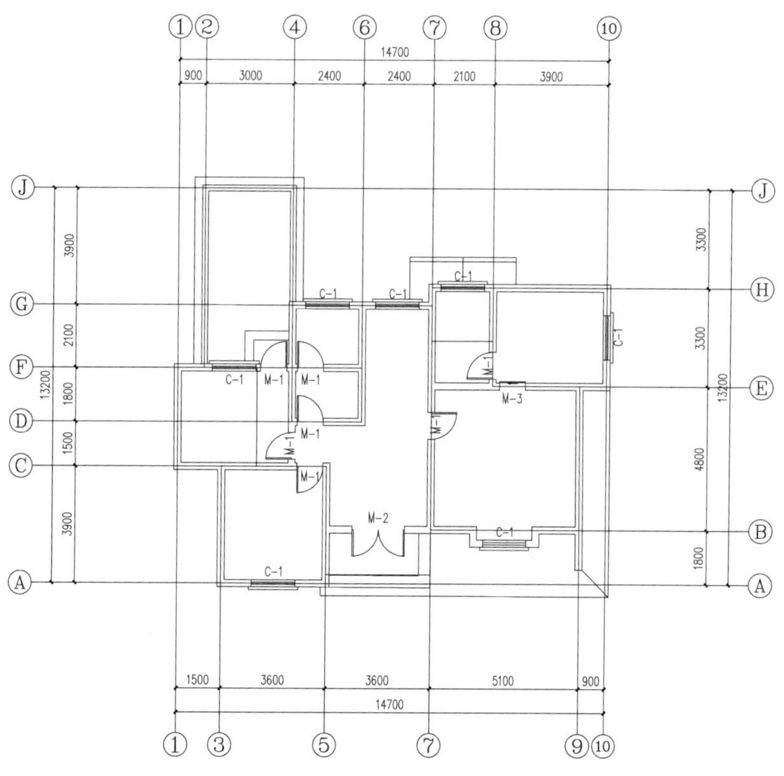

图 18-119 整理图形

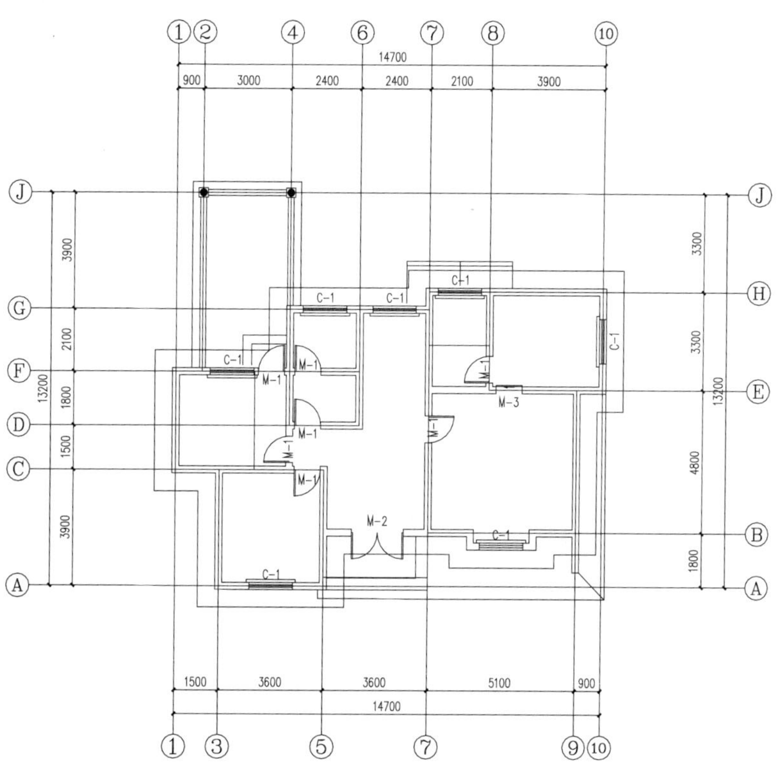

图 18-120 绘制外部轮廓线

Note

（2）选中如图 18-121 所示的部分，将其移动到绘图区域空白位置处，将未选中的部分删除，如图 18-122 所示。

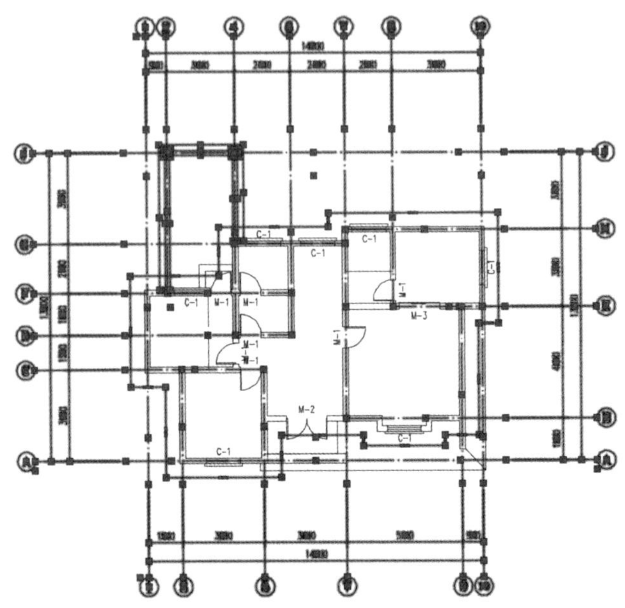

图 18-121　选中亮显

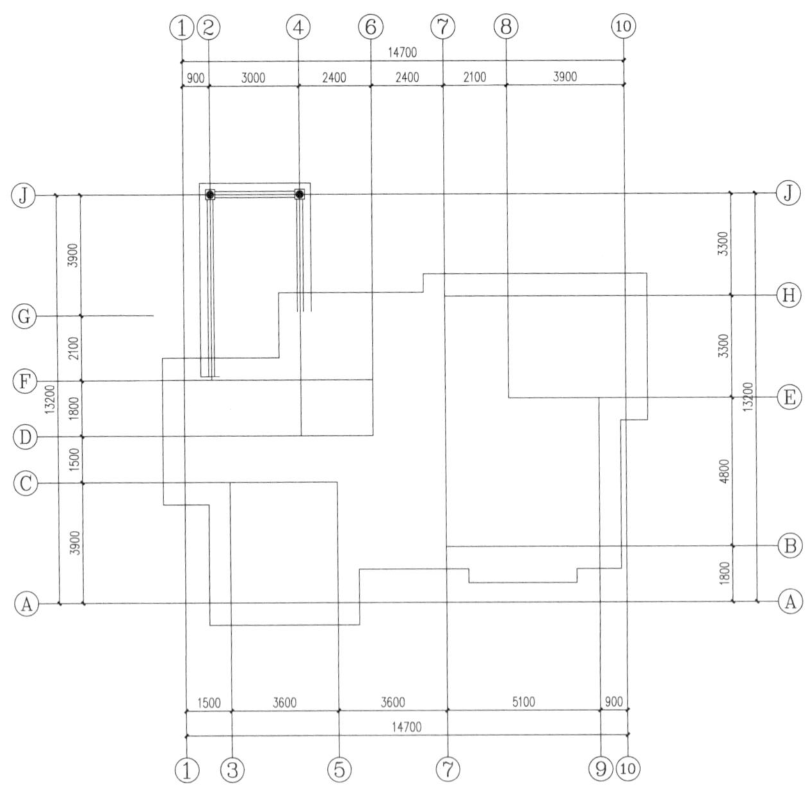

图 18-122　外部轮廓线图形

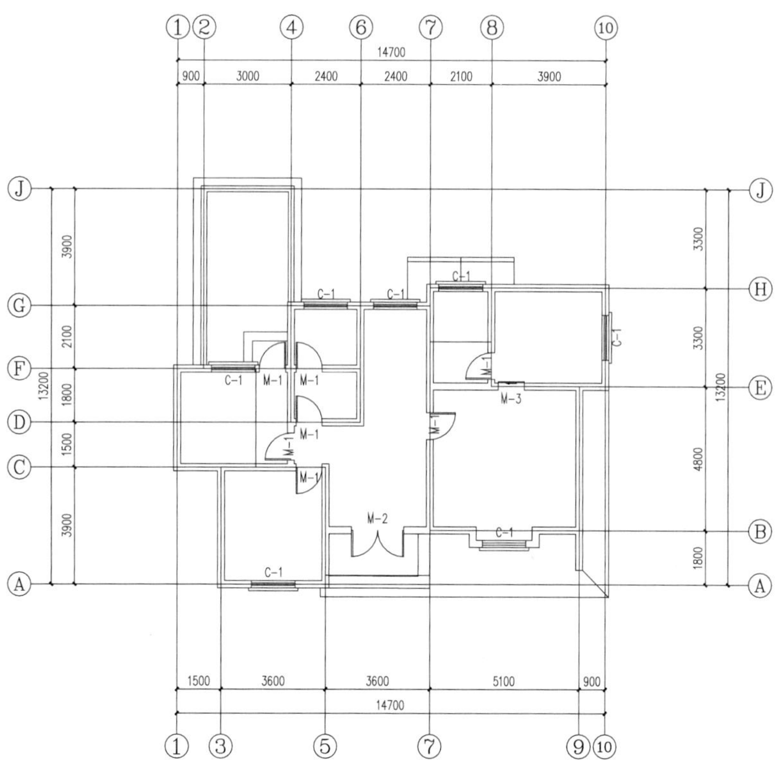

图 18-119　整理图形

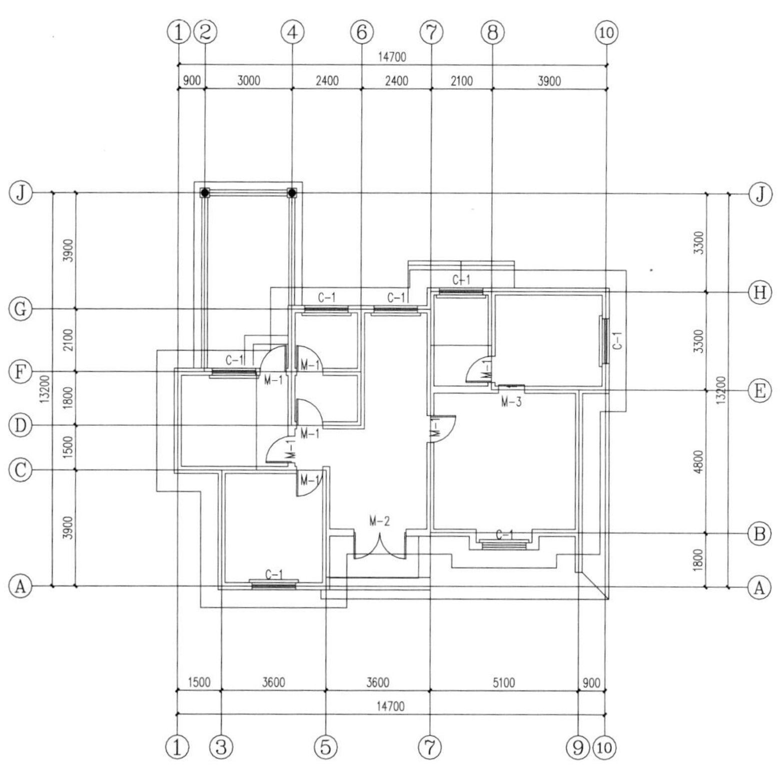

图 18-120　绘制外部轮廓线

Note

（2）选中如图 18-121 所示的部分，将其移动到绘图区域空白位置处，将未选中的部分删除，如图 18-122 所示。

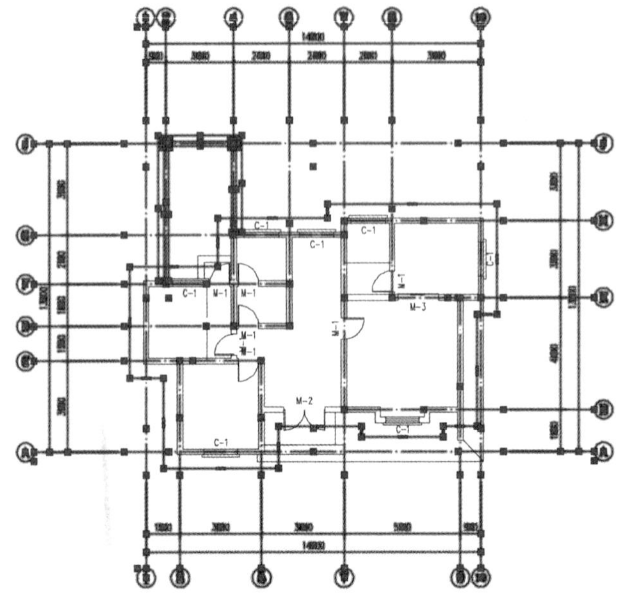

图 18-121　选中亮显

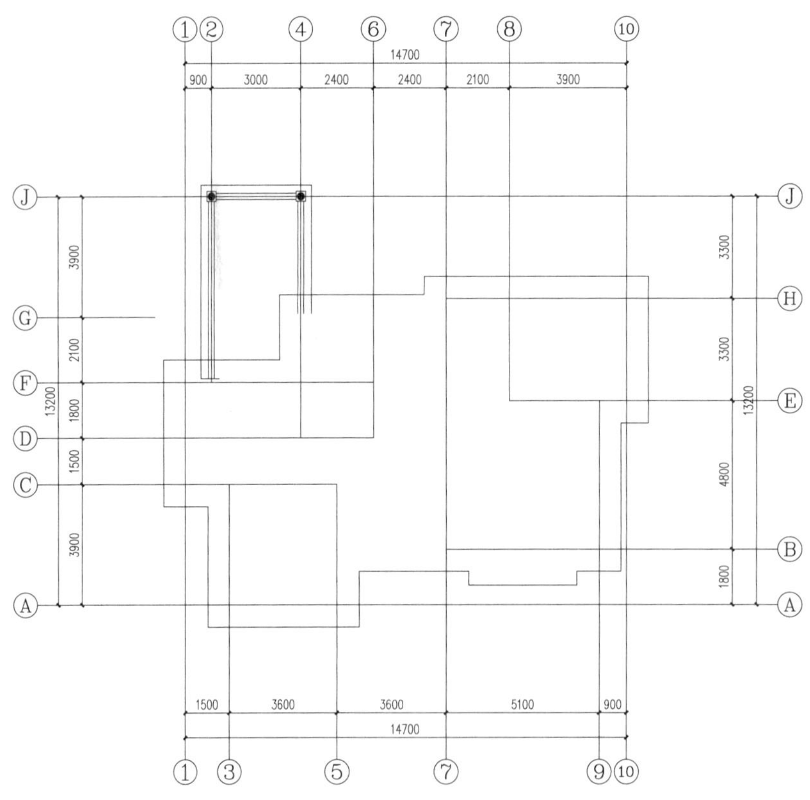

图 18-122　外部轮廓线图形

(3) 利用 AutoCAD 2018 中的“修剪”“删除”命令，对外部轮廓线图形进一步整理，并将“DOTE”图层关闭，如图 18-123 所示。

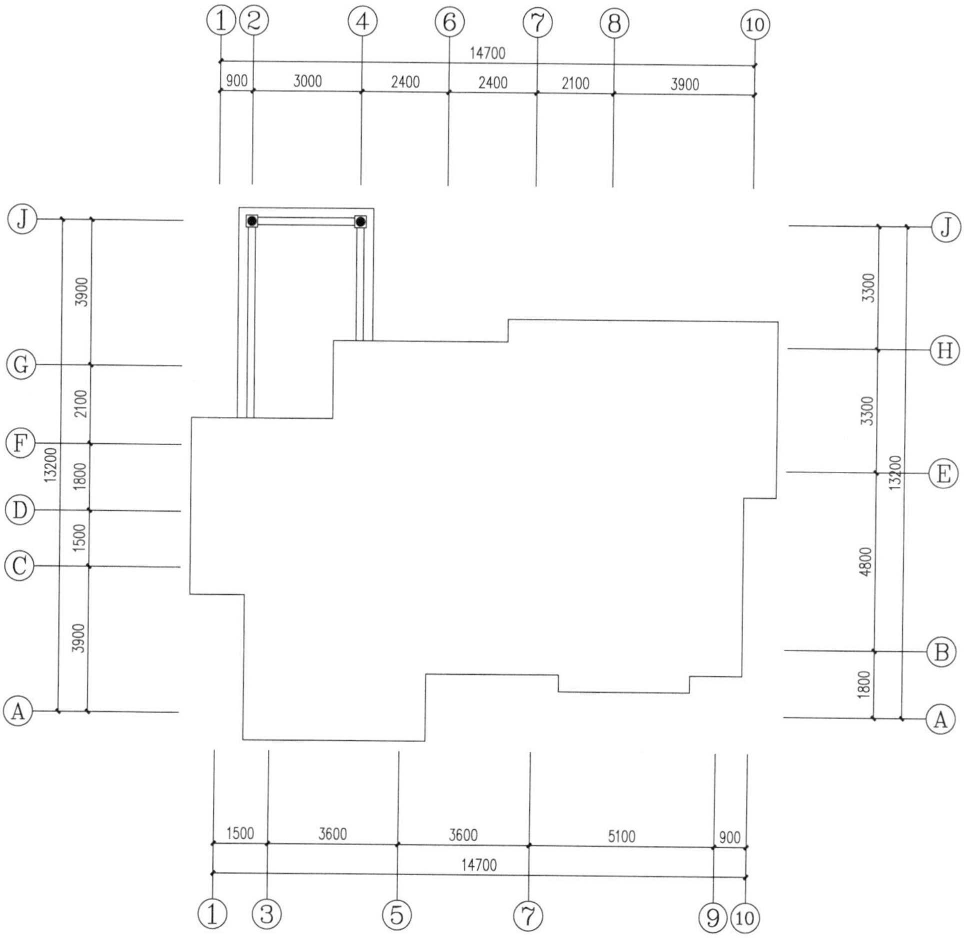

图 18-123 整理外部轮廓线图形

18.3.3 绘制屋脊线

绘制屋脊线的步骤如下。

单击菜单中的“房间屋顶”→“房间布置”→“任意坡顶”命令，选择构成整栋建筑物的屋顶轮廓线，绘制坡顶屋脊线，如图 18-124 所示。

18.3.4 标注尺寸

单击菜单中的“符号标注”→“箭头引注”命令，打开如图 18-125 所示的“箭头引注”对话框，在坡屋顶上依次标注坡度尺寸，如图 18-126 所示。

18.3.5 填充屋顶

单击“默认”选项卡“绘图”对话框中的“图案填充”按钮▨，选择构成整栋建筑物的

Note

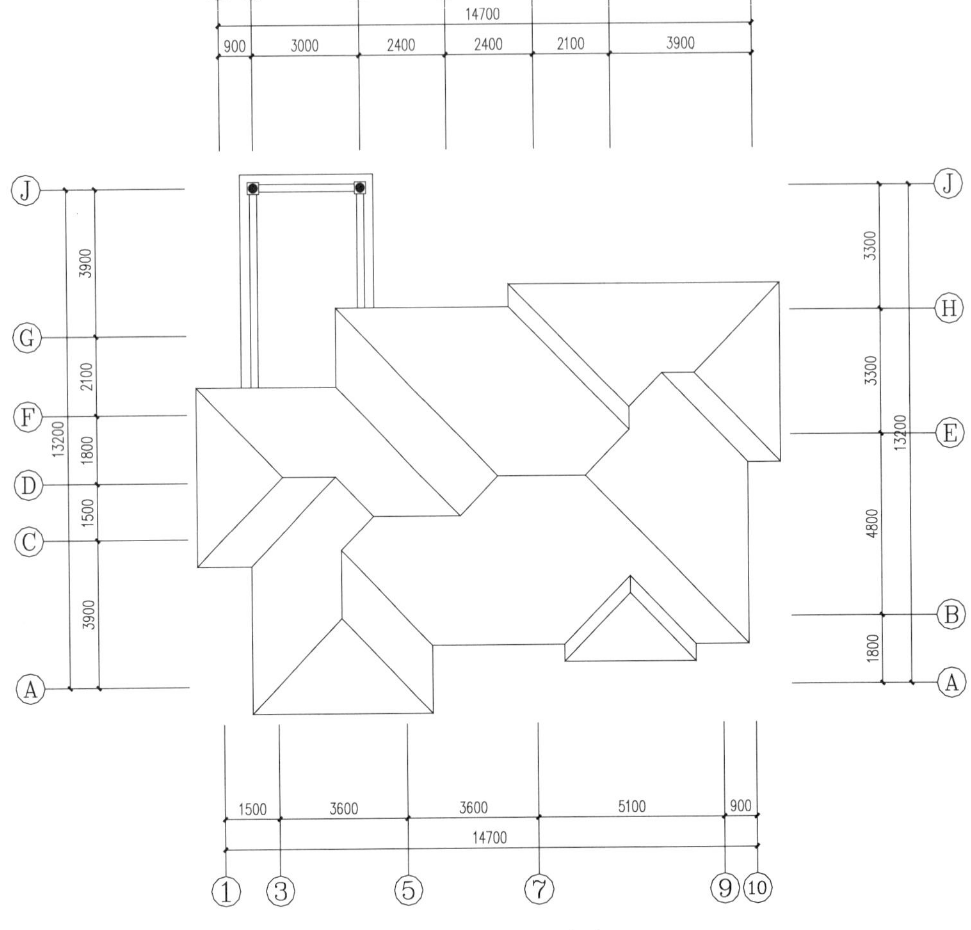

图 18-124　绘制屋脊线

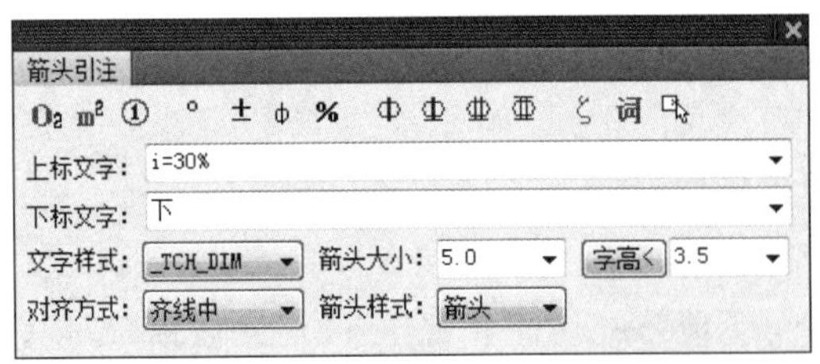

图 18-125　“箭头引注”对话框

屋顶区域,绘制瓦面屋顶,如图 18-127 所示。

18.3.6　标注标高

单击菜单中的“符号标注”→“标高标注”命令,在“标注标高”对话框中输入露台标高“3.060”,勾选“手工输入”,如图 18-128 所示。同时单击绘图区,标注露台标高,如图 18-129 所示。

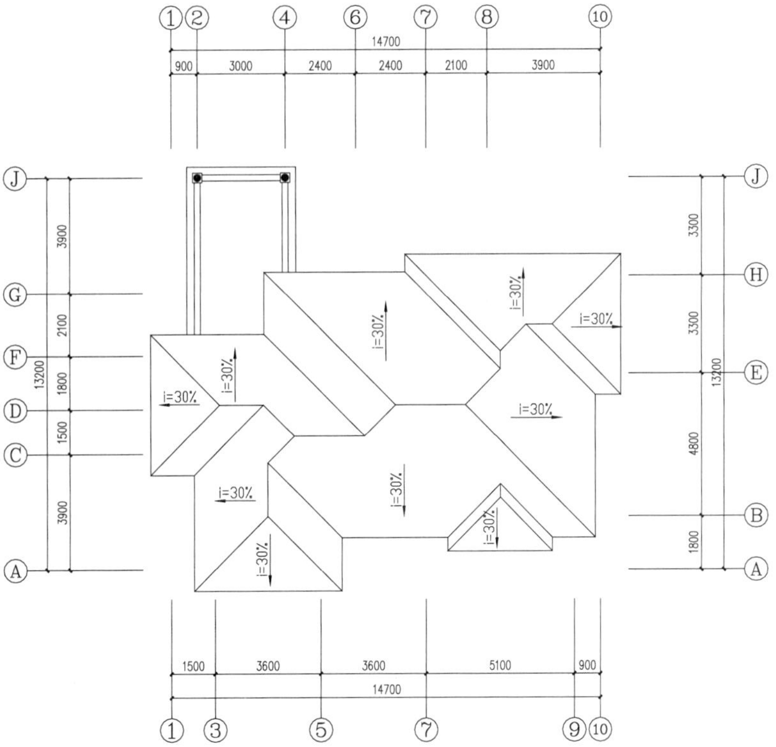

图 18-126　标注坡度尺寸

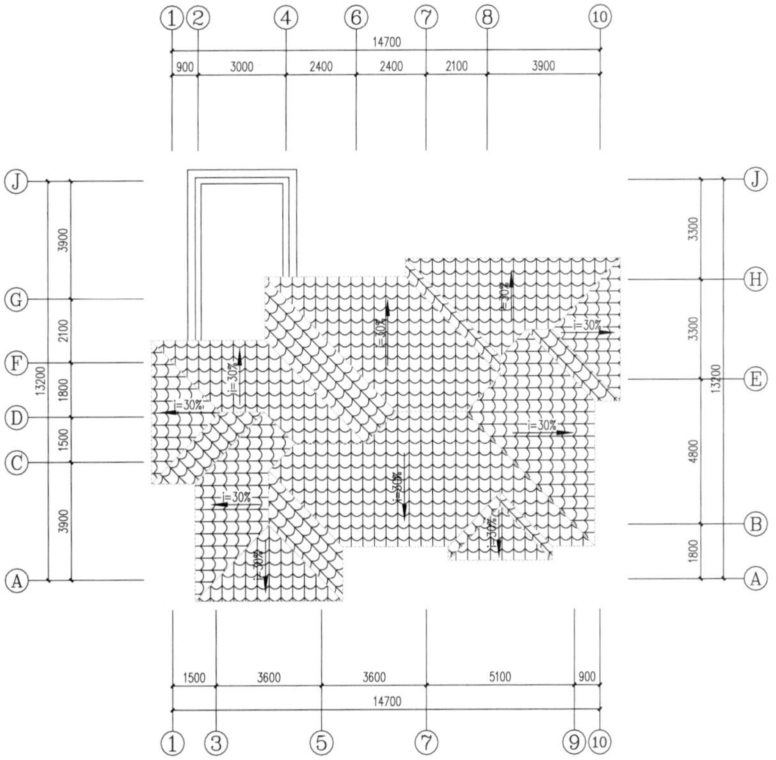

图 18-127　填充屋顶

Note

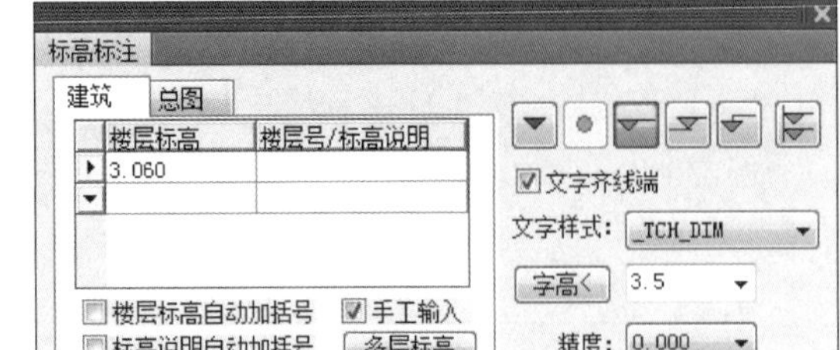

图 18-128 “标高标注”对话框

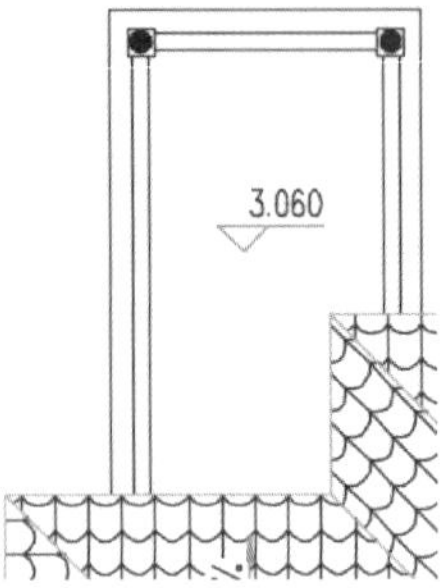

图 18-129 标注露台标高

其他位置的标高方法与上步的方法相同，这里不再赘述，最终结果如图 18-130 所示。

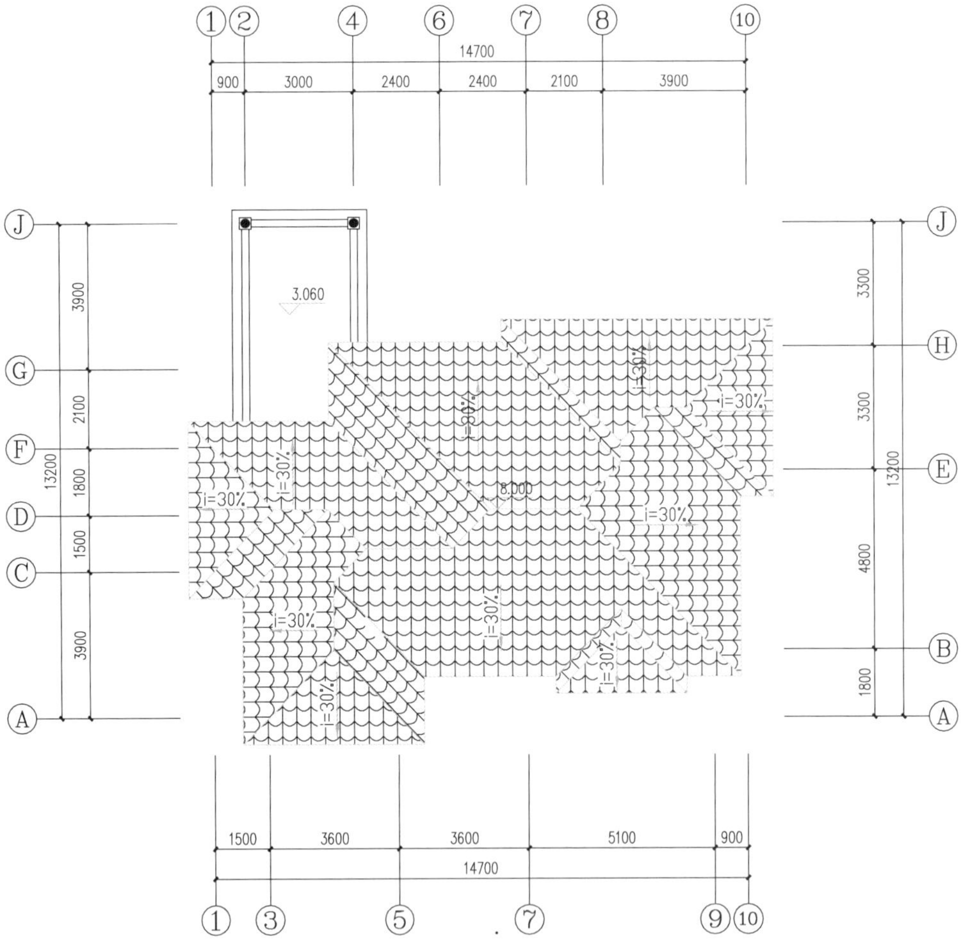

图 18-130 标注标高

18.3.7 图名标注

单击菜单中的“符号标注”→“图名标注”命令，在打开的“图名标注”对话框中输入

Note

图名“别墅屋顶平面图”，并设置文字高度，如图 18-131 所示，在平面图下方正中央单击添加图名，标注的最终结果如图 18-117 所示。

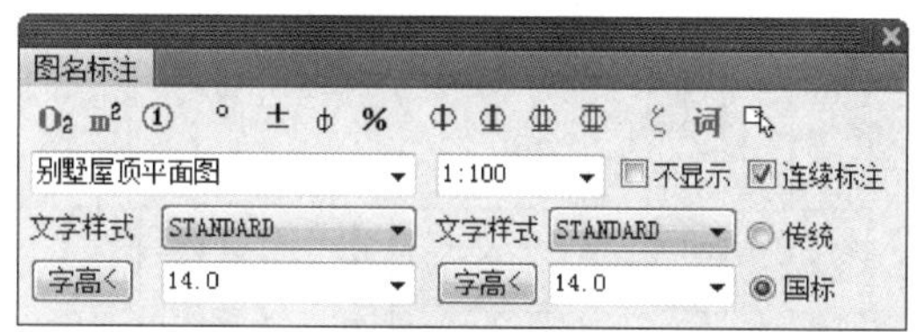

图 18-131　“图名标注”对话框

18.4　别墅立面图绘制

本节针对一个简单实例，综合运用立面的命令，详细介绍别墅立面图的绘制方法。别墅立面图如图 18-132 所示。

图 18-132　别墅正立面图

18.4.1　立面图创建

当所有平面图都已经绘制完毕后，此时应建立一个工程管理项目，然后用“建筑立面”命令直接生成建筑立面，生成的建筑立面如图 18-133 所示。

打开需要生成建筑立面的各层平面图，将其依次复制到新的文件下，并将其命令为“标准层”，如图 18-134 所示。

生成建筑立面的步骤如下。

(1) 单击菜单中的“文件布图”→“工程管理”命令，选取新建工程，出现新建工程管理的对话框如图 18-135 所示。在“文件名”中输入文件名称为平面，然后单击“保存(S)”。

Note

图 18-133　建筑立面图

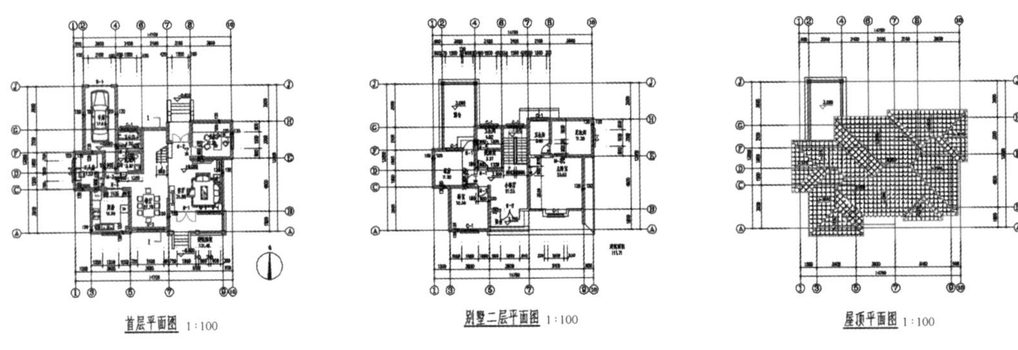

图 18-134　平面图

图 18-135　新建工程管理

(2) 点开"楼层"下拉菜单,如图 18-136 所示。

(3) 将三个平面图放在一个图样文件中,然后在楼层栏的电子表格中分别选取标准平面图,指定共同对齐点,然后完成组合楼层。

单击相应按钮,命令行提示如下:

选择第一个角点<取消>:点选所选标准层的左下角
另一个角点<取消>:点选所选标准层的右上角
对齐点<取消>:选择开间和进深的第一轴线交点
成功定义楼层!

此时将所选的楼层定义为第一层,如图 18-137 所示。重复上面的操作完成楼层的定义,天正默认的层高为 3000,需要根据自己的需要对层高进行修改,这里将层高改为 3300,如图 18-138 所示。对于标准层不在同一图样中的情况,可以通过单击文件后面的"选择层文件"方框,选择需要装入的标准层。

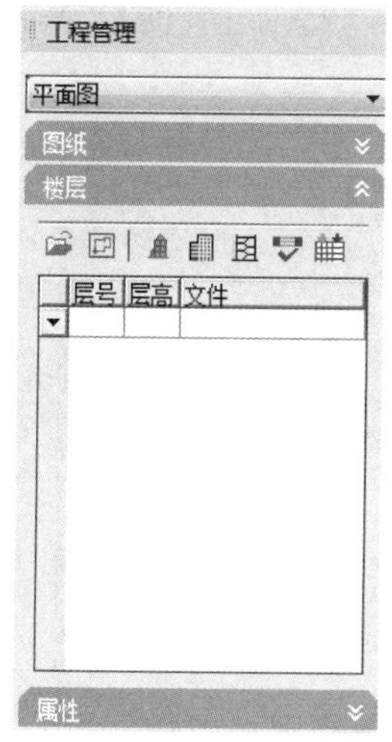

图 18-136　"楼层"下拉菜单

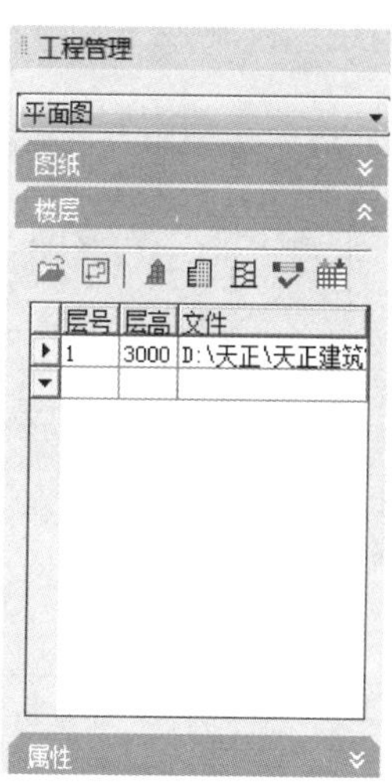

图 18-137　定义第一层

单击菜单中的"立面"→"建筑立面"命令,命令行提示如下。

请输入立面方向或 [正立面(F)/背立面(B)/左立面(L)/右立面(R)]<退出>:选择正立面 F
请选择要出现在立面图上的轴线:选择轴线
请选择要出现在立面图上的轴线:选择轴线
请选择要出现在立面图上的轴线:回车

此时界面出现"立面生成设置"对话框,如图 18-139 所示。

(4) 在对话框中输入标注的数值,然后单击"生成立面"按钮,出现"输入要生成的文件"对话框,在此对话框中输入要生成的立面文件的名称和位置,如图 18-140 所示。

(5) 单击"保存"按钮,即可在指定位置生成立面图,如图 18-133 所示。此时生成的立面图是不可以直接应用的,需要进行详细地编辑修改。

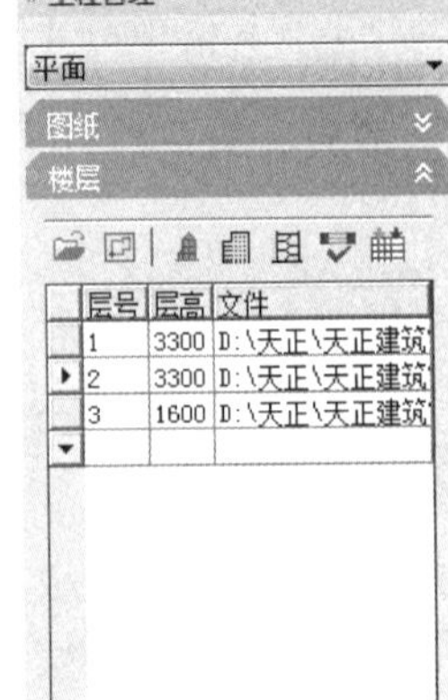

图 18-138　定义楼层

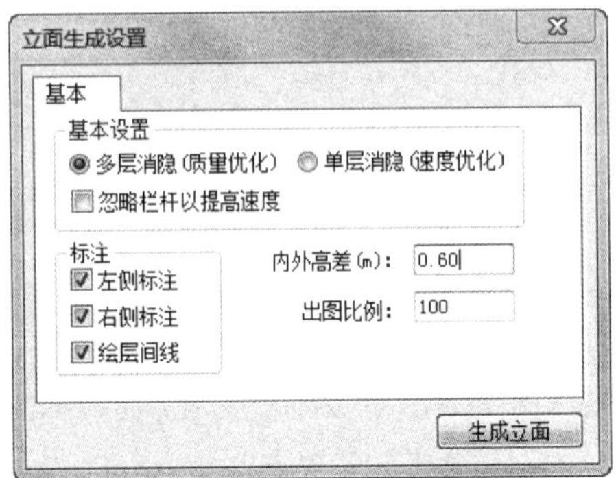

图 18-139　“立面生成设置”对话框

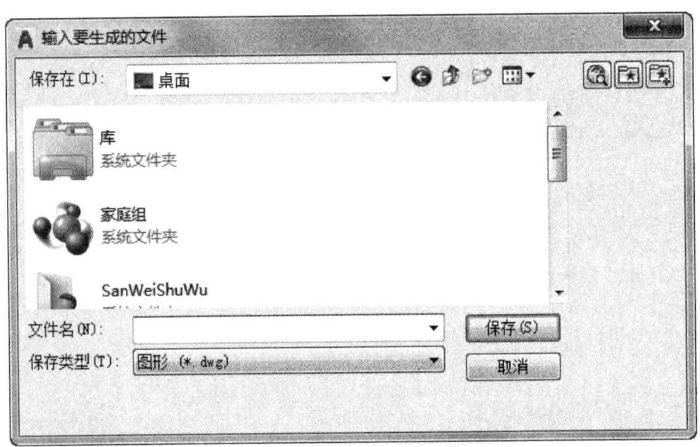

图 18-140　“输入要生成的文件”对话框

18.4.2　立面图编辑

根据立面构件的要求，对生成的建筑立面进行编辑，可以完成创建门窗、阳台、墙裙、轮廓线等功能，图 18-141 所示。

1. 立面门窗

“立面门窗”命令可以插入、替换立面图上的门窗，同时对立面门窗库进行维护。

(1) 单击菜单中的“立面”→“立面门窗”命令，打开“天正图库管理系统”对话框，如图 18-142 所示。替换已有的门窗，在上侧图库中选择“普通窗”命令，选择所需替换成的门窗图块，然后单击上方的“替换”图标，命令行提示如下。

```
选择图中将要被替换的图块!
选择对象：选择已有的门窗图块
选择对象：回车退出
```

图 18-141　编辑立面图

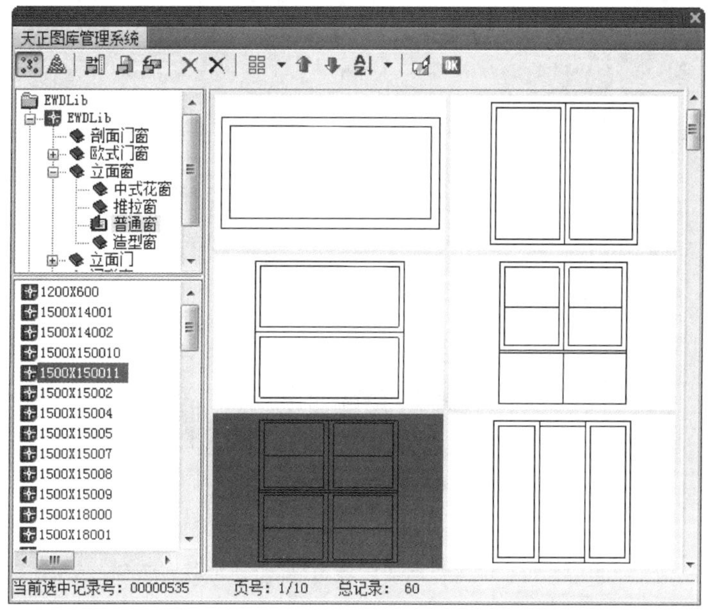

图 18-142　“天正图库管理系统”对话框

天正软件自动按照选取图框的左下角和右上角所对应的范围，以左下角为插入点来生成窗图块，如图 18-143 所示。

(2) 替换门，单击菜单中的“立面”→“立面门窗”命令，打开“天正图库管理系统”对话框如图 18-144 所示。在上侧对话框中单击选择所需替换成的门图块。单击上方的“替换”图标，然后选择图中要替换的立面门，命令行提示如下。

```
选择图中将要被替换的图块!
选择对象: 找到 1 个
选择对象:
```

天正软件自动选择新选的门窗替换原有的门窗，结果如图 18-145 所示。

图 18-143　生成的窗

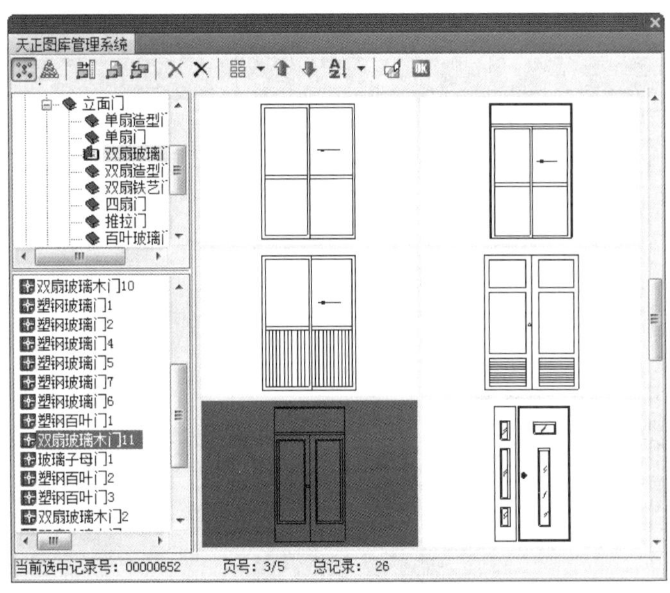

图 18-144　“天正图库管理系统”对话框“门”选择

图 18-145　替换门

(3) 使用相同的方法替换一层中间的窗户，结果如图 18-141 所示。

Note

2. 门窗参数

打开需要查询立面门窗参数的立面图，如图 18-146 所示，选择该窗户，右击弹出快捷菜单，从中选择“门窗参数”命令，查询并更改右上侧的窗参数，命令行提示如下。

```
选择立面门窗:选择门窗
选择立面门窗:回车退出
底标高<6525>:4500
高度<1730>:1500
宽度<845>:1500
```

天正软件自动按照尺寸更新所选立面窗，结果如图 18-147 所示。

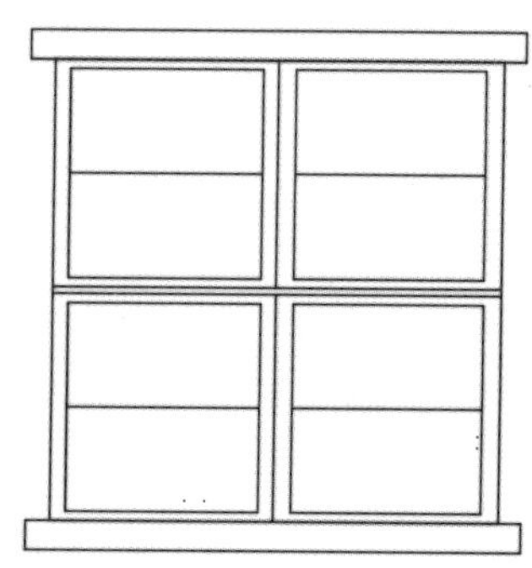

图 18-146　修改立面门窗参数

使用相同方法对一层门窗的参数进行修改，具体的尺寸按标准层中的尺寸进行修改，更新立面窗尺寸后，如图 18-147 所示。

图 18-147　生成的立面图

3. 立面阳台

(1) 单击菜单中的“立面”→“立面阳台”命令，系统打开“天正图库管理系统”对话框，选择如图 18-148 所示的阳台，双击该阳台图，打开如图 18-149 所示的“图块编辑”

Note

对话框，设置相关的参数，在绘图区点取适当的位置，生成二层阳台立面图，结果如图 18-150 所示。

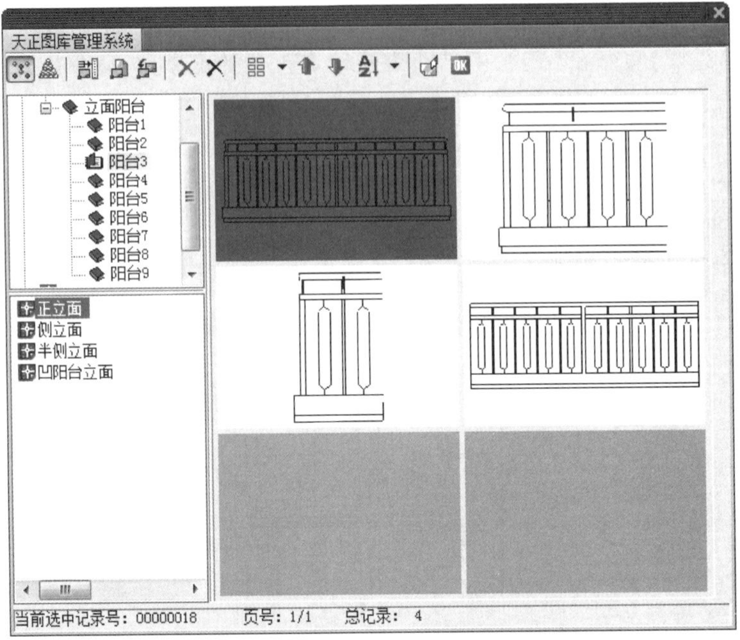

图 18-148 “天正图库管理系统”对话框

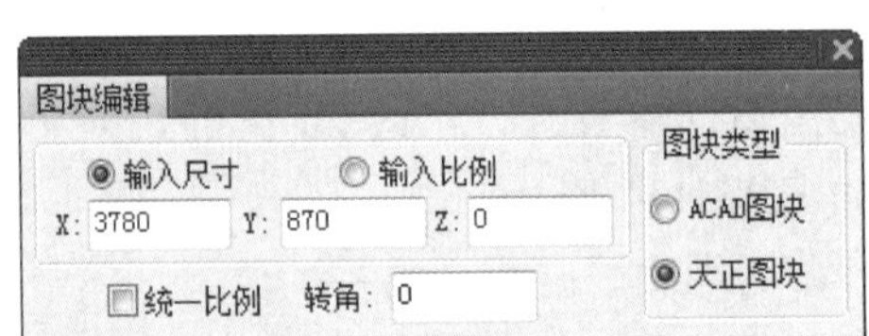

图 18-149 “图块编辑”对话框

图 18-150 生成二层的阳台

（2）重复“楼梯其他”→“立面阳台”命令，为一层立面图添加阳台图块，如图 18-151 所示。

图 18-151　添加一层的阳台

18.4.3　立面墙裙

利用 AutoCAD 2018 中的“直线”命令和“图案填充”命令，绘制一层立面图的墙裙和未显现出来的台阶，结果如图 18-152 所示。

图 18-152　绘制立面墙裙

18.4.4　立面轮廓

（1）利用 AutoCAD 2018 中的“删除”“修剪”等命令对整个图形进行整理，结果如图 18-153 所示。

（2）单击菜单中的“立面”→“立面轮廓”命令，根据命令行提示选择整个二维图形，设置轮廓宽度为 10，为其添加立面轮廓，结果如图 18-154 所示。

Note

图 18-153　整理图形

图 18-154　添加立面轮廓

18.4.5　添加图名

单击菜单中的“符号标注”→“图名标注”命令，系统打开“图名标注”对话框，并对其进行设置，如图 18-155 所示，将图名放置图形的正下方，标注的最终结果如图 18-156 所示。

图 18-155　“图名标注”对话框

图 18-156　别墅正立面图

18.5　别墅剖面图绘制

本节针对一个简单实例，综合运用剖面绘制的命令，详细介绍别墅剖面图的绘制方法。别墅 1—1 剖面图如图 18-157 所示。

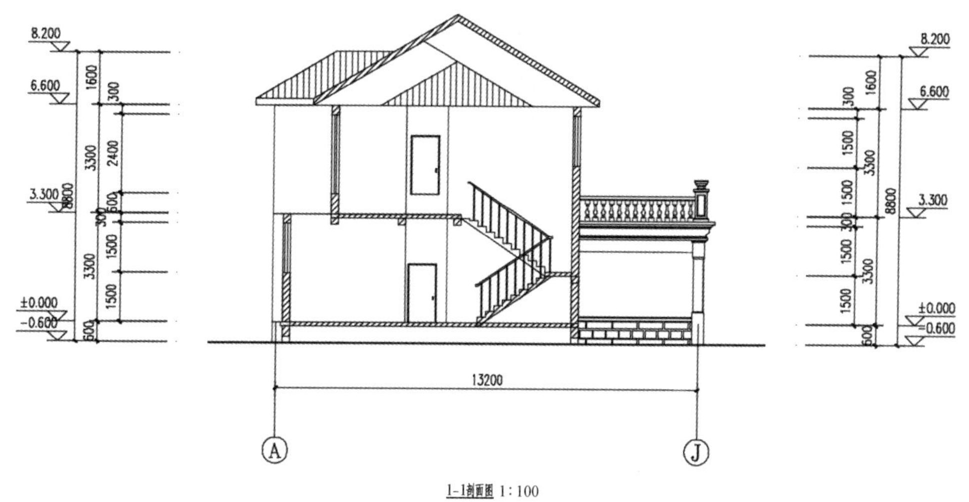

图 18-157　建筑剖面图

18.5.1　建筑剖面

"建筑剖面"命令可以生成建筑物剖面，此时可以在建立好的标准层上建立工程管理项目，在其中建立剖切线，然后用"建筑剖面"命令直接生成建筑剖面。

打开需要生成建筑剖面的已建立好的标准层平面图，如图 18-158 所示。

Note

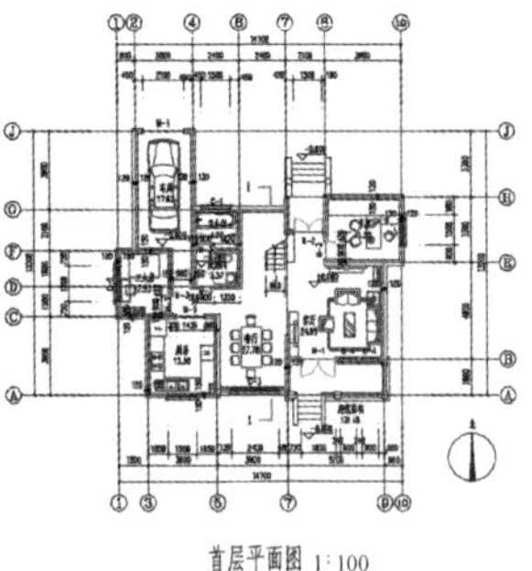

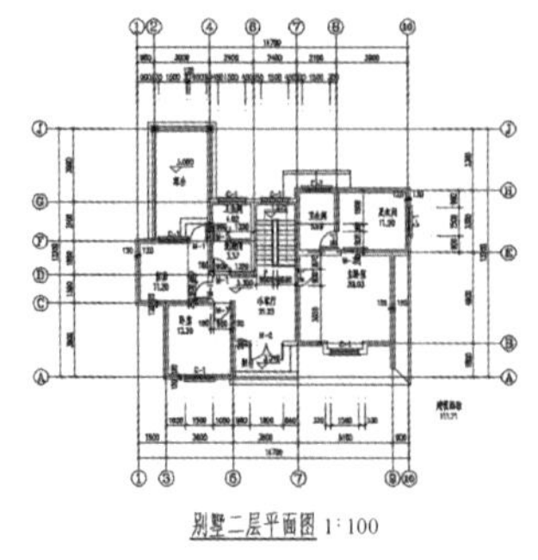

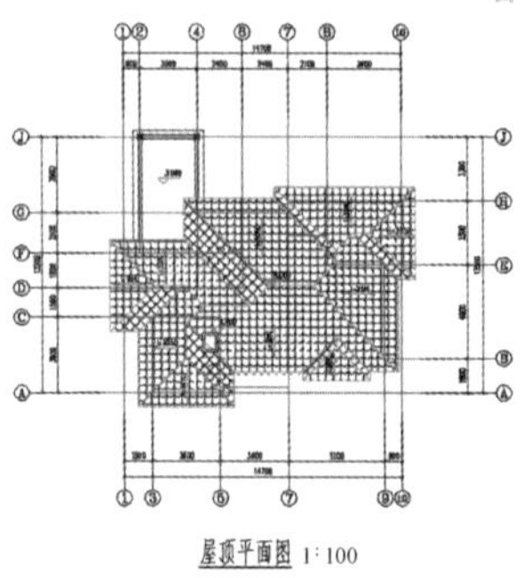

图 18-158 标准层平面图

(1) 在首层确定剖面剖切位置,单击菜单中的"剖面"→"建筑剖面"命令,命令行提示如下。

```
请选择一剖切线:选择剖切线
请选择要出现在剖面图上的轴线:选择 A 轴
请选择要出现在剖面图上的轴线:选择 G 轴
请选择要出现在剖面图上的轴线:回车退出
```

此时出现"剖面生成设置"对话框,如图 18-159 所示。在对话框中输入标注的数值,然后单击"生成剖面"按钮,出现"输入要生成的文件"对话框,在此对话框中输入要生成的剖面文件的名称和位置,如图 18-160 所示。

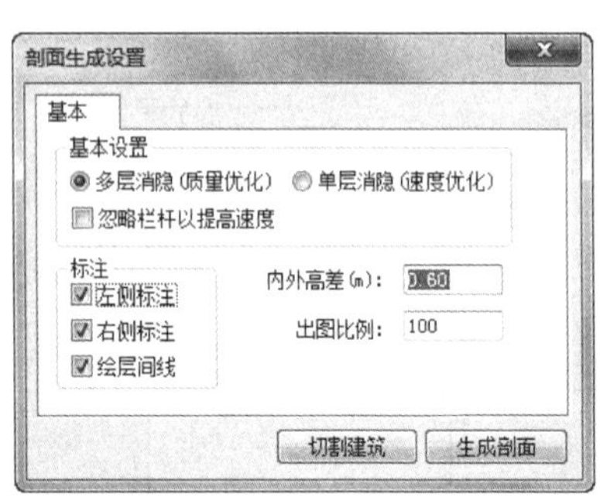

图 18-159 "剖面生成设置"对话框

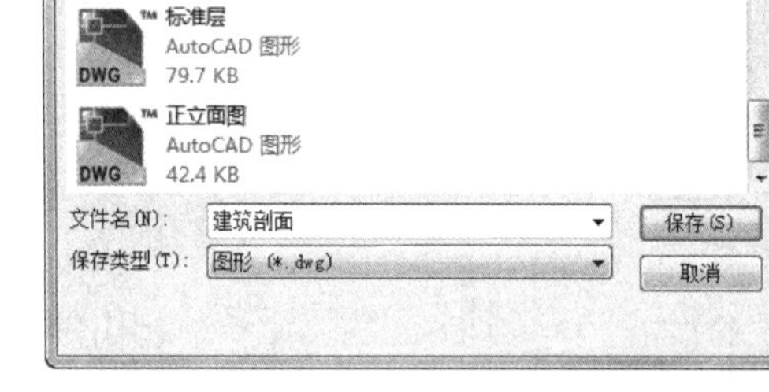

图 18-160 "输入要生成的文件"对话框

(2) 单击"保存(S)"按钮,即可在指定位置生成立面图,由天正生成的立面图一般不可以直接应用,应进行适当的修整,如图 18-157 所示。

18.5.2 双线楼板

采用"双线楼板"命令可以绘制剖面双线楼板,生成的双线楼板如图 18-161 所示。

单击菜单中的"剖面"→"双线楼板"命令,命令行提示如下。

```
请输入楼板的起始点 <退出>:A
结束点 <退出>:B
楼板顶面标高 <9000>:1563
楼板的厚度(向上加厚输负值) <200>:120
```

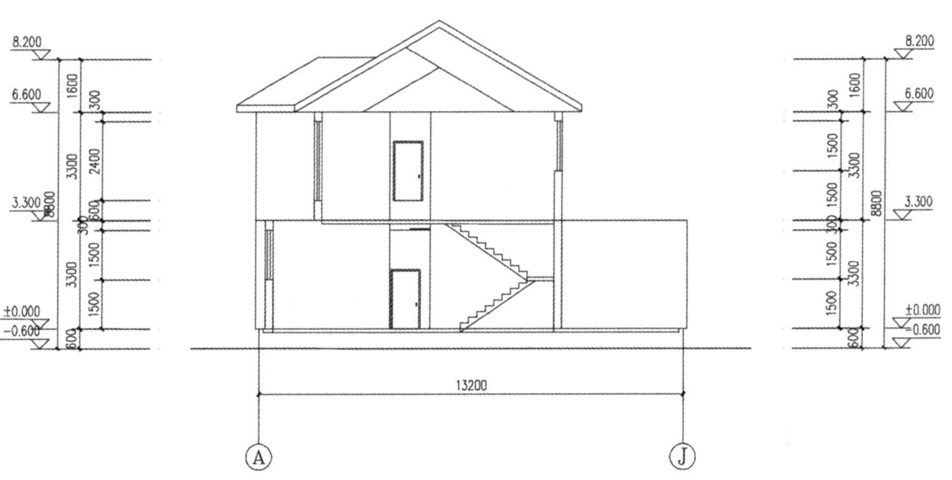

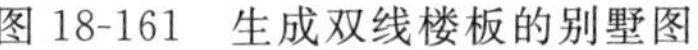

图 18-161 生成双线楼板的别墅图

生成的双线楼板如图 18-162 所示。画双线楼板后别墅图形如图 18-161 所示。

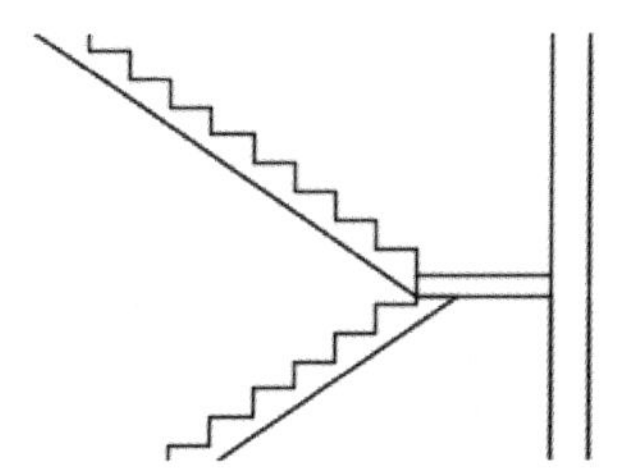

图 18-162 生成的双线楼板图

18.5.3 加剖断梁

采用“加剖断梁”命令可以绘制楼板、休息平台下的梁截面。生成剖断梁的别墅如图 18-163 所示。

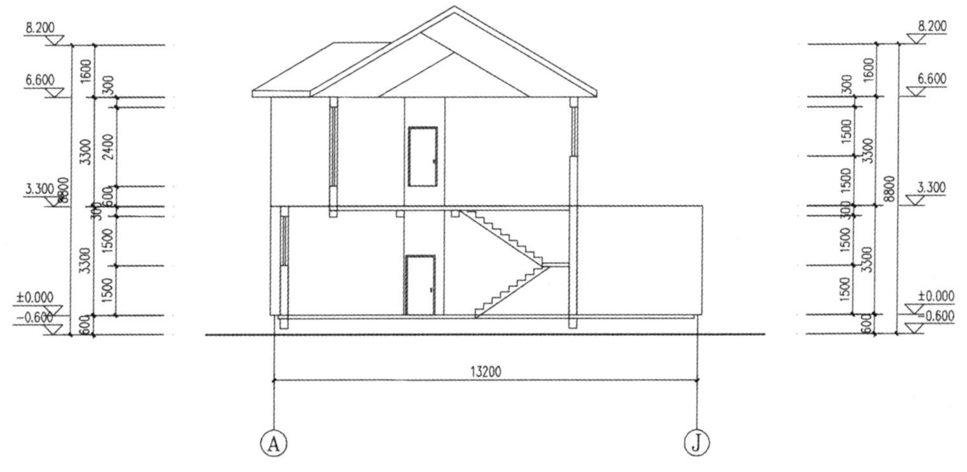

图 18-163 生成剖断梁的别墅图

Note

（1）单击菜单中的“剖面”→“加剖断梁”命令，命令行提示如下。

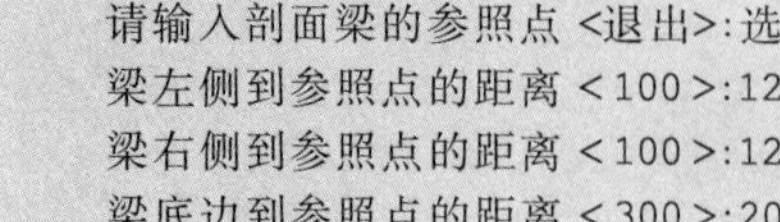
请输入剖面梁的参照点 <退出>:选 A
梁左侧到参照点的距离 <100>:120
梁右侧到参照点的距离 <100>:120
梁底边到参照点的距离 <300>:200

生成的剖断梁如图 18-164 所示。

（2）同理，单击菜单中的“剖面”→“加剖断梁”命令，完成其他位置的剖断梁，结果如图 18-163 所示。

图 18-164　生成的剖断梁

18.5.4　楼梯栏杆

采用“楼梯栏杆”命令可以自动识别剖面楼梯与可见楼梯，绘制楼梯栏杆和扶手，本例别墅生成的楼梯栏杆如图 18-165 所示。

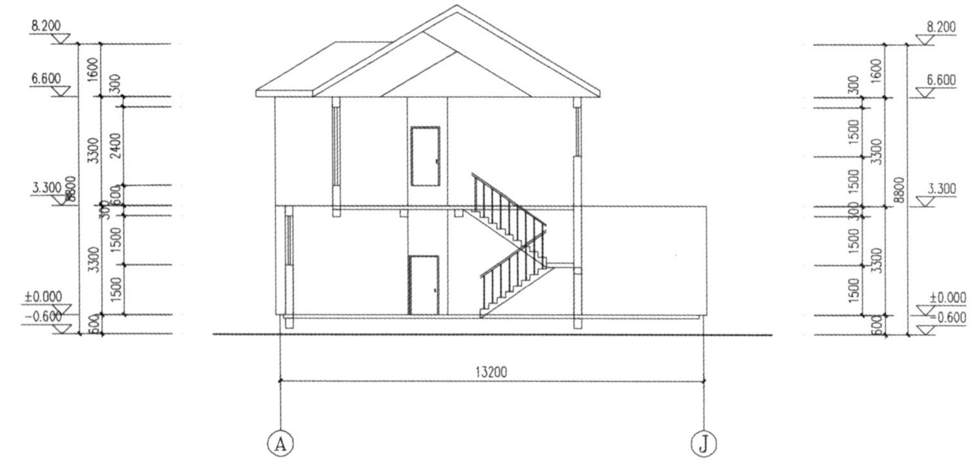

图 18-165　楼梯栏杆图

（1）单击菜单中的“剖面”→“参数栏杆”命令，系统打开“剖面楼梯栏杆参数”对话框，按照尺寸对其参数进行设置，如图 18-166 所示，在首层选择楼梯合适的位置为插入点将其插入，结果如图 18-167 所示。

（2）继续单击菜单中的“剖面”→“参数栏杆”命令，系统打开“剖面楼梯栏杆参数”对话框，按照尺寸对其参数进行设置，如图 18-168 所示，选择楼梯合适的位置为插入点将其插入，结果如图 18-165 所示。

18.5.5　扶手接头

采用“扶手接头”命令可以对楼梯扶手的接头位置做细部处理，生成的扶手接头如图 18-169 所示。

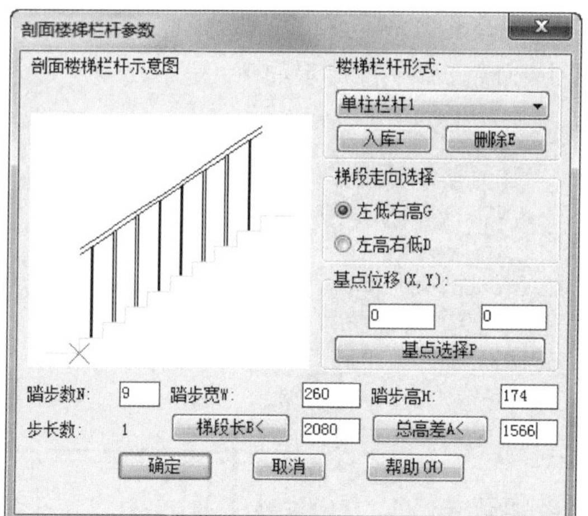

图 18-166　"剖面楼梯栏杆参数"对话框

图 18-167　首层楼梯栏杆图

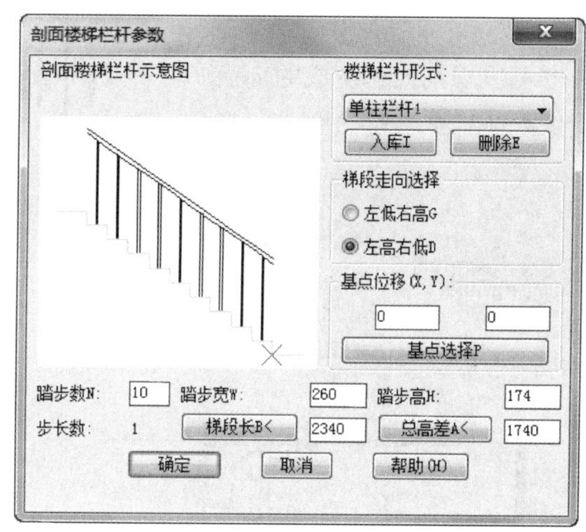

图 18-168　"剖面楼梯栏杆参数"对话框

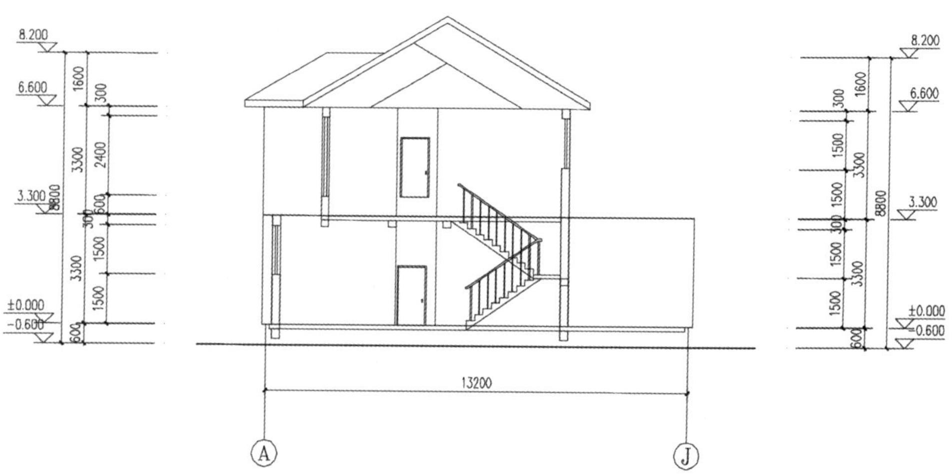

图 18-169　扶手接头图

Note

扶手接头操作步骤如下。

（1）单击菜单中的“剖面”→“扶手接头”命令，命令行提示如下。

```
请输入扶手伸出距离<150>:250
请选择是否增加栏杆[增加栏杆(Y)/不增加栏杆(N)]<增加栏杆(Y)>: N
请指定两点来确定需要连接的一对扶手！选择第一个角点<取消>:
另一个角点<取消>:
请指定两点来确定需要连接的一对扶手！选择第一个角点<取消>:回车退出
```

此时即可在一层平台指定位置生成楼梯扶手接头，如图 18-170 所示。

（2）继续单击菜单中的“剖面”→“扶手接头”命令，扶手伸出距离为 60，为上、下两侧添加扶手接头，最终结果如图 18-169 所示。

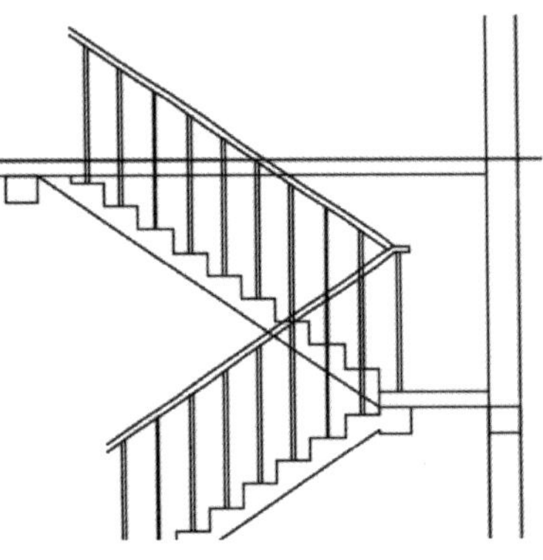

图 18-170　一层平台扶手接头图

18.5.6　剖面填充

采用“剖面填充”命令可以识别天正生成的剖面构件，进行图案填充。生成的剖面填充如图 18-171 所示。

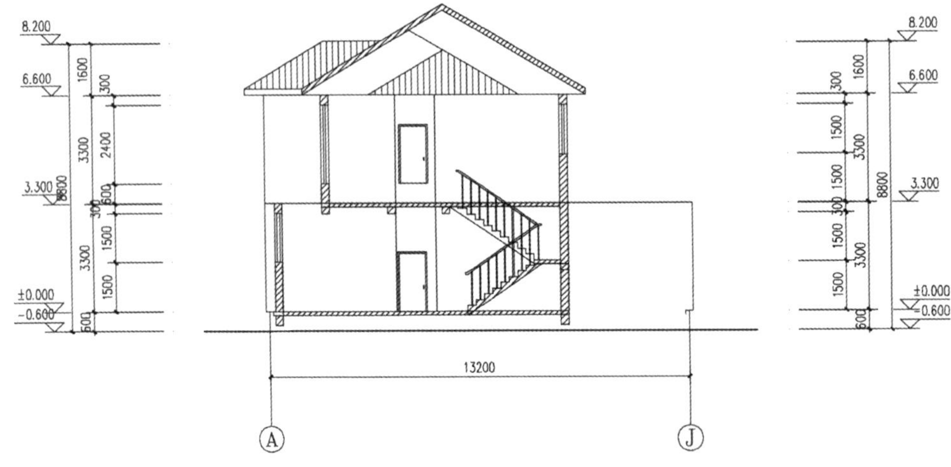

图 18-171　别墅剖面填充图

剖面填充操作步骤如下。

（1）单击菜单中的“剖面”→“剖面填充”命令，选择需要剖切到的墙体、梯梁以及楼板，然后按回车键，此时界面出现“请点取所需的填充图案：”对话框，如图 18-172 所示。

（2）选中填充图案变亮处为混凝土，单击“确定”按钮，此时即可在指定位置生成剖面填充，如图 18-173 所示，填充后的结果图如 18-173 所示。

（3）对于图中未剖到的屋顶瓦楞线，可以使用 AutoCAD 2018 中的“图案填充”命令来完成绘制，填充后，并对图形作相应的修整，结果如图 18-171 所示。

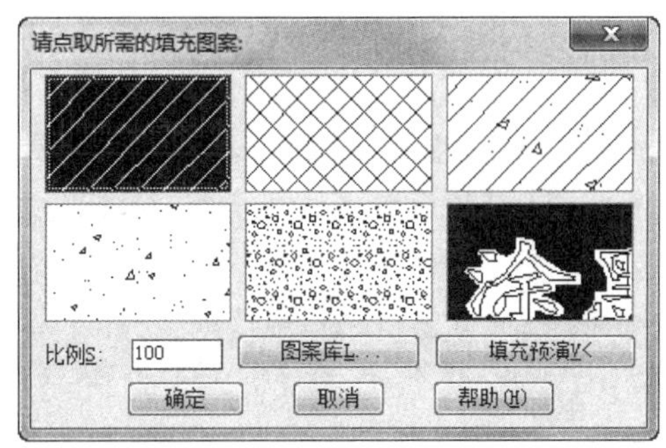

图 18-172 “请点取所需的填充图案”对话框

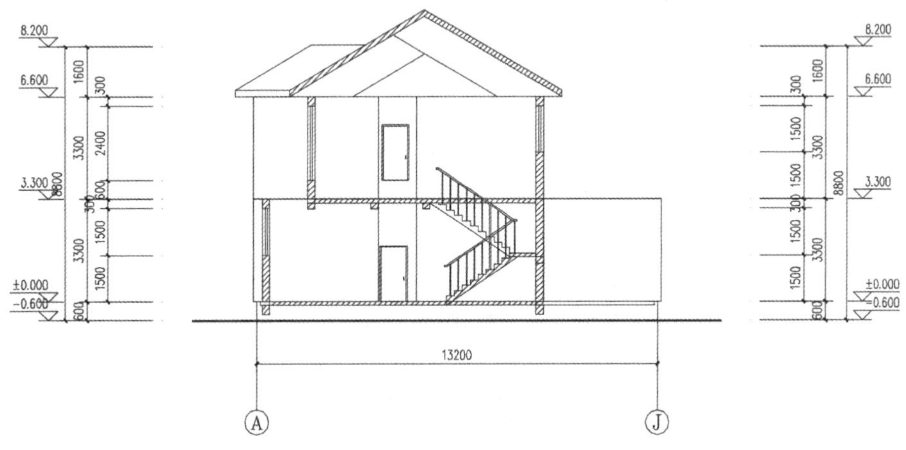

图 18-173 剖面填充混凝土图

18.5.7 装饰墙裙和柱

由于在平面图中用 AutoCAD 2018 命令绘制的部分图形在生成的立面图和剖面图中是不显示的,因此需要利用 AutoCAD 2018 的命令来绘制未显现出来的墙裙和柱子。具体的绘制步骤与方法不再一一赘述,结果如图 18-174 所示。

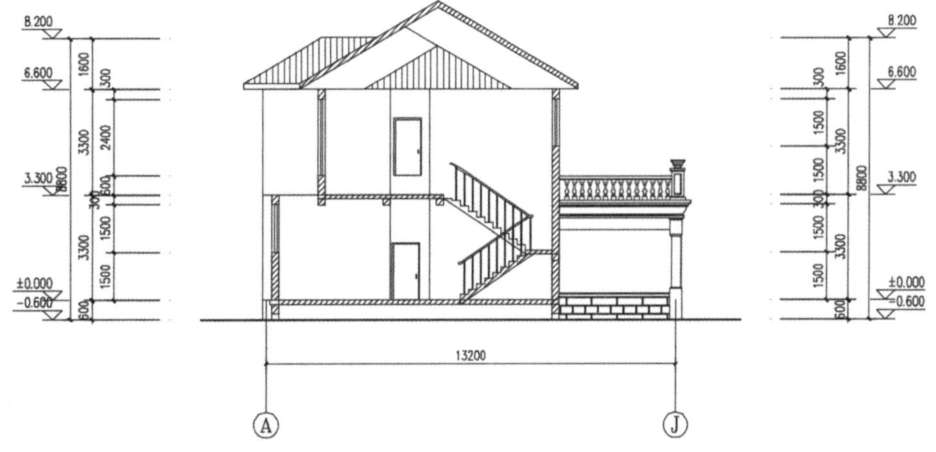

图 18-174 绘制装饰墙群和柱

18.5.8 添加图名

单击菜单中的“符号标注”→“图名标注”命令，系统打开“图名标注”对话框，并对其进行设置，如图 18-175 所示，将图名放置图形的正下方，标注的最终结果如图 18-176 所示。

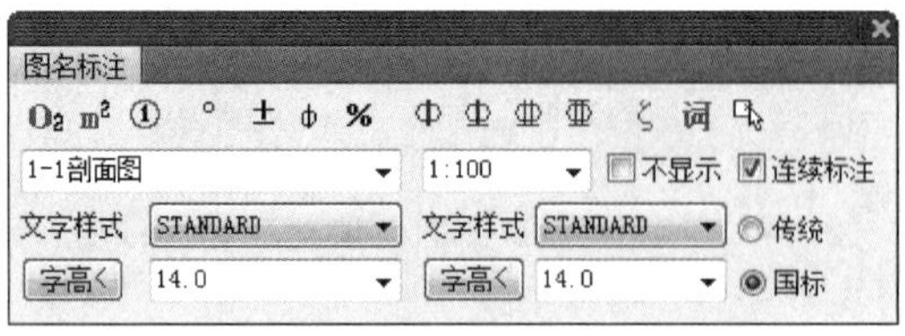

图 18-175 “图名标注”对话框

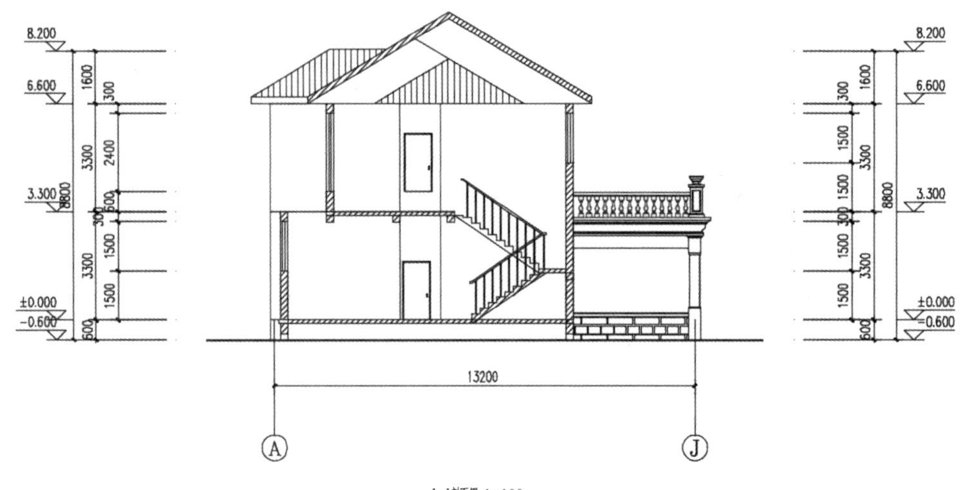

图 18-176 1—1 剖面图